Die Verbrennungs-kraftmaschine

Herausgegeben von
Hans List und Anton Pischinger

Neue Folge
Band 1

Gestaltung und Hauptabmessungen der Verbrennungskraftmaschine

Harald Maass

Springer-Verlag
Wien New York

Prof. Dr.-Ing. Harald Maass
Klöckner-Humboldt-Deutz AG, Köln
apl. Professor, RWTH Aachen, Bundesrepublik Deutschland

Softcover reprint of the hardcover 1st edition 1979

Mit 545 Abbildungen

CIP-Kurztitelaufnahme der Deutschen Bibliothek

Die Verbrennungskraftmaschine / hrsg. von Hans List u. Anton Pischinger. — Wien, New York : Springer.
N.F.
NE: List, Hans [Hrsg.]
Bd. 1. — Maass, Harald: Gestaltung und Hauptabmessungen der Verbrennungskraftmaschine.

Maass, Harald :
Gestaltung und Hauptabmessungen der Verbrennungskraftmaschine / Harald Maass. — Wien, New York : Springer, 1979.
(Die Verbrennungskraftmaschine : N.F. ; Bd. 1)
ISBN-13:978-3-7091-8570-4

ISBN-13:978-3-7091-8570-4 e-ISBN-13:978-3-7091-8569-8
DOI: 10.1007/978-3-7091-8569-8

Geleitwort der Herausgeber

Seit Jahrzehnten ist die Reihe "Die Verbrennungskraftmaschine" dem Ingenieur in der Praxis wie auch dem jungen Ingenieur, der sich in das Fachgebiet einarbeiten muß, ein unentbehrlicher Ratgeber und dem Studenten der höheren Semester eine wertvolle Hilfe.

Inzwischen ist ein Teil der Bände - manche erschienen in mehreren Auflagen - vergriffen. Der Erfolg der Reihe, aber auch die Entwicklung, die die Technik in den letzten Jahrzehnten genommen hat, haben die Herausgeber und den Verlag veranlaßt, das Gesamtwerk mit einer "Neuen Folge" fortzuführen.

Wegen des raschen Fortschritts gerade in der theoretischen Behandlung der beim Bau der Verbrennungskraftmaschine zu lösenden Probleme schien es den Herausgebern sinnvoll, die neue Folge mit den grundlegenden und theoretischen Bänden zu beginnen.

Erfreulicherweise gelang es, Herrn Professor Dr. Harald Maass, Direktor der Klöckner-Humboldt-Deutz AG, für die Abfassung der Bände über die Grundlagen und die mechanische Theorie zu gewinnen. Professor Dr. Maass erhielt durch den Vorstandsdirektor der Klöckner-Humboldt-Deutz AG, Dr. Otto Herschmann, in dankenswerter Weise die Genehmigung, die Arbeit zu übernehmen und für die von ihm und seinen Mitarbeitern bearbeiteten Bände auch Erfahrungsmaterial der Firma zu verwenden.

Der Klöckner-Humboldt-Deutz AG gebührt für die dadurch geleistete Förderung der technischen Forschung und Wissenschaft der besondere Dank der Herausgeber und des Verlages, vor allem auch dafür, daß das Manuskript dem Verlag in unmittelbar reproduktionsfähiger Form übergeben werden konnte; dadurch kann diese umfangreiche Darstellung den Interessenten zu einem erschwinglichen Preis zugänglich gemacht werden.

Unser Dank gilt auch allen anderen Firmen, die das Werk durch die Beistellung von Unterlagen gefördert haben.

Prof. Dr. Hans List und Prof. Dr. Anton Pischinger

Vorwort

Als mich die Herren Professoren Dr. Dr. h. c. HANS LIST und Dr. ANTON PISCHINGER befragten, ob ich ihnen bei der Neubearbeitung einiger Kapitel der seit 1939 welt-weitbekannten Schriftenreihe "Die Verbrennungskraftmaschine" behilflich sein wolle, habe ich in Anbetracht der auf mich zukommenden zusätzlichen Arbeit eher Unwillen als Begeisterung von mir gegeben. Durch die Tätigkeit an der Rheinisch-Westfälischen-Technischen Hochschule Aachen geprägt, konnte ich mich schließlich doch nicht der reizvollen Aufgabe entziehen, das in Jahrzehnten zusammengetragene Wissen in Buchform niederzuschreiben; denn auf kaum einem anderen Gebiet des Maschinenbaus hat sich nach den Tagen der großen Entdeckungen die Weiterentwicklung einer Maschine so konsequent abgezeichnet wie bei der Verbrennungskraftmaschine.

Da die Niederschrift eines Wissensstandes und eines Erfahrungsschatzes in den Grenzbereichen zwischen kreativen, selbsterarbeiteten Kenntnissen, übernommenem, erfahrenem und erlittenem "Firmen-know-how" und dem spezifischen Wissen aus dem Forschungs- und Entwicklungsgebiet eines Unternehmens und verschiedener Forschungsarbeiten (z.B. der FORSCHUNGSVEREINIGUNG VERBRENNUNGSKRAFTMASCHINEN e.V.) verläuft, danke ich dem Vorstandsmitglied der KLÖCKNER-HUMBOLDT-DEUTZ AG, Herrn Dr.-Ing. OTTO HERSCHMANN, für das mir durch die Genehmigung, an dieser Schriftenreihe mitwirken zu können, entgegengebrachte Vertrauen. Weil ich mir vorgenommen habe, nicht nur rein abstrakte, formelmäßige Zusammenhänge aufzuzeigen, wird es unvermeidbar sein, gelegentlich in diese Grenzbereiche einzudringen.

Den engeren Mitarbeitern im Hause KHD gebührt Dank und Anerkennung für die durch dieses Buch auf sich genommene zusätzliche Mühsal, insbesondere Frau RUTH TONNDORF und Frau RUTH MAKOWSKI für die vielen Manuskriptseiten und die druckreife Gestaltung der Text- und Tabellenvorlagen sowie Frau MARGRET KLIER für die Vielzahl der Abbildungen, die das Buch nicht nur graphisch auflockern, sondern es auch vom Inhalt her mit mehr Aussagekraft versehen sollten.

Mein Dank gilt aber auch denjenigen Firmen, die mich durch Zeichnungen und Unterlagen in die Lage versetzt haben, die bildliche Darstellung dem Stand der Technik entsprechend zu gestalten und Entwicklungstendenzen aufzuzeigen.

Der Umgang mit den Menschen in der Praxis, in Organisationen und an den Hochschulen hat mich verleitet, eine sehr persönliche Einführung zum Band "Gestaltung und Hauptabmessungen der Verbrennungskraftmaschine" zu verfassen, da die Technik nur dann zum Wohle der Menschheit dienen kann, wenn sie sich als Teil dieser selbst betrachtet. Obwohl ich mir die Aufgabe gestellt habe, für den Konstrukteur und Versuchsingenieur in der Praxis sowie für den Studierenden an Hoch- und Fachschulen (möglichst) objektive Grundlagen für die Konstruktion und Berechnung der Verbrennungskraftmaschine zu übermitteln, hat es sich auch in den nachfolgenden Kapiteln (nicht verwunderlich bei Kenntnis der persönlichen Eigenarten des Autors) nicht vermeiden lassen, zu Teilaspekten unserer Technik die persönliche Meinung und Fragestellung in die Diskussion der Ergebnisse miteinfließen zu lassen. Das möge im Zweifelsfalle eher zur Ermunterung kreativen Mitdenkens denn als Verdrießensgrund angesehen werden.

Nicht zuletzt gilt mein Bemühen, der nachfolgenden Generation von Ingenieuren, die sich heute an Universitäten und Fachhochschulen das Rüstzeug für den vor ihnen liegenden Lebensweg beschaffen, bei ihrem berechtigten Wunsch nach praxisnaher Ausbildung behilflich zu sein. Hinsichtlich der "Verwissenschaftlichung" unserer Ausbildung möchte ich mich LEYER anschließen, der am Schluß einer seiner Veröffentlichungen /1/ schreibt: "Die Wissenschaft mit ihren glänzenden Erfolgen hat uns geblendet, der 'Baum der Erkenntnis' - wenn man dies so sagen darf - ward uns zum Verhängnis. Immer mehr und noch mehr zu wissen, schien den Menschen des 20. Jahrhunderts außerordentlich erstrebenswert. Während sie von Einsicht zu Einsicht eilten, gingen ihnen wesentliche Fähigkeiten verloren: die Heiterkeit des Gemüts und das Unterscheidungsvermögen für wahr und unwahr, Recht und Unrecht. Wir leben mit einem schlechten Gewissen, ohne daß wir sagen könnten, warum. Die Gefahren, die in einer orientierungslos betriebenen Wissenschaft liegen, scheint schon GOETHE geahnt zu haben, denn er sagte, daß ihm alles Wissen verhaßt sei, das ihn bloß lehre, ohne seine Tätigkeit - gemeint ist wohl die kreative - zu vermehren." Wenn man den verkürzten, ins Lateinische übersetzten Leitspruch "Scio nescio" des SOKRATES nicht sinnwidrig als Traumziel neuerer Bildungspolitik ansieht, kommt man wohl zu einer ähnlichen Betrachtungsweise unseres Fortschrittes.

Die einfache Darstellung der allgemein gültigen Beziehungen der Verbrennungskraftmaschine, der Einblick in Vorhandenes, der Stand der Technik sowie der Ausblick auf Mögliches und Machbares mögen aber auch demjenigen, der entweder die Motorentechnik nur am Rande verfolgt - sei es als Nutzer, beratender Ingenieur oder auch aus sportlichem Interesse - oder nicht im Zentrum der Motorenentwicklung und -forschung steht - sei es als Vertriebskaufmann, Kundendienstingenieur oder auch als Handwerksmeister - nicht nur erweiterte Kenntnisse über die Verbrennungskraftmaschine vermitteln, sondern auch Verständnis für die Probleme der Hubkolbenbrennkraftmaschine und der daran tätigen Ingenieure wecken.

In diesem Sinn möge dieser Band zur Abrundung des eigenen Wissens für den im Beruf Stehenden und als Bereicherung für den Studierenden seinen Weg in Theorie und Praxis finden.

Köln, Sommer 1979 H. Maass

Inhaltsverzeichnis

3 Allgemeine Grundsätze zur Gestaltung der Verbrennungskraftmaschine

1 Einführung

Seit alters her gilt das legitime Streben des Menschen, sich der täglichen Mühsal und Fron schwerer körperlicher Arbeit zu entziehen. Dies ist die stärkste Antriebsfeder menschlichen Erfindungsgeistes, die Rolle und das Rad gelten als beredte frühe Zeugnisse menschlicher Kreativität. Über Jahrtausende hatte man, wenn man sich nicht selbst in das Joch einspannte, nur das Heer der Knechte und Sklaven, die in Verbindung mit den ältesten Dienern der Menschheit, unseren Haustieren, die "niedere" Arbeit körperlicher Anstrengung zu verrichten hatten. Das Handwerk lebte von der menschlichen Arbeitskraft, der Verkehr zu Lande und die Feldwirtschaft wurden durch Pferd, Ochsen und andere Zugtiere bestimmt. Nach den Galeeren der Frühzeit hat das Segel den Schiffsverkehr erobert, an den Flüssen und Kanälen treidelten Pferde und Manneskraft (und auch die der Frauen, denn in punkto Arbeit herrschte schon sehr früh die Gleichberechtigung) die Kähne. An Flußläufen wurde die Wasserkraft im Handwerk zu Hilfe genommen (Schmiedehämmer), auch die Windkraft wurde zu Lande gern genutzt (Windmühlen). Nach Erfindung der Buchdruckerkunst GUTENBERGs, der Wiederentdeckung des Schießpulvers und vielen genialen Skizzen LEONARDO DA VINCIs, die viele Grundideen späterer Erfindungen vorwegnahmen, sowie der atmosphärischen Maschine von PAPIN (1695) und deren Nachfolgern (Abb. 1.1), brachte die Überdruckdampfmaschine von JAMES WATT um 1800 mit deren Nachfolgern (Abb. 1.2) die erste große Veränderung in die bis dahin von Menschenhand bewegte Welt.

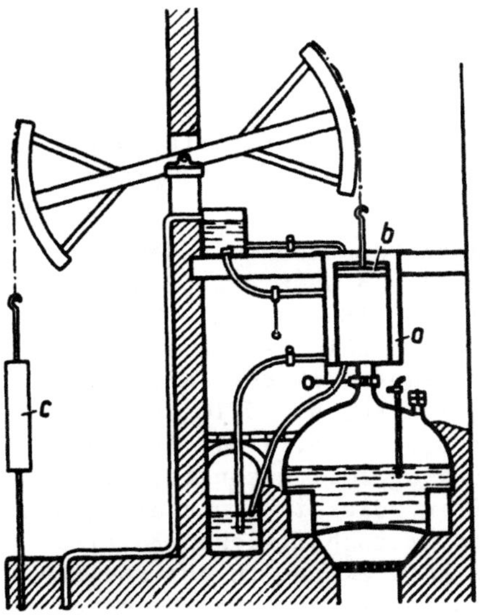

Abb. 1.1: Atmosphärische Maschine von NEWCOMEN (1711)

Die Fortschritte des nahenden industriellen Zeitalters sind eng mit den Namen der großen Erfinder des 19. Jahrhunderts, mit WATT, LENOIR, OTTO, SIEMENS, DIESEL, DE LAVAL, BENZ und STOLZE verbunden. Schon bald nach der Erfindung der Dampfmaschine finden wir die ersten industriellen Antriebe, die Dampfmaschine im Schiff, in der Industrie und die ersten Eisenbahnen, von denen einige ausgesuchte Stücke heute in den bedeutendsten Museen unserer Welt, wie z. B. dem FORD-Museum in Detroit oder dem Deutschen Museum in München stehen. Dem kleineren Gewerbetreibenden und dem nicht schienengebundenen

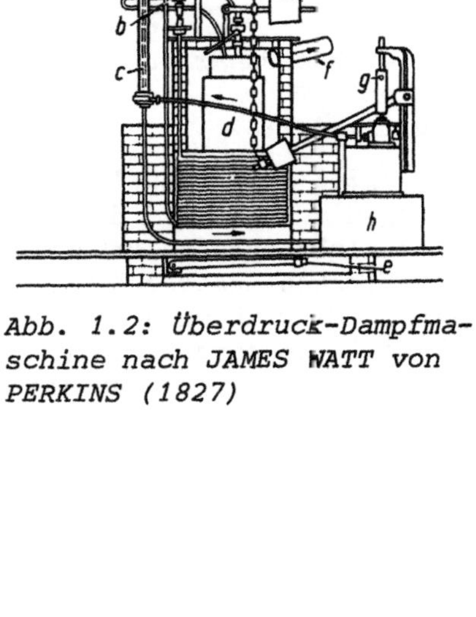

Abb. 1.2: Überdruck-Dampfmaschine nach JAMES WATT von PERKINS (1827)

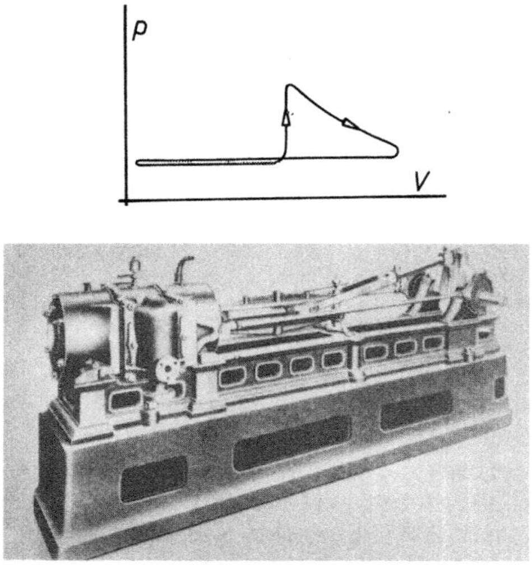

Abb. 1.3: Gasmotor von LENOIR (1860)

Abb. 1.5: OTTOs neuer (Viertakt)-Motor von 1876 mit Indikatordiagramm (2,2 kW bei 180 U/min)

Abb. 1.4: Atmosphärischer Motor von OTTO mit Indikatordiagramm (1867)

Verkehr verschloß sich jedoch, trotz einiger Versuche mit Dampfmobilen u. ä., der Dampfbetrieb wegen des Aufwandes von Dampfkessel u n d Dampfmaschine.

Ausgehend von grundlegenden Versuchen mit dem Gasmotor von LENOIR (Abb. 1.3) und über den atmosphärischen Motor (Abb. 1.4), der 1864 auf der Weltausstellung in Paris die Goldmedaille gewann und zur Gründung der ältesten Motorenfabrik der Welt, der GASMOTOREN-FABRIK DEUTZ, führte, hat OTTO schließlich mit seinem Viertaktmotor (Abb. 1.5), der 1976 seinen 100jährigen Geburtstag feiern konnte, diejenige Kraftquelle geschaffen, die bis hinunter zu den kleinsten Einheiten einen wirtschaftlichen Betrieb ermöglichte. Die rasante Entwicklung in der zweiten Hälfte des vorigen Jahrhunderts zeigt der Menschen Bedürfnis, sich von kraftzehrender Arbeit zu befreien. Der schnelle Fortschritt im Verkehrswesen zu Lande und in der Luft bis in die heutigen Tage (Abb. 1.6) ist ein Beweis, daß mit der Verbrennungskraftmaschine etwas in den Gesichtskreis der Menschheit eingedrungen war, deren mögliche Auswirkungen auf die Menschheit zu Beginn dieser Phase nur die Phantasie einiger Romanautoren beflügelte, das mitleidige Lächeln der Zeitgenossen zeigt jedoch, daß man sich über die wahren Bedürfnisse der species Mensch nur unvollkommen im klaren war. Insbesondere zeigt sich an diesem Musterbeispiel recht deutlich die Wechselwirkung zwischen Mensch und technischen Neuerungen - mögen wir dies bedauern oder nicht -, in der technischen Entwicklung gilt es nicht nur das Vakuum eines status quo auszufüllen wie bei der Eroberung weißer Flecken unserer Landkarte, sondern sich in den fließenden Veränderungen die möglichen Einwirkungen und Wechselbeziehungen unserer Technik auf das menschliche und soziale Zusammenleben vorzustellen, um die Größe eines Eingriffes einschließlich möglichen Mißbrauchs abzuschätzen. Diese Erkenntnis mag schon die alten Griechen zu dem Spruch παντα ρεϳ geführt haben, doch stimmt es nachdenklich, wenn

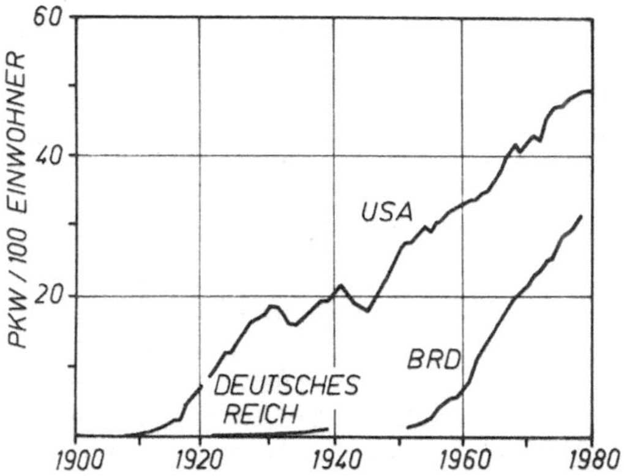

Abb. 1.6: Motorisierung der USA und der BRD

man ihm den eher tröstenden, ausgleichenden Charakter durch die Zusatzfrage: "Wohin?" nimmt. Schließlich setzte sich 1893 noch der Gedanke der selbstzündenden Verbrennungskraftmaschine von DIESEL (Abb. 1.7) infolge der besseren Wirkungsgrade erst bei größeren Maschinen, heute mitunter bis zum 1 Liter-Motor durch. So wie sich neben der Dampfmaschine oder dem Dampfmotor die Dampfturbine als rotierende Maschine einen Platz in der Technik erobert hat, entstand neben der Hubkolbenbrennkraftmaschine zu Beginn des 20. Jahrhunderts als Strömungsmaschine mit "innerer Verbrennung" die Gasturbine von STOLZE (Abb. 1.8), die in diesem Sinne mit zu den Verbrennungskraftmaschinen zählt, jedoch in dieser Schriftenreihe gesondert behandelt wird. Wenn wir in unserer Welt von Kraftmaschinen sprechen, so sind natürlich die elektrischen Antriebe nicht zu vergessen, die jedoch in der vorliegenden Schriftenreihe "Die Verbrennungskraftmaschine" ebenso wie die Kraftmaschine mit äußerer Verbrennung keinen Raum finden.

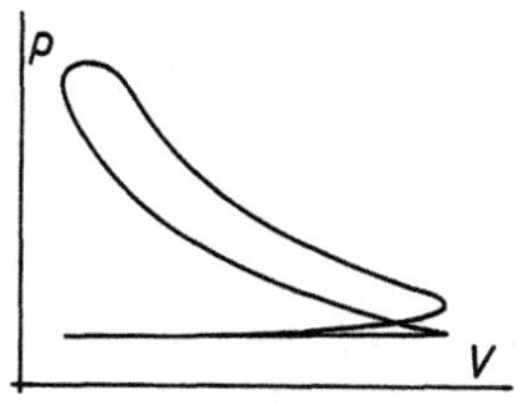

Abb. 1.7: Erster Dieselmotor von 1897 (d = 150 m, s = 400 mm, 14,7 kW bei 172 U/min)

Unter der Verbrennungskraftmaschine verstehen wir heute alle Brennkraftmaschinen mit innerer Verbrennung (Internal Combustion Engines), die den zugeführten Kraftstoff innerhalb der Maschine selbst aufbereiten, verbrennen und direkt in mechanische Energie umsetzen. Im Gegensatz dazu stehen die Kraftmaschinen mit einem Arbeitsmedium, dem die Energie des Kraftstoffes in einer externen Kesselanlage (z. B. als Druck und Wärme) aufgezwungen wird, sowie die elektrischen Maschinen, die aus dem Stromnetz ihre Energie beziehen. Die hervorragende Stellung der Verbrennungskraftmaschine auf weiten Gebieten unserer Technik verdankt sie einigen Eigenschaften, die ihr auf bestimmten Teilgebieten bis heute eine ungebrochene Machtstellung geben. Das Verkehrswesen zu Lande, zu Wasser und in der Luft wird mit wenigen Ausnahmen (Schienenverkehr, Großschiffe) mehr und mehr von ihr beherrscht, Land- und Bauwirtschaft sind heute ohne Einsatz der Verbrennungskraftmaschine nicht mehr denkbar. Notstromaggregate für viele Anwendungsfälle, zum Beispiel auch im Reaktorbau, Spitzendeckungsaggregate und auch Dauerstromaggregate für Gebiete billiger Kraftstoffversorgung (Erdölförderländer, Subventionen oder Steuerfreiheit) sind ein weites Feld für die Verbrennungskraftmaschine.

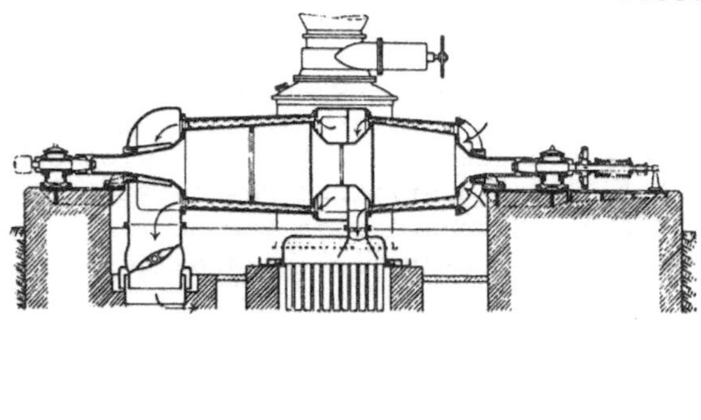

Abb. 1.8: Gasturbine von STOLZE (1904)

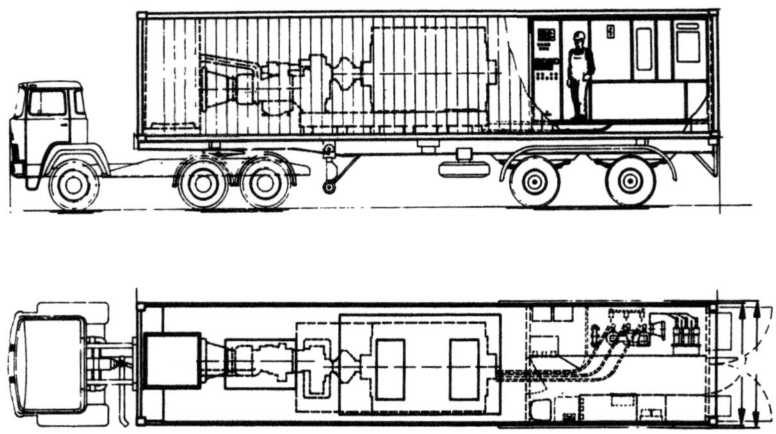

Abb. 1.9: Fahrbares Notstrom-Gasturbinen-Aggregat von 3 MVA

Welche Eigenschaften sind es nun aber, die der Verbrennungskraftmaschine eine so feste Stellung in unserer sich so rasch wandelnden Welt einräumen? In erster Linie ist es sicherlich die Unabhängigkeit von großvolumigen Energieträgern oder Energieleitungen. Wegen des hohen Wärmeinhaltes flüssiger Kohlenwasserstoffe können aus einem kleinen Vorratsbehälter große Leistungen über längere Zeiten abgegeben werden, ein Vorteil, der sich besonders im Verkehrswesen bemerkbar macht. Das bisherige Unvermögen, elektrische Energie vergleichbar dicht und leicht zu speichern (siehe Elektro-Speicher-Autos), verwehrt diesem viel einfacheren und umweltfreundlichen Antrieb bis heute dieses Einsatzgebiet. Es sind aber auch die geringen Anforderungen an die Wartung einer Verbrennungskraftmaschine. Neben Ölwechsel und Austausch einiger Kontakte und Zündkerzen wird heute zum Beispiel am Automobil kaum noch etwas gewartet, was einen Bezug zur Verbrennungskraftmaschine hat. Die rasche Betriebsbereitschaft erfreut nicht nur den Autofahrer, sondern auch den Chirurgen im Krankenhaus bei Netzausfall oder ganze Regionen, wenn durch ein fahrbares Gasturbinenaggregat nach einem Netzzusammenbruch rasch neue Energie in das Netz fließt (Abb. 1.9). Wichtig ist fernerhin, daß die Verbrennungskraftmaschine in der äußeren Gestaltung sehr anpassungsfähig ist, da die Zylinder in jeder Lage arbeiten können, wofür der Flug-Sternmotor ein lebendiges Beispiel ist.

Nicht zuletzt ist aber von entscheidender Bedeutung - und es gehört nicht viel Prophetie dazu, dies in vermehrtem Maße für unsere rohstoffknappe Zukunft vorauszusagen - der hohe wärmewirtschaftliche Wirkungsgrad der Verbrennungskraftmaschine, der von keiner anderen Wärmekraftmaschine überboten wird. Das ist der Grund, warum den Dieselmotoren mit ihren hohen Wirkungsgraden von etwa 40 % und darüber auch in kleineren Aggregaten (z. B. Pkw-Antrieb) eine so sichere Zukunft und ein zu heutigen Verhältnissen so großer prozentualer Anteil vorhergesagt werden. Die in den letzten 2 1/2 Jahrzehnten ständig wachsenden Anteile des Personen- und Güterverkehrs (Abb. 1.10 und 1.11) lassen in Verbindung mit dem zur Zeit vorherrschenden Autoboom auch nicht vermuten, daß der Trend zur Motorisierung gebrochen ist. Das Vermögen, auch künstlich gewonnene Brennstoffe oder Derivate zu verbrennen, steigert die Zukunftsaussichten der Verbrennungskraftmaschine nicht unwesentlich, wobei der Holzgas-Vergasermotor oder Kohlenstaub-Motor unseligen Angedenkens zwar Beispiele sind, aber nicht als zukunftweisende Muster angeführt werden mögen.

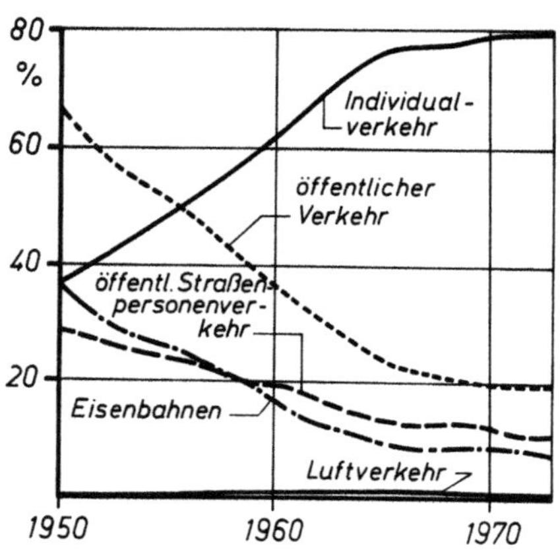

Abb. 1.10: Personenverkehr-Anteile verschiedener Verkehrsbereiche (Basis: Personen-Kilometer)

Nun ist es nicht von der Hand zu weisen, daß die Zukunft der Verbrennungskraftmaschine eng an unsere Erdölreserven gebunden ist, solange es uns nicht gelingt, ein "künstliches Destillat" mit ähnlich günstigen Eigenschaften und zu vergleichsweise günstigen Preisen zu schaffen.

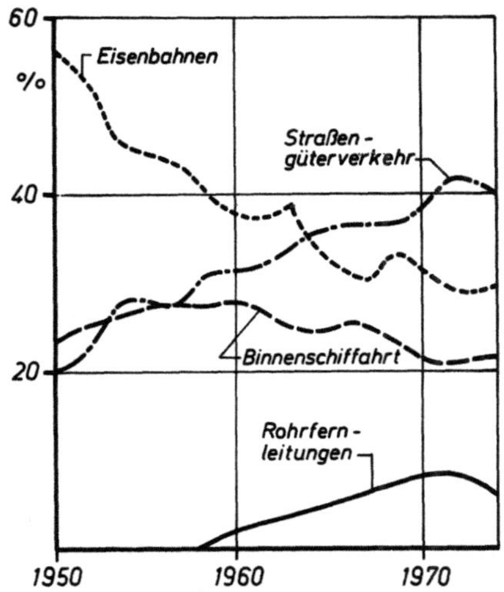

Abb. 1.11: Güterverkehr-Anteile unterschiedlicher Verkehrsbereiche (Basis: Tonnen-Kilometer)

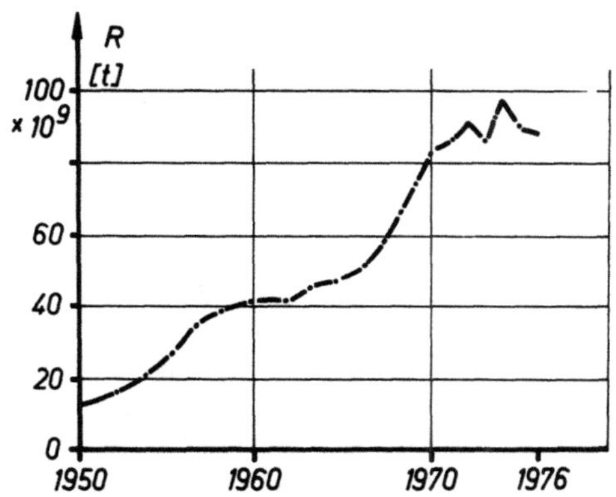

Abb. 1.12: Bekannte Welt-Erdölreserven

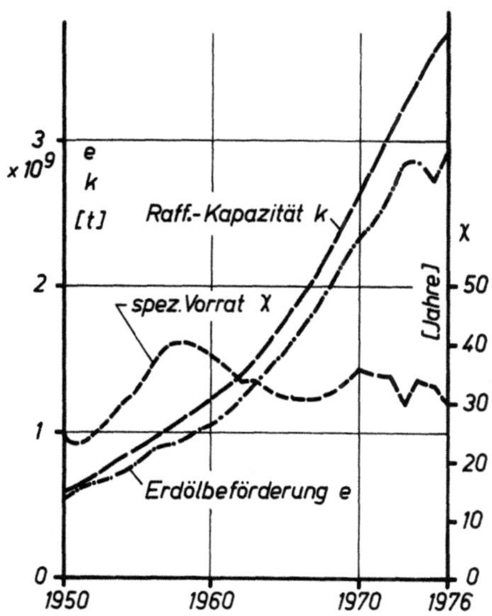

Abb. 1.13: Welt-Erdölförderung, Raffineriekapazität und spez. Erdöl-Vorrat χ

Preise sind jedoch - sofern man freie Marktwirtschaft, d. h. frei von monopolartigen Vereinigungen und staatlichen Eingriffen, voraussetzen darf - eine Frage von Angebot und Nachfrage. Die begrüßenswerte, relativ leichte Förderbarkeit des Erdöles mag man jedoch auch als menschheitsgeschichtlich nachteilig ansehen, da man mit verhältnismäßig geringen Mitteln praktisch jeden Nachfrageschub bedienen kann, d. h. das Regulativ des Preises eigentlich nicht zum Tragen kommt. Deshalb gibt es ja auch Stimmen, die den Preisregulierungen der OPEC durchaus auch gute Seiten abgewinnen können. Zumindest hat die Erdölkrise zum Jahreswechsel 1973/74 manchen zum Denken veranlaßt - der sonst durchaus als Vorteil zu bezeichnende Fakt der leichten Vergeßlichkeit (oder der Verdrängung?) des Menschen kann jedoch in diesem Fall zum Schaden ausschlagen.

Wenden wir uns jedoch den heute bekannten Faktoren zu. In Abb. 1.12 sind die jeweils am Jahresende bekannten Erdölreserven aufgetragen. Während bis 1970 die Erdölreserven stark ansteigen, sind die Reserven seitdem bei knapp 90 Nanotonnen konstant geblieben oder fallen sogar ab, ein natürlicher Vorgang bei stetem Verbrauch, wenn keine neuen Lagerstätten entdeckt werden. Sehr stark angestiegen ist vor allem die Erdölfördermenge pro Jahr (Abb. 1.13). Hier erkennen wir den Einbruch durch die Erdölkrise 1973/74, Folgen wohl mehr der Preisregulierung als der Besinnung wegen. Interessant ist an diesem Bild fernerhin der Verlauf der Raffineriekapazität, der bis 1970 fein säuberlich dem wachsenden Bedarf voranlief, infolge der langen Zeiträume für Investitionen dieser Art jedoch der Einschränkung des Verbrauches (und der Förderung) mangels unzureichender Vorhersehung nicht früh genug durch Verringerung der Kapazitätserweiterung angepaßt werden konnte. Dieses Loch zwischen Förderung und Kapazität ist das, worüber heute nicht nur unsere Ölgesellschaften klagen, sondern auch der Faktor, der die Tankreedereien an den Rand des Zusammenbruchs gebracht hat. Man kann daraus auch ersehen, wie fein austariert Angebot und Nachfrage sein müssen, wenn die Preise stimmen sollen. Der Kollaps der Tankfrachtraten hat bei den meist mit dünner Finanzdecke agierenden Reedern - sofern noch möglich - zu panikartigen Umbestellungen und Stornierungen geführt, ein Manko, an dem heute die Werften und Zulieferer zu tragen haben. Erwähnenswert erscheint mir auch noch in Abb. 1.13 der spez. Vorrat χ, d. h. der Quotient aus jeweils bekanntem Erdölvorrat und jeweiliger Jahres-Erdölförderung. Nach zwei Jahrzehnten fast konstantem spez. Vorrat von etwa 30 Jahren kann es jetzt zu einem Abfall kommen - die schwankenden Aussagen

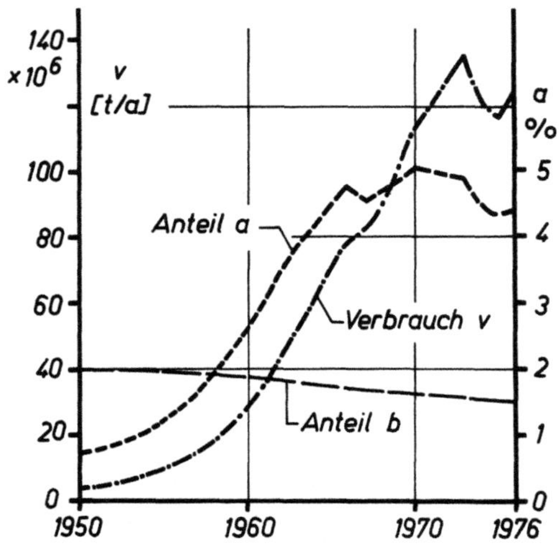

Abb. 1.14: Mineralölverbrauch in der Bundesrepublik Deutschland und prozentualer Anteil am Welt-Mineralölverbrauch (a) und Bevölkerungsanteil der BRD an der Weltbevölkerung (b)

über die Ergiebigkeit der Quellen machen gerade in den letzten Jahren die Prognose schwer, in vier bis fünf Jahren werden wir sicherlich eindeutigere Aussagen machen können. Die Menschheit tut jedoch heute schon gut daran, sich auf einen steten Abfall einzurichten und geistig auf das Ende dieses Geschenkes der Götter vorzubereiten.

Wenden wir uns jedoch dem eigenen Handeln zu, denn nur darüber können wir selbstbestimmend eingreifen. In Abb. 1.14 ist z. B. (ersatzweise für viele europäische Nationen) der Verbrauch der Bundesrepublik Deutschland von 1950 - 1976 aufgetragen. Wir erkennen nach anfänglichem Zögern einen gewaltigen Anstieg in den 60er Jahren (interessant die Einwirkung der Krise 66/67), der sich praktisch ungebrochen bis 1973 auf fast 135 Mio. Tonnen fortsetzte. Ernüchterung durch den Eingriff der OPEC-Staaten und danach Krisenstimmung unserer Weltwirtschaft brachten einen erstaunlichen Knick in die Verbrauchskurve - der Anstieg 1975/76 (über dessen weitere Fortsetzung mir noch nichts bekannt ist) läßt jedoch wenig bleibende Tendenz vermuten. In Bild 1.14 ist fernerhin der prozentuale Anteil der BRD am Weltölverbrauch eingetragen, von 0,75 % im Jahre 1950 ansteigend auf maximal 5 % in 1970. Wenn man den "Dialog zwischen Nord und Süd" verstehen will, muß man sich auch über die anteilige Bevölkerung im klaren sein (Kurve b), die bei sintflutartiger Vermehrung in den Entwicklungsländern gegenüber der fast konstanten Bevölkerungszahl der BRD anteilmäßig immer weniger von dem Kuchen übrigläßt. Aus der überheblichen Sicht eines Weißen muß ich jedoch den Verbrauch von 4,5 % der Erdölenergie bei einem so hoch industrialisierten Bevölkerungsanteil von 1,5 % noch als akzeptabel gelten lassen - irgendwo muß auf unserer Welt noch ganz anders gesündigt werden. Dennoch ist dies für Europa kein Freibrief, auf den eingefahrenen Gleisen unbeirrt weiterzufahren. Wir, die wir wissen, daß wir mancherorts sündigen, sollten schon aus Selbsterhaltungstrieb und um unsere Volkswirtschaft in Ordnung zu halten, alles tun, mit unseren Mitteln so sparsam wie möglich umzugehen. Wie schwer es ist, ein über Jahrzehnte im Energieüberfluß sich drehendes Rad nur sinnvoll zu verzögern, d. h. einschließlich der Überzeugung der Bevölkerung, zeigt doch gerade die wirtschaftliche Krisenstimmung der USA in den heutigen Tagen.

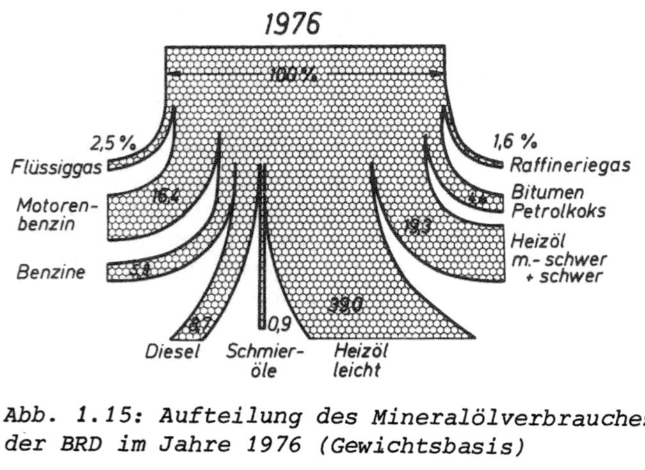

Abb. 1.15: Aufteilung des Mineralölverbrauches der BRD im Jahre 1976 (Gewichtsbasis)

Im heißen Streit der Diskussionen wird oft alles durcheinandergeworfen, insbesondere dann, wenn aus politischer Sicht irgend etwas untermauert werden soll. Es ist deshalb gut, sich darüber im klaren zu sein, was mit dem Erdöl geschieht. Auch hier möge die Statistik der BRD (zumindest für Nordeuropa) repräsentativ sein. In der Abb. 1.15 ist die gewichtsmäßige Aufteilung in großen Gruppen dargestellt. Für den Verkehr werden ca. 16,4 % für Benzin, 1,7 % für Kerosin (Flugtriebwerke) und 8,7 % für Dieselkraftstoff verwandt, in summa also knapp 27 % für den Verkehr zu Lande und in der Luft. Das Hauptdestillat ist jedoch das leichte Heizöl, das fast hundertprozentig zum Heizen im Haushalt und in der Industrie verbraucht wird - nicht nur aus der Sicht eines Kongolesen eine maßlose Vergeudung unwiederbringbarer, hochwertiger Energien. Nun bringt aber immer wieder gerade die Heizung die Gemüter in Wallung, ist es doch geradezu purer Unsinn, 3 km neben einem Kraftwerk mit hochofenähnlichen Wärmetauschern Heizöl zu verfeuern, um beim Fernsehen keine kalten Füße zu bekommen. Die Malaise unserer Regionen ist doch, daß wir mal Wärme brauchen und, wenn der Himmel es gut mit uns meint, recht dankbar sind, wenn weitere Wärmezufuhr ausbleibt. Das bedeutet aber - da Wärme als solche recht schlecht speicherbar -, daß das Kraftwerk von nebenan neben einem Verteilernetz für Haushaltswärme (leider recht kostspielig, insbesondere bei großen Entfernungen) den Wärmetauscher zusätzlich braucht, um den notwendigen Strom auch dann zu erzeugen, wenn w i r die Wärme nicht haben wollen. Hier gibt es sicherlich keine allumfassende Lösung, doch muß in dieser Richtung etwas geschehen. Gelingt es uns, den Verbrauch an leichtem Heizöl nur um 25 % zu verringern und durch andere, heute abgeblasene, niedere Energie zu ersetzen, so könnte man 1/3 mehr Fahrzeuge mit der gleichen Erdölmenge fahren, ohne daß andere Wirtschaftszweige irgendwie beeinflußt werden. Aus den Verhältniszahlen erkennt man schon, daß hier besondere Anreize geschaffen werden müssen; denn nur das Portemonaie des einzelnen beflügelt seine Kreativität (wobei eine stete Erhöhung der Mineralölsteuer ohne Angebot von Alternativen vielleicht die wirkungsvollste, mit Sicherheit aber auch die stupideste und nur schwer anrollende Lösung wäre, denn in weiten Bereichen gibt es ja nur die Wahl zwischen Öl und Kohle - und beides ist für den Hausbrand vergleichsweise sündhaft).

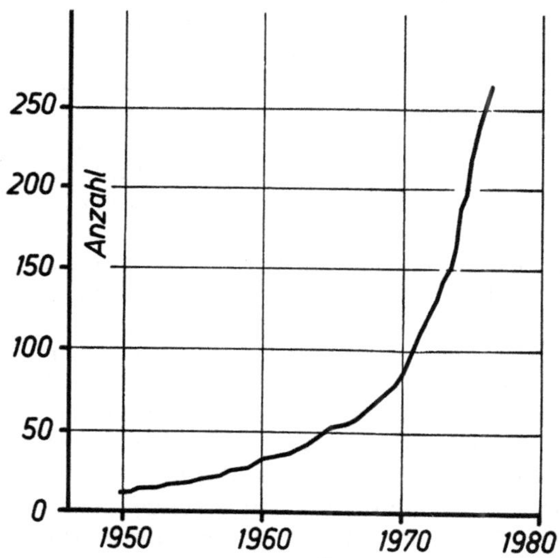

Abb. 1.16: Zu beachtende Rechtsvorschriften der BRD im Bereich des Umweltschutzes

Wenn man der Verbrennungskraftmaschine aber eine aus heutiger Sicht alternativlose (nahe) Zukunft voraussagt, so wäre es doch engstirnig, ihr nur positive Seiten abgewinnen zu wollen. Auch unter Vernachlässigung des Mißbrauchs der Technik durch den Menschen - wofür die Maschine selbst nichts kann - gibt es eine Reihe von Eigenschaften der Verbrennungskraftmaschine, die nicht nur als störend, sondern auch als gefährlich zu bezeichnen sind. Es sind dies vor allem die Lärm- und Abgasbelästigungen, auch durch die Verbrennungskraftmaschine, die durch die im letzten Jahrzehnt immer umfangreicheren und schärfer umgreifenden Umweltschutzbestimmungen (Abb. 1.16) in erträgliche oder zulässige Grenzen gebracht werden sollen. Würden Geld und Energie in unserer Welt keine Rolle spielen, könnte man das Wort "wirtschaftlich" im Zusammenhang mit Forderungen nach Umweltschutz auch dann nicht vergessen - obwohl es frivol klingen mag, hinsichtlich der Gesundheit des Menschen "wirtschaftlich" zu denken -, denn es geht ja nicht nur um Kapital, Konkurrenz oder eine Nationalökonomie, sondern auch um unsere zur Neige gehenden Resourcen, die wir möglichst sparsam verwenden sollten. Dennoch sind die Bemühungen, die Technik dem Menschen erträglich zu gestalten - welche Ironie und Verwirrung menschlichen Tuns und Handelns liegen allein in diesen Worten -, rundherum zu begrüßen. Man sollte jedoch im Kreise der Fordernden, sei es der Gesetzgeber, der Bürgerinitiativen oder ähnlicher Institutionen, auch nicht wundergläubig sein und von den Ingenieuren erwarten, daß diese alle Wunschvorstellungen, wie z. B. Geräuschbegrenzung, Geruchsbelästigung, Schadstofflosigkeit, geringer Preis, hohe Leistung, niederes Gewicht, in gleicher Weise berücksichtigen können.

Wie kaum ein anderer Berufszweig hat sich der Ingenieur im Umgang mit seiner Materie daran gewöhnen müssen, Kompromisse zu schließen und abzuwägen. Die öffentliche Meinung kann dabei die Wertigkeiten der einzelnen Umwelt-Faktoren im Rahmen

der allgemein gestellten Aufgaben an eine Volkswirtschaft unter verschiedenen Gesichtspunkten (gestern: aufleben, heute: leben und morgen vielleicht: überleben) wesentlich beeinflussen, die meinungsbildenden Organe - von der Einzelinitiative über die Presse bis zum Gesetzgeber - sollten sich jedoch an die damit verbundene Verantwortung für das Ganze erinnern; denn die allgemeine Ernüchterung hat doch wohl auch mit dem kindlichen Wunderglauben aufgeräumt, man müsse der Physik und Technik nur die notwendigen Fesseln anlegen, um sie den eigenen Wunschvorstellungen gefügig zu machen. Obwohl jedes tiefere Nachdenken über den Themenkomplex zur Verbesserung der Gesamtsituation führt und - wie die Praxis am Beispiel des Apollo-Programms überdeutlich zeigt - in der Technik vieles möglich ist, wenn man ein bestimmtes Ziel nur intensiv genug anstrebt, so tun doch alle Beteiligten gut daran, sich stets bei jeder Forderung daran zu erinnern,
- daß ein jeder Eingriff seinen Preis hat,
- daß es nichts umsonst gibt und
- daß wir nur das fordern sollten, was unsere Lebensqualität wirklich erhöht.

Die Frage, was Lebensqualität ist und für wen, ist jedoch schon ein philosophisches Thema, das im Rahmen eines Beitrages zur Vertiefung der physikalischen Zusammenhänge der Verbrennungskraftmaschine nicht gelöst werden kann und auch nicht soll.

Im Rahmen der überschaubaren Jahrzehnte bedarf es keines tieferen, schöpferischen Denkens, der Verbrennungskraftmaschine noch eine muntere Zukunft vorauszusagen. Damit ist es aber auch für den Nachwuchs der Ingenieure lohnend und für den auf dem Fachgebiet der Verbrennungskraftmaschine tätigen Ingenieur unabdingbar, sich immer wieder mit den physikalischen Zusammenhängen der Verbrennungskraftmaschine zu befassen. Zwar ist es richtig, daß die Lehre der Verbrennungskraftmaschine n u r ein Sammelsurium von Teilwissen aus den Grundlagenwissenschaften wie Mechanik, Festigkeitslehre, Wärmelehre, Reaktionskinetik u. a. m. - vielleicht verbunden mit einem bißchen Mathematik und Grundlagenphysik - darstellt, doch gibt es schon zum Denken Anlaß, wenn es zu Zeiten, da diese Grundlagenwissenschaften schon ein relativ hohes Niveau hatten, ein Handlungsreisender in Kolonialwaren, dem man neben Euphorie, Hartnäckigkeit und unbeirrbarem Glauben sicherlich nur Teilwissen in der Grundlagenforschung unterstellen darf, der Verbrennungskraftmaschine zum Durchbruch verhalf. Das soll jedoch nicht aussagen oder gar unterstellen, daß nur Teilwissen zum Erfolg führt, doch sind die Anwendungsformen der Grundlagenwissenschaften in der Verbrennungskraftmaschine so spezifisch, daß man die Grundlagenwissenschaften mit dem Verlangen überfordern würde, auf allen Teilgebieten ihres möglichen Anwendungsbereiches - und hier käme ja nicht nur die Verbrennungskraftmaschine infrage - das Wissen in der notwendigen Tiefe zu vermitteln. Nicht aus Versehen gibt es deshalb neben speziellen Lehrstühlen für angewandte Thermodynamik und einem breitgefächerten Angebot von Vorlesungen und Übungen an den Universitäten eine ausgesprochene Forschung der Verbrennungskraftmaschine. Daß hier nicht nur Gewinnstreben und Firmeninteressen allein die entscheidenden Faktoren dieser Aktivitäten sind, vermag am besten das Bestehen von Organisationen - wie z. B. die Forschungsvereinigung Verbrennungskraftmaschinen e. V. in Frankfurt - unterstreichen, die Gemeinschaftsforschung betreiben. So ist es auch heute noch sinnvoll, die Verbrennungskraftmaschine als Muster angewandter Thermodynamik für sich zu betrachten, nicht als losgelöste Maschine oder losgelöste Wissenschaft für sich, sondern eingebunden in das Grundlagenwissen aller Fachdisziplinen und in den Fortschritt unserer Technik. Deswegen ist es auch so wichtig, an den Hochschulen und Universitäten mehr zu vermitteln als spezielles Fachwissen. Nur eine interdisziplinare Übersicht vermag die Möglichkeiten unserer Technik zu erkennen und einzuordnen, vermag Wege und Verbindungen zu begreifen oder auch nur zu erahnen, die dem Menschen dienlich sein könnten. Wenn schließlich in diesem menschlichen Erziehungsprozeß Einsicht, Vernunft und ein klein wenig Demut vor den von uns noch ungelösten Zusammenhängen über Geltungssucht und Überheblichkeit die Oberhand gewinnen, so mag das für die Menschheit ein nicht unerheblicher Gewinn sein. Wir Ingenieure müssen uns aber auch mit den Fehlern und Schwächen, mit den Sehnsüchten und Urinstinkten des Partners unserer Maschinen, dem Menschen, auseinandersetzen, um dem Fortschritt der Menschheit zu dienen. Technik ist nicht Selbstzweck, sie sollte nicht alles produzieren, was machbar ist. Aus der Menschheitsgeschichte wissen wir, daß Technik im guten Sinne Lebens- und Überlebenshilfe sein kann. Diese gemeinsame Orientierung aller technischen Aktivitäten zum Menschen hin stellt aber auch größere Anforderungen und Verantwortung an den Ingenieur; denn es gibt oder sollte keine andere Forderung geben, die gegenüber der Aufgabe, dem Menschen zu dienen, Vorrang hätte. Wir sollten diese kritischen Fragen nicht unseren oft anonymen Auftraggebern, den politischen Strömungen oder den Zeitläufen überlassen. Leider gibt es keinen Ehrenkodex für Ingenieure, dem wir unseren Eid schwören könnten, so, wie es auch keine bindenden Richtlinien über die Zulässigkeit menschlichen Tuns gibt. Als Vorbild menschlicher Verhaltensweise möge auch hier LEONARDO DA VINCI angeführt werden, der unter dem Vermerk: "Ich gebe dies nicht preis, weil die Natur des Menschen so böse ist!" manche seiner Zeichnungen von Dingen, für die er die Menschheit noch nicht reif empfand, vernichtete. Auch geben in dieser Hinsicht die Grundlagen vieler Religionen über die Basis menschlichen Zusammenlebens mehr her, als unsere dicken Gesetzbücher, die alles im Detail zu regeln versuchen und dabei die großen Linien menschlicher Gemeinschaft nur noch schemenhaft erkennen lassen.

Die etwas übergreifende Schau unserer Ingenieur-Verantwortung für unsere Produkte verlangt jedoch von uns mehr Wissen und vor allem mehr Bildung im allumfassenden Sinn, mehr Kenntnis der Zusammenhänge, mehr Gedanken über uns selbst und unsere Zukunft. Die in den letzten Jahren erkennbare Hinführung zu tiefen Erkenntnissen auf schmalem Gebiet - ein schon an den Schulen erkennbarer Trend und gemeinhin als Richtung zum "Fachidioten" hin bezeichnet - macht aus uns Roboter, Maschinen mit nur in einer Richtung fortschreitenden Evolution. Der Mensch wird noch vieles mehr können, doch er sollte nicht alles tun, was er könnte. Mehr im Unterlassen als im Tun würde der Mensch d a s zeigen, was ihn von anderen Kreaturen unterscheiden soll, nämlich die V e r n u n f t !

Wenn in diesem Sinne nicht nur dieser Teilband oder die Schriftenreihe "Die Verbrennungskraftmaschine", sondern auch die von uns Ingenieuren (noch) erreichbare und beeinflußbare Technik betrachtet wird, mag manche der Schreckensvisionen, die einige unserer Zeitgenossen dem Menschengeschlecht voraussagen, noch abgewehrt werden - dies sollte eine wahrhaft ingenieurmäßige Aufgabe sein.

1.1 Das Maß- und Einheitensystem

In den europäischen Ländern ist der Übergang des Einheitensystems von dem sogenannten "Technischen Maßsystem" (T-System) auf das Maßsystem der sechs Grundeinheiten des Internationalen Einheitensystems (SI- oder auch MKS-System genannt) durch Normen und Verordnungen vollzogen worden. Nach DIN 1301 bzw. ISO/R 1000 sind nur noch die Einheiten Meter, Kilogramm, Sekunde, Ampere, Kelvin, Candela und das Mol (Tabelle 6.1 *), Teile und Vielfache von ihnen oder aus ihnen abgeleitete Einheiten zulässig. Die Basiseinheiten und nur die aus ihnen oder einen zusätzlichen, von eins verschiedenen Zahlenfaktor abgeleiteten Faktoren bilden ein System kohärenter Einheiten und heißen SI-Einheiten. Alle Formeln und Ableitungen dieses Buches werden in diesem kohärenten Einheitensystem dargestellt.

Die wichtigsten SI-Einheiten im Zusammenhang mit der Darstellung der Verbrennungskraftmaschine sind in Tabelle 6.2 dargestellt. Dem in der Ausbildung Befindlichen wird der Umgang mit dem SI-System wenig Schwierigkeiten bereiten, doch wird er beim Studium älterer Literatur, speziell bei Werten mit komplizierterem Dimensionsaufbau, leicht in Verlegenheit geraten. Dem älteren, im Technischen Maßsystem großgewordenen Leser fällt der Umgang mit dem SI-System oft schwerer als vorgestellt, wobei das Gramm für Masse und das Newton für Kraft mit dem K für die Temperatur noch am leichtesten zu merken sind. Aufwendiger wird der Umgewöhnungsprozeß allerdings, wenn man einen Erfahrungsschatz - z. B. von Kennwerten, die als Vergleichsgrößen heute noch genauso richtig sind wie gestern - sein eigen nennt, den man erst in das neue System transformieren muß. Fiel schon der vorangegangenen Generation der Übergang von kg/cm^2 auf kp/mm^2 für Spannungen schwer, weil

* Tabellen siehe Kapitel 6

in der Dimension kg/cm^2 meist viel handlichere und einprägsamere Zahlenwerte vorliegen, so ist der Übergang vom T-System zum SI-System ein ziemlich einschneidender Vorgang, der technisch zwar absolut richtig und begrüßenswert ist, sich jedoch konsequent nur mit den Generationen wird erledigen lassen.

Vielfache und Teile von SI-Einheiten anzuwenden, kann zweckmäßig sein, wenn man einfachere Zahlenwerte zu erhalten wünscht. Die in Tabelle 6.3 aufgeführten Vorsätze sind anzuwenden. Diese dezimalen Vielfache und Teile von SI-Einheiten sind in vielen Fällen notwendig, um die in der Technik vorkommenden und landläufigen Größen für Spannungen, Festigkeiten und Drücke, z. B. in N/mm^2, bar oder kleine Längen in μm, auszudrücken.

Um dem vorliegenden Buch auch hinsichtlich des Maßsystems einen zukunftsorientierten Charakter zu geben, hat sich der Verfasser zur konsequenten Anwendung des SI-Systems bei Formeln entschlossen (wenn nicht gesondert vermerkt), obwohl dabei einige landläufige Erfahrungsdaten nicht gewohnte Zahlengrößen annehmen. Am deutlichsten wird diese Verfremdung, wenn man z. B. einen gewohnten Einspritzdruck von 1000 at dann als $981 \cdot 10^{-6}$ Pa oder eine Schmierölviskosität von 2^0 E entsprechend 10 cp als 0,01 Pa · s in den Kennwerten wiederfindet. Auch ein üblicher spezifischer Kraftstoffverbrauch von 160 g/(PS · h) ist als Wert $0{,}604 \cdot 10^{-4}$ sehr verfremdet, weswegen - wenn die Vorschriften es erlauben - in den Diagrammen und Bildern auf Größen zurückgegriffen wurde, die besser ablesbar und merkbar sind, wie z. B. das bar, die jedoch dem kohärenten SI-Einheitssystem nicht entsprechen - also in den Formeln nicht bedeutungslos eingesetzt werden dürfen. Auch haben sich heute schon im üblichen Sprachgebrauch des neuen SI-Systems Abweichungen von der Norm eingebürgert, wie z. B. 218 g/(kWh) für einen Kraftstoffverbrauch, ein Brauch, der in einem der Praxis hingewendeten Buch nicht mutwillig einem formal richtigen, in praxi jedoch ungewöhnlichen Verfahren geopfert werden soll. In der Praxis des Motorenbaues (siehe auch Vereinbarungen der Maschinen- und Automobilindustrie - VDMA, VDA -) werden in der Regel in Anlehnung an das SI-System folgende Größen verwandt:

Drücke	(bar)	Spannungen	(N/mm^2)
Temperaturen	(^{0}C)	Drehzahlen	(1/min)
Arbeit und Energie	(kWh)	Wärmemengen	(Joule)

Bei Verwendung dieser nicht kohärenten Einheiten in den Formeln muß auf den richtigen "Korrekturfaktor" geachtet werden. Um Werte aus älteren Büchern und eigenen Erfahrungen leichter vom alten T-System in das SI-System und umgekehrt transformieren zu können, ist die Tabelle 6.4 wiedergegeben, die die hauptsächlich im Motorenbau verwendeten Größen und Umrechnungsformeln beinhaltet.

1.2 Definitionen und Begriffe

In DIN 1940 sind in Verbindung mit der Internationalen Norm ISO 2710-1976 die wichtigsten Begriffe der Verbrennungskraftmaschine definiert worden.

Erwähnenswert ist in diesem Zusammenhang, daß in DIN 1940 und den daraus abgeleiteten Blättern der Begriff "Verbrennungsmotor" genormt ist, der mit der "Verbrennungskraftmaschine" * dieser Schriftenreihe oder dem in der deutschsprachigen Literatur auch noch verwendeten Ausdruck "Brennkraftmaschine" /2/ identisch ist. Eine Normung von Begriffen ist sicherlich sinnvoll und erstrebenswert, doch kann man an diesem Beispiel, aber auch aus vielen anderen, ersehen, daß der Sprachgebrauch durch landsmannschaftliche oder sogar Firmengebundenheit eine größere Vielfalt zeigt, als eine Norm darzustellen vermag. Den philosophierenden Motorenbauern mag dies tröstlich erscheinen; eine Sprache, die in Bewegung ist, die lebt, die neue, treffendere Begriffe schafft, befaßt sich auch mit lebenden, sich verändernden Dingen. Erscheint auch vielen Außenstehenden der Verbrennungsmotor durch seine

* Siehe auch Namensgebung der Forschungsvereinigung der Otto- und Dieselmotorenhersteller der Bundesrepublik Deutschland "Forschungsvereinigung Verbrennungskraftmaschinen e. V."

konstante Grundkonzeption als erstarrt und als Maschine von gestern, so wissen doch alle, die mit dieser Maschine verbunden sind, daß die Verbrennungskraftmaschine in der flüchtigen Zeit unserer sich verändernden Welt ein recht munteres Leben führt und daß wir, die wir dieses technische Kind führen und leiten, noch recht viel lernen müssen, um die Vorgänge und Zusammenhänge in der Verbrennungskraftmaschine recht zu verstehen und zu deuten.

Da in der Nachkriegszeit die englische Sprache mehr und mehr zur Verständigungssprache unter Technikern der ganzen Welt herangereift ist, war es angebracht, in den Tabellen 6.5 - 6.9, die die wichtigsten Begriffe der Verbrennungskraftmaschine tabellarisch aufzählen, auch die englischen und französischen Fachausdrücke für die aufgeführten Begriffe mitaufzunehmen. Dadurch wird auch dem werdenden Fachmann der Einstieg in die internationale Literatur erleichtert.

Für die Begriffe der "Teile für Hubkolbenmotoren" sei auf die DIN-Norm 6260, Blatt 1 - 6, verwiesen, hinsichtlich der Normbezugsbedingungen und Angaben über Leistung, Kraftstoff- und Schmierölverbrauch ist DIN 6271 anwendbar. Die allgemeinen Formelzeichen sind in DIN 1301 genormt. Sofern sich im Verbrennungskraftmaschinenbau jedoch abweichende Formelzeichen eingebürgert haben, werden diese verwandt, um die Lektüre des Buches für den Fachmann zu erleichtern. Auf die in diesem Band verwendeten Formelzeichen wird im Abschnitt 1.3 eingegangen.

Letztlich muß noch auf eine Reihe von ISO-Standards verwiesen werden, die in den letzten Jahren im Rahmen der internationalen Verbindungen immer größere Bedeutung gewinnen. Auch die Arbeitsunterlagen der CIMAC (CONSEIL INTERNATIONAL DES MACHINES A COMBUSTION) stellen im internationalen Vergleich wertvolle Hilfen dar.

1.3 Hauptabmessungen, Kennwerte u. Formelzeichen

Unter den Hauptabmessungen einer Hubkolben-Verbrennungskraftmaschine versteht man den Zylinderdurchmesser d und den Kolbenhub s, die in Verbindung mit der Bauart, dem Zylinderabstand a, dem Verhältnis vom Kurbelradius zur Pleuelstangenlänge - dem sogenannten Pleuelstangenverhältnis λ_{PL} - und der Zylinderzahl z grob die Abmessungen des Hubkolbenmotors ergeben. Mit einer vorgegebenen Drehzahl n und einem angestrebten mittleren Effektivdruck p_e auf der Kolbenfläche A errechnet sich die Leistung des Motors.

Nun werden in der Regel nicht die Hauptabmessungen frei gewählt, und man überläßt es nicht den Geschehnissen der Entwicklung, welche Leistung ein Motor einmal bringen wird. Vielmehr ist es gerade die Forderung nach einer Leistung, die in Verbindung mit anderen Werten wie Drehzahl, Gewicht usw. am Anfang der Entwicklung einer Verbrennungskraftmaschine steht (siehe Abschnitt 5). Die Ermittlung der Hauptabmessungen und der anderen bestimmenden Parameter setzt deshalb oft einen langwierigen Entscheidungsprozeß voraus, da - wie wir später sehen werden - nicht alle Randbedingungen frei wählbar sind. Kommen dann noch andere Gesichtspunkte wie projektierter Verwendungszweck, Wirtschaftlichkeit, Betriebssicherheit, Fertigungsmöglichkeit und -kapazität u. a. m. als Auslegungskriterien hinzu, so engt sich der Spielraum für den Konstrukteur immer mehr ein. Je nach Komplexität der unterschiedlichsten Anforderungen wird der projektierte Motor mehr oder minder eine Kompromißlösung sein, die bei gelungener Konstruktion zu einer optimalen Lösung für das Hauptanwendungsgebiet tendiert, ohne diesen Motor für die anderen projektierten Anwendungsgebiete unverwendbar zu machen. Es ist deshalb notwendig, sich über die Randbedingungen zur Entwicklung eines neuen Motors vorab Klarheit zu verschaffen, will man nicht am Markt vorbeibauen, da die Zeiten freien Schaffensgeistes, dessen Produkte schon einmal einen Abnehmer finden werden, in unserer durch Zwänge und Planungen eingeengten Welt vorbei sind.

Der Stand der Technik wird am besten durch Kennwerte dokumentiert. Die Kenntnis über Stand und Tendenzen dieser Kennwerte ist deshalb empfehlenswert. Kennwerte sind Datensammlungen von physikalischen Zusammenhängen, die mittels einer Modellvorstellung von einem Motor auf den anderen übertragbare und somit vergleichbare Werte ergeben. Aus der Grundlagenforschung sind uns derartige Modellgesetze, die sich z. B. in der REYNOLDS-Zahl, der MACH-Zahl und der NUSSELT-Zahl widerspiegeln, bekannt. Bei der Verbrennungskraftmaschine sind es dagegen nun vielfach vereinfachte Werte, die nur einen bedingten Modellcharakter tragen und meist nicht einmal dimensionslos sind, sich jedoch zum Vergleich der Motoren dennoch recht gut eignen. Die Komplexität der Vorgänge und Zusammenhänge in der intermittierend arbeitenden Hubkolbenmaschine macht ja gerade die Vergleichbarkeit so schwer, da es nicht e i n Modellgesetz gibt, nach dem sich alles zu fügen hat, sondern - bisher offensichtlich - deren mehrere, wodurch eine Optimierung in praxi so schwer fällt. In den Ähnlichkeitsbetrachtungen des Abschnittes 2 wird auf die Kennwerte eingegangen, deren gegenseitige Priorität von Fall zu Fall geprüft werden muß.

Wenn es Motoren gibt, die auf dem Markt nicht so gehen, wie es sich die Marketing-Abteilung gedacht hat, so handelt es sich in den wenigsten Fällen um ein schlechtes Produkt oder eine Unzulänglichkeit der ausführenden Ingenieure, sondern oft ist es ein Mangel an Zielsetzung, ein Mangel an Prioritätensetzung, eine Fehlinterpretation des Marktes. Erfüllt eine falsche Zielsetzung dann nicht zufällig die Bedürfnisse einer anderen Ziel-Gruppe, so läßt der Markterfolg lange auf sich warten, und eine Anpassung an vorher nicht bedachte Einsatzfälle ist ungewöhnlich teuer. Die häufigen Änderungen an schon langlebigen Motoren sind dann auch keine Späterkenntnisse einer Fehlkonstruktion, sondern eine Anpassung an den sich wandelnden Markt, an sich ändernde Forderungen, an die durch Kunden und Konkurrenz geschaffene Marktlage. Diesen Wandel jedoch nicht frühzeitig genug zu erkennen, kann ein ungeheurer Mangel sein, weswegen die leitenden Entwicklungsingenieure eines Unternehmens die Marktbeobachtung nicht allein den dafür eingerichteten Stabsabteilungen überlassen sollten. Der Grat zwischen physikalisch unerfüllbaren Forderungen und machbaren Dingen ist im Verbrennungskraftmaschinenbau heute so schmal geworden, daß man die Zukunft eines Unternehmens nicht einer marktbeobachtenden Statistik, einem Beratungsbüro oder einer Kundenbetreuung überlassen kann. Der Markt ist zwar ein sehr feinfühliges Instrument und zeigt auch geringe Änderungen der Lage sehr exakt an - er zeigt jedoch nur das Heute und gibt, wenn überhaupt, nur verschlüsselt Hinweise auf das Morgen. In der Entwicklung muß man jedoch agieren, nicht reagieren - man kann sonst leicht zu spät kommen (und übereilte Entwicklung bindet oft viel Kapital).

Die Kenntnis der Kennwerte und deren zukünftige Entwicklung sind also nicht allein Auswahl-Kriterien für einen an der Zukunft orientierten Entwicklungsingenieur, sondern geben den Männern an der Front, wie sich die Verkaufsingenieure oft bezeichnen, Auskunft über das von ihnen vertriebene Produkt und die Grenzen der Machbarkeit. Echte Kundenberatung kann nur bei Beachtung der physikalischen Zusammenhänge Früchte tragen. Die richtige Auswahl der entscheidenden Kennwerte (Kapitel 2 und 4) in Verbindung mit einer auf die Bedürfnisse projektierten Zielsetzung ist dann der entscheidende Punkt, der aus einem fleißigen Konstrukteur einen Manager mit Weitblick, aus einem intelligenten Forschungs- und Entwicklungsingenieur diejenige Führungskraft macht, der sich die Belegschaft und das Kapital eines Unternehmens in Ruhe anvertrauen können.

Obwohl die "Zeit" weder Hauptabmessung noch Kennwert der Verbrennungskraftmaschine ist, sollte man diese bei der Entwicklung einer Verbrennungskraftmaschine nicht vergessen. Auch ein gut eingespieltes Team benötigt für ein Serienprodukt 4 bis 5, ja auch 7 Jahre - wenn es sich nicht um einen schlichten Nachbau handelt -, um es marktgerecht ausreifen zu lassen. Wohl gibt es Beispiele für kürzere Zeiten, aber auch viele für längere Zeiten, so daß man sich nicht der Utopie hingeben sollte, durch Massierung von Mensch und Kapital hier wesentliche Zeitverkürzungen herausarbeiten zu können.

Um die Beziehungen und Abhängigkeiten deutlich zu machen, bedient man sich in der Technik der Formeln, die den physikalischen Zusammenhang einzelner meßbarer Größen angeben und auch eine zahlenmäßige Auswertung ermöglichen. Um die Formel durch Niederschrift der Begriffe nicht undurchschaubar zu machen, bedient man sich der sogenannten Formelzeichen, die entweder durch Normen oder Überlieferung eingeführt sind. In den Tabellen 6.10 bis 6.15 sind die wichtigsten Formelzeichen und bei den Kennwerten die physikalischen Abhängigkeiten der Verbrennungskraftmaschine mit Erläuterungen aufgeführt. Sofern die Darstellungsweise es erlaubt, sollen sie konsequent angewandt werden, gegebenenfalls werden die notwendigen Erklärungen hinzugefügt.

2 Ähnlichkeitsbeziehungen der Verbrennungskraftmaschine

Stand der Kenn- und Vergleichswerte – Stand der Technik der Verbrennungskraftmaschine

Zur Festlegung der Konstruktionsgrunddaten, zu denen die Hauptabmessungen (der Kolbendurchmesser - oder die Zylinder-Bohrung - d und der Kolbenhub s), aber auch die Drehzahl n und der effektive Mitteldruck p_e, das Arbeitsverfahren (Zweitakt oder Viertakt) sowie die Zylinderzahl des Motors gehören, dient eine Reihe von Erfahrungs- und Vergleichswerten, die durch den Stand der Technik, durch spezielles Firmen-know-how und die vorhandenen Fertigungsmöglichkeiten geprägt ist.

Ähnlichkeitsbeziehungen haben im Verbrennungskraftmaschinenbau und bei der Beurteilung von Motoren einen hohen Stellenwert, weil bei den komplexen Zusammenhängen des intermittierenden Verbrennungsablaufes und der oszillierenden Bewegungen eine absolute Aussage schwerfällt und man deshalb seit Beginn der Verbrennungskraftmaschine die Motorenbaureihen v e r g l e i c h e n d wertet. Zum gerechten Vergleich gehören jedoch physikalisch vertretbare Ähnlichkeitsbeziehungen; die Vergleichsgrößen sind so zu wählen, daß sie von der Maschinengröße möglichst unabhängig sind.

Wenn man im nachfolgenden von Ähnlichkeitskriterien spricht, so muß man sich darüber im klaren sein, daß e i n Kennwert allein niemals die Vergleichbarkeit mit anderen Maschinen sicherstellen kann, erst der Vergleich möglichst vieler Kennwerte gibt Auskunft über den Belastungsgrad eines Motors oder die Eignung für einen besonderen Verwendungszweck. Der Einklang der Vergleichswerte mit üblichen Daten oder deren (vorsichtige) Extrapolation kann im Laufe der Entwicklung eines Motors jedoch nicht einmal eine detaillierte Untersuchung aller Einzelteile sowie Versuche und Kontrollen ersparen. Vergleichbar niedrige Kennwerte garantieren nicht einen auf Anhieb laufenden Motor; die hier dennoch auftretenden Schwierigkeiten sind jedoch vom Fachmann leichter zu meistern als bei einer Verbrennungskraftmaschine an den Grenzbereichen bekannter Zusammenhänge und Daten. Die Kenn- und Vergleichsgrößen, die eine Ähnlichkeitsbeziehung bestimmter Baugruppen herstellen sollen, eignen sich deshalb für den Vergleich im Entwurfsstadium, als Gradmesser für die zu erwartenden Schwierigkeiten in der technischen Entwicklung oder zum Einordnen eines Motors in den Stand der

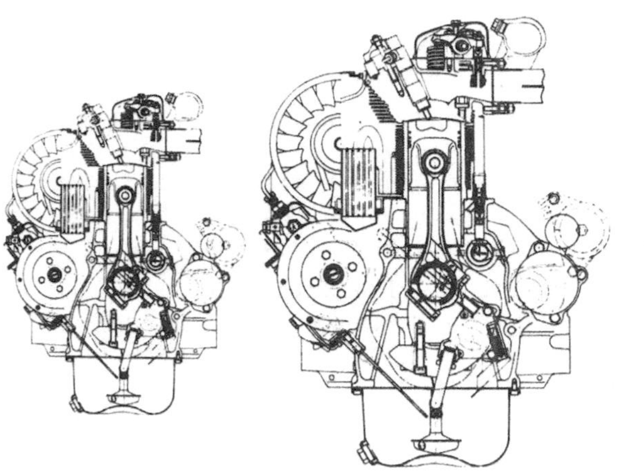

Abb. 2.1: Geometrische Ähnlichkeit zweier Motoren

Technik. Schließlich kann man damit noch abschätzen, in welchem Maße ein vorhandener Motor noch und in welcher Richtung ausbaubar ist.

Von einer geometrischen Ähnlichkeit sprechen wir, wenn Maschinen annähernd gleicher Bauart, aber von verschiedener Größe so konstruiert sind, daß ihre Abmessungen in einem linearen Verhältnis zueinander stehen (Storchschnabel, Abb. 2.1). Dies findet man bei Einzelbauteilen in den groben Abmessungen geradezu als Charakteristikum der Hubkolben-Brennkraftmaschine (Kolben, Pleuel, Kurbelwelle), doch gibt es bei näherem Zuschauen schon erhebliche Differenzierungen; deshalb finden wir in der Praxis auch keine absolut geometrisch ähnlichen Motorenbaureihen, auch wenn sie in vielen Einzelheiten geometrisch ähnlich sein mögen. Kennwerte, die durch Vergleich der Abmessungen allein auf die geometrische Ähnlichkeit abzielen (z. B. Hubverhältnis, Schubstangenverhältnis, relativer Zylinderabstand u. a. m.), können deshalb nur beschränkten Aussagewert haben, weil die Bauteile derart ähnlicher Motoren vollkommen unterschiedlichen Beanspruchungen unterliegen können.

Bei den Beanspruchungen unterscheiden wir zwischen mechanischen und thermischen Beanspruchungen, wobei die mechanischen Werkstoffanstrengungen durch die Gas- und Massenkräfte und den daraus resultierenden dynamischen Zusatzbelastungen verursacht werden, während die thermischen Spannungen als Folge ungleichmäßiger Temperaturverteilung und deren Wechsel vor allem durch die unterschiedlichen Betriebszustände der Verbrennungskraftmaschine auftreten. Es gibt eine ganze Reihe von Bauteilen, die praktisch nur mechanisch beansprucht werden (Kurbelwelle, Pleuelstange, Kurbelgehäuse usw.) und wiederum andere, deren Gütesiegel durch thermische Dauerstandsfestigkeit geprägt wird, wie z. B. Kolben und Zylinderköpfe. Letztere sind zwar nicht frei von mechanischen Spannungen, jedoch hat sich gezeigt, daß die besonderen Schwierigkeiten der Auslegung dieser Bauteile in der thermischen Beanspruchung und den sinkenden Festigkeiten bei höheren Temperaturen liegen.

Von einer mechanischen Ähnlichkeit wird gesprochen, wenn die Bauteile einer Maschine in etwa mechanisch gleich beansprucht werden, das heißt, wenn in den Bauteilen der Motoren annähernd gleiche Beanspruchungen (Spannungen, Anstrengungen) auftreten. Aus der Festigkeitsrechnung wissen wir, daß die Beanspruchung aus den durch das Bauteil geleiteten Kräften und Momenten resultiert. Als Kräfte treten in der Verbrennungskraftmaschine die Gas- und Massenkräfte auf, weshalb schon der maximale Verbrennungsdruck (Zünddruck) oder auch der Massendruck (Massenkraft/Kolbenfläche) als Vergleichsgröße angesehen werden können. Treten gleiche Verbrennungsdrücke und Massenkräfte pro Kolbenflächeneinheit in geometrisch ähnlichen Maschinen auf, so ist die Spannung gleich. Bei gleichen zulässigen Spannungen ergeben sich gleiche Sicherheiten, die ja eine typische Vergleichsgröße darstellen. Nun sind die zulässigen Spannungen auch baugrößenabhängig - was die meisten Kennwerte nicht berücksichtigen -, so daß man bei der Auftragung von Kennwerten über der Baugröße in der Regel eine abfallende Tendenz feststellt, die aus den genannten Gründen nicht allein auf das größere Sicherheitsdenken des Großmotorenbaues zurückzuführen ist.

Sind Motoren geometrisch und mechanisch total ähnlich, ergeben sich gleiche Kennwerte wie die später erläuterten spezifischen Leistungen, spezifischen Bauvolumina, etc. Die Feinheiten einzelner Baukonzepte kann man mit diesen Kennziffern sehr gut beurteilen, doch sollte man nicht in den Fehler verfallen, die Qualität eines Motors allein in der Höhe seiner spezifischen Kenndaten zu beurteilen.

Nun ist die mechanische Beanspruchung aber nicht das einzige Kriterium, nach dem Verbrennungskraftmaschinen vergleichend beurteilt werden können. Nicht minder wichtig ist nämlich die thermische Beanspruchung der den heißen Gasen ausgesetzten Teile der Maschine. Diese Frage ist erheblich schwieriger zu beantworten, weil hier nicht nur die Werkstoffestigkeit und der Temperaturverlauf der Gase im Brennraum eine Rolle spielen, sondern auch die Wärmeübergangszahlen, die Wärmeleitwege und die Intensität der Kühlung. Die hieraus abgeleiteten Kennwerte, die man unter dem Begriff "thermische Ähnlichkeit" zusammenfassen könnte, sind deshalb mehr als Grenze des Erreichten anzusehen, ohne die Zusammenhänge, wodurch dies erreicht wurde, vollkommen darzustellen.

Letztlich stellt der Preis eine in der freien Marktwirtschaft nicht zu unterschätzende Vergleichsgröße dar. Nur in Ausnahmefällen wird man bereit sein, hier große Konzessionen zu machen. Bei Sonderfällen und Spezialwünschen ist sicherlich ein Aufpreis durchsetzbar, dessen Höhe jedoch stets von der Konkurrenzlage abhängen wird.

Der Preis einer Verbrennungskraftmaschine ist für den Naturwissenschaftler eine so unglückselige Vergleichsgröße, weil er - durch Erfahrung geprägt - im Gegensatz zu manchen Beteuerungen nicht davon überzeugt ist, daß der Verkaufspreis unbedingt etwas mit den Herstellkosten zu tun hat. Vielmehr gibt der Preis den momentanen Marktwert eines Produktes an, der - sicherlich - auf die Dauer nicht unter den Herstellkosten liegen kann. Doch auch von diesem Zusammenhang kann man schnell geheilt werden, wenn man an die Subventionswirtschaften in manchen Teilen unserer Welt denkt.

Doch selbst wenn es gelänge, die Herstellkosten von den Herstellern zu erfragen, würde dies kein allgemeingültiges Ergebnis über die Güte der Konstruktion ergeben, da die Kosten weitgehend von den Fertigungsanlagen abhängen. Wenn dennoch in diesem Band vereinzelt etwas über den Preis gesagt wird, so nur, um die grundsätzliche Tendenz erkennen zu können und um uns daran zu erinnern, daß der Preis für die von uns zu entwickelnden Produkte einen maßgeblichen Faktor in unserem Wirtschaftsleben darstellt, den gering zu achten schon manche Firma an den Rand des Ruins oder zur Aufgabe gebracht hat. Betrachtet man den Verbrennungskraftmaschinenbau - und hier insbesondere den europäischen Diesel-Motoren-Markt - unvoreingenommen in seiner Konkurrenzsituation, so wird man um die Feststellung nicht herumkommen, daß wir auf diesem Gebiet einen echten Verbrauchermarkt mit vielen Konkurrenten haben, die Gewinnspannen sind schon bei dem Umsatzstärksten gering; in manchen Fällen wird auch nur noch von der Subvention gelebt. Der Markt von Verbundeinheiten, bei denen der Verbrennungsmotor als Kraftmaschine nur einen Teil einer Anlage darstellt - wie z. B. im Automobil- und Bootsbau, in der Landtechnik und bei Baumaschinen -, scheint in der Regel noch mit etwas höheren Gewinnerwartungen operieren zu können.

Größere Gewinnchancen hat man auch, wenn man die Verbrennungskraftmaschine im Verband in einer Anlage verkaufen kann, z. B. als Antriebssystem, als Generatorsatz mit allen elektrischen Einrichtungen im Verbund als Kraftstation, als Schiffsantriebsanlage mit Getriebe und Wellenanlage. Hiervon leben eine Anzahl mittelgroßer Firmen, die ihr know how mit gekonntem Zusammenstellen einzelner Maschinen zu einer funktionsfähigen Anlage verkaufen.

Dies alles kann jedoch im Motorenpreis wenig Niederschlag finden. Service-Netze und andere Hilfen im täglichen Betrieb sowie anerkannt gute Betriebserfahrungen machen manchen teuren Motor besser verkäuflich als einen papiermäßig gleich guten aber billigeren, der diese Stützen nicht besitzt.

So ist der Preis z. B. als Kenngröße in $/kW eine noch viel unsicherere (und deshalb oft im Konkurrenzkampf als Waffe benutzte) Vergleichsgröße als alle vorgenannten physikalisch nachmeßbaren Bezugsgrößen. Es ist jedoch in jedem Fall höchst interessant zu eruieren, warum man für den einen Motor einen höheren Leistungspreis durchsetzen kann als für einen anderen. Auch hier spielen Emotionen und Bindungen der beteiligten Menschen eine viel größere Rolle, als man in unserem "aufgeklärten Zeitalter" denken sollte.

2.1 Modellgesetze und Kennwerte

Auf Grund der vorgenannten schwierigen Zusammenhänge beim Wirken der Verbrennungskraftmaschine haben sich eine große Anzahl von Vergleichswerten in der Motorentechnik eingebürgert. Dies macht den kritischen Vergleich von Verbrennungskraftmaschinen besonders schwierig, denn es wird keinen Motor geben, der in allen Kenndaten die zur Zeit optimalen Werte erreicht. So gilt es abzuschätzen, welche Kenndaten für welchen projektierten Einsatzfall von besonderer Bedeutung sind. Das Gewicht pro Leistungseinheit wird bei einem Flugmotor von entscheidenderer Bedeutung sein als bei einem stationären Kraftwerksmotor, der Preis pro Leistungseinheit für einen serienmäßigen Pkw-Motor wichtiger als bei einem Panzermotor. Die wichtigsten Vergleichswerte sollen nachfolgend besprochen werden.

Es ist versucht worden, anhand von 377 OTTO-Motoren für den Pkw-Einsatz, 176 Motoren aus Krädern und 1109 DIESEL-Motoren sowie 52 Kleinst- (Diesel- und Glühkerzen) Motoren aus dem Modellbereich den Stand der Kennwerte und damit den Stand der Technik zum Jahreswechsel 1977/78 festzuhalten.

Die im folgenden noch zu beschreibende Datensammlung gibt den Stand der heute käuflichen Motoren wieder, d. h. Leistungen aus dem Entwicklungsstadium zukünftiger Motorenbaureihen oder einzelne Sondermotoren (Rennmotoren, speedway-Einsatz oder leistungsverbesserte Motoren einiger bekannter Tuningfirmen etc.) finden darin keinen Niederschlag. So werden auch nicht die in der Regel hohen spezifischen Werte von Ausnahmemotoren (Formelrennwagen, Rallyes, dirt track, Motorcross etc.) in den Graphiken wiedergegeben, und ebenso konnten die nur noch in geringen Stückzahlen hergestellten Flugkolbenmotoren auch nur von Fall zu Fall mit aufgenommen werden. Wie nicht anders zu erwarten war, zeigen sich bei vielen Kenngrößen recht breite Streubereiche, so daß durch Unterteilen nach verschiedenen Kennmerkmalen wenigstens ein typisches Charakteristikum herausgearbeitet werden mußte.

Noch mühseliger ist es, die zeitliche Entwicklung von Kennwerten zu verfolgen, da man nur durch statistische Auswertung von Motorenkennwerten über Jahrzehnte eine Tendenz korrekt erkennen kann, um daraus auf die Zukunft zu schließen. Dies ist im Abschnitt 2.6 nur unvollkommen gelungen, ermöglicht jedoch auch so interessante Interpretationen und Extrapolationen.

2.1.1 Leistung der Hubkolben-Verbrennungskraftmaschine

Verbrennungskraftmaschinen werden zur Erzeugung mechanischer Energie gebaut und gekauft. Die landläufige Meßgröße ist die mechanische Leistung P (kW), die als effektive Leistung P_e (kW) (Nutzleistung) am Kurbelwellenflansch abzunehmen ist. Diese Leistung sollte sich aus den Konstruktionsgrunddaten des Motors errechnen lassen. Will man den Einfluß dieser Grundkonstruktionsdaten auf die Leistung abschätzen, so ist es gut, die Zusammenhänge zu kennen.

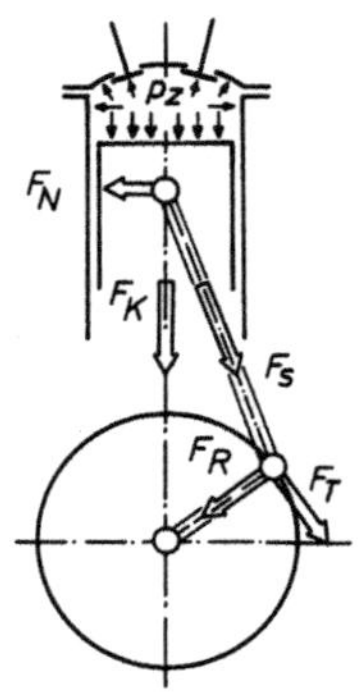

Abb. 2.2: Wirkungsweise der Hubkolben-Brennkraftmaschine

Der beim Vergasermotor in der Luftladung mitgeführte, bei Einspritzmotoren in Luftleitung oder Brennraum eingespritzte Kraftstoff wird beim OTTO-Motor durch Fremdzündung (Zündkerze) und beim Dieselmotor durch Selbstzündung nach Einspritzen knapp vor Ende des Kompressionshubes zur Verbrennung gebracht. Die dabei freiwerdende chemische Energie erhitzt die Ladung auf etwa 2000 bis 2500 K. So werden erhebliche Drücke ($p \approx 50 - 150$ bar) im Zylinderraum erzeugt (Spitzendruck, auch Zünddruck p_z bezeichnet), die in dem sich vergrößernden Zylinderraum des nach U.T. gehenden Kolbens unter Abgabe mechanischer Energie an die Kurbelwelle absinken (Abb. 2.2). Nach Ausstoßen der verbrannten Ladung und dem Einbringen einer neuen Ladung beginnt nach der nächsten Kompression eine neue Zündung.

Einen kompletten Zyklus nennt man ein Arbeitsspiel, das beim Hubkolbenmotor die Vorgänge von einer oder zwei Kurbelwellenumdrehungen beinhaltet. Beim Zweitaktverfahren wird der Ladungswechsel in der Nähe des unteren Totpunktes durch Schlitze oder Ventile vorgenommen (Abb. 2.3), so daß sich bei j e d e m Aufwärtshub des Kolbens (Kompression) eine mehr oder minder frische Ladung im Zylinderraum befindet und

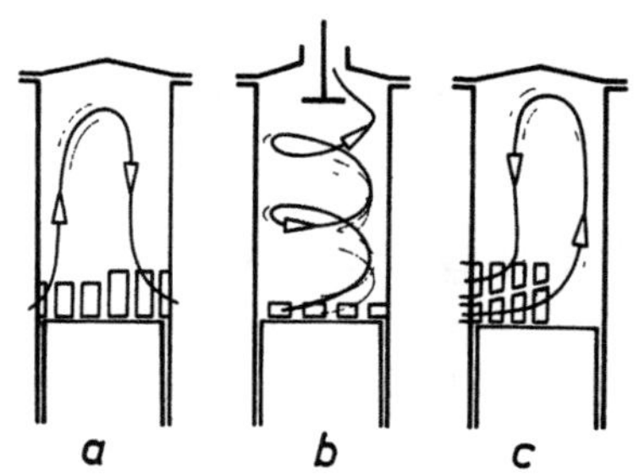

Abb. 2.3: Spülverfahren für Zweitaktmotoren
a) Querspülung
b) Gleichstromspülung
c) Umkehrspülung

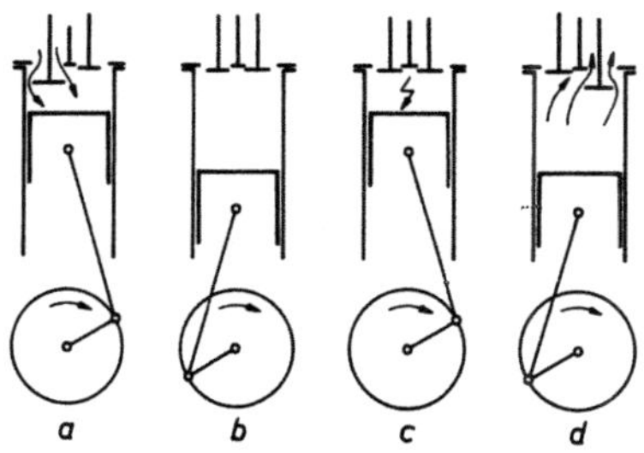

Abb. 2.4: Das Viertaktverfahren der Verbrennungskraftmaschine a) Ansaugen b) Verdichten c) Verbrennen d) Ausschieben

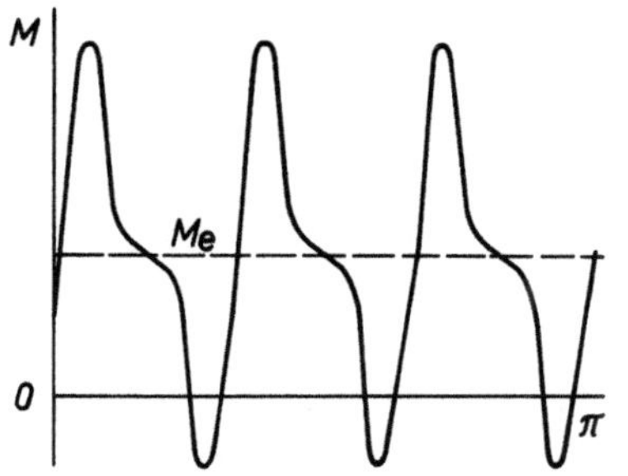

Abb. 2.5: Drehmomentenverlauf eines 6-Zylinder-Motors

somit je Umdrehung ein Arbeitstakt möglich ist. Der Viertaktmotor nimmt sich für den Ladungswechsel erheblich mehr Zeit, er läßt das Abgas nicht nur in die Abgasleitung auspuffen und den Verbrennungsraum durch unter Druck stehende Ladung ausspülen wie der Zweitaktmotor, sondern schiebt im Aufwärtshub (Ausschiebetakt) die verbrannte Ladung aus dem Zylinderraum (Abb. 2.4), so daß nur noch der Kompressionsraum V_c von den verbrannten Gasen angefüllt sein kann (bei aufgeladenen Viertaktmotoren wird auch dieser noch durch die vorverdichtete Ladung zum Teil ausgespült). Beim Abwärtsgang des Kolbens (Saugtakt) saugt dieser frische Ladung in den Zylinderraum, so daß bei der nachfolgenden Kompression eine weitgehend reine Ladung im Zylinder vorliegt. Der Arbeitszyklus dauert aber entsprechend länger (zwei Umdrehungen) bei nur einem arbeitsleistenden Takt. Bei gleichen Druckverläufen und gleicher Drehzahl n (Kolbengeschwindigkeit v) ergibt sich also beim Viertaktmotor pro Zeiteinheit auch nur die halbe Arbeit, ein Nachteil, durch den der Erfindergeist immer wieder beflügelt wird, Zweitaktmotoren zu entwerfen und zu bauen.

Die auf den Kolben wirkenden Gasdrücke erzeugen in Verbindung mit den wirkenden Massenkräften entsprechend der Kinematik des Kurbeltriebes radiale und tangentiale Kräfte wechselnder Größe und Richtung an der Kurbelkröpfung. Aus den tangentialen Kräften leitet sich ein Drehmoment wechselnder Größe ab (Abb. 2.5). Aus dem zeitlichen Integral dieses Drehmomentes, gebildet über einem Zyklus, läßt sich eine positive Überschußarbeit ermitteln, die das mittlere Drehmoment M_e (Nutzdrehmoment) und die daraus abgeleitete Nutzleistung P_e ergibt. Das dem mittleren Drehmoment überlagerte, wechselnde Drehmoment wird als Wechseldrehmoment M_w bezeichnet. Bei niedrig zylindrigen Maschinen sind die Drehmomentenschwankungen relativ groß, ein annähernd gleichmäßiger Lauf ist deshalb nur über eine Schwungmasse (Schwungrad) zu erzeugen. Bei mehrzylindrigen Maschinen überlagern sich die Wechseldrehmomente der einzelnen Zylinder derart, daß die Ungleichförmigkeit des Gesamtwechseldrehmomentes immer kleiner und das mittlere (effektive) Nutzdrehmoment immer größer wird. Erwähnenswert ist in diesem Zusammenhang die Tatsache, daß es bis zum 8-Zylinder-Motor immer noch Phasen negativen Drehmomentes gibt. Nun ist das Integrieren der Tangentialkraft zwar kein unüberwindliches Hindernis, doch ist dies für eine Überschlagsrechnung nicht nur ein vermeidbarer Aufwand, sondern im Entwurfstadium ohne Kenntnis des Verbrennungsablaufes auch nur eine rein theoretische Übung, zumal man über die Reibungsverluste auch nur Schätzungen anstellen kann.

Die Leistungserzeugung der Verbrennungskraftmaschine kann man sich aber e r s a t z w e i s e als die Arbeitsleistung eines hin und her gehenden Kolbens mit einem während des Arbeitstaktes konstanten Gasdruck vorstellen. Der als Vergleichswert wirkende Gasdruck wird als mittlerer Effektivdruck (p_e - p_{me} -) bezeichnet und erzeugt längs des Weges des Hubes s des Arbeitstaktes, auf dem Kolbenquerschnitt $A = \pi/4 \cdot d^2$ wirkend, die Kolbenkraft F und die Arbeit

$$L = F \cdot s = A \cdot p_e \cdot s \qquad (2.1)$$

Bezeichnet man mit T die Taktzahl des Motors und mit n die Drehzahl der Kurbelwelle, dann wird die Arbeit nach (2.1) in dem Zeitintervall $f = 60/n \cdot T/2$ geleistet. Damit ergibt sich die effektive Leistung eines Zylinders

$$P_e = \frac{A \cdot p_e \cdot s \cdot n}{60 \cdot T/2} \qquad (2.2)$$

oder mit dem Zylindervolumen V_h = A·s und mit z = Zylinderzahl

$$P_e = \frac{z \cdot V_h \cdot p_e \cdot n}{30 \cdot T} \qquad (2.3)$$

Setzt man in die Formel V_h in cm^3, p_{me} in kp/cm^2, n in U/min und will die Leistung in PS erhalten, so ergibt sich für den 4-Takter die altbekannte Formel

$$P_e = \frac{z \cdot V_h \cdot p_e \cdot n}{900\,000} \,[PS] = \frac{z \cdot V_h \cdot p_e \cdot n}{1.224 \cdot 10^6} \,[kW] \qquad (2.4)$$

und

$$P_e = \frac{z \cdot V_h \cdot p_e \cdot n}{450\,000} \,[PS] = \frac{z \cdot V_h \cdot p_e \cdot n}{0.612 \cdot 10^6} \,[kW] \qquad (2.5)$$

für den Zweitaktmotor.

Der fiktive Wert p_e hat sich als wertvoller Vergleichswert erwiesen, zeigt er doch die Ausnutzung des Zylinderraumes während eines Arbeitstaktes. Zwar gibt es keine festen Werte für den erreichbaren effektiven Mitteldruck, doch gibt es eine Reihe von Anhaltswerten (Abschnitt 2.1.2), aus denen mit ausreichender Genauigkeit die erzielbare Leistung vorausberechnet werden kann, bzw. sich festlegen läßt, mit welchen Hauptabmessungen man die verlangte Leistung mit bekannten Mitteln erzielen kann.

Nach dieser Formel sind die Konstruktionsdaten Hubvolumen V_h (d, s), mittlerer Effektivdruck p_e (Aufladegrad), Drehzahl n und Taktzahl T zur Erzielung einer vorgegebenen Leistung wählbar. Daß dies weitgehend möglich ist, beweist die Praxis mit Renn-, Pkw-, Lkw- und Schiffsmotoren praktisch gleicher Leistung, aber durchaus unterschiedlicher Konstruktion, d. h. unterschiedlicher Kombination der in Formel (2.3) stehenden Daten.

Es gibt technische Einschränkungen in der Kombination der Daten der Leistungsformel, die zu kennen vorteilhaft ist, soll der gutgemeinten Konstruktion in der praktischen Anwendung nicht die bittere Enttäuschung folgen.

Die erreichbare Leistung P_e und damit der wirksame effektive Mitteldruck p_e sowie die mittlere Kolbengeschwindigkeit v_m hängen von einer Reihe von Grenzbedingungen ab, auf die noch später eingegangen wird. Es sind dies - grob gesagt - Begrenzungen durch Spannungen, Verschleiß, Verbrauch (Verbrennung), Abgase und eventuell auch Geräusche, die je nach Einsatzort und Einsatzart verschieden gewichtig sind. Zulässige Spannungen und der Verschleiß werden zudem von den Lebenserwartungen des Motors tangiert, so daß eine ganze Reihe von beschränkenden Parametern auftreten, die ein und demselben Motor durchaus unterschiedliche Grenzleistungen zumessen. Daraus haben sich eine Reihe von Leistungsdefinitionen ergeben, die den Verbraucher oft verwirren, jedoch aus den vorgenannten Zusammenhängen entstanden sind. In DIN 6270 sind dies für größere Motoren vor allem die Dauerleistung A (P_A), die für jeweils eine Stunde pro 12 Stunden um 10 % überlastbar (Überleistung $P_Ü$) sein muß, und die Leistung B (P_B) als größte Nutzleistung, die ein Motor während einer bestimmten, seinem Verwendungszweck entsprechenden Zeit ohne Überlastbarkeit abgeben kann. Diese Leistung gilt allgemein für Arbeitsmaschinen mit stark wechselnden Belastungen. In DIN 6270 wird fernerhin eine Höchstleistung P_H definiert, die ein Motor ohne mechanische und thermische Überbeanspruchung 15 Minuten lang abzugeben vermag. Für Schienenfahrzeuge legt die UIC-Richtlinie 623-1 VE (UIC = Union Internationale des Chemins de Fer - Internationaler Eisenbahnverband -) eine "UIC-Leistung" und eine "größte Nutzleistung im Betrieb" fest. Für Kraftfahrzeuge sind in DIN 70020 eine Nutzleistung P_N an der Kupplung eines serienmäßigen unter bestimmungsgemäßen Betriebsbedingungen - d. h. einschließlich aller Hilfsaggregate - laufenden Motors und eine "größte Nutzleistung", die der Motor im thermischen Beharrungszustand abgeben kann, definiert. Der bekannte Unterschied zwischen DIN-PS und SAE-PS liegt nicht daran, daß eine Pferdestärke von ihnen leistungsfähiger wäre als die andere, sondern daran, daß nach SAE die Verlustleistungen für Hilfsaggregate (Lüfter, Pumpen etc.) in der Leistungsangabe nicht berücksichtigt werden.

In der "Umgangssprache" der Motorenbauer und -verkäufer haben sich noch eine Reihe anderer Leistungen eingebürgert. So werden aus der effektiven Kenntnis des Leistungs- und Anforderungsprofiles eines speziellen Einsatzfalles oft höhere Leistungen, sogenannte "maßgeschneiderte Leistungen" angeboten. Nun ist es hier allerdings so wie bei der Anwendung der Betriebsfestigkeitslehre: ein Nutzer, der seinen Gegenstand nicht statistisch abgesichert benutzt, d. h. einzelne Bauteile zwar möglichen aber nicht üblichen Anstrengungen hoher Häufigkeit unterwirft, hat ein kurzzeitiges Vergnügen an seinem Kauf. Wenn so die Mehrzahl der Eigner schneller Yachten glaubt, mit ihrer hohen "Yachtleistung" dann am schnellsten von Hamburg an den Sambesi zu kommen, wenn die Füllung am Anschlag liegt und der Tourenmesser Überdrehzahl andeutet, tut sie jedoch gut daran, die Küste in Sichtnähe zu behalten oder wie vor Jahrzehnten mancher stolze Automobilbesitzer feststellen mußte, daß sein Wagen wohl als nicht "autobahnfest" zu bezeichnen war.

2.1.2 Der mittlere Effektivdruck p_e

Werden bei den vergleichenden Betrachtungen die Vorgänge in den Gasen (Gemischaufbereitung, Zündung, Verbrennungsablauf) unabhängig von den Abmessungen der Brennkraftmaschine angenommen, so sind bei gleicher Füllung, gleichem Verdichtungsverhältnis und gleicher Ladeluftmenge die Gasdrücke gleich, also auch die Gaskräfte je Einheit der Kolbenfläche in jedem Hubabschnitt bei geometrisch ähnlichen Maschinen. Bei gleichem mechanischen Wirkungsgrad η_m sind auch die effektiven Mitteldrücke p_e gleich.

Der mittlere Effektivdruck p_e eines Motors richtet sich nach der Fülligkeit des Indikatordiagrammes (indizierter Druck p_i = mittlerer, ausplanimetrierter Druck aus dem Gasdruckverlauf im Zylinder) und den mechanischen Verlusten p_r der Verbrennungskraftmaschine. Die Verluste können je nach Wahl der Randbedingungen durchaus unterschiedlich sein (siehe Abschnitt 2.1.7). Vor allem ist die Relation zu der Leistung, das heißt dem effektiven Mitteldruck, sehr abhängig von der Drehzahl und dem Aufladegrad, auch von dem thermischen Zustand der Maschine, weniger jedoch von der Zylinderzahl oder dem Verbrennungsverfahren.

Der Mindestsauerstoffbedarf O_{min} und damit auch der Mindestluftbedarf L_{min} zur vollständigen Verbrennung eines kg Kraftstoffes richten sich nach der chemischen Zusammensetzung des Kraftstoffes (Massenanteile des Kraftstoffes c, h, s und o)

$$O_{min} = \left(\frac{c}{M_C} + \frac{h}{2M_{H2}} + \frac{s}{M_S} - \frac{o}{M_{O2}}\right) \left[\frac{kmol}{kg\ Kraftstoff}\right] \tag{2.6}$$

Das Luftverhältnis λ ist nach Definition die zugeführte Luftmenge bezogen auf die Mindestluftmenge L_{min}

$$\lambda = \frac{L}{L_{min}}$$

Setzt man die etwas vereinfachten Molekulargewichte der am Kraftstoff beteiligten Partner in die Formel (2.6) ein, so erhält man die für den praktischen Gebrauch ausreichende Formel

$$O_{min} = \left(\frac{c}{12} + \frac{h}{4} + \frac{s}{32} - \frac{o}{32}\right) \left[\frac{kmol}{kg\ Kraftstoff}\right] \tag{2.7}$$

Im Durchschnitt kann man für DIESEL- und OTTO-Kraftstoffe mit 0,857 - 0,860 kg c, 0,134 - 0,143 kg h und 0 - 0,008 kg s pro kg Kraftstoff rechnen, womit sich ungefähr O_{min} = 0,107 kmol/kg (2,40 Nm^3/kg oder 3,43 kg/kg) ergibt. Bei 21 Volumenprozent Sauerstoffgehalt der Luft errechnet sich daraus L_{min} = 11,44 Nm^3 Luft/kg Kraftstoff oder nach

$$G_L = V_h \cdot \gamma_L \cdot \eta_L \tag{2.8}$$

mit W_{H2O} als Masseanteil Wassergehalt der Verbrennungsluft $L_{min} \approx 14{,}75$ kg Luft/kg Kraftstoff. Sie gibt mit 1 kg Kraftstoff das stöchiometrische Gemisch mit dem Luftverhältnis $\lambda = 1$.

Das in ein Hubvolumen einbringbare Ladungsgewicht ist

$$L_{min} = \frac{O_{min} \cdot M_{O2}}{0.232\,(1 - W_{H2O})} \cong \frac{32 \cdot O_{min}}{0.232} \tag{2.9}$$

Der Liefergrad η_L *) wird durch die Ausbildung des Einlaßkanals und die Größe des Einlaßventiles bestimmt. Er liegt bei gut ausgebildeten Einlaßkanälen bei 88 - 92 %, bei Drallkanälen, die der in den Zylinder eintretenden Luft eine Drehbewegung (Drall) erteilen, sinkt der Liefergrad wegen der Verluste bei der Drallerzeugung auf 80 - 85 %. Drallkanäle haben für unaufgeladene und aufgeladene Dieselmotoren mit direkter Einspritzung wegen der Gemischaufbereitung große Bedeutung. Auch die Drehzahl spielt eine gewisse Rolle, so daß man bei hohen Drehzahlen durch entsprechende Ausbildung der Einlaßnocken Sorge für gute Liefergrade tragen muß. η_L ist also von der Ausbildung des Einlaßkanals und damit indirekt vom Verbrennungsverfahren abhängig; denn bei direkter Einspritzung werden bei schnellaufenden DIESEL-Motoren im allgemeinen Drallkanäle und bei indirekter Einspritzung (d. h. Vorkammer oder Wirbelkammer) normale Einlaßkanäle ohne Drall angewandt. Das eingebrachte Ladungsgewicht wird aber ebenso durch das spezifische Gewicht der Ladung bestimmt und hängt somit von Ladungstemperatur und Ladedruck ab.

Wieviel Kraftstoff man nun in der im Zylinder befindlichen Luft verbrennen kann, hängt aber nicht nur von dem eingebrachten Luftgewicht und der theoretisch zur restlosen Verbrennung des Kraftstoffes notwendigen Sauerstoffmenge, sondern auch vom verwendeten Verbrennungsverfahren der Brennkraftmaschine ab. Eine 100 %ige Verbrennung setzt eine gute Durchmischung voraus, damit daß jedes Kraftstoffteilchen den zur Verbrennung notwendigen Sauerstoff findet. Gelänge so eine 100 %ige Durchmischung, so brächte das Einbringen von mehr Brennstoff als dem stöchiometrischen Gemisch entspricht überhaupt keinen Leistungsgewinn, da die überschüssigen Bestandteile des zugeführten Kraftstoffes unoxidiert den Motor verließen. In praxi ist eine so vollkommene Mischung jedoch nicht möglich, so daß eine Übersättigung der Ladung die Möglichkeit erhöht, den ganzen in der Ladung befindlichen Sauerstoff zu binden, wobei man in Kauf nimmt, daß ein Teil des Kraftstoffes als unverbrannt ausgestoßen wird. Als Musterbeispiel kann hier der Benzin-OTTO-Motor angeführt werden, von dem bekannt ist, daß er unterstöchiometrische Gemische ($\lambda < 1$) in bezug auf Leistungsausbeute mit gutem Erfolg verarbeiten kann. Im Abgas des Ottomotors findet man CO_2, H_2O, CO, H_2 und unverbrannte Kohlenwasserstoffe in Gasform, z. B. CH_4, während Kohlenstoff in Form von Ruß im allgemeinen fehlt. Da diese Gase keinerlei Schädigungen im Zylinder verursachen, kann der Ottomotor mit Luftmangel betrieben werden, was bei flüssigen Kraftstoffen leistungsmäßig sogar den günstigeren Betriebszustand ergibt. Deshalb erreicht man mit unaufgeladenen Benzin-OTTO-Motoren auch viel höhere mittlere Effektivdrücke als mit einem Diesel-Motor. Dieser verträgt wegen der viel kürzeren Mischungs- und Aufbereitungszeiten keinen Luftmangel. Im Dieselmotor tritt primär eine Reaktion des Wasserstoffes mit dem Sauerstoff ein. Bei ungenügender Sauerstoffmenge oder bei ungleichmäßiger Kraftstoffverteilung wird nur der Wasserstoff und ein Teil des Kohlenstoffes verbrennen, der restliche Teil des Kohlenstoffes verbleibt in Form von Ruß im Abgas. Da Ruß sehr schwer zündet, wird meist eine Oxydation gegen Ende des Arbeitshubes auch dann nicht mehr eintreten, wenn er mit Sauerstoff in Berührung kommen sollte, weshalb häufig Sauerstoff neben Ruß im Abgas vorgefunden wird. Wegen der Verschmutzung des Motors durch den Ruß (Kolbenringe, Ventile, Schmieröl) muß der Luftüberschuß beim Dieselmotor so hoch gewählt werden, daß keine merkliche Rußbildung eintritt (siehe auch Abschnitt 2.5).

---

*): Definitionen der Formelbegriffe siehe Anhang Kapitel 6, hier z.B. Tabelle 6.12

Diesel-Motoren werden deshalb stets mit überstöchiometrischem Gemisch ($\lambda > 1$) betrieben, was sich negativ auf die Leistungsdichte (Leistung/Hubvolumen = Literleistung) auswirkt.

Während es bei Diesel-Motoren Schwierigkeiten bereitet, sehr geringe Luftüberschußzahlen nahe dem stöchiometrischen Gemisch rauchfrei mit guten Wirkungsgraden zu verwirklichen, gehen die Bestrebungen der OTTO-Motorenhersteller in der letzten Zeit wegen der Abgasgesetzgebungen (Abgasbestandteile an CO, HC und NO_x) in Richtung höherer Luftüberschußzahlen.

Der effektive Luftüberschuß ist darüber hinaus vom Betriebszustand abhängig. Beim unaufgeladenen Diesel-Motor wird bei Teillast immer die gleiche Luftmenge gefördert bei verringerter Einspritzmenge, während beim OTTO-Motor über die Drosselklappe die Luftzufuhr gedrosselt wird, um damit eine gleichmäßigere und zündwilligere Mischung zu erhalten.

Als Charakteristikum ist das Luftverhältnis λ bei Vollast erwähnenswert:

OTTO-Motoren	$\lambda = 0{,}7 - 1{,}0$
DIESEL-Vorkammermotoren	$\lambda = 1{,}2 - 1{,}6$
DIESEL-Wirbelkammermotoren	$\lambda = 1{,}2 - 1{,}6$
DIESEL-Direkteinspritzmotoren	$\lambda = 1{,}4 - 2{,}0$

Während bei den unaufgeladenen Motoren die im Zylinder verbrennbare Kraftstoffmenge vom Hubvolumen, dem Liefergrad und dem Luftverhältnis begrenzt ist, kann man bei Auflademotoren das Ladungsgewicht durch Erhöhung des Ladedruckes und damit des spezifischen Gewichtes der Ladung erheblich steigern, so daß die verbrennbare Kraftstoffmenge und somit die erreichbaren Mitteldrücke vergrößert werden können.

$$B = \frac{V_h \cdot \eta_L \cdot \gamma_L}{\lambda \cdot L_{min}} \tag{2.10}$$

Die durch diese Kraftstoffmenge erzeugte Arbeit ist

$$L = A \cdot s \cdot p_e = V_h \cdot p_e = B/b_e \tag{2.11}$$

wobei b_e als spezifischer, effektiver Kraftstoffverbrauch das Maß angibt, wieviel Kraftstoff zur Erzeugung der Arbeit von einer kWh notwendig ist (Näheres über den Kraftstoffverbrauch Abschnitt 2.5.2).

Aus den Formeln kann man aber entnehmen, daß

$$p_e = \frac{B}{b_e \cdot V_h} = \frac{V_h \cdot \eta_L \cdot \gamma_L}{\lambda \cdot L_{min} \cdot b_e \cdot V_h} = \frac{\eta_L \cdot \gamma_L}{\lambda \cdot L_{min} \cdot b_e} \tag{2.12}$$

ist. Dieser effektive Mitteldruck p_e bedeutet eine Vergleichszahl, die die Ausnützung des zur Verfügung stehenden Hubvolumens erkennen läßt. Wir erkennen aus der Formel, daß für einen unaufgeladenen Motor das p_e zwangsläufig begrenzt ist, erst bei Steigerung des spezifischen Gewichtes der Ladung gelingt es, die Leistungsausbeute (scheinbar unbegrenzt) in die Höhe zu treiben.

Um eine Übersicht über die Grenzen der unaufgeladenen Motoren ($\gamma_L = 1{,}29$ kg/m) zu bekommen, ist das erreichbare p_e nach Formel (2.12) - in Abhängigkeit vom Luftverhältnis λ und dem spezifischen Kraftstoffverbrauch b_e - in Abb. 2.6 dargestellt.

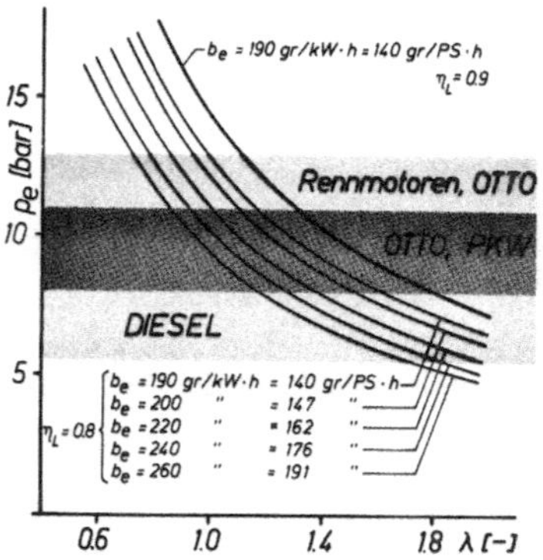

Abb. 2.6: Erreichbarer mittlerer Effektivdruck in Abhängigkeit von Luftverhältnis λ und spezifischem Kraftstoffverbrauch b_e

Bei der Aufladung von Motoren, d. h. dem Einbringen eines höheren Ladungsgewichtes in den Zylinderraum mittels Druck, entfällt die in Abb. 2.6 dargestellte

Einschränkung des p_e durch b_e, λ, η_L und L_{min}. Die Verdichtung der Ladung erfolgt mit abgasangetriebenen Ladern (Abgasturbolader), mit mechanisch angetriebenen Gebläsen (Rootsgebläse, Kreiselgebläse) oder mit anderen Zusatzeinrichtungen wie z. B. bei dem COMPREX-Verfahren oder HYPERBAR-Verfahren. Entsprechend dem höheren Ladungsgewicht kann bei gleichem Luftüberschuß nunmehr mehr Kraftstoff unter gleichen oder günstigeren Bedingungen verbrannt werden. Das fülligere pv-Diagramm ergibt eine höhere Leistungsausbeute. Der Aufladung werden jedoch Grenzen gesetzt durch den Zünddruck (Triebwerksbelastung), die thermische Beanspruchung der Bauteile (Brennraum, Ventile, Abgasturbinen) und durch Druck- und Pumpverhalten des Laders. Reicht das Druckverhältnis einer Laderstufe (meist kleiner 4) nicht aus, um die gewünschte Aufladung zu erzielen, so wurden in den letzten Jahren in Versuchsmotoren oft zwei hintereinandergeschaltete Laderstufen eingesetzt. Ein derartiger Einsatz in Serienmotoren ist in den nächsten Jahren zu erwarten. Ausgesprochene Schwierigkeiten werden auf den Motorenbauer bei der Hochaufladung jedoch wegen der Einspritzung im Teillastbereich zukommen. Will (muß) man die Einspritzdrücke bei Vollast in Grenzen halten, so ergibt sich bei den relativ geringen Teillastmengen eine so schlechte Zerstäubung des Kraftstoffes, daß mit erheblichen Rauchwerten zu rechnen ist. Versuche mit Doppelpumpen oder Doppeldüsen haben bisher im praktischen Einsatz nicht zum Erfolg geführt. Die langsamere Lastannahme der hochaufgeladenen Verbrennungskraftmaschine - hervorgerufen durch das Beschleunigungsverhalten des Turboladers - ist für die meisten Einsatzfälle kein Entscheidungskriterium. Auch hat die Verkleinerung der Läufermassen in den Ladern während des letzten Jahrzehntes viel dazu beigetragen, den aufgeladenen Motor auch im Lkw-Einsatz voll einsatzfähig zu machen, und die ersten Prototypen von aufgeladenen Pkw- (Otto- und Diesel-) Motoren haben sich voll bewährt, so daß in den nächsten Jahren mit deren weiterem Vordringen dieser Motoren zu rechnen ist.

Die größten Schwierigkeiten sind bei weiterer p_e-Steigerung von den thermischen Beanspruchungen zu erwarten, die besonders in den Lastwechseln warm - kalt (Vollast - Leerlauf) sehr hohe Fließverformungen hervorrufen können, d. h. die Haltbarkeit liegt dann im Zeitfestigkeitsbereich, was für größere Motoren in der Regel nicht ausreichend ist.

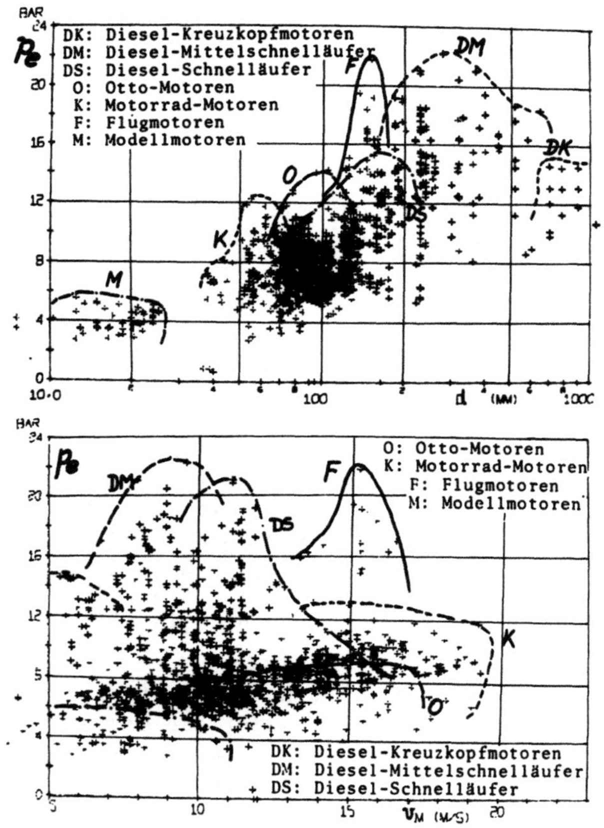

Abb. 2.7: Mittlere Effektivdrücke von Verbrennungskraftmaschinen

In Verbindung mit aufgeladenen Motoren spricht man gern vom Aufladegrad (Überladegrad) α und bezieht dabei den Effektivdruck der Auflademaschine auf den mittleren Effektivdruck der Saugmaschine

$$\alpha = \left(\frac{p_{e\,a} - p_{e\,s}}{p_{e\,s}} \right) \cdot 100 \; [\%] \qquad (2.13)$$

$p_{e\,a}$ = mittlerer Effektivdruck der Auflademaschine

$p_{e\,s}$ = mittlerer Effektivdruck der Saugmaschine

Den mittleren Effektivdruck könnte man nach der Formel

$$c \cdot p_e \approx \frac{M}{z \cdot V_h} \qquad (2.14)$$

auch als das durch die Motorengröße dimensionslos gemachte Drehmoment des Motors betrachten. Abb. 2.7 zeigt die heute erreichten Mitteldrücke von Verbrennungskraftmaschinen. Man erkennt deutlich, daß bei Kleinmotoren die Mitteldrücke noch niedrig sind und im Bereich der mittelschnellaufenden Dieselmotoren ($d \approx 200$ - 400 mm Ø) eine Spitze von ca. 20 - 24 bar erreichen. Diese scheinbare Grenze ist durch die einstufige Aufladung (Druckverhältnis 3,5 - 3,8) und einen Zünddruck von maximal p_z = 130 ... 150 bar gegeben. Im Bereich der Otto-Motoren ist zu erkennen, daß die Aufladung bis zum heutigen Tage noch nicht Fuß gefaßt hat. Aus dem unteren Teil der Abb. 2.7 erkennt man zusätzlich, daß hohe mittlere Effektivdrücke bei gemäßigten Kolbengeschwindigkeiten erreicht werden. Wegen der hohen thermischen Belastung fallen die effektiven Mitteldrücke p_e bei steigenden Kolbendurchmessern dann wieder ab.

2.1.3 Die mittlere Kolbengeschwindigkeit v_m

Bei gleichbleibender Winkelgeschwindigkeit der Kurbelwelle

$$\omega = \frac{\pi \cdot n}{30} \qquad (2.15)$$

muß der Kolben entsprechend der Kinematik des Kurbeltriebes eine in Richtung und Größe veränderliche Geschwindigkeit annehmen. Ähnlich dem mittleren Effektivdruck p_e hat man auch hier den Mittelwert der veränderlichen Kolbengeschwindigkeiten eines fiktiven Kurbeltriebes mit unendlich langer Pleuelstange als Vergleichsgröße gebildet, die mittlere Kolbengeschwindigkeit v_m

$$v_m = 2 \cdot s \cdot \frac{n}{60} = \frac{s \cdot n}{30} \qquad (2.16)$$

Mit dem Begriff der mittleren Kolbengeschwindigkeit ist die Drehzahl eines Motors mit der Maschinengröße gekoppelt worden. Bei allen Fragen der mechanischen Beanspruchung eines Motors hat sich die mittlere Kolbengeschwindigkeit als ein Vergleichsmaßstab unter verschiedenen Motoren gezeigt. Zwar gibt es keine theoretische Grenze erreichbarer Kolbengeschwindigkeiten; denn die auftretenden Spannungen hängen weitgehend von der Konstruktion und den zulässigen Spannungen des verwendeten Werkstoffes ab, doch zeichnen sich auch hier im praktischen Betrieb Grenzen ab, die nicht bedenkenlos überschritten werden sollten. Die erreichten Kolbengeschwindigkeiten streuen erheblich geringer als die Drehzahlen der Motoren. v_m ist eine ebenso maßgebliche Vergleichsgröße wie der vorgenannte mittlere Effektivdruck p_e einer Maschine und eignet sich als Beurteilungsgröße für die mechanische Beanspruchung einer Maschine. Abb. 2.8 zeigt die heute erreichten Kolbengeschwindigkeiten. Die Steigerungsrate der Kolbengeschwindigkeit ist seit den zwanziger Jahren unseres Jahrhunderts bedeutend geringer als die des Aufladegrades, lediglich bei den Mittelschnelläufern ist in dem letzten Jahrzehnt ein nicht unbedeutendes Anwachsen zu beobachten gewesen (siehe auch Abschnitt 2.6). Die verbesserten tribologischen Kenntnisse gestatten auch mit

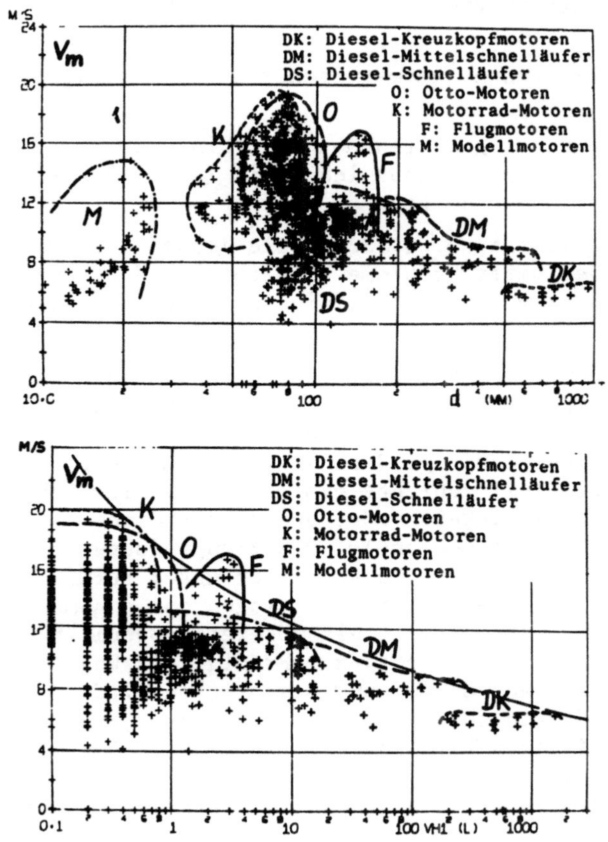

Abb. 2.8: Mittlere Kolbengeschwindigkeiten von Verbrennungskraftmaschinen

höheren Kolbengeschwindigkeiten Motoren hoher Betriebssicherheit und großer Standzeiten herzustellen. Es lassen sich jedoch für die Kolbengeschwindigkeit Grenzen erkennen, bei denen die Massenkräfte eines Motors nicht mehr zu beherrschen sind (siehe Abschnitt 2.3.1.2). Eine weitere Steigerung wird dann nur noch durch extremen Leichtbau möglich sein, wobei schon heute bei den bewegten Teilen der Verbrennungskraftmaschine sehr gespart wird. Hier sind deshalb keine sehr großen Schritte mehr zu erwarten, nicht nur, weil mit Sonderwerkstoffen (z. B. Titan) der Preis der Bauteile sehr stark ansteigt, sondern weil auch die notwendige Steifigkeit der Bauteile den theoretischen Gewichtsgewinn wieder aufzehrt. Leider gibt es auf dem Markt keine Werkstoffe, die einen erheblich besseren Quotienten aus Bruchgrenze/spezifisches Gewicht u n d Elastizitätsmodul/spezifisches Gewicht als der übliche Werkstoff Stahl haben.

Aber auch über diese Beherrschbarkeit der Massenkräfte erkennt man noch heute einen starken Abfall der mittleren Kolbengeschwindigkeit über der Motorgröße (Kolbendurchmesser). Dies liegt in einer Reihe von Faktoren begründet, die die „Ähnlichkeit" der Maschine in Frage stellt.

a) Die höhere thermische Belastung großer Maschinen (siehe Abschnitt 2.4), der man durch Verringerung der Kolbengeschwindigkeit (Wärmeübergangskoeffizient $\alpha \approx v_m^{0,78}$) zu begegnen sucht.

b) Die Verformungen wachsen mit der Bauteilgröße und der thermischen Belastung, während die zulässigen Verformungen (z. B. Grenzschiebung bei Reibrostbildung u. ä.) konstant sind oder nicht in gleichem Maße wachsen. Eine Ähnlichkeit müßte bis in die Toleranzen hineingehen.

c) Die Kleinserienfertigung größerer Motoren mit all ihren Vorzügen (Einpassen), aber auch Nachteilen (schlechte Reproduzierbarkeit) schränkt Ähnlichkeitsbetrachtungen ein.

d) Die Dauerfestigkeiten größerer Bauteile sinken (geometrischer und technologischer Größeneinfluß).

e) Erwartung erheblich größerer Lebensdauer bei größeren Motoren (bis über 100 000 Bh) bei relativ geringer Erprobung und hoher Betriebssicherheit (z. B. Schiffseinsatz) durch zwangsweise Wahl höherer Sicherheiten.

Hinzu kommt noch der Einsatz anderer Kraftstoffe, z. B. Schweröle jedweder Provenienz für die größeren Dieselmotoren. Dies wirft Probleme hinsichtlich der Ventile und des Kolbenverschleißes auf, wobei man hier gegenüber kleineren Motoren noch erheblich höhere Standzeiten erwartet.

Vom PS-Preis her gesehen ist eine v_m-Erhöhung nur von geringem Vorteil. Die durch die größeren Massenkräfte steigenden Beanspruchungen können nicht durch eine „einfache" Verstärkung der Triebwerksteile aufgefangen werden. Denn eine Verstärkung der Triebwerksteile bringt größere Massen und damit größere Kräfte, womit der Erfolg der Querschnittsverstärkung wieder zum Teil zunichte gemacht wird. Hier führt in der Praxis, nachdem Materialien höherer Festigkeit (oder besser mit einem größeren Quotienten aus Festigkeit und spezifischem Gewicht) für Serienprodukte auf dem Markt nicht erhältlich sind, nur eine verbesserte Konstruktion unter Berücksichtigung aller Leichtbauerkenntnisse und Betriebsfestigkeitsfragen zum angemessenen Ziel. Soweit Verformungen entscheidend sind, führt ein höherer E-Modul (bzw. ein großer Quotient aus E-Modul und spezifischem Gewicht) zum Erfolg, ein Weg, der bei Gußkonstruktionen oft durch den Übergang von GG auf GGG beschritten wird. Das Resultat ist ein Konstruktionsteil, das für ein höheres v_m nicht schwerer, sondern unter Umständen leichter geworden ist. Auf jeden Fall aber ist es teurer. Der weiteren Steigerung von v_m bei großen Mittelschnelläufern sind also schon von der rein konstruktiven Seite her sichtbare Grenzen gesetzt, die von seiten der Herstellkosten und Betriebssicherheit gestützt werden.

Die Leistungsformel (2.3) läßt sich mit der mittleren Kolbengeschwindigkeit v_m abgeändert schreiben

$$P_e = \frac{z \cdot A \cdot p_e \cdot v_m}{T} \qquad (2.17)$$

wodurch die Leistungsformel unabhängig von Hub und Drehzahl wird.

Will man unter Beibehaltung des Arbeitsverfahrens und der Gasdrücke die Leistungsausbeute eines Motors erhöhen, so erreicht man dies gemäß Formel (2.17) durch Steigerung von v_m.

2.1.4 Die spezifische Leistung P_{sp}^*

Das Produkt $p_e \cdot v_m$ ist ein Maß für die Steigerung der spezifischen Leistung

$$P_{sp}^* = p_e \cdot v_m \tag{2.18}$$

da es bei vorgegebenen Arbeitsverfahren und Zylinderzahl die pro Flächeneinheit des Kolbens erzeugte Leistung des Motors darstellt. Dieser Wert ist in den letzten Jahren rasch gestiegen (vor allem durch Steigerung des p_e) und wird neben der mechanischen Beanspruchung bedingt durch Drücke und Massenkräfte begrenzt durch die thermische Beanspruchung der Bauteile, da die in die Brennraumwände übergehende Wärmemenge von dem Temperaturniveau im Brennraum und der Anzahl der Arbeitstakte pro Zeiteinheit abhängt. Wenn es nicht aus den vorgenannten Gründen Einschränkungen hinsichtlich der Vergleichbarkeit von Groß- und Kleinmotoren gäbe, so müßte man erwarten, daß bei gleicher spezifischer Leistung bei Kleinmotoren der p_e-Anteil und bei Großmotoren der v_m-Anteil überwiegen müßten, weil bei Kleinmotoren thermische Beanspruchung und Gasdrücke eher beherrschbar erscheinen. In der Praxis ist es jedoch gerade umgekehrt, bei Kleinmotoren finden wir die hohen v_m-Werte, während wir bei größeren Motoren hohe p_e-Werte erkennen, deren Beherrschung (thermisch) jedoch mit viel größerem Bauaufwand (gebaute gekühlte Kolben etc.) erreicht wird.

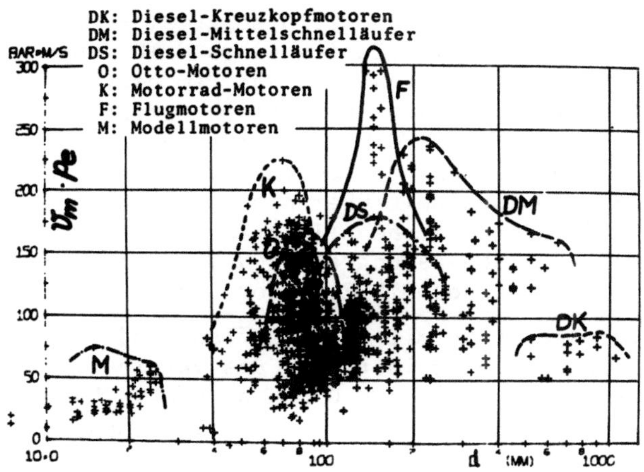

Abb. 2.9: Die spezifischen Leistungen von DIESEL- und OTTO-Motoren des Jahres 1977

In Abb. 2.9 sind die spezifischen Leistungen P_{sp}^* der heute auf dem Markt befindlichen Motoren erkennbar, die obere Grenze liegt etwa bei 200 bar•m/s, bei unaufgeladenen Motoren werden je nach Verbrennungsverfahren und Motorengrößen Werte bis 150 bar•m/s gut erreicht. Den physikalischen Gesetzen folgend erkennen wir aber auch über 300 mm Kolbendurchmesser einen deutlichen Abfall der spezifischen Leistung. Entsprechend der Leistungsformel geht die Taktzahl in den Wärmeumsatz ein - es ist deshalb nicht verwunderlich, daß wir bei den Zweitaktmtoren (> 700 mm Ø) einen deutlichen Einschnitt erkennen, allerdings liegt die Belastung mit (zweimal) 90 bar•m/s dicht unterhalb der für Viertakt zu realisierenden Grenzkurve (160 bar•m/s bei d = 1000 mm).

2.1.5 Der Zünddruck p_z

Als Zünddruck wird der maximale Gasdruck eines Verbrennungszyklusses bezeichnet. Nun ist zu beachten, daß es in der Praxis auch bei konstanten Betriebsbedingungen eines Motors einen konstanten Zünddruck nicht geben kann. Die Fertigungstoleranzen der verschiedenen Zylinder eines Motors (Kompressionsverhältnis) ergeben in Verbindung mit den unterschiedlichen (toleranzbehafteten) Einspritzungen (Einspritzmengen, Einspritzzeitpunkte) sowie unterschiedlichen Ladungsgewichten und Wärmeabfuhren durchaus unterschiedliche Druckspitzen in den verschiedenen Zylindern. Um hier ausgleichend zu wirken, werden die Zylinder von Dieselmotoren „abgeglichen", d. h. die Füllungen und Zündzeitpunkte so weit variiert, daß möglichst gleiche Zünddrücke auftreten. Aber auch innerhalb eines einzelnen Zylinders können die Druckspitzen von

Zündung zu Zündung unterschiedliche Höhe haben. Dies ist besonders bei OTTO-Motoren (Einfluß der Entflammungsphase an der Kerze) zu beachten, aber auch bei DIESEL-Motoren finden wir vor allem bei niederen Teillasten Zündunregelmäßigkeiten, die bis zum „Achttaktern" führen können. Diese Erscheinung wird mit wachsenden Aufladegraden noch mehr zunehmen, da man mit dem Einspritzsystem für große Kraftstoffmengen die exakte Einspritzung der geringen Teillastmengen immer weniger beherrscht.

Der Zünddruck ist der während einer bestimmten Anzahl von Arbeitszyklen vorkommende maximale Spitzendruck im Zylinder der Verbrennungskraftmaschine, der im Laufe der Lebenserwartung des Motors ausreichend oft vorkommt, um in den Lastwechselbereich der Dauerfestigkeit der verwendeten Materialien zu fallen - vereinfacht ausgedrückt, der mindestens $2 \cdot 10^6$mal auftritt. Dies ist zumindest der statistisch abgesicherte mittlere Vollastzünddruck einer ordnungsgemäß eingestellten Maschine, wird eine Lastspielzahl von 10^7 doch bei 6000 U/min schon nach 55 Vollaststunden und bei 300 U/min nach gut 1000 Vollast-Bh erreicht. Mit dem Zünddruck p_z werden in Verbindung mit den auftretenden Massenkräften die Bauteile eines Motors ausgelegt - der Spitzendruck der Gaskraft ist deshalb ein entscheidendes Auslegungskriterium für eine Verbrennungskraftmaschine.

Nun liegt es an der Wahl des Brennverlaufes, mit welchen Drücken man im Verbrennungsraum zu rechnen hat. Dies geht von der angenäherten Gleichdruckverbrennung eines spätzündenden Diesel-Motors bis zu sehr steil aufschießenden Druckverläufen, schlimmstenfalls dem Klopfen des OTTO-Motors. Auf Grund des niederen Verdichtungsverhältnisses wird man bei OTTO-Motoren auch bei größeren Gleichraum-Verbrennungsgraden in der Regel nicht so hohe Zünddrücke finden wie bei DIESEL-Motoren, doch sind die Zünddrücke von OTTO-Motoren im Rahmen der vorgenannten Streuungen durchaus mit den Drücken niedrig beanspruchter DIESEL-Motoren zu vergleichen. Abb. 2.10 zeigt z. B. die Streubereiche des Druckverlaufes eines OTTO- und DIESEL-(Wirbelkammer-)Verfahrens auf dem gleichen Triebwerk. Zwar liegen die statistisch ermittelten mittleren Drücke beim OTTO-Motor niedriger, doch treten auch die Spitzen oft genug auf, um im Leben eines Automobilmotors weit über die Lastwechsel der Zeitfestigkeit hinauszugehen. In diesem Zusammenhang kann die Triebwerksbelastung eines OTTO-Motors vergleichbar mit der eines DIESEL-Motors sein.

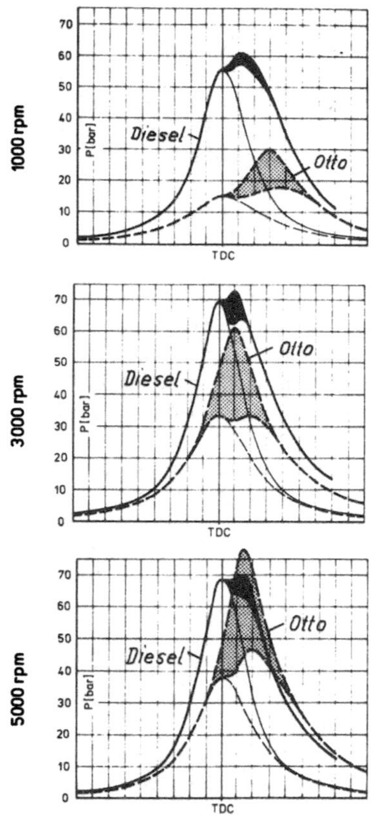

Abb. 2.10: Streubereiche der Gasdruckverläufe bei OTTO- und DIESEL-Motoren

Bei Direkteinspritzern mit hohen Aufladegraden versucht man zwar durch Erniedrigung des Verdichtungsverhältnisses auf ertragbare Druckspitzen zu kommen, doch sind einem die Hände durch das Anlaß- und Weißrauchverhalten gebunden. So finden wir heute in der Praxis Motoren, die Spitzendrücke um 130 ... 150 bar aufweisen, und Versuchsmaschinen, die bis an die 200 bar heranreichen. Die kleinsten Zünddrücke sind für den Konstrukteur selbstredend am einfachsten in einen leichten und preiswerten Motor umzusetzen - dagegen spricht nur der Einfluß des Spitzendruckes auf den Brennstoffverbrauch. Abb. 2.11 zeigt z. B. den spezifischen Brennstoffverbrauch in Abhängigkeit vom Zünddruckverhältnis ξ (Zünddruck p_z bezogen auf Kompressionsdruck p_c) eines Motors.

In Verbindung mit dem in Abschnitt 2.2.2 über das Verdichtungsverhältnis Gesagte ergibt sich beispielsweise für einen Motor mit konstantem Zünddruck ein Einfluß des Verdichtungsverhältnisses ε auf den Kraftstoffverbrauch nach Abb. 2.12. Das heißt aber auch, daß man bei der Auslegung einer neuen Verbrennungskraftmaschine sehr

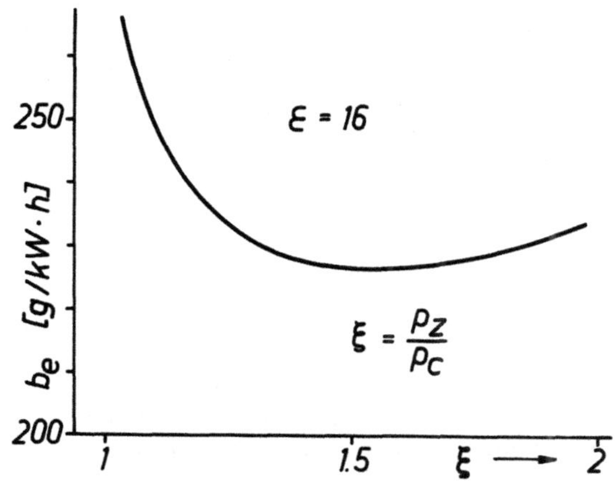

Abb. 2.11: Einfluß des Spitzendruckes (ε = 16 = const) auf den Kraftstoffverbrauch eines Motors

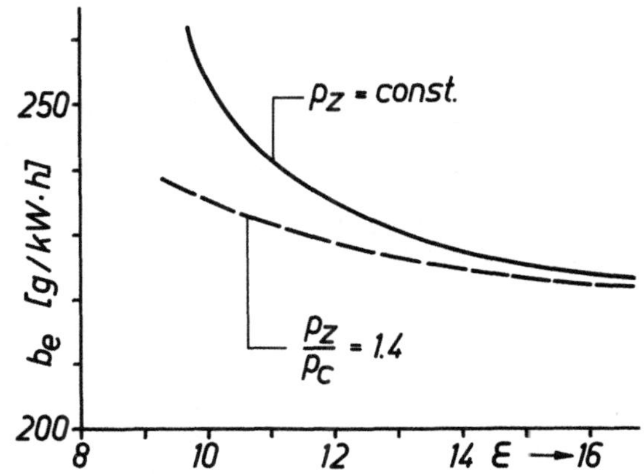

Abb. 2.12: Einfluß des Verdichtungsverhältnisses auf den Kraftstoffverbrauch bei konstantem Maximaldruck des Gasdruckverlaufes

scharf abwägen muß, welchen Wert der Verbrauch, das Gewicht, die Geräusche etc. auf die Absatzchancen und Zukunftsaussichten haben werden. Die alte Faustformel, daß man bei einem Spitzendruck, der ca. 40 % über dem Kompressionsdruck liegt, einen brauchbaren Kompromiß für alles gefunden hat, kann heute sicherlich nicht mehr generaliter stimmen.

Wichtig ist in diesem Zusammenhang vielleicht noch zu erwähnen, daß bei wechselnden Betriebszuständen des Motors der schwellende Gasdruck - neben den thermischen Beanspruchungen - nicht das alleinige Beanspruchungskriterium für Bauteile in der Verbrennungskraftmaschine ist. Zwar bleibt z. B. die Wechselbeanspruchung einer Pleuelstange mit wachsender Drehzahl fast konstant, weil die durch die Massenkräfte hervorgerufenen Zugbeanspruchungen in etwa durch den massenkraftbedingten Abbau der Gasdrücke kompensiert werden (Abb. 2.13). Der mögliche stete Wechsel zwischen niederer Drehzahl mit hohen Gasdrücken und dem hohen Leerlauf mit niederen Gasdrücken macht bei Motoren mit vielen Lastwechseln (Fahrzeugmotoren, umsteuerbarer Hafenschlepper) eine andere Dimensionierung notwendig als bei einem Motor, dessen Drehzahlwechselzahlen weit unten im Zeitfestigkeitsgebiet liegen, wie man es z. B. bei Dauerlastaggregaten machen könnte. In diesen Bereichen ist es sinnvoll, sich mit Hilfe der in der Betriebsfestigkeitslehre erkannten Zusammenhänge durch Betrachtung der Lastkollektive ein Bild über die Lage zu machen und zu beurteilen, ob ein wechselnder Betrieb im "low-cycle-fatigue-Bereich" einen zulässigen Betrieb im Kundeneinsatz wird erwarten lassen.

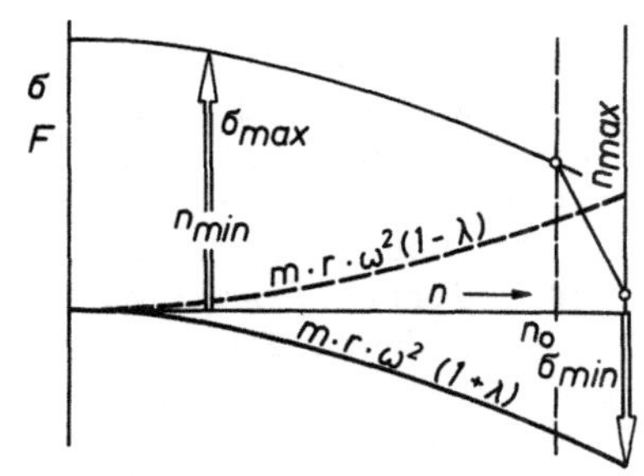

Abb. 2.13: Kräfte (Spannung) im Pleuelschaft bei wechselnden Drehzahlen

2.1.6 Der Zünddruckanstieg dp/dα

Die maximale Drucksteigerungsrate an der aufsteigenden Flanke des Verbrennungsdruckes wird als Zünddruckanstieg dp/dα bezeichnet. Beim SEILIGER-Diagramm der 'vollkommenen Maschine' ist eine Gleichraumverbrennung mit anschließender Gleichdruckverbrennung zugrundegelegt. Die Verwirklichung eines derartigen Druckverlaufes ist jedoch weder möglich, noch erwünscht. Ein Druckanstieg bei gleichbleibendem Raum bedeutet senkrechten Druckanstieg über der Zeit (dp/dα = ∞), also eine schlagartig zunehmende Belastung des Triebwerkes, die sich als Stoß in den Triebwerksteilen auswirkt. Dieser Stoß kann in Verbindung mit den Triebwerksmassen die Bauteile des Motors sehr hoch beanspruchen, insbesondere die Lager. Dies kann man an einem

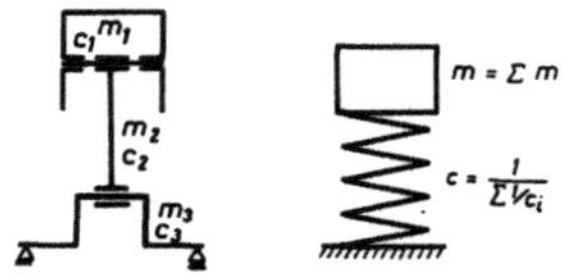

Abb. 2.14: Schwingungsfähiges System eines Kurbeltriebes

sehr vereinfachten Modell überschlägig veranschaulichen. Betrachtet man das Triebwerk als Einmassenschwinger nach Abb. 2.14 und nimmt in erster Näherung den Zünddruckanstieg vom Kompressionsdruck p_c bis zum Spitzendruck p_z als linear an (Abb. 2.15), so erhält man den formelmäßigen Zusammenhang für den 'wirksamen Überdruck ($p_{max} - p_z$)'

$$\zeta_{pü} = \frac{p_{max} - p_z}{p_z - p_c} = \frac{\sin\left(\frac{\varphi_s \cdot \omega_e}{2 \cdot \omega}\right)}{\left(\frac{\varphi_s \cdot \omega_e}{2 \cdot \omega}\right)} \tag{2.19}$$

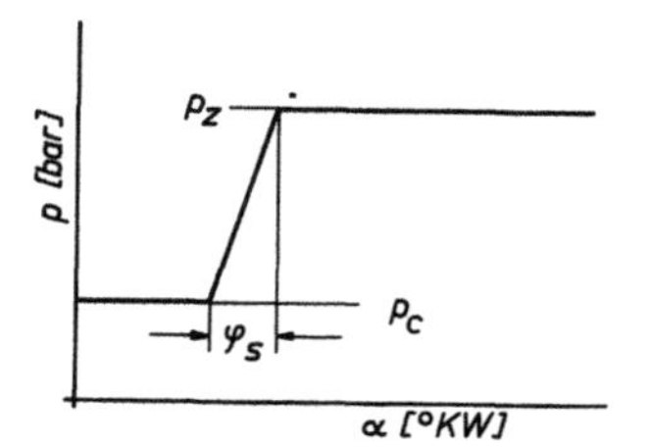

Abb. 2.15: Schematischer Druckanstieg

In dieser Formel ist φ_s der Druckanstiegswinkel (rad) von p_c nach p_z, ω die Drehschnelle des Motors ($\pi \cdot n/30$) und ω_e die Eigenfrequenz des Schwingers ($\sqrt{c_{ges}/m}$). Wertet man die Formel aus, so erhält man dem Verlauf gemäß Abb. 2.16, aus dem zu ersehen ist, daß man hohe Überschwingbeträge bis 100 % dann erhält, wenn der Kennwert $\varphi_s \cdot \omega_e/\omega$ klein ist. Da bei einer harten Verbrennung der Drucksteigerungswinkel φ_s klein ist, führt dies zu hohen Zusatzbelastungen, insbesondere dann, wenn ein schweres, aber weiches Triebwerk bei hohen Drehzahlen betrieben wird. Als Beispiel sei in Abb. 2.17 mit dem für einen aufgeladenen Motor typischen Kompressions- und Zünddruck der für die Auslegung der Bauteile zu verwendende 'wirksame Druck' in Abhängigkeit von der Drucksteigerungsrate dp/dα dargestellt. Man erkennt, daß insbesondere bei mittleren und hohen Drehzahlen merkliche Zusatzbeanspruchungen auftreten.

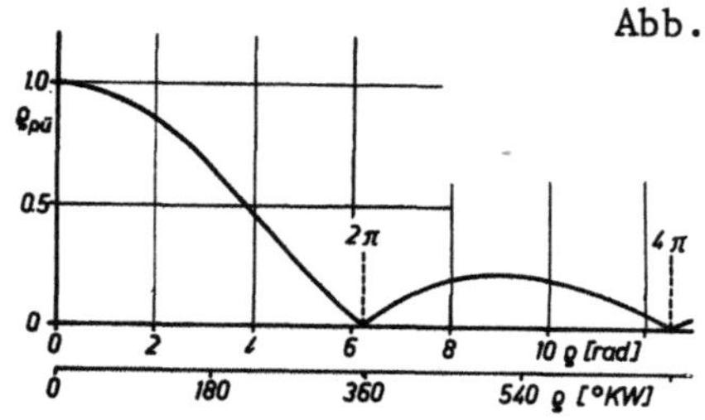

Abb. 2.16: Wirksamer Überdruck in Abhängigkeit von der spezifischen Drucksteigerungsrate ρ

Zu grundsätzlich ähnlichen Aussagen kommt man, wenn man die numerische Integration eines 3-Massenschwingers vornimmt (Abb. 2.18), wobei die Massen und Federsteifigkeiten in etwa denen eines ausgeführten Motors entsprechen. Man erkennt deutlich die höheren Kräfte, die infolge der Dynamik auf Pleuel und Kurbelwelle (Lager!) wirken (Abb. 2.19). Erstaunlich ist auch, daß der angenommene, von den tatsächlichen Verhältnissen aber stark abweichende Rechteckverlauf des Verbrennungsdruckes auf den 'Überschwingbetrag' nur einen geringen Einfluß hat (Abb. 2.20). Daß bei diesen Berechnungen aber nicht das dp/dα allein ausschlaggebend ist - was sich zwanglos aus dem theoretischen Ansatz ergibt -, sondern vielmehr der zeitliche Druckanstieg dp/dt, erkennt man auch gut aus Abb. 2.21, in der der Überschwingbetrag bei gleichem dp/dα des Gasdruckdiagrammes für verschiedene Drehzahlen des Motors aufgetragen ist - auch hier erkennt man den typischen Linienzug der Abb. 2.16 (von rechts nach links!).

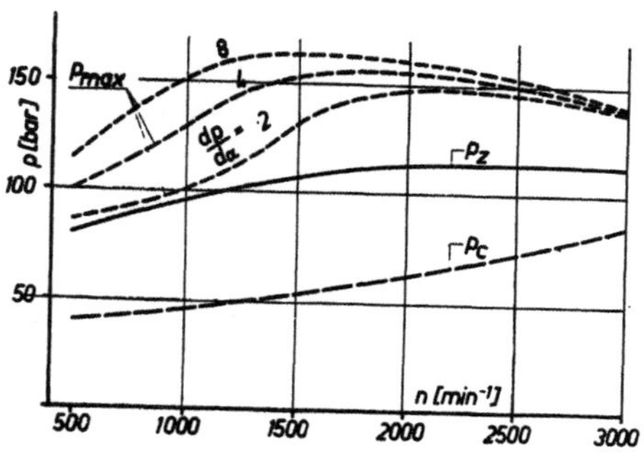

Abb. 2.17: Wirksamer Druck zur Auslegung von Triebwerksteilen

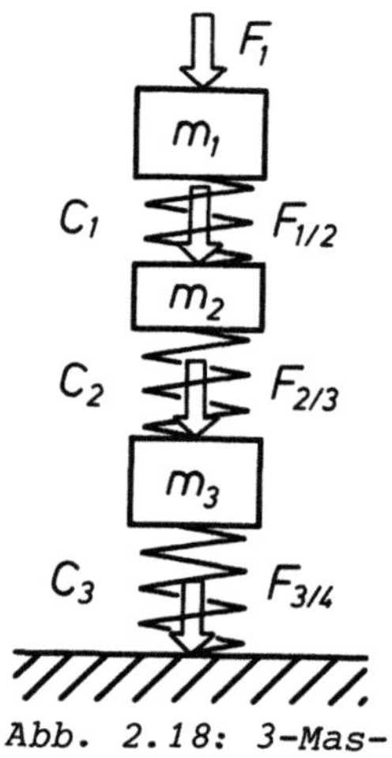

Abb. 2.18: 3-Massen-Schwinger mit Daten

Steile Zünddruckanstiege können aber auch als Erreger von Schwingungen in Bauteilen in Betracht kommen, deren Eigenschwingungszahl in der üblichen Betrachtungs-

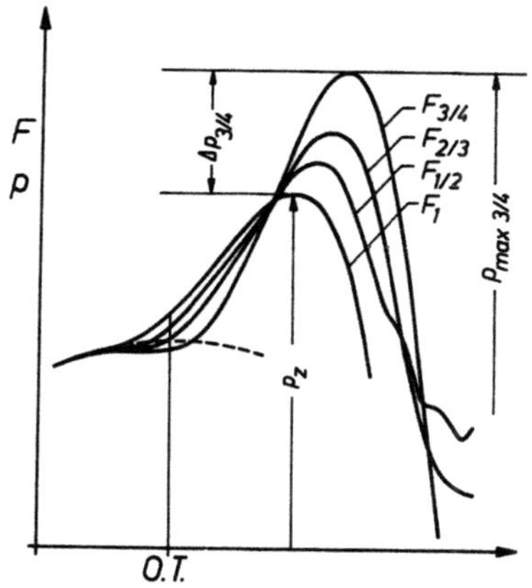

Abb. 2.19: Kraftverläufe am erregten 3-Massen-Schwinger

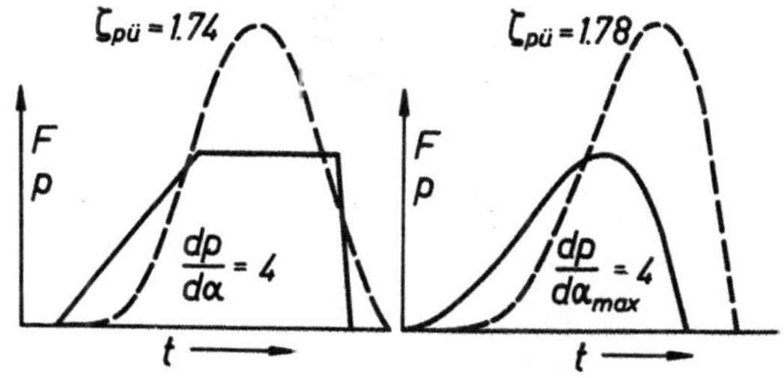

Abb. 2.20: Vergleich des Überschwingbetrages eines normalen Verbrennungsdiagrammes mit dem Trapezstoß

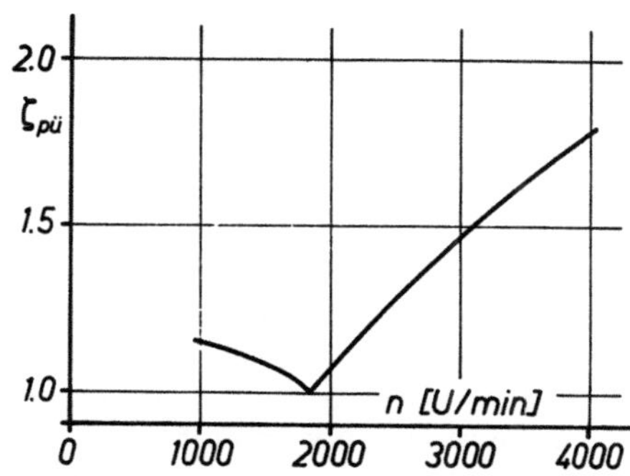

Abb. 2.21: Die Abhängigkeit des Überschwingbetrages von der Drehzahl eines Motors bei konstantem pv-Diagramm

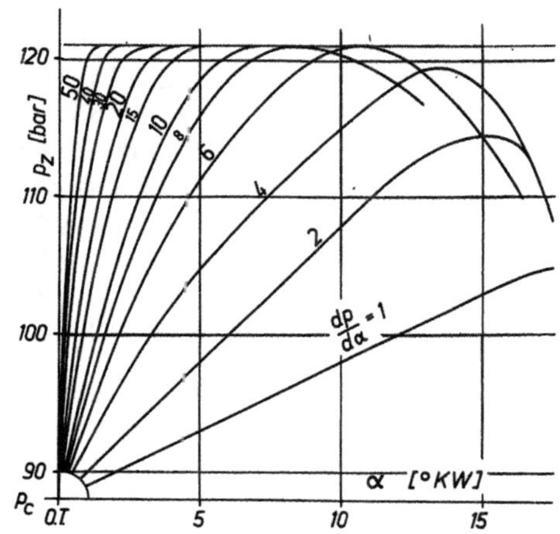

Abb. 2.22: Druckverläufe im Brennraum

weise weit über der Erregerfrequenz der für Schwingungen und Vibrationen als kritisch angesehenen erregenden Kräfte liegt. Das macht sich für uns alle am Ohr deutlich bemerkbar, bemängeln wir doch einen 'harten Gang' bei Teillast oder das 'Nageln' eines DIESEL-Motors im Leerlauf.

Die harmonische Analyse eines Kraftverlaufes liefert natürlich auch oberhalb der normalerweise betrachteten Ordnungszahlen noch Anregungen für hochfrequente Schwingungen, deren Anregungsamplitude aber gegenüber den niederen Harmonischen so gering ist (um Zehnerpotenzen kleiner), daß diese als Anregung für nennenswerte Schwingungen uninteressant erscheint. Da man bei der harmonischen Analyse eines Gasdruckverlaufes bis zur 12. Ordnung auch kaum größere Unterschiede im Anregungsspektrum findet, könnte man leicht daraus ableiten, daß der Zünddruckanstieg keinen wesentlichen Einfluß auf Schwingungen hat.

Hinsichtlich der Geräusche machen sich jedoch insofern besondere Probleme bemerkbar, da zur Erzeugung eines infernalischen Kraches im Grunde sehr wenig Energie benötigt wird. Die hörbaren Frequenzen - vor allem die besonders gut wahrnehmbaren zwischen 1000 und 5000 Hz - liegen weit oberhalb der Grundanregungen (0,5. bis 12. Ordnung) unserer Motoren, so daß man nach der hergebrachten Betrachtungsweise eigentlich nur Erschütterungen spüren, aber keine Geräusche hören müßte. Zwar klingen, wie gesagt, die Amplituden der Harmonischen mit wechselnder Ordnungszahl rasch ab, doch reichen die geringen Anregungen zur Geräuschbildung völlig aus. Da man es hier mit vergleichsweise niedrigen Druckschwingungen zu tun hat, können sich geringe Änderungen im Verbrennungsablauf schon relativ stark auf einzelne Ordnungszahlen auswirken. Trägt man die Druckamplituden der einzelnen Ordnungen (wie in der Akustik üblich bezogen auf die Hörschwelle) in dB auf, so erhält man mit den

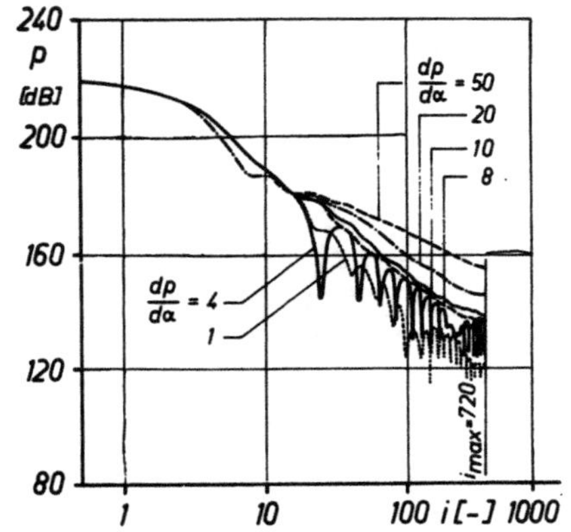

Abb. 2.23: *Druckschwingungen in dB aus der harmonischen Analyse der Druckverläufe nach Ordnungszahlen sortiert*

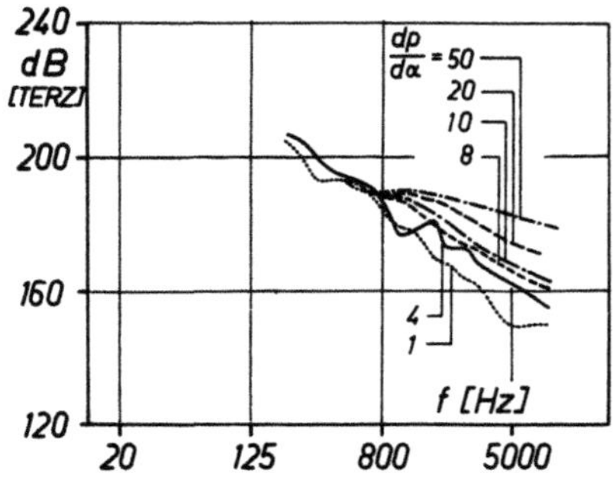

Abb. 2.24: *Terz-Analyse der Druckverläufe*

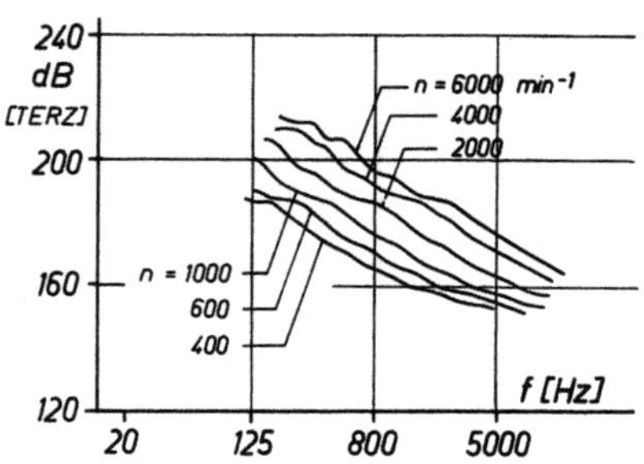

Abb. 2.25: *Terz-Analyse gleicher Druckverläufe bei verschiedenen Drehzahlen*

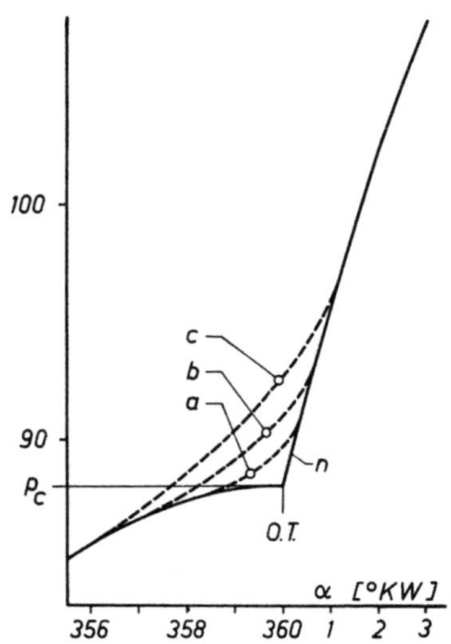

Abb. 2.26: *Gasdruckentwicklung beim Zündeinsatz*

(realistischen) Druckverläufen im Zündansatz nach Abb. 2.22 aus der harmonischen Analyse des Druckverlaufes Druckamplituden, wie sie in Abb. 2.23 aufgetragen sind. Auffallend ist hierbei, daß bei geringen Druckanstiegen die Größe der Druckamplituden der einzelnen Ordnungen sehr stark abhängig von der Ordnungszahl ist. Daraus kann man auch eine Terz-Analyse, z. B. für die Drehzahl 2500, des Motors machen, wie in Abb. 2.24 dargestellt ist. Die Umwandlung ein und desselben Gasdruckverlaufes in Terz-Analysen bei verschiedenen Drehzahlen (Abb. 2.25) zeigt sehr deutlich, wie sich der Schalldruck bei Drehzahlsteigerung bei gleichem pv-Diagramm anhebt, und zwar für verschiedene Freqenzen auch noch unterschiedlich. Im Durchschnitt werden dabei Verbrennungsdruckamplituden eines Motors bei Drehzahlsteigerung von Leerlauf bis Vollast um 20 - 30 dB größer.

Hinsichtlich der Zusammenhänge der motorischen Geräusche ist noch sehr viel unbekannt, so daß als durchaus ungeklärt gelten muß, ob der Druckanstieg allein oder in Verbindung mit seiner Dauer oder gar auch die 2. Ableitung des Druckverlaufes, zum Beispiel im Bereich des Zündeinsatzes als entscheidendes Kriterium anzusehen sind. Untersucht man gleiche Gasdruckverläufe mit verschiedenen Zündeinsätzen (Abb. 2.26), so erkennt man aus den Abbildungen 2.27 und 2.28 zwar, daß ein weicherer Zündbeginn vorteilhaft ist, schwierig wird es jedoch zu deuten, warum der Verlauf A besser ist als B. Wichtig erscheint die Erkenntnis, daß man bei Geräuschentwicklung beziehungsweise deren Eindämmung sehr diffizil und konsequent vorgehen muß, um nennenswerte Ergebnisse (und Erkenntnisse) zu sammeln. Es sei darauf hingewiesen, daß die Analyse hier nur an Gasdruckdiagrammen vorgenommen wurde, das heißt, der Einfluß der mechanischen Triebwerksgeräusche ist in den Darstellungen nicht enthalten (siehe auch Abschnitt 2.5.6).

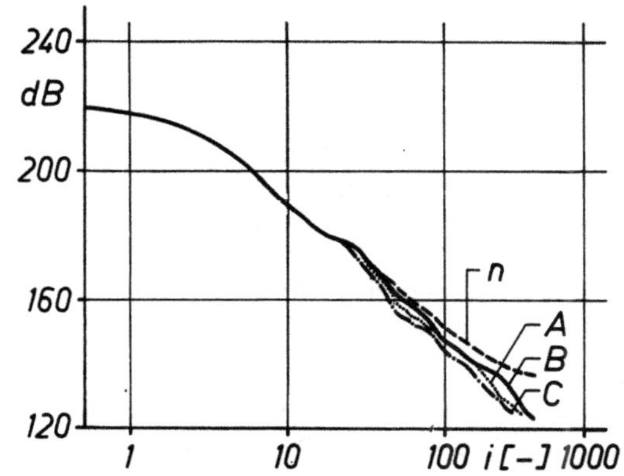

Abb. 2.27: Druckschwingungen 0,5. bis 720. Ordnung bei unterschiedlicher Gasdruckentwicklung bei Zündbeginn

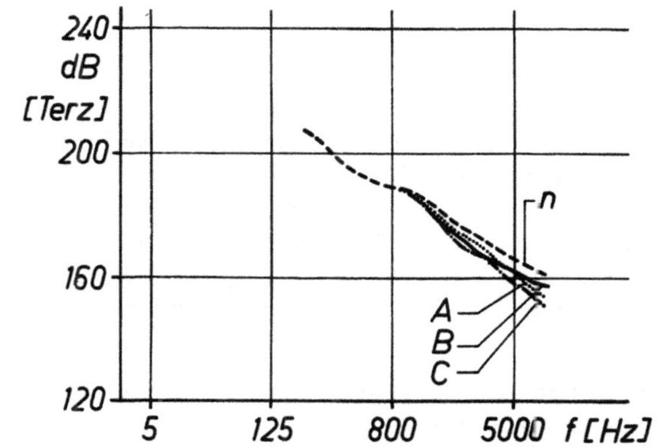

Abb. 2.28: Terz-Analyse für verschiedene Gasdruckentwicklung bei Zündbeginn

2.1.7 Der Reibungsmitteldruck p_r

Der mechanische Wirkungsgrad η_m ist ein Maß für die mechanischen Verluste eines Motors. Als Verlustleistung P_v ist dabei die Differenz zwischen der indizierten Leistung P_i im Verbrennungsraum und der am Schwungrad abnehmbaren effektiven (Nutz-)Leistung P_e definiert. Die indizierte Leistung ergibt sich gemäß Formel (2.3) aus dem zeitlichen Integral des im Zylinder meßbaren Gasdruckverlaufes über einen Zyklus, der als mittlerer indizierter Druck p_i bezeichnet wird, und dem schon vorher erwähnten (ebenso fiktiven) mittleren effektiven Druck p_e

$$\eta_m = 1 - \frac{p_i - p_e}{p_e} = 1 - \frac{p_r}{p_e} \tag{2.20}$$

Als übliches Maß für die mechanische Reibung (mechanische Verluste) hat sich in der Praxis des Motorenbaues der mittlere Reibungsdruck p_r durchgesetzt. Ähnlich dem mittleren Effektivdruck ist der Reibungsdruck ein fiktiver, längs des Hubes auf die Kolbenoberfläche A wirkender Druck, der der mechanischen Reibung in der Verbrennungskraftmaschine entspricht. Der rechnerische Ansatz ist der gleiche wie der für den effektiven Mitteldruck, die Reibungsleistung eines Motors errechnet sich also entsprechend Formel (2.3) zu

$$P_r = \frac{z \cdot V_h \cdot p_r \cdot n}{30 \cdot T} \tag{2.21}$$

Die Ermittlung der Reibungsleistung eines Motors ist durchaus mit Schwierigkeiten verbunden und hat infolge vieler Unzulänglichkeiten in der Vergangenheit zu äußerst unterschiedlichen Aussagen geführt. Gemäß Formel (2.20) ist der Reibungsdruck zwar einfach nach

$$p_r = p_i - p_e \tag{2.22}$$

zu berechnen, doch ist eine direkte Messung im motorischen Betrieb nicht möglich. Bei der indirekten Messung ergibt sich für die Praxis jedoch die Schwierigkeit, die innere Leistung P_i bzw. den indizierten Druck p_i zu ermitteln. Hier sind in den letzten Jahren große meßtechnische Fortschritte gemacht worden, so daß heute von vereinzelten Motoren vertrauenswürdige Meßergebnisse für die Gesamtreibung vorliegen. Eine eindeutige Analysierung der nachfolgend geschilderten Reibungsanteile ist bisher jedoch nicht exakt möglich gewesen. Nun setzt sich die Gesamtreibung aber aus vielen einzelnen Verlustleistungen zusammen; denn entsprechend der Gleichung (2.22) zählen zu dem Reibungsdruck p_r alle Leistungsverluste, die zwischen der Entwicklung des Gasdruckdiagrammes und der Kraftabnahme am Schwungrad auftreten. Dies sind

a) Reibung an Kolben und Kolbenringen
b) Verluste durch Reibung in Grund- und Pleuellagern
c) Verlustleistung an Schwingungsdämpfern, Räder- und Riementrieben
d) Antriebsmomente für den Ventiltrieb (Nockenwelle, Stößel usw.)
e) Antriebsleistungen für Einspritzpumpen, Kühlwasser- und Schmierölpumpen, Kompressoren, Gebläse und Hilfspumpen
f) Überschiebeverluste der Kurbelraumluft an den Unterseiten der Kolben, Ölplanschverluste des Triebwerkes und Ventilationsverluste der umlaufenden Scheiben

Hinsichtlich der angegebenen Verluste ist auf die Regelungen nach DIN und SAE zu verweisen, weswegen ein und derselbe Motor in der Regel mehr SAE-PS besitzt als DIN-PS.

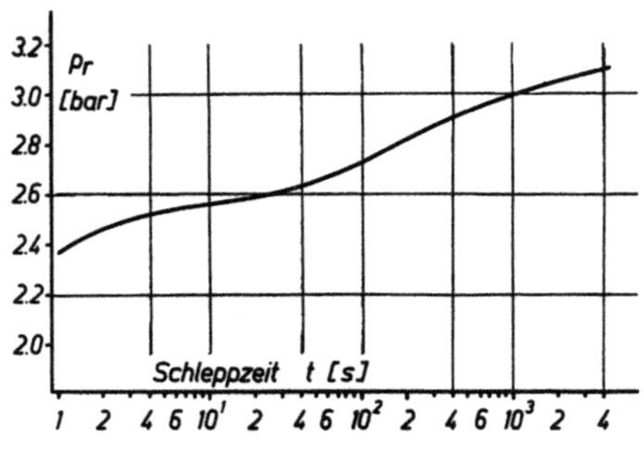

Abb. 2.29: Reibungsdruckverlauf aus Schleppleistung nach Abstellen der Zündung

Die übliche Messung der Leistung P_s eines geschleppten Motors und die Umrechnung auf Reibmitteldruck p_r sind nicht nur wegen der dabei mitgemessenen 'Strömungsverluste' - Gaswechselarbeit der leer mitlaufenden Zylinder - und Wärmeverluste angreifbar, sondern auch wegen der grundsätzlich anderen Temperaturverhältnisse beim geschleppten Motor. Selbst wenn man versucht, durch äußere Erwärmung (Schmieröl, Kühlwasser etc.) einen motorenmäßigen Betrieb zu simulieren, so gelingt es nicht, die Spiel- und Betriebsverhältnisse des gefeuerten Motors, insbesondere in Kolben- und Ringpartien zu erreichen. Das typische Reibungsverhalten eines Motors, der bis zum Zeitpunkt t_o mit Verbrennung lief und von da an geschleppt wird, zeigt die Abb. 2.29. Der Reibmitteldruck steigt stetig an. Die kurz nach Abschalten der Zündung ermittelte Schleppleistung kann nur den Vollastbereich thermisch am besten im angenäherten Zustand erfassen. Gaswechselarbeit, Lagerbelastung und Ringreibung entsprechen jedoch dabei nicht mehr den Bedingungen der Vollast. Der wahre Reibungsdruck dürfte etwa bei p_r = 2 bar liegen. Die gemessenen Reibungsdrücke dürften immer als zu hoch angesehen werden.

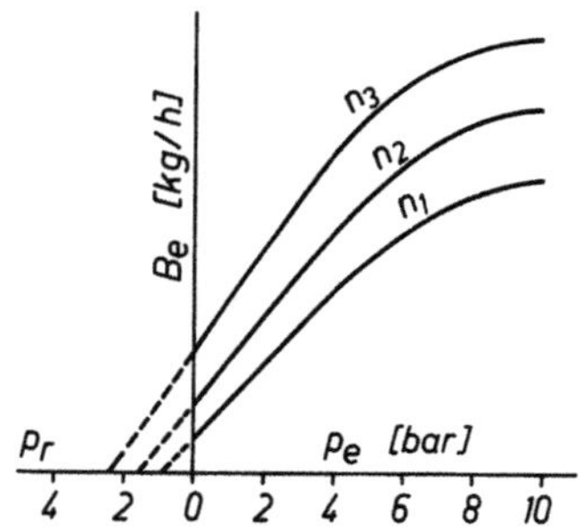

Abb. 2.30: Extrapolation des Stundenverbrauches (Williams-Kurven) zur Ermittlung des Reibmitteldruckes

Eine andere Methode, die in der Praxis angewandt wird, um den Reibungsmitteldruck zu ermitteln, ist die Extrapolation der Stundenverbräuche (Abb. 2.30). Auf diese Weise kann man im Rahmen der Extrapolationssicherheit recht einfach den Reibmitteldruck bestimmen, wenn auch diese Art der Ermittlung wissenschaftlicher Exaktheit nicht zu entsprechen vermag.

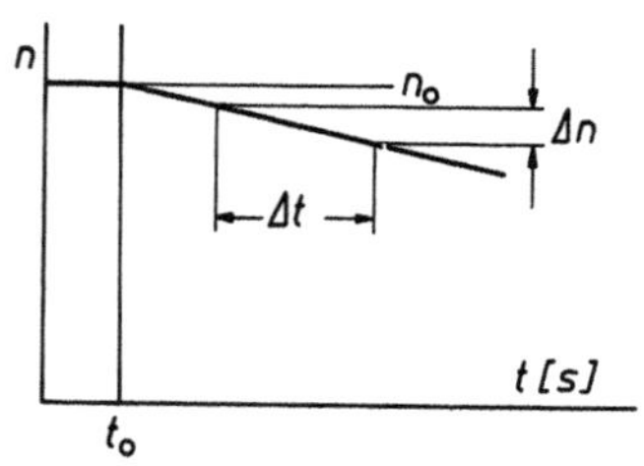

Abb. 2.31: Drehzahlabfall beim Auslaufversuch

Andere versuchen, den Reibungsmitteldruck in einem Auslaufversuch aus der drehenden Motormasse J und dem Drehzahlabfall φ pro Zeiteinheit zu ermitteln (Abb. 2.31) nach der Formel

$$p_r = \frac{J \cdot \ddot{\varphi} \cdot \pi \cdot T}{z \cdot V_h} \qquad (2.23)$$

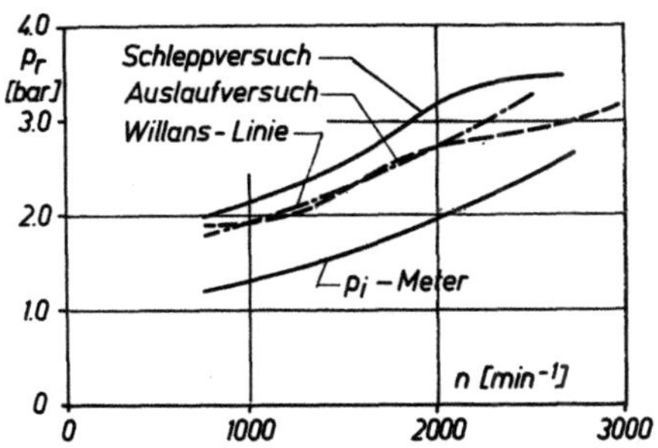

Abb. 2.32: *Gemessene Motorreibung nach verschiedenen Meßmethoden*

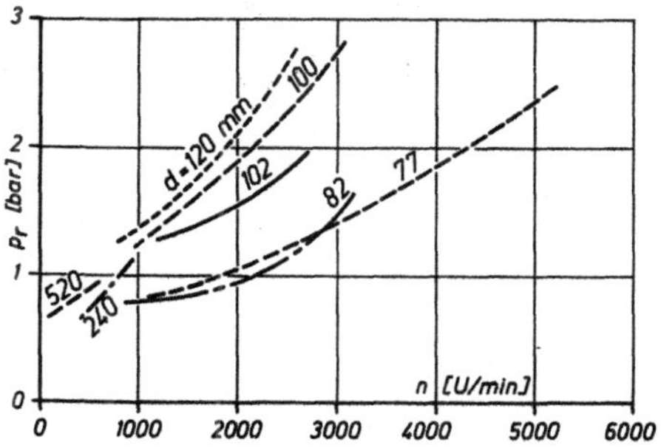

Abb. 2.33: *Mittlerer Reibungsdruck von Motoren (p_i-Meter-Messung)*

Auch hier gilt das zum Schleppversuch Gesagte, die Randbedingungen ändern sich stark nach dem Abstellen des motorischen Betriebes, so daß der Zeitraum zwischen Ende Motorbetrieb und Messung von großer Bedeutung ist.

Ein exaktes Indikatordiagramm mit genauester Totpunktbestimmung ergibt natürlich die korrekteste Aussage über den indizierten Druck, jedoch immer nur für einen Arbeitszyklus. Da die Arbeitsspiele aber nicht alle 100 %ig deckungsgleich sind, muß man für eine Reihe von Arbeitsspielen - und nur die zu betrachten hat im motorischen Betrieb einen Sinn - eine statistische Auswertung vornehmen. Dies macht sich die Indizierung mit dem p_i-Meter nach KOCHANOWSKI /3/ zunutze. Mit diesem Gerät erhält man zur Zeit die zuverlässigsten Werte. Vergleicht man die Meßergebnisse nach verschiedenen Meßmethoden untereinander (Abb. 2.32), so erkennt man, daß die (mit dem p_i-Meter) gemessenen Reibungsdrücke am niedrigsten liegen. Fernerhin ersieht man aus dieser Abbildung die bekannte Drehzahlabhängigkeit des Reibungsdruckes. Die extrapolierte parabelähnliche Kurve beginnt bei der Drehzahl Null oberhalb des Nullpunktes, was aus der hydrodynamischen Schmierschichttheorie nicht ableitbar ist, weil die Reibungszahlen μ für n = 0 auch zu Null werden. Nun ist aber spätestens seit STRIBECK bekannt, daß bei niederen Gleitgeschwindigkeiten die Schwimmreibung in eine Mischreibung übergeht, so daß auch bei kleinen Lasten hohe Reibungsverluste auftreten können. Man kann daraus schließen, daß im ganzen Drehzahlbereich (oder zumindest in dem unteren) ein (konstanter) Mischreibungsanteil als Grundlast vorliegt, auf dem sich die drehzahlabhängigen Anteile aufbauen. Auf die vorgenannte Weise /3/ sind eine Reihe von Motoren durchgemessen worden (Abb. 2.33); aus den Meßergebnissen kann man keinen eindeutigen Zusammenhang einzelner Parameter ableiten, die einem die Vorausbestimmung der Reibung eines projektierten Motors ermöglichen.

Eine andere Frage ist die Abhängigkeit des mittleren Reibungsdruckes von motorischen Parametern. LÖHNER /4/ hat aus der hydrodynamischen Schmiertheorie abgeleitet

$$p_r \approx v_m^{1.5} \cdot d^{-0.5} \cdot \eta^{0.5} \qquad (2.24)$$

Trägt man die p_r-Werte über der Kolbengeschwindigkeit v_m auf, so erhält man die Abb. 2.34. Wertet man die Ergebnisse nach der Formel

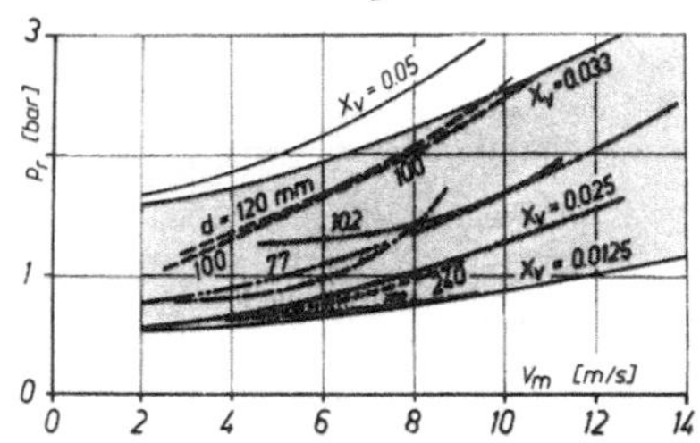

Abb. 2.34: *Gemessene Reibungsdrücke verschiedener Motoren und Grenzkurven gemäß Formel (2.25)*

$$p_r = p_{ro} + p_{rv} = p_{ro} + X_v \cdot v_m^{1.5} \qquad (2.25)$$

aus, so erkennt man hier einen konstanten Anteil p_{ro} und einen darauf sich addierenden, kolbengeschwindigkeitsabhängigen Anteil p_{rv}, dessen Abhängigkeit recht gut mit v_m = 1,5 getroffen wird, jedoch unterschiedliche Faktoren X_v beinhaltet, deren Zuordnung nicht einwandfrei gelingt. Alle vermessenen Motoren befinden sich innerhalb eines Feldes, dessen untere Grenzkurve durch p_r = 0,5 bar und

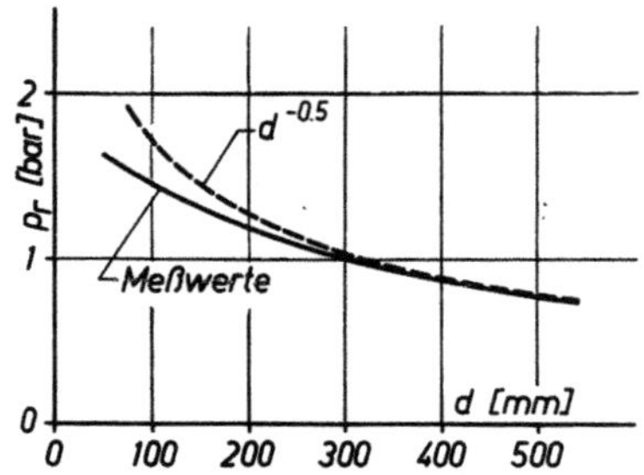

Abb. 2.35: Einfluß der Motorenbaugröße auf den Reibungsdruck eines Motors

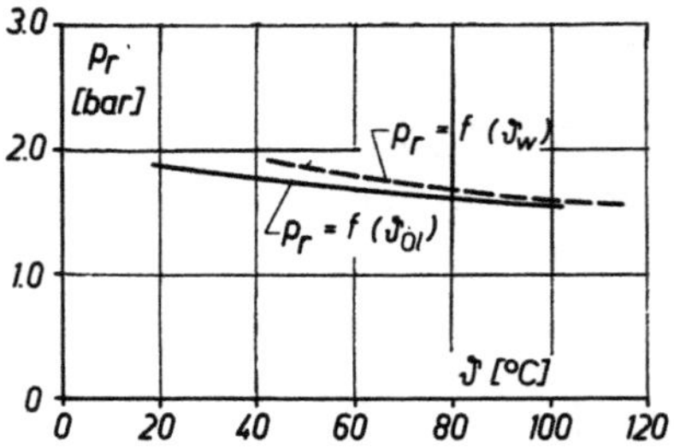

Abb. 2.36: Einfluß der Kühlwasser- und Schmieröltemperatur eines Motors

und X_V = 0,0125 (größere Motoren, viele Zylinder, wenige Hilfsaggregate) und dessen obere Grenzkurve durch p_{ro} = 1,5 bar und X_V = 20 (kleinere Maschinen, wenige Zylinder, relativ große Hilfsantriebsleistung) bestimmt wird. Aus der guten Annäherung des Reibungsdruckes mit einer Kurve $d^{-0,5}$ (Abb. 2.35) kann man schließen, daß die Abhängigkeit entsprechend Ansatz (2.24) in etwa richtig ist. Aus so wenigen untersuchten Motoren eine formelmäßige Abhängigkeit zu belegen, ist jedoch sehr gewagt, vielleicht kann man mit

$$p_{ro} = 0.5 \cdot \sqrt[2]{\frac{500}{d}} \qquad (2.26)$$

für vielzylindrige (≥ 6) Maschinen und

$$p_{ro} = 0.7 \cdot \sqrt[2]{\frac{500}{d}} \qquad (2.27)$$

für 1- und 2-Zylinder-Motoren die Verhältnisse in etwa treffen. Wichtig ist jedoch noch in diesem Zusammenhang zu erkennen, daß der Reibungsdruck eine Summation vieler Einzelwerte ist, die man jeweils durch andere Maßnahmen beeinflussen kann - was die Schwierigkeit, die richtigen Zusammenhänge zu finden, erklärlich macht.

Abb. 2.36 zeigt den Einfluß der Öl- und Wassertemperatur eines Motors auf den mittleren Reibungsdruck, Abb. 2.37 den Einfluß der Zylinderrohrtemperatur eines luftgekühlten Motors, während der mittlere Effektivdruck nach Abb. 2.38 einen geringeren Einfluß auf den Reibungsdruck hat.

Oft wird nach der Aufteilung der Verluste gefragt. Alle angetriebenen Aggregate wie Pumpen, Lüfter etc. kann man separat behandeln. Eine grobe Faustformel unterteilt den Restbetrag in 50 bis 60 % Reibung an Kolben und Ringen, 20 bis 25 % Triebwerksreibung und 15 bis 25 % Verluste an Nockenwelle, Ventiltrieb, Rädertrieb, Plansch- und Atmungsverluste. Aus den vorgenannten Schwierigkeiten der meßtechnischen Erfassung ist eine genauere Unterteilung kaum möglich. Entscheidende Durchbrüche wird man erst erreichen können, wenn die Hauptverlustanteile theoretisch besser zu erfassen sind, wozu die ersten Ansätze /5/ gemacht wurden. Am ehesten ist es heute noch

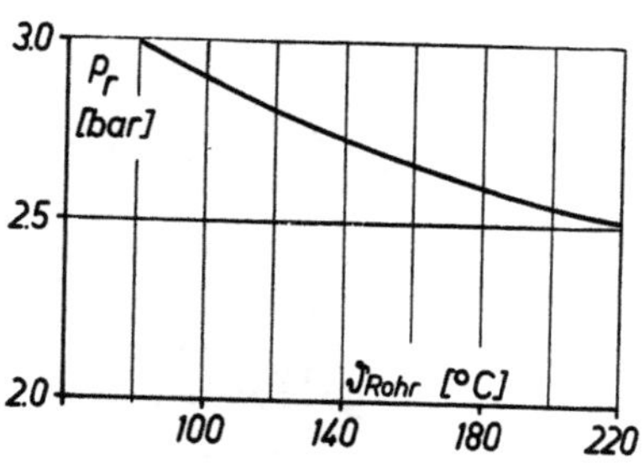

Abb. 2.37: Einfluß der Zylinderrohrtemperatur eines luftgekühlten Motors auf den Reibungsdruck

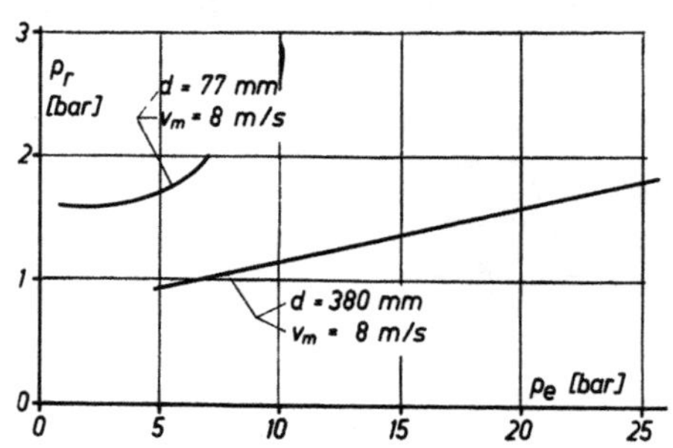

Abb. 2.38: Einfluß des mittleren Effektivdruckes auf den Reibungsdruck

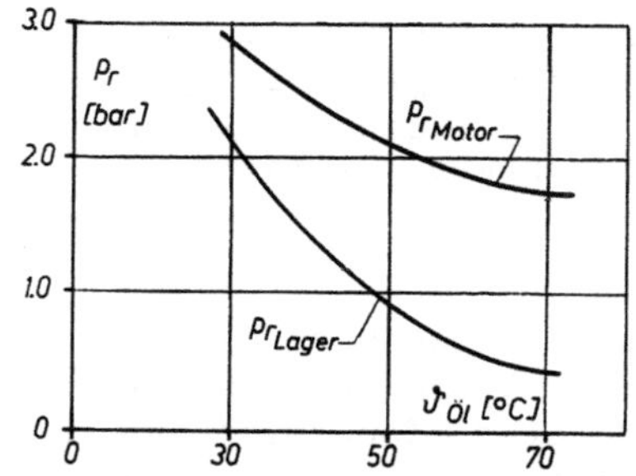

Abb. 2.39: Anteil der Lagerreibung an der gesamten mechanischen Reibung

möglich, das Reibungsverhalten von Lagern - sofern sie im Schwimmreibungsgebiet laufen - zu erfassen. Abb. 2.39 zeigt z. B. den rechnerischen Anteil der Lagerreibung an der Gesamtreibung eines Motors in Abhängigkeit von der Temperatur (Zähigkeit) des Öles. Die Strömungsverluste beeinflussen den meßbaren indizierten Mitteldruck nicht unwesentlich. Soll aus dem Schleppversuch der mechanische Wirkungsgrad (mittlerer Reibungsdruck) ermittelt werden, so sind die Strömungsverluste gesondert zu errechnen und von dem Meßergebnis abzuziehen.

Der Wissensstand auf dem Gebiet der Motorreibung ist im Grunde unbefriedigend, die Schwierigkeiten werden jedoch die Lösung des Problems noch einige Zeit aufschieben.

2.2 Die geometrische Ähnlichkeit

Zur rein geometrischen Ähnlichkeit einer Verbrennungskraftmaschine gehört die λ-proportionale Veränderung aller Abmessungen. Geometrische Ähnlichkeit läßt sich am einfachsten durch den Storchschnabel erreichen, eine Übertragung aller Längenabmessungen mit einem konstanten Vergrößerungs- oder Verkleinerungsfaktor.

In praxi gibt es keine vollkommen ähnlichen Maschinen, es sind jedoch einige Begriffe geprägt worden, die die Ähnlichkeit einiger wichtiger geometrischer Daten fixieren.

2.2.1 Das Hubverhältnis ξ_s

Als erstes wäre das Hubverhältnis

$$\xi_s = s/d \tag{2.28}$$

zu nennen (Abb. 2.40). In Verbindung mit dem Verdichtungsverhältnis ε (Abb. 2.41) gibt das Hubverhältnis Aufschluß über die Formgestaltungsmöglichkeiten des Brennraumes. Mit geringer werdendem Hubverhältnis und steigendem Verdichtungsverhältnis wird der Brennraum immer flacher, die Toträume werden relativ größer. Wegen der relativ größeren Ein- und Auslaßventile kann zwar bei kleinen Hubverhältnissen mit geringerem Aufwand die Ladung in den Brennraum gebracht werden, was jedoch nur von Nutzen ist, wenn diese Ladung gut durchbrennen kann. Wenn kunstvolle Brennräume gestaltet werden müssen, um den Brennstoff aufzubereiten und eine ruhige Verbrennung zu erzielen, so ist insbesondere bei hohen Verdichtungsverhältnissen dem Hubverhältnis bald ein Ende gesetzt. Bei Otto-Motoren mit relativ niedrigen Verdichtungsverhältnissen finden wir deshalb Hubverhältnisse bis 0,7 herunter, bei Dieselmotoren mit hohen Verdichtungsverhältnissen ε wird dagegen $\xi_s = 1$ selten unterschritten. Gelingt es, mit fallendem Hubverhältnis ξ_s den mittleren Effektivdruck p_e konstant zu halten, so wächst bei konstanter Kolbengeschwindigkeit v_m die Leistung eines Motors direkt proportional mit der Kolbenfläche, das heißt mit d^2 oder $1/\xi_s^2$. Abb. 2.42 zeigt das Hubverhältnis heutiger Motoren. Bei den Ottomotoren finden wir

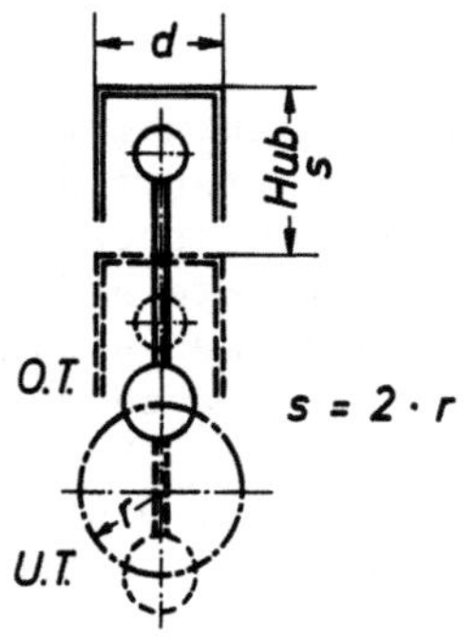

Abb. 2.40: Totpunktlage des Kolbens

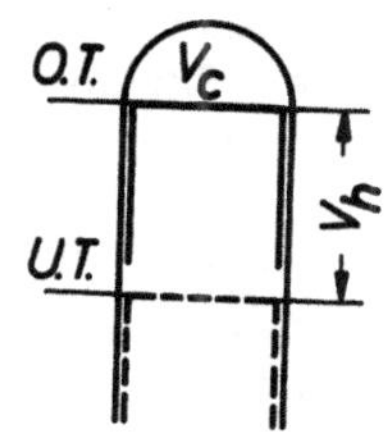

Abb. 2.41: Hubraum einer Verbrennungskraftmaschine

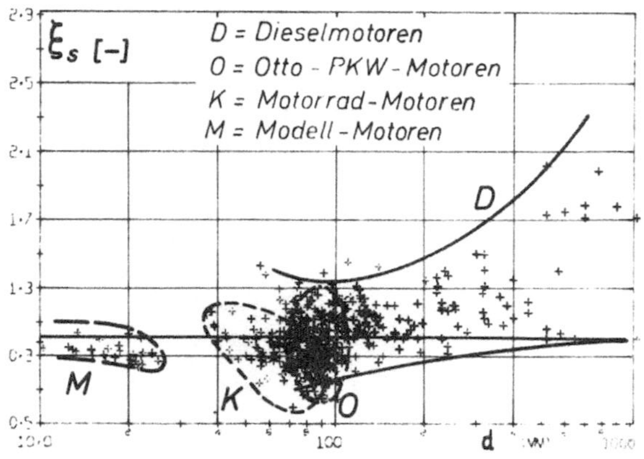

Abb. 2.42: Hubverhältnisse von OTTO- und DIESELmotoren

die kleinsten Hubverhältnisse, jedoch werden auch große Hubverhältnisse, insbesondere bei den großvolumigen Zweitaktmotoren, bei denen ein Teil des vorhandenen Hubes infolge der Schlitze verlorengeht (wirksamer Hub), mit Erfolg angewandt.

Generelle Empfehlungen kann man nicht aussprechen. Der Trend geht zwar zu kurzhubigen Motoren, doch gibt es eine Reihe von Beispielen, bei denen durch eine Hubverlängerung die spezifischen Kennwerte nicht gelitten haben.

2.2.2 Das Verdichtungsverhältnis ε

Der entscheidende Gedanke OTTOs war die Erkenntnis, daß zur Wirkungsgradsteigerung die Ladung verdichtet werden müsse. Diese Verdichtung des Gemisches im Zylinder verwirklichte er 1876 das erste Mal fast serienreif in seiner Viertaktmaschine (Abb. 1.5). Hiermit war der entscheidende Schritt für die Entwicklung unserer modernen Verbrennungskraftmaschinen getan. Als Verdichtungsverhältnis ε bezeichnen wir den Quotient aus dem gesamten Volumen oberhalb des Kolbens bei dessen UT-Stellung und demjenigen oberhalb des Kolbens bei OT-Stellung (Brennraum, Kompressionsraum)

$$\varepsilon = \frac{V_h + V_c}{V_c} \tag{2.29}$$

Betrachtungen an idealen Kreisprozessen zeigen sehr einfach, daß sich mit steigendem Verdichtungsverhältnis ε die Wirkungsgrade merklich anheben lassen (Abb. 2.43). Das Streben nach hohen Verdichtungsverhältnissen wird aber durch mehrere Randbedingungen eingeschränkt. Beim OTTO-Motor begrenzt die Klopfneigung der Brennstoffe, die durch Abgasgesetzgebung (Bleigesetz) nicht klopfunwilliger geworden sind, den Verdichtungsgrad. Durch Brennraumgestaltung und Gemischbildung ist die Grenze des Verdichtungsverhältnisses noch etwas zu beeinflussen. Heute hat sich bei OTTO-Motoren ein Verhältnis $\varepsilon = 7 - 9$, maximal bis 10,5 eingebürgert (Abb. 2.44).

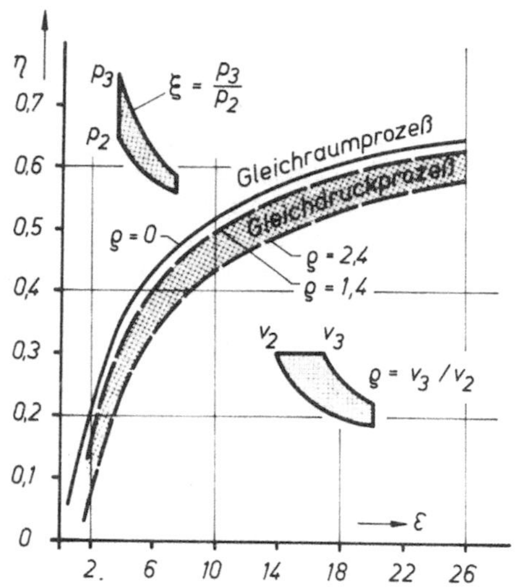

Abb. 2.43: Einfluß des Verdichtungsverhältnisses auf den motorischen Wirkungsgrad bei Annahme idealer Kreisprozesse

Bei DIESEL-Motoren sind höhere Verdichtungsverhältnisse notwendig, um die Zündtemperatur des eingespritzten Brennstoffes sicher zu erreichen.

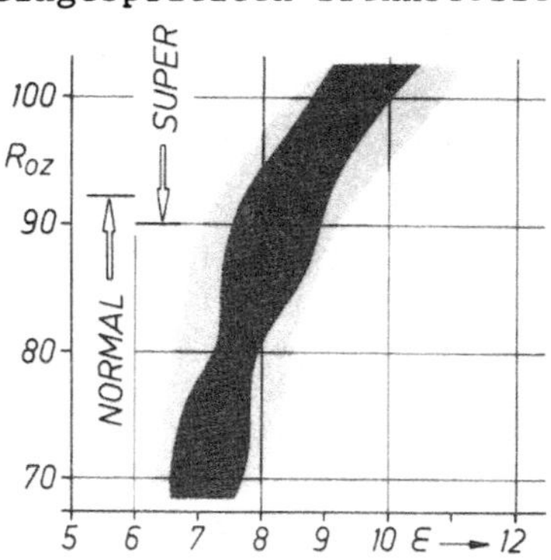

Abb. 2.44: Oktanzahlbedarf (ROZ) in Abhängigkeit vom Verdichtungsverhältnis nach Statistik aus 377 OTTO-Motoren

Für größere Auflademotoren hat sich die untere Grenze bei $\varepsilon = 11,5 - 12$ eingependelt. Diese Grenze wird durch das sichere Anlaßverhalten der kalten Maschine in kalter Umgebung und das Weißrauchen in der Warmlaufphase der Dieselmotoren gegeben. Auch steigt der Schadstoffanteil (HC-Emission) bei niedrigen Verdichtungsverhältnissen sprunghaft an.

Die obere Grenze der Verdichtung wird durch die Brennraumgestaltung und die Herstellungstoleranzen der Triebwerksteile und die Drücke gegeben. Bei unaufgeladenen Motoren kann man mit Verdichtungsverhältnissen bis ε = 21 - 22 rechnen. Bei Auflademotoren ist der zulässige Zünddruck die weitaus einschneidendste Begrenzung. Die Einschränkung für das Verdichtungsverhältnis ergibt sich aus dem Gaskraftverlauf, der sich auf dem Kompressionsdruckverlauf aufbaut. Hohe Verdichtungsverhältnisse lassen sich bei begrenzten Triebwerkskräften nur dann verwirklichen, wenn das Gemisch 'nachbrennt' (siehe z. B. Abb. 2.10), das heißt, der Wärmeumsatz allein im Expansionshub erfolgt, was meist mit schlechteren Wirkungsgraden verbunden ist, wie man bereits aus der Betrachtung der Ideal-Kreisprozesse ablesen kann (Abb. 2.45). Interessant ist in diesem Zusammenhang, daß das Verdichtungsverhältnis einen stärkeren Einfluß auf die Drehschwingungserregung (Tangentialdruckverlauf) der Kurbelwelle hat als der Zünddruck.

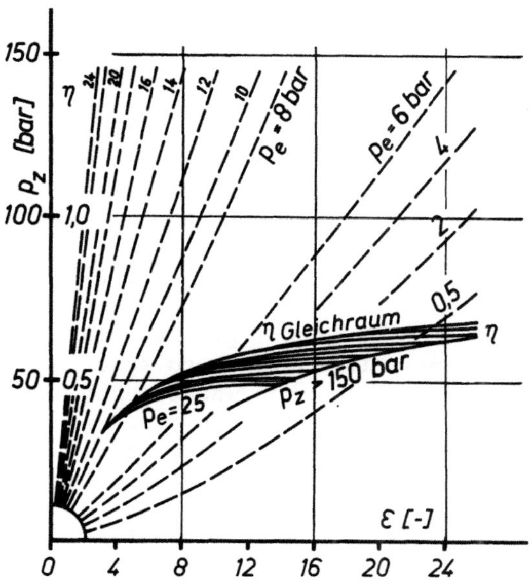

Abb. 2.45: Einfluß des Gleichdruckverbrennungsgrades ε auf den Wirkungsgrad und den Spitzendruck

Aus den gegenläufigen Forderungen an das Verdichtungsverhältnis (sicheres Anlaßverhalten gegenüber niedrigerem Zünddruck bei guten Wirkungsgraden) kann man das Streben der Motorenbauer verstehen, Motoren mit variablem Verdichtungsverhältnis zu schaffen. Dies ist jedoch mit technisch übersehbaren, dauerfesten und betriebssicheren Lösungen bisher nur mangelhaft gelungen (MILLER-Verfahren, BICERA-Kolben, MWM-Cetan-Zahl-Testmotor, CFR-Testmotor). Auf diesem Gebiet wird die Entwicklung in den nächsten Jahrzehnten sicherlich noch einige Neuerungen bringen.

2.2.3 Das Schubstangenverhältnis λ_{PL}

Eine weitere bekannte geometrische Vergleichsgröße ist das S c h u b s t a n g e n v e r h ä l t n i s (Pleuelstangenverhältnis)

$$\lambda_{PL} = \frac{r}{l} = \frac{s}{2 \cdot l} \qquad (2.30)$$

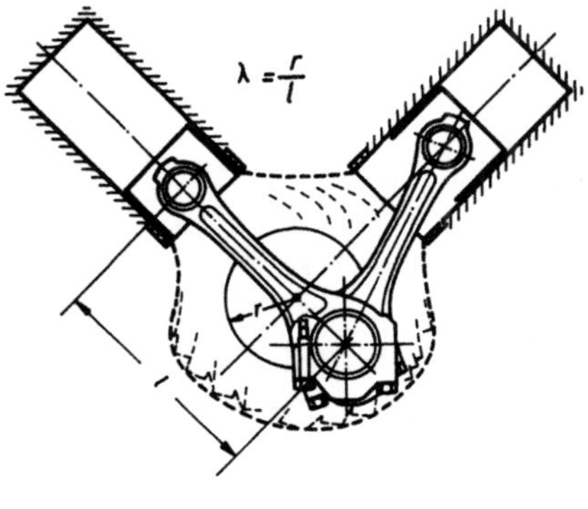

Abb. 2.46: "Pleuelgeige" (erforderlicher Raumbedarf) eines V-Motors

Das größere Schubstangenverhältnis verringert zwar die Motorenbauhöhe, erhöht aber auch die Kolbenseitenkräfte. Übliche Werte liegen heute zwischen 0,25 und 0,33, wobei die ersteren mehr den Großdieselmotoren zuzuordnen sind, während man die kurzen Pleuelstangen insbesondere bei den Pkw- und Lkw-Motoren findet.

Bei Mehrreihenbauarten wird die Pleuelstangenlänge allerdings auch oft durch konstruktive Gegebenheiten festgelegt (Zylinderrohrberührung u. ä. m., Abb. 2.46). Ein Einfluß des Schubstangenverhältnisses auf den Reibungsdruck oder den Verschleiß konnte bisher noch nicht nachgewiesen werden.

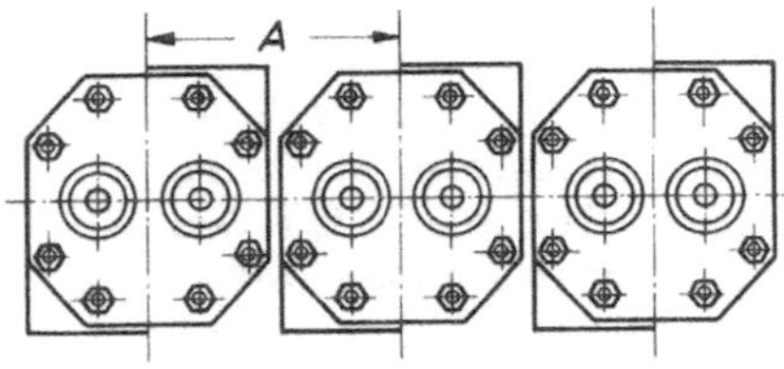

Abb. 2.47: Zylinderabstand durch Zylinderköpfe bestimmt

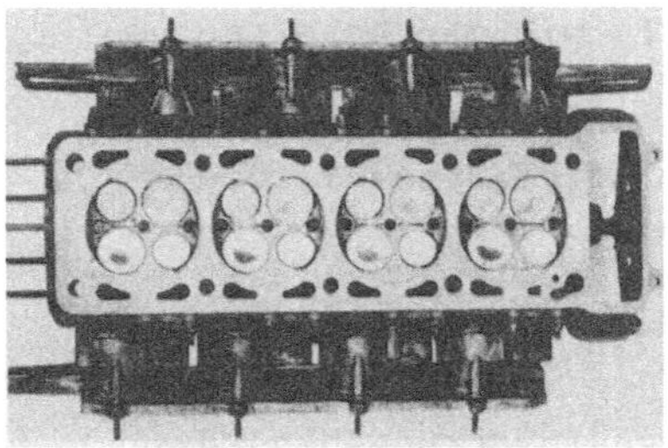

Abb. 2.48: Zylinderkopfblock (vier Ventile)

2.2.4 Der relative Zylinderabstand α_z

Von großer Bedeutung für den Entwurf eines Motors ist der relative Zylinderabstand

$$\alpha_z = \frac{A}{d} \tag{2.31}$$

Bei Reihenmotoren wird dieser Zylinderabstand in der Regel durch den Zylinderkopf (z. B. Einzelzylinderköpfe) nach Abb. 2.47 vorgegeben. Bei Zylinderkopfblöcken (Abb. 2.48) hingegen bestimmt die Region der Zylinderkühlung (Wassermantel, Abb. 2.49 oder Kühlrippen, Abb. 2.50) den Zylinderabstand α_z eines Hubkolbenmotors. Wegen des unterschiedlichen Aufbaues von Motoren in dieser Partie (integrierte Bauweise (Kolben läuft auf dem Kurbelgehäusewerkstoff), trockene und nasse Laufbuchse etc.) gibt es hier keine feste untere Grenze. Um Baulänge zu sparen, gibt es sogar Ausführungsformen von wassergekühlten Motoren mit 'zusammen-gegossenen' Zylinderrohren (Abb. 2.51), die im Betrieb leicht unrund werden und den Kolbenringen eine schwere Aufgabe zuweisen. Die untere Grenze des relativen Zylinderabstandes für Reihenmotoren liegt so um α_z = 1,15 - 1,20, die obere Grenze um 1,5 - 1,6.

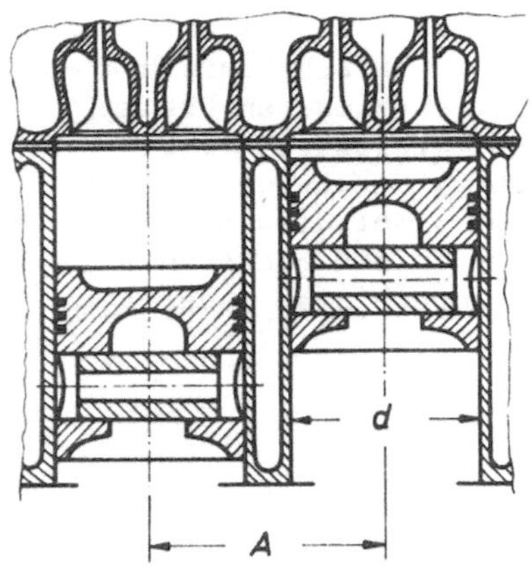

Abb. 2.49: Einfluß des Wassermantels auf den Zylinderabstand

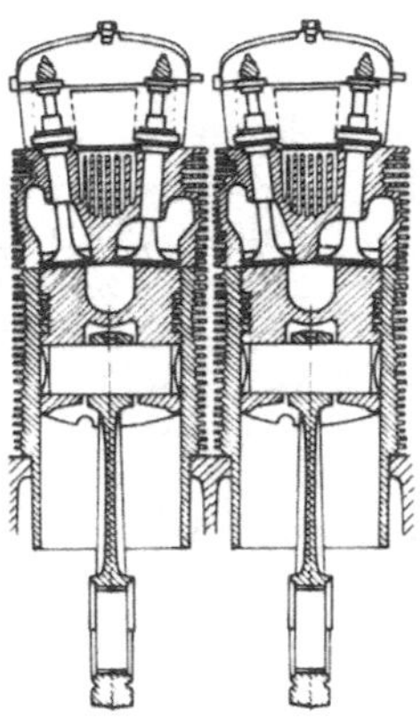

Abb. 2.50: Einfluß der Kühlrippen auf den Zylinderabstand

Bei Mehrreihenmotoren wird der Zylinderabstand durch das Triebwerk (Abb. 2.52) bestimmt, wobei es unerheblich ist, ob wir bei V-Motoren nebeneinanderliegende Pleuel, Gabelpleuel oder angelenkte Pleuel betrachten, weil Anlenk- und Gabelpleuelkonstruktionen in der Motorenlängsrichtung praktisch den gleichen Bauraum benötigen wie zwei schmale, nebeneinander-

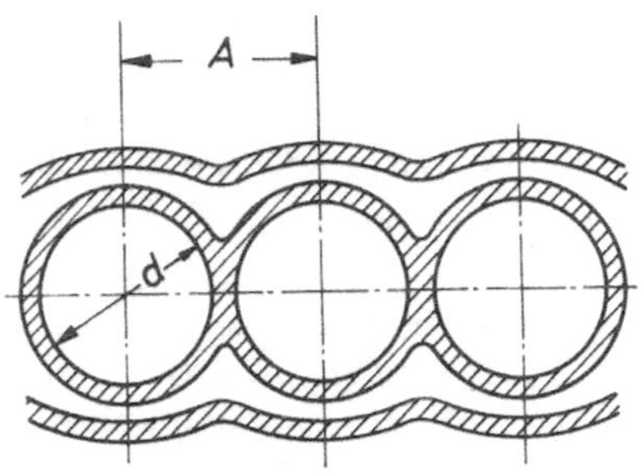

Abb. 2.51: 'Zusammen-gegossene' Zylinderrohre ohne Laufbuchse (integrierte Bauweise)

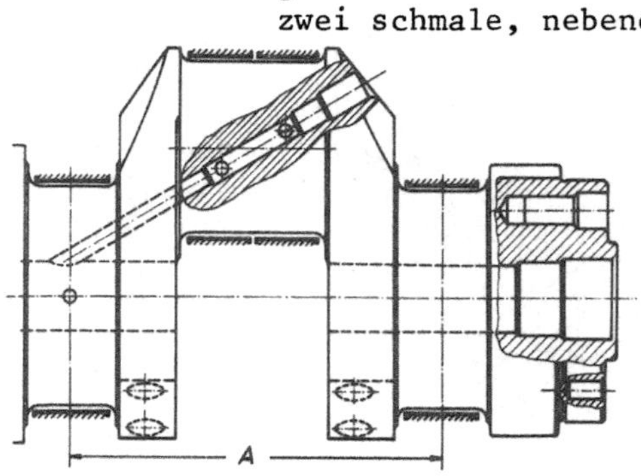

Abb. 2.52: Einfluß des Triebwerkes auf den Zylinderabstand

liegende Pleuel. Für normal ausgeführte Motoren liegt hier die Untergrenze bei $\alpha_z \approx 1{,}4 \ldots 1{,}5$ und kann bei einigen Motorenausführungen bis zu 2 betragen, was bei konsequenter Ausnutzung des Bauraumes zu niedrigen Spannungen und geringen Lagerbelastungen führen kann.

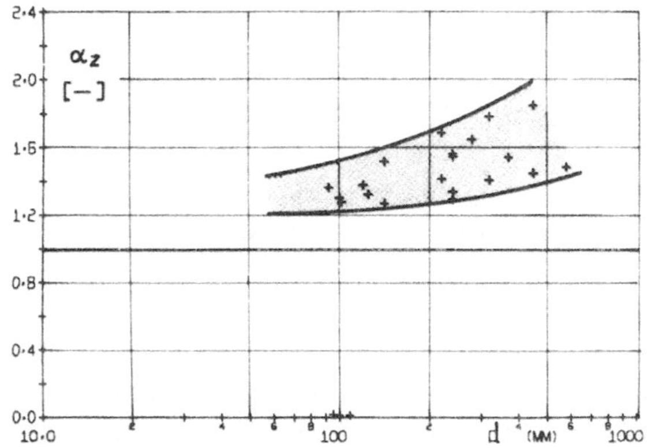

Abb. 2.53: Relative Zylinderabstände von ausgeführten Verbrennungskraftmaschinen

Abb. 2.53 zeigt für eine Anzahl heutiger Motoren zum Beispiel die relativen Zylinderabstände, aus denen Tendenzen abzulesen sind. Die Angaben sind jedoch spärlich, und es liegt in hohem Grade am Geschick des Konstrukteurs, hier optimale Verhältnisse zu schaffen. Für die Praxis sollte man aber auch hier vom theoretisch Erreichbaren Abstriche machen, da eine konsequente Baulängenreduzierung oft mit einem hohen Preis bezahlt werden muß (hochfeste Baustoffe, feine Bearbeitung, keine Gußkonturen usw.).

2.2.5 Die relative Baulänge α_B

Der relative Zylinderabstand allein sagt jedoch noch nichts über die Motorenlänge aus, da bei modernen, hochaufgeladenen Motoren die 'Überhänge' von Ladern, Kühlern, Reglern, Pumpen u. a. m. erhebliche Größen haben können. Eine sinnvolle Vergleichsgröße ist hier die relative oder spezifische Baulänge

$$\alpha_B = \frac{L}{Z_R \cdot \alpha} \tag{2.32}$$

wobei Z_R die Anzahl der Zylinder einer Zylinderreihe ist. Abb. 2.54 stellt zum Beispiel die relative Baulänge dar und zeigt in Verbindung mit Abb. 2.53, um wieviel länger die Motoren infolge der überstehenden Anbauteile in Wirklichkeit sind, als es die relativen Zylinderabstände theoretisch bedingen würden.

2.3 Mechanische Ähnlichkeit

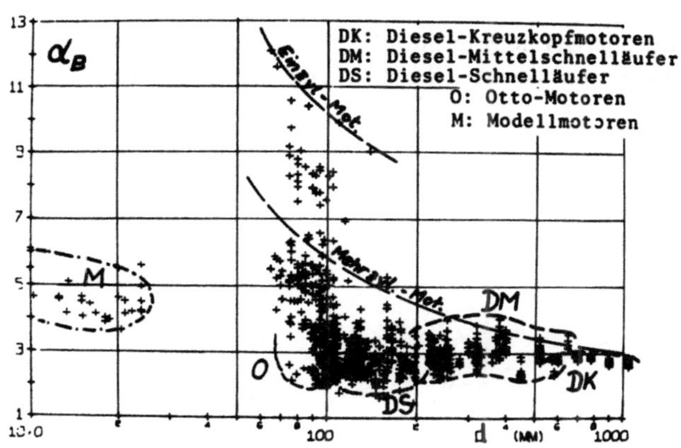

Abb. 2.54: Relative Baulänge von ausgeführten Verbrennungskraftmaschinen

Da Hubkolben-Verbrennungskraftmaschinen im Aufbau vergleichbar sind und in der Grundauslegung in dem vorbesprochenen Rahmen einer gewissen geometrischen Ähnlichkeit unterliegen, ergeben sich bei gleichen Betriebsverhältnissen und Randbedingungen auch ähnliche Beanspruchungen. Bei in erster Linie annähernd gleichen Werkstoffen (gleiche zulässige mechanische Beanspruchungen), stellt eine mechanische Ähnlichkeit sicher, daß unabhängig von der Maschinengröße eine gleiche Werkstoffausnutzung vorliegt - in der Festigkeitslehre würde man von gleicher Sicherheit sprechen. Die Kennzahlen der mechanischen Ähnlichkeit gehen von der Prämisse aus, daß die

Werkstoffe gleich sind - nur dann werden die Kennwerte auch ein Indiz für die Sicherheit sein. In diesem Zusammenhang muß man also sehen, daß verschieden große Kennwerte nicht mit den gleichen Mitteln erreicht worden sind. Vielmehr zeigen diese Werte, welche spezifischen Belastungen unter Anwendung des "state of art" man erreichen könnte - gegebenenfalls kann ein niedrig belasteter Motor durchaus eine hohe Wirtschaftlichkeit haben. Trägt man die Kosten über den Kennwerten auf, so gibt es ein flaches Minimum, bei dessen wesentlicher Überschreitung die Kosten steil ansteigen. Mit wachsendem Erkenntnisstand (Wissen um die Zusammenhänge, Werkstoffentwicklung usw.) verschiebt sich dieses Minimum zu höheren Kennwerten.

Im Sinne der mechanischen Ähnlichkeit, d. h. typischer Vergleichsbeanspruchungen, sind eine Reihe von Beziehungen aufgestellt worden, die nachfolgend erläutert werden sollen.

2.3.1 Die Schnelläufigkeit

Der Begriff der Schnelläufigkeit begegnet uns in der Technik öfter, er soll uns als Maßstabsfaktor für die in der Maschine erzeugte Geschwindigkeit dienen, wie z. B. in der Turbine die auf die Fallhöhe bezogene Umfangsgeschwindigkeit (auch Laufzahl genannt). In der Verbrennungskraftmaschine dient die Schnelläufigkeit als Vergleichszahl zur Beurteilung von mechanischen Beanspruchungen. Die Schnellläufigkeit der Verbrennungskraftmaschine ändert sich bei geometrisch ähnlichen Maschinen nicht, wenn die Arbeitsdrücke und die Gleitgeschwindigkeiten gleich bleiben. Die mittlere Kolbengeschwindigkeit ist zum Beispiel so eine Vergleichsgröße, die uns - bei geometrischer Ähnlichkeit - Aufschluß über die Beanspruchungen des Triebwerkes durch die rotierenden und hin und her gehenden Triebwerksmassen geben kann.

2.3.1.1 Die mechanische Schnelläufigkeit n_m (Modelldrehzahl)

Sind bei einer Maschine im Vergleich zu einer anderen die linearen Abmessungen ver-λ-facht (geometrische Ähnlichkeit), so gilt für den Hub der ersteren

$$s_o = \lambda \cdot s \tag{2.33}$$

und für den Kolbendurchmesser

$$d_o = \lambda \cdot d \tag{2.34}$$

Das Hubverhältnis

$$\xi_s = \frac{s}{d} \tag{2.35}$$

bleibt unverändert. Da für beide Maschinen gleiche durchschnittliche Kolbengeschwindigkeit v_m gelten soll, ist mit den Hüben s und s_o und den minütlichen Drehzahlen n und n_o

$$v_m = \frac{s \cdot n}{30} = \frac{s_o \cdot n_o}{30} = v_{mo} \tag{2.36}$$

Hieraus folgt

$$n_o = n / \lambda \tag{2.37}$$

Bildet man das Produkt der Ausdrücke (2.34) und (2.37), so ergibt sich

$$n_o \cdot d_o = n \cdot d \tag{2.38}$$

das heißt, das Produkt aus Drehzahl und Zylinderdurchmesser ist bei geometrisch ähnlichen Maschinen mit gleicher Kolbengeschwindigkeit konstant.

Die Nutzleistungen der beiden Maschinen, die mit gleichem p_e arbeiten sollen, sind

$$P_e = \frac{\pi \cdot d^2}{4} \cdot p_e \cdot v_m \cdot 30 \cdot \frac{z}{T}$$
$$P_{eo} = \frac{\pi \cdot d_o^2}{4} \cdot p_e \cdot v_m \cdot 30 \cdot \frac{z}{T} \qquad (2.39)$$

Das Verhältnis der beiden Leistungen wird somit

$$\frac{P_{eo}}{P_e} = \frac{d_o}{d}^2 \qquad (2.40)$$

und mit Gleichung (2.34)

$$\frac{P_{eo}}{P_e} = \lambda^2 \qquad (2.41)$$

d. h. die Leistung wächst quadratisch mit dem Vergrößerungfaktor. Gleichung (2.40) führt weiter auf

$$\sqrt{\frac{P_{eo}}{P_e}} = \lambda \qquad (2.42)$$

und mit Einsetzen der Gleichung (2.37) erhält man

$$n_o = n \cdot \sqrt{\frac{P_e}{P_{eo}}} \qquad (2.43)$$

Diese Drehzahl geht mit $N_{eo} = 1$ in die Drehzahl der ähnlichen 1-kW-Maschine über und wird s p e z i f i s c h e D r e h z a h l genannt.

Soll eine Maschine einer erprobten Maschine ähnlich sein und dieselbe mechanische Beanspruchung aufweisen, so ist das Produkt

$$n_m = n_o \cdot \sqrt{P_{eo}} = n \cdot \sqrt{P_e} \qquad (2.44)$$

einzuhalten; dieser Ausdruck n_m kann mithin als K e n n z a h l für die m e c h a n i s c h e S c h n e l l ä u f i g k e i t (auch Modelldrehzahl genannt) gelten. Dabei kann n_m für alle Zylinder mit der Gesamtleistung oder für den Einzelzylinder mit der Einführung der Zylinderleistung angegeben werden. Die Schnelläufigkeit ändert sich mit $\lambda^{-1} \cdot \lambda = \lambda^0 = 1$, d. h. sie bleibt unverändert bei ähnlicher Vergrößerung oder Verkleinerung der Maschine, solange Arbeitsdrücke und Gleitgeschwindigkeiten gleichbleiben. Die mechanische Schnelläufigkeit n_m ist in Abb. 2.55 für die heute auf dem Markt befindlichen Motoren dargestellt und bietet einen Überblick, in welchem Maße dieser Wert heute realisiert wird. Bei Werten zwischen 5000 und 10 000 $kW^{0,5}$/min kann man wohl von Motoren hoher mechanischer Schnelläufigkeit sprechen. Diese Kennzahl

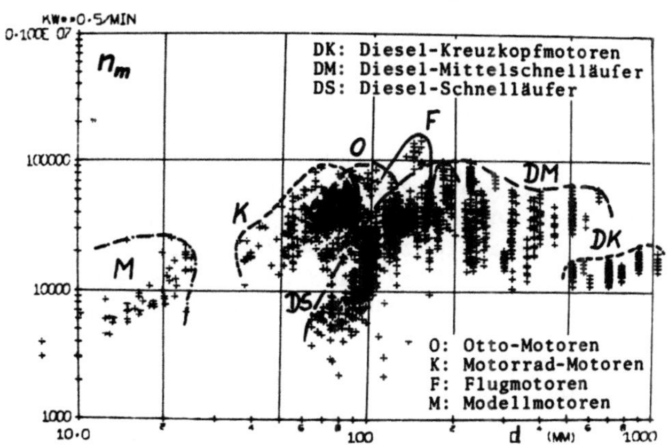

Abb. 2.55: Modelldrehzahlen n_m heute ausgeführter Motoren

n_m enthält die Drehzahl n und mittelbar die Kolbengeschwindigkeit v_m, deren stetige Erhöhung das unaufhaltsame Vordringen des zuverlässigen Schnelläufers anzeigt. Der Einfluß der Geschwindigkeit v_m ist im obigen Ausdruck besonders stark, doch ist sie allein nicht entscheidend, wie eine Umformung zeigt. Es ist

$$n_m = n \cdot \sqrt{P_e} = \frac{v_m}{2 \cdot s} \cdot \sqrt{p_e \cdot d^2 \cdot c_m} =$$

$$= C \cdot p_e^{1/2} \cdot d \cdot c_m^{3/2} \cdot s^{-1} \tag{2.45}$$

Zur mechanischen Schnelläufigkeit tragen bei:
- Der mittlere Druck nur in der 1/2 Potenz,
- der Zylinderdurchmesser in der einfachen Potenz,
- die Kolbengeschwindigkeit in der 3/2 Potenz und
- der Hub im umgekehrten Verhältnis.

KUTZBACH /6/ hat zuerst auf die Bedeutung der Schnellaufzahl hingewiesen und den Begriff von $n \cdot \sqrt{N_e}$ als "Modelldrehzahl" für leistungsübertragende Wellen eingeführt.

Aus Gleichung (2.43) leitet sich ferner ab

$$\frac{P_{eo}}{P_e} = \frac{n^2}{n_o^2} \cdot P_e \tag{2.46}$$

oder

$$P_{eo} = \frac{n^2}{n_o^2} \tag{2.47}$$

und mit $n_o = 1$

$$P_{eo} = n^2 \cdot N_e = n_m^2 \tag{2.48}$$

als Leistung der ähnlichen Maschine mit der Drehzahl 1/min und als abgeänderte Form der Schnellaufzahl. Diese von LAUDAHN /7/ zum Vergleich der Maschinen gebrauchte Zahl ist wegen ihrer Vielstelligkeit wenig anschaulich und besagt nichts anderes als die Modelldrehzahl oder die mechanische Schnelläufigkeit n_m.

Ersatzweise kann man für den konstanten Mitteldruck p_e auch das Hubvolumen V_h anstelle der Leistung einsetzen und erhält sodann

$$n_L^* = n \cdot \sqrt[3]{V_h} \tag{2.49}$$

Diese Drehzahl ist eine zweite Form der Schnellaufdrehzahl, die LUTZ /8/ 1933 aufgestellt hat, die sich aber als Vergleichsgröße in der Praxis nicht durchsetzen konnte. Die Werte dieser LUTZschen Schnellaufzahl der aktuellen Motoren sind in Abb. 2.56 dargestellt. Man erkennt einen fast linearen Anstieg über der Kolbengeschwindigkeit, wobei die Dieselmotoren weitgehend im Bereich von $v_m < 10$ m/s und die Ottomotoren oberhalb von 10 m/s verbreitet sind.

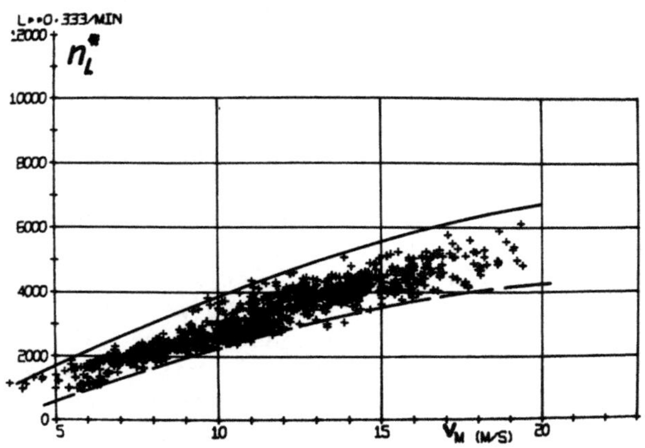

Abb. 2.56: Schnellaufzahl (LUTZ) von aktuellen Motoren

2.3.1.2 Der Laufwert α_L (Massenfaktor)

Unter der Annahme, daß das Gewicht der hin und her gehenden Triebwerksteile (Kolben, Kolbenbolzen, Pleuelstange usw.) sich mit der 3. Potenz des Kolbendurchmessers verändert, ergibt sich als Vergleichszahl der Massenkräfte bezogen auf die Kolbenfläche

$$F_1^* = \frac{2 \cdot m \cdot s \cdot \omega^2}{\pi \cdot d^2} = C \cdot (d/n)^2 \cdot \xi_s \qquad (2.50)$$

Bezeichnet man den Laufwert oder Massenkraftfaktor eines Motors mit α_L

$$\alpha_L = \xi_s \frac{(d \cdot n)^2}{1000} \qquad (2.51)$$

so erhält man damit ein Maß für die konstruktive Beherrschung der Trägheitskräfte. Dies gilt natürlich aber nur dann, wenn durch geometrische Ähnlichkeit sichergestellt ist, daß die Triebwerksmassen nicht überproportional ansteigen, weil man sonst aus diesem Kennwert eine Scheinsicherheit errechnet, die im praktischen Betrieb nicht vorhanden wäre. Die mangelnde Kenntnis der Triebwerksmassen der zu vergleichenden Motoren macht jedoch einen sinnvollen Ansatz für eine vergleichende Betrachtungsweise fast unmöglich. Bekanntermaßen sind die Triebwerksteile von hochaufgeladenen Dieselmotoren beträchtlich schwerer als die von Ottomotoren, so daß der Kennwert α_L eine nur mit Vorsicht zu betrachtende Vergleichszahl ist. Der Laufwert α_L ist in Abb. 2.57 für die zur Zeit auf dem Markt befindlichen Serienmotoren aufgetragen worden. Bei Dieselmotoren ist ein Wert α_L = 150 bis 160 schon als sehr gut zu bezeichnen, während man bei hochtourigen Motorradmotoren auf Spitzenwerte um 400 m/s^2 kommt.

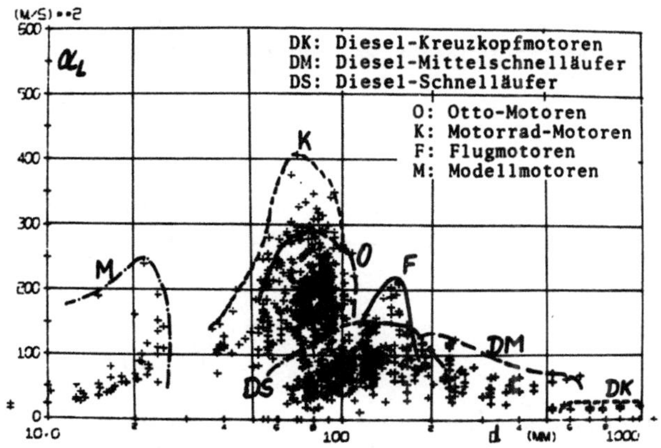

Abb. 2.57: Der Laufwert α nach JAKLITSCH für Verbrennungskraftmaschinen des Jahres 1977

2.3.1.3 Die spezifische Kolbengeschwindigkeit

SYASSEN /9/ hat anhand der Auswertung vieler Motoren herausgefunden, daß Motoren etwa gleicher Entwicklungsstufe in der spezifischen Kolbengeschwindigkeit v_s^*, definiert als

$$v_s^* = v_m \cdot \sqrt{d} \qquad (2.52)$$

etwa gleiche Werte erreichen. In dieser Vergleichszahl ist die bei der Besprechung der mittleren Kolbengeschwindigkeit (Abschnitt 2.1.3) erwähnte Baugrößenabhängigkeit einbezogen. Abb. 2.58 zeigt diesen Kennwert für die heute auf dem Markt befindlichen Motoren, die Größe dieser spezifischen Kolbengeschwindigkeit v_s^* zeigt in etwa den Entwicklungsstand der Hubkolben-Verbrennungskraftmaschine an. Während Ende der 60er Jahre für Dieselmotoren der Kennwert v_s^* noch etwa bei 5 $m^{1,5}/s$ lag, ist dieser in den letzten 10 Jahren auf Werte um etwa 6 $m^{1,5}/s$ angewachsen.

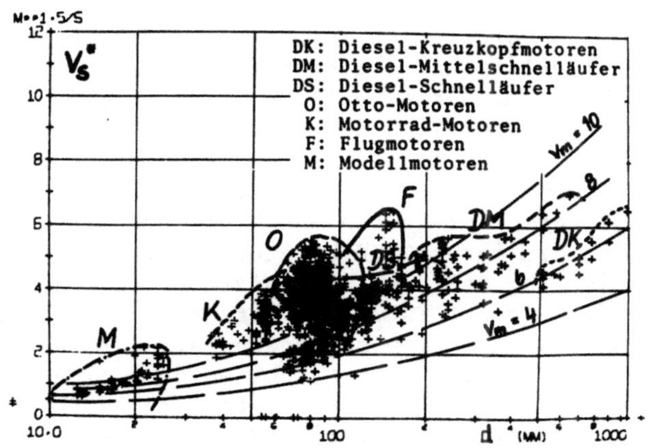

Abb. 2.58: Die spezifische Kolbengeschwindigkeit v_s^* der Verbrennungskraftmaschinen

2.3.2 Die bezogene Leistung

Es hat sich als bewährte Vergleichsgröße erwiesen, verschiedene Konstruktionsgrößen auf die Leistungsausbeute einer Verbrennungskraftmaschine zu beziehen. Da die Leistung eines Brennraumes durch verschiedene Parameter beeinflußt und beschränkt wird (p_e, v_m, Brennverfahren u. a. m.), gibt die bezogene Leistung nur Hinweise für das typische Verhalten bestimmter Ausführungsformen - in einem Formel-I-Rennen wird man mit dem heutigen Reglement nicht mit einem Dieselmotor starten. Erst innerhalb einer Gruppe kann ein Leistungskennwert etwas über die Qualifikation eines Motors aussagen. Wenn vorher betont wurde, daß ein Kunde einen Motor wegen der von ihm abgegebenen Leistung kauft, so muß hier einschränkend gesagt werden, daß diese Leistung in einen Rahmen von Randbedingungen (Wirtschaftlichkeit, Umweltschutz, Lebensdauer u. a. m.) eingebettet ist und nur in diesem Zusammenhang die Problematik zu sehen ist. Sonst wäre es unverständlich, daß es nach der Aera der Hubkolben-Flugmotoren noch andere als diese gibt, denn sie sind im Hinblick auf die nachstehenden Kennwerte der auf Konstruktionsdaten bezogenen Leistungswerte auch heute noch durchaus Spitzenklasse.

2.3.2.1 Die Hubraumleistung

Als **Hubraumleistung** oder **Literleistung** bezeichnen wir die aus einem Liter Hubvolumen erzeugte Leistung. Aus Gleichung (2.3) können wir ableiten

$$P_v^* = \frac{P_e}{V_h} = C \cdot p_e \cdot \frac{n}{T} \qquad (2.53)$$

Die Hubraumleistung ist ein Maß für die Ausnutzung eines vorhandenen Hubraumes durch Arbeitsgröße pro Leistungstakt und Häufigkeit dieser Arbeitstakte pro Zeiteinheit. Zweitaktmotoren sind in dieser Hinsicht theoretisch um den Faktor 2 besser, die Praxis hingegen zeigt, daß durch die unterschiedliche hohe Brennraumausnutzung die Kennwerte kaum Unterschiede zeigen.

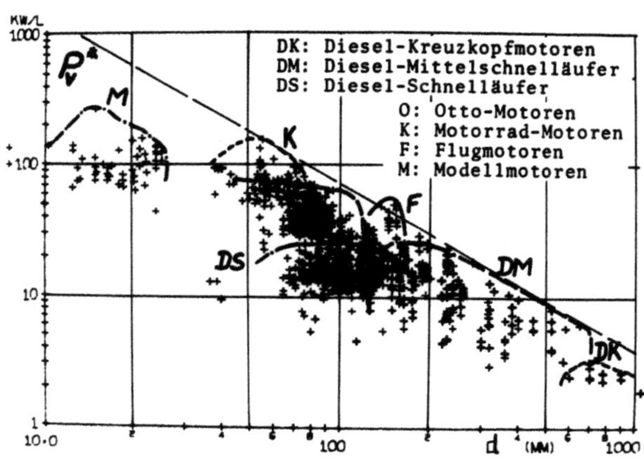

Abb. 2.59: Hubraumleistungen ausgeführter Motoren

Die zahlenmäßige Größe der Literleistung läßt den Entwicklungsstand zweier Motoren gleicher Leistung vergleichen. Der Motor mit kleinem Hubvolumen hat höhere Drehzahl n und damit gute Hubraumausnützung und hohe Schnelläufigkeit $n \cdot \sqrt{P_e}$. Abb. 2.59 veranschaulicht die Literleistungen heute ausgeführter DIESEL- und OTTO-Motoren. Deutlich sind hier differenzierte Anwendungsformen und Ausführungen zu unterscheiden. Die Literleistung steigt mit abnehmendem Hubraum. Schnellaufende OTTO-Motoren zeigen deutlich höhere Literleistungen (bis 80 kW/l) als (auch hochaufgeladene) Großmotoren; die Lebenserwartung dieser Motoren ist jedoch umgekehrt proportional zu ihrer Größe. Interessant erscheint jedoch, daß die Literleistung von Dieselmotoren bis 200 mm Bohrung auf 20 bis 25 kW/l begrenzt ist, eine Tatsache, die nicht mit der begrenzten Drehzahl des Dieselverfahrens allein zu begründen ist. Gerade bei kleineren Motoren sind offensichtlich gegenüber den größeren Maschinen noch eine Reihe ungenutzter Reserven vorhanden, die es zu nutzen gilt. Die aufgeladenen Pkw-Dieselmotoren und die höher aufgeladenen Lkw-Dieselmotoren werden die Kennwerte sicherlich in Richtung der gestrichelten Begrenzungsgeraden anheben.

Bei der Ver-λ-fachung der Abmessungen einer Maschine von V_H auf V_{Ho} ändert sich der Hubraum mit λ^3, die Leistungen hingegen mit λ^2 nach Gleichung (2.41). Die Literleistungen verhalten sich daher wie folgt

$$\frac{P_{vo}}{P_v^*} = \frac{P_{eo}}{V_{ho}} \cdot \frac{V_h}{P_e} = \lambda^2 \cdot \frac{1}{\lambda^3} = \frac{1}{\lambda} \tag{2.54}$$

das heißt, die Literleistungen stehen im umgekehrten Verhältnis des Ähnlichkeitsfaktors λ, werden also mit wachsendem λ kleiner, mit abnehmendem λ dagegen größer.

2.3.2.2 Die Bauraumleistung

Eine ebenso wichtige Vergleichsgröße ist die auf den umbauten Raum eines Motors (Abb. 2.60) bezogene Leistung, die B a u r a u m l e i s t u n g

$$P_m^* = \frac{P_e}{V_m} = \frac{P_e}{L \cdot B \cdot H} \tag{2.55}$$

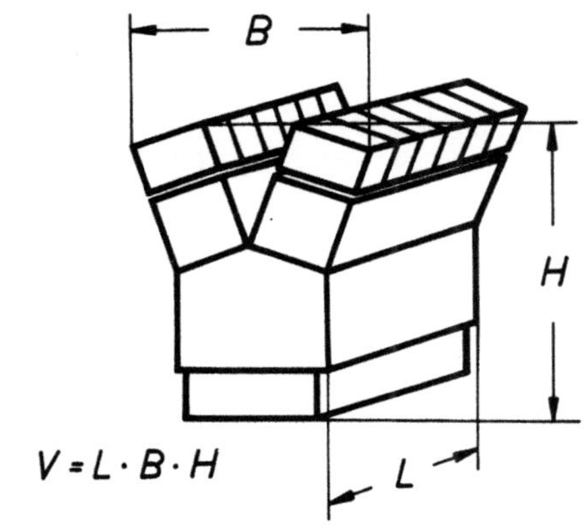

Abb. 2.60: Bauvolumen (umbauter Raum) einer Verbrennungskraftmaschine

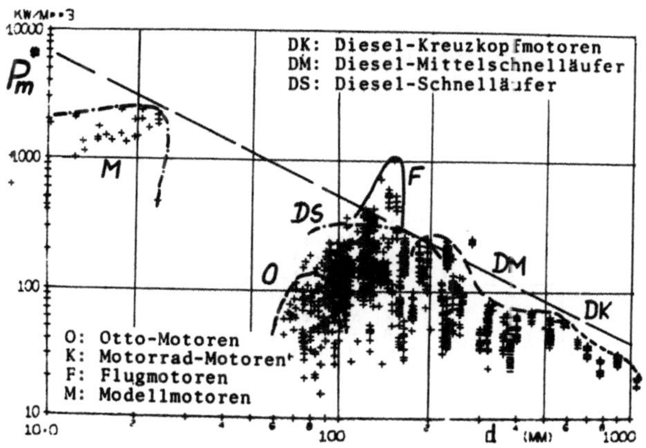

Abb. 2.61: Bauraumleistung heute ausgeführter Verbrennungskraftmaschinen

Dieser in Abb. 2.60 stilisierte Bauraum V_m ist natürlich nicht für alle Einbaufälle die richtige Vergleichsgröße, weil der umschriebene Quader unterschiedlich ausgefüllt ist und auch die Quaderform oft eine größere Rolle spielt als das Quadervolumen. Dennoch hat sich dieser Vergleichswert in der Praxis eingeführt. Aus Abb. 2.61 kann man ersehen, daß sich die Bauraumleistung in vorgegebenen Grenzen bewegt, die einen eindeutigen Zusammenhang mit der Baugröße zeigt, so daß man beim Vergleich die absolute Größe mitberücksichtigen muß. Auch zeigt sich bei dieser Betrachtungsweise, daß V-Motoren nur unwesentlich bessere Bauraumleistungswerte aufweisen - entgegen der Vermutung bei so kompakter Bauweise. Dies liegt neben der für die Quaderdefinition unglücklichen V-Form vor allem an den vielen Zusatzaggregaten, die proportional mit der Leistung steigen und als Überhänge bei den V-Motoren besonders ins Gewicht fallen. In der Praxis und in der Literatur findet man auch Begriffe wie "Leistungsbauraum" und "Leistungsvolumen" u. a. m.

Natürlich eignen sich auch alle reziproken Werte als Vergleichsgrößen, doch soll hier nur auf die landläufigsten Begriffe eingegangen werden, zumal eine Umrechnung keine Schwierigkeiten bereitet. Komplizierter wird es schon, wenn man die Frage stellt, über welcher Kennzahl man diese Vergleichswerte aufträgt.

2.3.3 Das bezogene Gewicht

Jeder Motor hat ein Gewicht, das der Konstrukteur im Rahmen der Entwicklungsphilosophie eines Unternehmens so niedrig wie möglich zu halten gedenkt. Wichtig ist dabei naturgemäß die Einsicht, daß das Gewicht nicht in allen Einsatzfällen eine entscheidende Rolle spielt, so daß für diese Fälle eine komplizierte, gewichtsparende, aber nicht ganz billige Konstruktionslösung durchaus fehl am Platze ist.

Erkenntnisse aus dem Leichtbau, aber auch der Einsatz von Leichtmetallen und in Sonderfällen von Titan, haben die spezifischen Motorengewichte in den letzten zwei Jahrzehnten erheblich absinken lassen. Extrem leichte Motoren (Flugmotoren, Rennmotoren) sind aber sehr kostenintensiv, weswegen in allen Fällen, in denen das Motorengewicht nicht das alleinige Auswahlkriterium der Maschine ist, die erreichbaren Gewichte in einem begrenzten Streubereich liegen. Daß aus dieser Sicht hier der Einsatzzweck eine besondere Rolle spielt, braucht keiner besonderen Erwähnung.

2.3.3.1 Das Hubraumgewicht

Das Hubraumgewicht oder Litergewicht als Maß für den Baustoffaufwand ist eine etwas seltener angewendete Vergleichsgröße und gibt an, wieviel Materialeinsatz notwendig war, einen funktionsfähigen Motor um den Hubraum V_h herum zu erstellen. Mit dem Litergewicht für eine Maschine gewinnt man eine Vergleichszahl und einen Maßstab für das Können des Konstrukteurs, denn es ist ein Zeichen dafür, wie geschickt und sparsam um einen vorhandenen Hubraum der Werkstoff angeordnet wurde, um den Drücken und Temperaturen standzuhalten. Wollte man das Hubraumgewicht allerdings als alleinigen Gradmesser für die Qualifikation des Konstrukteurs heranziehen, so läge man sicherlich nicht ganz richtig, denn die Verwendung hochfester (teurer) Werkstoffe kann die Konstruktion in einem falschen Licht erscheinen lassen. Das Hubraumgewicht ist definiert als

$$G_{VH}^* = \frac{G}{V_H} \tag{2.56}$$

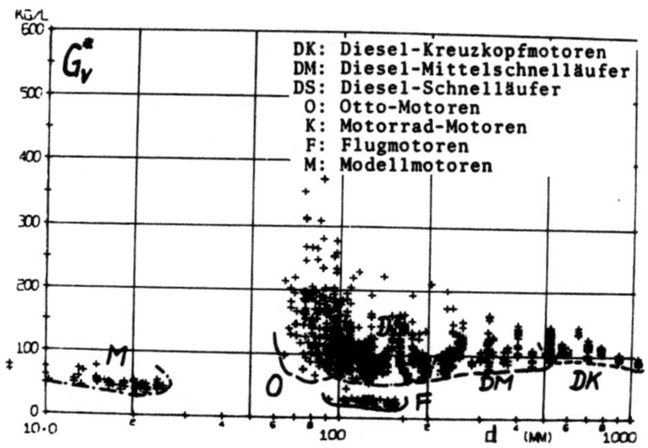

Abb. 2.62: Hubraumgewichte von Verbrennungskraftmaschinen

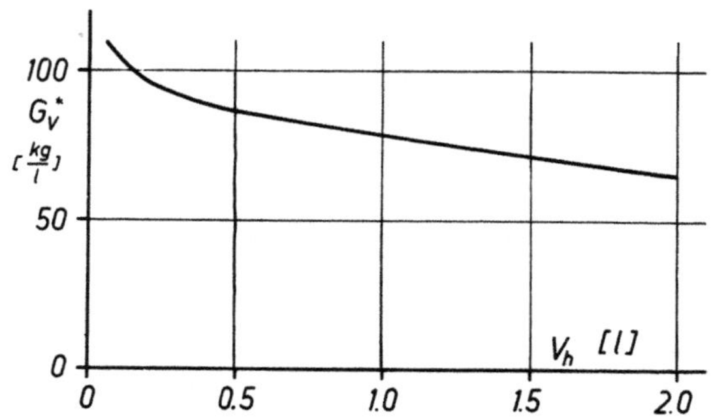

Abb. 2.63: Litergewichte von Fahrzeug-OTTO-Motoren nach KAMM (1935)

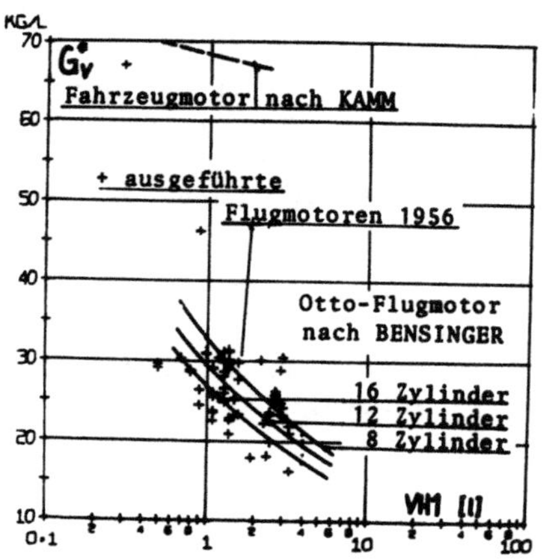

Abb. 2.64: Litergewichte zweireihiger OTTO-Flugmotoren nach BENSINGER (1937)

Das Hubraumgewicht bleibt bei ähnlicher Verkleinerung der Zylindereinheit theoretisch gleich, da das Gewicht G und der Hubraum V_h sich mit der dritten Potenz der linearen Abmessungen ändern. In Wirklichkeit steigt das Hubraumgewicht, weil bei manchen Teilen, z. B. in der Wanddicke, insbesondere auch beim Motorzubehör, der Baustoffaufwand nicht mit der Verkleinerung Schritt hält.

Wird ein bestimmter Gesamthubraum V_h auf eine Anzahl Zylinder verteilt, so steigt das Litergewicht mit kleiner werdendem Hubraum der Einzelzylinder, wegen der höheren Leistungsausbeute der letzteren steigt jedoch die Literleistung.

Trägt man die Hubraumgewichte heutiger

Hubkolbenverbrennungskraftmaschinen über dem Durchmesser des Zylinders (angenähert proportional dem Einzelhubraum des Motors) auf, so erkennt man aus Abb. 2.62 deutlich, daß das Hubraumgewicht für Motoren ähnlicher Bauart mit steigendem Hubraum abfällt. Diese Tendenz hatten schon KAMM und BENSINGER (Abb. 2.63) festgestellt. Aus diesen Arbeiten ergibt sich fernerhin, daß vielzylindrige Maschinen spezifisch leichter sind als Motoren mit niederen Zylinderzahlen (Abb. 2.64).

2.3.3.2 Das Leistungsgewicht

Als wesentliche Vergleichsgröße, insbesondere für Motoren in Luft- und Landfahrzeugen, hat sich das auf die Leistung bezogene Motorengewicht (L e i s t u n g s - g e w i c h t) eingeführt

$$G_P^* = \frac{G}{P_e} \tag{2.57}$$

Natürlich haben die Motoren verschiedener Bauarten und Einsatzzwecke durchaus unterschiedliche Leistungsgewichte. Abb. 2.65 zeigt den heutigen Stand. Man erkennt daraus, daß die Ottomotoren, aber auch die für den Straßeneinsatz konzipierten kleineren Dieselmotoren, an der unteren Grenze schon nahe bei den Flugkolbenmotoren der vierziger Jahre liegen, während die größeren Schiffs- und Stationärmotoren mit bis zu 50 kg/kW an der oberen Grenze des dargestellten ausgeführten Bereiches liegen. Es gibt aber auch kleinere Dieselmotoren, die auf Gewichte von 40 kg pro kW-Leistung kommen.

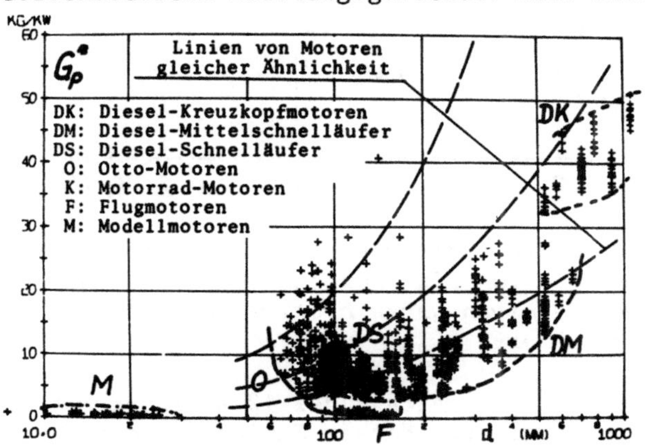

Abb. 2.65: Leistungsgewichte ausgeführter Serienmotoren (OTTO- und DIESEL-Motoren) Ende 1977

Der absolute Zahlenwert des Leistungsgewichtes ist jedoch kein eindeutiger Maßstab für das konstruktiv Erreichte, denn er wächst linear mit dem Ähnlichkeitsfaktor λ (Maschinengröße), wenn die Maschine geometrisch-mechanisch ähnlich vergrößert wird, weil das Gewicht mit λ^3, die Leistung aber nur mit λ^2 zunimmt. Deshalb sind in Abb. 2.65 Linien gleicher, größenunabhängiger Wertigkeit eingezeichnet. Dadurch wird

$$G_{Po}^* = \frac{G_o}{P_{eo}} = \frac{\lambda^3 \cdot G}{\lambda^2 \cdot P_e} = \lambda \cdot G_P^* \tag{2.58}$$

Führt man die Werte $G = V_h \cdot G_L$ und $P_e = C \cdot V_h \cdot P_e \cdot n$ ein, so wird das Leistungsgewicht

$$G_P^* = C \cdot \frac{G_L}{P_e \cdot n} \tag{2.59}$$

das heißt G_P^* hängt bei maßstäblicher Verkleinerung oder Vergrößerung der Maschine und Aufrechterhaltung des mittleren Kolbendruckes und des Litergewichtes allein von der Drehzahl ab, worauf KUTZBACH /10/ hingewiesen hat. Geringes Gewicht erfordert hohe Drehzahl; da aber bei gleicher mittlerer Kolbengeschwindigkeit hohe Drehzahl mit kleinen Hüben und kleinen Zylindereinheiten verknüpft ist, so hat eine Verkleinerung der Zylinder und eine Vermehrung der Zylinderzahl für eine bestimmte Leistung eine Gewichtsverminderung zur Folge. Wenige große Zylinder geben hohes Gewicht, daher die Notwendigkeit der Verteilung größerer Leistungen auf mehrere Zylinder und darüber hinaus auf mehrere Maschinen, wie bei Schiffs-, Flugzeug- und Luftschiffantrieben. Doch führt diese Aufteilung nur dann zu einer Senkung des Leistungsgewichtes, wenn der durch die Zylinderverkleinerung erzielbare Gewinn an Hubraumleistung den Zuwachs des Litergewichtes der größeren Zylinderzahl übersteigt.

Folgende Beispiele geben einen gewissen Aufschluß:
Die Leistungsgewichte von Fahrzeugmotoren mit 59 kW und 4, 6, 8 und 12 Zylindern verhalten sich nach den Ermittlungen von KAMM wie 100:84:74:60. In der zu der Abb. 2.64 erwähnten Arbeit hat BENSINGER /11/ die Leistungsgewichte bei verschiedenen Zylinderzahlen über dem Zylinderinhalt aufgetragen; das Ergebnis ist aus

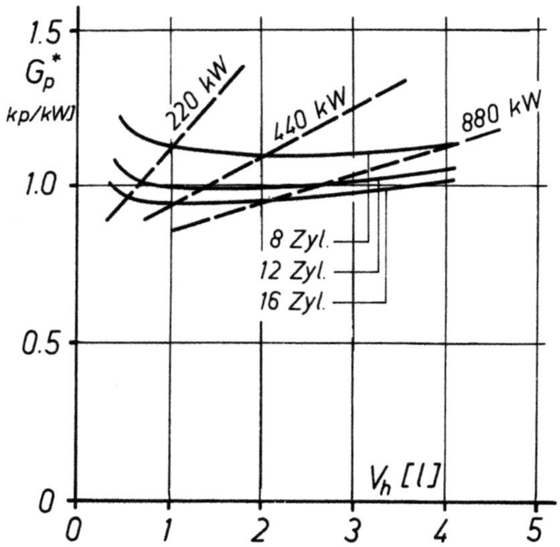

Abb. 2.66: Leistungsgewichte zweiteiliger Flug-OTTO-Motoren um 1940 nach BENSINGER

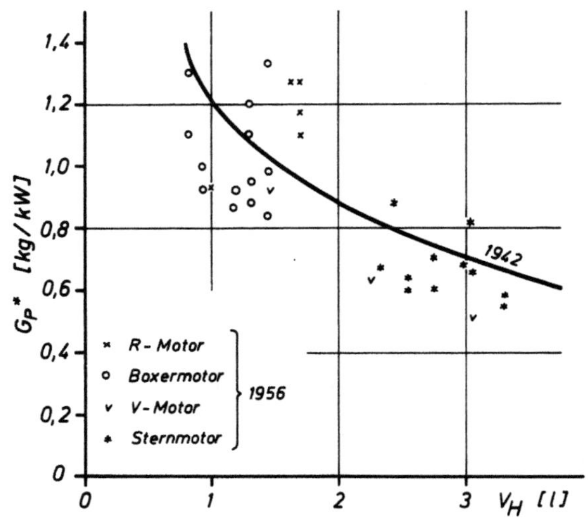

Abb. 2.67: Mittelwerte der Leistungsgewichte von Flug-Kolbenmotoren um 1940 mit einigen Daten heutiger Kolbenflugtriebwerke

Abb. 2.66 ersichtlich. Der 8-Zylinder-Motor ist schwerer als der 12-Zylinder-Motor und dieser schwerer als der 16-Zylinder-Motor. Für jede dieser Zahlen ist ein Kleinstwert von $G_P{}^*$ für einen gewissen Hubraum des Einzelzylinders vorhanden.

Die Kurve in Abb. 2.67 zeigt den Verlauf der durchschnittlichen Leistungsgewichte von Flugmotoren des letzten Weltkrieges über dem Gesamthubraum.

In der Regel wird das niedrigere Leistungsgewicht als positiv angesehen. Für Flugmotoren ist dies eine unabdingbare Voraussetzung, bei Fahrzeugmotoren eine wünschenswerte und im Rahmen der Verbrauchsbegrenzungen des US-Marktes eine immer dringlichere Prämisse, während es beim Stationärmotor nur dann von Interesse ist, wenn der Preis proportional dem eingesetzten Gewicht sinkt.

2.3.3.3 Das spezifische Leistungsgewicht

Der Zweck der Steigerung der Schnelläufigkeit ist vornehmlich die Senkung des Gewichtes G der Maschine. Zum Vergleich der Gewichtsverhältnisse zweier Maschinen kann man eine Beziehung zwischen dem Maschinengewicht G und der Leistung P_e, die unabhängig von dem Ähnlichkeitsfaktor λ ist, aufstellen. Bedenkt man, daß das Gewicht mit der dritten Potenz der Längen, die Leistung aber nach Gleichung (2.3) mit der Kolbenfläche, d. h. mit der zweiten Potenz der Längen, wächst, so lautet das auf die Leistung bezogene Gewicht zweier ähnlicher Maschinen

$$G_{SP}{}^* = \frac{G_0}{P_{eo}{}^{3/2}} = \frac{\lambda^3 \cdot G}{(\lambda^2 \cdot P_e)^{3/2}} = \frac{G}{P_e{}^{3/2}} \qquad (2.60)$$

Diese Kennzahl hat v. SANDEN /12/ das "spezifische Leistungsgewicht" genannt. Sie allein ist ein Maßstab für die Baustoffausnützung von Maschinen verschiedener Leistung und gibt das Gewicht der geometrisch-mechanisch ähnlichen 1-kW-Maschine an.

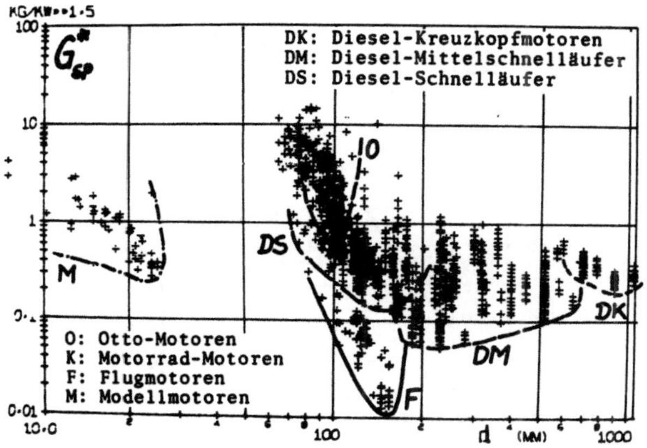

Abb. 2.68: Spezifisches Leistungsgewicht ausgeführter Verbrennungskraftmaschinen

Die Kenndate ist in Abb. 2.68 aufgetragen worden.

Man erkennt aus dieser Abbildung eindeutiger als aus Abb. 2.65, daß die Dieselmotoren von 200 - 300 mm Kolbendurchmesser bei sehr hohem effektiven Mitteldruck und relativ hohen Kolbengeschwindigkeiten heute die Spitzenstellung im spezifischen Leistungsgewicht halten, während man von den vielen Motoren um 100 mm Kolbendurchmesser durchaus noch Steigerungen erwarten kann. Auch liegen die Ottomotoren nicht so plaziert, wie man es gefühlsmäßig erwarten würde.

2.3.3.4 Das spezifische Bauraumgewicht

Das spezifische Bauraumgewicht ist gemäß Definition

$$G_{SV}^* = \frac{G}{B_V} = \frac{G}{L \cdot B \cdot H} \tag{2.61}$$

sozusagen das spezifische Gewicht des umschriebenen, quaderförmigen Bauraumes. Dieser Wert macht eine Aussage über die Kompaktheit des Motors analog des spezifischen Gewichtes von Werkstoffen, ist jedoch ohne andere Meßgrößen allein für den Motorenbauer wenig aussagekräftig, da ein kleines Bauraumgewicht auf eine extrem leichte Bauart (Skelett-Bauart) schließen lassen könnte, jedoch auch möglich ist, wenn der Bauraum L•B•H durch überhängende Bauteile wenig ausgenutzt wird. Die aktuellen Zahlen für das Bauraumgewicht heutiger Motoren sind in Abb. 2.69 aufgetragen. Man erkennt einen breiten Streubereich - nicht nur in Abhängigkeit von der Baugröße, sondern auch innerhalb vergleichbarer Motorengrößen, was sicherlich auf die Bauraumausnutzung zurückzuführen ist.

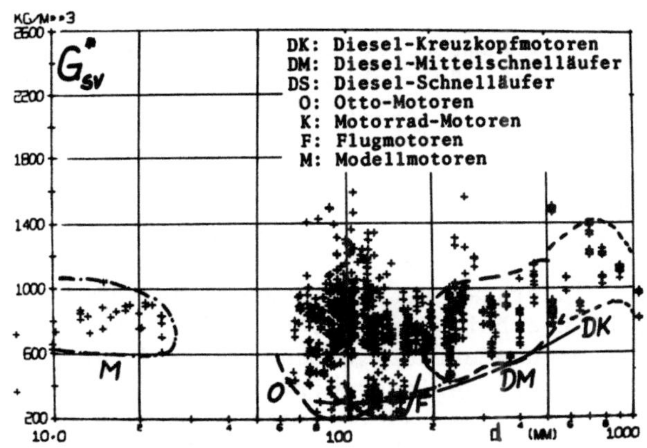

Abb. 2.69: Bauraumgewichte von OTTO- und DIESEL-Motoren

2.3.4 Der bezogene Bauraum

Betrachtet man die Relationen aus Leistung und Bauaufwand (Abmessungen, Gewichte), so verbleibt letztlich hier noch der Motorenbauraum pro Hubvolumen als Vergleichsgröße und als Kennzeichen, wieviel umbauten Raum man für ein vorgegebenes Hubvolumen benötigt, um daraus eine funktionsfähige Maschine zu machen

$$V_{VH}^* = \frac{V}{z \cdot V_h} = \frac{L \cdot B \cdot H}{z \cdot V_h} \tag{2.62}$$

Die Ergebnisse dieser Betrachtungsweise einer Verbrennungskraftmaschine sind in Abb. 2.70 aufgetragen. Hieraus ist eindeutig abzulesen, daß die Zusatzaggregate, um aus einem Hubvolumen einen lauffähigen Motor zu machen, mit wachsender Baugröße der Verbrennungskraftmaschine relativ immer kleiner werden. Auch die Vielzylindrig-

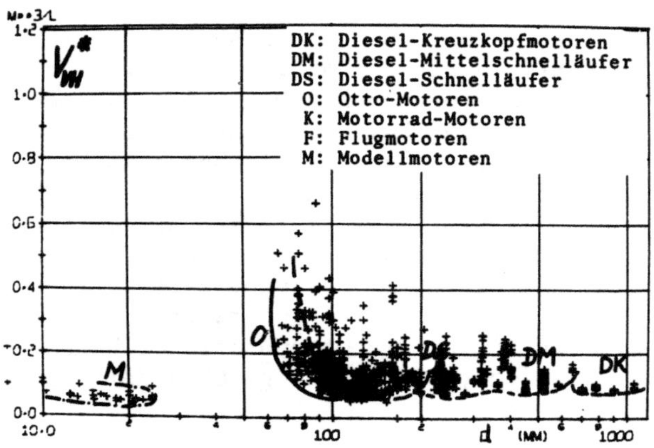

Abb. 2.70: *Spezifischer Bauraum ausgeführter Verbrennungskraftmaschinen*

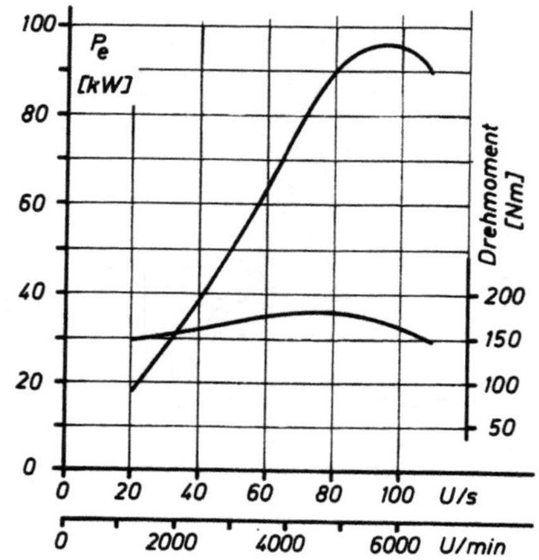

Abb. 2.71: *Leistungs- und Drehmomentverhalten einer Hubkolbenmaschine*

keit spielt hier eine Rolle. Werte um 0,1 m^3/l sind nach dem Stand der Technik als gut zu bezeichnen.

2.3.5 Das Drehmomentenverhältnis

Die Bezugsgröße "Leistung" ist das Produkt aus Drehmoment und Drehzahl (p_{me} und v_m). Gleiche Leistungen können mit hohem Drehmoment bei niedrigen Drehzahlen (Schiffsmotoren) oder kleinen Drehmomenten bei hohen Drehzahlen (Rennmotoren) erzeugt werden. Kräfte und Momente bestimmen die Größe der Bauteile, wobei die Kräfte wiederum eine Funktion der Drehzahl sein können. Bekannt ist aber auch, daß das im Motor entwickelte Drehmoment auch bei gleichbleibender Regelstangenstellung (Regelklappenstellung) keine konstante Größe über dem gesamten Drehzahlbereich ist (Drehmomentkurve, Drehmoment an der blockierten Füllung). Bei hohen Kolbengeschwindigkeiten verringern die Drosselung in den Ansaugorganen, die kurzen Verbrennungszeiten und die steigende Reibungsleistung das Nutzdrehmoment (Abb. 2.71). Bei Drehzahlsteigerung über den Punkt des maximalen Drehmomentes hinaus erhöht sich zwar noch die Nutzleistung, das Drehmoment hingegen fällt ab. Die Charakteristik ist für den Fahrzeugbetrieb angenehm, da an einer Steigung das Fahrzeug bei konstanter (voller) Gashebelstellung und abfallender Drehzahl nicht zum Stehen zu kommen braucht, weil das Drehmoment ansteigt, das heißt, daß das Hindernis eventuell ohne Schalten des Getriebes überwunden werden kann. Man spricht hierbei wegen der Form des Kurvenverlaufes von einer "Büffel-Charakteristik" der Drehmomententwicklung eines Motors, die bei Fahrzeugmotoren zwecks Fahrkomfort so stark verlangt wird, daß man aufgeladene Motoren, die diese Charakteristik auf Grund des Laderverhaltens eigentlich nicht haben, selbst unter Leistungseinbuße bei maximaler Drehzahl auf diese Charakteristik abstimmt. In Abb. 2.72 ist das typische M_d-Verhalten (maximales Drehmoment/Nenndrehmoment) der heutigen Motoren aufgetragen

$$\zeta_M = \frac{M_{d\,max}}{M_{d0}} \tag{2.63}$$

Wichtig ist dabei auch das Drehzahlverhältnis (Drehzahl bei M_{dmax}/Nenndrehzahl), bei dem dieses maximale Drehmoment erreicht wird

$$\zeta_N = \frac{n_{M\,max}}{n_0} \tag{2.64}$$

Dies Verhältnis ist in Abb. 2.73 dargestellt.

Man erkennt daraus, daß bei Fahrzeugmotoren 20 - 30 % Drehmomenterhöhung bei 60 %

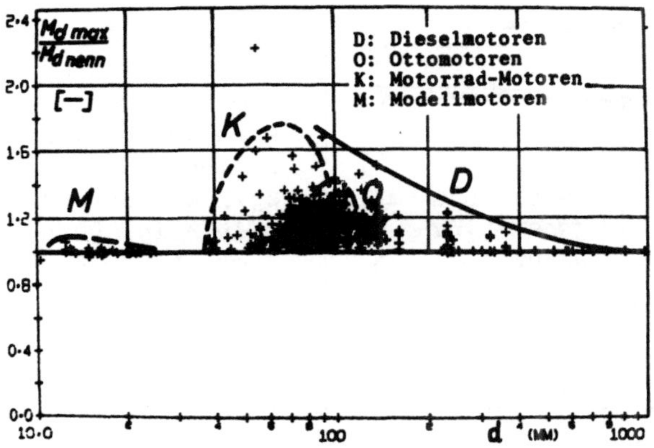

Abb. 2.72: M_d-Verhalten ausgeführter Serien-Verbrennungskraftmaschinen

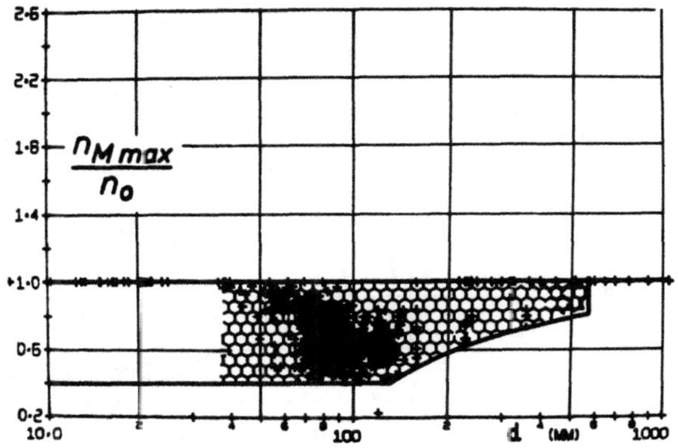

Abb. 2.73: Drehzahlverhältnis ausgeführter Serien-Verbrennungskraftmaschinen

der Nenndrehzahl ungefähr den Durchschnitt repräsentieren.

Man sieht darüber hinaus aber auch, daß merkliche Drehmomentsteigerungen bei wesentlich reduzierten Drehzahlen nur von den kleineren, auf dieses Verhalten hingetrimmten unaufgeladenen Fahrzeugmotoren erreicht werden. Größeren Motoren mit hohen Aufladegraden fällt es immer schwerer, eine Laderkombination zu finden, die im Vollastpunkt gute Wirkungsgrade hat, aber bei abgesenkten Drehzahlen auch noch Drehmomentreserven besitzt, ohne in das Laderpumpen zu kommen. Erst in der letzten Zeit, seitdem die gemäßigte Aufladung im Fahrzeugsektor Fuß faßt, bemüht man sich in zunehmendem Maße, durch Laderabstimmung und Bypass eine möglichst günstige Charakteristik für den Fahrbetrieb zu erhalten, wobei gegebenenfalls auf Spitzenleistungen bei Nenndrehzahl sogar verzichtet werden kann.

Diese Verhältnisse sind keine Ähnlichkeitsbeziehungen im strengeren Sinn, jedoch Kennwerte, die insbesondere der Motorenkonstrukteur für den Fahrzeugeinsatz beachten muß, da der Betrieb bei gedrückter Drehzahl oft höhere Betriebsbeanspruchungen zur Folge hat als der Nennleistungsbetrieb.

2.4 Die thermische Ähnlichkeit

Die vorangehenden Beziehungen sind Vergleichsgrößen, die in irgendeiner Weise ein Indiz für die mechanische Beanspruchung des Werkstoffes sein sollten, obwohl auch dort - z. B. bei allen Kennwerten, in denen die Leistung Eingang findet - mit Sicherheit eine thermische Beanspruchung eine Rolle spielt. Ebenso wie sich dort nicht durch einen einzigen Kennwert alle Zusammenhänge verdeutlichen lassen, so gibt es auch als Maß für die thermische Beanspruchung der Baustoffe nicht einen einheitlichen Maßstabsfaktor, der den Einfluß gleich gut beurteilt.

Die thermische Beanspruchung muß in zwei Richtungen gesehen werden, denn

1. erzeugt der Wärmefluß durch die Bauteile ein durch viele Randbedingungen beeinflußbares Temperaturfeld, das infolge der Temperaturdehnung des Werkstoffes - oder bei mehreren Bauteilen der Werkstoffe - ein sehr unterschiedliches Verformungsbild ergibt, aus dem sehr extreme Spannungsfelder resultieren können und
2. sinkt die ertragbare Werkstoffanstrengung der von uns verwendeten Baustoffe mit steigender Temperatur.

Durch die molekulare Bindung findet bei der Verschiebung eine gegenseitige Beeinflussung statt (Zwang), die sich in Spannungen äußert. Allgemein gültige Formeln über die Höhe dieser Temperaturspannungen kann man nur bei einfachen geometrischen Figuren (Rohr, Platte u. a. m.) aufstellen. Für die Spannungsverteilung in Motorenbauteilen gibt es keine geschlossenen Lösungen, so daß diese Beanspruchungen dem Ingenieur sehr schwer zugänglich sind. Zwar ist es für den Einzelfall wohl möglich, anhand der Kreisprozeßrechnung die auf die einzelnen Bauteile übergehenden Wärmemengen pro Zeiteinheit zu ermitteln (Abb. 2.74) und mit Hilfe geeigneter Modell-

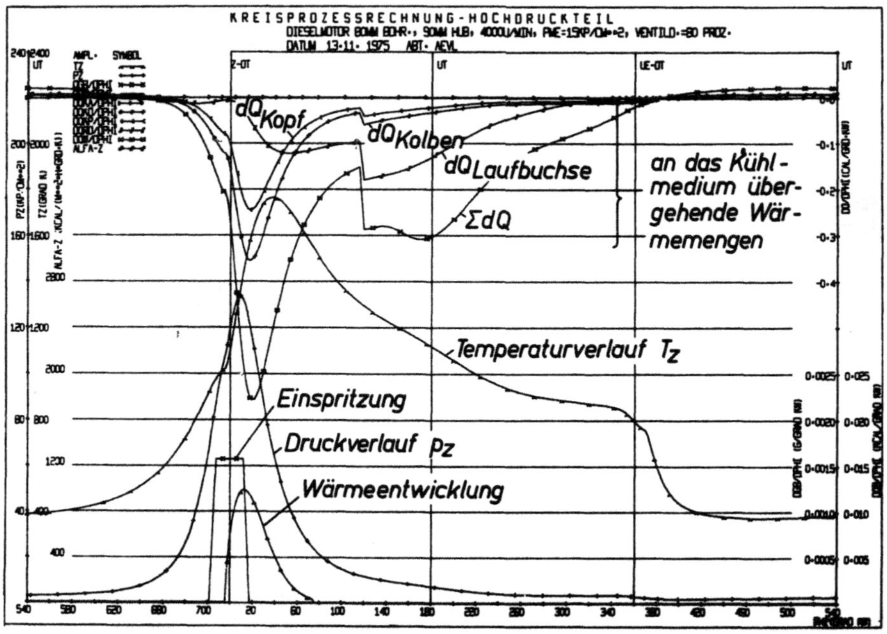

Abb. 2.74: Theoretischer Wärmeübergang an Zylinderkopf, Zylinderrohr und Kolben in Abhängigkeit vom Kurbelwinkel nach WOSCHNI

rechnungen (FEM-Programme, elektrolytischer Trog o. ä.) Temperatur- und Spannungsfelder zu berechnen, jedoch bedarf es eines nicht geringen Aufwandes und sehr vieler Erfahrungen zur Bestimmung der Randbedingungen, um mit erträglichem Aufwand noch aussagekräftige und wahrheitsähnliche Aussagen zu bekommen.

Hinsichtlich der Wärmeübergangskoeffizienten hat WOSCHNI /13/ sehr gute Näherungsformeln erarbeitet, die sowohl für OTTO- wie für DIESEL-Motoren hinsichtlich des integralen Wertes der übergehenden Wärme pro Arbeitstakt für die Praxis eine ausreichende Genauigkeit ergeben. Im Viertaktmotor verläuft die Verdichtung beim OTTO-Verfahren zwischen 350 und 700 K, beim DIESEL-Verfahren zwischen 350 und 1000 K. Die Verbrennungshöchsttemperatur liegt beim OTTO-Motor größenordnungsmäßig bei 2700 K, im DIESEL-Motor bei etwa 2100 K. Die Temperatur am Ende des Dehnungshubes beträgt beim OTTO-Motor etwa 1400 bis 1500 K, beim DIESEL-Motor etwa 1000 bis 1300 K. Nach Beendigung des Auspuffvorganges ist die Temperatur während des Ausschiebens im OTTO-Motor auf etwa 1100 K, beim DIESEL-Motor auf etwa 800 K gesunken.

Die übertragene Wärmemenge hängt jedoch nicht nur von der Temperaturhöhe und den jeweils wirkenden, stark veränderlichen Wärmeübergangswerten (Dichte, Geschwindigkeit usw.) ab, sondern auch von der Zeitdauer, d. h. wie lange die einzelnen Temperaturen auf die Wand einwirken. Zudem ist die Wärmeübergangsfläche beim Zylinderrohr von der Kurbelstellung abhängig, so daß bei Kurbelstellungen $\varphi > 60^0$ KW der größere Wärmeanteil über die Zylinderbuchse abfließt.

Infolge der sehr starken Temperaturschwankungen über der Zeit im Zylinderraum ist auch die Wärmeübertragung sehr starken Schwankungen unterworfen (Abb. 2.74). Deshalb würde man rein gefühlsmäßig auch mit sehr großen Temperaturschwankungen in den wärmebelasteten Bauteilen der Motoren während eines Arbeitsspieles rechnen. Viele Versuche zur Ermittlung der Bauteiltemperaturen ergaben, daß wegen der vorhandenen Wärmekapazität und der begrenzten Wärmeleitfähigkeit der Werkstoffe nur die oberste, dem Brennraum zugewandte Werkstoffschicht merklichen Temperaturschwankungen (maximal ± 10 K bei Langsamläufern) unterworfen ist und diese Temperaturschwingung sehr rasch in die Wand hinein abgebaut wird (max 1 mm), so daß sie für das Gesamtbauteil vernachlässigt werden kann. Die Temperaturunterschiede zwischen Brennraumseite und Kühlseite der Wand führen jedoch insbesondere bei schlechtem Wärmeleitvermögen des Werkstoffes, unzureichender Kühlung (Dampfblasen, tote Ecken) oder/und langen Wärmeleitwegen zu beachtlichen Wärmespannungen, die für einen Betriebszustand praktisch eine stationäre Belastung bedeuten, infolge Betriebszustandsänderungen jedoch sehr stark in den Zeitfestigkeitsbereich vordringen (low cycle fatigue) und nur in Verbindung mit den anderen Beanspruchungen im Rahmen der Betriebsfestigkeitslehre richtig eingeordnet werden können. Es ist deshalb anzustreben, die Temperaturdifferenzen möglichst klein zu halten, entweder durch Verwendung eines gut leitenden Baustoffes (der Übergang von Grauguß auf Kugelgraphitguß bei wärmebelasteten Bauteilen hat oft zu Überraschungen geführt) oder dadurch, daß man die Wandstärken möglichst dünn macht. Diesem Wunsch widersprechen in vielen Fällen die Festigkeitsforderungen aus den mechanischen Beanspruchungen, so daß Sonderbauformen in "Sandwich-Bauart" angewandt werden müssen. Schwach ausgeführte Begrenzungskörper zum Brennraum hin werden durch dahinterliegende Tragkörper abgestützt, um den Gasdrükken standhalten zu können (gebaute Kolben und Zylinderköpfe, gebohrte Buchsen und Zylinderköpfe usw.).

Aus dieser Sicht gehört zur thermischen Ähnlichkeit ein gleiches Temperaturfeld, das gleiche Temperaturspannungen in den Bauteilen verursacht. Aus diesem Zusammenhang kann man ersehen, daß die thermische Ähnlichkeit nur dann gewährleistet ist, wenn die geometrische Ähnlichkeit schon sehr ins Detail einer Konstruktion hineingeht, die in der Regel bei einfachen Vergleichen von Kennwerten keine Berücksichtigung findet. Wie in einigen anderen Fällen auch, geben die Vergleichswerte eher einen Hinweis, was technisch möglich ist - allerdings unter der Voraussetzung, daß man auch die entsprechenden Maßnahmen dazu ergreift. Der Blick auf die Konkurrenz kann äußerst lehrreich sein, wenn man eingedenk der physikalischen Zusammenhänge etwas Vergleichbares schafft. Die manische Zwangsvorstellung, ein Ebenbild schaffen zu wollen, endete allerdings schon in vielen Fällen mit bitterer Enttäuschung.

Ein exaktes Vergleichsmaß der thermischen Beanspruchungen ist mit einfachen Beziehungen nicht abzuleiten, zumal es aus dieser Sicht kaum ähnliche Maschinen (Wandstärke, Wasserführung, etc.) gibt. Dennoch haben sich in der Praxis einige Kennwerte durchgesetzt, um dem Konstrukteur beim Entwurf einer neuen Verbrennungskraftmaschine die Möglichkeit eines Vergleiches der thermischen Beanspruchungen mit denjenigen, ihnen bekannten Motoren zu geben. Dieser Vergleich setzt natürlich Ähnlichkeiten im obengenannten Sinne voraus, im strengen Sinn kann man sie wohl nur bei "Motorenfamilien" anwenden.

2.4.1 Die Kolbenbelastung

Als Maß für die thermische Beanspruchung des Kolbens dient die spezifische Flächenleistung des Kolbens. Da in erster Näherung ein bestimmter, der Leistung des Motors zugeordneter Anteil der aus dem Kraftstoff umgesetzten Wärmemenge durch den Kolben abfließt, ist die spezifische Flächenleistung eine Umschreibung des zu erwartenden Temperaturniveaus und der Temperaturverteilung. Gerade bei Kenntnis der unterschiedlichen Kolbenbauformen und Verbrennungsverfahren erkennt man jedoch, daß es sich nur um einen Überschlagswert handeln kann. Die spezifische Flächenleistung des Kolbens ist definiert als

$$P_A^* = \frac{P_e}{A_K} \qquad (2.65)$$

In Verbindung mit Formel (2.17) ergibt sich aber auch

$$P_A^* = \frac{P_e}{A_K} = \frac{z \cdot p_e \cdot v_m}{T} = C \cdot p_e \cdot v_m \qquad (2.66)$$

so daß die spezifische Kolbenflächenbelastung als Produkt aus mittlerem Effektivdruck p_e und mittlerer Kolbengeschwindigkeit v_m angesehen werden kann (Unterscheidung zwischen Zweitakt- und Viertaktmaschinen!).

Dieser Kennwert ist in Abb. 2.75 (oder als $p_e \cdot v_m$ in Abb. 2.76) aufgetragen und zeigt, daß im Bereich der Mittelschnelläufer heute sehr hohe Werte erreicht werden, die sich durchaus mit den Kennwerten sportlicher Kleinmotoren vergleichen lassen. Die Traumgrenze 1 PS/cm^2 (im alten Maßsystem) wird in naher Zukunft also nicht nur von Renn- und Flugmotoren erreicht werden.

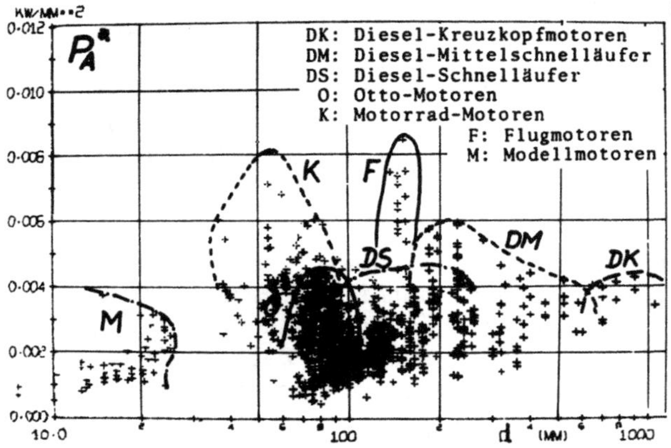

Abb. 2.75: *Die spezifische Kolbenflächenleistung ausgeführter Verbrennungskraftmaschinen*

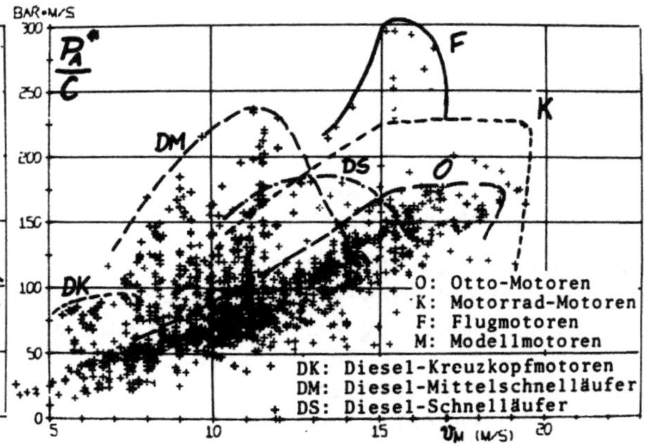

Abb. 2.76: *$p_e \cdot v_m$ in Abhängigkeit von der mittleren Kolbengeschwindigkeit*

2.4.2 Die Temperaturbelastung des Kolbens

Wenn man den Aufwand betrachtet, den Konstrukteure von mittelgroßen Dieselmotoren betreiben müssen, um dauerstandsfeste Motoren zu entwickeln, so müssen einem doch Bedenken kommen, ob diese Zahl die praktische Erfahrung widerspiegelt. Dies wird einem sofort klar, wenn man die Entstehung von Wärmespannungen infolge eines Temperaturfeldes verfolgt. Je länger die Wärmeleitwege und je schlechter das Wärmeleitvermögen ist, desto größer sind die Temperaturdifferenzen. Vergleicht man nur Kolben gleicher Werkstoffe, so verbleibt der Wärmeleitweg, der durch die Baugröße bestimmt wird. Es ist also sinnvoll, eine "Temperaturbelastung" eines Kolbens zu definieren, in die der Kolbendurchmesser als Baugröße eingeht

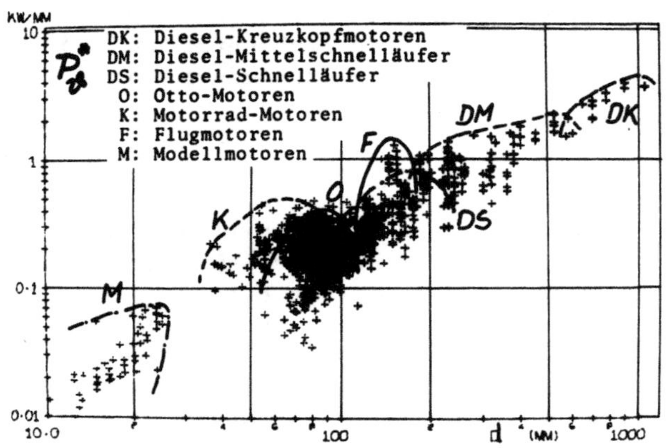

Abb. 2.77: *Die Temperaturbelastungen von DIESEL- und OTTO-Motoren*

$$P_\vartheta^* = P_A^* \cdot d = \frac{z \cdot p_e \cdot v_m \cdot d}{T} \qquad (2.67)$$

Dieser Wert trägt den tatsächlichen Belastungen der Bauteile durch die thermische Beanspruchung besser Rechnung. Er ist in Abb. 2.77 aufgetragen und zeigt nunmehr, daß der bei größeren Motoren notwendige Aufwand (Kolbenkühlung, Ventilkühlung, Sandwich-Zylinderrohre usw.) keine mutwillige Ingenieurkunst darstellt, sondern in den Wärmeleitwegen und damit in den größeren Temperaturdifferenzen seinen physikalischen Ursprung findet.

2.4.3 Die Brennraumbelastung

Die vollständige Beurteilung der Wärmeverhältnisse der Maschine erfordert die Kenntnis der zulässigen Wärmebelastung in der ganzen Fläche, die den heißen Verbrennungsgasen ausgesetzt ist. Als Maß dieser Wärmebelastung läßt sich nach KAMM /14/ die Leistung pro Brennraum-Oberflächen-Zeitquerschnitt A_ϑ, der für den Wärmedurchgang während des Verbrennungs- und Ausschubhubes zur Verfügung steht, ansehen. Der Zeitquerschnitt für den Wärmedurchgang vom Verbrennungsraum an das Kühlmittel ist für $\lambda = \infty$

$$A_\vartheta \cong \pi \cdot d^2 \left(\frac{1}{2} + \frac{\xi}{(\varepsilon - 1)} + \frac{\xi}{2} \right) \cdot \frac{60}{n} \qquad (2.68)$$

Nach Umformung erhält man daraus

$$A_\vartheta = 8 \cdot \left(\frac{1}{2} + \frac{\xi}{(\varepsilon - 1)} + \frac{\xi}{2} \right) \cdot \frac{V_h}{v_m} \qquad (2.69)$$

Als Maß für die mittlere Wärmebelastung der Wandungen des Verbrennungsraumes läßt sich danach der Wert

$$P_K^* = \frac{P_e}{A_\vartheta} \qquad (2.70)$$

als KAMMsche Brennraumbelastung definieren.

Hat man einen Motor mit bestimmter Leistung P_e zu bauen, so kann man ihn mit hoher Drehzahl und kleinem Hubraum oder mit niedriger Drehzahl und großem Hubraum ausführen. Bei gleicher mechanischer Beanspruchung verhalten sich die Zylinderleistungen nach Gleichung (2.41) wie λ^2 zu 1. Bei gleicher Leistung ist eine im Verhältnis $1:\lambda^2$ stehende Zylinderzahl nötig. Dabei stehen die Kühlflächen der Einzelzylinder im Verhältnis λ^2, so daß bei λ^{-2} Zylindern jeweils die gleiche Kühlfläche im ganzen Motor zur Verfügung steht. Doch ist die an das Kühlmittel abgehende Wärme bei der Maschine mit großen Zylindern wegen der kleineren Wärmeabgabe größerer Zylinder (siehe Abschnitt 2.4.4) etwas geringer als bei der Maschine mit kleinen Zylindern. Damit sind höhere Kolben- und Zylinderwandungstemperaturen verbunden und der motorische Betrieb in Frage gestellt. Geometrisch ähnliche Maschinen sind demnach nicht zugleich thermisch gleichgestellt. Die Beziehungen zwischen Leistung und Wärmeabfuhr haben RIEKERT und HELD /15/ näher untersucht.

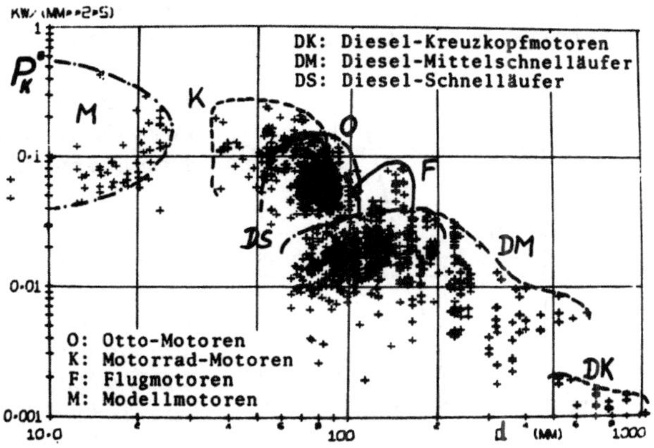

Abb. 2.78: Die Brennraumleistungen nach KAMM ausgeführter Verbrennungskraftmaschinen

Die Brennraumbelastungen heute ausgeführter Diesel- und Ottomotoren sind in Abb. 2.78 dargestellt.

Danach sind die Brennräume der kleineren Ottomotoren viel höher belastet als die der hochaufgeladenen Dieselmotoren. Diese Darstellung geht aber an den konstruktiven Notwendigkeiten vorbei, wie jeder Motorenkonstrukteur bestätigen wird. Für den allgemeinen Vergleich verschiedenster Motoren eignet sich deshalb dieser Kennwert wenig (zumindest hinsichtlich der thermischen Beanspruchung der Bauteile), weil es die Kreativität des Konstrukteurs in falsche Bahnen lenkt.

2.4.4 Die Leistungsfläche f_o

JAKLITSCH /16/ hat als Vergleichsgröße für Verbrennungskraftmaschinen die Leistungsfläche f_o vorgeschlagen

$$f_o = \frac{A_K \sqrt{\xi}}{P_e} \qquad (2.71)$$

Die Leistungsfläche stellt sich somit dar als der spezifische Kolbenflächenbedarf bezogen auf die Leistung eines Vergleichszylinders vom Hubverhältnis $\xi = 1$. Dies

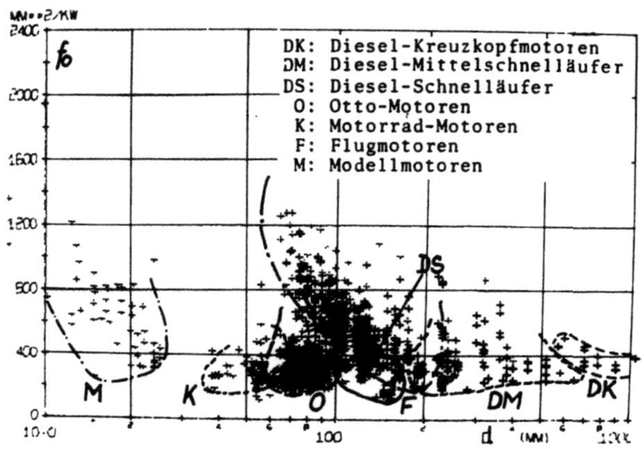

Abb. 2.79: Leistungsfläche f_o nach JAKLITSCH für OTTO- und DIESEL-Motoren

ist der Reziprokwert der Brennraumbelastung multipliziert mit $\sqrt{\xi}$, weil - wie JAKLITSCH aus vielen Untersuchungen herauskristallisierte - die Leistung eines Zylinders bei Hubveränderung sich nicht proportional dem Hubraum (Hub oder ξ) ändert, sondern nur mit dem Faktor $\sqrt{\xi}$. Aus diesem für unaufgeladene Motoren beobachteten Zusammenhang gleicher thermischer Belastung bei gleicher Leistungsfläche f_o auf die Belastungen des Auflademotors zu schließen, ist sicherlich nicht richtig, da die sich ändernden Randbedingungen (Prozeßdaten) die Ähnlichkeit einschränken. Dies kann man auch aus dem Streufeld der ausgeführten Motoren nach Abb. 2.79 erkennen. Eine erhöhte Aussagekraft werden diese Vergleichswerte erst ergeben, wenn man durch eigene Erfahrungswerte die Wertigkeit der Kenndaten richtig einzuschätzen weiß.

2.4.5 Die Temperaturspannung

Wahres Kriterium für die Beurteilung der thermischen Beanspruchung wäre der Vergleich von Spannungen in Verbindung mit den Festigkeiten bei den betreffenden Temperaturen. Dies läßt sich jedoch mit einfachen Vergleichsformeln nicht erreichen, wie nachfolgendes Beispiel zeigen mag.

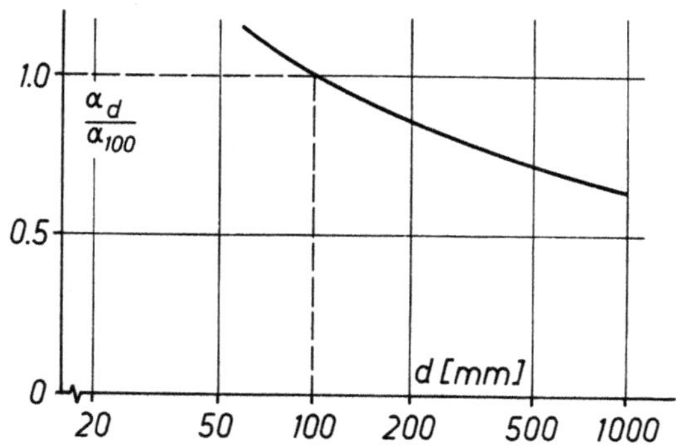

Abb. 2.80: Abhängigkeit der Wärmeübergangskoeffizienten von dem Zylinderdurchmesser

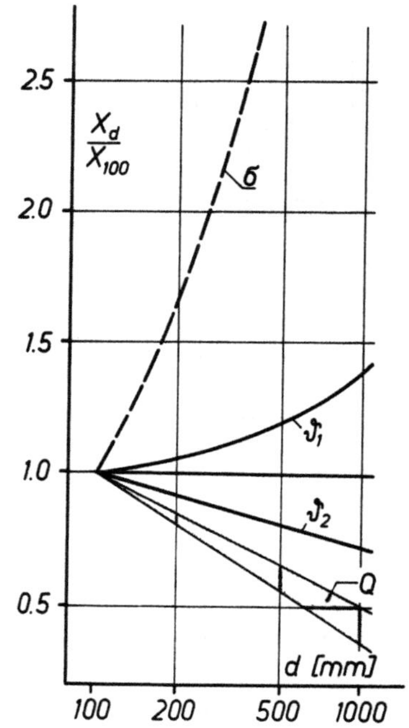

Abb. 2.81: Wärmeübergang, Temperaturen und Spannungen am Zylinderrohr geometrisch ähnlicher Maschinen in Abhängigkeit vom Zylinderdurchmesser

Nach WOSCHNI fällt der brennraumseitige Wärmeübergangswert mit $d^{-0,2}$ ab, so daß, ausgehend von einem Wert 100 % bei einem Kolbendurchmesser von d = 100 mm, der Wärmeübergangswert bei d = 1000 mm bis auf 63 % abfällt (Abb. 2.80). Bei geometrisch ähnlichen Maschinen und gleichen Gasdruckverläufen (p-v-Diagrammen) fällt bei d = 1000 mm der Wärmedurchgang (Q) durch ein zylindrisches Rohr relativ gleicher Wandstärke auf 40 bis 50 % des Wertes einer 100 mm Durchmesser-Maschine (Abb. 2.81). Die brennraumseitigen Temperaturen ϑ_1 steigen um 40 %, die wasserseitigen ϑ_2 fallen um ca. 30 %. Die wachsenden Temperaturdifferenzen erzeugen am Rohr Umfangsspannungen, die an einem 1000 mm-Rohr eine 4- bis 5fache Spannung des 100 mm-Rohres erreichen und somit, auch unabhängig von der mit der Größe fallenden Bauteilfestigkeit, zum Bruch des Bauteiles bei zyklischer Wärmebeanspruchung führen können.

Die Zusammenhänge sind aber schon beim einfachen Zylinderrohr erheblich komplizierter als bei dem erwähnten glatten Rohr mit konstanter Temperaturverteilung längs des Rohres und konstantem Wärmedurchgang. Auch die Betrachtung eines "rotationssymmetrischen" Kolbens auf einer ähnlichen Basis bringt schon erhebliche Schwierigkeiten, da auch hier die Temperaturverteilung nicht rotationssymmetrisch ist (Frischluft- und Abgaskanäle, unsymmetrische Kolbenbauformen, seitliche Brennkammern). Die Voraussage des Verhaltens eines Zylinderkopfes anhand von Vergleichswerten ist praktisch unmöglich. Will man sich hier eine genauere Übersicht verschaffen, bedarf es umfangreicher FEM-Rechnungen und Vergleiche mit anderen ausgeführten Motoren, um auch nur eine angenäherte Voraussage machen zu können. Diese heterogenen Zusammenhänge entziehen sich einer einfachen Betrachtungsweise durch Kennwerte. Nur bei w i r k l i c h ähnlichen Motoren (ähnlich auch im Hinblick auf die Gestaltung im Detail) wird man diesen Vergleichsgrößen eine gewisse Aussagekraft zubilligen können.

2.5 Wirtschaftl. Vergleichsgrößen und Umweltkennwerte

Der Bau, Vertrieb und Betrieb von Verbrennungskraftmaschinen erfolgen unter äußerst starken wirtschaftlichen Gesichtspunkten. Dabei spielen politische Gesichtspunkte fast keine Rolle. Die Verbrennungskraftmaschine wird allein nach dem Nutzen für den Anwender beurteilt. Sie ist ein Produkt, dem in summa durch Styling und Reklame keine Zuwachsraten zu vermitteln sind. Der Wert einer Verbrennungskraftmaschine auf dem Weltmarkt ergibt sich aus Angebot und Nachfrage. Die relativen Preisunterschiede von ähnlichen Konkurrenzprodukten gleicher Leistung sind, sofern keine protektionistischen Maßnahmen ein Zerrbild ergeben, ein Spiegelbild der Betriebssicherheit des Motors, der wirtschaftlichen Einsatzmöglichkeiten (Kraftstoff- und Schmierölverbrauch, Ersatzteilbedarf und -kosten) der projektierten Verbrennungskraftmaschine in einer Anlage und des Servicenetzes und Kundendienstes des Erzeugerwerkes. Auf reglementierten Märkten oder auch geförderten Märkten gibt es weitere Einschränkungen, so daß auf ihnen nicht mit den gleichen physikalischen oder wirtschaftlichen Vergleichsgrößen erfolgreich einzudringen ist. Das gilt insbesondere, wenn eine auf dem Weltmarkt nicht konkurrenzfähige heimische Wirtschaft zu schützen ist. Personal- und Wartungskosten können je nach Lohnniveau des Betreiberlandes eine wichtige Rolle spielen. Von noch entscheidenderer Bedeutung ist jedoch in der heutigen Zeit die Betriebssicherheit einer Anlage, da bei den hohen Ausnutzungsgraden der heutigen Anlagen der Ausfall dem Eigner hohe Verluste bringen kann.

So wie die Sicherheit der Festigkeitsrechnung eine Bemessungs- oder Vergleichsgröße ist, so eignen sich natürlich alle Auslegungsvorschriften, Richtlinien, Normen und Gesetze, das Erzeugnis an diesen Regeln zu messen. Hierunter fallen in den letzten Jahren zunehmend die Abgasgesetzgebung und die Vorschriften zur Lärmemission, sowie diejenigen zur Begrenzung von Schwingungen und Vibrationen.

Daß für spezielle Einsatzfälle weitere Vergleichsgrößen oder schärfere Anforderungen (z. B. beim Verbrennungskraftmaschineneinsatz unter Tage) das entscheidende Kriterium werden können, braucht hier nicht gesondert erläutert zu werden.

2.5.1 Preis und Herstellkosten

Die große Anzahl der bei den Vergleichsbetrachtungen berücksichtigten Motoren, die von weit mehr als 100 Motorenherstellern angeboten werden, drängt auf einen durch Kapitalbeschränkungen begrenzten Markt. Auf einem Markt, auf dem ein eindeutiger Verdrängungswettbewerb herrscht, sind die erzielbaren Preise nicht ausgesprochen günstig, besonders wenn einerseits durch Zuschüsse und geldwerte Vergünstigungen, andererseits durch Zölle, Ausgleichsabgaben oder andere Restriktionen auf Teilgebieten des Weltmarktes keine kostendeckenden Erlöse zu erzielen sind. Auch bei den größeren Herstellern muß deshalb, insbesondere in den Ländern hoher Stückkosten, unter Aufbringung hohen Kapitaleinsatzes für Rationalisierungsinvestitionen scharf kalkuliert werden.

Preisvergleiche sind jedoch auch deshalb schwierig anzustellen, weil die Lieferumfänge zu den Motoren (Extras wie beim Pkw!) sehr unterschiedlich sind.

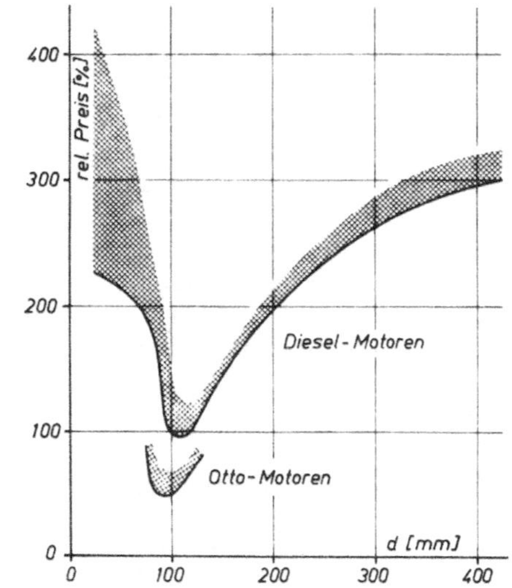

Abb. 2.82: Spezifischer Preis von Otto- und Dieselmotoren in Abhängigkeit vom Kolbendurchmesser

Die unterschiedlichen Inflationsraten in den Ländern machen es innerhalb eines technischen Buches unsinnig, quantitative Aussagen über Kosten und Preise zu machen, da die Darstellung nur einer Momentaufnahme eines unruhigen Sees gleichen könnte. Dennoch kann man einige Charakteristiken ablesen, die unveränderte Aussagekraft haben werden - sofern der natürliche Markt das Geschehen bestimmen wird.

Grundsätzlich ist mit einer Preistendenz zu rechnen, wie sie Abb. 2.82 darstellt. In Bereichen der großen Stückzahlen von Pkw- und Lkw-Motoren ist der Preis je Leistungseinheit (DM/kW) am geringsten. Ottomotoren sind 30 - 40 % billiger als Dieselmotoren, jedoch ist dies wohl mehr auf die Stückzahlen der Pkw-Fertigung als auf besondere dieselmotorische Anforderungen zurückzuführen. Bei noch kleineren Abmessungen steigt der Preis wieder etwas an, weil die Stückzahlen zurückgehen. Bei sehr großen Zylindereinheiten hingegen wächst der Preis sehr stark an. Dies ist verständlich; denn Großmotoren sind ausgesprochene Stücke der Einzelfertigung und demzufolge sehr lohnintensiv. Ottomotoren sind entsprechend ihrem Gewicht und des Zubehörs billiger als Dieselmotoren. Hochleistungs- und Sondermotoren verlangen einen besonderen Preis, der bei derartigen Betrachtungen keinen Niederschlag finden kann.

Rein zufällig mag man nach dem Preisindex des Jahres 1977 für 100 % relativen Preis der Abb. 2.82 etwa 100 DM/kw als Orientierungshilfe setzen.

Einen anderen interessanten Zusammenhang hat METTIG /17/ erarbeitet. Eingehende Studien ausgeführter Motoren haben danach gezeigt, daß die Herstellkosten K eines Motors pro Leistungseinheit P (kW) direkt proportional dem Leistungsgewicht G^*_P und direkt abhängig von den Herstellkosten der Motorenkomponenten pro kg Gewicht sind

$$\frac{K}{P} = \frac{G}{P} \cdot \sum_1^n \left(\frac{K}{G}\right)_n = G_P^* \cdot \sum_1^n \left(\frac{K}{G}\right)_n \tag{2.72}$$

Führt man in diese Beziehung für das Leistungsgewicht den Quotienten aus Hubraumgewicht G^*_{VH} und Literleistung P^*_{VH} ein

$$\frac{K}{P} = \frac{G^*_{VH}}{P^*_{VH}} \cdot \sum_1^n \left(\frac{K}{G}\right)_n \tag{2.73}$$

so kann man aus dieser neuen Beziehung den Einfluß der Konstruktionsarbeit (G^*_{VH}, K/G), der Entwicklung (Versuchs-)arbeit (P^*_{VH}) und der Fertigungsanstrengungen (K/G) auf die Herstellkosten des Motors ablesen. Aus einer weiteren Untersuchung einer großen Anzahl von Reihen- und V-Motoren der verschiedensten Bauarten und Größen vom kleinen Schnelläufer bis zum langsamlaufenden, großen Motor ergab sich eine interessante Beziehung zwischen der mehr oder weniger kompakten Bauweise eines Motors, gekennzeichnet durch das Verhältnis zwischen Hubvolumen V^*_H und Bauraum V^*_B und dem Gewicht pro Liter Hubvolumen (G^*_{VH}) dergestalt, daß mit zunehmender Kompaktheit, d. h. kleiner werdendem V^*_B auch das Litergewicht G^*_{VH} kleiner wird (Abb. 2.83). Will man dem aufgezeigten Weg der Entwicklung eines kostengünstigen Motors folgen, so muß dieser so kompakt wie möglich gebaut werden und dabei eine hohe Literleistung aufweisen.

Preise werden dem Markt angeglichen, sie wechseln mit Angebot und Nachfrage, sie steigen mit Teuerungsraten und hängen von Wechselkursen und anderen Konditionen ab. Deshalb kann jeder Vergleich nur eine Momentaufnahme sein, dessen Niveau stetig in

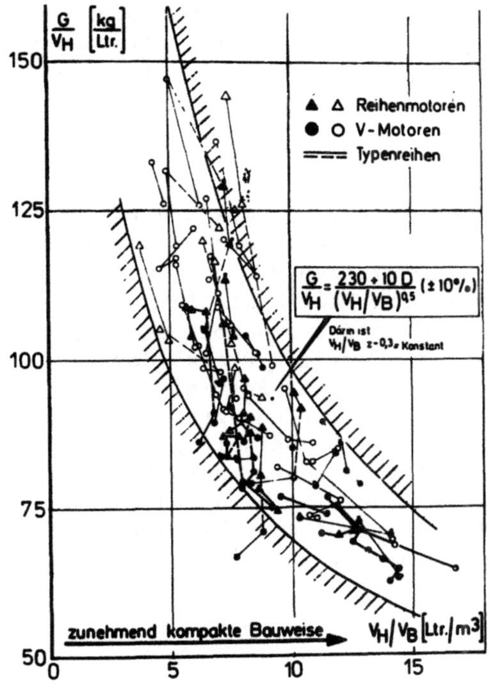

Abb. 2.83: Litergewicht in Abhängigkeit von der Kompaktheit (Bauraumausnutzung) eines Motors

Bewegung ist, dessen relative Abhängigkeit sich jedoch aus markt- und fertigungstechnischen Gründen nur in größeren Zeitabständen einer Veränderung unterwerfen läßt.

Dem Wettbewerb entsprechend muß jede Motorenfirma bemüht sein, die Herstellkosten so niedrig wie möglich (wie erforderlich) zu halten. Motoren in größeren Serien werden weitgehend automatisiert auf Fertigungsstraßen und am Band hergestellt, was die Lohnkostenanteile in Grenzen hält. Die Bauteile kleinerer Serien können auf NC-Automaten gefertigt werden, die pro Einheit umzulegenden Entwicklungs- und Gemeinkosten schlagen jedoch stets sehr zu Buch. Der Zwang zur Austauschbarkeit der Teile (Ersatz) verlangt auch bei geringen Stückzahlen eine hohe Präzision, wodurch viele Sondermaschinen, Vorrichtungen und Werkzeuge hoher Qualität benötigt werden, deren Amortisation bei geringen Stückzahlen stark auf die Kosten durchschlägt. Auch die Verpflichtung, über mehrere Jahrzehnte Ersatzteile liefern zu müssen, führt die Kalkulation zu Ersatzteilpreisen, die von Außenstehenden oft als exorbitant angesehen werden. Eine Teilauslastung der Kapazität in Wirtschaftsflauten kann deshalb in Verbindung mit unserem Sozialgefüge, das faktisch keine personelle Anpassung an die Auftragslage erlaubt, zur kritischen Lage eines Unternehmens führen. Die Gewinnmarge eines Unternehmens ist aber nicht nur von den Fähigkeiten seiner Konstrukteure, der Findigkeit seiner Fertigungsingenieure und der Geschicklichkeit des Vertriebes, auf einem Markt hohe Verkaufserlöse zu erzielen, sehr stark abhängig, sondern auch von dem Können des Managements, ein Unternehmen durch geeignete Organisationsformen, hohe Verantwortlichkeit, großes Engagement und Motivation so zu führen, daß unter Verzicht auf allen Ballast - den viele Beratungsunternehmen zur Erleichterung der Entscheidungsfindung den Unternehmen im In- und Ausland aufgeredet haben - eine Fabrik, eingebettet in eine vorgegebene Sozialstruktur mit allen daraus resultierenden Kosten, noch erträgliche Gewinne erwirtschaftet. Diese wirtschaftlichen Zusammenhänge erkannt zu haben, ist jedoch nicht nur eine Motivation für das Management und ein Aufruf an die Kreativität der Techniker, sondern sollte auch Belegschaft, Betriebsrat und die Gewerkschaften zu Überlegungen veranlassen, wie sie für ihren Bereich den notwendigen Beitrag schaffen. Im Rahmen der zukünftigen Mitbestimmung der großen Gesellschaften wird dies ein entscheidender Wegweiser für die Entwicklungsrichtung unserer Industrie-Nation sein.

Über die Zukunft der industriellen Wirtschaft ist in den letzten Jahren bei den im Hinblick auf die Weltwirtschaft überproportional steigenden Stückkosten viel diskutiert worden. Der neuerliche Ruf zur größeren Risikobereitschaft zeigt, auch wenn die reichen Länder bisher immer relativ reicher geworden, daß man diesem Trend keine Automatik zuschreiben kann, und schon in absehbarer Zukunft werden sich die Grenzen des sozialen Fortschrittes durch äußere Zwänge zeigen, die mit den wachsenden Fähigkeiten der Entwicklungsländer und der Möglichkeit automatisierter Fertigung eher größer als kleiner werden.

Wenn man in den letzten Jahren oft den Eindruck gewinnt, daß die Industrieentwicklung müde geworden ist - ein Abklatsch allgemeiner Technik-Verdrossenheit? - und man mehr auf die Fertigung schaut, um die Produkte von heute m o r g e n noch billiger produzieren zu können, so mag dies zu Augenblickserfolgen führen - auf lange Sicht wird dies unter den obengenannten Gesichtspunkten sicherlich nur zu der von manchen Sozialromantikern erhofften Nivellierung unserer Volkswirtschaften führen. Wenn wir uns um Erhaltung unseres Lebensstandardes wegen dem nicht beugen wollen, so kann die Devise der hochindustrialisierten Nationen nicht nur mehr "ora et labora" lauten, sondern auch "studere necesse est" - letzteres allerdings im Sinne der Schöpfung neuer Erkenntnisse, um den Menschen dieser Welt wieder aus den zum Teil selbst erzeugten Engpässen herauszuführen.

2.5.2 Der Verbrauch

Als Verbrauch wird in erster Linie der Kraftstoffverbrauch b_e in g/kWh verstanden, obwohl auch der Ölverbrauch ein wesentlicher Ausgabefaktor sein kann. Wenn es auch angesichts der siechenden Erdölreserven für einen vernünftigen Menschen unsinnig ist, dem Verbrauch je nach Kostenlage des Erdöles auf dem Weltmarkt einen unterschiedlichen Stellenwert einzuräumen, so ist jedoch nicht daran vorbeizusehen, daß in den Jahrzehnten des Energie(Öl)-Überflusses und der niedrigen Preise der Verbrauch nicht die primäre Rolle für die Wirtschaftlichkeit einer Antriebsanlage spielte. Alle ingenieurmäßigen Gedanken über Wärmenutzung, Wirkungsgrad und SANKEY-Diagramme wurden aus betriebswirtschaftlichen Gesichtspunkten beiseitegeschoben, wenn die Nutzung der für den Hauptzweck "nutzlosen" Abwärme teurer war als das Verbrennen neuer Kraftstoffmengen für untergeordnete Zwecke (z. B. Heizung u. a. m.). Der Ölschock 1973 hat auf diese Einstellung sehr heilend gewirkt, ebenso wie auf die darauf folgenden Energieprogramme der verschiedenen Staaten, doch ist der niedrige Verbrauch auch heute nicht das alleinige Verkaufsargument.

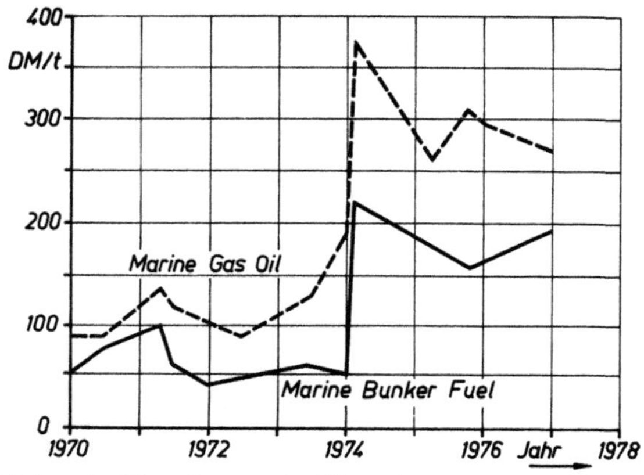

Abb. 2.84: Brennstoffpreise (Rotterdam)

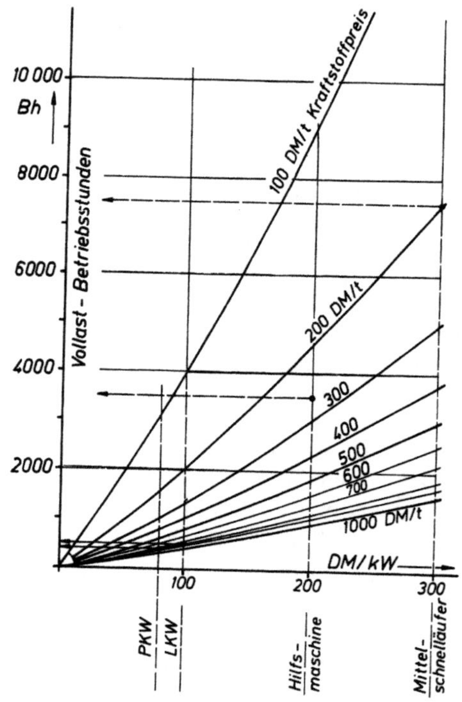

Abb. 2.85: Brennstoffkosten (DM/kW) in Abhängigkeit vom Brennstoffpreis (DM/t) und Laufleistung (Bh/a)

Bei den gestiegenen Preisen für alle Erdölprodukte spielen die Brennstoffkosten wieder eine größere Rolle, weswegen der Nutzung von Schwer- und Rückstandsölen erhöhte Aufmerksamkeit geschenkt wird. Abb. 2.84 zeigt z. B. die Preisentwicklung von Brennstoffen. Aus den Relationen zwischen Gasöl und Schweröl kann man sehen, daß man bei großen Motorleistungen und hohen Nutzungsgraden schon allerhand Zusätzliches für den Betrieb (Aufbereitung, Pflege und auch Sonderausrüstung) unternehmen kann. Aus der Abb. 2.85 kann man ersehen, daß die Motoren allein mit den Kraftstoffkosten ihren Kaufpreis nach Vollastbetriebsstundenzahlen erreichen, die heute durchaus in einem Jahr gefahren werden. Dies gilt für ein Taxi mit 60 000 km/a, den Fern-Lkw mit 80 - 100 000 km/a, die kleine Schiffsmaschine mit 3000 - 5000 Bh/a und den großen Mittelschnelläufer mit 6000 - 7000 (7500) Bh/a im Schwerölbetrieb. Aus diesen vergleichsweise hohen Kraftstoffkosten kann man aber auch ersehen, daß Verbrauchsverringerungen von 5 oder 10 % schon wesentliche Kostenpunkte sein können (siehe auch Kapitel 3). Nach Lage der Dinge muß man damit rechnen, daß bei den steigenden Erdölpreisen diese Einflüsse von Jahr zu Jahr mehr an Bedeutung gewinnen.

2.5.2.1 Der Kraftstoffverbrauch

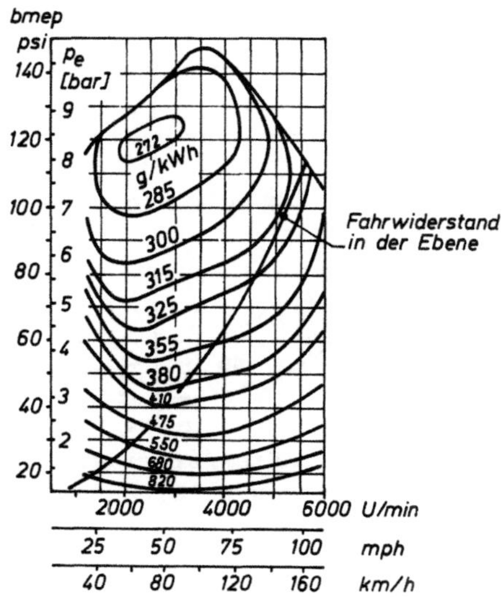

Abb. 2.86: Spezifischer Kraftstoffverbrauch eines OTTO-Benzinmotors mit P_e = 84 kW

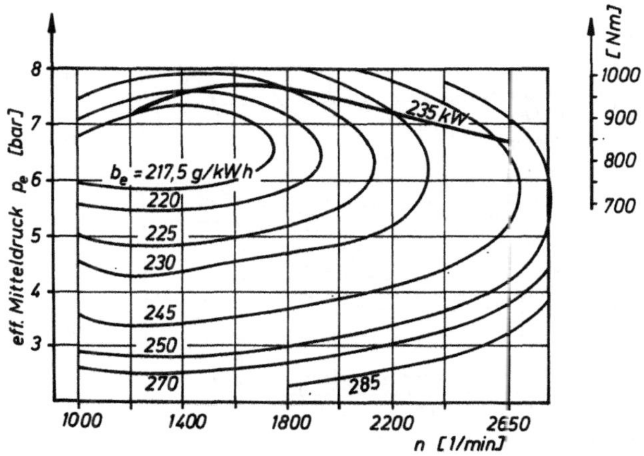

Abb. 2.87: Spezifischer Kraftstoffverbrauch eines Lkw-Diesel-Motors mit direkter Einspritzung mit P_e = 235 kW

Typische Kraftstoffverbrauchskurven zeigen die Abbildungen 2.86 - 2.88 für einen OTTO-Motor, einen Lkw-Dieselmotor und einen mittelschnellaufenden Dieselmotor. Man bezeichnet diese Kurven aufgrund ihres Schichtliniencharakters als "Muschelkurven".

Man erkennt aus allen Verbrauchskurven, daß der spezifische Verbrauch im mittleren Bereich von Drehzahl und Drehmoment seinen günstigsten Wert hat. Bei höherer Kolbengeschwindigkeit sinkt die eingebrachte Ladungs-(Luft-)Menge, und es steigt die Motorreibung. Bei niedrigen Drehzahlen laufen die für den mittleren und oberen Drehzahlbereich abgestimmten Verbrennungsvorgänge nicht mehr so einwandfrei ab, die Zerstäubung des Kraftstoffes wird schlechter, die Leckverluste werden größer, und die Steuerzeiten stimmen immer schlechter mit den optimalen Werten überein. An der Grenzkurve des maximalen Drehmomentes herrscht Luftmangel, der beim Dieselmotor zur Abgastrübung und beim unterstöchiometrischen Gemisch des Ottomotors zum Ausstoßen unverbrannten Kraftstoffes führt. Am unteren Rand der Muschelkurven wächst der Verbrauch gegen unendlich an, weil die zur Überwindung der Reibungsleistung aufgebrachte Energie auf 0 kW-Nutzleistung bezogen wird.

Der Kraftstoffverbrauch, der in der Praxis in vielen Fällen anstelle des Wirkungsgrades genannt wird, ergibt sich aus diesem als effektiver spezifischer Kraftstoffverbrauch zu

$$b_e = \frac{3600}{\eta_e \cdot H_u} \quad \left(= \frac{632}{\eta_e \cdot H_u} \right) \tag{2.74}$$

oder als indizierter spezifischer Kraftstoffverbrauch zu

$$b_i = \frac{3600}{\eta_i \cdot H_u} \quad \left(= \frac{632}{\eta_i \cdot H_u} \right) \tag{2.75}$$

und wird in g/kW·h angegeben.

Werden keine flüssigen Kraftstoffe verwandt, wird anstelle des spezifischen Kraftstoffverbrauches auch oft der Wärmeverbrauch angegeben

$$W_i = \frac{632}{\eta_i} \tag{2.76}$$

weil die Heizwerte z. B. von gasförmigen Kraftstoffen sehr weit streuen können.

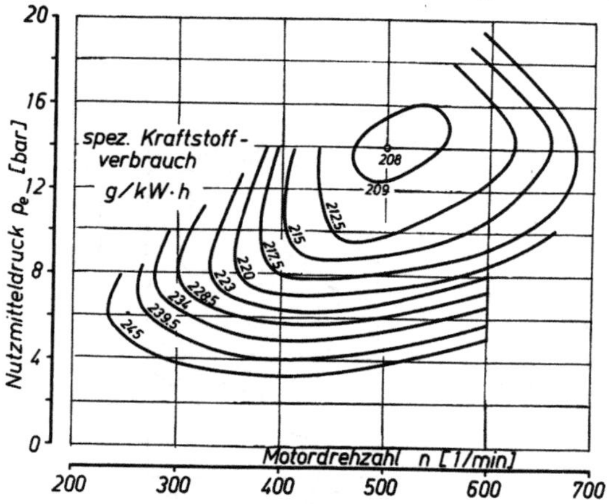

Abb. 2.88: Spezifischer Kraftstoffverbrauch eines mittelschnellaufenden Dieselmotors mit P_e = 6600 kW

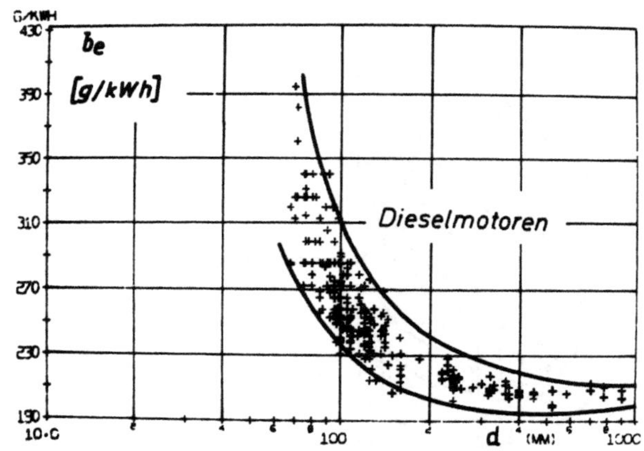

Abb. 2.89: Spezifischer Kraftstoffverbrauch am Vollastpunkt von Verbrennungskraftmaschinen

In Abb. 2.89 sind die Vollastverbrauchswerte (nicht die Werte der jeweiligen Optimalpunkte) der heute in Betrieb befindlichen Dieselmotoren aufgezeichnet. Man erkennt mit wachsender Motorengröße einen Trend zu niedrigeren Verbräuchen, auch wenn der Unterschied heute durch Anwendung des Direkteinspritzverfahrens bei kleinen Motoren nicht mehr so groß ist wie in früheren Jahren. Die Aussagen bei Ottomotoren sind weniger eindeutig, da hier meist DIN-Angaben (l/100 km) erfolgen, die mit dem Vollastverbrauch wenig zu tun haben. Die Vollastverbrauchspunkte liegen jedoch nicht wesentlich ungünstiger als bei Dieselmotoren (im Gegensatz zu den Teillastverbräuchen). Nach DIN 6270 ist der Kraftstoffverbrauch mit einer Toleranz von + 5 % anzugeben, eine in Anbetracht der vielen Einflußparameter sehr schmale Streubreite. Dem Kraftstoffverbrauch von Motoren wird man in den nächsten Jahren größere Beachtung schenken müssen, nicht nur wegen der Fragen vernünftiger Energieausnutzung, sondern auch deshalb, weil die Gesetzgeber mehr und mehr die Energieverbraucher über Gesetze zwingen, maßvoll mit den Energiequellen umzugehen. So werden sich Vorschriften über einen mittleren Verbrauch auf der Basis von l/100 km mehr oder weniger überall auf der Welt durchsetzen, wie es für die 80er Jahre in den USA schon vorgesehen ist. Der Fahrzeugbauer wird den zum Teil extremen Vorstellungen des Gesetzgebers sowohl von der Kraftstoffverbrauchsseite (g/kW·h) der Verbrennungskraftmaschine, als auch vom Fahrzeuggewicht und Fahrzeugwiderstand her dem Rechnung tragen müssen. Der einfachste verwaltungstechnische Weg wäre natürlich, einer generellen Geschwindigkeitsbeschränkung und Untermotorisierung das Wort zu reden, was allerdings der Lebensqualität des Autofahrers wohl abträglich wäre.

2.5.2.2 Der Schmierölverbrauch

Der Ölverbrauch der auf dem Markt befindlichen Motoren variiert in viel größerem Maße als der Kraftstoffverbrauch. Das ist einerseits bauartbedingt (Kolbenspiel, Kolbenringe, Zylinderrohre, etc.), aber es streuen auch die Verbrauchswerte innerhalb einer Bauserie sehr viel mehr, als die nach DIN mit + 5 % anzugebenden Kraftstoffverbräuche, zumal auch nur durch umständliche Eingriffe von außen her eine Beeinflussung möglich ist.

Seit Beginn des Verbrennungskraftmaschinenbaues ist man sich über die Notwendigkeit eines guten Einlaufes von Kolben, Kolbenringen und Zylinderlaufbuchsen im klaren, um auf erträgliche Schmierölverbräuche zu kommen. Der Einlauf bedeutet die gegenseitige Anpassung und Glättung der Oberflächen, so daß eine optimale Dichtheit bei ausreichender Schmierfilmbildung erreicht wird. Ein guter Einlauf kann aber mehrere hundert Betriebsstunden beanspruchen. Erst in neuester Zeit haben Verschleißuntersuchungen mit Radionukleiden von VOLZ /18/ ein Verfahren gezeigt, um den Einlauf zu beobachten und Einlaufzeiten maßgeblich zu verkürzen. Abb. 2.90

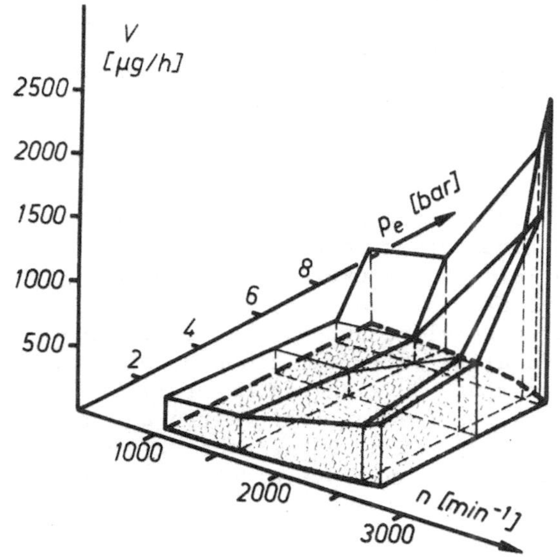

Abb. 2.90: Verschleißraten des Kolbenringes in Abhängigkeit vom Betriebszustand eines Motors

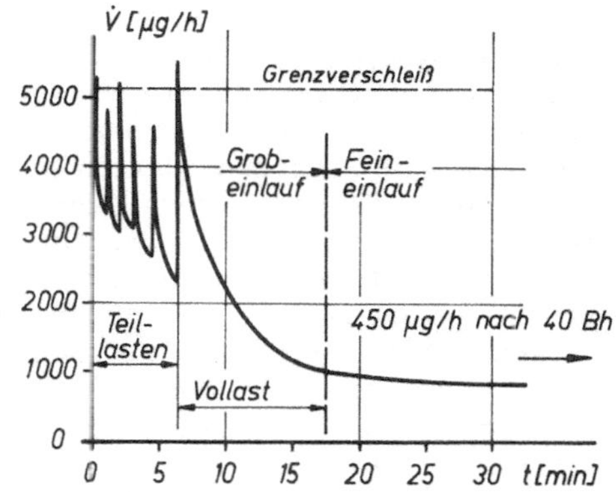

Abb. 2.91: Einlaufverschleiß des obersten Kolbenringes einer Verbrennungskraftmaschine

zeigt z. B. die Abhängigkeit des Kolbenringverschleißes vom Betriebszustand des Motors. Der Einlauf muß so gesteuert werden, daß die Oberflächenanpassung und -glättung ohne bleibende Schäden (Fressen, brandige Ringe) möglichst rasch erfolgt. Einen typischen Ablauf des Einlaufverschleißes an den Grenzen zulässiger Verschleißraten zeigt Abb. 2.91.

Ähnlich wie bei dem Kraftstoffverbrauch kann man auch ein Schmierölverbrauchskennfeld ermitteln, doch sind die Werte weniger gut reproduzierbar, so daß in der Regel nur der angenäherte Vollastverbrauch in Betracht gezogen wird. Bei gut eingefahrenen Motoren mit intakten Kolbenringen und Zylinderbuchsen werden Ölverbräuche von 0,2 g/kW·h bis ca. 1 g/kW·h gemessen. Eine Übersicht über die wenigen bekannten Schmierölverbräuche - die zudem weitgehend streuen - gibt die Abb. 2.92.

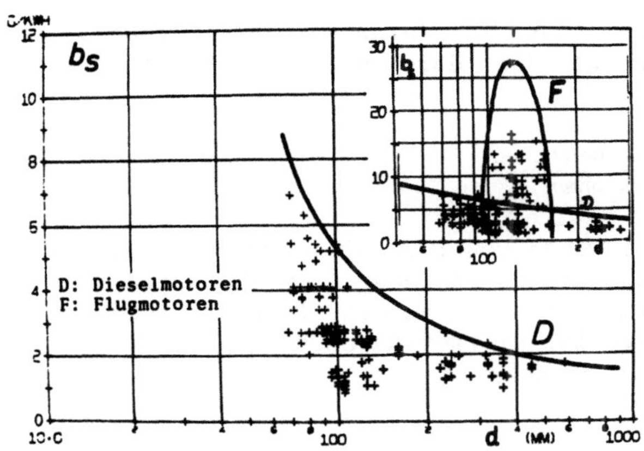

Abb. 2.92: Schmierölverbräuche von Diesel- und Flug-Benzinmotoren

Einen typischen Verlauf für spezifischen Schmierölverbrauch während der Einlaufphase eines Mittelschnelläufers zeigt die Abb. 2.93.

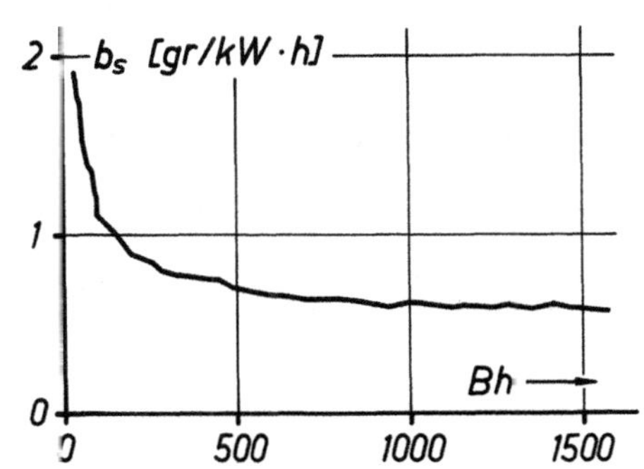

Abb. 2.93: Schmierölverbrauch eines Mittelschnelläufers in Abhängigkeit von der Betriebszeit

Ein zu großer Verbrauch macht einen Motor unwirtschaftlich, ein zu kleiner - der im Grenzgebiet zwischen Trocken- und Mischreibung erreicht werden kann - erhöht den Verschleiß und stellt sogar ein Betriebsrisiko dar.

Zu den Verbräuchen sind natürlich auch andere Kostenfaktoren wie Kühlwasseraufbereitung und sonstige Verbrauchsgüter zu zählen. Verschleißteile und Wartung werden hingegen nicht zu den Verbräuchen gerechnet.

2.5.3 Die Betriebssicherheit und Lebensdauer

Die Betriebssicherheit eines Verbrennungsmotors gewinnt in den letzten Jahren immer mehr an Bedeutung, da die Produktionseinheiten generell erheblich größer werden (siehe Tanker etc.) und somit der Ausfall der Antriebsanlage hohe Kosten verursacht und die Wirtschaftlichkeit der gesamten Anlage sehr stark beeinträchtigt. Auch hier haben sich Vergleichsgrößen wie Ausnutzungsgrad, Verfügbarkeit und "meantime between failure" eingebürgert, die dem Anwender oft sehr viel mehr über die wirtschaftliche Anwendbarkeit sagen als die schönste Verbrauchskurve, günstigste Vergleichswerte und strahlender Glamour einer Werbeseite. Natürlich können diese betriebswirtschaftlichen Größen keine Konstruktions- und Auslegungsgrößen sein, doch sind sie das Spiegelbild des Ergebnisses einer Konstruktion im praktischen Einsatz. Der Reifegrad eines Motors spielt dabei eine entscheidende Rolle. Vorsicht ist jedoch auch angebracht, da diese Werte für einen Motor nicht in allen Anwendungsfällen gleich oder übertragbar sind. So kann ein Motor im Lkw-Einsatz eine außerordentlich gute Reputation haben, weil seine Fähigkeiten auf die Betriebsverhältnisse des Lkws zugeschnitten sind, dagegen im Baggereinsatz oder ähnlichem restlos versagen. Derartige Statistiken und daraus abgeleitete Aussagen sind deshalb für den Außenstehenden nur mit Vorbedacht zu verwenden.

Verbrennungskraftmaschinen werden in der Regel gekauft, um mit den Anlagen Geld zu verdienen, es muß deshalb im hohen Interesse des Käufers liegen, daß die Verbrennungskraftmaschine stets betriebsbereit ist und durch hohe Laufleistungen pro Jahr wesentlich zur guten Amortisation des eingesetzten Kapitals beiträgt.

Hohe Laufleistungen werden natürlich nicht in allen Einsatzfällen verlangt, doch ist der Trend zur höheren und längeren Auslastung der Verbrennungskraftmaschine unverkennbar.

Der Ausnutzungsgrad η_A einer Verbrennungskraftmaschine (einer Anlage) ist definiert als Quotient aus gefahrenen Betriebsstunden pro Jahr durch die Stunden eines Jahres (in der Regel mit 8760 h angenommen)

$$\eta_A = \frac{Bh_B}{h_a} = \frac{\text{gefahrene Betriebs-h}}{\text{Jahresstunden}} \tag{2.77}$$

Auf diesem Gebiet werden heute erstaunliche Werte von fast 90 % erreicht, obwohl diese Formel noch keine Aussage erlaubt, ob der Ausnutzungsgrad nicht hätte höher sein können, wenn der Motor keiner Reparatur oder Wartung bedurft hätte, oder ob der Bedarf des Abnehmers nicht höher gewesen ist als der Ausnutzungsgrad. Erst eine Differenz zwischen einem theoretischen Ausnutzungsgrad

$$\eta_{A\,th} = \frac{Bh_W}{h_a} \tag{2.78}$$

der den Ausnutzungsgrad der Anlage, herrührend aus dem gewünschten und möglichen Einsatz, anzeigt und dem üblichen Ausnutzungsgrad gibt eine Antwort, ob der Nutzer der Anlage durch Wartung und Reparatur überhaupt Verluste hat ertragen müssen.

Die Verfügbarkeit ε_V (availability) hingegen zeigt an, in welchem Verhältnis die gefahrenen Betriebsstunden zu der Summe der Stunden bestehend aus den Betriebsstunden **und** den Stunden für Wartung, Inspektion und Reparatur eines Motors stehen

$$\varepsilon_V = \frac{Bh_B}{(Bh_B + Bh_R + Bh_{IW})} = \frac{\text{gefahrene Bh}}{\text{Bh + Rep.-h + Insp.-Wart.-h}} \tag{2.79}$$

Die Verfügbarkeit von größeren Verbrennungskraftmaschinen liegt heute bei einem Wert bis zu 98 %.

Die Verfügbarkeit kann durch einen hervorragenden Service nicht nur dadurch beeinflußt werden, daß durch vorbeugende Wartung möglichst wenig Ausfälle geschehen, sondern auch dadurch, daß in Notfällen die Ersatzteile rasch an den Ort des Schadens gelangen, um die Wartezeiten, die hier mitberücksichtigt werden müssen, kurz zu halten.

Die Verfügbarkeit ist ein gutes Vergleichsmaß für die Betriebssicherheit und Betriebsbereitschaft einer Anlage. Natürlich ist es nicht ein für alle Fälle vergleichbares Maß. Ein Notstromaggregat bedarf einer Wartung, auch wenn keine Betriebsstunden zusammenkommen - es hat demnach eine schlechte Verfügbarkeit, doch kann es bei allen Notfällen trotzdem 100 %ig seinen Dienst getan haben. Für solche Fälle wäre es besser, von einer theoretischen Verfügbarkeit ε_{vth} zu sprechen

$$\varepsilon_{V\,th} = \frac{h_a - (Bh_R + Bh_{IW})}{h_a} \qquad (2.80)$$

obwohl auch diese Vergleichszahl nicht alle Zusammenhänge voll erfaßt, weil das genannte Notstromaggregat wohl kaum unter großen Reparaturen zu leiden hat und infolgedessen ein Vergleich mit einem hochbelasteten Motor mit 6000 Bh jährlichen Laufzeiten ungerecht wäre.

Andererseits würde eine Nutzverfügbarkeit

$$\varepsilon_{VN} = \frac{Bh}{Bh + Bh_R} \qquad (2.81)$$

denjenigen Motor nicht gerecht berücksichtigen, dessen mögliche Einsatzzeit durch viele und aufwendige Inspektionen geschmälert wird.

Es wäre sinnvoll, einen durch Wartung und Inspektion beeinflußten Ausnutzbarkeitsgrad

$$\eta_W = \frac{h_a - Bh_{IW}}{h_a} \qquad (2.82)$$

und eine durch notwendige Reparaturen während der Betriebszeit beeinträchtigte Verfügbarkeit ε_{vN} nach (2.81) als Nutzfähigkeit η_N miteinander zu koppeln

$$\eta_N = \eta_W \cdot \varepsilon_{VN} \qquad (2.83)$$

Dieser Faktor würde der Nutzbarkeit einer Anlage nach kaufmännischen Gesichtspunkten am ehesten gerecht werden.

Ein anderer Begriff, der sich zur Charakterisierung der Betriebssicherheit eingeführt hat, ist das, was sich im Anglo-Amerikanischen-Sprachraum als MTBF (Mean Time Between Failure) prägnant eingebürgert hat. Diese Zeit zwischen zwei Ausfällen kann man auf ganze Anlagen, einzelne Motoren und auch einzelne Bauteile beziehen. Die Kenntnis einer gesicherten MTBF der Bauteile hat den großen Vorteil, diese in den Inspektionsintervallen so austauschen zu können, daß es praktisch zu keinem Stillstand der Maschine infolge Schadensmeldung während des Betriebes kommt (hohe Verfügbarkeit, hohe Betriebssicherheit). Die Ermittlung einer statistisch abgesicherten MTBF eines Bauteiles ist jedoch nicht so einfach, wenn man aus wirtschaftlichen Gesichtspunkten die Austauschzeiträume nicht an die untere Grenze des erkennbaren Spielraumes, sondern als Kompromiß Austauschkosten und Verfügbarkeit in ein abwägendes Verhältnis miteinander setzt. Unangenehmerweise kann man die MTBF von kurzlebigen Bauteilen viel besser bestimmen als diejenigen von langlebigen, denken wir nur an den Streubereich der Dauerfestigkeiten, der schon bei reinen Schmiedestählen um die 30 % liegt und dessen Streubreite unter Hinzuziehung der Erkenntnisse aus der Betriebsfestigkeitslehre sicherlich nicht kleiner wird (Abb. 2.94). Nun ist es in der Regel nicht die allgemeine Intuition des Ingenieurs, Kurzzeitlebensgüter zu

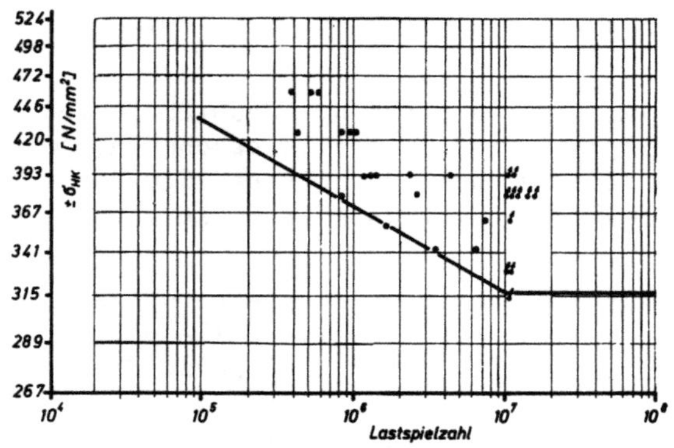

Abb. 2.94: Streubereich von Dauerfestigkeitswerten einer Stahlprobe

produzieren, so daß das Problem äußerst schwierig wird, will man nicht prophylaktisch Teile austauschen, die noch nicht einmal die halbe mögliche Lebensdauer erreicht haben. Dies gilt aber nicht nur für bruchgefährdete Bauteile; denn auch solche, die durch Verschleiß ausfallen, haben eine sehr große Streubreite, sei es in Abhängigkeit von den speziellen Betriebsbedingungen, sei es von anderen Faktoren, wie z. B. Ölverschmutzung, Kühlung, etc.

Betriebssicherheit zeigt sich aber auch in der Anfälligkeit der Maschine gegenüber abnormalen Betriebszuständen wie Überdrehzahl, Überlast und abweichenden Randbedingungen. Auch ist es zur Erhöhung der Betriebssicherheit gut, wenn der Motor keine leicht betätigbaren Nachstellmöglichkeiten hat, da hiermit oft nur Fehler in der Anlage überbrückt werden (Bewuchs der Schiffsaußenhaut u. ä.), bis es zum Zusammenbruch der Maschine kommt. Letztlich kann man noch fragen, ob die Anzahl der Teile (Zylinder) die Betriebssicherheit beeinflußt. Eine Mehrmotorenanlage ist wegen des möglichen Notbetriebes immer als sicherer einzuschätzen als eine Einmotorenanlage. Andererseits bergen die Bauteile einer vielzylindrigen Anlage aus rein statistischen Gesichtspunkten die größere Fehlermöglichkeit in sich. Abwägen muß man dann noch, daß in der Regel ein Großserienerzeugnis eine geringere Fehlerquote aufweist als Einzelerzeugnisse, in diesem Falle der am Fließband gefertigte Motor gegenüber dem einzeln gefertigten Großmotor.

Ein anderer benutzter Ausdruck ist die Ausfallrate λ (Failure Rate), die die Anzahl der Ausfälle eines Bauteiles (eines Motors) bezogen auf eine Zeiteinheit angibt. Meist wird die Anzahl der Ausfälle pro 10^6 Betriebsstunden angegeben. Erreicht man Zahlen um 20 - 30, so bedeutet dies eine funktionsfähige Laufzeit eines Bauteiles von 30 - 50 000 Betriebsstunden, ein Wert, der bei Großbauteilen von größeren Motoren heute mit Sicherheit erreicht wird. Da die Ausfallrate (wie die MTBF) ein statistisch abgesicherter Wert ist (mittlere Ausfallrate!), muß man der Streubreite dieser Werte Beachtung schenken, da nur ein Austausch im unteren Streubereich die Zuverlässigkeit der Maschine erhöht. Aus der Definition von Ausfallrate und MTBF kann man sehen, daß $\lambda = 1/\text{MTBF}$ ist.

Definiert man fernerhin eine mittlere Reparaturdauer MTTR (Mean Time to Repair), so kann man die vorgenannte Verfügbarkeit ε_v auch aus

$$\varepsilon_v = \frac{MTBF}{MTBF + MTTR} \qquad (2.84)$$

errechnen.

Schließlich kann man sich noch mit der Zuverlässigkeit R (Reliability) befassen, die aussagt, wie groß die Wahrscheinlichkeit eines Gerätes (Bauteiles) mit bekannter Ausfallrate λ ist, einen vorgegebenen Zeitraum t ohne Ausfall zu absolvieren

$$R_{(t)} = e - \lambda \cdot t \qquad (2.85)$$

Die Zuverlässigkeit eines Bauteiles mit einer MTBF von 50 000 Bh für einen Zeitraum von 10 000 Bh beträgt demnach etwa 82 %.

Wegen der Komplexität der Zusammenhänge, die einen Einfluß auf die Betriebssicherheit einer Verbrennungskraftmaschine haben, ist es nicht verwunderlich, daß es keinen spezifischen Kennwert gibt, der aus den physikalischen Daten eines Motors gebildet, korrekt auf die Betriebssicherheit der Maschine schließen ließe. Die schwer greifbaren Zusammenhänge haben deshalb aber auch auf diesem Gebiet zu einem Wildwuchs von Aussagen geführt, die eine Diskussion oft sehr schwer macht und nur mit beidseitigem guten Willen zu physikalisch erklärbarem Inhalt führen.

Hohe Beanspruchungen könnten durch Sonderwerkstoffe aufgefangen werden, bei hohen Temperaturen helfen warmfeste Materialien und auch die Steigerung der Schmieröl-qualitäten trägt dazu bei, bei besonderen Ansprüchen noch befriedigende Laufergebnisse zu erzielen. Der robuste Alltagsmotor wird ohne Pflege und Sorgsamkeit dem unvorgebildeten Nutzer sicherlich mehr Freude machen als ein Hochleistungsmotor, doch sagt dies bei äquivalenter Wartung und Pflege nicht, daß der letztere eine mindere Betriebssicherheit haben muß.

Obwohl Einsatzbereitschaft und Betriebssicherheit der Verbrennungskraftmaschine Funktionen physikalischer Zusammenhänge sind, läßt sich dies jedoch nicht in einfacher Darstellungsweise aufzeigen. Die Einflußfaktoren sind so vielfältig und heterogen, der Ausfall einer Maschine oft von so undurchschaubaren Kleinigkeiten abhängig, daß die Bemühung, dies in eine gegenseitige Abhängigkeit zu formulieren, von Anfang an zum Scheitern verurteilt ist. Dennoch wird in vielen Fällen von einem einfachen Kennwert gesprochen, der sich durch reine Emperie herausgebildet hat und bei vergleichbaren Motoren - ähnlicher Grundstruktur und ähnlichem Aufwand (Preis?) - durchaus als ein Kennwert für die Betriebssicherheit und Langlebigkeit einer Verbrennungskraftmaschine angesehen werden kann. Für den Fachmann ist es allerdings schwer, die Vergleichbarkeit von Motoren sicherzustellen - die Betriebssicherheit eines ungekühlten Gußeisenkolbens mit einem hochentwickelten gebauten Kolben auf eine Stufe zu stellen, brächte sicherlich falsche Vergleichsmaßstäbe.

Die als Lebensdauerfaktor ζ_L bezeichnete Kenngröße errechnet sich aus

$$\zeta_L = \frac{p_e \cdot d^2}{n} \qquad (2.86)$$

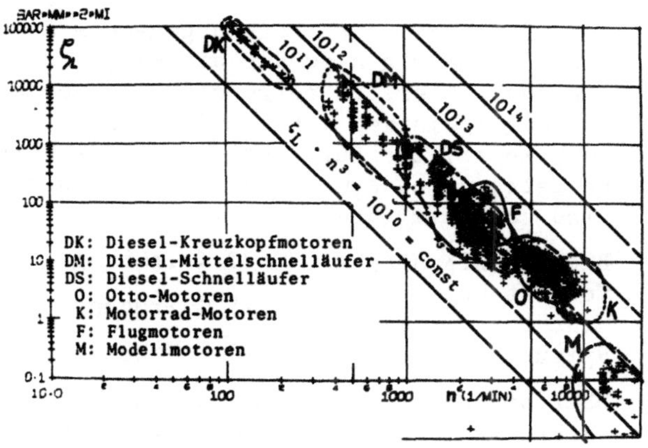

Abb. 2.95: Lebensdauerfaktor ζ_L der heutigen OTTO- und DIESEL-Motoren

In der Abb. 2.95 sind neben den ζ_L-Werten der heutigen Motoren die Linien $\zeta_L \cdot n^3$ = const eingetragen. Man erkennt, daß die Kennwerte ζ_L mit wachsender Drehzahl abfallen, dabei jedoch unterschiedlich weit von Linien konstanter $\zeta_L \cdot n^3$-Werte entfernt liegen. Nach Aussage einiger Fachleute sollen dabei Motoren, die auf gleicher $\zeta_L \cdot n^3$-Linie liegen, in etwa die gleiche Zuverlässigkeit haben - sofern die konstruktiven Mittel zur Erreichung des Zieles adäquat waren. Dem Autor war es jedoch nicht möglich, den Zusammenhang zu bestätigen oder auch zu verneinen.

2.5.4 Das Rauchverhalten

Während man beim Ottomotor wenig über das Rauchverhalten spricht - man kennt nur die Ölschwaden des Zweitakters und den Ruß- oder Ölnebelstoß bei verschlissenen Motoren -, ist die Abgastrübung beim Dieselmotor ein Gesprächsstoff von alters her. Beim Dieselmotor hingegen spielen die anderen als Schadstoffe indizierten Verbindungen (HC, NO_x und CO) eine untergeordnete Rolle, weil diese wegen der - über den Gesamtbrennraum gesehen - niedrigeren Prozeßtemperaturen erheblich geringer im Abgas der Dieselmotoren auftreten als beim Ottomotor. Während der Fachmann aus der Abgastrübung auf die Qualität des Verbrennungsvorganges schließt, sehen der Nutzer und seine Umgebung darin - sofern sich das nicht auch noch im Kraftstoffverbrauch bemerkbar macht - in erster Linie eine Belästigung der Umwelt, vor allem im Straßen- und Schiffseinsatz. Die Schädlichkeit des Rußes ist noch nicht so eindeutig wie bei anderen Schadstoffen geklärt, vorstellbar ist jedoch, daß die Rußbestandteile ähnlich den Teerprodukten der Zigarette karzinogen wirken.

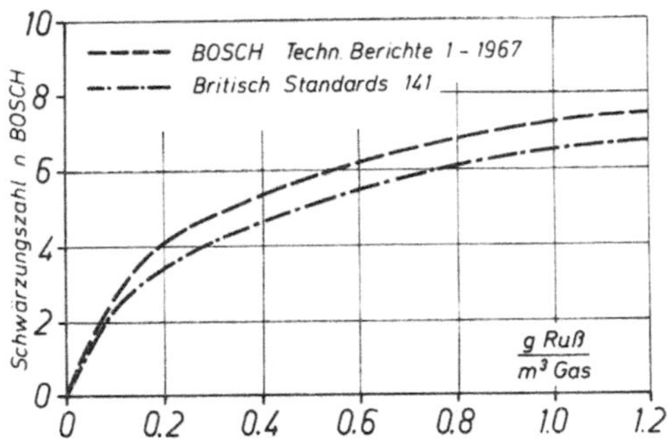

Abb. 2.96: Zusammenhang zwischen Rußkonzentration und Schwärzungszahl

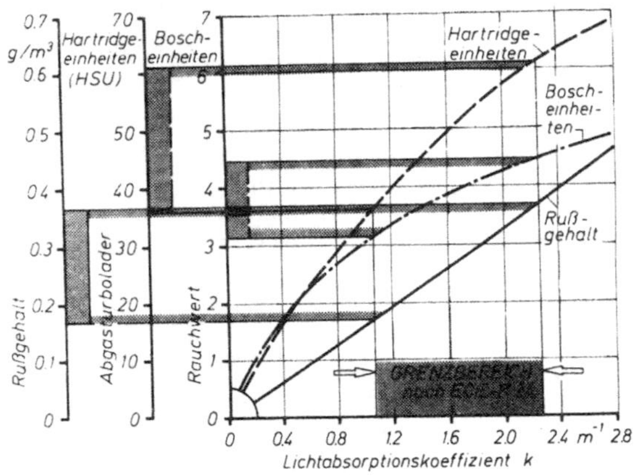

Abb. 2.97: Rußbegrenzung nach EG-Vorschrift ECE-R 24

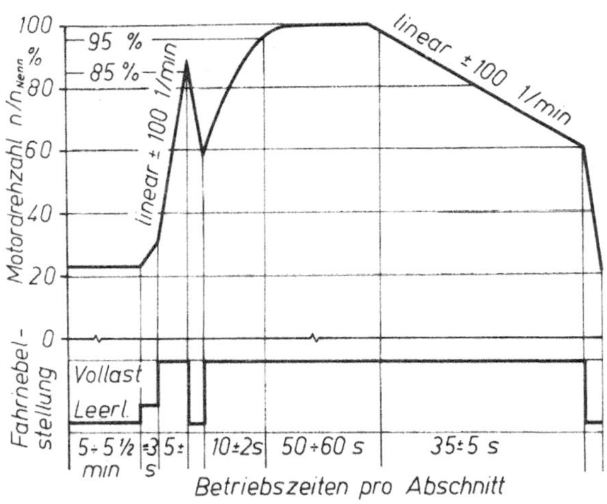

Abb. 2.98: US-Federal Smoke Cycle zur Bestimmung des Rußgehaltes von Abgasen schwerer Lastkraftwagen

Zur objektiven Messung des Schwärzungsgrades der Abgase sind eine Reihe von Meßgeräten auf dem Markt, die besser und unbestechlicher als das menschliche Auge Abgastrübungen zu differenzieren wissen - auch in Bereichen, in denen der Rauch für das Auge entweder unsichtbar oder im anderen Extremfall auch schwarz ist. Zur Beurteilung der Umweltbeeinflussung durch den Ruß der Rauchgase ist es wichtig, den Zusammenhang zwischen dem tatsächlichen Rußgehalt der Abgase und dem Meßwert der Schwärzungszahl zu kennen. Abb. 2.96 zeigt, daß bei hohen Schwärzungszahlen von $\tau_{BOSCH} > 5$ kaum noch eine Aussage über den Rußgehalt möglich ist.

Die gesetzlichen Vorschriften der EG schreiben deshalb in der ECE-Regelung 24 als Grenzwert für den Lichtabsorptionskoeffizienten einen Wert vor, der nach Abb. 2.97 als Rußgehalt (Schwärzungszahl oder HARTRIDGE-Einheiten) ausgedrückt werden kann.

In den USA werden die Motoren im Vielstufentest (U.S. Federal Smoke Cycle, Abb. 2.98) geprüft. Der vorgegebene Zyklus ist mehrfach zu durchfahren, und die kontinuierlich aufgezeichnete Abgastrübung (gemessen mit dem U.S. PHS-Smokemeter) ist für festgelegte Abschnitte getrennt zu ermitteln. Folgende Werte sind zulässig (Stand 1976):

Beschleunigungsphase	20 % Trübung
Vollast bei gedrückter Drehzahl	15 % Trübung
Spitzenwert	50 % Trübung

Über die Entstehungsphase des Rußes selbst während der Verbrennung ist heute noch keine Klarheit geschaffen. Die Forschungsergebnisse der nächsten Jahre im Rahmen der Anstrengungen, über die Schadstoffemission mehr Details zu erfahren, um ihr mit adäquaten Mitteln zu begegnen, werden uns auch nähere Erkenntnisse über die Rußbildung und deren Beeinflußbarkeit bringen.

2.5.5 Abgasemission

Wenn auch schon seit Beginn der Motorisierung der Abgasgeruch für eine normale Nase nicht mit Blütenduft zu vergleichen ist (was kritische Zeitgenossen von BENZ und DAIMLER schon bemängelten), so ist doch dessen Gefährlichkeit (Toxizität) für den Menschen erst spät in unsere Begriffswelt eingegangen. Zwar war die Abgaszusammensetzung im groben schon lange bekannt, und man wußte auch von der Tödlichkeit hoher CO-Konzentrationen (Garagenunfälle), doch hat erst die Ballung des Straßenverkehrs, verbunden mit ungünstigen klimatischen und topologischen Verhältnissen

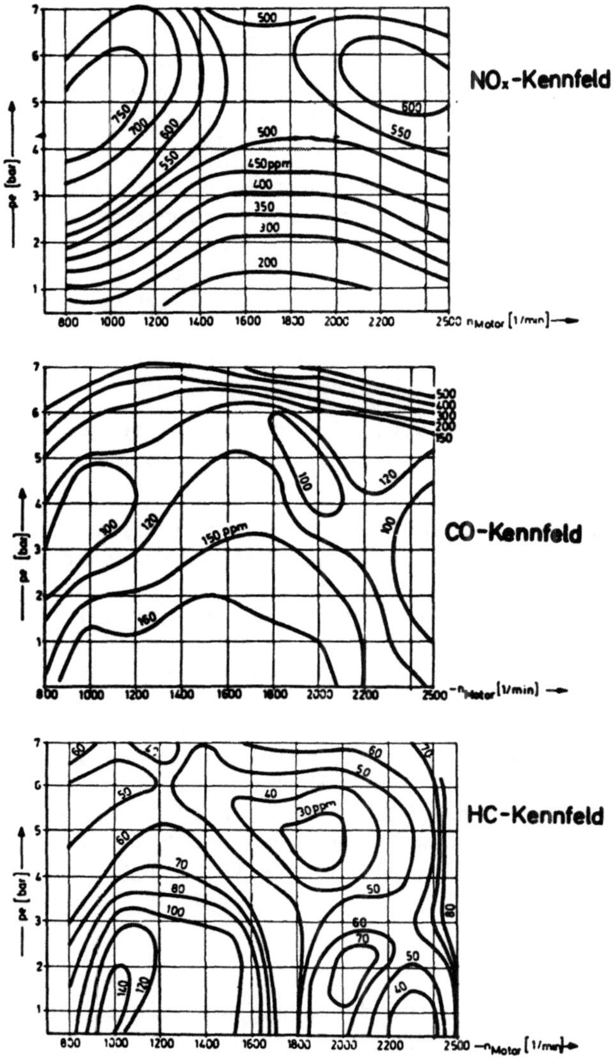

Abb. 2.99: Emissionsschaubilder eines Dieselmotors

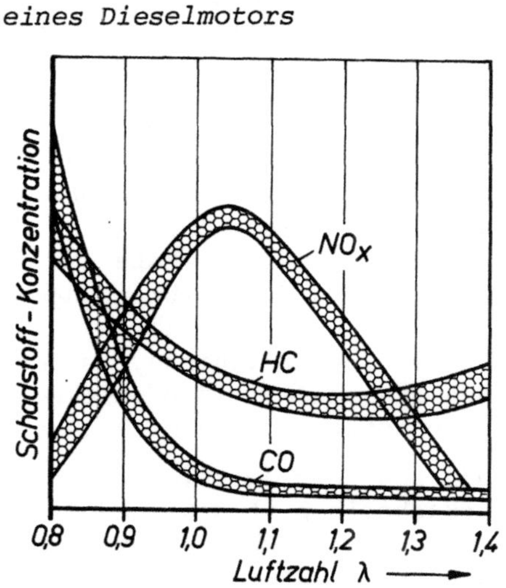

Abb. 2.100: Schadstoffemission in Abhängigkeit vom Betriebszustand des Motors

(San Francisco), dem Menschen das vor Augen geführt, was wir heute unter dem Begriff "Smoke-Gefahr" einordnen. Die Beeinträchtigung des Menschen unter diesen Umweltbedingungen hat den Gesetzgeber auf den Plan gerufen, und zum Schutze der Lebewesen wurden Vorschriften erlassen. Da es heute begründbare, allerdings auch noch schwimmende Grenzen der Toxizität einer Schadstoffkonzentration gibt, kann man aus einer Gesamtbelastung und der Verkehrsdichte in Ballungsräumen eine zulässige Ausstoßrate schädlicher Stoffe für das einzelne Fahrzeug ermitteln. Als schädlich in Verbindung mit der Verbrennungskraftmaschine werden heute vor allem CO, NO_x und HC angesehen, aber auch der Ruß ist, wie beschrieben, in den Blickwinkel geraten, ebenso andere Verbrauchs- oder Verschleißpartikel, z. B. das Blei als Zusatz in den klopffesteren Benzinen oder Asbeststaub von den Bremsbelegen. Wie beim spezifischen Kraftstoffverbrauch ist auch die Emission einer Verbrennungskraftmaschine von dem Betriebszustand des Motors abhängig. Die Abb. 2.99 gibt eine Vorstellung über die Abhängigkeit der Emission eines Dieselmotors von Drehzahl und Drehmoment.

Ist auch eine generelle Absenkung der Schadstoffmengen zur Erhöhung der Lebensqualität - wenigstens prophylaktisch zur Verbesserung unserer Zukunftschancen - anzustreben, so muß doch vor übertriebenen Forderungen von Romantikern und Sozialtheoretikern gewarnt werden, die, auf unsicheren Erkenntnissen beruhend, einer Volkswirtschaft viel Geld kosten können (und jeder sollte sich darüber im klaren sein, daß die Volksgemeinschaft diese Kosten aufbringen muß). Da man mit der heutigen Meßtechnik Spuren aufdecken kann, von denen man früher überhaupt keine Notiz genommen hat, besteht die Gefahr, Beschränkungen auszusprechen, die im Verhältnis zu anderen Lebensgewohnheiten (aktives oder passives Rauchen, Alkoholgenuß etc.) von untergeordneter Bedeutung sein können. Der Aufruf, bei den Beschränkungen Vernunft walten zu lassen, ist deshalb so schwer, weil die Materie der Schädlichkeit dieser (oder auch anderer, bisher noch gar nicht entdeckter) Stoffe auf den lebenden Organismus so wenig erforscht ist, daß es unverständlich wäre, auch nur bei einem vagen Verdacht die möglichen Zusammenhänge vom Tisch zu wischen. Andererseits öffnet das natürlich Heilsverkündern jedweder Couleur die Türen, um mit ihren ungefestigten Thesen Mauern zu errichten, die schwer wieder einzureißen sind (denn nicht nur gedruckte Irrtümer zeigen auch noch nach ihrem offiziellen Tod eine oft quirlige Lebenskraft). Im Verhältnis zu den Grenzbelastungen muß man Rauchen als reinen Selbstmord bezeichnen, und auch das passive Rauchen müßte man danach als einen Tod auf Raten bezeichnen (siehe Tabelle 6.16) - ein Umstand, dem die Juristen noch durchaus interessante Perspektiven abgewinnen werden.

Die typische Abhängigkeit der Schadstoffemission in Abhängigkeit z. B. von der Luftzahl λ zeigt die Abb. 2.100. Die fetten Gemische, die wir bei Ottomotoren finden, haben hohe Schadstoffanteile, weswegen der Trend bei diesen Motoren auf die Verwirklichung größerer Luftüberschußzahlen - im Rahmen der Zündfähigkeit des Gemisches - geht. Aus der Entwicklung in den USA vor der Erdölkrise 1973 erkennt man, daß Hilfskonstruktionen entwickelt werden, wie Nachverbrennung und Katalysation mit oft bedenklichen Nebeneffekten, wenn man einer technischen Entwicklung nicht genügend Zeit gibt, um technisch sinnvolle Lösungen zu erarbeiten.

Als erstes Land dieser Welt erließ der US-Staat California Gesetze über Grenzwerte für die Schadstoffemission von Kraftfahrzeugen, denen sich die anderen US-Staaten mit zeitlicher Verzögerung anschlossen.

Basis für die Begrenzung der Schadstoffemission bei Pkws und leichteren Lastkraftwagen (G_{max} = 2700 kg) ist das CVS-Testverfahren, das auf einem Rollenprüfstand eine typische Stadtfahrt simuliert. Die gesetzlichen Grenzwerte für so ermittelte Abgasemissionen in g/mile sind in stetem Fluß und erniedrigen sich bis auf Werte, über deren Realisierungsmöglichkeiten heute noch keine Aussagen gemacht werden können. Tabelle 6.17 zeigt die Grenzwerte für Pkws in den Vereinigten Staaten, und Tabelle 6.18 gibt die Grenzwerte in der EG ab Oktober 1975 wieder, wobei weitere Beschränkungen bis 1987 vorgesehen sind. Zusätzlich zu den Prüfungen im Europa-Fahrzyklus kommen noch zwei weitere Prüfungen hinzu, im Leerlauf wird der CO-Gehalt des Abgases auf 4,5 Vol % begrenzt, und die Emission über die Kurbelgehäuseentlüftung wird auf 0,15 % des Kraftstoffverbrauches bei 50 km/h beschränkt. In gleicher Art geben die Tabellen 6.19 die Grenzwerte für leichte Lkws in den USA und 6.20 für schwere Lkws (heavy duty truck - Gesamtgewicht > 2700 kg) für die Vereinigten Staaten und den EG-Raum an.

2.5.6 Geräuschemission

Als weiterer Punkt für die Umweltschädigung kommt die Geräuschemission hinzu. Die steigende Leistungsausbeute (insbesondere die wachsenden Drehzahlen) und der Wunsch nach immer leichteren Aggregaten (Fahrzeugmotor) haben den Verbrennungsmotor zugestandenermaßen nicht leiser gemacht, und je nach Einbau kann man schon von gesundheitsschädlichem Lärm sprechen. Insbesondere werden bei modernen hochtourigen Motoren die höheren Frequenzen erregt, gegen die das menschliche Ohr besonders empfindlich ist. Abb. 2.25 zeigte uns z. B., in welchem Maße die Druckschallamplituden des Verbrennungsdruckes mit der Drehzahl ansteigen. Kommt ein Abgasturbolader hinzu, so werden die hohen Frequenzen als pfeifende Geräusche besonders unangenehm empfunden.

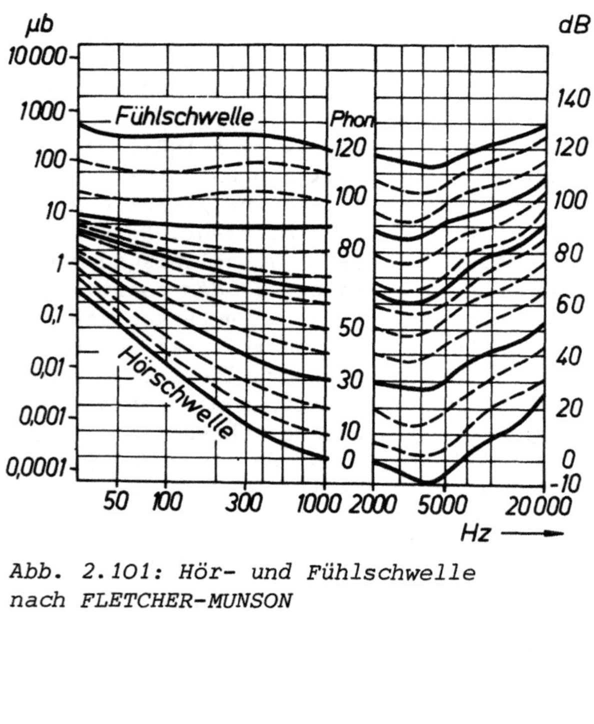

Abb. 2.101: Hör- und Fühlschwelle nach FLETCHER-MUNSON

Für das Gehör sind der emittierte Luftschall (Druckschallamplituden) und die Frequenz von ausschlaggebender Bedeutung. Die Empfindlichkeit unserer Ohren ist nicht linear, sondern entspricht einem logarithmischen Maßstab. Außerdem hängt die subjektiv empfundene Lautstärke wesentlich von der Frequenz des Tones ab. Bei gleichem Schalldruck werden tiefe Töne wesentlich leiser empfunden als das fünf-gestrichene C, während sehr hohe Frequenzen (f > 16 000 Hz) kaum noch vom menschlichen Ohr empfunden werden (Hundepfeife). Abb. 2.101 zeigt die sogenannten FLETCHER-MUNSON-Kurven als Kurven gleicher Gehörempfindlichkeit bei unterschiedlichen Frequenzen. Es zeigt sich deutlich eine besonders hohe Empfindlichkeit des Gehörorgans im Bereich zwischen 2000 und 5000 Hz. Bei zu großen Lautstärken treten hier auch die ersten Schädigungen in der Schnecke mit einer Herabsetzung der Hörfähigkeit auf. Um den sehr großen wahrnehmbaren Schalldruck von 1 bis 10^6 μb praktisch handhaben zu können, hat man als logarithmisches Maß das Decibel (dB) vereinbart und dieses auf die Hörschwelle bei 1000 Hz bezogen (0 dB = $2 \cdot 10^{-10}$ bar). Zum Schutze des Gehörs ist die Luftschallemission einer technischen Einrichtung (in einem vorgegebenen Abstand) je nach Anwendungsfall zu begrenzen. Nun sind die Druckpegel, z. B. des Verbrennungsdruckes nach Abb. 2.25, nicht identisch mit dem Luftschallpegel eines Motors. Jede Emissionsquelle überträgt auf Grund der eigenen Durchlässigkeit und "Lautsprecherwirkung" nur einen Anteil der Schallenergie - die Differenz zwischen den Druckamplituden des Erregers und dem aufgenommenen Schalldruck, z. B. in 1 m Entfernung, bezeichnen wir als Übertragungsmaß des Gerätes

$$L_{ü(i)} = L_{e(t)} - L_{m(i)} \tag{2.87}$$

wobei L_e den Schalldruck des Erregers und L_m den meßbaren Luftschalldruck, gemessen in dB, darstellen.

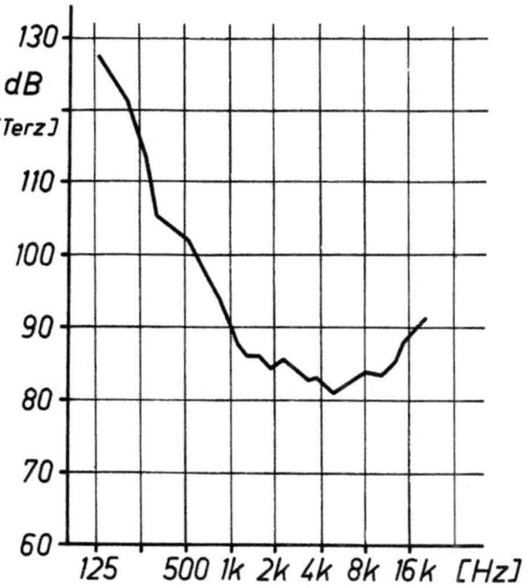

Abb. 2.102: Übertragungsmaß 'Schallquelle - Luftschall' einer Motorenbaureihe

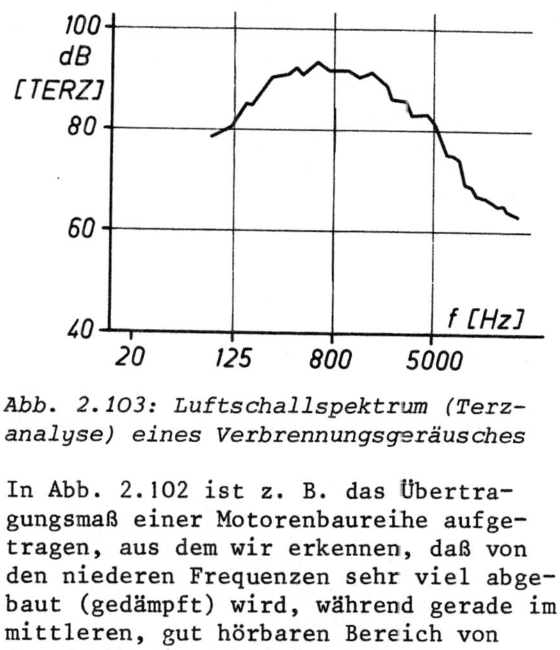

Abb. 2.103: Luftschallspektrum (Terzanalyse) eines Verbrennungsgeräusches

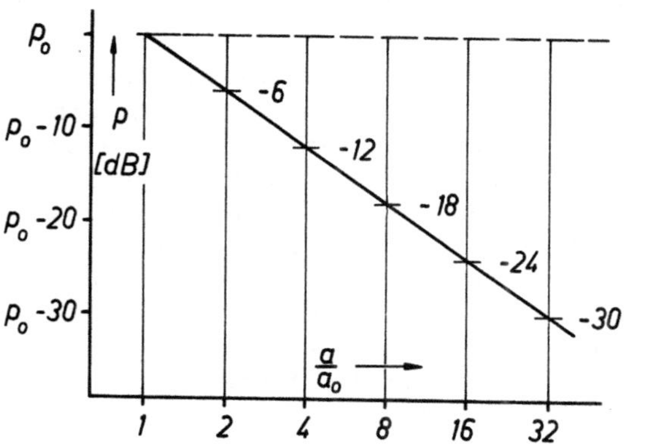

Abb. 2.104: Abnahme des Schalldruckes mit der Entfernung von der Schallgrenze

In Abb. 2.102 ist z. B. das Übertragungsmaß einer Motorenbaureihe aufgetragen, aus dem wir erkennen, daß von den niederen Frequenzen sehr viel abgebaut (gedämpft) wird, während gerade im mittleren, gut hörbaren Bereich von 1 - 10 kH die Schalldruckabsenkung geringer ist. Übersetzt man die Kurve n = 2000 min^{-1} von Abb. 2.25 mit dem Übertragungsmaß dieses Typs, so erhält man einen Terz-Schallpegel, wie er in Abb. 2.103 dargestellt ist.

Nun nimmt der Schalldruck (20 $\mu N/m^2 \approx 2 \cdot 10^{-10}$ bar an der Hörschwelle bei 1000 Hz und 20 $N/m^2 \approx 2 \cdot 10^{-4}$ bar an der Schmerzschwelle ≈ 120 dB) nicht nur mit der Entfernung stark ab (Abb. 2.104), sondern wirkt auch auf das menschliche Ohr nicht in allen Frequenzen gleich

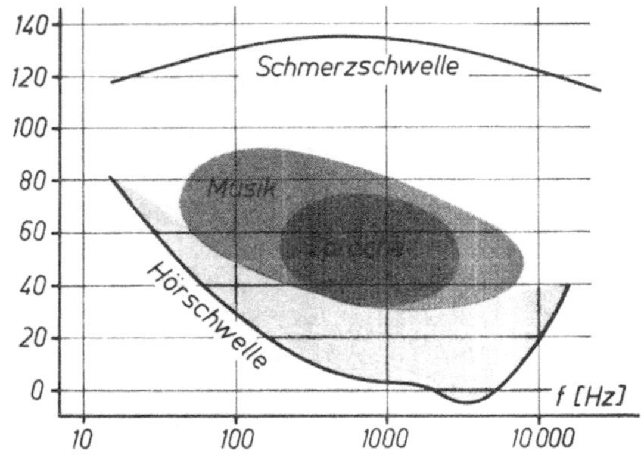

Abb. 2.105: Hörempfindlichkeit und Schmerzschwelle eines normal hörenden Beobachters

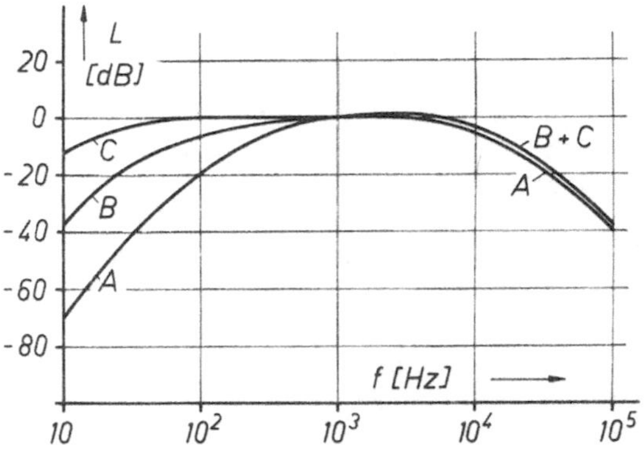

Abb. 2.106: Bewertungskurven für Schallpegelmesser (dB(A), dB(B) und dB(C))

stark, wie man aus den FLETCHER-MUNSON-Kurven ableiten kann und die Hördynamik eines normal hörenden Beobachters zeigt (Abb. 2.105). International sind deshalb Bewertungskurven für Schallpegelmesser mit den Bewertungsfiltern A, B und C festgelegt, die die Schalldrücke der niedrigen und sehr hohen Frequenzen stark reduzieren (Abb. 2.106), um als Beurteilungsmaß eine Einheit (z. B. dB(A)) zu erhalten, die dem menschlich subjektiven Empfinden möglichst nahekommt. Es ist deshalb wichtig, bei der Beurteilung von Geräuschen den richtigen Maßstab zu wählen, wobei eine Analyse eines Gesamtgeräusches wohl Hinweise auf den Entstehungsort einzelner stark hervorgehobener Frequenzen geben kann, aber nicht braucht. Die besonderen Schwierigkeiten, Geräusche an der Basis in den Griff zu bekommen, ergeben sich aus der Tatsache, daß die zur Erzeugung infernalischen Kraches notwendigen Schallenergien äußerst gering sind, was jedem Diskothekenbesucher bekannt ist.

Für die Praxis ist in Verbindung mit der Geräuschemission einer Verbrennungskraftmaschine das Ergebnis der CIMAC-Arbeitsgruppe 'Noise' von Bedeutung. Eine Untersuchung an 191 Viertakt-Dieselmotoren hat mit statistischem Mittel den "normalen" freifeldkorrigierten, A-bewerteten 1-m-Schalldruckpegel ermittelt. Mit einer Bandbreite von ±4 dB(A) soll die Formel

$$L_A = 10 \lg \frac{n_N}{n_0} + 5{,}5 \lg \frac{P_{eN}}{P_0} - 30 \lg \frac{n_N}{n} + 55 \text{ dB} \tag{2.88}$$

den repräsentativen Pegel ergeben, der in Abb. 2.107 anzeigt, daß Geräusche bis 110 dB(A) in Abhängigkeit von Leistung und Motordrehzahl als normal anzusehen sind.

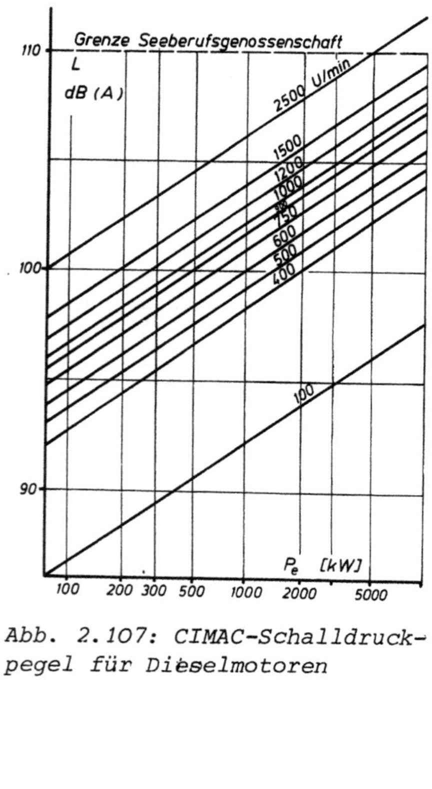

Abb. 2.107: CIMAC-Schalldruckpegel für Dieselmotoren

Zum Schutz von Dauerschäden sind deshalb Lärmschutzvorschriften herausgegeben worden, um den Emissionspegel der Verbrennungskraftmaschine zu begrenzen. Für die verschiedensten Anwendungsfälle eines Motors gibt es unterschiedliche Vorschriften. Sie hier aufzuzählen, würde diesen Band sprengen. Es handelt sich in erster Linie um Vorschriften der ECE und EWG, aber auch nationale Beschränkungen liegen in einer Fülle vor, daß sie viele Aktenordner benötigen. Hinzu kommen die Begrenzungen durch quasi-gesetzgebende Körperschaften.

Die Schiffahrtsbehörden und -verbände haben aus dem stetig wachsenden Lärmpegel an Bord von Seeschiffen Konsequenzen in Form von Grenz- oder Richtwerten

(Tabelle 6.21) gezogen, um eine bleibende Schädigung des Schiffspersonals zu vermeiden. Dabei ist es wichtig zu wissen, daß die steigenden Geräusche nicht nur aus dem steigenden Geräuschemissionspegel des immer kleineren, aber leistungsfähigeren Antriebsaggregates herrühren, sondern auch den steigenden Propellererregungen und vor allem den immer kleineren Maschinenräumen und den Leichtbautendenzen im Schiffbau zuzuschreiben sind. Interessante Zusammenhänge über die Geräuschfragen an Bord eines Schiffes hat WRAGGE /19/ zusammengetragen. Der Rat der EG hat Richtlinien über den zulässigen Geräuschpegel von Kraftfahrzeugen festgelegt, deren Grenzwerte ähnlich wie diejenigen für die Vereinigten Staaten von Nordamerika oder Japan von Jahr zu Jahr kleiner werden (siehe auch Tabellen 6.22 bis 6.24). Die "Technische Anleitung zum Schutz gegen Lärm" (TA Lärm) begrenzt in der BRD die Schallemissionswerte für verschiedene Gebiete (Industrie-, Gewerbe- und Wohngebiete) in Abhängigkeit von der Tageszeit. Ähnliche Vorschriften gibt es in Österreich, in der Schweiz und in anderen Ländern. Im Bedarfsfall muß man sich vor Ort über die einschlägigen Gesetze und den zulässigen Pegel informieren.

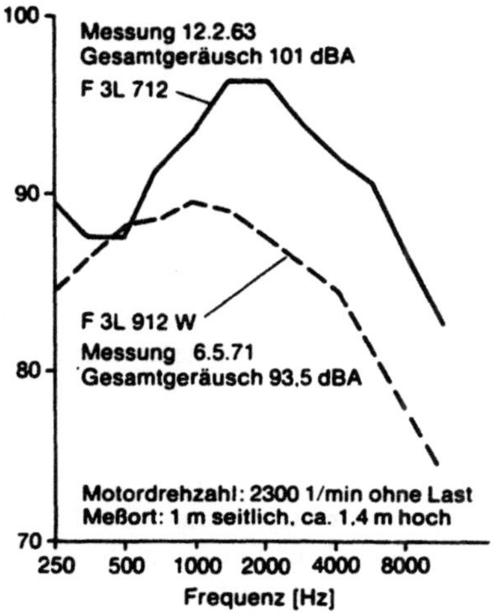

Abb. 2.108: Entwicklung der Geräuschemission fast hubraumgleicher Motoren mit Leistungssteigerung

Zur Ehre der Ingenieure muß allerdings darauf hingewiesen werden, daß die Lärmbekämpfung weder eine Erfindung des Umweltschutzes noch des Gesetzgebers ist. Als Beispiel soll nur die Graphik nach Abb. 2.108 dienen, die die Bemühungen des Motorenbauers widerspiegelt in einer Zeit, als der Umweltschutz noch nicht so à la mode war, daß man darauf ein Parteiprogramm aufbauen konnte.

2.5.7 Vibrationen

Ähnlich den Geräuschen gewinnen die Vibrationen als niedrigfrequente Schwingungen im Rahmen der Verbesserung der Arbeitsbedingungen immer mehr an Bedeutung. Jedoch sind Vibrationen und Schwingungen nicht nur als Beeinflussung der Umwelt von Interesse, da viele Schäden am Motor auf unzulässige Schwingungen zurückzuführen sind.

Die Hubkolben-Verbrennungskraftmaschine ist als Schwingungserreger infolge ihres zyklischen Kraftverlaufes und der spezifischen Eigenarten ihres Triebwerkes nicht wegzudiskutieren. Um so größere Obacht muß auf die Auswahl der richtigen Verbrennungskraftmaschine für den vorgesehenen Verwendungszweck gegeben werden. Massenkraft- und massenmomentbehaftete Verbrennungskraftmaschinen sind für die Aufstellung auf h a l b s t a r r e n Fundamenten wenig geeignet, wobei eventuell auch die Vibrationsfortleitung über elastisches Erdreich beachtet werden muß. Eine elastische Aufstellung solcher Motoren kann ausreichend Hilfe bringen, wenn nicht nur die elastische Lagerung, sondern auch die vielen notwendigen Verbindungen (Abgas, Wasser, Kraftstoff etc.) genügend nachgiebig konstruiert sind. Zufriedenstellende Lösungen sind in der Regel jedoch recht kostspielig. Aber auch "ausgeglichene" Motoren haben dynamische Rückwirkungen auf das Fundament, sei es durch das Wechseldrehmoment oder die Kurbelgehäuseverformung.

Bei den Anregungen niedrig-frequenter Schwingungen (Wechseldrehmomente, Unwuchten, Massenkräfte und -momente 1. und 2. Ordnung) muß man insbesondere auch die niedrigfrequenten Anregungen (0,5. bis 1,5. Ordnung) beachten, die durch den Ausfall eines Zylinders oder auch den schlechten Abgleich der Zylinder einer Verbrennungskraftmaschine entstehen. Die anregenden Kräfte sind in der Regel nicht sehr groß, reichen jedoch oft bei schlecht gedämpften Systemen (geschweißte Schiffe) aus, um in Resonanz stehende Decken und Wände oder Teile davon zum Schwingen zu bringen.

Bei nicht elastisch aufgestellten Motoren zeigt die immer vorhandene Durchbiegung des Motorengestelles oft Rückwirkungen auf die Fundamente, da die Befestigung in den seltensten Fällen in den Knotenpunkten der elastischen Durchbiegung erfolgt

(Abb. 2.109a). Bei starr befestigten Motoren können sich auch hochfrequente Schwingungen, die sich aus der harmonischen Analyse der über den Motor verteilt angreifenden Gas- und Massenkräfte ergeben, in das Fundament als Körperschallschwingungen fortpflanzen und Bauteile in unangenehme Resonanzschwingungen versetzen, die sich als Vibrationen und (oder) Geräusche, z. B. im Schiffsverband, bemerkbar machen. Je nach Steifigkeit des Kurbelgehäuses (Eckversteifungen!) kann die Verformung auch nach Abb. 2.109b erfolgen oder in Verbindung mit einer Schubverformung (beziehungsweise ungenügender Verbindung der einzelnen Grundlagerscheiben) ebenso nach Abb. 2.109c.

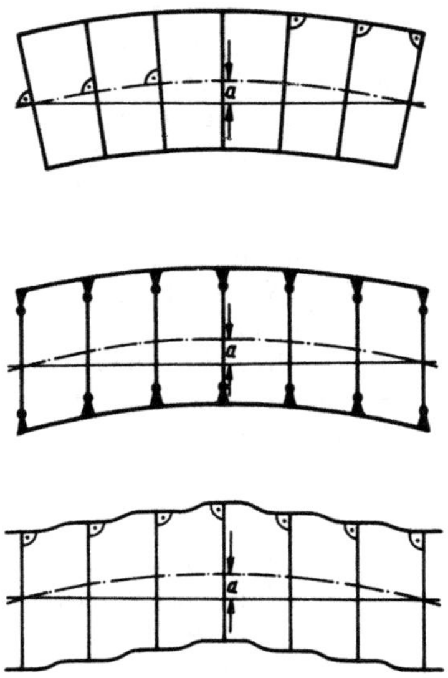

Abb. 2.109: Verformungen des Kurbelgehäuses

Analysiert man eine Grundlagerkraft harmonisch, so stellt man fest, daß die Harmonischen dieser Kraft nicht wie bei den Gasdruckdiagrammen mit steigender Ordnung stetig abfallen, sondern in Bereichen zwischen der 3. und 8. Ordnung noch einmal kräftig ansteigen (Abb. 2.110). Daraus resultieren viele Schwingungen von Anbauaggregaten (Kühler, Turbinen, Rohrleitungen u. a. m.) in den Ordnungen 2,5 bis 7,5 an Motoren, die auf Grund ihres Massenausgleiches und des Wechseldrehmomentes gar keine Anregungen dieser Frequenzen erhalten dürften. Eine "Verstimmung" der oft wie Membranen schwingenden Bauteile genügt meistens, um zufriedenstellende Ergebnisse zu bringen.

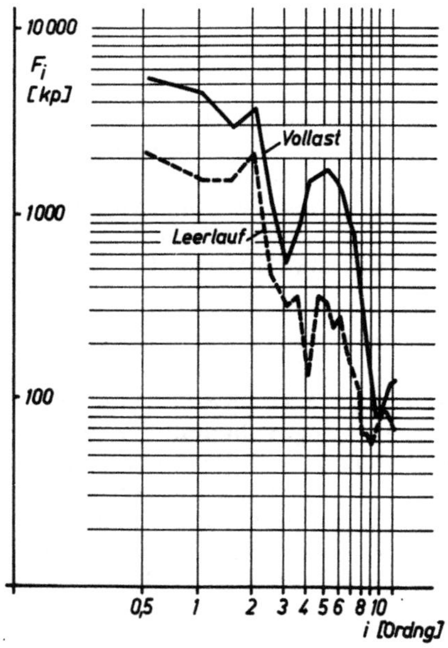

Abb. 2.110: Harmonische Analyse einer Grundlagerkraft

Wichtig ist aber, darauf hinzuweisen, daß der Motor nicht der alleinige Schwingungserreger im Schiff ist. Der im Nachstromfeld eines Schiffes ungleichmäßig belastete Propeller ist ebenso eine periodische Erregerquelle wie Hilfsmaschinen, Kompressoren, Pumpen und andere Kraft- und Arbeitsmaschinen es sein können. Die elastische Aufstellung der Verbrennungskraftmaschine allein bietet deshalb keine Gewähr für Vibrationsfreiheit eines Schiffes. Auch werden in zunehmendem Maße die Erschütterungen in unmittelbarer Nähe des Maschinenraumes weniger beanstandet, dafür aber wachsen heute die Beschwerden der Belästigung in Arbeits-, Ruhe- und Schlafräumen, die zum Teil relativ weit vom Maschinenraum entfernt sind. Der wachsende Trend zum Leichtbau im Schiffbau in Verbindung mit rasch steigenden Leistungen in immer kleineren Einheiten führt zu einem Vibrationsverhalten der Schiffsstruktur, das an früheren Schiffen unbekannt war.

Die über die geschweißten Schiffsverbände oft bis ins Vorschiff übertragenen Geräusche und Vibrationen führen bei den wachsenden Anforderungen an das Schiffspersonal zu physischen und psychischen Anstrengungen, die bei fehlender Ruhemöglichkeit zu Dauerschäden führen können.

Mit der Ausweitung des unbemannten (wachfreien) Betriebes von Dieselmotoren in Maschinenräumen, die nur noch gelegentlich begangen werden, fallen die Vibrationen als Umweltbelastungen kaum noch in die Waagschale, da die Fahrstände der Motoren- und Antriebsanlage sehr gut vor Erschütterungen und Geräuschen isoliert werden können. Daß dieser fehlende Kontakt der Mannschaft zu der Maschine zu anderen Schwierigkeiten führt, ist fraglos richtig, soll hier jedoch nicht weiter dargelegt werden.

Wie Abb. 2.111 zeigt, umfassen materielle Schwingungen als physikalisches Phänomen einen sehr weiten Frequenzbereich, der die unterschiedlichsten Auswirkungen auf den

Menschen hat.

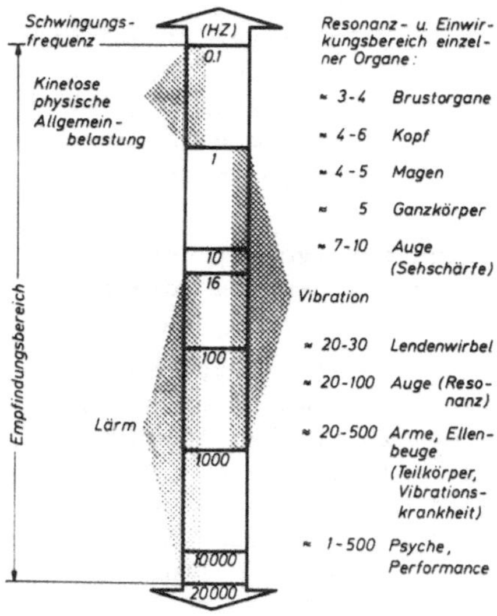

Abb. 2.111: Einteilung der Schwingungen und Ansprechbereich einzelner Körperorgane des Menschen

An Bord von Schiffen kommen Schwingungen von teilweise beträchtlicher Intensität in allen Größenbereichen vor. Schwingungen im Bereich von etwa 0,1 bis 1 Hz werden als Schiffsbewegungen perzipiert und verursachen beim Menschen reine physische Allgemeinbelastung und unter Umständen Kinetose (Seekrankheit). Schwingungen im Bereich von 1 bis etwa 1000 Hz verursachen Beschwerden oder gegebenenfalls Störungen, die als Vibrationen empfunden werden. Schwingungen im Bereich von etwa 16 bis 20 000 Hz werden - sofern sie an die Luft abgegeben werden - als Schallphänomene perzipiert. Sie ermöglichen die akustische Verständigung und verursachen u. U. bei zu hoher Intensität Innenohrschäden (siehe Abschnitt 2.5.6).

Unter dem Begriff "Vibration" ist medizinisch-physiologisch der Bereich der Schwingungseinwirkung auf den menschlichen Körper zu verstehen, der direkt auf die Mechanorezeptoren in den Muskelspindeln und die Mechanorezeptoren der Haut einwirkt. Für die Wahrnehmung dieser Schwingungen im Bereich von etwa 1 - 1000 Hz besitzt der menschliche Körper kein besonderes Organ.

Wahrgenommen werden Beschleunigungen und Frequenzen der Vibrationen. Nach der ISO-Empfehlung 2631 sind diese beiden Größen für die Erfassung in physiologischer Hinsicht ausreichend. Schnelle, Amplitude und Schwingweg werden neuerdings in bezug auf physiologische Beurteilung kaum noch verwandt.

Abb. 2.111 zeigt fernerhin die verschiedenen Resonanz- und Einwirkungsbereiche auf den menschlichen Körper. Resonanzen werden erfahrungsgemäß subjektiv von Menschen als außerordentlich unangenehm empfunden. Es zeigt sich, daß im Bereich der als Vibration empfundenen Schwingungen die Frequenzen zwischen 1 und 20 Hz die besonders kritischen Bereiche sind. Aber auch Frequenzen bis hinauf zu etwa 100 Hz können zu Störungen des menschlichen Wohlbefindens führen.

Die einschlägigen Normen (ISO, VDI) und Vorschriften der Seeberufsgenossenschaften haben sich deshalb frühzeitig der Vibrationen angenommen. In Form von Zulässigkeitskurven sind Regeln geschaffen, so daß mit einem objektiven Maßstab (reproduzierbaren Meßergebnis) eine Vergleichsmöglichkeit vorliegt, die zudem eine sinnvolle Bewertungsskala beinhaltet, die dem durchschnittlichen menschlichen Fühlen (Abb. 2.112) entspricht.

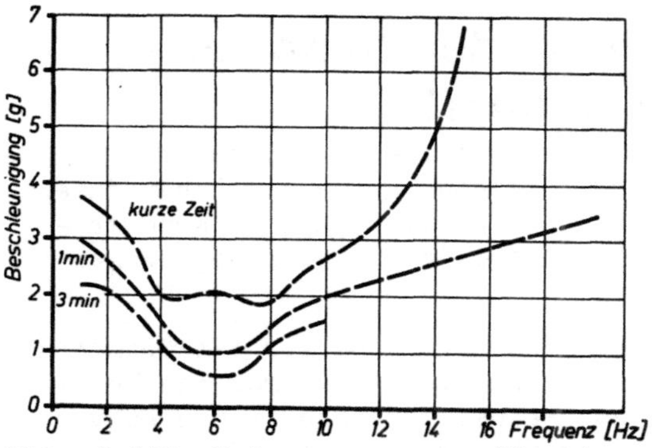

Abb. 2.112: Toleranzgrenzen für sinusförmige vertikale Schwingungen für sitzende Versuchspersonen bei verschiedener Einwirkungsdauer nach DIEKMANN

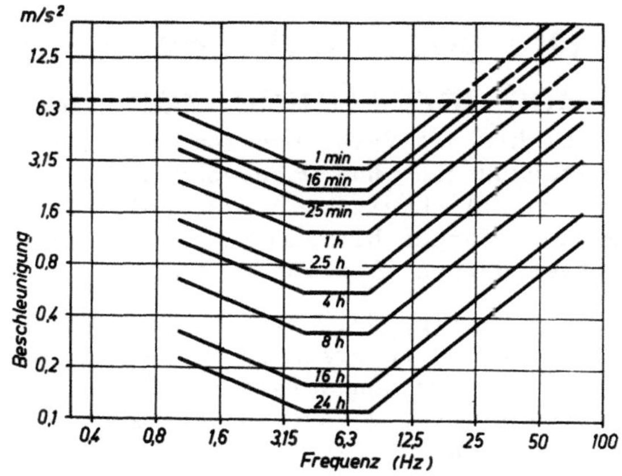

Abb. 2.113: Zulässige Schwingungsbeschleunigungen vertikal nach ISO 2631

Ein neuzeitlicher Bewertungsmaßstab ist die ISO-Richtlinie 2631, die eine Beurteilung der Vibrationseinwirkung auf Grund von Kurvenscharen in Abhängigkeit von der Frequenz und der Beschleunigung ermöglicht (Abb. 2.113). In dieser Richtlinie ist die Einwirkungsdauer der Vibration auf den Menschen mitberücksichtigt, so daß anhand dieser Unterlagen eine Expositionszeitbestimmung und -begrenzung möglich wird. Es muß jedoch zugestanden werden, daß die Bedeutung des sogenannten Vibrationsbereiches im Spektrum der materiellen Schwingungen in seiner Auswirkung auf den Menschen bisher noch nicht einheitlich beurteilt wird.

Desgleichen ist die Frage auch keineswegs geklärt, ob sinusförmige, sinusähnliche oder stochastische Schwingungen in bezug auf die Belastung des Menschen die ausschlaggebende Rolle spielen.

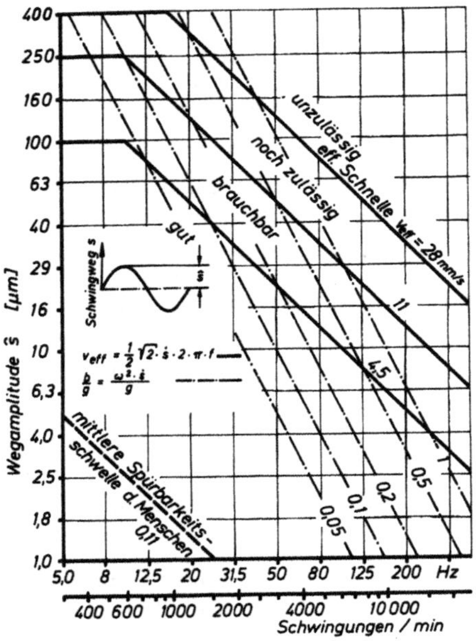

Abb. 2.114: Beurteilung mechanischer Schwingungen von Maschinen der Maschinengruppe D nach VDI-Richtlinie 2056

Schwingungen werden aber nicht nur vom Menschen als lästig oder unerträglich empfunden, sondern können auch an Maschinen zu Brüchen Anlaß geben, was bei Mehrkomponentenanlagen oft zu Streitfällen führt. Abb. 2.114 zeigt z. B. einen Beurteilungsmaßstab für mechanische Schwingungen an Maschinen, der in der Erweiterung der VDI-Richtlinie 2056 für die Maschinengruppe D (Kolbenmaschinen auf hochabgestimmten festen Fundamenten) aufgeführt ist. Hier ist als Beurteilungsmaßstab die effektive Schnelle

$$v_{eff} = \frac{1}{2} \sqrt{2} \cdot a \cdot 2 \cdot \pi \cdot f \qquad (2.89)$$

gewählt. Die Ergebnisse sind in Klassen eingeteilt, wobei Beschleunigungswerte unterhalb 1g in der Regel noch als akzeptabel anerkannt werden, obwohl die reinen Wegamplituden im Frequenz bereich 3 - 8 Hz, für die das Auge sehr empfindlich ist, auch unterhalb von 1g Beschleunigung subjektiv unhaltbare Schwingungsamplituden darstellen können.

Daß diese Zulässigkeitskurven der VDI-Richtlinie 2056 nichts mit dem menschlichen Empfinden oder dessen Belastbarkeit gemein haben, erkennt man schon daraus, daß die VDI-Richtlinie für verschiedene Maschinengruppen unterschiedliche Grenzwerte zuläßt. Hier wurden unabhängig von der menschlichen Erträglichkeit als Maßstabsfaktor nur Erfahrungswerte an Anlagen als erreichbarer Stand der Technik zur Allgemeinbeurteilung herangezogen.

2.6 Die geschichtliche Entwicklung der Kennwerte und ihre Tendenzen für die Zukunft

Die Geschichte des Verbrennungsmotors ist geprägt durch steigende Leistungen, höhere Werkstoffausnützung und wachsende Anforderungen an Betriebssicherheit, Lebensdauer und Wirtschaftlichkeit. Dies spiegelt sich z. B. in der Entwicklung der Kennwerte von seinen Anfängen bis zum heutigen Ist-Zustand, wie sie in den vorangegangenen Abschnitten dargestellt ist, wider.

Wie man die heutige Zeit mit den gegenseitigen Verflechtungen nur aus der Geschichte heraus richtig zu erkennen und einzuordnen in der Lage ist, kann man den heutigen Zustand der Verbrennungskraftmaschinen auch nur aus seiner geschichtlichen Entwicklung heraus richtig verstehen. Es ist aber nicht nur mühsam und aufwendig, aus den Unterlagen und der Literatur die notwendigen Daten herauszusuchen, sondern auch schwierig, bei der vorgenannten Streubreite spezifische Kennwerte heutiger Motoren, sowie deren Abhängigkeit von Baugröße, Einsatzzweck u. a. m. typische Vergleichswerte für die geschichtliche Entwicklung der Kenndaten der Verbrennungskraftmaschine zu finden.

Zudem beruht die technische Entwicklung eines so weitläufigen Gebrauchsgegenstandes nicht nur allein auf den Fähigkeiten der daran Beteiligten und der Möglichkeit der gegebenen Zeit, sondern hängt auch weitgehend von den Randbedingungen ab, unter denen ein technisches Produkt in den gesellschaftlichen Zusammenhängen und auch den Konflikten unserer Welt gedeiht oder forciert wird. So waren kriegerische Auseinandersetzungen große Schrittmacher für die Lkw-Motoren zu Beginn unseres Jahrhunderts, und die Kolbenflugmotorenentwicklung hat nie so große Fortschritte gemacht wie in den 30er und 40er Jahren. Aber auch durchaus zivile Eingriffe und von Menschenhand gegebene Gesetze haben die Entwicklung der Verbrennungskraftmaschine maßgeblich in Verbindung mit unterschiedlichen Umweltbedingungen und Philosophien geprägt. Dies führte zu so unterschiedlichen Pkw-Motoren wie in den USA und Europa, ebenso wie zu der weitgehenden Verwendung von Ottomotoren im Lkw-Einsatz in weiten Landstrichen unserer Erde, während in Europa der Dieselmotor dieses Gebiet beherrscht. Am deutlichsten erkennt man den Einfluß von Gesetzen vielleicht an dem sich von Zeit zu Zeit ändernden Reglement der Formelklassen im Rennwagenbau, bei denen unter stets sich ändernden Ausgangspositionen das jeweilige Klassenoptimum angestrebt wird. Nach gewissen Entwicklungsjahren nähern sich viele Bewerber diesem Klassenziel, so daß bei fast gleicher Leistungsdichte der Zufall in einem Rennen mehr entscheidet als das Fahrzeug oder der Fahrer selbst.

Weniger auffallend, wenn auch nicht weniger bedeutsam, haben andere Faktoren die Motoren im praktischen Einsatz geprägt. Hubraumsteuer, Kraftstoffpreis, PS-Versicherung, Subventionen, Umweltgesetzgebung und andere gesetzliche Maßnahmen führen ebenso zu einer Nivellierung des motorischen Angebotes, wenn nicht der menschliche Individualismus und die verschiedenen Betriebsanforderungen noch einen gewissen Spielraum ließen. Ein Musterbeispiel dieser Vereinheitlichung durch Reglementierung ist der heutige Lkw-Bau, der eingeschränkt durch eine Menge von Vorschriften über Größenabmessungen und technische Eigenschaften etc. nur noch wenig unterscheidbare Fahrzeuge auf die Straßen bringt und deshalb in den nächsten Jahren ein besonders hart umdrängter Markt sein wird, der zu vielen tragischen Zusammenbrüchen führen kann.

Man begibt sich auf Glatteis, wollte man die Zukunft voraussagen, doch zeichnen sich schemenhaft Entwicklungen ab, zu deren Vorhersage nicht viel Prophetie gehört. Die Kolbengeschwindigkeiten werden sich bei den größeren Viertakt-Dieselmotoren bis gegen 10 m/s steigern, und auch die Aufladung wird sich zumindest in gewissen Anwendungsfällen nicht mit der einstufigen Aufladung (bis $p_{me} \approx 24$ bar) zufrieden geben. Großer Anstrengungen bedarf es noch auf dem Einspritzsektor, um bei hochaufgeladenen Motoren auch bei Teillasten eine einwandfreie Verbrennung zu ermöglichen. Auf dem Lkw-, aber auch auf dem Pkw-Sektor wird die Aufladung weiter voranschreiten. Man wird weiter daran arbeiten, das Leistungsgewicht zu reduzieren, um im Fahrzeugeinsatz die Massen zu verringern (im Hinblick auf die Sicherheits- und Verbrauchsvorschriften für die Fahrzeuge), und bei den größeren Einheiten, um bei steigenden Werkstoffpreisen wirtschaftlich am Markt bleiben zu können. Im letzteren Fall werden jedoch ausgesprochene Leichtbaukonstuktionen, die sehr kostenaufwendig sind oder teure Sonderwerkstoffe benötigen, nur in Spezialfällen (Wehrtechnik u. ä.) einen Abnehmer finden. Das spezifische Bauvolumen wird kaum noch wesentlich kleiner werden, da schon heute ein Großteil des Volumens von Anbauteilen (Lader, Leitungen, Pumpen, Filter u. a. m.) benötigt wird.

Große Anstrengungen werden noch auf dem Gebiet der Wirkungsgrade (spezifischer Brennstoffverbrauch) vollbracht werden müssen, gerade dort, wo man sich heute noch mit relativ hohen Verbräuchen zufrieden gibt. Bei fallenden Leistungen (gesetzlichen Geschwindigkeitsbeschränkungen) kann es sogar sinnvoll sein, die Kolbengeschwindigkeiten wieder zu reduzieren, um die Reibungsleistung zu verringern. Auf dem Straßenfahrzeuggebiet wird es viel vom Gesetzgeber abhängen, und es wäre zu wünschen, daß hier mit sehr viel Sachverstand und wenig Emotionen Regelungen getroffen werden. Lebensqualität kann nicht der Weg zurück zur Natur sein, aber auch nicht die keimfreie und sorgenlose Welt, wie sie uns einige Sozialromantiker euphorisch verkünden.

Den technisch möglichen Fortschritt kann man vielleicht am besten mit den größeren Dieselmotoren demonstrieren, deren Entwicklung am wenigsten von modischen Vorstellungen, fiskalischen Eingriffen und besonderen Einbauforderungen gebremst wurde. In diesem Bereich der wirtschaftlichen Nutzung mechanischer Energie spielen allein die Leistungsausbeute, der Preis, der Wirkungsgrad und gegebenenfalls die Umweltanforderungen in Verbindung mit einer hohen Lebensdauererwartung die entscheidende Rolle. Hier ist der Konstrukteur am meisten gefordert, die letzten Reserven aus dem Material herauszuholen, um im Wettstreit der vielen Anbieter mit dabei zu sein. SYASSEN /20/ hat an zwei Beispielen, einmal an einem Großdiesel-Kreuzkopfmotor (Abb. 2.115) und einmal an einem typischen Mittelschnelläufer (Abb. 2.116) gezeigt, wie rasant die Entwicklung fortgeschritten ist.

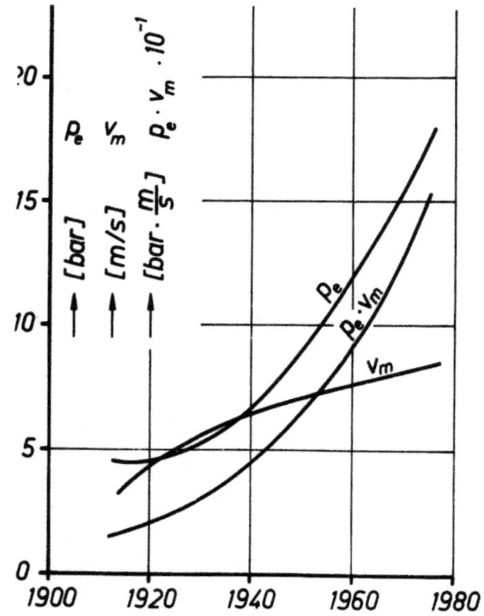

Abb. 2.115: Anstieg der spezifischen Leistungen von Viertakt-Großmotoren der Firma MAN

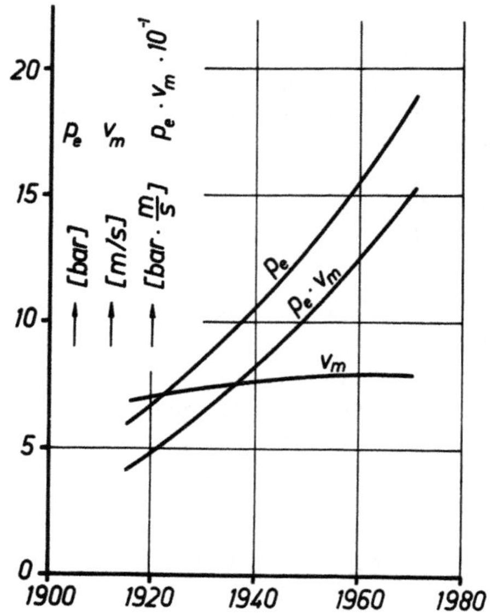

Abb. 2.116: Spezifische Daten mittelschnellaufender Tauchkolbenmotoren (d = 400 ..... 530 mm ∅)

Daß man die Verbrennungskraftmaschine nicht als Gesamtheit bei solchen Betrachtungen ansehen darf - sofern man überhaupt Tendenzen erkennen will - zeigt am besten die Abbildung 2.117. Hier zeigt sich ganz klar, daß z. B. die größeren Dieselmo-

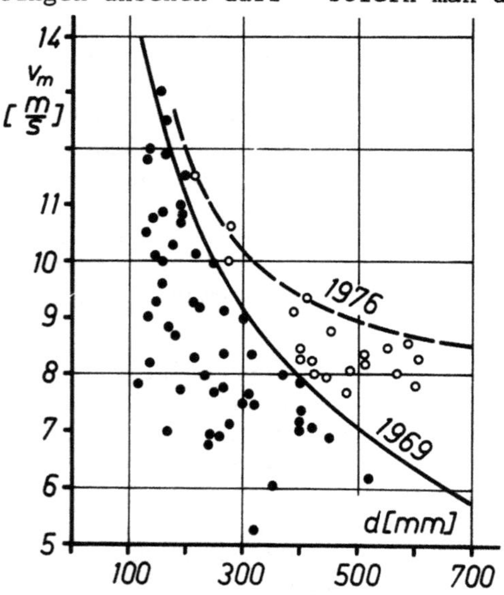

Abb. 2.117: Grenzkurven erreichter Kolbengeschwindigkeiten von 1969 und 1976 nach SYASSEN

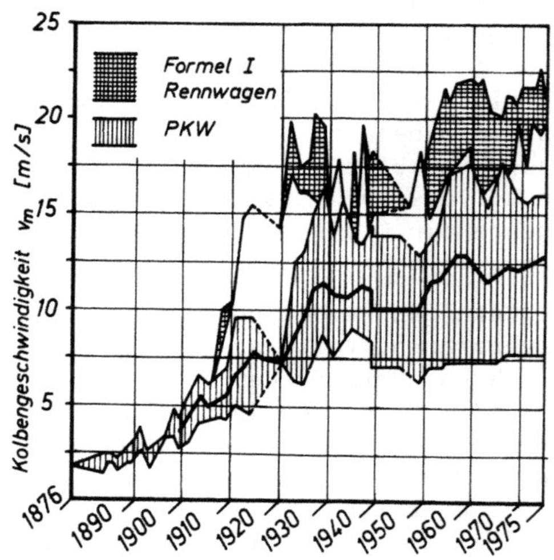

Abb. 2.118: Steigerung der Kolbengeschwindigkeiten von Viertakt-Otto-Motoren

toren in knapp einem Jahrzehnt in der Kolbengeschwindigkeit bis 40 % zugelegt haben, während bei den kleineren Motoren kaum eine wesentliche Steigerung vorgenommen wurde.

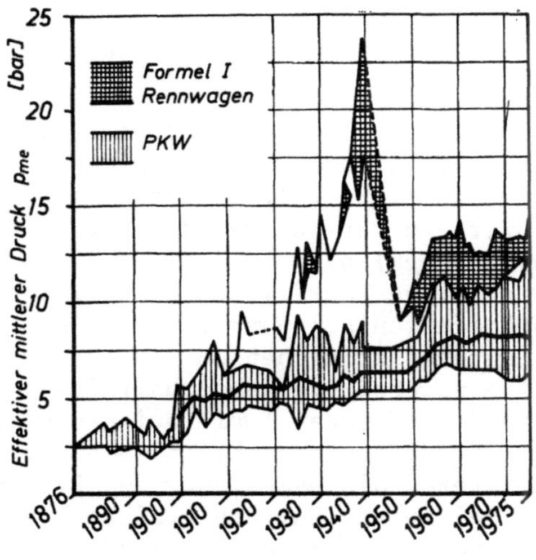

Abb. 2.119: Entwicklung des mittleren Effektivdruckes von Viertakt-Ottomotoren für Kraftfahrzeuge

Wenn schon der heutige Stand der Motoren sehr große Streubereiche aufweist, kann eine historische Betrachtung natürlich kein schmalbandiges Entwicklungsbild ergeben. Abb. 2.118 zeigt z. B. die Entwicklung der Kolbengeschwindigkeit von Viertakt-Ottomotoren für Kraftfahrzeuge. Um einen statistischen Mittelwert von etwa v_m = 12,5 m/s herum ergibt sich ein Streubereich von etwa ±30 %. Man erkennt aus dieser Auftragung von EBERAN-EBERHORST /21/, daß die wesentlichen Fortschritte in den Kolbengeschwindigkeiten um 1930 abgeschlossen waren, wenn auch das Erreichen dieser Kolbengeschwindigkeit heute mit größerer Sicherheit und höherer Lebensdauer erreicht wird als zu den Zeiten, die von dem Fahrer mehr Fachwissen und sportlichen Enthusiasmus verlangten als man es heute gewohnt ist.

Den Einfluß von Vorschriften erkennt man sehr gut aus Abb. 2.119. Durch das Reglement wurden nach dem 2. Weltkrieg in der Formel I nur kompressorlose Motoren zugelassen, was sich auf den erreichten effektiven Mitteldruck stark auswirkte. Diesen Einfluß erkennen wir bei aller sonstigen technologischen Entwicklung sogar

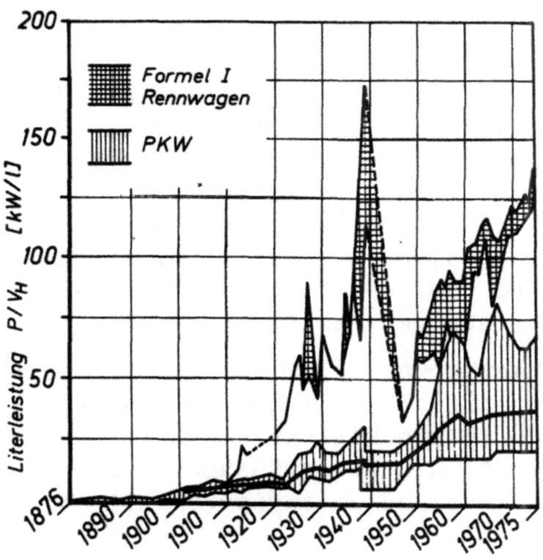

Abb. 2.120: Literleistung von Viertakt-Ottomotoren im Kraftfahrzeugeinsatz

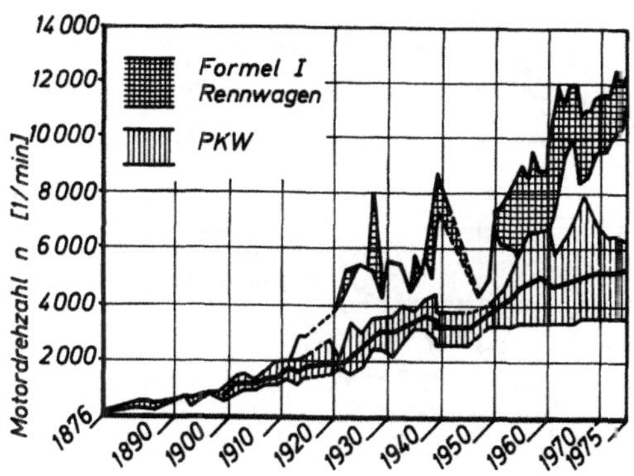

Abb. 2.121: Nenn- und Höchstdrehzahlen von Kraftfahrzeug-Otto-Viertaktmotoren

noch bei der Literleistung (Abb. 2.120), bei der die Vorkriegsleistungsdichte der Rennmotoren auch heute noch nicht wieder erreicht wurde, obwohl die Drehzahlen gerade in dem Bereich der Rennmotoren (Abb. 2.121) sehr stark angewachsen sind.

Das Leistungsgewicht der Motoren hat heute sicherlich noch nicht sein Minimum erreicht (Abb. 2.122), zumal noch recht große Unterschiede zwischen den einzelnen Motorenklassen zu erkennen sind, die nur zum Teil auf die größeren Kräfte bei Dieselmotoren zurückzuführen sind.

Zur Erreichung eines besseren Wirkungsgrades ist das Verdichtungsverhältnis der Ottomotoren über Jahrzehnte stetig gestiegen. Parallel dazu lief eine Verbesserung der Klopffestigkeit der Otto-Kraftstoffe (Abb. 2.123). Die Eingriffe der Umweltschutzbestimmungen (Anti-Bleigesetz etc.) setzen jedoch dem Streben nach hochoktanigen Kraftstoffen Grenzen. Wir werden in Zukunft mit immer geringeren Oktanzahlen

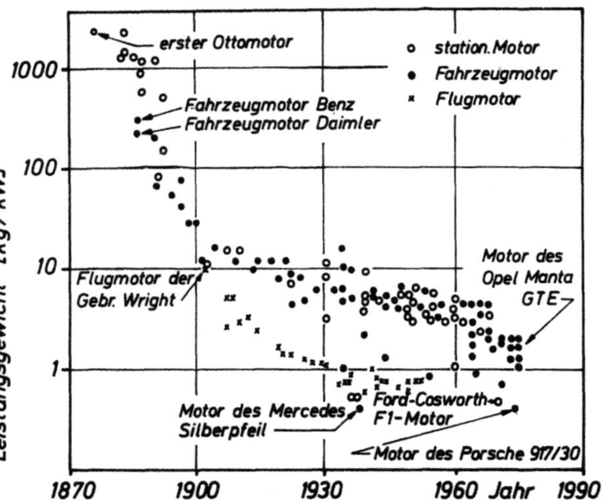

Abb. 2.122: Entwicklung des Leistungsgewichtes für Otto-Motoren vom ersten Otto-Motor bis zum Jahr 1976

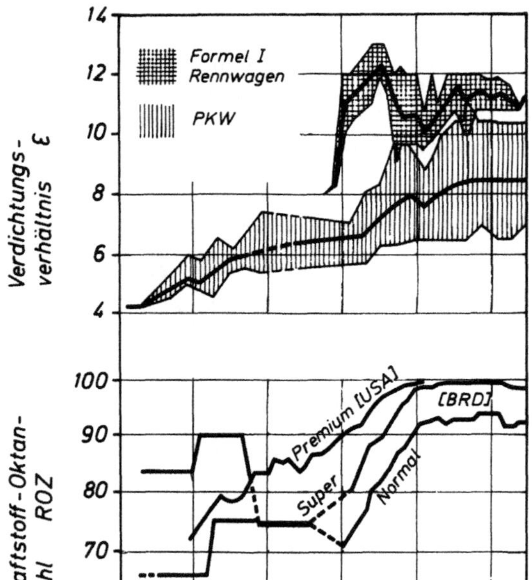

Abb. 2.123: Steigerung des Verdichtungsverhältnisses von Viertakt-Otto-Motoren und der Oktanzahl von Kraftstoffen

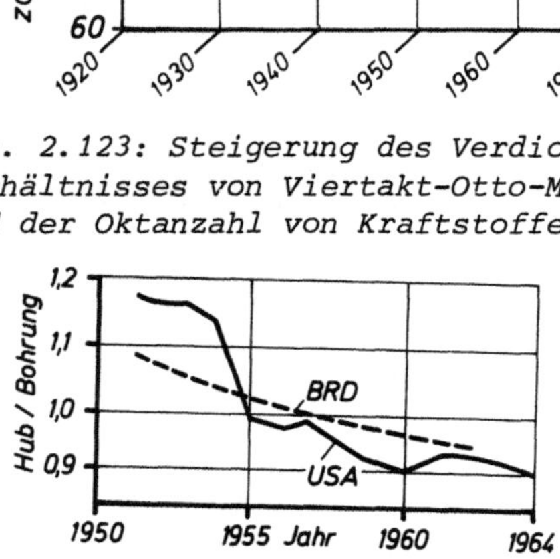

Abb. 2.124: Mittleres Verhältnis von Hub/Bohrung bei Fahrzeug-Otto-Motoren nach LANG

rechnen müssen, denen die neuesten Entwicklungen der Otto-Kraftfahrzeugmotoren schon entgegenkommen. Die Verdichtungsverhältnisse sind insbesondere bei sportlichen Motoren in den letzten Jahren um 0,5 bis 1 Punkt zurückgegangen.

Das Hubverhältnis von Otto-Motoren ist seit dem 2. Weltkrieg stetig kleiner geworden (Abb. 2.124), doch scheint auch hier ein vorläufiges Ende erreicht, da zur Entwicklung hochwertiger Brennräume (geringe Toträume) ein zu kleines Hubverhältnis hinderlich ist. Die Dieselmotoren erreichen nur in Ausnahmefällen so niedrige Hubverhältnisse wie die Otto-Motoren, weil bei den viel höheren Verdichtungsverhältnissen der Dieselmotoren die Gestaltung des Brennraumes bei kurzen Hubverhältnissen besondere Schwierigkeiten bereitet.

Doch nicht nur die Naturgesetze stellen uns ihre Fallen und begrenzen unseren Spielraum, auch der Mensch ist eifrig an den Verstrickungen tätig, die die Entwicklung neuer Produkte nicht einfacher machen.

Betrachtet man allein die Zunahme des Umfanges des für den Motoren- und Fahrzeugbau wichtigen Teiles der Straßenverkehrs-Zulassungsordnung der BRD (Abb. 2.125), so kann man sich ein Bild machen, um wieviel komplizierter es heute geworden ist, ein technisches Produkt auf den Markt zu bringen.

Man erkennt vor allem aus der Veränderung spezifischer Kennwerte, daß die Entwicklung in kleineren Schritten vorangeht, die Wege mühsamer werden und der Aufwand überproportional an-

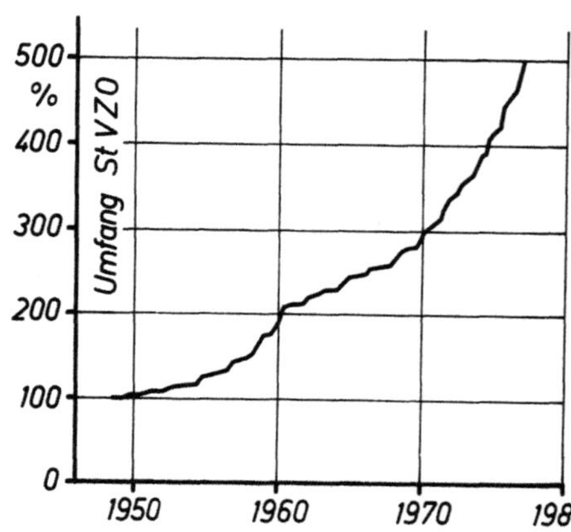

Abb. 2.125: Zunahme der gesetzlichen Bestimmungen in der Technik am Beispiel technischer §§ der St VZO

steigt, um ein Produkt gleichwertig hoher Qualität zu erzeugen. Insofern ist die Zeit der großen Sprünge und Entdeckungen vorüber, und die zukünftigen Fortschritte sind nur noch in zäher, unendlich mühevoller Kleinarbeit zu erzielen. Aber gerade dann, wenn man in die Grenzbereiche einer Technik vorstößt, spürt der Mensch, mit wieviel Halb- und Unwissen seine Welt aufgebaut ist, und jeder Versuch zur Klärung einer Frage wirft drei neue Fragen auf - offensichtlich ohne Chance, einmal alle Zusammenhänge objektiv richtig zu durchschauen.

2.7 Die Kennwerte als Einteilungskriterium für Verbrennungskraftmaschinen

Wie im täglichen Leben die Einteilung in Klassen und Kasten problematisch ist, so erweist sich auch die Eingruppierung von Motoren in Klassengrenzen als unsicheres Geschäft. In vielen Fällen wird der Verwendungszweck (Pkw-Motor, Schleppermotor, Schiffsmotor) zur Umreißung von Klassengrenzen zur Hilfe genommen, doch trifft man damit den Motor als Verbrennungskraftmaschine nicht, vielmehr beschreibt man damit den Ausrüstungszustand eines Motors, der ihn für den vorgesehenen Einsatzzweck besonders geeignet macht.

Ein Traktormotor mag deshalb ein ebenso guter Generatormotor sein, wie sich ein Baumsägemotor für den Bootsantrieb eignen mag, wenn man diese Motoren durch den Anbau der notwendigen Accessoires für den Einsatzzweck geeignet macht. Links- und rechtslaufende Motoren sind ebenso wie Links- und Rechtsmaschinen Bauvarianten eines Motortypes, wie es umsteuerbare Motoren, Auflademotoren und Trockensumpf-Varianten gibt. Auch die Anlaßart (Luft direkt, elektrischer Anlasser, Druckluftanlasser, Federanlasser und von Hand) eignet sich nicht zur Klassifizierung von Motoren, höchstens von Zusatzeinrichtungen. Aus dieser Sicht gehört jeder Motor dann einer Reihe von Klassen an.

Entscheidender ist die Kraftstoffart, die uns die Motoren in die Gruppen: Otto- (Benzin, flüssige Kraftstoffe mit Fremdzündung), Diesel- (flüssige Kraftstoffe mit Selbstzündung) und Gas-Motoren (gasförmige Kraftstoffe mit Fremdzündung, Zündkerze oder Zündstrahl) einteilt. Motoren mit kontinuierlicher Verbrennung (Gasturbine, Stirling-Motor) gehören eigentlich ebenso hierher wie die Kombination aller vorgenannten Gruppierungen. In diesem Zusammenhang sind die zukünftigen an Bedeutung gewinnenden Wasserstoff- und Methan-Motoren, sowie - geschichtlich gesehen - die Lufteinblase- und Kohlenstaub-Motoren zu betrachten.

Eine weitere Klassifizierung wäre eine Einteilung danach, welchen Anordnungen (Gesetzen, Klassifikationen, Testläufen etc.) der Motor genügt. Es ist bedauerlich, daß es für Verbrennungsmotoren noch keine Gütesiegel (wie z. B. 'VDE-geprüft') einer unabhängigen Institution - z. B. CIMAC - als Zeichen einer Qualitätsnorm gibt.

Die differenzierten Anforderungen verschiedener Einsatzgebiete machen zwar eine generelle Beurteilung eines Motors nicht möglich, ein Werturteil würde nur einem bestimmten Kundenkreis eine gewisse Sicherheit versprechen. Die Einteilung in Großmotoren, Mittelmotoren und Kleinmotoren entspricht oft den Gegebenheiten in der Fabrik. Die Vorstellung einer Firma, die CATHEDRAL-ENGINES baut, von einem 'Großmotor' wird jedoch eine vollkommen andere sein als die eines Pkw- und Lkw-Produzenten.

Die Maschinen lassen sich für den allgemeinen Sprachgebrauch in bezug auf den erreichten Grad der Schnelläufigkeit in Gruppen einteilen, wobei die Kolbengeschwindigkeit v_m oder auch die Drehzahl n mehr als die Schnellaufzahl als Einteilungsmaßstab dienen. Gemeint ist hier die Gruppierung: Langsamläufer, Mittelläufer und Schnelläufer, zu denen sich in den letzten Jahrzehnten zwischen Langsam- und Mittelläufer der Mittelschnelläufer (eigentlich ein 'schneller Langsamläufer') hinzugesellt hat.

Wie bei allen von Menschenhand geschaffenen Kategorien gibt es auch bei dieser Einteilung keine scharfen Grenzen. War früher die Unterteilung mehr nach der erreichten Kolbengeschwindigkeit vorgenommen worden - wobei die Kolbengeschwindigkeit in der Regel umgekehrt proportional zur Baugröße des Motors war -, so hat in den letzten Jahren der größere Motor so maßgeblich an Kolbengeschwindigkeit zugenommen, daß kaum noch sinnvolle und markante Unterscheidungsmerkmale vorhanden sind.

Als Langsamläufer werden heute die Großraummaschinen (CATHEDRAL-ENGINES) angesprochen, die mit 90 - 150 U/min den Propeller im Schiff oder die Arbeitsmaschine in ortsfesten Anlagen direkt antreiben. Allgemein sind dies Zweitaktmaschinen verschiedenster Bauart mit Kolbendurchmesser bis über 1 m und Hüben bis 2 m. Das Gewicht und der Platzbedarf stehen nicht im Mittelpunkt der Entwicklungsarbeit, sondern hohe Betriebssicherheit, niedriger Brennstoffverbrauch auch bei schlechten Kraftstoffqualitäten und lange Lebensdauer. In den Grenzbereichen gehören hierzu vielleicht auch noch die großen Viertaktmaschinen, die mit Drehzahlen von 200 - 350 U/min bei besonderer Gestaltung der Schiffsschraube ihre Leistung direkt ins Wasser bringen können oder bei den Generatordrehzahlen 300, 333, 375 (428) U/min arbeiten.

Aus der Gruppe dieser kleineren Großraummaschinen sind die Mittelschnelläufer herausgewachsen, die durch Drehzahlanhebung in den Kolbengeschwindigkeitsbereich der Mittelläufer vorgedrungen sind (8 - 10 m/s) und heute somit 500 - 800 U/min erreichen. Korrekt wäre eigentlich der Ausdruck "mittelschnellaufende Langsamläufer", wäre das nicht so widersinnig und aus Marketing-Gründen in einer Zeit des "größer, schneller, höher" ein negatives Image. Diese Kategorie der Motoren hat sich heute weitgehend im Fracht- und Containerschiff sowie in Fähren eingebürgert und mit Drehzahlen von 500 - 750 U/min im Generatoreinsatz.

Zur Klasse der Mittelläufer, die in der Baugröße unter den Langsamläufern liegt und Kolbengeschwindigkeiten von etwa 6 - 10 m/s erreicht, gehören etwa Verbrennungskraftmaschinen mit ungefähr 150 - 300 mm Kolbendurchmesser, zu denen die Masse der Bordaggregate, der Bootsantriebe, der Traktionsmotoren und anderer Hilfsmaschinen gehört, die mit Drehzahlen bis etwa 2000 U/min den Bereich der Fahrzeugmotoren erreicht. In diesen Bereich der Verbrennungskraftmaschinen gehören sicherlich auch so forcierte Motortypen, wie wir sie im Schnellboot-, Yacht- und Panzerwageneinbau finden, die auf Grund der hohen Kolbengeschwindigkeit leicht in die Kategorie der Schnelläufer eingeordnet werden. In Anlehnung an den falschen Begriff "Mittelschnelläufer" wäre bei diesen Motoren sicherlich der Ausdruck "Schnell(er)mittelläufer" angebracht, brächte man damit nicht die Begriffsverwirrung auf die Spitze.

Der Begriff "Schnelläufer" sollte Motoren mit über 10 m/s Kolbengeschwindigkeit und mehr als 2000 U/min vorbehalten bleiben, wobei wir uns darüber im klaren sein müssen, daß praktisch alle europäischen Otto-Motoren in diese Klasse fallen, aber auch alle Dieselmotoren für den Fahrzeugantrieb in Europa. Zählen wir, was wir wohl zwangsläufig tun müssen, auch die Rennmotoren zu dieser Klasse, so erkennen wir einen so weiten Bereich in Drehzahlen und Kolbengeschwindigkeit, daß eine weitere Unterteilung schon wünschenswert sein könnte, auch wenn wir die "schnellen Schnelläufer" (Rennmotoren) aus dieser Betrachtung herausnehmen. Den Flugmotor, den Lkw-Motor, den Pkw-Motor und den Rasenmähermotor in einer Kategorie zu betrachten, bedeutet schon einen Anflug von Naivität, doch zeigt sich gerade hier die Frage, inwieweit es überhaupt sinnvoll ist, Motoren in Klassen nach gewissen Kriterien einzuteilen, produzieren sie doch nur Schlagwörter, die der Auslegung bedürfen, wenn auch die werbende Wirtschaft oft schon so prägnante Typisierungen und Begriffe auf den Markt gebracht hat, die sich durchaus eingebürgert haben - wobei ich die Frage, ob "Klarheit" das erklärte Ziel der Werbung ist, offenlassen möchte.

Ähnlich ist es mit der Einteilung in Kurz- und Langhuber. Ein Motor mit einem Hubverhältnis von $s/d = 2$ ist mit Sicherheit ein Langhuber, wie ein solcher mit $s/d = 0{,}7$ ein Kurzhuber ist. Fraglich ist jedoch, ob auf Grund seiner physikalischen Zusammenhänge ein Dieselmotor mit $s/d = 1{,}0$ nicht "kurzhubiger" ist, als ein Otto-Motor mit $s/d = 0{,}8$, was nichts anderes heißen soll, als daß man irgendwelche geometrischen Verhältnisse zwar mit dem Zollstock ausmessen kann, daß es aber auch andere Maßstäbe gibt, die ebenso sinnvolle Vergleichsgrößen ergeben, die den geometrischen Werten aber widersprechen.

Insofern sollte man der Klasseneinteilung nicht allzu viel, vor allem keine allzu große physikalische Bedeutung beimessen. Im allgemeinen Sprachgebrauch und auch zur Darstellung gewisser Spielräume mögen solche Typisierungen zwar von Wert sein, vorausgesetzt jedoch, daß sie sich nicht als Sprachbarrieren (Übersetzungen!) erweisen oder als eine Art keulenschwingendes Argument zu einer Waffe an der Verkaufsfront entarten.

3 Allgemeine Grundsätze zur Gestaltung der Verbrennungskraftmaschine

Die Verbrennungskraftmaschine beherrscht auf Grund ihres breiten Leistungsangebotes (50 Watt bis 40 000 kW je Motoreneinheit) ihrer Wirtschaftlichkeit und ihrer Leistungskonzentration weite Bereiche der gewerblichen Wirtschaft und des Verkehrs. Die Vielfalt der angebotenen Motoren ist kaum noch übersehbar, die Leistungs- und Drehzahlbereiche sind fast lückenlos geschlossen. Die Verbrennungskraftmaschine kann den vielfältigsten Anforderungen nachkommen, da sie in fast allen Größen wirtschaftlich zu bauen, äußeren Gegebenheiten in Form und Raumbedarf sehr anpassungsfähig und praktisch in jeder Einbaulage einsatzfähig ist. Ihr größter Vorteil ist die Möglichkeit, konzentriert Energie in Form von Primärbrennstoffen in relativ kleinen Behältnissen für große Einsatzzeiten mitsichzunehmen, wobei ihr der besonders günstige Umwandlungsgrad von Wärmeenergie in mechanische Energie behilflich ist. Die Verbrennungskraftmaschine hat auch in Bereichen außerhalb des Verkehrswesens zu Lande, zu Wasser und in der Luft Märkte erobert, die ihr auf Grund anderer spezifischer Eigenschaften kampflos oder in Konkurrenz mit anderen Kraftmaschinen zufielen.

Dem Anwendungszweck entsprechend treten unterschiedliche Anforderungen an die Verbrennungskraftmaschine in den Vordergrund. Diese Anforderungen sind oft sehr heterogen und überschneiden sich oder konkurrieren zum Teil mit den nachstehend geschilderten Gestaltungsrichtlinien, doch gibt es für ganz bestimmte Anwendungszwecke vorgegebene Schwerpunkte, die als Beurteilungskriterien für die Güte der Brennkraftmaschine in dem vorgegebenen Einsatzziel herangezogen werden. Deshalb wird der gleiche Motor dann auch oft in verschiedenen Anwendungsbereichen durchaus unterschiedlich beurteilt, weil die Anforderungen des Betriebes sehr stark differieren. Ein und dieselbe Maschine wird aber auch oft deshalb sehr unterschiedlich bewertet, weil die Wunschvorstellungen der Bedienungsmannschaft, des Leitenden Ingenieurs und der Geschäftsführung eines Unternehmens bzw. des Auftraggebers über die notwendigen Qualitäten eines Motors durchaus unterschiedlich sein können und deshalb aus den unterschiedlichen Blickwinkeln zu verschiedenen Beurteilungen führen.

Die nachfolgenden Darstellungen können nur eine Übersicht zu dem Thema darstellen. Wer auf diesem Gebiet zu arbeiten hat, wird die entsprechenden Bände dieser Schriftenreihe oder andere Spezialliteratur zur Hand nehmen müssen. Die Aufnahme des Kapitels in diesem Band über 'Die Gestaltung und die Hauptabmessungen der Verbrennungskraftmaschine' ist nur deswegen vorgenommen worden, weil die Auslegung und Gestaltung einer Verbrennungskraftmaschine ohne die Kenntnisse der groben Zusammenhänge der in diesem Kapitel behandelten Themen - sei es auch nur für Studienzwecke - nicht möglich sind oder doch reichlich akademisch abstrakt erscheinen könnten.

3.1 Einflüsse und Randbedingungen zur Gestaltung der Verbrennungskraftmaschine

Die Gestaltung einer Verbrennungskraftmaschine wird von einer großen Anzahl von Einflüssen tangiert, wobei es nicht Ziel des Konstrukteurs sein kann, an dem von ihm zu verwirklichenden Motor jeweils das Optimum aller vorerwähnten Kennwerte anzusteuern. Wichtig sind klare Vorstellungen über den Leistungsbereich, den Verwendungszweck und die Nutzergruppe. Daraus kann man ableiten, mit welchen Motortypen man auf dem Markt ankommen und welche Erwartungen der potentielle Käuferkreis an einen solchen Motor stellen wird. Es ist jedoch nicht nur die vermutete Lage der projektierten Verbrennungskraftmaschine auf dem Weltmarkt abzuschätzen - was zu einem Anforderungskatalog, meist Lastenheft genannt, an den zukünftigen Motor führt -, sondern es sind auch Überlegungen über die weitere Entwicklung dieses Motors mit in die Gestaltungsüberlegungen einzubeziehen. Einen Einzweckmotor begrenzter Bauzeit kann man eventuell gleich auf seinen Endzustand hin konstruieren - dieser Motor wird nach vorgegebener Entwicklungszeit leicht und preiswert sein, weil keine überschüssigen Reserven für Imponderabilien vorliegen. Zwangsläufig muß man nach diesem Prinzip Flugmotoren bauen, um ein wirklich optimales Flugtriebwerk zu erhalten. Optimal wäre eine solche Konstruktion, wenn alle Bauteile des Motors möglichst nahe an der Sicherheit S = 1 lägen, das heißt, bei einer Leistungssteigerung bricht der Motor an allen Teilen gleichzeitig. In der normalen Motorenkonstruktionspraxis ist dies in der Regel erst am Ende einer langen Entwicklungszeit der Stand eines Motors. Es ist aber auch fraglich, ob man bei der Entwicklung eines Motors den vorgenannten "Idealzustand" im ersten Ansturm überhaupt anstreben sollte; denn erstens werden dann alle Korrekturen, die sich im Laufe der Motorenentwicklung ergeben, in der Regel teuer und aufwendig, und zweitens ist eine Weiterentwicklung entweder unmöglich oder nur mit Sonderwerkstoffen durchführbar, die die Absatzlage nicht unbedingt verbessert.

Zu jedem Lastenheft gehört deshalb - ausgesprochen oder unausgesprochen - ein langfristigeres Entwicklungsziel, eine Idee, die die mögliche Entwicklung über das Wunschdenken zur ersten Etappe hinaus um mindestens 10 Jahre in die Zukunft projiziert. Viele dieser Fragen werden durch eine Unternehmensphilosophie beantwortet, die nicht nur die Produkte, sondern auch die Konstrukteure und Entwicklungsingenieure beeinflußt - insofern kann ein Bruch in einer Unternehmensphilosophie, einer Unternehmensstrategie oder auch einem Unternehmensimage zu erheblich tieferen Einschnitten und Zwängen führen als die sich stetig ändernden Wünsche des Marktes oder die Vorschriften der Gesetzgeber. Nicht die als Flexibilität ausgegebenen abrupten Kurskorrekturen zur Anpassung an den Markt von gestern untermauern die Qualifikation eines Topmanagements, sondern die geduldige, weitschauende und unbeirrte Linienführung eines Unternehmenszieles - vorbei an Klippen und Untiefen, jedoch stets die kürzeste Entfernung zum Zielpunkt im Auge. Dabei mag es den Menschen von gestern tröstlich erscheinen, daß die Gegenwart mit Hilfe von Computern transparenter gemacht werden kann, die Zukunft jedoch nicht bis ins Detail vorprogrammiert ist, so daß letzten Endes doch die Intuition über das Morgen von entscheidender Bedeutung bleibt. Gäbe es ein Programm, so hätten alle die Schlüssel für die Zukunft in der Hand - vielleicht ein euphorisches Erlebnis, vielleicht aber auch das einer tiefen Depression. Sogar eine bedeutende Unternehmensleitung vertritt heute, nach Jahrzehnten logistischer Sandkastenspiele mit großem Aufwand an Angestellten- und Rechnerkapazitäten, eine Unternehmensphilosophie, die man mit den knappen Worten "Ohne Risikobereitschaft keine Rendite" umschreiben könnte - ein vorprogrammiertes Ende des Angestelltenbooms.

3.1.1 Die Einsatzgebiete der Verbrennungskraftmaschine

Es hieße zwar, Eulen nach Athen tragen, den Leser mit allen möglichen Einsatzgebieten der Verbrennungskraftmaschine zu konfrontieren, doch mag es im Rahmen eines derartigen Übersichtsbandes wie dem vorliegenden sinnvoll erscheinen, anhand einiger Anwendungsbeispiele die Einsatzmöglichkeiten der Verbrennungskraftmaschine auf den unterschiedlichsten Gebieten Revue passieren zu lassen.

Verbrennungskraftmaschinen mit höchster Wirtschaftlichkeit, das heißt ausgereifter Kraftstoffökonomie, niederen Verschleißraten und großer Verfügbarkeit werden bei allen Einsätzen verlangt, bei denen ein hoher Nutzungsgrad den Anteil der Kraft- und Schmierstoffe auf annhähernd 90 % der gesamten Betriebskosten ausmacht (Abb. 3.1). Dies können ortsfeste Anlagen sein wie Elektrizitätsversorgungsunternehmen (Abb. 3.2) oder auch Pumpwerke (Abb. 3.3), aber auch Schiffshaupt- und Hilfsmotoren (Abb. 3.4) werden seit alters her unter diesen Gesichtspunkten ge-

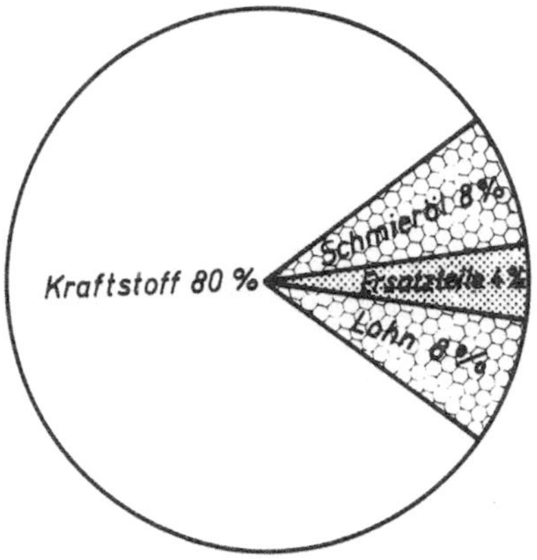

Abb. 3.1: Relative Betriebskosten eines Bordnetzdiesels von P = 400 kW

Abb. 3.2: Kraftstation

Abb. 3.3: Pumpwerk

Abb. 3.4: Schiffsmaschinenanlagen

Abb. 3.5: Erdöltanker

kauft. Bei den ersteren sind Gewicht, Bauaufwand und Raumbedarf von geringer Bedeutung, weil diese Faktoren als zusätzliche Investitionen für Fundament und Gebäude bei den hohen Ausnutzungsgraden schnell durch günstigen Kraftstoffverbrauch, geringen Ersatzteilbedarf und lange Lebensdauer amortisiert werden. Beim Schiffsmotor kommen Zusatzanforderungen hinsichtlich Gewicht (zusätzliche Ladung) und vor allem Bauvolumen hinzu. Während beim Großtanker (Abb. 3.5) und Bulkcarrier (Abb. 3.6) fast noch alle Einbauformen ihren Platz finden, werden bei Fähren (Abb. 3.7), Schleppern (Abb. 3.8) und Bohrinsel-Versorgerschiffen (Abb. 3.9) vor allem niedrig bauende Motoren verlangt, um möglichst große, tiefliegende Ladeflächen zu erzielen. Schnelle 'Roll-on-Roll-off-Schiffe' (Abb. 3.10) und Schubschiffe (Abb. 3.11) verlangen ausgesprochene Kraftpakete, da hohe Leistungen in kleinen Maschinenräumen konzentriert werden (auf besonders gute Belüftung muß hier geachtet werden, soll kein Wärmestau den Motorenbetrieb behindern). Leichte Boote (Abb. 3.12) verlangen auch leichte Motoren, sollen die projektierten Geschwindigkeiten mit Sicherheit erreicht

Abb. 3.6: Massengutfrachter

Abb. 3.7: Fährschiff

Abb. 3.8: Hochseeschlepper

Abb. 3.9: Bohrinsel-Versorgerschiff

Abb. 3.10: Roll-on-Roll-off-Schiff

Abb. 3.11: Schubschiff

Abb. 3.12: Hochsee-Yacht

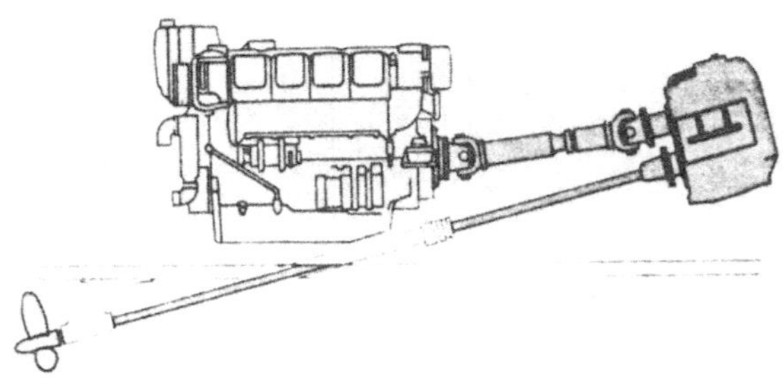

Abb. 3.13: V-drive in Yacht

Abb. 3.14: Z-drive für Sportboot

werden. Eine optimale Raumausnutzung der kleinen Boote verlangt oft Sondereinbauten wie den V-drive (Abb. 3.13) oder auch den Z-Antrieb (Abb. 3.14). Besonders gute Manövriereigenschaften eines Schiffes erhält man mit innerhalb (Abb. 3.15) oder außerhalb des Bootskörpers liegenden Schottelantrieben (Abb. 3.16), ähnlich wie bei Schiffen und Schleppern mit dem Voith-Schneiderpropeller oder einem Bugstrahlruder.

Eine große Leistungsdichte finden wir auf Saug- (Abb. 3.17) und Schaufelbaggern (Abb. 3.18) zur Fluß- und Hafenregulierung, aber auch auf Bohrschiffen oder Bohrinseln (Abb. 3.19), bei denen

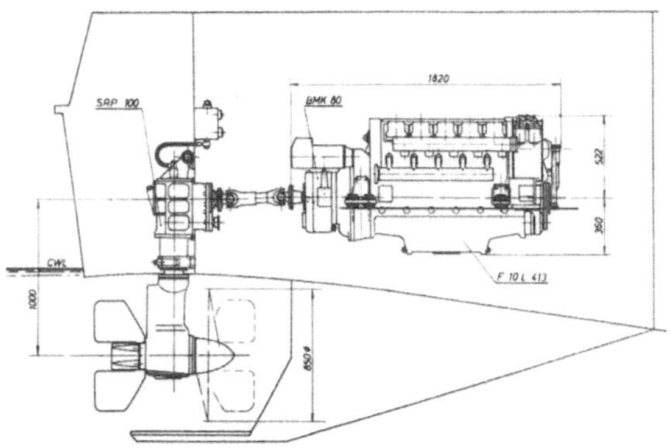

Abb. 3.15: Innenliegender Schottelantrieb

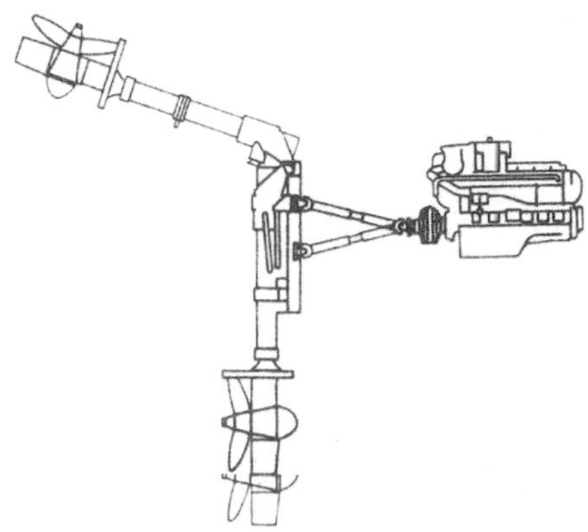

Abb. 3.16: Außenbords angebrachte Schottelanlage

Abb. 3.17: Saugbagger

Abb. 3.18: Kettenschaufelbagger

zum Antrieb der Pumpen und Bohrgestänge - bei ersteren auch zur Positionierung - große Energien benötigt werden.

Neben den Bordaggregaten gibt es eine Unzahl von Aggregaten zu Lande, die vom Sofort-Bereitschafts-Aggregat z. B. im Krankenhaus (Abb. 3.20) über das Notstrom-Aggregat in Büros, Warenhäusern, Flughäfen etc. (Abb. 3.21) und in Atomkraftwerken (Abb. 3.22) bis zum tragbaren Kleinstaggregat (Abb. 3.23) reichen.

Es gibt aber auch noch andere Anforderungen an die Verbrennungskraftmaschine als Leistungsdichte, Bauform und Abmessungen, Wirtschaftlichkeit und Zuverlässigkeit. Es kann sich dabei um die Regulierbarkeit handeln, wenn z. B. Lastwechsel von Leerlauf auf Vollast ohne allzu große Drehzahleinbrüche (beispielsweise im E-Betrieb) ausgeführt werden oder die Temperaturspannungen vieler Lastwechsel (Thermoschock)

Abb. 3.20: Sofortbereitschaftsaggregat

Abb. 3.19: Bohrinsel

Abb. 3.21: Notstromaggregate für Flughäfen

Abb. 3.22: Notstromaggregat für Atomkraftwerk

Abb. 3.23: Kleinstaggregat

Abb. 3.24: Hydraulikbagger

die wärmebeanspruchten Bauteile nicht zerstören sollen. Solchen Lastwechselbetrieb finden wir nicht nur bei Schweißaggregaten und Kompressoren, sondern auch bei vielen Bau- und Transportmaschinen, die fahren, heben und manipulieren. Dies kann ein Hydraulikbagger (Abb. 3.24), ein Raupen- oder Radlader (Abb. 3.25) oder auch ein Manipulator in der Schmiede (Abb. 3.26) sein. Auch ein Baufahrzeug in der Kiesgrube oder im Steinbruch (Abb. 3.27) hat ähnliche Vollast-Leerlauf-Betriebsweise.
Ganz andere Anforderungen werden wiederum an die Verbrennungskraftmaschine gestellt, wenn wir sie in geschlossenen Räumen verwenden wollen, sei es in einem Gabelstapler

Abb. 3.25: *Radlader*

Abb. 3.26: *Manipulator am Schmelztiegel*

Abb. 3.27: *Baustellenfahrzeug*

Abb. 3.28: *Gabelstapler*

Abb. 3.29: *Einsatz im Untertagebau*

Abb. 3.30: *Motorrad*

(Abb. 3.28) in der Fabrikhalle oder im Transportfahrzeug im Untertagebau (Abb. 3.29). Hier spielt eine optimale Abgaszusammensetzung in Verbindung mit anderen geforderten Eigenschaften die primäre Rolle.

Die Ansprüche an geringes spezifisches Gewicht, gute Abgasqualität und kleine Abmessungen stellen sich auch den Motoren für den Verkehrssektor zu Lande, dem Einsatzgebiet der Verbrennungskraftmaschine, das uns täglich tangiert. Vieltausendfach begegnet uns die Hubkolbenbrennkraftmaschine von den kleinsten Ausführungsformen des Mopedmotors über die zum Teil hochgezüchteten Motorradmotoren (Abb. 3.30), als OTTO- und DIESEL-Motoren in ungezählten Arten von Pkw-Ausführungen (Abb. 3.31) und last not least in Lkw-Einbauten als DIESEL-Motor in Europa (Abb. 3.32), aber auch noch viele OTTO-Motoren in den Lkws der Vereinigten Staaten. Der Nutzungsgrad und das Leistungsprofil können bei den unterschiedlichen Anforderungen, die an diese Fahr-

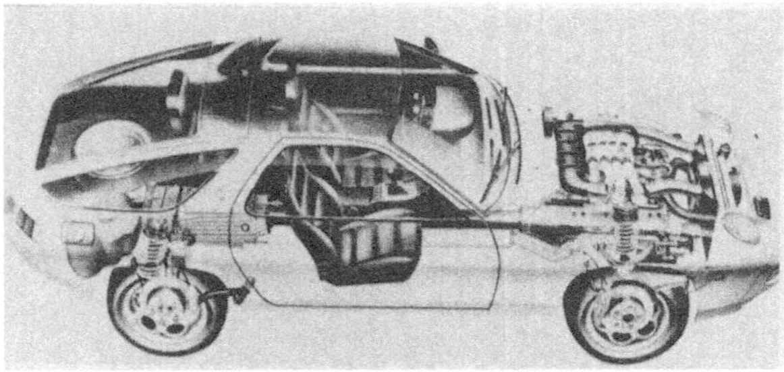

Abb. 3.31: Personenkraftwagen

Abb. 3.32: Lastkraftwagen

Abb. 3.34: Schwerguttransporter

Abb. 3.35: Militärisches Fahrzeug

zeuge gestellt werden, durchaus differieren. Ein Langstrecken-Lkw mit 120 - 150 000 km pro Jahr stellt andere Ansprüche an einen Motor als der Zweitwagen mit 5 - 8000 km p. a. oder gar das Moped vom Schüler Fritz.

Betrachten wir noch das Kommunalfahrzeug (Abb. 3.33), den Schwerguttransporter (Abb. 3.34), das Militärfahrzeug (Abb. 3.35) oder gar das Fahr-

Abb. 3.33: Einsatz im Kommunalfahrzeug

zeug zur Pistenpflege (Abb. 3.36) als fahrbaren Untersatz zu Lande, so ergeben sich ein so breites Leistungsspektrum und eine solche Vielfalt von Anforderungsprofilen, daß es für den Motor im Straßenverkehr keine allein selig machende Motorenphilosophie geben kann, die allen Anforderungen entspricht.

Schauen wir uns den Tiefbau an, so finden wir dort nicht nur Bagger und Lader, sondern auch Planierraupen (Abb. 3.37), Grader (Abb. 3.38) und Walzen (Abb. 3.39), Schwarzdeckenfertiger und vieles andere mehr. Aus der Vielfalt der Anwendungen gerade

Abb. 3.36: Pistenpflege

Abb. 3.37: *Planierraupe*

Abb. 3.38: *Grader im Straßenbau*

auf diesem Gebiet erkennt man die Diffizilität der Einbauten und Anforderungen an die Verbrennungskraftmaschine.

Wenden wir uns dem schienengebundenen Verkehr zu, so müssen wir die ganze Palette der motorisch angetriebenen Fahrzeuge betrachten. Diese erstreckt sich von der Diesel-Elektrolok (Abb. 3.40), der Diesel-Hydrauliklok (Abb. 3.41) über die direktangetriebene Grubenlok (Abb. 3.42) und das Kombinationstriebwerk einer Dieselmotoren-Gasturbinen-Lokomotive bis zum Triebwagen.

Vergegenwärtigen wir uns darüber hinaus den Fortschritt in der Landwirtschaft, der ohne Motorisierung kaum denkbar wäre, so erkennen wir weitere Einsatzgebiete, die hier nur beispielhaft im landwirtschaftlichen Radschlepper (Abb. 3.43), im Mähdrescher (Abb. 3.44) oder in der Baumwollpflückmaschine (Abb. 3.45) dargestellt werden sollen.

Letztlich darf man aber auch die Spitzenprodukte im Leichtbau der Verbrennungskraftmaschine nicht vergessen, die Flug-Kolbentriebwerke, die in den vierziger Jahren unseres Jahrhunderts ihre Blütezeiten erlebten und, neben einigen Hochleistungstypen im militärischen Einsatz, ihre Krönungen in der JU 52

Abb. 3.39: *Straßenwalze*

Abb. 3.40: *Diesel-elektrische Lokomotive*

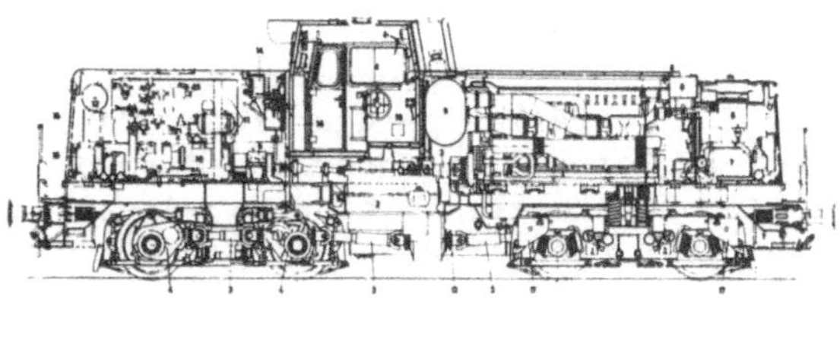

Abb. 3.41: *Diesel-hydraulische Lokomotive*

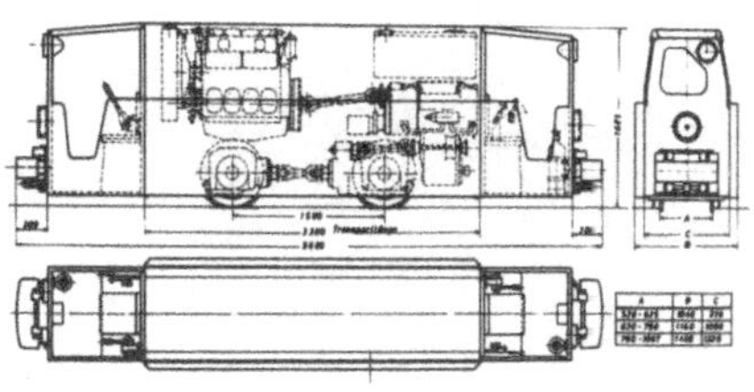

Abb. 3.42: *Gruben-Lokomotive*

(Abb. 3.46) der dreißiger und der Super-Constellation (Abb. 3.47) der fünfziger Jahre erlebten. Diese Motoren wurden in Reihen-, V- und Sternbauart verwandt und in den fünfziger Jahren erst durch den Turbopropellerantrieb, später durch das Strahltriebwerk ersetzt. Heute finden wir Hubkolbentriebwerke nur noch in kleineren Flugzeugen (Abb. 3.48), in deren Leistungsklasse die Gasturbine noch nicht

Abb. 3.43: Ackerschlepper

Abb. 3.44: Mähdrescher

Abb. 3.45: Traubenerntemaschine

Abb. 3.46: Motorflugzeug JU 52

Abb. 3.47: Lookhead Superconstellation

recht Fuß fassen konnte.

Wir sehen so, daß neben den unterschiedlichen Anforderungen an spezielle Bauformen es in der Regel differenzierte Forderungen an verschiedene Kennwerte einer Maschine sind, die darüber entscheiden, ob ein Motor diesen oder jenen Einsatzfällen genügen kann. Werden gleiche Motoren in unterschiedlichen Geräten eingesetzt, so sind es vor allem die unterschiedlichen Lastverteilungen (mittlere Auslastung, Lastkollektive), die zu unterschiedlichen Beurteilungen führen, wobei die erwartete Lebensdauer des Motors durchaus unterschiedlich interpretiert werden kann. In der Regel werden Motoren, die für einen speziellen Zweck entwickelt wurden (wie z. B. ein Pkw-Motor), dem Idealbild - entsprechend dem technischen Stand - näher kommen als ein Vielzweckmotor, der aus allen Anforderungen nur eine Kompromißlösung sein kann. Dies wird allerdings nicht nur häufig von

Abb. 3.48: Kleinflugzeug mit Hubkolben-Verbrennungskraftmaschine

den Kunden, sondern oft auch von der eigenen Vertriebsleitung vergessen, die einen für jeden Einsatzfall optimal geeigneten Motor großer Produktionsstückzahl zu minimalen Preisen anbieten möchte.

3.1.2 Der Einfluß des projektierten Verwendungszweckes auf Gestaltung und äußere Form der Verbrennungskraftmaschine

Nach dem stehenden OTTO-Gasmotor (Abb. 1.4) und dem liegenden ersten Viertaktmotor (Abb. 1.5) kamen schon bald der V-Motor (Abb. 3.49) und die anderen Bauarten, wie z. B. der Boxermotor (Abb. 3.50), hinzu, die in Abschnitt 3.2 dargestellt werden. Neben den in Abschnitt 3.1.1 angesprochenen Ansprüchen verschiedener Einsatzgebiete und Einsatzarten an die Verbrennungskraftmaschine kommen noch Anforderungen hinzu, die sich aus dem Gesamtkonzept der Anlage ergeben und somit das Gesicht eines Motors prägen.

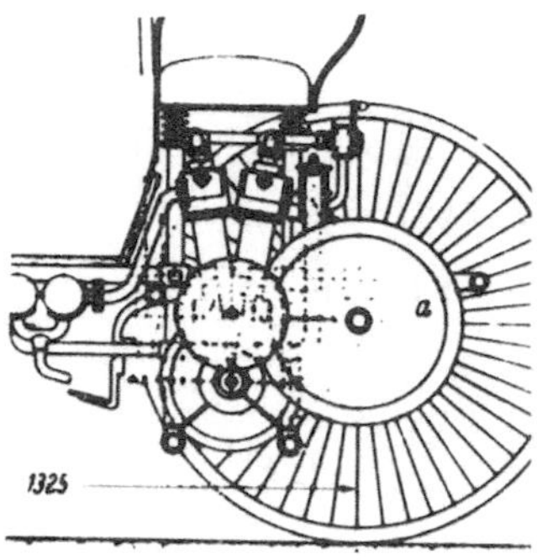

Abb. 3.49: V-Motor von BENZ

Abb. 3.50: Boxermotor

Die immer niedrigere Silhouette unserer Personenkraftwagen führte zum schrägeingebauten Reihenmotor (Abb. 3.51), der Zwang zu immer gedrungeneren Fahrzeugen zum in bezug auf die Fahrtrichtung quer eingebauten Fahrzeugmotor (Abb. 3.52), der Wunsch nach einem Parallelrahmen im Lkw zu einer besonders schmalen 'Taille' eines Diesel-V-Motors (Abb. 3.53), wie sie bei Reihenmotoren üblich ist.

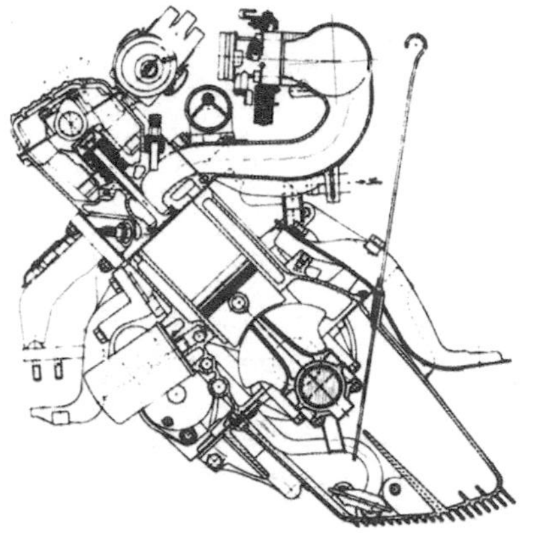

Abb. 3.51: Einfluß eines Schrägeinbaues auf die Motorkonstruktion

Abb. 3.52: Quereingebauter Motor in einem Pkw

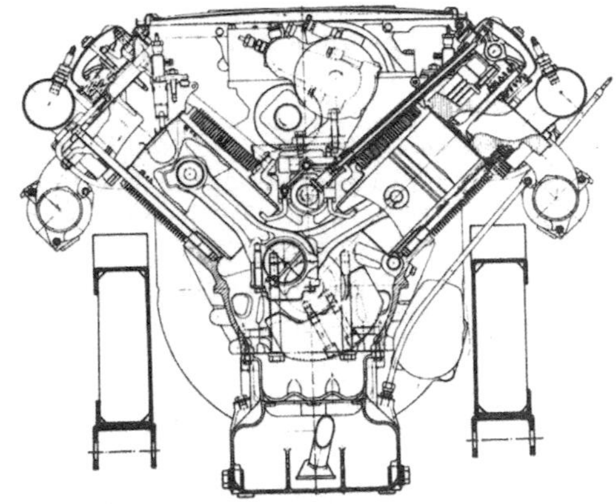

Abb. 3.53:- Motoreinbau in Lkw-Parallelrahmen

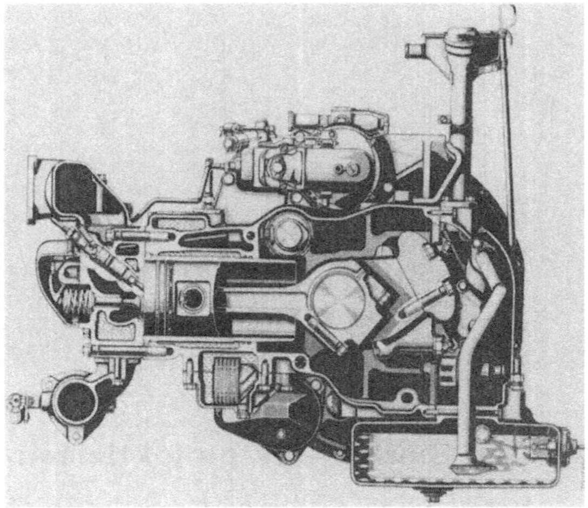

Abb. 3.54: Liegender Unterflurmotor

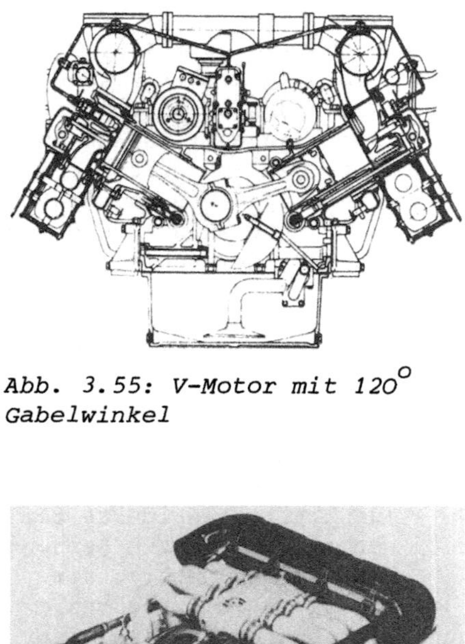

Abb. 3.55: V-Motor mit 120° Gabelwinkel

Abb. 3.56: Motoreinbau in einem Fährschiff

Abb. 3.57: Hochleistungs-OTTO-Motor

Abb. 3.58: Kompaktmotor zum Einbau in einen vorgegebenen Bauraum für Marineeinsatz

Unterflureinbauten führen zu flachbauenden Ausführungsarten, sei es ein liegender Unterflurmotor für Lkws (Abb. 3.54), ein V-Motor mit besonders großem V-Winkel für den Triebwagen (Abb. 3.55) oder eine gedrungene Motorbauvariante für eine Fähre (Abb. 3.56). Vorgegebene Bauabmessungen und Gewichte können zu ausgesprochenen Hochleistungsmotoren führen (Abb. 3.57), ebenso wie die Forderung nach hoher Leistungsausbeute auf beschränktem vorgegebenen Platz zu Sonderbauformen der Verbren-

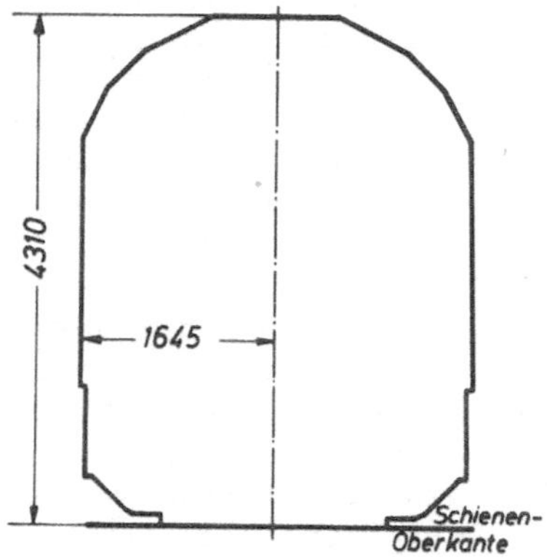

Abb. 3.59: Begrenzung der Motorabmessungen durch Eisenbahnprofil

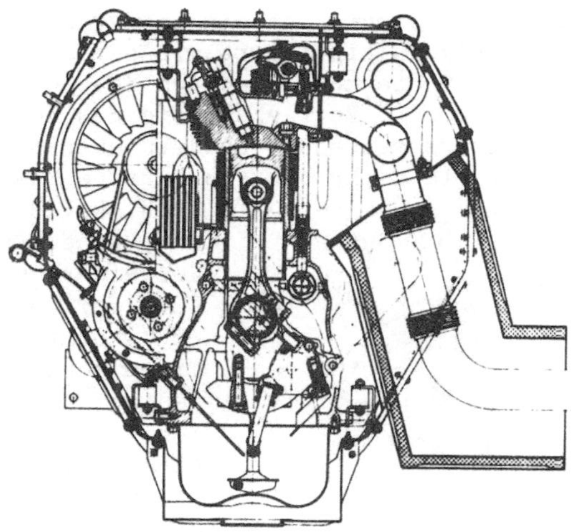

Abb. 3.60: Gekapselter Dieselmotor (Geräuschdämpfung)

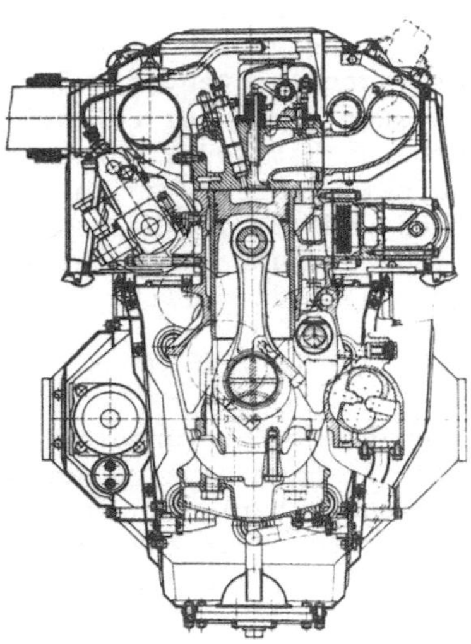

Abb. 3.61: Geräuschgedämpfter Motor in Skelettbauweise

nungskraftmaschine (Abb. 3.58). Auch Traktionsmotoren sind wegen des Eisenbahnprofiles typische baugrößenbegrenzte Verbrennungskraftmaschinen (Abb. 3.59). Die Lärmschutzvorschriften werden gekapselte Motoren verlangen (Abb. 3.60), die eventuell besser durch speziell geräuschgedämpfte Motoren (Abb. 3.61) zu ersetzen sind - hier ist das letzte Wort jedoch noch nicht gesprochen.

3.1.3 Wirtschaftliche Gesichtspunkte

Der Naturwissenschaftler steht den Fragen eines gesunden Preis-Leistungsverhältnisses oft verständnislos gegenüber, da er sein ganzes Hauptaugenmerk auf die Lösung der vor ihm liegenden Problematik als Forschungsziel wirft und Argumenten, mit dem schnöden Mammon sparsam umzugehen, nur Verachtung schenkt. So sind Kostengesichtspunkte gerade im Bereich der Grundlagenforschung häufig Streitpunkte, an denen sich die Partner oft erhitzen. Diese Konzentration auf die technische Lösung einer Aufgabe kann man - je nach Standpunkt - als durchaus positiv werten, da es eine Unzahl von Beispielen gibt, bei denen nach der Kenntnis der grundsätzlichen Zusammenhänge auch eine wirtschaftliche Lösung des Problems gefunden wurde. Es gibt aber auch eine Reihe von Beispielen, bei denen die gefundene Lösung unwirtschaftlich bleibt und somit der Aufwand der Problemlösung hätte gespart werden können. Geht man von den Gesichtspunkten der Wertanalyse (value engineering) aus, so kann man erst den zulässigen Aufwand abschätzen und danach die Möglichkeiten einer Verwirklichung prüfen. Nun ist der Ingenieur als angewandter Naturwissenschaftler natürlich auch nicht dagegen gefeit, im Eifer einer Problemlösung das Kostendenken zu vernachlässigen, doch wird sich der Praktiker in der Industrie stets darüber im klaren sein, daß seine bestgemeinten Vorstellungen und Untersuchungen nichts taugen, wenn sie sich nicht als verkaufsförderndes Detail an einer Motorenbaureihe applizieren lassen. So wird sein Streben stets durch den Wunsch geformt, die ihm gestellte Aufgabe bei der Gestaltung der Verbrennungskraftmaschine so zu erfüllen, daß mit einem Minimum an Aufwand ein Maximum an Nutzen für den Betreiber und sein Unternehmen entsteht, damit ein Schein des Abglanzes auch auf ihn fallen möge. Der Nutzer seines Produktes ist in der Regel ein kühler Rechner, der den Sinn seines Erwerbs nicht in irgendeinem Betrieb seines Motors sieht, sondern in der maximalen Leistungsausbeute (zum Zeitpunkt des Bedarfs!) multipliziert mit der Zeitdauer eines reibungslosen Betriebes (kW • h) bezogen auf die aufgebrachten Kosten (DM/kW•h, $/kW•h). Daraus ergibt sich aber, daß nicht nur die Betriebsstoffe und der Preis in die Wirtschaftlichkeitsrechnung des Nutzers eingehen, sondern ebenso Reparatur- und Wartungskosten, sowie die Verluste für die nicht betriebsbereite Maschinenanlage (Ausfallkosten siehe auch Abb. 3.1). In die Wirtschaftlichkeitsrechnung einer Anlage gehen aber nicht nur die dort aufgeführten laufenden Betriebskosten ein, sondern auch der Anschaffungspreis einer Anlage. WESSELO /22/ kommt für eine 15 000 kW-Schiffsanlage mit mittelschnellaufenden Tauchkolben-Viertaktmaschinen auf eine prozentuale Verteilung nach Abb. 3.62. Nach gleichem Rechenansatz ermittelt er für eine Zweitakt-Kreuzkopf-Motorenanlage Mehrkosten von etwa 10 %, für eine Dampfturbinenanlage von etwa 20 %. Dies resultiert vor allem aus den höheren Anschaffungskosten dieser Anlagen. Die Gewichtigkeit dieser Einflußfaktoren kann sehr verschieden sein und hängt von dem Zinsniveau, den Betriebsstoffkosten, den Ersatzteilkosten, der Zugänglichkeit und den Verlusten (bzw. der Gefahr) bei Ausfall ab. Summa summarum hat jeder Motor sein Fähigkeitsprofil und sein Image, das ihn für den Einsatzfall überaus günstig erscheinen läßt, während für einen anderen Fall besser eine andere Motorenbauart genommen werden sollte.

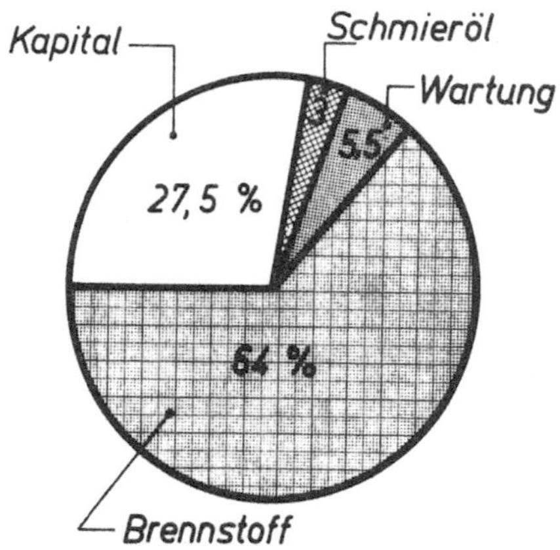

Abb. 3.62: Betriebskosten eines 15 000 kW-Schiffsantriebes einschließlich Kapitalkosten nach WESSELO

3.1.3.1 Betriebskosten

Die Betriebskosten setzen sich aus den Kosten für die Bedienung der Motorenanlage und ihrer Hilfseinrichtungen und die Betriebsstoffe (Kraftstoff, Schmieröl, Wasser), sowie den Kosten für die notwendige Wartung (Personal, Verbrauchsgüter) und die Ersatzteile zusammen. Jedoch nicht nur die Quantität der verbrauchten Betriebsstoffe (g/kWh) ist bei der Kostenrechnung von Bedeutung, sondern auch deren verlangte Qualität, was sich im Preis pro Tonne Kraftstoff bemerkbar macht.

Der Kraftstoffverbrauch einer Maschine ist eng mit dem Wirkungsgrad verbunden. Will man den erreichten technischen Stand beurteilen, tut man gut daran, den vorhandenen Wirkungsgrad mit den theoretisch erreichbaren von Kreisprozessen zu vergleichen. Aus den Grundlagen der Thermodynamik wissen wir - und das hat DIESEL zu seinen Versuchen veranlaßt -, daß hohe Verdichtungsgrade und ein Gleichraumprozeß die besten Wirkungsgrade ergeben. Aus der Praxis wissen wir jedoch (und auch das hat DIESEL schnell erkannt), daß die damit verbundenen Spitzendrücke in der Maschine nicht beherrschbar sind. So sind die heutigen Maschinen eher ein Kompromiß zwischen Wünschenswertem und Machbarem, dessen Möglichkeiten anhand eines gemischten Vergleichsprozesses (SEILIGER-Prozeß) abschätzbar sind. Bei begrenzten Drücken (Zünddrücken) und steigenden Leistungen muß man sich zwangsläufig dem Gleichdruckprozeß nähern, was nur mit Verlusten im thermischen Wirkungsgrad zu erkaufen ist. Dennoch steigen die effektiven Wirkungsgrade mit wachsender Aufladung, weil die mechanischen Verluste mit zunehmender Aufladung weniger stark anwachsen und der Füllungsgrad ansteigt.

Wichtig ist aber auch die Auswahl der richtigen Maschine für eine Anlage, das heißt die richtige Leistungsgröße. Die Kraftstoffverbräuche im Betriebskennfeld sind, wie bekannt, durchaus nicht konstant (siehe Abb. 2.87 und 2.88). Bei Maschinen, deren Hauptbetriebspunkt in der Nähe der Verkaufsleistung liegt, versucht man, das Optimum des Brennstoffverbrauches näher an den Nennlastpunkt zu legen. Bei Motoren mit gemischtem Betrieb, bei dem die größte Einsatzzeit mit gedrosselter Leistung (Drehzahl, Last) gefahren wird (z. B. im Straßenverkehr), wird man das Optimum in den Teillastbereich legen. Eine an den zulässigen Werkstoffbelastungsgrenzen ausgelegte Maschine ist weder eine wirtschaftliche Lösung, noch wird sie dem Betreiber Freude bereiten; denn sie hat keine Reserven für unvorhergesehene, aber mögliche Zusatzbelastungen und wird bei jeder Abweichung von dem idealisierten Betrieb sich durch Störungen bemerkbar machen.

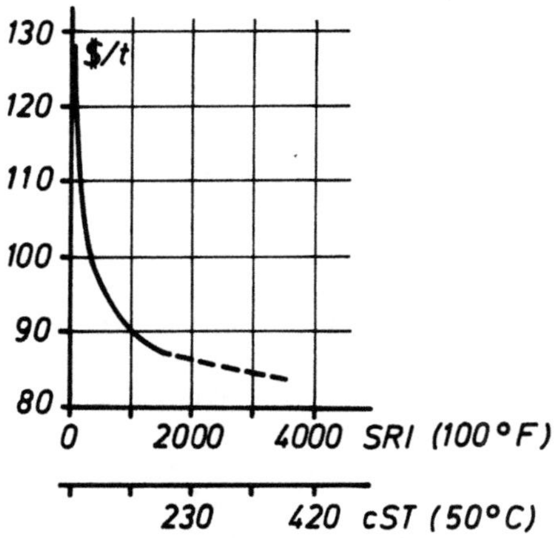

Abb. 3.63: Kraftstoffkosten in Abhängigkeit von der Viskosität (Singapore 1977)

Die Kosten je kW und Stunde hängen jedoch, wie bereits eingangs erwähnt, nicht allein von den spezifischen Verbräuchen, sondern auch von den Preisen des verbrannten Mediums ab (Benzin, Diesel, Schweröl, Gas etc.). In früheren Zeiten vor dem weltweiten Erdölboom wußte man einen hohen Wirkungsgrad durchaus zu schätzen, wie man aus den einschlägigen Veröffentlichungen nachlesen kann. Dann folgte in den 50er und 60er Jahren eine Periode, in der man den Eindruck hatte, daß der spezifische Verbrauch eine weniger wichtige Rolle im Verhältnis zu anderen Parametern spielen würde. Es war die Zeit, als man das leichte Heizöl in der BRD für 70 - 90 DM/t erhalten konnte und das Marine-Bunkeröl auf dem Weltmarkt um 50 DM/t gehandelt wurde (siehe auch Abb. 2.83). Dann, nach der Energiekrise 1973 und dem erheblichen Preisauftrieb, erwachte wieder ein verbrauchsbewußteres Denken. Vielen Völkern wurde die bisher betriebene Energieverschwendung, der sorglose Umgang mit unwiederbringlichen fossilen Brennstoffen ins Bewußtsein zurückgerufen. Aus Abb. 3.63 erkennt man aber, daß die Relation zwischen leichten und schweren Kraftstoffen unverändert geblieben ist. Betrachtet man ein Schiff mit 20 000 kW-Antriebsleistung und einer Betriebsdauer von 5000 Bh/a, so erspart man bei der Verwendung von Marine-Diesel-fuel gegenüber Gasöl 600 - 700 000,- $ pro Jahr, ein Betrag, über den nachzudenken sich lohnt. Die alleinige Summation der Kraftstoffkosten ergibt jedoch ein falsches Bild über die wahren Kosten; denn die Verbrennung von Schwerölen setzt erstens eine Sonderausrüstung voraus, die zweitens zusätzlich gepflegt und erhalten werden muß, so daß ein Teil des Gewinnes davon aufgezehrt wird.

Darüber hinaus tut man gut, neben den üblichen flüssigen Kraftstoffen wie Benzin, Gasöl, Dieselfuel und Bunkeröl auch die anderen Kraftstoffarten wie Erdgas, Leuchtgas, Klärgas, Methanol und vielleicht Wasserstoff, gegebenenfalls aber auch die Nutzanwendung der Kohlevergasung für zukünftige Entwicklungen mit in Betracht zu ziehen.

Hinsichtlich des Schmierölverbrauches gelten die gleichen Regeln wie für den Kraftstoffverbrauch. Hier spielt nicht nur der spezifische Schmierölverbrauch (der in der Regel unter 1 g/kW·h liegt) eine Rolle, sondern ebenso wie beim Kraftstoff die geforderte Qualität. Die Kostenrelationen zwischen verschiedenen Schmierölqualitäten können bis zu 1:5 betragen. Da Hochleistungsschmieröle gegenüber dem Kraftstoff bis zu 20mal teurer sind, können auch der nominell geringere Verbrauch und die vorgeschriebenen Schmierölwechselintervalle schon eine Rolle in der betriebswirtschaftlichen Rechnung spielen. Der spezifische Schmierölverbrauch um Null ist aber nicht nur suspekt und gegebenenfalls gefährlich (Kolbenfresser) und teuer (Ringverschleiß), sondern oft nur eine Täuschung (Schmierölverdünnung infolge Kraftstoffeinbruch). In gewissem Rahmen ist ein zu geringer Verbrauch wegen der notwendigen Schmierölerneuerung (Schmieröladditive) auch sinnlos. Schmieröle bedürfen deshalb von Zeit zu Zeit der Erneuerung, so daß die Erhaltung des gesamten Ölvorrates bis zum Ölwechsel finanziell nichts einbringt. Ein übermäßiger Verbrauch dergestalt, daß man während eines Intervalles mehrfach den Ölvorrat auffüllen muß, um überhaupt die Ölwechselintervalle aufrecht erhalten zu können, ist natürlich untragbar. Hier spielt allerdings das Verhältnis von Ölvorrat und minutlich umgewälzter Schmierölmenge in Verbindung mit dem Schmierölverbrauch eine große Rolle.

Der Ölverbrauch ist eine Frage der Öldichtigkeit von Kolbenringen und Ventilstößeln. Auslegung (Anzahl, konstruktive Gestaltung etc.) und Verschleißzustand spielen eine entscheidende Rolle. Nicht zu vernachlässigen ist aber auch der Betriebszustand eines Motors für den Schmierölverbrauch, der bekanntlich in g/kWh gemessen wird. Leerlaufperioden bei Saugmotoren und insbesondere bei Zweitaktmaschinen können wahre Ölschwaden oder Auspuffverölung u. a. m. erzeugen. Unterschiedliche Betriebszustände beinhalten ungleiche Dichtigkeiten und somit ungleiche Ölverbräuche.

Der beste Schmierölverbrauch bringt für den motorischen Betrieb und den Betreiber nichts ein, wenn dadurch an entscheidenden Punkten und kritischen Zeiten Mangelschmierung entsteht. Sieht man schon von den möglichen gravierenden Folgeschäden ab, so geht die Rechnung 'Verschleißmaterial gegen Schmierstoffkosten' allein wegen der Umbaukosten nicht auf. Hier gilt die alte Regel: Wer gut schmiert, der fährt gut, wenn auch daraus nicht der Rückschluß abgeleitet werden kann, daß derjenige Motor, der den größten Schmierölverbrauch hat oder gar wie eine undichte Sardinendose dahinvegetiert, ein langes Leben zu erwarten hat.

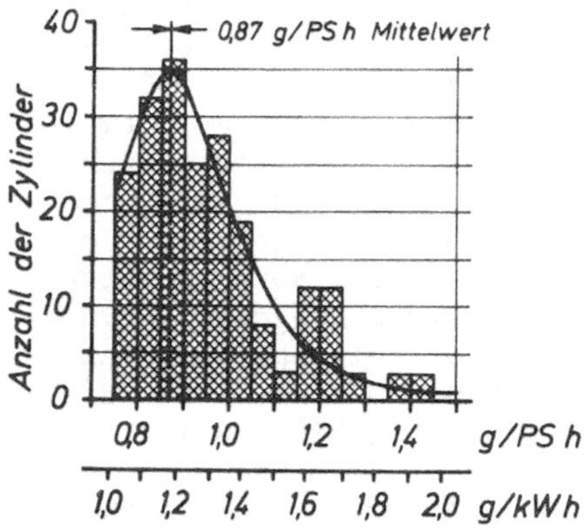

Abb. 3.64: Schmierölverbrauch von Serienmotoren etwa gleicher Einlaufzeit

Beim Schmierölverbrauch muß man jedoch auch berücksichtigen, daß der Verbrauch durch minimale Fertigungstoleranzen stark beeinflußt wird, so daß man nicht wie beim Kraftstoffverbrauch von einem Toleranzband von 5 % sprechen kann. Untersucht man eine Reihe gleicher Motoren, so stellt man große Abweichungen fest, auch wenn sie theoretisch gleich gut eingefahren sind (siehe Abb. 3.64). Jede Montage (Verformungszustand) kann das Bild wieder verändern, und zwar zum Besseren wie auch zum Schlechteren.

Zu den Betriebsmitteln gehören aber auch noch das Kühlwasser, die Kühlluft und die Verbrennungsluft. Das Kühlwasser wird in der Regel aufbereitet und mit Zusätzen gegen Kavitation, Erosion und gegebenenfalls Frostschutzmittel versehen. Die oft hohen spezifischen Kosten für die Wartung des Kühlmittels - insbesondere bei nicht intakten Kühlmittelkreisläufen - können die Betriebskosten wesentlich erhöhen. Der Ärger beginnt dann nicht nur bei Leckagen, wobei man mit dem Rinnsal bares Geld davonfließen sieht, sondern auch dann, wenn mangels Kontrolle des Kühlmittels die Wirksamkeit der Zusätze umschlägt, das heißt, die vermeintliche Schutzwirkung nicht nur nicht mehr vorhanden ist, sondern auch die Schädigung progressiv beeinflußt.

Hier ist die Luftkühlung in vielen Fällen einfacher und angebrachter. Dabei sollte man jedoch nicht vergessen, daß die Kühlrippen für grob verunreinigte Luft (Häcksel etc.) wie ein Filter wirken, der sich allmählich verstopft, wodurch die Kühlwirkung stark beeinträchtigt wird.

Aber auch die Verbrennungsluft kann nicht immer bedenkenlos ungefiltert der Umgebung entnommen werden (Baustellenfahrzeuge - hier betreiben die US-amerikanischen Lkw-Hersteller einen erheblich größeren Aufwand). Nicht bei jedem Einsatzfall haben wir also so günstige Bedingungen wie beim Ansaugen aus den Schiffsmaschinenräumen. Bei relativ kleinen Maschinenräumen ist aber ein anderer Gesichtspunkt nicht zu vernachlässigen, dessen Einfluß oft unterschätzt wird. Es muß nämlich dafür gesorgt werden, daß die Strahlungs- und Konvektionswärme des Motors (etwa 2 %) abgeführt wird, was z. B. bei schallgedämmten Motoren durch Kapseln zu großen Schwierigkeiten führen kann, aber auch bei kompakten Schiffsanlagen (Motorenräumen) gut funktionierende Ventilationssysteme notwendig macht.

Eine Maschinenanlage bedarf aber auch einer Bedienung. Nachdem das Maschinenpersonal zahlenmäßig immer mehr in den Hintergrund tritt und die Anlage ferngesteuert wird - z. B. im Schiff oder in der E-Zentrale -, muß durch Automatisierung des motorischen Betriebes, durch Warnsysteme und Früherkennung dafür gesorgt werden, die verbleibende Maschinenraumbesatzung so effektiv wie möglich einzusetzen. Neben einem geregelten Wartungsdienst bei geringer Störanfälligkeit der Anlage ist dies am besten durch eine zentrale Beobachtungswarte, zureichende Störmeldungen und lückenlose, automatisierte Protokollierung (Maschinentagebuch) zu erreichen. Mit dem Aufkommen von Prozeßrechnersystemen war man über ein Jahrzehnt sehr euphorisch gestimmt, Maschinenanlagen durch die Datenverarbeitung in den Griff zu bekommen. Daß sich die Hochstimmung etwas gelegt hat und heute mehr realistischen Betrachtungsweisen Platz macht, liegt nicht nur an der immer wieder bemängelten Störanfälligkeit der Überwachungsapparatur, sondern auch an den in summa hohen Kosten, wobei der Aufwand für betriebssichere Geber einen nicht unbeträchtlichen Teil davon ausmacht. Neben der einfachen Bedienbarkeit des Motors sollte der Anlagen-Ingenieur aber vor allem auf eine 'idiotensichere' Verknüpfung aller Funktionen achten; denn ein Großteil der Störungen ereignet sich durch unbeabsichtigte Fehlschaltungen oder falsche Handgriffe zum unpassendsten Zeitpunkt.

In Zeiten stetig steigenden Umweltbewußtseins muß man die Entsorgung des Motors mit zu den Betriebskosten rechnen. Die Aufrechterhaltung einer vorgegebenen Abgasqualität bedarf einer steten Wartung und Erneuerung von Verschleißteilen (z. B. Düsen). Es werden aber auch Einrichtungen benötigt (hohe Schornsteine, Schalldämpfer, Zyklone), die nicht nur Kapital binden, sondern auch gewartet werden müssen. Aber auch das Wegschaffen von Altöl, Abwasser, Schlamm und verschlissenen Teilen bereitet Kosten, da die Zeiten sich dem Ende zuneigen, wo man dies getrost über Bord werfen oder am Straßenrand verrotten lassen konnte. Wenn auch nicht direkt mit der Entsorgung, so doch um so mehr mit den Umweltschutzbedingungen verknüpft ist das Problem der Geräusch- und Erschütterungseindämmung gegenüber Bedienungspersonal und Umgebung. Wirksame Konstruktionen kosten Geld, was wiederum in die Wirtschaftlichkeitsrechnung eingeht.

3.1.3.2 Betriebssicherheit und Instandhaltung

Für die Wirtschaftlichkeitsrechnung wird die Betriebssicherheit einer Anlage von immer größerer Bedeutung, da die bewegten Einheiten (Schiffe) oder Kraftstationen immer größer werden und somit die Verluste bei Stillstandszeiten des Verbrennungsmotors immer mehr in die Gewinn- und Verlustrechnung eingehen. Neben dem Ausfallrisiko können sich jedoch auch andere finanzielle Einbußen einstellen, wenn andere Gesichtspunkte nicht ausreichend berücksichtigt wurden, wie z. B. Sicherheitsvorschriften im Seeverkehr, bei deren Nichterfüllung das Schiff an die Leine gelegt werden kann. Die Größe des finanziellen Risikos oder die Schwere eines Ausfalles (Schiff in Seenot, Stromausfall im Operationssaal) in Verbindung mit der Ausfallwahrscheinlichkeit bestimmen den Grad der Hilfseinrichtungen (Notstromaggregat, Sofortbereitschaftsaggregat, Ersatzgerät) oder auch die Art der Anlagenkonstellation (Mehrmotorenanlagen, Redundanz oder auch Umschaltmöglichkeiten - Notbetrieb).

Nun ist Betriebssicherheit leider kein Maschinenelement, das man nach verschiedenen Gesichtspunkten hin auslegen kann. Es bedarf einer großen Erfahrungstiefe, die vielen Einzelkomponenten so aufeinander abzustimmen, bis man eine zufriedenstellende Betriebssicherheit aller im motorischen Betrieb zusammenwirkenden Bauteile erreicht. Niedrige Auslastung der Werkstoffe, d. h. größerer Abstand von der Dauerbruchgrenze oder der Verschleißgrenze, garantiert zwar keinen ausfallsicheren Betrieb, erhöht aber doch die Sicherheit gegen Bruch und erleichtert es, den Wunschvorstellungen der Verbraucher näherzukommen. Daraus ist ableitbar, daß Sicherheit also auch Geld kostet, entweder durch den Kauf eines 'sicheren' Motors, d. h. eines relativ weniger hoch ausgenutzten Motors (Gewicht, Größe, Preis) oder durch häufigen Tausch von Verschleißteilen, wodurch man - korrekte Montage vorausgesetzt - die Ausfallwahrscheinlichkeit herabsetzen kann. Auch gute Wartung und hoher Überwachungsaufwand können die Betriebssicherheit maßgeblich beeinflussen, kosten allerdings auch Geld.

Ein Käufer tut deshalb gut daran, seine Erfahrungen, seine Gegebenheiten (Wartungsmöglichkeit, Lebensdauererwartung, Auswirkung eines unerwarteten Schadens, z. B. mit Gefahr für Mensch und Gut eines seegehenden Schiffes etc.) und seine Vorstellung bei dem Kauf eines Motors miteinzubringen und sich notfalls neutral beraten zu lassen. Zu oft gibt nach einem offensichtlich gelungenen Verkaufsgespräch die Maschinenanlage bei dem späteren Betrieb zu tiefem Pessimismus Anlaß, weil bei der Konstellation der Anlage eher das Wunschdenken und die daraus erhofften Gewinne Pate standen, als nüchterne physikalische Zusammenhänge, die den hohen Erwartungen schon oft im Wege standen.

Ein in der Entwicklung noch nicht voll ausgereifter Motor zeigt an immer den gleichen Stellen Schäden in viel zu kurzen Fristen. An diesen Bauteilen wird dann so lange entwickelt, bis sich befriedigende Laufzeiten ergeben. Nach wirtschaftlichen Gesichtspunkten müßte der ideale Motor nach einer langen, vorgegebenen Laufzeit an allen Teilen zugleich zu Bruch gehen. Streit kann es darüber nur geben, wann diese Laufzeit erreicht sein darf. Geben wir einem Pkw-Motor heute eine Lebensdauer von 2000 Bh (≙ ca. 100 000 km) mit Wartungsintervallen von vielleicht 100 bis 200 Bh, so erwartet der Großmotorenbesitzer Laufzeiten um 100 000 Bh mit etwa 5 bis 10 größeren Inspektionen. Nun wäre es aber falsch, die erwartete Lebensdauer vom Zylinderdurchmesser abhängig zu machen. Der Besitzer einer Pumpe von 10 kW mit 4000 Bh wäre durchaus überrascht, dreimal jährlich den Motor tauschen zu müssen, während ein 1000 kW-Notstromaggregat außer den regelmäßigen Startversuchen vielleicht nur 1000 Bh in 20 Jahren hinter sich bringt und dieses Gerät somit noch im Jahre 2200 in Bereitschaft stehen könnte.

Es genügt jedoch auch nicht, nur ein Produkt hoher Qualität auf den Markt zu bringen, um den Ruf nach hoher Betriebssicherheit aufrecht zu erhalten, sondern - da die vorgegebene Lebensdauer niemals ohne äußere Eingriffe (Inspektion, Wartung) überstanden wird - es gehören zur Erhaltung der Betriebssicherheit ein guter Service, eine leichte Austauschbarkeit verschlissener Teile und vor allem eine "narrensichere" Montagemöglichkeit der An- und Abbauteile. Da andererseits der notwendige Arbeitsaufwand aber auch übertrieben dargestellt wird, gehen mehr und mehr Motorenhersteller dazu über, in ihren Bedienungsanleitungen Richtwerte für die Montagen anzugeben (Abb. 3.65).

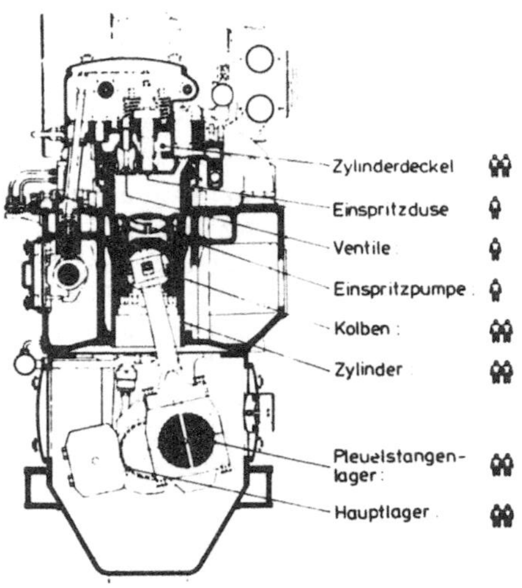

Abb. 3.65: Montage- und Reparaturzeit - Vorgaben für einen Tauchkolbenmotor

Eine Unzahl von Schwierigkeiten ergibt sich aus der Unkenntnis des Reparaturpersonals, das insbesondere bei verzwickten Einbauten und unzureichenden Montageanweisungen mit bestem Willen eher einen größeren Schaden vorprogrammiert, als es gerade repariert. Hier sollte der Konstrukteur sich nicht nur auf seine Vorstellungskraft am Reißbrett verlassen oder auf geübte Monteure am Band mit allen Hilfsmitteln einer Serienfertigung hören, sondern dem Produkt selbst einmal gegenübertreten und montieren - nur die Summe vieler schlechter Erfahrungen (mit sich selbst) kann hier zu wesentlich besseren Konstruktionen führen.

Der moderne Motorenbau hat in den Werkstätten und beim Nutzer eine Menge von Vorrichtungen hervorgebracht, ohne die heutige Motoren kaum noch zu montieren sind - man sollte sich nur darüber im klaren sein, daß Vorrichtungen, die man nur in großen Abständen benötigt, entweder zwischenzeitlich unbrauchbar geworden oder gar nicht mehr vorhanden sind.

Ein oft vernachlässigter Bereich zur Erreichung guter Betriebssicherheit ist in vielen Fällen eine gute Dokumentation. Dies betrifft sowohl die Bedienungsanleitungen wie die Wartungslisten. Aber auch die Reparaturanweisungen sind oft so dürftig, daß schon sehr viel Einfühlungsvermögen für einen gut ausgebildeten Maschinisten dazugehört, einen Motor so zu warten, wie der Motorenhersteller es sich denkt. Denn jeder Motor hat seine Eigenarten, seine charakteristischen Reaktionen, die zu kennen zumindest ein leitender Ingenieur anstreben sollte. Der Konsensus zwischen Mensch und Maschine spielt eine viel größere Rolle, als man es der toten Materie des Maschinenbaues zugestehen möchte. Wenn man als Naturwissenschaftler es auch höchstens als Parabel aus dem Bereich der Sage ansieht, daß der Motor auf schlechte Behandlung beleidigt durch Kolbenfresser oder Kurbelwellenbruch antwortet, so kann der erfahrene Kundendienstmann allein aus den äußeren Gegebenheiten oft triftige Schlüsse ziehen.

Bei den hohen Personalkosten in Mitteleuropa sind die W a r t u n g s k o s t e n ein entscheidendes Kriterium in der Wirtschaftlichkeitsrechnung geworden. Alle unnötigen Inspektionen und Wartungsarbeiten lassen die Erhaltungskosten in die Höhe schießen. Es ist deshalb lohnend, sich Gedanken darüber zu machen, wie man Wartungsintervalle vergrößern kann, z. B. durch bessere Filterung, größeren Ölvorrat, größere Standzeit von Ventilen oder Zündkontakten etc.

Bei Verdoppelung eines Wartungsintervalles dürfte das auszutauschende "Verschleißteil" mehr als doppelt so teuer sein, weil nicht nur ein Austausch, sondern auch der für den Besitzer oft nicht unbeträchtliche Zeit-Geld-Aufwand für die Inspektion ausfällt. Eine optimale Filterung bedeutet aber in der Regel mehr Wartungsaufwand (Reinigung, Kontrolle etc.), so daß eine Automatisierung dieser Aggregate zwangsläufig große Fortschritte macht bzw. machen müßte. Andere Gesichtspunkte können bei größeren Anlagen von Bedeutung sein. Eine Forderung über den 16 Stunden-wachfreien Betrieb einer Schiffsmotorenanlage hinaus hat nur dann einen Sinn, wenn die tägliche Arbeitszeit des Personals verkürzt wird oder, bei entsprechender Fahrtzeit, ein wachfreier Betrieb von Pier zu Pier anzustreben ist. Je nach Einsatzfall sind hier die geforderten Einsatzzeiten dann durchaus unterschiedlich.

Wir unterscheiden verschiedene Arten der Wartung, deren Differenzierung sich besonders im englischen Sprachraum durchgesetzt hat. D e s t r u c t i v e m a i n t e n a n c e ist die Reparatur nach einem Schadensfall, nach hiesigem landläufigen Sprachgebrauch also eine Reparatur, die nicht als vorbeugende Wartung oder Instandhaltung angesehen wird.

Als P e r i o d i c I n s p e c t i o n m a i n t e n a n c e wird die nach vorgegebenen Zeiten (km, Betriebsstunden) vorgeschriebene Überholung mit Sichtkontrolle oder eine andere Prüfung der Einzelbausteine verstanden. Dabei werden die Bausteine, die vorgegebenen Beurteilungskriterien nicht mehr standhalten, ausgetauscht.

Bei der P r o g r e s s i v e m a i n t e n a n c e werden Bausteine, die für den ordnungsgemäßen Betrieb erforderlich sind, periodisch gegen neue ausgetauscht, unabhängig davon, ob diese Bausteine in diesem speziellen Fall noch voll funktionsfähig sind oder schon die ersten Abnutzungserscheinungen zeigen. Werden zu kurze Zeiträume angesetzt, ist dies Verfahren unnütz teuer, sind die Perioden zu lang, so gäbe das Verfahren keinen Schutz vor ernsten Zwischenfällen.

Neben der 'Progressive maintenance' ('progressive' ist hier besser mit 'fortlaufend' zu übersetzen, um keinen falschen Zungenschlag aufkommen zu lassen), ist die P r e v e n t i v e m a i n t e n a n c e die weit wirkungsvollere Wartungsmöglichkeit einer Maschinenanlage. Diese Art einer vorbeugenden Wartung bedarf aber erheblichen zusätzlichen Aufwandes, da nur durch laufende Kontrolle einer Reihe von Meßwerten Veränderungen in der Maschine beobachtet werden können, die als Indiz für notwendige Korrekturen anzusehen sind.

Die darauf aufbauende Stufe ist die P r e d i c t i v e m a i n t e n a n c e , die sozusagen die Diagnose aus diesen Meßsignalen stellt und nicht nur sagt, welche Bausteine diese Abweichungen hervorgerufen haben (und somit ausgetauscht werden müssen), sondern auch, wie lange und in welcher Form noch ein Betrieb möglich sein wird. Zu dieser höchsten Stufe der Maschinenüberwachung gehört aber eine ungeheure Menge an Einzelwissen über jeden Baustein und dessen Zusammenwirken im Verband, so daß es dem Maschinenbauer da nicht viel besser geht, als den Medizinern mit einem taubstummen Patienten.

Eine oft beklagenswerte Höhe erreichen aber nicht nur die Wartungs-, sondern auch die R e p a r a t u r k o s t e n einer Anlage. Der Stand der Technik wird nur dann durch die Höhe spezieller Kennwerte gekennzeichnet, wenn diesen Kennwerten ein ertragbarer Raparaturaufwand gegenübersteht. Viele Forschungsberichte zeigen uns, daß große Sprünge in der Entwicklung möglich wären - und das kann man jederzeit im Kurzzeitversuch nachvollziehen -, würden ein unvertretbares Ausfallrisiko oder eine erlös- und absatzmindernde Schadensrate nicht das Regulativ für derartigen überschnellen Fortschritt darstellen. Es ist deshalb nicht verwunderlich, daß eine normale Entwicklung auf den Erkenntnissen der Vergangenheit aufbaut, wobei nur mit einem Minimum an Vertrauensschwund Fortschritt betrieben werden kann. Andererseits kann eine zu saumselige Forcierung der Entwicklungsanstrengungen, die manchem Unternehmen in guten Zeiten mit geringen Revisions- und Kulanzkosten eine optimale Geschäftspolitik bescheinigte, jedoch sehr rapide einen beträchtlichen know-how-Rückstand bringen, den aufzuholen meist nicht nur mit erheblichen Kraftanstrengungen, sondern auch mit Kosten verbunden ist. So ist nicht nur bei zu hohen Garantie- und Kulanzkosten nach dem Rechten zu sehen, sondern es ist auch bei zu niedrigen Raten zu prüfen, ob das Unternehmen nicht infolge total ausgereizter und zukunftsloser Erzeugnisse in scheinbarer Blüte einem nahenden Abgrund zusteuert.

Reparaturen werden bei Bruch oder Verschleiß notwendig. Der Bruch eines Maschinenteiles während der vorgegebenen Lebensdauer dieses Teiles ist mit konstruktiven Mitteln - bei ordnungsgemäßem Betrieb - immer zu vermeiden. Falsche Grundauslegungen eines Bauteiles wiederholen sich mit mathematischer Präzision und lassen sich, wenn man den Schaden richtig lesen kann, erfolgreich behandeln. Schwieriger ist es dagegen in Fällen, die - obwohl keine Fertigungs- oder Werkstoffehler feststellbar sind - unregelmäßig auftreten, so daß nicht geklärt werden kann, ob eine generelle Schwäche des Bauteiles vorliegt oder eine besondere Betriebs- bzw. Einsatzart. Neu eroberte Märkte für ein gestandenes Produkt können zu unvorhergesehenen Komplikationen führen. Panikartige Geschäftigkeit kann epidemisch auftretende Schadensfälle erzeugen, die plötzlich aus heiterem Himmel an einem sonst bewährten Bauteil auftreten und somit den Konstrukteur vor besondere Schwierigkeiten stellen, die Vorfälle durch Abweichungen vom bisherigen Stand, Toleranzen oder andere Zusammenhänge erklärbar zu machen.

Bei "normalem" Versagen können zweierlei Streitpunkte auftreten:

a) Die zu erwartende Lebensdauer (hier muß der Auftraggeber die notwendigen Anforderungen festlegen), die aus der Sicht des Nutzers unterstellt werden kann, wurde nicht erreicht, oder

b) die vorgefundenen Zustände bei der Anlage stimmen nicht mit der Auffassung des Entwicklungs-Chefs von einem ordnungsgemäßen Betrieb einer Motorenanlage überein.

Der Konstrukteur tut gut daran, von seinen Idealvorstellungen des Betriebes einer Maschine im täglichen Einsatz abzugehen und im Schadensfall nicht nur mutmaßliche Toleranzen in den Betriebsbedingungen in Betracht zu ziehen. Allgemein kaum lösbar erscheint es, die Grenzen zwischen noch zulässigem Betrieb und dem beginnenden Mißbrauch der Maschine abzustecken (wenn man die krassen Fälle außer acht läßt). Im Hinblick auf den Bruch der Bauteile wird man also bei der Auslegung gewisse Sicherheiten im Auge behalten müssen, wobei Sicherheit nicht immer mit klobig, schwer oder teuer identisch zu sein braucht. Das Wissen über die Beanspruchung des Bauteiles und die Kenntnis der werkstofftechnischen Zusammenhänge, z. B. der Einflüsse auf die Gestaltfestigkeit des Bauteiles, sind hier von größerer Bedeutung als die reine Querschnittsdimensionierung. Es gibt allerdings auch Fälle, in denen man gut mit kontrollierten Anrissen leben kann, man braucht hier gar nicht nur an den Flugzeugbau zu denken. Die aus der Bruchmechanik zu ermittelnde Rißfortschrittsgeschwindigkeit könnte hier eine große Hilfe bringen. Es gibt allerdings auch Risse, die sich totgelaufen haben, das heißt, durch die Anrisse ist die dort herrschende Spannungskonzentration so weit abgebaut worden, daß die sich nunmehr besser gegeneinander bewegbaren Teilstrukturen den äußeren Belastungen standhalten konnten (Entlastungsriß).

Letztlich gibt es auch Bauteile, die man besser nach bestimmten Betriebszeiten prophylaktisch austauscht als diese so auszulegen, daß sie mit Garantie "ewig" halten, damit aber die Gesamtmaschine zu teuer und unverkäuflich machen.

Zu den Reparatur- und Ersatzteilkosten gehören auch die Verschleißteile. Hier kann man prüfen, ob man Bauteile besser verschleißfester (z. B. durch Härten, Nitrieren etc.) gestalten kann oder ob es sinnvoller ist, darüber nachzudenken, den Verschleiß z. B. durch kleinere Formänderungen (Rutschen, Reiben), bessere Schmierung oder Filterung u. a. m. in Grenzen zu halten.

3.1.3.3 Anschaffungskosten, Platzbedarf und Gewicht

Die Anschaffungskosten einer Antriebsanlage werden weitgehend von dem Motorenpreis beeinflußt. Der Preis eines Motors resultiert in erster Linie aus den direkten Herstellkosten (Stoffe und Löhne), sowie auch den indirekten Herstellkosten. Hinzu kommen die anteiligen Kosten für Forschung und Entwicklung, die Rückstellungen für Garantie und Kulanz (nach der neueren, kundenorientierten Gesetzgebung bezüglich Herstellerhaftung wird man auch für die im technischen Fortschritt unvermeidbaren Rückschläge einen Aufschlag nicht vermeiden können), Zuschläge für Risiken aus den Handelsgeschäften und die oft nicht unbeträchtlichen Gemeinkostenzuschläge, die sich aus dem Vertrieb, der Verwaltung und der Organisation im weitesten Sinn ergeben. Letztlich kommt noch eine Marge für die Gewinnerwartungen hinzu, die allerdings bei der Konkurrenzlage, insbesondere auf dem Dieselmotorensektor (siehe auch ausgewertete Motorenstatistik des Kapitels 2), zum großen Bedauern der beteiligten Firmen äußerst schmal bemessen ist.

Da den Außenstehenden (den Kunden) die Zusammensetzung des Kaufpreises nicht interessiert, vergleicht er die Weltmarktpreise der ihm angebotenen Erzeugnisse. Diese streuen naturgemäß, und es liegt am Geschick des Vertriebsmannes, bei ungünstigen Relationen die Vorteile seines Erzeugnisses für den Verwendungszweck so ins rechte Licht zu rücken, daß die finanziellen Nachteile klein erscheinen. Denn für den potentiellen Kunden darf der Anschaffungspreis nur ein Teilaspekt seiner Überlegungen sein - obwohl dies in den letzten Preisgesprächen, insbesondere von Beteiligten, die fern von der Materie des Motorenbaues und dessen Betrieb stehen, nur allzu gern vergessen wird. Die vorgenannten Fragen der Wartung, der Betriebskosten und der Betriebssicherheit spielen bei den meisten Anwendungsfällen in der Bilanz eine viel größere Rolle als eine Preisdifferenz von einigen Prozenten.

Auf die Einflüsse der Fertigungsanlagen auf die Herstellungskosten wird im Abschnitt 3.1.9 noch eingegangen. Die Herstellkosten können hoch sein, weil entweder eine äußerst komplizierte Konstruktion vorliegt oder aber auch, weil ein Produkt auf falschen oder unzureichenden Maschinen hergestellt wird. Kostendifferenzen von ± 10 bis 20 % lassen sich auf Grund solcher Mängel sehr leicht nachweisen.

Eine wirtschaftliche Fertigung kann jedoch nur die Herstellungskosten beeinflussen. Die rentabelste Herstellung eines Produktes kann allerdings die Kosten eines Mißmanagements - seien es zu hohe Verwaltungskosten, sei es ein falsches Produkt auf dem Markt etc. - nicht aufheben.

Aus der vorgenannten Zusammensetzung des Preises heraus ist es aber auch schwierig, einen gerechten Beurteilungsmaßstab für Motoren zu entwickeln. Auf dem Markt hat sich der Leistungspreis ($/kW) aus dem Nutzdenken des Anwenders heraus am meisten durchgesetzt. Der Gewichtspreis ($/kg) ist für den Konstrukteur sehr interessant, doch sagt auch dieser Kennwert wenig über die Qualität einer Fertigung, da eine 'schlampige Fertigung' nicht nur hohe Preise, sondern auch hochqualifizierte Werkstoffe, kleine Stückzahlen oder die kompliziertere Herstellung eines ausgesprochenen Hochleistungsmotors bewirkt. Da sogenannte Listen- oder Richtpreise aber auch nicht immer vergleichbare Marktpreise sind, ist es äußerst schwierig, allgemein gültige Aussagen zu machen, zumal das Preisgefüge auch von vielen "nicht-technischen" Größen beeinflußt wird, wie z. B. den schwankenden Wechselkursen und Paritäten. Auch das Zinsniveau spielt eine Rolle, in welchem Maße das eingesetzte Kapital in die Kosten der Anlage eingeht.

Es kann nicht Aufgabe eines Buches der Schriftenreihe "Die Verbrennungskraftmaschine" sein, das Muster einer Wirtschaftlichkeitsberechnung vorzuführen. Der Konstrukteur und Entwicklungsingenieur eines Erzeugnisses tun jedoch gut daran, über die Grenzen ihrer technisch-physikalischen Probleme hinauszusehen, soll nicht ein Produkt geschaffen werden, das später eventuell keine Abnehmer findet. Zwar ist es mit Sicherheit nicht Schuld des Mannes am Zeichenbrett, wenn das von ihm entwickelte Produkt auf dem Markt nicht auf Gegenliebe stößt, doch macht sich schon im Detail der Konstruktion bemerkbar, ob die Mannschaft zur "wirtschaftlichen Problemlösung" motiviert worden ist.

Der Bauraum oder das Gewicht sind andererseits Vergleichsgrößen, die von Fall zu

Fall unterschiedliche Gewichtigkeit haben. Das Gewicht der Verbrennungskraftmaschine ist besonders bei Antriebsmaschinen für Fahrzeuge zu Lande, zu Wasser und in der Luft von Interesse. Flugmotoren haben die bisher im Hubkolbenmotorenbau erreichten niedrigsten Gewichte von 0,5 - 1 kg/kW. Gerade das spezifische kleine Gewicht des Strahltriebwerkes hat diesem Antrieb im Flugzeugbau zum Durchbruch verholfen. Hochleistungstriebwerke erreichen mit Nachbrennern 100 kp Standschub/kg Gewicht.

Der Wunsch nach niederen Gewichten hat gerade im Flugmotorenbau zu sehr kompakten Ausführungen wie Stern- und V-Motoren geführt. Ähnlich hochgezüchtete Bauformen finden wir heute bei Antriebsmaschinen für Schnellboote, Fregatten und hochmotorisierten Fahrzeugen zur Landesverteidigung. Die wachsenden Anforderungen hinsichtlich des zulässigen Kraftstoffverbrauches (z. B. für Fahrzeuge auf dem U. S.-Markt) machen nicht nur die Anwendung des Leichtbaues am Fahrzeug (dünnere Bleche, Sandwichbauarten), sondern auch die Verringerung des spezifischen Gewichtes der Antriebsanlage (Motoren mit Aluminium-Kurbelgehäusen) notwendig. Bei allen Anwendungen der Verbrennungskraftmaschine, bei denen als Hauptnutzen Lasten fortbewegt werden, bedeutet jedes kg gespartes Motorengewicht ein Mehrfaches an zusätzlicher Nutzlast, weil mit dem Motorengewicht auch andere Anlagenteile leichter gebaut werden können. Diese wirtschaftliche Betrachtungsweise hat jedoch nur dann einen Sinn, wenn der Gedanke bei der ganzen Anlage konsequent durchgeführt wird, sonst können die am Motor gesparten Gewichte für das Gesamtfahrzeug nur wenig bringen. Das übliche Beurteilungskriterium ist in der Regel das Leistungsgewicht, das heute bei guten Gebrauchsmotoren bis 300 mm Kolbendurchmesser etwa 3 kg/kW erreicht.

Bei anderen Anlagen spielt der Bauraum eine größere Rolle. Soll ein allgemein verwendbarer Einbaumotor auf dem Markt Chancen haben, muß sein Äußeres sehr kompakt sein, weil jeder Anwendungsfall anders liegt und in den Geräten in der Regel der Antriebsanlage (zu) wenig Platz zur Verfügung gestellt wird. Als Vergleichswert wird hier die auf den Kubikmeter umbauten Raum bezogene Motorleistung herangezogen.

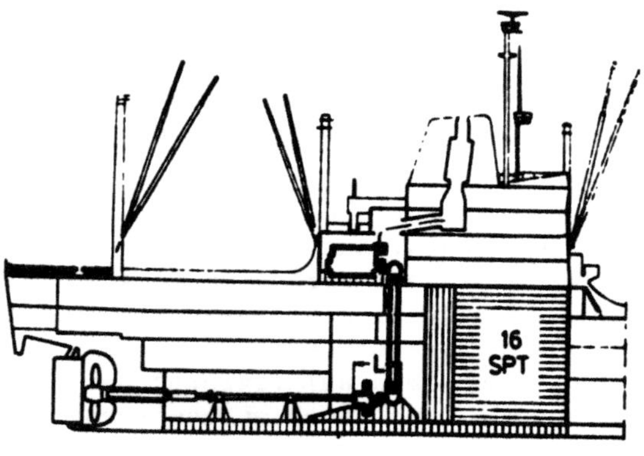

Abb. 3.66: Aufbau einer Motorenanlage auf dem Oberdeck eines Schiffes zur Gewinnung von Frachtraum

Es gibt aber auch Anwendungsfälle, bei denen nicht der Bauraum absolut in Kubikmeter, sondern die einzelnen Abmessungen von Bedeutung sind, sei es der vorgegebene Raum eines Panzerfahrzeuges oder der Maschinenraum eines Schiffes. Besitzt der Motorenraum z. B. einen Luftschacht bis zum Schornstein, so ist die Bauhöhe weniger entscheidend als die Länge des Motors, während man bei einer Fähre, in der der Motorenraum direkt von Fahrbahnen überdeckt wird, möglichst flache Motoren bevorzugt. In diesem Fall sind die Motorenräume oft so niedrig, daß man zum Kolbenziehen die Fahrbahndecks öffnen muß (siehe auch Abb. 3.56). Im Zuge der Zeit hat man auch festgestellt, daß bei Motorenräumen in Mitte Schiff wertvoller Stauraum verlorengeht. Bei neueren Schiffen verschwindet der Motorenraum immer mehr in dem sonst weniger gut nutzbaren Raum des Hecks. Im Rahmen der auch spezifisch immer leichter werdenden Schiffshauptantriebsmotoren gibt es sogar schon Vorschläge, diese auf Deck zu stellen (Abb. 3.66), um Frachtraum zu gewinnen. Diese Raumschinderei im Schiff ist natürlich nur dort sinnvoll, wo man vom Tiefgang her eigentlich mehr laden könnte, wenn Stauraum vorhanden wäre - z. B. oft bei Stückgutfrachtern, Holzverladern, Autotransportern. Bei Massengutfrachtern für Erze und Kohle kommen diese Gesichtspunkte weniger zum Tragen, da man mit zusätzlichem Frachtraum nichts anfangen könnte.

Generell kann man sagen, daß der leichteste, raumsparendste und derart geformte Motor, der sich in sonst nicht verwendbaren Ecken des Gerätes einbauen läßt, der für den Nutzer optimale Motor ist - sofern die anderen vorgenannten Gesichtspunkte (Wirtschaftlichkeit) Berücksichtigung fanden. Da der vorhandene Raum von Gerät zu

Gerät aber so unterschiedlich ist, kann es *e i n e* optimale Bauform nicht geben.

3.1.3.4 Anzahl der Motoreneinzelteile

Es mag auf den ersten Blick überraschen, daß die Anzahl der Einzelteile, aus denen ein Motor zusammengesetzt wird, überhaupt ein erwähnenswertes Kriterium ist - die Praxis zeigt das jedoch sehr deutlich, obwohl ein normaler Fahrzeug-Dieselmotor schon aus gut 1000 Einzelteilen besteht.

Ein kluger Konstrukteur wird versuchen, ein Einzweckgerät aus einem Stück zu fertigen, sofern dies technisch möglich und wirtschaftlich fertigbar ist. Es gibt genügend Gründe, warum dieser Wunsch nur in wenigen Fällen durchführbar ist. Eine große Variantenbreite mit einer begrenzten Anzahl von Bausteinen auf der anderen Seite wird den Wunsch aufkommen lassen, das Gerät zu atomisieren und aus den notwendigen Einzelteilen jede gewünschte Gerätevariante zusammenzusetzen. Das kann im günstigsten Fall zu einem Minimum an Einzelbausteinen führen, bedeutet jedoch für das gesamte zusammengesetzte Gerät meist einen höheren Preis (alle Trenn- und Paßflächen müssen bearbeitet werden, die Teile müssen gefügt und montiert werden) und in vielen Fällen ein unnötiges Risiko; denn Trennfugen und Verbindungselemente können in jeder Konstruktion eine Schwachstelle darstellen. Vorteilhaft kann bei dieser Bauweise der niedrige Preis des kleinen Einzelersatzteiles sein, wenn dieses nicht nur deshalb gebraucht wird, weil es sich um ein zusammengesetztes Gerät handelt. Unter diesen Gesichtspunkten finden wir auf der einen Seite möglichst kompakte Erzeugnisse aus wenigen Teilen (Zylinderblock mit integraler Buchse, Blockzylinderköpfe u. a. m.) bei "Einzweck-Verbrennungskraftmaschinen" mit hohen Stückzahlen, die auf allgemein sehr teuren Fertigungsvorrichtungen mit geringem Personalaufwand hergestellt werden. Auf der anderen Seite finden wir aufgelöste Bauformen mit Einzelzylinderblöcken, Einzelzylinderköpfen, geteilten Kurbelgehäusen u. a. m. Das kann durch die Baugröße und die Fertigungsanlagen, wie auch durch die Transportmöglichkeiten innerhalb des Werkes oder zum Kunden hin, bedingt sein; vor allem prägt jedoch die Stückzahl ihren Stempel auf die Bau- und Fertigungsart. Aber auch technische Belange verlangen ihren Tribut. So kann man z. B. keinen luftgekühlten Motor in Blockbauweise mit integrierten Zylinderrohren gießen oder für eine 'cathedral-engine' einen Blockzylinderkopf fertigen. Viele Varianten verlangen viele unterschiedliche Bauteile und Bauteilgruppen. Der Umgang mit dem Gesamtkomplex der Verbrennungskraftmaschine hinsichtlich Herstellung, Wartung und Betrieb lehrt jedoch, daß der Umgang mit wenigen Bauteilen an einer Maschinenausführung zu geringeren Beanstandungen führt, als bei einem System aus vielen Bauteilen, auch dann, wenn es sich in der Mehrzahl der Bauteile um Pfennigsartikel handeln mag. So finden wir in der Praxis vergleichbarer Maschinen Unterschiede in der Anzahl der Einzelteile für einen betriebsfähigen Motor von ± 20 bis 30 %, wobei die obengenannten markanten Differenzierungen in der Aufsummierung von Einzelteilen nur eine untergeordnete Rolle spielen.

Eine ähnliche Frage taucht auch immer wieder bei der Wahl der Zylinderzahl auf, wenn andere Kriterien (Betriebssicherheit von Mehrmotorenanlagen etc.) keine Rolle spielen.

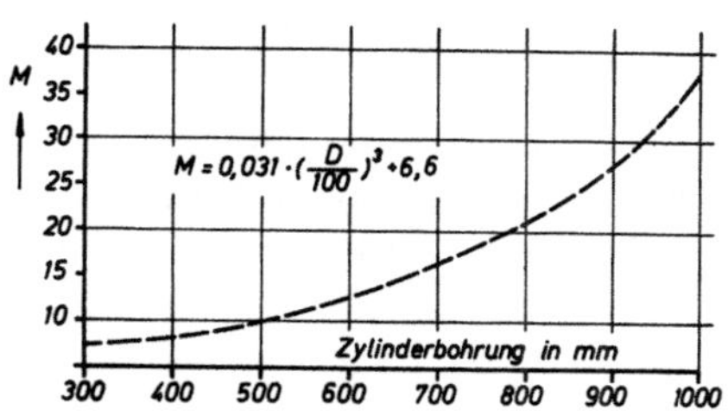

Abb. 3.67: Wartungsaufwand in Mannstunden pro Zylinder und 1000 Betriebsstunden

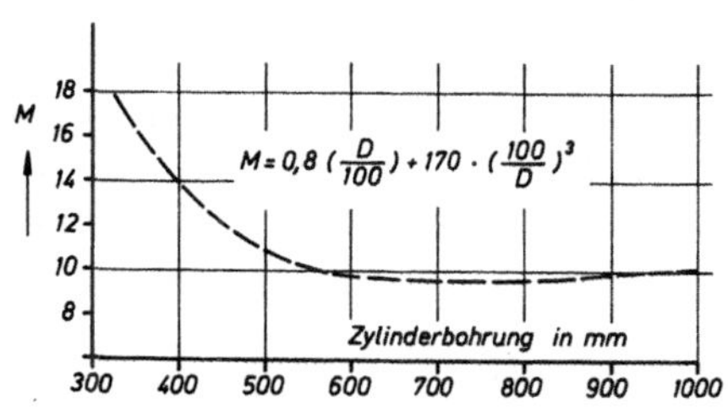

Abb. 3.68: Wartungsaufwand in Mannstunden pro 10^6 PSh ($7{,}35 \cdot 10^5$ kWh) in Abhängigkeit vom Kolbendurchmesser

Da man den vielzylindrigen kleinen Motor gleicher Leistung oft viel billiger bekommen kann als einen großen, ist die Wirtschaftlichkeit von der Frage nach den zusätzlichen Wartungs- und Reparaturkosten geprägt. Zwar wachsen die Wartungsarbeiten in Mann-Stunden pro Zylinder und 1000 Bh (Abb. 3.67), doch auf gleiche Laufleistungen bezogen, sinken die Wartungskosten in Mann-Stunden pro kWh mit wachsender Motorengröße (Abb. 3.68). Der Zugewinn ab etwa 400 mm Kolbendurchmesser scheint jedoch nicht mehr sehr groß zu sein, so daß man die Einsparungen beim Kauf einer kleineren Maschine später nicht mehrfach durch Wartungsarbeiten wieder verliert (Kraftstoffkosten berücksichtigen!).

3.1.4 Gesetze, Normen, Vorschriften

Der Naturwissenschaftler ist es gewohnt, mit Gesetzen zu leben, denn er lebt von der rechten Kenntnis und Interpretation der Naturgesetze. Gesetze, Normen und Regeln sollen das menschliche Zusammenleben ermöglichen; darunter gibt es sinnvolle Vorschriften, die die Vernunft uneingeschränkt bejahen kann, aber auch solche, die von großer Menschenverachtung geprägt sind.

Man muß jedoch ein ausgesprochener Romantiker sein, solche Verhaltensregeln und -vorschriften für den 'homo sapiens' auf Grund dessen Vernunft für überflüssig zu halten. So entstehen dann auch heute noch in allen Staaten Gesetze wie am Fließband, um neuen Gesichtspunkten Achtung zu verschaffen oder vorhandene Gesetze gegen Mißbrauch abzudichten. Das juristische Denken, alles und nichts bis ins Detail durch Gesetze und Vorschriften von vornherein zu regeln und nichts mehr der Vernunft zu überlassen, zeugt nicht von allzu großem Vertrauen auf die rationale Entscheidungsfähigkeit der Menschheit. Die Technik allgemein, wie auch die des Verbrennungskraftmaschinenbaues, wird hiervon stark tangiert, denken wir nicht nur an die heute in aller Munde liegenden Umweltschutzgesetze und die Straßenverkehrsordnung, sondern auch an die sich wandelnde Auffassung von der Haftung des Produzenten.

Mit den Gesetzen wächst aber auch der Einfluß nicht amtlicher, aber anerkannter Institutionen, deren Aussagen in Form von Normen oder Richtlinien (DIN[1], ISO[2], VDI[3], VDE[4], CIMAC[5] usw.) entweder Verhaltensregeln darlegen oder den Stand der Technik dokumentieren. In dieser Hinsicht gewinnen auch Veröffentlichungen jedweder Art Raum, da - wie vom Arzt - auch vom Ingenieur erwartet wird, daß er die Fachliteratur seiner Sparte zur Kenntnis nimmt; denn Unkenntnis schützt auch hier vor Strafe nicht.

Von ganz besonderer Bedeutung sind heute die Vorschriften der Technischen Überwachungsvereine (TÜV) geworden, die eine fast halbstaatliche Stellung einnehmen, läuft doch z. B. ohne deren 'o. k.' kein Auto auf unseren Straßen. Aber nicht nur im Straßenverkehr und im Dampfkessel- und Kraftwerksbau haben sich die Technischen Überwachungsvereine eine starke Position aufgebaut, auch ihr Einfluß auf die Regelwerke wächst ständig.

Hinzu kommt eine Reihe von Regeln, ohne deren Beachtung man bestimmte Erzeugnisse auf dem Markt einfach nicht verkaufen kann. Man denke dabei an die 'Rules' der Klassifikationsgesellschaften, deren Einhaltung ein Produkt erst versicherungsfähig macht. Von ähnlich starkem Einfluß sind die Vorschriften der Seeberufsgenossenschaft (und ähnlicher Verbände), da bei Nichteinhaltung der Grenzwerte und Verweigerung einer Sondergenehmigung mit gegebenenfalls überhöhten Versicherungsprämien das Schiff oder die Anlage nicht in Betrieb gesetzt werden kann.

Letztlich kommen noch die Auflagen eines Käufers hinzu, die in der Ausschreibung oder in dem Vertrag festgelegt werden. Diese einschränkenden Abmachungen sind oft besonders schwer zu erfüllen, weil bei diesen Sonderwünschen meistens ganz persön-

---

[1] DIN: Deutsches Institut für Normung e. V.
[2] ISO: International Organization for Standardization
[3] VDI: Verein Deutscher Ingenieure
[4] VDE: Verein Deutscher Elektrotechniker e. V.
[5] CIMAC: CONSEIL INTERNATIONAL DES MACHINES A COMBUSTION

liche Erfahrungen mit irgendeinem Gerät (oder auch eigener Erfinderreichtum) ihren Niederschlag finden.

Besonderen Verdruß bereitet es, wenn ein langlebiges Erzeugnis, das bis gestern anstandslos lief, heute den Vorschriften nicht mehr genügt und sich nicht mehr mit marktgerechten Mitteln umbauen läßt. Wohl gibt es bei tiefergehenden gesetzlichen Einschnitten eine mehrjährige Schonfrist, doch reicht diese oft nicht aus, um ein Produkt umzustellen.

Der Ingenieur fragt sich oft: "Wozu das alles?" - fühlt er doch neben den physikalischen Grenzen dadurch noch eine Unmenge zusätzlicher Schranken, durch die hindurch er sein Gerät kaum noch zu erkennen vermag. Nur müssen wir auch eingestehen, daß es sowohl in der Technik wie bei unserem täglichen Zusammenleben ohne gemeinsam anerkannte Richtlinien nicht geht. Brauchte der Ingenieur sein Produkt nicht zu *verkaufen* und würde nur er es benutzen, so wären an allen Maschinen mit Gewißheit höhere Sicherheiten zu finden; denn auch unter den Ingenieuren sind so wenig Harakiri-Anhänger zu suchen wie unter den Drahtseilartisten. Ebenso wäre es sozial-romantisch zu glauben, unter den Menschen gäbe es keine Wölfe, hätte nur jeder genug zu essen. So wie es immer wieder Menschen gibt, die für sich die schon allgemein gültigen Gesetze nicht als existent ansehen, würde die alleinige Existenz humaner oder moralischer Gesichtspunkte einer aufkommenden Risikofreude auf Kosten anderer wohl nicht sehr im Wege stehen. So ist die oft beklagte Gesetzes-, Vorschriften- und Regelflut ein Spiegelbild unserer eigenen Unvollkommenheit, die zu ertragen allerdings leichter wäre, wären die Väter der Gesetze nicht von unserer Welt - das heißt, unsere Verhaltensregeln wären in der Gesamtheit vernünftiger und vollkommener.

Im Rahmen eines solchen Buches ist es einfach unmöglich, auch nur andeutungsweise die Vorschriften zu interpretieren - eine tabellarische Aufstellung der wichtigsten zu beachtenden Vorschriften siehe Tabelle 6.39. Es ist jedoch mehr als empfehlenswert, sich mit den Regeln zu befassen, und zwar frühzeitig. Gerade auf diesem Gebiet muß der Ingenieur es lernen, mehr zu agieren und nicht zu reagieren. Eingestandenermaßen ist die Mitarbeit in Kreisen, die solche Vorlagen erarbeiten, für einen kreativen und agilen Menschen oft mehr als nervtötend; noch anstrengender ist es jedoch nachzuweisen, daß eine vorhandene Richtlinie besser wieder zurückgezogen würde.

3.1.5 Steifigkeit, Erschütterungsfreiheit und Geräusche

Obwohl die drei Faktoren äußerst unterschiedliche Ausgangs- und Beeinflussungspunkte haben, sind sie hier in einem Abschnitt zusammengefaßt, weil die Auswirkungen oft zu den gleichen Beschwerden führen - die Anlage 'rappelt', ist laut, ist schwingungsgefährdet - kurzum, der Betrieb wird als ausgesprochen unangenehm empfunden.

Da das Einzeltriebwerk freie Kräfte und Momente hat, kann erst durch die rechte Zusammenfassung mehrerer Zylinder ein Ausgleich geschaffen werden, das heißt aber nicht, daß die Maschine auch frei ist von inneren Kräften und Momenten - hier ist die Steifigkeit des Kurbelgehäuses und der Kurbelwelle von Bedeutung. Es gibt aber auch Zusammenfassungen von Zylinderzahlen, die keinen vollkommenen Massenausgleich erlauben, das heißt, in diesem Fall kann die Maschine nur in Verbindung mit ihrem Fundament (Rahmen) als Einheit gesehen werden. Da das menschliche Ohr für Frequenzen zwischen 16 und 16 000 Hz empfindlich ist, machen sich alle schwingenden Bewegungen, die in diesem Bereich liegen, auch als unliebsame Geräusche bemerkbar - wobei auch eine äußerlich (optisch) vollkommen schwingungsfrei erscheinende Maschine natürlich noch Geräusche abstrahlt.

Daß es keine starren Bauteile gibt, wird uns nicht nur durch das Beispiel von der Mücke auf dem Eiffelturm veranschaulicht. Jedes Stück Materie verändert seine Gestalt, sofern es belastet wird, entweder für uns sichtbar wie bei Gummiteilen oder weniger sichtbar wie bei Stahlteilen. Daß aber auch Stahlteile sich kräftig verformen können - nicht nur beim ungewollten Zusammenbruch eines Brückenbauwerkes -, erkennen wir z. B. aus dem Ausschlag des Eiffelturmes unter Windlast (2 m), bemerken wir beim Gang über eine Stahlbrücke während des Vorüberfahrens eines Lkws und sehen wir beim Betrieb eines Motors auf einem "starren" Schiffsfundament. Der Elastizitätsmodul E des Werkstoffes gibt das Maß der Nachgiebigkeit des Werkstoffes an. Kraftumleitungen u. a. m. erhöhen die Weichheit einer Konstruktion merklich.

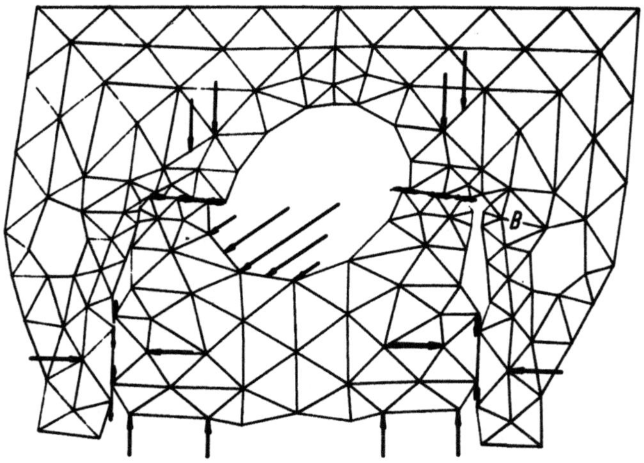

Abb. 3.69: Verformung eines Motorenquerschnittes unter der Gaskraft

Man tut gut daran, sich schon frühzeitig daran zu gewöhnen, in Verformungen zu denken, sie sind die primären Reaktionen auf äußere Kräfte und Momente. Ist die Verformung eines Bauteiles bekannt, so bedarf es nur noch einer Transferierung in Spannungen, um die für die Konstruktion kritische Stelle zu finden. Der gedankliche Übergang von Verformung in Spannung ist erheblich leichter, als sich aus einer gemessenen Spannungsverteilung ein Bild über die Verformung zu machen. Da wir Maschinenbauingenieure von der Ausbildung her in der Vorstellung von Verformungen wenig geübt sind und immer auf dem kürzesten Wege versuchten, das Kriterium Spannungen in den Griff zu bekommen - es sei denn, wir haben in der Mechanik besonders gut aufgepaßt -, so helfen sich viele Ingenieure mit Gummimodellen, und dies ist bei den oft preiswerten, selbstaushärtenden Kautschukmassen nur zu empfehlen. Der üblichere Weg ist jedoch heute die Verwendung von Finiten-Element-Programmen. Wenn man nur die Verformung eines Bauteiles untersuchen will, kommt man, da keine allzu feine Aufteilung notwendig ist, mit relativ wenigen Elementen aus (Abb. 3.69) und erreicht damit auch kurze Rechenzeiten des Computers. Das Verformungsbild zeigt alle wichtigen Veränderungen unter den Belastungen; das Gefühl über den Einfluß verschiedener Maßnahmen wird durch den Umgang mit FE-Programmen maßgeblich gestärkt. Allein aus diesem Grunde sollte man jedem Konstrukteur die Gelegenheit geben, seine oft emotionellen Entschlüsse mit derartigen Hilfsmitteln zu prüfen; denn in den meisten Fällen sind die Zusammenhänge so heterogen, daß man den quantitativen Einfluß - wenn man den qualitativen schon zu kennen glaubt - einzelner Maßnahmen und deren Überlagerungen nur schwer abzuschätzen weiß.

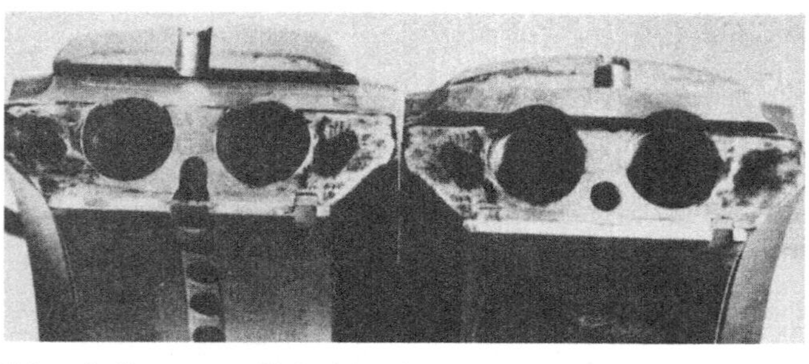

Abb. 3.70: Verschleiß einer Trennfuge

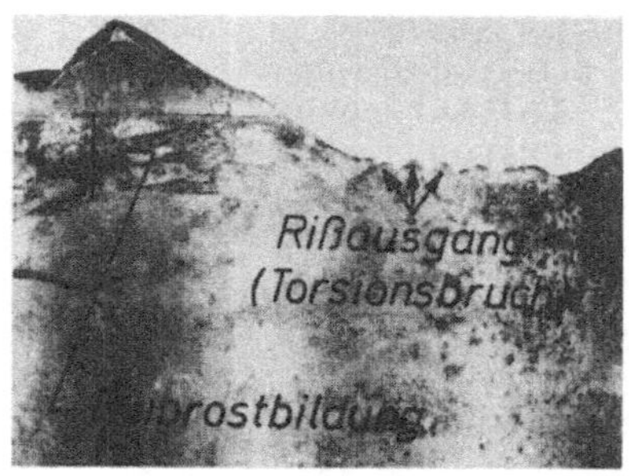

Abb. 3.71: Torsionsbruch, ausgehend von einer reibkorrodierten Oberfläche

Bewegung von Bauteilen gegeneinander unter Kräften und Momenten bedeutet aber nicht nur Verschleiß an den Bauteilgrenzen (Abb. 3.70), sondern gegebenenfalls auch den Bruch infolge Reibrostbildung oder Schwingkorrosion (Abb. 3.71).

Benutzen wir den Motorblock als tragenden Rahmen zwischen dem Getriebegehäuse und der Vorderachse eines Radschleppers (Abb. 3.72), so muß der Motorblock nicht nur

Abb. 3.72: *Landwirtschaftlicher Schlepper in Blockbauweise*

erhebliche Belastungen ertragen, sondern darf sich nur sehr wenig verformen, damit z. B. die Zylinderrohre rund bleiben, und muß steif sein, damit der Schlepper keine Biegeschwingungen macht. Das gleiche gilt, wenn man z. B. einen 6-Zylinder-Reihenmotor freifliegend an ein Gerät anflanscht. Noch kritischer wird dieser Fall, wenn man ein großes Gegengewicht für einen Kran oder Lader an der Stirnseite eines so geflanschten Motors anbringt.

Unter den inneren Kräften und Momenten bewegt sich der Motorblock zwangsläufig in sich, so daß bei zu schwachen Konstruktionen nicht nur Brüche an dem Kurbelgehäuse, sondern auch an angeschlossenen Bauteilen, wie Zylinderkopfblöcken oder Ölwannen und in Extremfällen auch an Kurbelwellen, vorkommen können. Wichtig ist, daß bei diesen Bewegungen eine vorgegebene Gestalt einigermaßen erhalten bleibt, z. B. die Zylinderrohrform oder die runde Form der Gleitlagerungen. Von großem Interesse in Verbindung mit der Gleitlagerberechnung ist deshalb die Verformung des Lagerkörpers infolge der äußeren Belastungen.

In Verbindung mit der immer vorhandenen Bauteilmasse ergibt jede Elastizität aber ein schwingungsfähiges System, was sich vielfältig bemerkbar macht, wie fast jeder von seinem Automobil weiß. Infolge des inneren Biegemomentes, der freien Kräfte und Massenmomente sowie des Wechseldrehmomentes erwartet man dabei für jeden Motortyp nur Schwingungen ganz bestimmter Ordnungszahlen. So kann man die Gestelldurchbiegung oder das Schwingen des Motors in der Hauptkritischen des Wechseldrehmomentes mit Sicherheit an jeder Maschine messen. Ebenso kann man jedoch - wider Erwarten - an vielen Anbauteilen Schwingungen messen, die mehr oder minder auf ein Resonanzverhalten hindeuten, obwohl diese Teile eigentlich aus dem Motor keine Anregungen der gemessenen Ordnungszahlen erfahren dürften; das sind vor allem bei sämtlichen Motorbauvarianten Schwingungen der Ordnungszahlen 3 bis 6.

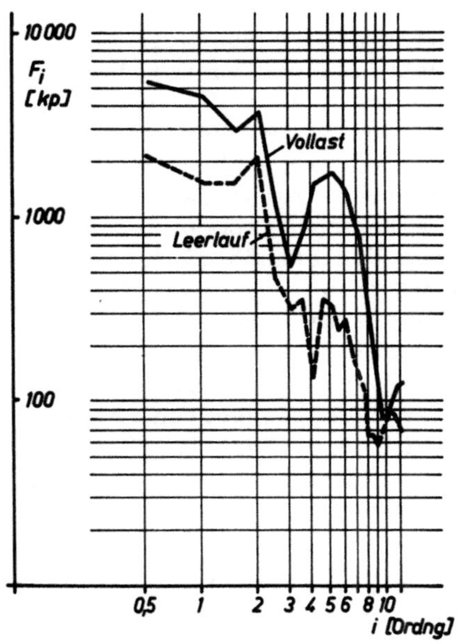

Abb. 3.73: *Harmonische Analyse einer Grundlagerkraft*

Analysiert man nun z. B. den Lagerkraftverlauf eines Grundlagers, so erkennt man aus Abb. 3.73, daß gerade diese Ordnungen relativ stark erregt sind. Zwar sind die Bewegungen des Motorengestelles dabei nur sehr gering (0,1 - 1 µm), doch genügen diese zur Anregung eines Schwingers in Resonanznähe (Weganregung). Wegen der vielfältigen Anregungen des Verbrennungsmotors geraten oft auch relativ fest verschraubte Bauteile am Motor in resonanzartige Bewegungen: Leitungen, Manometer, Kühler, Filter, aber auch Abdeckungen und Hauben zeigen nach einiger Zeit Anrisse oder beginnen zu klappern.

Ähnlich ist es mit der Schallausbreitung. Vor allem ebene, unversteifte Flächen neigen zu lautsprecherartigen Plattenschwingungen. Gerade ein mißverstandener Leichtbau kann hier erhebliche Geräuschfaktoren produzieren.

Neben den Triebwerksschwingungen sind typische Beispiele für Schwingungen in Verbindung mit Verbrennungskraftmaschinen die auf sogenannten "starren" Fundamenten aufgestellten Motoren in Schiffen, Baggern und anderen Eisenkonstruktionen. Selbst

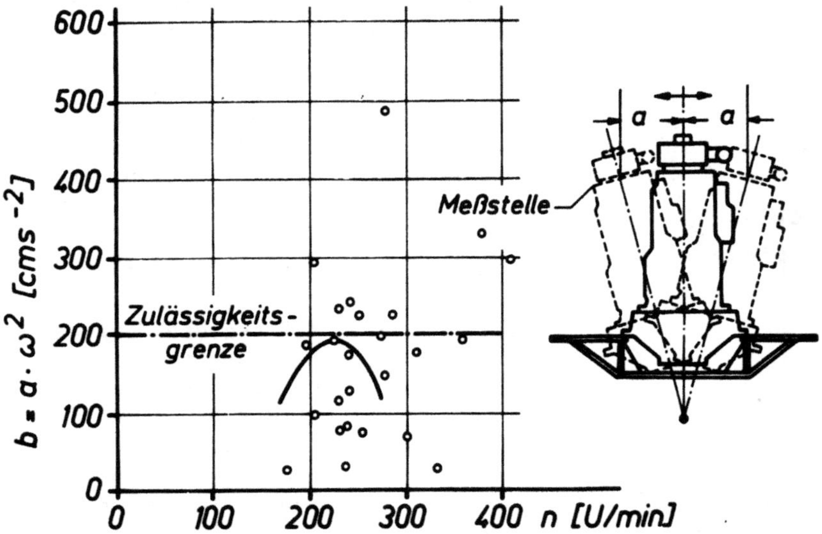

Abb. 3.74: Schwingungen eines Motors auf einem "starren" Fundament

beim Einbau immer des gleichen Motortypes können sich die Aggregate untereinander sehr verschieden verhalten, weil im Rahmen des Zusammenbaues so viele Elastizitäten zum Tragen kommen können, daß die Eigenschwingungszahlen weitgehend variieren. Resonanzstelle und Ausschlaggröße streuen dann dementsprechend (Abb. 3.74). Ein möglicher Ausweg ist in der Regel die elastische Aufstellung der Verbrennungskraftmaschine, wobei durch die ausreichende Elastizität der Elemente die Eigenschwingungszahl so tief gelegt wird, daß diese unterhalb der niedrigsten Betriebsdrehzahl liegt und somit der gesamte Drehzahlbereich resonanzfrei ist (überkritischer Betrieb Abb. 3.75).

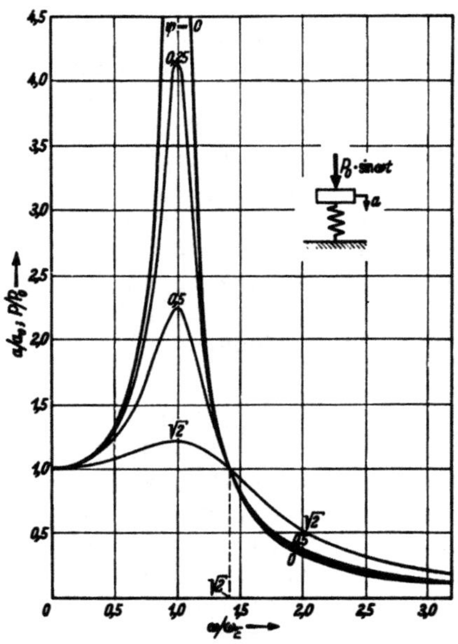

Abb. 3.75: Überkritischer, resonanzfreier Betrieb eines Motors auf elastischer Lagerung

Es gibt Einsatzfälle, in denen auf die Erschütterungsfreiheit besonderer Wert gelegt werden muß, z. B. bei Aggregaten in Krankenhäusern oder im Wohnbereich, aber auch für den militärischen Einsatz. Ebenso ist im Schiffseinbau die Wahl des "richtigen" Motors von entscheidender Bedeutung, da die Kraftäußerungen der Verbrennungskraftmaschine in der geschweißten Stahlhülle weit als Erschütterungen fortgetragen werden. Durch die Auswahl einer erschütterungsarmen Motorvariante kann man hier aber schon weitgehend Abhilfe schaffen. Deshalb ist der Vorzug den Motoren zu geben, die keine freien Massenkräfte und Massenmomente besitzen. Das Wechseldrehmoment des Motors, das sich bei endlichen Massen in einer ungleichförmigen Drehbewegung des Antriebes ausdrückt, geht als Reaktionsmoment in das Fundament. Die Größe des Ungleichförmigkeitsgrades ist durch die Zylinderzahl u n d die Schwungradgröße, das Wechseldrehmoment jedoch allein durch die Zylinderzahl und den Verbrennungsablauf zu beeinflussen. Hohe Auswuchtgüten verbessern die Standruhe des Motors, was insbesondere bei elastisch gelagerten Motoren von Bedeutung sein kann, um nicht Erregungsfrequenzen 1. Ordnung in die Lagerung einzuleiten, für die sie vielleicht unzureichend ausgelegt ist. Über die Auswuchtgüten gibt die VDI-Richtlinie 2060 Auskunft. Eine hervorragende Zusammenstellung hat FEDERN /23/ gegeben.

Will man einen Motor verwenden, der nicht frei von Kraft- und Momentwirkungen ist und sind Anforderungen hinsichtlich Geräusch- und Erschütterungsarmut zu erfüllen, so wählt man in der Regel eine elastische Lagerung (Abb. 3.76), die den Motor über elastische Elemente (meistens Gummi, aber auch Stahlfedern) von dem Fundament abkoppelt.

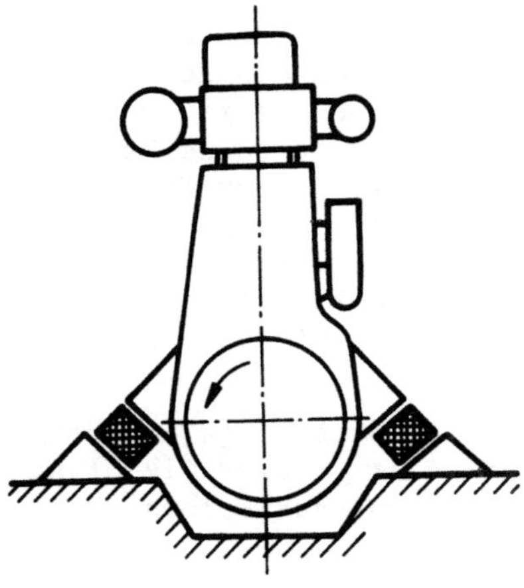

Abb. 3.76: *Elastisch gelagerter Motor*

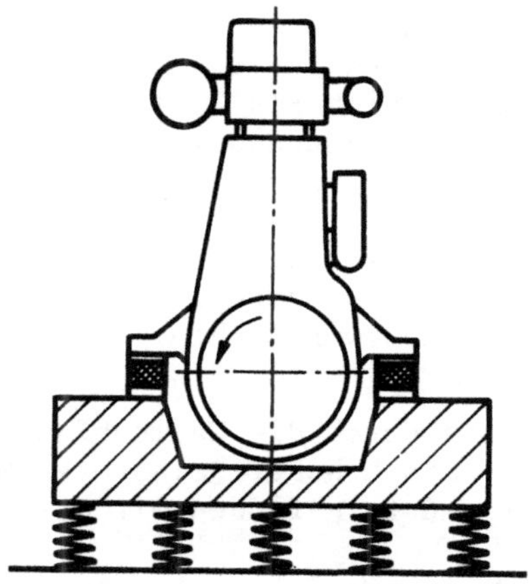

Abb. 3.77: *Doppelt elastische Lagerung*

Während des Anlaßvorganges, bei Beschleunigungen, bei Fehlzündungen und falscher Einstellung macht ein solcher Motor jedoch auch dann noch große Ausschläge im Betriebsdrehzahlbereich. Besonders hohen Ansprüchen hinsichtlich Erschütterungsfreiheit der Umgebung wird oft durch eine "doppelt elastische Lagerung" entgegengekommen (Abb. 3.77), wobei das Zwischenfundament mindestens 50 % des Aggregatgewichtes sein sollte. Die beste elastische Lagerung taugt jedoch nichts, wenn die Anlage nicht konsequent durchdacht ist. Dazu gehört nicht nur die gekonnte Aufstellung der Verbrennungskraftmaschine, sondern auch die sinngemäße Auswahl der anderen Anlagenteile. Eine unglücklich gewählte Schiffsschraube, ein starr befestigter Auspufftopf u. a. m. verderben oft die schönsten Intuitionen und bringen die elastische Lagerung mit ihren Vorzügen in Verruf.

Aus dem Vorgenannten kann man ersehen, daß man in den meisten Fällen den Motor nicht separat für sich betrachten darf, sondern nur eingebettet in seiner Umgebung. Die Diskussionen anläßlich der Vorstellung von 5-Zylinder-Reihenmotoren im Pkw-Einsatz geben ein lebendiges Zeugnis davon, obwohl allen Interessenten seit Jahrzehnten bekannt ist, daß der alte, so bewährte 4-Zylinder-Reihen-Motor aus schwingungstechnischer Sicht so ungefähr das Übelste ist (große Massenkräfte 2. Ordnung), was man verwenden kann. Man hat aber gelernt, mit ihm zu leben und seine Tücken zu beherrschen. Ein aus Unwissenheit erfolgter starrer Einbau eines solchen Motors würde ein Gerät praktisch unverkäuflich machen.

Wenn man aber kritischen Eigenarten entkommen will, muß man sie kennen. Die Unkenntnis über das Verhalten von bestimmten Motorvarianten erzeugt dann auch in der Praxis den größten Ärger, weswegen die Kenntnis über freie Kräfte und Momente einschließlich der Wechseldrehmomente nicht nur für den Motorenkonstrukteur, sondern in erhöhtem Maße für den Anwender, d. h. den Anlagenbauer von höchstem Interesse sein müßte.

Zu den Geräuschen sei hier nur noch vermerkt, daß sie in vielen Fällen zwar vom Motor verursacht, aber von ihm nicht direkt als Luftschall abgestrahlt werden. Im System mit geringer Dämpfung kann die Anregung als Körperschall über weite Strecken fortgetragen werden und erst an einer Stelle, an der eine Wand wie eine Membran in Eigenschwingungen versetzt wird, als Luftschall in Erscheinung treten. Ein "Verstimmen" des Resonators (Versteifen der Wand) bringt oft die einfachste Lösung.

Die Suche nach einem vibrationsfreien Motor ist sinnlos und entspricht der Suche nach dem 'perpetuum mobile'. Der Nachweis, daß ein anderer Motor besser ist, weil er in dem gleichen Gerät die beanstandeten Mängel nicht hervorruft, gelingt nur, wenn das Erregungsspektrum ein anderes ist und somit den betreffenden störenden Resonator nicht in Eigenschwingungen versetzt.

3.1.6 Kühlungsarten

Die den heißen Brennraum umgebenden Bauteile (Zylinderkopf, Zylinderrohr und Kolben) bedürfen einer intensiven Kühlung. OTTO verwandte für den Zylinder Wasser als Kühlmedium, und dabei ist es in der Mehrzahl der Verbrennungskraftmaschinen bis heute geblieben. Wasser hat ein gutes Wärmeaufnahmevermögen (spezifische Wärme), erreicht hohe Wärmeübergangszahlen zwischen Wand und Kühlmedium, ist in der Regel billig und fast überall erhältlich. Es ist also kein Wunder, wenn wir diese Kühlungsart sehr verbreitet finden. Nun hat die Wasserkühlung aber auch einige Nachteile. Nicht jedes Wasser eignet sich als Kühlmittel gleich gut, und es ist - zumindest im Fahrzeug - nicht in ausreichender Menge vorhanden, um eine reine Wasserkühlung zu verwirklichen. Das Wasser wird deshalb durch einen Luft-Wasser-Wärmetauscher rückgekühlt. Es bedarf deshalb keiner großen Phantasie, die Luft direkt als Kühlmedium einzusetzen. Wegen des schlechteren Wärmeübergangskoeffizienten muß man jedoch die Kühlfläche am Motor selbst erheblich vergrößern - eine Kühlfläche, die wir sonst im Luft-Wasser-Kühler verwirklichen. Dies hat natürlich auf die bauliche Ausführung Konsequenzen.

Der Kolben wird in erster Linie durch die Wärmeabfuhr über die Kolbenringe und den Kolbenschaft gekühlt. Bei thermisch höher belasteten Maschinen tritt eine Ölkühlung hinzu, und bei sehr großen Baumustern finden wir die Wasserkühlung des Kolbens.

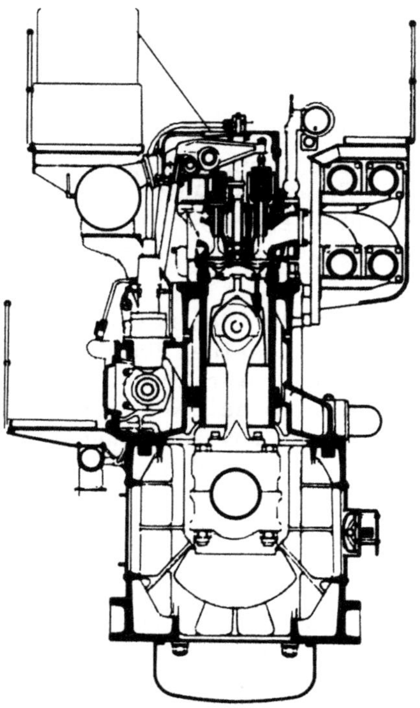

Abb. 3.78: Wassergekühlter Motor

3.1.6.1 Die Wasserkühlung

Bei einem wassergekühlten Motor wird das Kühlwasser mittels einer Umwälzpumpe durch die zu kühlenden Partien von Zylinderrohr und Zylinderkopf gepumpt (Abb. 3.78). Durch geschickte Anordnung der Wasserführung wird erreicht, daß thermisch hochbeanspruchte Teile (Stege zwischen den Ventilen, Zylinderrohrkragen) besonders intensiv gekühlt werden.

Eine Sonderbauart der Wasserkühlung stellt die Ausnutzung der Verdampfungswärme des Wassers (≈ 2250 kJoule pro Liter Wasser) dar.

3.1.6.1.1 Die Verdampfungskühlung

Die Siedekühlung eines offenen Kühlsystems nützt die Verdampfungswärme des Kühlwassers (2258 kJ/kg bei 100 °C) zur Kühlwirkung. Je nach Kraftstoffverbrauch und Anteil der durch das Kühlwasser abzuführenden Wärme benötigt man 1 bis 3 l Wasser pro kWh. Diese Kühlung wurde in früheren Zeiten oft angewandt (Abb. 3.79).

3.1.6.1.2 Die Rohwasserkühlung

Bei der Rohwasserkühlung wird das durch die abgeführte Wärme um Δt Grad erwärmte Kühlwasser z. B. in den Fluß zurückgepumpt. Da das Rohwasser in der Regel nur auf einem niedrigen Temperaturniveau (max. 35 °C) vorliegt und der Temperatursprung zwischen Kühlwasserauslaß nicht zu hoch gewählt werden darf (nur 20 °C), will man die thermischen Spannungen nicht über Gebühr anwachsen lassen, so werden rohwassergekühlte Motoren praktisch immer kalt gefahren. Die auch als Rohwasserkühlung bezeichnete Mischkühlung (Abb. 3.80) wird

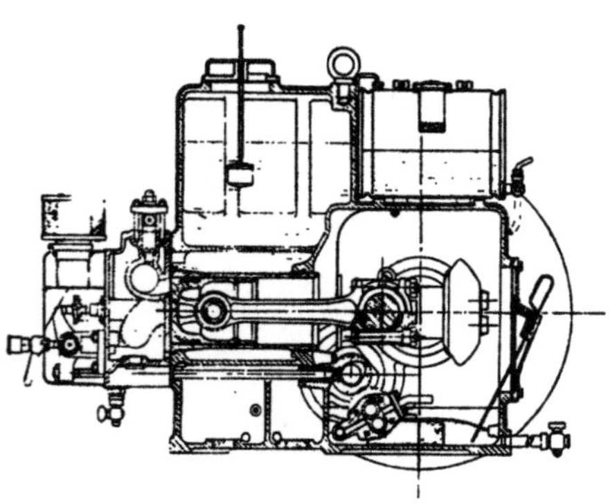

Abb. 3.79: Motor mit Verdampfungskühlung

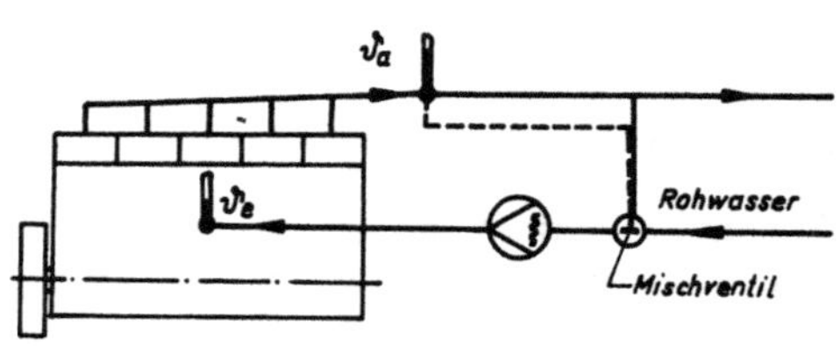

Abb. 3.80: Rohwasser-Mischkühlung

erheblich öfter angewandt. Hier wird einem Kreislauf immer nur so viel Kaltwasser zugegeben und Warmwasser abgezogen, wie zur Erhaltung eines vorgegebenen Temperaturniveaus notwendig ist. Bei Seewasser muß man aber auch dann den Motor "kalt" fahren, weil die Wassertemperaturen 50 - 55 ^0C wegen des Korrosionsangriffes nicht übersteigen sollten. Zudem kann man bei dieser Kühlungsart keine Korrosions- und Kavitationsschutzmittel zusetzen, da diese mit dem Warmwasser abfließen würden, was nicht nur teuer, sondern auch nach den Umweltschutzbestimmungen unzulässig ist.

3.1.6.1.3 Die Umlaufkühlung

Die Umlaufkühlung hat dagegen einen geschlossenen Kreislauf, der den Zusatz von Schutzmitteln erlaubt. Im Primärkreislauf wird das Kühlwasser durch den Motor und einen Rückkühler gepumpt. Dieser Wasser-Rückkühler kann ein Luft-Wasser-Kühler sein (Abb. 3.81), wie in einem Fahrzeug, oder einem Wasser-Wasser-Kühler (Abb. 3.82) wie

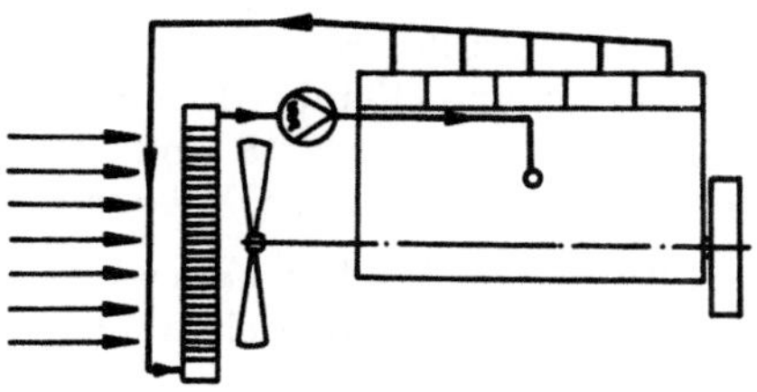

Abb. 3.81: Luft-Wasser-Kühleranlage

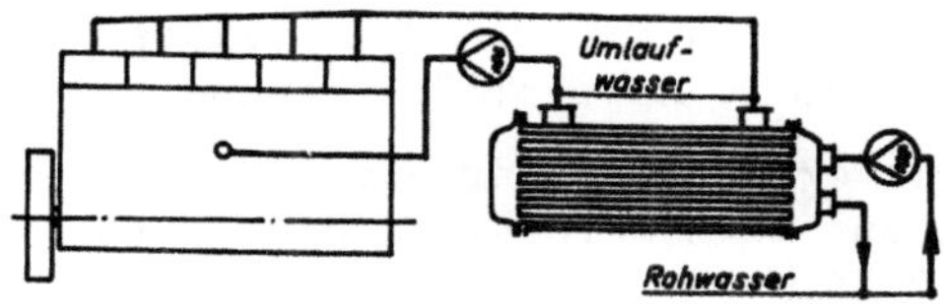

Abb. 3.82: Wasser-Wasser-Kühleranlage

bei fast allen Schiffen. Die Kühlluft des Sekundärkreislaufes wird durch Lüfter und/oder Fahrtwind durch die Kühlerlamellen gesogen, das Rohwasser des Sekundärkreislaufes durch den Wasserkühler gepumpt. Zur Regelung gibt es diverse Schaltungen, auf die hier nicht besonders eingegangen werden soll. Ein Sonderfall der Umlaufkühlung ist die Außenhautkühlung, bei der die Außenhaut des Schiffes unterhalb der Wasserlinie zum Wärmeaustausch herangezogen wird.

3.1.6.1.4 Die Überdruckkühlung

Wenn der Kühler und der Vorratsbehälter unter atmosphärischem Druck stehen (offenes Kühlsystem), ist der Zustand des Kühlmediums durch den Außenzustand bestimmt. Diese Bauart wird bei den meisten Kraftfahrzeugmotoren angewendet. Wegen der Siedetemperatur des Wassers von 100 ^0C (373 K) ist die Kühlmitteltemperatur begrenzt. Die Kühlergröße ergibt sich aus dem Temperatursprung zur Kühlluft.

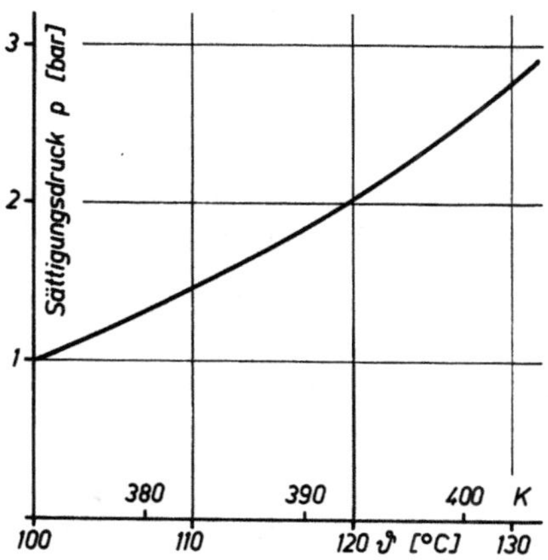

Abb. 3.83: Sättigungsdruck von Wasser

So wie das Wasser auf den Bergen bei niederen Temperaturen siedet, kann man umgekehrt die Umwandlungstemperatur flüssig-dampfförmig des Wassers durch erhöhten Druck im geschlossenen Kühlsystem heraufsetzen (Abb. 3.83).

Da der Kühlmitteldruck im Bereich des Motors durch die Wirkung der Umwälzpumpe immer größer ist als der Dampfdruck (Überdruck in der Kühlanlage 1 ... 2 at), tritt am Motor nur wenig Dampfbildung auf. Der Vorteil der Überdruckkühlung liegt in der durch Erhöhung der Kühlmitteltemperatur (bei Wasser z. B. 120 ^0C) erreichten Verkleinerung des Kühlers, ihr Nachteil in der schwierigen Abdichtung und dem etwas geringeren Wärmegefälle im Motor. Sie wurde viel bei Flugmotoren verwendet. Auch bei den Kraftfahrzeugen finden wir einen gewissen Überdruck im Kühlsystem, wie jeder, der nach einer forschen Fahrt die Kühlerverschraubung geöffnet hat, bemerkt haben wird - nur reicht dieser Druck nicht aus, die

Siedegrenze maßgeblich zu erhöhen.

3.1.6.1.5 Die Heißkühlung

Eine Sonderform ist die sogenannte Heißkühlung, bei der das Wasser durch hochsiedende Kühlmittel, meist Glykol (Siedetemperatur 180 °C), ersetzt wird. Diese Art der Kühlung wurde oft bei flüssigkeitsgekühlten Flugmotoren angewandt. Die Nachteile dieser Kühlung liegen in der gegenüber Wasser kleineren Wärmeübertragung infolge der niedrigen spezifischen Wärme, der geringen Wärmeleitfähigkeit und der hohen Viskosität des Glykols, weswegen sie für den Alltagsgebrauch heute kaum mehr verwendet wird.

3.1.6.2 Die Luftkühlung

Schon die Ingenieure der Frühzeit des Motorenbaues haben sich Gedanken gemacht, ob man den Umweg über ein separates Kühlaggregat nicht sparen könnte - der Weg zum luftgekühlten Motor. Die erste Verbrennungskraftmaschine mit Luftkühlung dürfte der 1881 von FOREST konstruierte Motor gewesen sein. Dieser Motor hatte dünne Blechscheiben, die in engen Kontakt mit dem Zylinder gebracht waren. Auch LENOIR und DAIMLER (DRP 34926 vom 3. April 1885) beschäftigten sich mit luftgekühlten Motoren.

DAIMLER erwähnt als erster die Verwendung eines Gebläses. Um den Zylinder legte er einen Blechmantel zur Luftführung. In dieser Zeit war die Luftkühlung jedoch noch nicht reif, so daß DAIMLER zur Kühlung mit Wasser überging.

Abb. 3.84: Motorradmotor

Die Luftkühlung blieb auch in späterer Zeit trotz vieler Ansätze zunächst den Motoren kleinerer Leistung vorbehalten. Um die Jahrhundertwende war sie in diesem Bereich in vielen Ausführungen bereits eingeführt. Als Vorteil galt die Einfachheit des Betriebes.

Bis in die heutige Zeit sind luftgekühlte OTTO-Motoren bekannt und beliebt, seien es der 'Käfer-Motor' von Ferdinand PORSCHE oder die unzähligen, zum Teil sehr hoch belasteten, Motoren aus der Zweiradindustrie (Abb. 3.84).

Der erste schnellaufende Dieselmotor mit Luftkühlung wurde 1927 von Austro-Daimler gebaut (20 PS bei 1900 U/min) - Abb. 3.85. Auch Krupp ging von den luftgekühlten OTTO-Motoren zum luftgekühlten DIESEL-Motor über (1933: 55 PS bei 2300 U/min). Wissenschaftliche Untersuchungen zur Luftkühlung dürften bis in die Mitte der 30er Jahre nur wenig gemacht worden sein. Eine erste Untersuchung mit ausführlichen Versuchsberichten lieferten 1931 MARKS und DORMANN in den SAE-Transactions. Die in dieser Zeit gewonnenen Erkenntnisse wurden im wesentlichen im Bereich der Flugtriebwerke erzielt und dort auch angewandt. So entstand 1937 ein 8-Zylinder-Sternmotor (80 mm Ø, 100 mm Hub, Abb. 3.86). Hieraus entwickelte sich in den letzten Kriegsjahren (1942 - 1943) der erste in Serie gebaute luftgekühlte DIESEL-Motor (Abb. 3.87), der als Basis aller nachfolgenden luftgekühlten Motoren angesprochen werden kann. Die schon bei dem Kühlersystem genannte große luftseitige Fläche zum Austausch der notwendigen

Abb. 3.85: Luftgekühlter Austro-Daimler-Diesel

Abb. 3.86: Luftgekühlter 8-Zylinder-Sternmotor

Abb. 3.87: Erster, in Serie gebauter luftgekühlter Dieselmotor

Wärmemengen wird durch stark verrippte Zylinderköpfe und Zylinderrohre erreicht (Abb. 3.88).

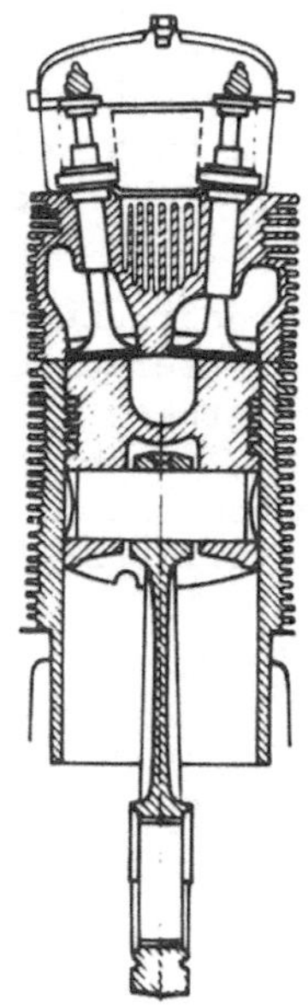

Abb. 3.88: Kühlluftrippen

Die Luftkühlung erspart jedoch nicht nur den Umweg über den Kühler - entgegen der Ingenieurerwartung ist der "einfache" Motor wegen der komplizierteren Bauteile eher teurer als billiger in der Herstellung -, sondern hat auch noch einige andere positive Eigenschaften. Sie ist stets einsatzbereit, bedarf keiner Kühlwasserpflege, und das Kühlsystem kann auch nicht auslaufen oder der Inhalt verdunsten. Sogar in Booten kann sich der luftgekühlte Motor sehr bewähren, wenn das Fluß- und Hafenwasser durch Abwässer oder andere schwimmenden Güter (Tang, Algen) stark verschmutzt sind. Da es jedoch in der Technik nicht nur Vorteile gibt, ist zu berücksichtigen, daß stark verschmutzte Luft (Zementwerke, Staub in Landmaschinen u. a. m.) in ungefiltertem Zustand kein geeignetes Kühlmittel ist. Die Ansprüche an die Reinhaltung der Kühlkanäle wachsen, je höher die spezifischen Kenndaten der Maschine sind.

3.1.6.3 Die Kolbenkühlung

Wie man aus dem Isothermenbild eines Kolbens (Abb. 3.89) erkennt, wird der Großteil der in den Kolbenboden einfallenden Wärme über die Kolbenringe an das gekühlte Zylinderrohr abgeleitet. Ein kleinerer Teil wird über den Kolbenschaft an das Zylinderrohr abgegeben und von dem umherfliegenden Öl von der Kolbenunterseite abgenommen. Mit wachsender thermischer Beanspruchung des Kolbens muß man jedoch auch zu einer intensiveren Kühlung übergehen. Bei kleineren Motoren bedient man sich einer Spritzkühlung, bei der Schmieröl über den Pleuelstangenkopf oder eine separate Spritzdüse auf die Kolbenbodenunterseite gespritzt wird. Bei größeren Kolbendurchmessern reicht dies nicht aus, man verwendet Rohrschlangen und Shakerräume, die über die Pleuelstange, Spritzdüsen oder auch Posaunen mit Kühlöl versorgt werden. Bei Hochauflademotoren werden "gebaute" Kolben verwandt, die ebenfalls mit Kühlöl aus dem Schmierölkreislauf versorgt werden (Abb. 3.90). Bei Kreuzkopfmotoren finden wir auch wassergekühlte Kolben (Abb. 3.91). Die Geradführung erlaubt eine saubere Trennung von Kühlwasser und Schmieröl. Die größere spezifische Wärme des Kühlwassers ermöglicht eine ausreichende Kühlung auch der großen Kolben von 1 m Durchmesser und mehr.

3.1.7 Betriebsverhalten und Aufladung

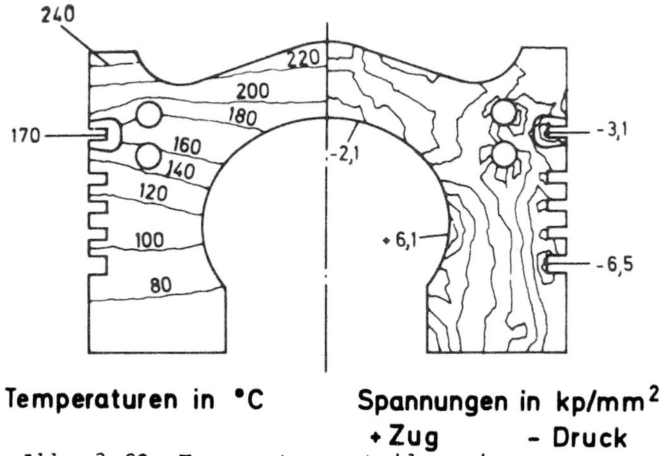

Abb. 3.89: Temperaturverteilung in einem Kolben

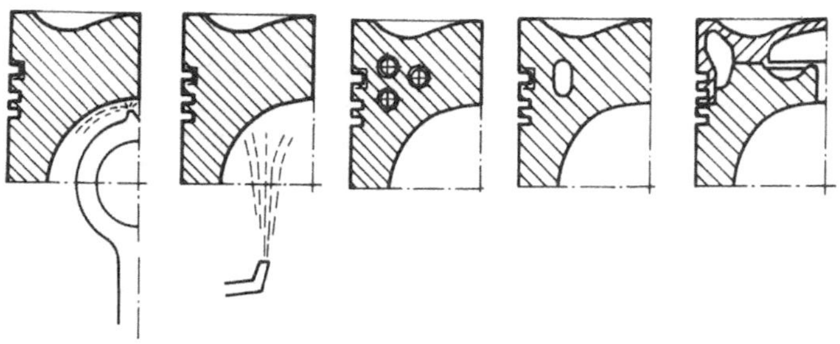

Abb. 3.90: Verfahren zur Kühlung des Kolbens

Wie aus Abschnitt 2.1.2 zu ersehen ist, ist der mögliche Kraftstoffeinsatz eng an die zur Verfügung stehende Luftmenge im Zylinder gebunden. Man versucht deshalb, durch Druck das Ladungsgewicht zu erhöhen. Dies kann man durch mechanisch angetriebene Verdichter, wie z. B. Kapselgebläse, Schraubenverdichter oder Radial- bzw. Axial-Verdichter, erreichen.

Nachteilig ist bei allen diesen Fällen, daß die Verdichterleistung durch schon gewonnene mechanische Energie gedeckt werden muß. Deshalb hat sich im Verbrennungskraftmaschinenbau seit BUCHT der Abgasturbolader durchgesetzt. Bei diesem Verfahren wird die im Abgas ausgestoßene Energie in einer Abgasturbine ausgenutzt, um ein Verdichterrad anzutreiben (Abb. 3.92 - siehe auch Abschnitt 3.9).

Höhere Aufladedrücke als 3,6 bis 4 für mittlere spezifische Drücke größer 20 - 22 bar können z. Z., wegen der begrenzten Druckhöhe des einzelnen Verdichterrades eines Turboladers, nur durch zwei hintereinander geschaltete Turboladergruppen erreicht werden, wobei die erste meist im Stoßbetrieb, die

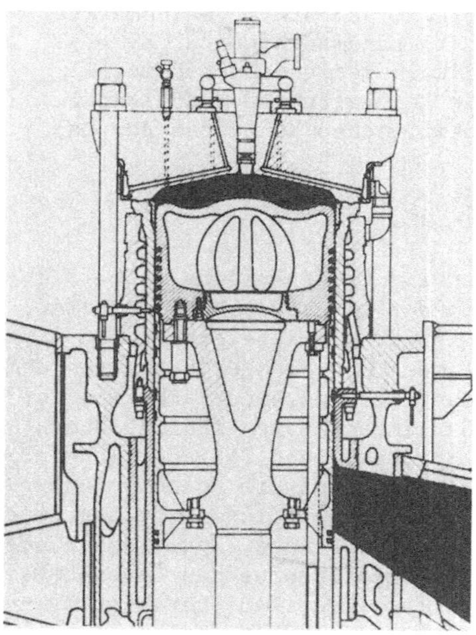

Abb. 3.91: Wassergekühlter Kolben eines Großmotors

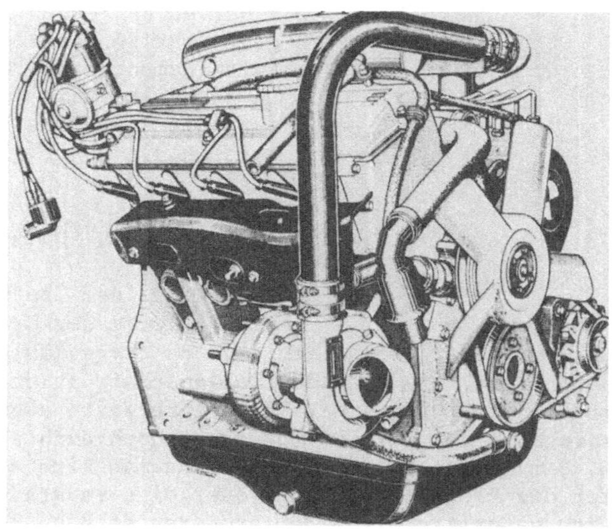

Abb. 3.92: Aufladesystem eines Pkw-OTTO-Motors

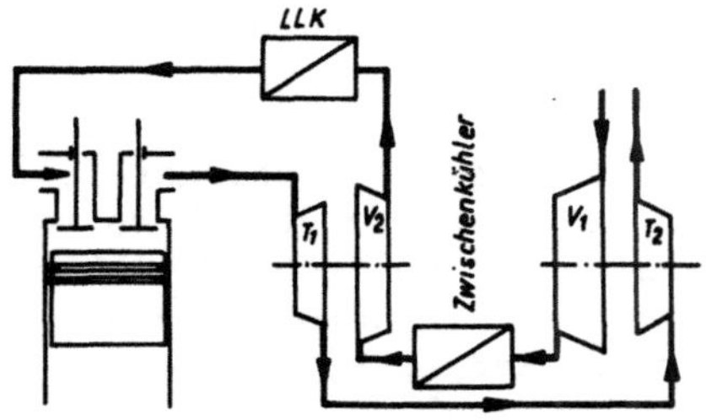

Abb. 3.93: Zweistufenaufladung

zweite im Staubetrieb arbeitet (Abb. 3.93).

Der Aufladebetrieb hat jedoch einige Einflüsse auf das Betriebsverhalten eines Motors, was nicht verschwiegen werden sollte; denn die Verdichterkennfelder erzwingen einen Motorenbetrieb, der für manche Anwendungsfälle wenig geeignet erscheint. Senkt man bei einem aufgeladenen Motor bei konstanter Füllung (konstantem p_{me}) die Drehzahl, z. B. bei erhöhten Widerständen, so fällt auch die Laderdrehzahl, wodurch das Ladeluftangebot verringert wird. Auch wenn man das Laderpumpen vermeidet, so stellen sich doch Schwierigkeiten im motorischen Betrieb ein, weil die gleiche Brennstoffmenge in nunmehr weniger Luft verbrannt wird. Dadurch ergeben sich höhere Prozeß- und vor allem höhere Bauteiltemperaturen, die in vielen Fällen schon zu Schwierigkeiten geführt haben.

Bei der unaufgeladenen Verbrennungskraftmaschine ist der Zustand (Druck, Temperatur) der Luft im Verbrennungsraum in erster Näherung unabhängig von dem Betriebszustand. Der Gleichgewichtszustand zwischen dem abgegebenen Drehmoment und der geforderten Arbeit stellt sich bei vorgegebener Drehzahl (Drehzahlregler) unverzüglich ein, d. h. so schnell, wie der Regler auf eine Abweichung reagiert und die entsprechende Füllung (Drosselklappenstellung) einstellen kann einschließlich der zeitlichen Verzögerung, die zum Transport des fetteren Gemisches (der größeren Einspritzmenge) bis zum Brennraum benötigt wird. Dort wird der den Lasten zugemessene Kraftstoff in entsprechende Arbeit umgesetzt. Der Drehzahlabfall oder die Verzögerung der Lastannahme sind deshalb bei unaufgeladenen Motoren und Motoren mit niedrigen Aufladegraden gering, das Drehmoment ist "gleich da", wie man sich im Automobilbau ausdrückt.

Laständerungen sind nun gang und gäbe in unserem täglichen Leben, doch sind die Laständerungsgeschwindigkeiten in der Regel nicht sehr hoch. Wird dies jedoch verlangt, wie zum Beispiel bei einer plötzlichen Lastaufschaltung an einem E-Aggregat von 0 auf 100 %, und dabei ein niedriger vorübergehender Ungleichförmigkeitsgrad (Ufg.) - sprich Drehzahleinbruch - erwartet, so ist eine unaufgeladene Verbrennungskraftmaschine meist im Vorteil, nicht nur, weil die Energieumsetzung schneller erfolgt, sondern auch, weil die rotierenden Massen der unaufgeladenen leistungsgleichen Maschine meist größer sind und somit die zeitweilig fehlende Energie aus der Trägheit der größeren Massen mitgespeist werden kann.

Bei Auflademotoren geht die Umsetzung des erhöhten Kraftstoffangebotes nicht so rasch. Im stationär belasteten Zustand einer solchen Maschine stellt sich ein Gleichgewicht zwischen Abgasenergie und Ladedruck ein. Das im Abgas zur Verfügung stehende Druckgefälle wird mittels des Laders in einen Ladedruck umgesetzt. Das dadurch erhöhte Ladungsgewicht erlaubt eine Verbrennung von mehr Kraftstoff als beim Saugmotor bei praktisch gleichen Luftüberschußzahlen und etwa gleichen oder besseren Wirkungsgraden. Beim instationären Fall ist dies jedoch etwas anders. Zwar wird die vermehrte Kraftstoffmenge gleich schnell dem Brennraum angeboten, doch verbrennt sie dort infolge Luftmangel (fehlender Ladedruck) unvollkommen (Ruß), und die Abgastemperaturen steigen. Die dem Turbolader zugeführte erhöhte Auspuffenergie beschleunigt den Lader asymptotisch bis zu einer Drehzahl, bei der sich der zur Kraftstoffmenge gehörige Druck einstellt. In der Zwischenphase steht nur ein verringertes, nicht der Einspritzmenge äquivalentes Luftangebot zur Verfügung; bei gleichen Laständerungen wird der Drehzahleinbruch größer und die Lastannahme verzögert sein.

Da "Kraft" oft mit Geräusch verbunden ist, kann man dies auch bei den üblichen Geräuschprüfungen der beschleunigten Vorbeifahrt akustisch einfangen. Ein Fahrzeug mit unaufgeladenem Motor erzeugt sofort vom Beschleunigungspunkt an einen deutlich höheren Geräuschpegel, während bei dem gleichen Fahrzeug mit aufgeladenem Motor die Pegelsteigerung deutlich verzögert (5 - 10 m bei 50 km/h) auftritt.

Betreibt man einen unaufgeladenen Dieselmotor mit feststehender Einspritzpumpen-Plungereinstellung und konstantem Einspritzzeitpunkt, so erhält man eine Kennlinie

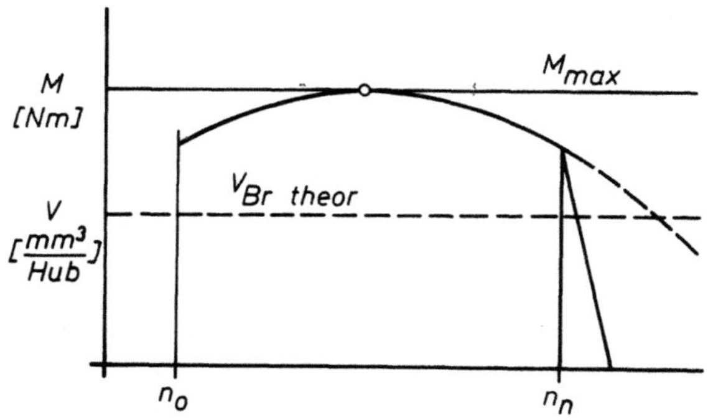

Abb. 3.94: Mitteldruckverlauf eines unaufgeladenen Dieselmotors mit feststehender Plungereinstellung

nach Abb. 3.94. Von einem Bestpunkt aus fällt das erzeugte Drehmoment sowohl zu niedrigeren wie zu höheren Drehzahlen hin. Bei niedrigen Drehzahlen fällt wegen der Lässigkeit der Plunger die Einspritzpumpe pro Hub, die Zerstäubung wird schlechter, und die Energieumsetzung erfolgt - bezogen auf die Kolbenstellung - zu früh. Bei höheren Drehzahlen ist die Brennstoffzerstäubung zwar besser, es zeigen sich jedoch volumetrische Füllungsmängel der Einspritzpumpe und auch des Brennraumes. Die zeitabhängige Kraftstoffaufbereitung und der Abbrand der Ladung erfolgen - bezogen auf die Kolbenstellung - zu spät, und die mechanische Reibung des Motors nimmt überproportional zur Drehzahl zu. Sind die Motoren drehzahlfest genug, kann man sie bis zu der Grenzdrehzahl treiben, bei der das noch so erzeugte Drehmoment gerade der Reibleistung des Motors die Waage hält. Bei OTTO-Motoren verhält es sich - mit Abweichungen im Wirkmechanismus - ähnlich.

Um die zeitlich beeinflußten Fragen der Brennstoffaufbereitung und Verbrennung zu berücksichtigen, gibt es beim Dieselmotor den "Spritzversteller" und beim Otto-Motor die "Zündzeitpunktverstellung", die von der Drehzahl (Unterdruck) beeinflußt werden. Um Überdrehzahlen zu vermeiden, hat jeder Dieselmotor einen drehzahlbegrenzenden Regler, der die Einspritzmenge bei Überschreiten einer vorgegebenen Solldrehzahl abregelt.

Die so entstehende "natürliche Charakteristik" hat jedoch noch nicht die fahrtechnischen Vorteile (Schalthäufigkeit), die man sich wünscht. Deshalb werden die Regler mit einer sogenannten Angleichsfeder versehen, die bei absinkenden Drehzahlen eine größere Füllungsmenge freigibt (aus der thermischen Belastung des Motors ohne weiteres möglich) und somit eine größere Drehmomentenüberhöhung in Form der typischen "Büffelcharakteristik" zuläßt (Abb. 3.95), auf die speziell bei Lkw-Antrieben besonderer Wert gelegt wird.

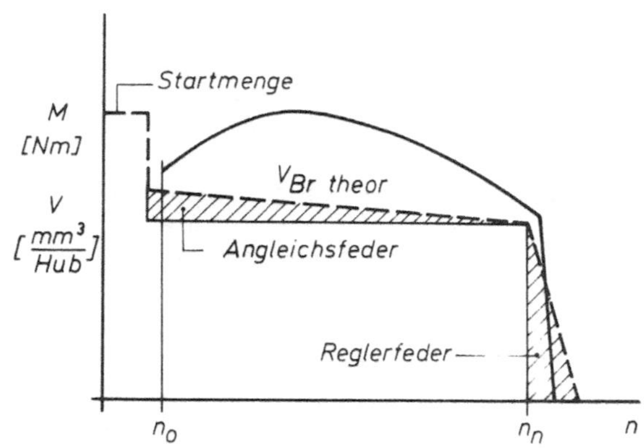

Abb. 3.95: Einspritzmengencharakteristik und p_{me}-Entwicklung eines Fahrzeugmotors durch Regler mit Angleich- und Startfeder

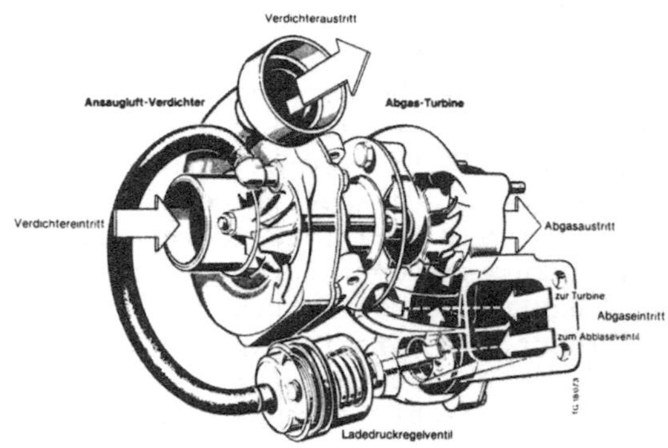

Abb. 3.96: Abblasedruckregelung eines Turboladers für Fahrzeugbetrieb

Wegen der Charakteristik des Abgasturboladers ist ein derartiges Verhalten einer aufgeladenen Maschine nur auf Umwegen zu erreichen. Die übliche Lösung ist heute ein Abblaseventil im Abgasstrom (Abb. 3.96) oder auf der Ladeluftseite, über das die Überschußenergie bei Vollastdrehzahl abgeblasen wird. Man sucht deshalb auch nach anderen Wegen, um hohe Drehmomente bei niedrigen Drehzahlen zu erreichen. Lösungsmöglichkeiten sind z. B. das COMPREX-

und das HYPERBAR-Verfahren (Abschnitt 3.9) oder auch die Kopplung des Aufladegebläses an die Motordrehzahl (Kapselgebläse), wobei jedoch die Vorteile der Abgasenergienutzung verlorengehen, wendet man keinen Verbundbetrieb (Abgasturbine gibt ihr Nutzdrehmoment auf Kurbelwelle ab) an.

Wegen dieser Zusammenhänge konnte sich der aufgeladene Motor über Jahrzehnte nicht im Straßenfahrzeug durchsetzen und das zu einer Zeit, als man auf anderen Einsatzgebieten die nicht aufgeladenen Motoren schon fast vergessen hatte. Erst in den letzten Jahren finden wir, insbesondere bei den Langstreckenfahrzeugen, immer mehr aufgeladene Motoren, so daß es einzelne Lkw-Fabriken gibt, die kaum noch unaufgeladene Motoren verwenden. Neben einem geringeren spezifischen Kraftstoffverbrauch und einem in der Regel niedrigeren Leistungspreis ist der Auflademotor auch graduell leiser und ärmer an Schadstoffen, z. B. NO_x). Die verzögerte Lastannahme versucht man durch immer kleinere Trägheitsmomente der Laderräder zu beeinflussen, so daß es heute nur noch sehr wenige Fälle gibt, bei denen man auf unaufgeladene Maschinen zurückgreifen muß.

Für Sondereinsätze gibt es natürlich auch noch geeignete Hilfen, das Laderrad schneller auf hohe Drehzahlen zu bringen, doch eignen sich diese Eingriffe nicht für stetig wechselnden Betrieb.

Die rasant wachsende Aufladetechnik beim Dieselmotor bringt jedoch noch auf einem anderen Gebiet im quasi stationären Zustand zunehmend Schwierigkeiten. Während es mit einem Einspritzsystem (Einspritzpumpe, Leitung, Einspritzdüse) keine Schwierigkeit bereitet, die Leerlaufmenge eines Saugmotors von ca. 10 - 20 % der Vollastmenge auch bei niederen Drehzahlen (1/4 - 1/5 der Nenndrehzahl) noch ausreichend fein im Brennraum zu zerstäuben, wird dies mit wachsender Aufladung immer schwieriger. Für 2, 3 oder auch 5 % Leerlaufmenge sind die für den Vollastbetrieb notwendigen Düsenöffnungen einfach zu groß, um den Kraftstoff fein genug zu zerstäuben. Die Folge ist eine schlechte (oder auch gar keine) Verbrennung mit oftmals nach dem Abdampfen steilen Verbrennungsdruckanstiegen. Eine bewährte technische Lösung für die nächste Generation der 30-p_{me}-Motoren liegt noch nicht vor, obwohl Doppelpumpe, Zweifachdüsen oder auch solche mit variablem Querschnitt schon erprobt werden. Hier sind heute die größeren Schwierigkeiten bei der Hochaufladung zu erwarten, nicht bei der reinen motorischen Beherrschung dieser hohen Leistungen. Prototypen und Vollastmotoren mit Mitteldrücken zwischen 25 und 35 bar kann man heute schon in erklecklicher Anzahl in Laboratorien finden.

3.1.8 Anforderungen des Belastungsprofiles an die Verbrennungskraftmaschine

Am einfachsten hätte es der Konstrukteur, wenn er nur Einzweckmotoren oder noch besser Einzelmotoren zu entwerfen und zu entwickeln hätte. Für einen ganz bestimmten Einsatzfall gibt es ein vorab bestimmbares Beanspruchungsprofil, eine eindeutige Anforderung an die optimale Gestaltung der Verbrennungskraftmaschine und ein klares Lastenheft.

In der Praxis liegen die Gegebenheiten leider anders, weil es nur lohnend ist, für eine Gruppe von Einsatzfällen einen Motor zu entwickeln. In diesem Hinblick ist die Entwicklung eines Motorrad-, Pkw- oder Lkw-Motors noch die klarste Zielsetzung, auch wenn diese Maschinen in dennoch im Detail unterschiedlichen Fahrzeugen durchaus unterschiedlichen Belastungen unterworfen sind. Ein Lkw im Güterfernverkehr hat ein ganz anderes Beanspruchungsprofil (Fahrprogramm) als im Stadt-Verteiler-Dienst oder auch in einem Straßenbaufahrzeug. Dennoch gibt es bei allen Typen eine gemeinsame Vorstellung, einen gewissen Rahmen über die zu erwartende Lebensdauer und Zumutbarkeit an Bedienung, Wartung und Komfort.

Will man jedoch (Ambitionen!) einen Motor für viele Zwecke - einen sogenannten Allroundmotor - bauen, der z. B. für Lkw-Einsatz und landwirtschaftliche Schlepper, im Aggregat und im Baugerät, zur Verwendung im Bootseinsatz und als Sofort-Reserveaggregat geeignet ist, der ferner flach sein soll, damit er unter Flur eingebaut werden kann, aber auch möglichst schmal, damit er nicht so viel Grundfläche einnimmt, und außerdem hochaufgeladen und robust, jedoch auch noch preiswert im nicht aufgeladenen Zustand sein soll, so wird es für den Konstrukteur schwierig, weil diese Aufgabe so viel Widersprüchliches zu vereinen verlangt, daß eine sinnvolle Verwirklichung kaum möglich erscheint. Verständlich wird dann auch, daß so widerstrebende Gesichtspunkte nicht gleichermaßen gut berücksichtigt werden können - das Erzeugnis kann nur ein Kompromiß sein. Der größte Fehler wird allgemein darin begangen, einen derart komplizierten Kompromiß anzustreben, der zwar die Wünsche der letzten 2 % der Abnehmer noch abdecken könnte, jedoch auf dem erreichbaren Markt keinen Absatz findet. Mangelnde Zielsetzung in der Entwicklungsphase und somit auch unzureichende Kenntnis der Anforderungen, die der Betrieb der Verbrennungskraftmaschine später stellt, können zu großen Verlusten führen.

Will man einen Allround-Motor bauen, so muß er äußerst variabel sein, damit er durch seine Flexibilität den wechselnden Anforderungen verschiedener Einsatzgebiete, die sich auch zeitlich sehr schnell ändern können, rasch folgen kann. Die Möglichkeit weitgehend verschiedener Ausrüstung, das heißt, der Anbaumöglichkeit verschiedener Einspritzpumpen, Filter, Lichtmaschinen, Pumpen jeder Art, Kompressoren, Lader, Kühler, etc. in Verbindung mit verschiedenen Zylinderköpfen und Kolben (Brennverfahren), Schwungrädern, Dämpfern und Kupplungen, macht aber schon den Rumpfmotor erheblich teurer - unabhängig von den zu erwartenden Stückzahlen -, so daß es für einen Allround-Motor-Hersteller vollkommen aussichtslos erscheint, bei einem geeigneten Einsatzfall gegen einen Konkurrenten anzutreten, der zufällig aus seiner Massenproduktion von Einzweckmotoren einen passenden Motor anbieten kann.

Es gehört deshalb zur Grundhaltung eines Unternehmens (und eine akkurate Markterforschung dazu), entsprechend seiner Leistungsfähigkeit ein Gebiet des Marktes herauszuschälen, das den gefertigten Motoren eine gute Absatzchance einräumt.

Die Anforderungen des Betriebes an einen Motor werden oft nicht richtig erkannt. Zwar kann man mit viel Phantasie alle Belastungskombinationen durchspielen - das Unglaubliche, aber Mögliche des Alltags wird jedoch vergessen! Es ist deshalb schon gut, wenn der Entwicklungsingenieur selbst praktische Erfahrungen mit in das Produkt einfließen lassen kann, und zwar nicht nur persönliche Erfahrungen aus eigenem beschränkten Gesichtskreis, sondern eine breitere, aus der Erfahrung weiterer Kreise geprägte Erkenntnis über das, was 'draußen' wirklich passiert. Das nie ganz vermeidbare Sammeln von Erkenntnissen aus dem Anwachsen der Revisions- und Kulanzkosten ist eines der teuersten Verfahren der Optimierung eines Erzeugnisses. Ein empfindlicher Seismograph, der das Erdbeben voraussagt, ist auch auf diesem Gebiete Gold wert.

3.1.9 Rücksichten auf die Fertigungsanlagen

Abb. 3.97: Serienfertigung eines Motors

Wenn es sich nicht um ein Großprojekt, wie z. B. seinerzeit das VW-Werk oder das KAMA-Projekt, unserer Tage handelt, werden Verbrennungskraftmaschinen nicht in den freien Raum hineinentwickelt. Sie sind nicht nur abhängig von dem Wissensstand der Entwicklungsingenieure, sondern auch eingebettet in einen Fertigungsbetrieb mit seinen Möglichkeiten und seinem know how. Wichtig ist es deshalb, schon bei Konstruktionsbeginn zu wissen, wie das Produkt gefertigt werden soll, d. h., ist eine Großserie am Fließband (Abb. 3.97) mit Automaten und Spezial-Werkzeugmaschinen vorgesehen oder wird eine Einzelfertigung mit handelsüblichen Werkzeugmaschinen (Abb. 3.98) geplant. Im ersteren Fall

Abb. 3.98: Einzel- oder Kleinserienfertigung eines Mittelschnelläufers

wird man, wenn es technisch sinnvoll ist, die Möglichkeiten von Spezialmaschinen und Sonderfertigungsverfahren voll nutzen, jedoch den Variantenreichtum streng begrenzen. Bei der Einzelfertigung hingegen spielt es eine geringere Rolle, hier und da Veränderungen vorzunehmen (ein klassisches Beispiel wäre hier der Schiffsbau mit seinen Typschiffen), ohne den Preis merklich zu verändern.

Mit einfachen Werkzeugmaschinen nicht fertigbare Arbeitsgänge sind immens teuer, speziell dann, wenn nur eine Nacharbeit von Hand dem Bauteil den letzten Schliff geben kann. Gerade auf dem Gebiet der Kleinserienfertigung hat daher die numerisch gesteuerte Werkzeugmaschine (NC-Maschinen) mit ihrer Flexibilität in den letzten Jahren erhebliche Erleichterungen gebracht.

Eine wichtige Date im Entwicklungsplan ist deshalb die Fertigungsstückzahl. Wieviel eine Fertigungsstraße jedoch kostet, ist weitgehend von den Bearbeitungsoperationen abhängig. Wenige Bearbeitungsvorgänge, einfache geometrische Formen, nicht zu starke Toleranzforderung (Steifigkeit der Werkzeugmaschinen, Standzeit der Werkzeuge), nicht zu hochwertige Materialien (Bearbeitungszeiten) halten die Herstellkosten niedriger. Bei hohen Stückzahlen ist das Bauteil mit vielen Funktionen oft billiger als eine Anhäufung vieler geometrisch einfacher Bauteile, die jedoch zusammengebaut und bei gegebenenfalls notwendigen Reparaturen demontiert werden müssen.

Die Groß-Serienfertigung bringt für die Entwicklung eines Produktes noch zwei zusätzliche Schwierigkeiten, die eine langfristige Planung notwendig machen und den Entwicklungszeitraum für den Außenstehenden oft als übertrieben lang erscheinen lassen.

a) Versuchsmotoren und Prototypen können nicht auf der Fertigungsstraße hergestellt werden, auf der die zukünftige Serie gebaut werden soll. Es bedarf guter Zusammenarbeit zwischen Konstruktion/Versuch und Fertigungsplanung, daß die Versuchsprodukte auch stets großserienreif gefertigt werden. Die Fertigungsplanung kann eigentlich erst mit dem Aufbau der Fertigungsanlage zu dem Zeitpunkt beginnen, wenn das Versuchsobjekt eine solche Reife hat, daß keine wesentlichen Änderungen mehr zu erwarten sind.

b) Diesem stufenweisen Vorgehen stehen aber die langen Planungs- und Beschaffungszeiten von Fertigungsanlagen gegenüber. Deshalb wird oft "Hand in Hand" gearbeitet, um den Gesamtentwicklungszeitraum zu verkürzen. Bei unerwarteten Rückschlägen auf der Entwicklungsseite ist es im frühen Zustand deshalb eine Ermessensfrage, die Werkzeugmaschinenplanung, -bestellung und -fertigung zu stoppen oder im Vertrauen (oder Glauben) an doch noch machbare Lösungen die Fertigungsseite weiterlaufen zu lassen. So entstehen dann oft Situationen, wo die Werkzeugmaschinenseite so weit vorangeschritten ist, daß nur noch bedingte Änderungen vorgenommen werden können, will man das Fertigungskonzept nicht restlos durcheinanderbringen. Dies erzeugt dann einen Zwang, auf der Entwicklungsseite nach Lösungen zu suchen, die ein unbefangener Ingenieur als Krampf bezeichnen würde.

Die gleiche Situation besteht natürlich, wenn eine Verbrennungskraftmaschine nach Jahren in der Leistung gesteigert, dem Markt oder neueren Vorschriften angepaßt werden soll. Die vorhandenen Fertigungseinrichtungen zwingen zu Lösungen, die ohne allzu große Eingriffe fertigbar sind.

Die Kleinserienfertigung, die meist identisch ist mit der Produktion langlebiger Großmotoren, ist da natürlich von der Fertigungsseite her erheblich flexibler. Hier ergibt sich eine maßgebliche Einschränkung auf das kreative Wunschdenken und die Änderungsbereitschaft durch den Zwang zur Ersatzteilhaltung über Jahrzehnte. Die "austauschbare" Änderung ist hier das Lösungswort, das neue, das besser geeignete Bauteil, das aber auch in dem alten Motor klaglos seinen Dienst erfüllt.

Das Management muß sich frühzeitig darüber im klaren sein - und oft ist dies schon ein Bestandteil der Firmenphilosophie -, ob man eine Einzweckfertigungseinrichtung erstellen will, die nach x Jahren abgeschrieben und abwrackbar ist, oder ob die Fertigungsstraße für einen unbestimmten Zeitraum und die notwendig werdenden Nach- und Umrüstungen dienen soll. Im letzteren Fall ist eine zwangsläufige Flexibilität notwendig, um sich den Forderungen des Marktes und der Entwicklung anzupassen. In der Regel wird der Entscheidungsspielraum dadurch eingeengt, daß man für einen zu entwickelnden Motortyp ein Hauptanwendungsgebiet sieht, z. B. für einen Pkw, Lkw und Radschlepper, wodurch eine ungefähre Stückzahl vorgegeben ist und somit nur die Frage nach weiteren Absatzmöglichkeiten geklärt werden muß, um den notwendigen Kompromiß zu finden. Schwieriger wird es schon bei größeren Motoren. So gibt es heute eine Reihe von im Projektstadium als "Bahnmotoren" entworfene Hubkolbenmaschinen, die nie in nennenswertem Maße im Traktionsbetrieb eingesetzt wurden, jedoch auf anderen Gebieten große Stückzahlen erreichen. Durch die Entwicklungszeit von 5 - 7 Jahren, eine mögliche Verkaufszeit von ca. 20 Jahren (mit Weiterentwicklung) und anschließendem 20 bis 25jährigen Betrieb ergibt sich ein Zeitraum von fast einem halben Jahrhundert, in dem viele Veränderungen des Absatzmarktes, gesetzliche Vorschriften und die technische Entwicklung viele Korrekturen an einem ursprünglichen Konzept erzwingen. Das Auf und Ab des Schiffbaues von Überlastung bis zur Krisensituation in allen Schiffsnationen dieser Welt löst sich mit Nachfrageschüben für E-Aggregate aus den Entwicklungsländern zur schnelleren Stromversorgung ab, die dann bei der nächsten Erdöl- oder Finanzierungskrise wieder in sich zusammenbrechen.

Von großem Interesse muß es deshalb für jeden sein, der auf dem Weltmarkt eine Stellung halten will, die Produkte seiner ärgsten Konkurrenten zu kalkulieren und zu analysieren. Das zu teure eigene Produkt braucht nicht immer eine "zu teure Konstruktion" zu sein oder eine zu teure Entwicklung zu haben - in vielen Fällen ist auch eine im Vergleichsmaßstab zu unwirtschaftliche Fertigung des Produktes an der schlechten Konkurrenzlage schuld -, ganz abgesehen davon, daß es auch Fälle gibt, in denen die "Nebenkosten" (Vertrieb, Abwicklung, Organisation und eine Fülle von Stabsabteilungen) von einem Produkt nicht mehr getragen werden können oder auch die Gewinnerwartungen unrealistisch hoch sind. Auch unrealistische, um nicht zu sagen unreelle Subventionen jedweder Art können die Konkurrenzlage in einem schiefen Licht erscheinen lassen. Die marktwirtschaftlichen Nachteile eines Hochlohn-Landes müssen durch höhere Arbeitsproduktivität und höheren Rationalisierungsgrad überwunden werden. Daraus kann man schon ersehen, daß man ein "dolce vita" - von dem man bei näherem Hinsehen bezweifeln kann, ob es dies im Rahmen der dort vorliegenden Randbedingungen überhaupt gibt - mit wenig Streß in kurzer Arbeitszeit bei hohem Verdienst und großer sozialer Sicherheit nicht haben kann. Nicht einmal die Romantiker haben sich dies vorgestellt, obwohl sie viel dafür getan haben, die Märchenwelt wieder zu beleben - sie haben sie jedoch als Märchen und Träume belassen und diese nicht als realisierbare Zukunftsvisionen gedeutet. Dies blieb den Sozialromantikern vorbehalten.

In dem vorher Gesagten ist auf die Notwendigkeit von langfristiger Planung und Organisation hingewiesen worden - was zweifellos zwingend ist -, wichtig ist jedoch auch in diesem Zusammenhang darauf hinzuweisen, daß aus der Analyse eine realistische Selbstkritik entsteht. Euphorische Großmannssucht ist ebenso fehl am Platze wie ein ewiges Schuldgefühl in Sack und Asche. Selbstkritik ist aber auch dann nur von Nutzen, wenn daraus die notwendigen Konsequenzen gezogen werden, wenn durch vorhandene Flexibilität einer realistischen Kreativität freie Bahn eingeräumt wird. Selbstkritik wirkt jedoch frustrierend, wenn nach der Erkenntnis nichts folgt - aus Selbstachtung wird dann eine Scheinwelt aufgebaut, die dem falschen Lauf der Dinge dann noch den Anschein richtiger Entscheidungen verleiht. Manche

Konkurse sind Folge eines Mangels an Selbstkritik oder auch der Frustration und Verdrossenheit als Folgen selbstkritischer Betrachtungsweise in Verbindung mit einem Gefühl der Ohnmacht, seinen Erkenntnissen nicht zum Durchbruch verhelfen zu können.

3.2 Die Wahl der Zylinderzahl einer Verbrennungskraftmaschine

Inwieweit dem Konstrukteur beim Entwurf die Freiheit gegeben ist, von sich aus auch gestaltend in das zu entwerfende Produkt einzuwirken, hängt weitgehend von den Randbedingungen der Auftragserteilung (siehe Kapitel 4) ab. In vielen Fällen wird im sogenannten Lastenheft, das die Eigenschaften des zu entwickelnden Produktes so vollständig wie möglich zu beschreiben sucht - denn hierfür wurde ja die Marktanalyse gemacht -, vieles vorgeschrieben sein, wobei dem Konstrukteur hier nur noch bei Widersprüchlichkeit oder physikalischem Widersinn ein Einspruchsrecht eingeräumt wird. Auch haben sich in vielen Anwendungsfällen ganz bestimmte Bauformen, wie z. B. der 4-Zylinder-Reihenmotor im Pkw, so eingebürgert, daß der Übergang auf einen 5-Zylinder-Motor schon als kreativer Eingriff betrachtet wird. Es ist deshalb für den Entwicklungsingenieur gut, die Randbedingungen seines Auftrages gut auszuloten und bei jedem Schritt, den er deswegen begeht, weil "man es so macht", vor sich selbst Rechenschaft abzulegen, ob diese Lösung, die gestern von unseren Vätern unter anderen Randbedingungen als optimale Lösung entwickelt wurde, auch heute noch als optimale Lösung zu werten ist. Nichts ist widersinniger, den Drang "alles nur anders zu machen" (als 'l'art pour l'art' betrieben) als Zeichen besonderer Kreativität zu feiern. Es ist aber ebenso bedenklich, aus Bequemlichkeit und finanziellem Unvermögen die Lösung von gestern mit wortstarker Presseunterstützung als die "Zukunft von morgen" zu preisen. Es vergrößern sich doch nicht nur unser Wissen und unsere Erfahrungen, es ändern sich in viel stärkerem Maße unsere Umweltbedingungen, unsere Resourcen und Zukunftschancen, und als gravierendster Faktor ändert wohl auch das stetig wachsende Menschenvolumen das Antlitz unserer Welt. Welche Folgen sich daraus für unser aller Zukunft ergeben, darüber nachzudenken wäre schon der Schweiß unserer Besten wert. Und letztlich - so möchte man bei allen gegenläufigen Erfahrungen und Enttäuschungen doch hoffen - kann der Zugewinn an Wissen und Erkenntnissen auch an einem schon so ausgefeilten Produkt wie der Verbrennungskraftmaschine nicht spurlos vorübergehen und muß somit zwangsläufig von Zeit zu Zeit neue Impulse geben.

Sind im einfachsten Fall für den Entwurf einer Maschine nur die Nutzleistung und die Drehzahl vorgegeben, so hat der Konstrukteur im Rahmen des projektierten Verwendungszeckes die volle Freiheit, die ausführende Zylinderzahl (Zylinderleistung) zu bestimmen. Man muß sich deshalb über die optimal auszuführende Zylinderzahl Klarheit verschaffen.

Bei der Wahl der Anzahl der Zylinder sind die grundsätzlichen Eigenschaften, die den verschiedenen Zylinderzahlen und ihren Gruppierungen, sowie der Zylindergröße eigen sind, zu berücksichtigen, und zwar im Hinblick auf wichtige Forderungen.

In der Regel wird verlangt: Zuverlässiger und ruhiger Gang der Maschine, schnelle Betriebsbereitschaft, einfache Wartung, zweckmäßige Herstellbarkeit.

Zunächst verdient das Verhalten verschiedener Zylindergrößen in thermischer Hinsicht und das der verschiedenen Zylinderzahlen in dynamischer Richtung Beachtung.

Hat die Ein- und Zwei-Zylinderbauart den Vorteil großer Einfachheit, so besitzt die Mehr-Zylindermaschine eine Reihe anderer Vorzüge und vermag, wenn sie aus bekannten Zylindereinheiten zusammengesetzt ist, zugleich die scharfen Anforderungen an die Bauzuverlässigkeit zu erfüllen. Doch findet die Erhöhung der Zylinderzahl ihre natürliche Begrenzung aus betriebstechnischen, werkstattechnischen und schließlich kaufmännischen Gründen. Nur für Sonderzwecke finden wir deshalb größere Zylinderzahlen als 18 oder 20 in einer Einheit zusammengefaßt.

Allzu große Vielzahl der Teile, bedingt durch hohe Zylinderzahl, erschwert die Wartung und vervielfacht rein statistisch die Störanfälligkeit, sofern die Zuverlässigkeit der Einzelbausteine durch Verwendung von Bauteilen, die in großen Serien langjährig erprobt sind, diesen Nachteil nicht aufwiegen kann. In der Herabsetzung der Abmessungen über bestimmte Grenzen hinaus wird Halt geboten durch technologische Verfahren (Schwierigkeiten in der Herstellung übermäßig geometrisch verkleinerter Teile, z. B. der Wandstärken von Gußstücken, Oberflächenqualitäten), die Behandlungs- und Montagerücksichten (Festziehen von dünnen Schraubenbolzen) und in entscheidendem Maße schließlich durch die steigenden Erzeugungskosten.

Für bestimmte Verwendungszwecke der Verbrennungskraftmaschine, z. B. als Fahrzeugantrieb, ist eine Zylindergröße, die nur in engen Grenzen schwankt, die wirtschaftlichste und zuverlässigste (was man am deutlichsten aus dem schmalen Band des Kolbendurchmesserbereiches der Pkw- und Lkw-Motoren in Kapitel 2 ersieht). Bei kleiner Gesamtleistung sind dann geringere Zylinderzahlen nötig; höhere Gesamtleistung führt zu größeren Zylinderzahlen. Da bei raschlaufenden Maschinen der günstige Zylinderdurchmesser verhältnismäßig klein ist, gelangt man zu vielzylindrigen Bauformen, weswegen bei Rennmotoren 12-Zylindermaschinen keine Seltenheit, aber auch im Lkw-Einsatz 10- und 12-Zylindermotoren an der Tagesordnung sind. Das Wertverhältnis der Mehrzylinderaggregate hinsichtlich der wichtigsten Forderungen findet eine Würdigung anschließend an eine Übersicht der gebräuchlichen Zylinderzahlen und der zugehörigen Zündfolgen.

3.2.1 Ausgeführte Zylinderzahlen

Die möglichen Zylinderzahlen und die kennzeichnenden Zylinderanordnungen nebst ihrer Arbeitsweise und ihren Verwendungsgebieten sind in der Tabelle 6.25 aufgeführt. Von Sonderformen, wie Trommelanordnung der Zylinder mit Taumelscheibe (siehe Abschnitt 3.3.1.7), ist hier abgesehen. Bauformen, die über die ein- und zweifachen Reihenformen hinausgehen, sind für Gebrauchsmotoren heute unüblich. Viele dieser Varianten sind in der vielleicht lebhaftesten Zeit der Hubkolben-Verbrennungskraftmaschinen-Entwicklung, den 30er und 40er Jahren unseres Jahrhunderts, als Kraftpakete gebaut worden, vor allem für den Flugzeugeinbau und den militärischen Einsatz.

Typische Ausführungsformen mit Erläuterungen sind in der vorgenannten Tabelle 6.25 dargestellt. Im Pkw-OTTO-Viertaktmotor hat sich bis vor kurzem nur der 4-Zylinder- und 6-Zylinder-Motor durchsetzen können, bei Zweitaktmotoren finden wir 2- und 3-Zylinder-Motoren. Außer dem neuerdings eingesetzten 5-Zylinder-Motor (Diesel und Otto) haben sich sonst die ungeraden Zylinderzahlen im Leichtmotorenbau nicht durchsetzen können, während man bei den Großmotoren auch viele 7- und 9-Zylinder-Reihenmaschinen findet, aber auch 3-Zylinder-Viertaktmotoren nicht unbekannt sind. Dagegen sind ungerade Zylinderzahlen am verbreitetsten bei den Sternmotoren, die im Viertakt arbeiten. Gerade Zahlen in Sternform ergeben nur in Verbindung mit dem Zweitaktverfahren gleiche Teilung im Kreis und damit gleichmäßige Zündabstände.

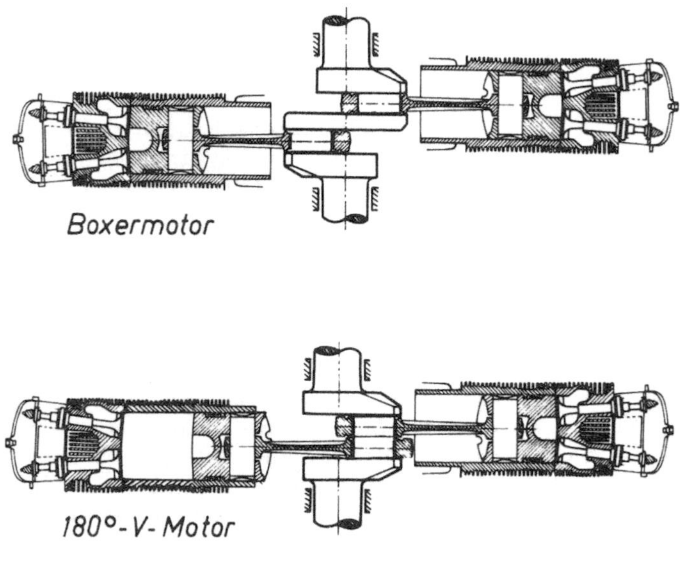

Abb. 3.99: Boxer- und V-Anordnung von Zylindern

Bei Mehrreihenmotoren (Reihen A, B, C, ...), zu denen in erster Linie die V-Motoren gehören, arbeiten Zylinder einer "Ebene" (A1, B1, C1, ...) an einer Kröpfung der Kurbelwelle. Je nachdem, ob nebeneinanderliegende Pleuelstangen oder ein angelenktes Pleuel oder ein Gabelpleuel verwendet werden, sind die Zylinderreihen gegeneinander versetzt (versetztreihige Motoren) oder nicht.

Der Boxer-Motor ist jedoch kein 180^0-V-Motor: Hier arbeiten die gegenüberliegenden Zylinder an zwei 180^0 versetzt angeordneten Kröpfungen, die Kolben arbeiten also gegeneinander (beide Kolben einer Ebene sind gleichzeitig im O. T.), während bei einem 180^0-V-Motor der eine Kolben einer Ebene im O. T., der andere im U. T. steht (Abb. 3.99). In dieser Lesart handelt es sich beim Boxermotor um einen aufgespreizten Einreihenmotor. Varianten davon finden wir auch bei einigen 6-Zylinder-V-Motoren oder leicht aufgefächerten Reihenmotoren, bei denen jeder Kolben eine Kurbelkröpfung hat und die Aufspreizung nur gemacht wird, um die Motorenbaulänge zu verkürzen.

Abb. 3.100: Doppeltwirkender 24-Zylinder-Zweitaktmotor MAN für U-Boot-Einsatz (P ≈ 15000 PS)

Die höchsten Zylinderzahlen finden wir bei Flug- und Sondermotoren, z. B. für den Bootseinsatz (Abb. 3.100). Die übliche Grenze liegt heute bei 24 Zylindern einer Einheit, angeordnet in unterschiedlicher Bauform, doch ist auch ein 40-Zylinder-H-Motor bekannt geworden (Abb. 3.101) oder 48 Zylinder in einem X-Motor.

3.2.2 Zylinderzahl und Zündfolge

Der Drehkraftverlauf und die Gleichförmigkeit der Drehbewegung werden nicht allein durch die Zylinder- (und Kurbel-)Zahl, sowie durch die Folge der Zündungen innerhalb zweier Wellenumdrehungen bei Viertakt oder einer Wellenumdrehung bei Zweitakt beeinflußt, sondern auch durch die Kurbelversetzung, die im allgemeinen so angeordnet ist, daß der Forderung gleicher Zeitabstände der Zündungen entsprochen wird. Über die daraus resultierenden möglichen verschiedenartigen Kurbelversetzungen und die dazugehörigen Zündfolgen geben die Tabellen 6.26 bis 6.31 Auskunft.

Abb. 3.101: 40-Zylinder-H-Motor MT 40 H 672 der MTZ

Die Zündfolgen sind als Aneinanderreihung der Ziffern der nacheinander zündenden Zylinder zusammengestellt. Sie sollen gebräuchliche Beispiele unter den vielen Variationsmöglichkeiten sein, die sich mit steigender Zylinderzahl lawinenartig erhöhen und aus denen es gilt, jene Kombination ausfindig zu machen, die eine Kurbelwelle mit gutem Massenausgleich, günstigem Drehschwingungsverhalten und geringer Lagerbelastung ergibt und darüber hinaus eine gute Zylinderspülung und Ladung bei zweckmäßiger Unterteilung der Abgasleitung. Einzelheiten über das Vorgehen bei der Auslese findet man in den Untersuchungen von SCHRÖN /24/ und SCHÜTTE /25/. Durch den Gebrauch der elektronischen Datenverarbeitung kann man sich durch Permutation schnell eine Übersicht verschaffen, doch kristallisieren sich immer wieder gleiche oder ähnliche Verhältnisse heraus.

Die Numerierung der Zylinder erfolgt in der in Tabelle 6.6 dargestellten Form und entspricht damit der Norm DIN 6265.

3.2.3 Aufladung

Bei Vielreihenmaschinen mit Aufladung macht die aufladungstechnisch richtige Zusammenfassung der Abgasleitungen für den Stoßbetrieb oft Schwierigkeiten, da der dazu notwendige Raum nicht vorhanden ist. Es sind daher Motoren bekannt, insbesondere V-Motoren mit in einer Reihe ungerader Zylinderzahl, bei denen sogar auf den gleichmäßigen Zündabstand und eine optimale Kurbelfolge verzichtet wird, um eine bessere Zusammenfassung der Abgasleitungen zu ermöglichen. Das wird natürlich mit anderen gravierenden Nachteilen erkauft. Der aus dieser Sicht gewünschte Staubetrieb hat jedoch gerade bei Teillasten (Teildrehzahlen) so gravierende Mängel, daß er sich nur für wenige Betriebsarten eignet. Auch werden alle möglichen Mischvarianten angewandt, um gleichmäßige Zündfolge bei geringer Rückstauwirkung zu erzwingen.

3.2.4 Thermisches Verhalten verschieden großer Zylinder

Die Vergrößerung der Zylinder und Kolben ist durch die erschwerte Wärmeabführung begrenzt, wie die Ausführungen im Kapitel 2.4 gezeigt haben. Die Grenze heute ausgeführter Zylinder liegt bei gut 1 m Durchmesser. Zylinder von kleinen Abmessungen sind, wie angedeutet, thermisch weniger beansprucht, eine allein wärmetechnisch optimale Verkleinerung der Zylinder kann jedoch (aus ebenfalls genannten Gründen) nicht beliebig weit getrieben werden. Sieht man von den Modellmotoren ($d \approx 10$ - 20 mm) ab, so liegt die untere Grenze ausgeführter Kleinmotoren zwischen 30 und 40 mm.

3.2.5 Dynamisches Verhalten bei verschiedenen Zylinderzahlen

Die Gleichförmigkeit der Drehbewegung der Kurbelwellen wird zusehends besser mit zunehmender Zylinderzahl, sie ist zufriedenstellend von fünf Zylindern aufwärts ohne größere zusätzliche Schwungmasse (über die Zusammenhänge von Zylinderzahl, Gleichförmigkeit und Schwungmasse sowie des Wuchtausgleiches von Motoren verschiedener Zylinderzahlen siehe auch Band "Kräfte und Momente in Verbrennungskraftmaschinen" dieser Schriftenreihe 'Die Verbrennungskraftmaschine'). Den Motoren mit niedrigen Zylinderzahlen ($z \leq 3$) wird durch reichlich dimensionierte Schwungräder ein gleichmäßigerer Lauf aufgezwungen, so daß man auch bei diesen Maschinen einen befriedigenden Ufg. erhalten kann. Bei Flugmotoren verbessert das Trägheitsmoment der Luftschraube die Gleichförmigkeit des Laufes. Es gibt allerdings vereinzelte Einsatzfälle, bei denen auch vielzylindrige Maschinen mit leichten Schwungrädern einen unbefriedigenden Gleichlauf für die Arbeitsmaschine haben - z. B. beim Antrieb von Axialkolbenpumpen bestimmter Bauart -; hier muß dann auf die besonderen Anforderungen dieser Arbeitsmaschine hinsichtlich Ufg. und Drehschwingungen durch überschwere Schwungräder Rücksicht genommen werden.

Der interne Ausgleich der Massenwirkungen ohne zusätzliche Hilfsmittel ist für die verschiedenen Zylinderzahlen und Kröpfungsanordnungen von unterschiedlicher Güte. Wie sich aus den Betrachtungen zu den Massenkräften und Massenmomenten der Tabellen 6.32 bis 6.37 ergibt, steigt die Ordnung der ausgeglichenen Massenkräfte mit zunehmender Zylinderzahl, jedoch nicht stetig mit dieser Zahl selbst. Die geraden Zylinderzahlen der Viertakter mit paarweise gleichgerichteten Kurbeln (in der Stirnansicht der Welle) zeigen sich viel mehr den nicht paarweise gerichteten Wellen, wie den ungeradzahligen Wellen (3-Zylinder-Viertakt) und auch allen Zweitaktwellen gleicher Zylinderzahl unterlegen. Bezüglich der Massenmomente besitzen die

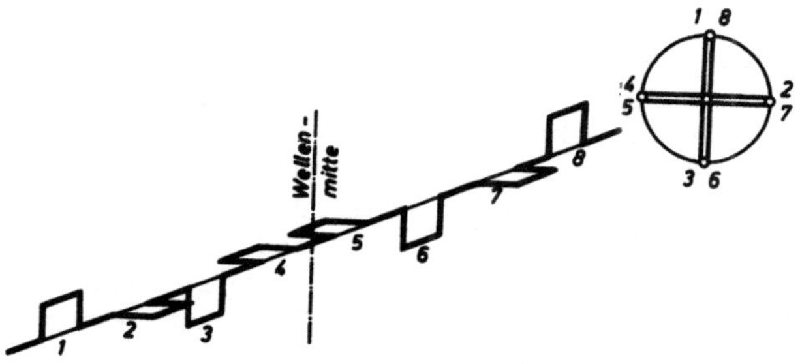

Abb. 3.102: *Vollsymmetrische Kurbelkröpfungsanordnung*

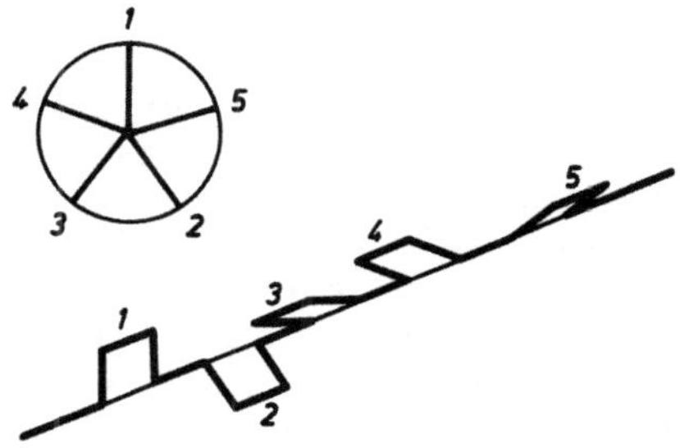

Abb. 3.103: *Teilsymmetrische Kurbelkröpfungsanordnung*

längssymmetrischen Kurbelwellen (Abb. 3.102) der Viertakter (bisweilen auch bei doppelt wirkenden Zweitaktern verwendet) vollen Ausgleich; die übrigen Wellen ohne Längssymmetrie (sogenannte teilsymmetrische Wellen, Abb. 3.103) werden bei günstiger Wahl mit steigender Kurbelzahl günstiger, die Restbeträge der Momente immer kleiner (es sei in diesem Zusammenhang auf den Band "Kräfte und Momente in Verbrennungskraftmaschinen" dieser Schriftenreihe verwiesen).

3.2.6 Hubraumleistung

Die Hubraumleistung ähnlicher Zylinder steigt unter Einhaltung der zulässigen Kolbengeschwindigkeit mit Erhöhung der Zylinderzahl, da die einzelnen kleineren Zylinder höhere Drehzahlen zulassen und infolge größerer thermischer Unempfindlichkeit höhere mittlere effektive Drücke bei gleichen Grenztemperaturen ermöglichen (Renn- und Flugmotoren).

3.2.7 Hubraumgewicht

Die Erhöhung der Zylinderzahl durch Verteilung einer gegebenen Leistung auf mehrere kleine Zylinder an Stelle von wenigen großen trägt bei gleicher Entwicklungsstufe bis zu einer optimalen Abmessung zur Herabsetzung des Eigengewichtes aller Maschinengattungen bei und ist ein für ortsveränderliche Maschinen wichtiger Gesichtspunkt. Unterhalb der optimalen Größe werden die Maschinen jedoch wieder schwerer, weil die Wandstärken u. a. m. aus Herstellungsgründen nicht mehr maßstäblich zu verkleinern sind.

3.2.8 Raumbedarf der Maschine

Der Raumbedarf vermindert sich mit der Erhöhung der Drehzahl, was anlagetechnisch wichtig sein kann. Bei einer Unterteilung in viele Zylinder wird der Raumbedarf pro kW kleiner (siehe auch Abb. 2.61), jedoch ist der Raumbedarf als reines quaderförmiges Hohlmaß gemessen oft nicht ausschlaggebend, vielmehr können die Einzelabmessungen (L, H, B) für den Einbau entscheidend sein. Für Flugtriebwerke ist die Stirnflächengröße, deren Widerstand im Fluge einen gewissen Anteil der Motorleistung aufzehrt, von großer Bedeutung; so kann in manchen Fällen die Verkleinerung der Motorstirnfläche wichtiger sein als die des Motorgewichtes.

3.2.9 Vielzahl der Einzelteile

Als Nachteil vieler Zylinder erscheint die Vermehrung der Einzelteile, die höhere Ansprüche an die Wartung stellt und die Störungsmöglichkeiten erhöht. Betrachtet man die Wartungsarbeiten in Abhängigkeit von der Zylindergröße (siehe auch Abb. 3.68), so erkennt man, daß für eine vorgegebene Leistung die Wartungskosten bei Unterschreiten einer Grenzgröße wieder ansteigen.

3.2.10 Herstellungsrücksichten

Bei Großraummaschinen wird man versuchen, durch Aneinanderreihen einer passenden Zahl ausgeführter und erprobter Zylindergrößen die vorgeschriebene Leistung zu erreichen, zugleich um die Erzeugungs- und Entwicklungskosten zu senken. Die Wahl der Bauart für jene Motorgattungen, für die unterschiedliche Zylinderanordnungen möglich erscheinen, wie z. B. bei Flugmotoren, ist von gewissem Einfluß auf die Herstellkosten. Die Sternform schneidet etwas günstiger ab als V-, H- und Boxer-Motoren von gleicher Leistung. Die Kosten eines Motors wachsen mit zunehmender Zylinderzahl z, jedoch nicht linear, da viele Bauteile nur einmal am Motor benötigt werden oder nicht in gleichem Maße mit der Zylinderzahl anwachsen.

3.2.11 Besondere Anforderungen

Die Zahl der Zylinder hat bei druckluftangelassenen Motoren auf das Anlassen und Umsteuern, insbesondere bei Boots- und Schiffsmaschinen, Rücksicht zu nehmen. Ist kein Verstellpropeller oder kein Wendegetriebe bei Bootsantrieben vorhanden, sondern eine direkte Kupplung der Kurbelwelle mit der Propellerwelle, so muß man wegen der Umsteuerbarkeit bei Viertakt-Diesel-Maschinen mindestens sechs einfachwirkende oder drei doppeltwirkende Zylinder vorsehen und jedem Zylinder bzw. jeder Zylinderseite ein Anlaßventil geben, damit die Anlaßventilöffnungszeiten einander überlappen und die Maschine bei jeder Kurbelstellung anspringt. Das Zweitaktverfahren gewährt mit 4 Zylindern ein sicheres Anspringen. Die gleichen Zylinderzahlen ergeben auch ein zuverlässiges Umsteuern. Besonders wichtig ist ausreichende Gangruhe wegen der unstarren Fundamente (Wechseldrehmomente, freie Massenkräfte und Momente - siehe auch Abb. 3.74).

Großdieselmaschinen unterliegen vielfach keinen einschränkenden Bedingungen in bezug auf die Längsausdehnung und haben bis zu 12 Zylinder in einer Reihe. Gewisse Schwierigkeiten in der Erzielung ausreichender Steifigkeit des Motorgestelles bei raschlaufenden Leichtbauarten sprechen jedoch gegen allzu große Längsausdehnung. Auch die Verformung des Schiffskörpers infolge Beladungszustand und Seegang kann erhebliche Deformationen über das Fundament in das Kurbelgehäuse einleiten und zu Lagerschwierigkeiten führen, wie in einschlägigen Arbeiten, z. B. von VOLCY /26/, dargestellt wird.

Bei Kleinraummotoren lassen die Einschränkung der Motorlänge und das Drehschwingungsverhalten infolge der höheren Kolbengeschwindigkeiten nicht mehr als 8 Zylinder in einer Reihe zu; ist eine größere Zylinderzahl unterzubringen, so muß man auf Ausnützung des Raumes in Querrichtung übergehen, wie in Kapitel 3.3 beschrieben wird.

3.3 Zylinder- und Kurbelwellenanordnungen

Wie aus dem Vorhergehenden ableitbar, kann man eine bestimmte Anzahl von Zylindern verschieden anordnen; man erhält dann die unterschiedlichen Bauarten, die in ihren Wechselwirkungen zur Außenwelt durchaus unterschiedlicher Natur sein können. Um die verschiedenen Bauarten differenzieren zu können, unterscheidet man in erster Linie nach der Anzahl der verwendeten Kurbelwellen, schließt daran eine Einteilung nach der Zylinderanordnung zueinander an und ordnet sie schließlich nach der Lage der Zylinder im Raum ein (siehe auch DIN 6265).

3.3.1 Die Einwellen-Bauarten

Der gebräuchlichste Typ der Verbrennungskraftmaschine ist der Motor mit nur e i n e r Kurbelwelle. Es gibt nur sehr wenige Typen, die nicht in diese Kategorie gehören (siehe Abschnitt 3.3.2 und 3.3.3). Um die eine Triebwerkswelle können die Arbeitszylinder in vielfältiger Form angeordnet werden.

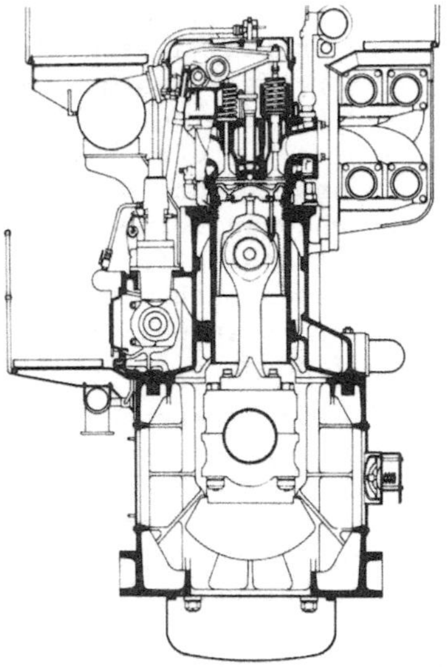

Abb. 3.104: Einreihen-Motor

3.3.1.1 Die Einreihen-Bauart (Reihenmotor)

Die Reihenmotoren (Abb. 3.104) stellen heute das größte Kontingent der Verbrennungskraftmaschinen. Dabei ist die Reihenbauart der Sammelbegriff für alle Motoren, deren Zylinder in einer Reihe (in line) angeordnet sind, wozu auch der Extremfall eines Einzylinder-Motors gezählt wird. Es ist unerheblich bei dieser Gruppierung, ob es sich um normale oder geschränkte Kurbeltriebe handelt (siehe auch Tabelle 6.7), ob es ein Kreuzkopf- oder ein Tauchkolbenmotor ist. Diese Zylinderreihe kann man natürlich verschieden im Raum anordnen, so daß man von stehenden, liegenden und hängenden Bauarten spricht. Unabhängig von der Einbaulage können die Motoren der Reihenbauart jedoch freie Massenkräfte und Massenmomente haben, die den Motorkoordinaten zugeordnet sind, wie sie in den Tabellen 6.32 bis 6.37 angegeben sind.

3.3.1.1.1 Stehende Bauart

Abb. 3.105: Stehender Motor

Der etwas widersprüchliche Ausdruck meint einen Motor, dessen Zylinderachsen senkrecht oder fast senkrecht im Raum stehen und bei dem der Brennraum oberhalb des Kurbeltriebes angeordnet ist (Abb. 3.105). Das ist die weitverbreitetste Anordnung überhaupt (siehe Einbau in Pkw und Lkw). In früheren Jahren war dies für Schiffsmotoren fast die alleinige Bauart, da sich aus räumlichen Gründen Großraummotoren kaum anders im Schiffsverband einbauen ließen. Erst die kompakten Mittelschnelläufer führten zur Anwendung vielzylindriger V-Maschinen, die eine ganz andere Anordnung im Schiff erlaubten. In den letzten Jahren scheint sich der Schiffbau wieder mehr den "senkrechten (stehenden)" Bauarten zuzuwenden, da bei Reparaturen die senkrechten Montagen (Kräne!) einfacher sind und man vor allem mit einfachen Werkzeugen besser bis an die Kurbelgehäusedeckel vordringen kann.

Vorteil aller stehenden Reihenmotoren ist die kleinere Grundfläche der gegenüberliegenden Zylinder. Im Großdieselbau hat die Praxis für die stehende Bauform mit der einfachen Ausbaumöglichkeit der schweren Kolben und Deckel nach oben mittels Kranes entschieden. Die Grenzen der Reihenmotoren sind durch die mechanischen Eigenschaften (Steifigkeit, Drehschwingungen, etc.) gegeben, Motoren über 12 Zylinder in Reihe werden in praxi nicht angewendet.

3.3.1.1.2 Liegende Bauart

Der Vorzug der liegenden Bauart mit wenigen Zylindern bei ortsfesten Großausführungen (Abb. 3.106) besteht in der Übersichtlichkeit und leichten Zugänglichkeit des Triebwerkes, schwindet aber beim Aneinanderreihen mehrerer Zylinder. Gleichachsig hintereinander gereihte Zylinder, z. B. in doppeltwirkender Tandembauart oder an die durchgehende Stange des treibenden Kolbens angeschlossene Kolben von Pumpen, Gebläsen und Kompressoren, eignen sich wegen ihrer Längsausdehnung nur für liegende Anordnung. Wegen der großen bewegten Massen wählt man in solchen Fällen niedrige

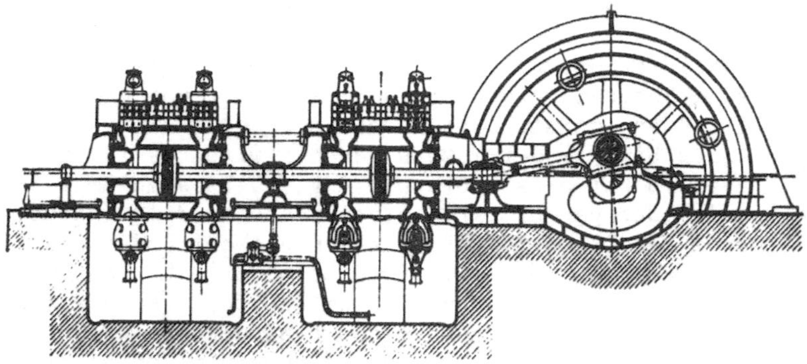

Abb. 3.106: *Liegender Großgasmotor*

Drehzahl und hält so die freien Massenkräfte in erträglichen Grenzen; Der Langsamlauf führt aber auf großes Leistungsgewicht. Derartige Motoren werden heute nicht mehr gefertigt und sind auch kaum noch im praktischen Einsatz zu finden.

Wiederauferstehung hat die liegende Bauart jedoch bei Anwendungszwekken gefunden, bei denen eine flache Bauart ein entscheidendes Kriterium für die Einbaumöglichkeit in ein Fahrzeug bedeutet. So gibt es heute "Unterflur-Motoren" (Abb. 3.107) im Lkw- und Traktionsbetrieb, in der Regel liegende Bauformen des Reihenmotors, aber auch Boxer- und V-Motoren sind zu finden. Die immer flachere Silhouette unserer Pkws zwingt auch zu immer gedrungeneren Bauformen, was wiederum zu einer Neigung des Motors um seine Längsachse führt, so daß wir bei manchem Reihenmotor kaum noch unterscheiden können, ob es sich um eine stehende oder liegende Ausführung handelt (Abb. 3.51).

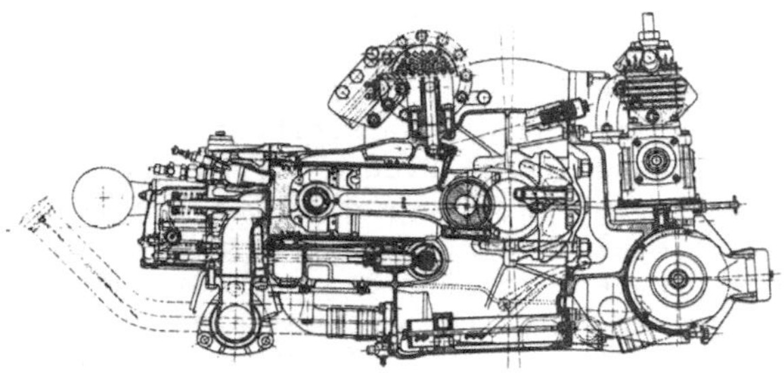

Abb. 3.107: *Unterflurmotor (liegender Motor)*

3.3.1.1.3 Hängende Bauart

Hängende Bauarten von Verbrennungsmotoren sind heute sehr selten geworden. Früher waren viele Flugmotoren hängend ausgeführt (Abb. 3.108), weil diese Bauart dem Flugzeugführer eine bessere Sicht, der Propellerachse einen größeren Abstand zum Rollfeld und dem Flugzeug selbst eine bessere Schwerpunktslage ermöglichte. Bei solchen Bauarten muß man dem Schmierölkreislauf (Verölung der Zylinder) besondere Beachtung schenken.

Abb. 3.108: *Flugmotor mit hängenden Zylindern*

3.3.1.1.4 Der U-Motor

Eine Sonderbauform der Reihenbauart ist der U-Motor, bei dem zwei Kolben an einer gegabelten Pleuelstange an einer Kröpfung angreifen (siehe auch Tabelle 6.7 und Abschnitt 3.5.5). Diese relativ seltene Bauart findet man gelegentlich bei Zweitakt-Motorrad-Motoren, bei denen der schlitzgesteuerte Ladungswechsel sich etwas optimieren läßt, und dies besonders bei aufgeladenen Motoren.

3.3.1.1.5 Der Gegenkolbenmotor

Beim Gegenkolbenmotor mit einer Kurbelwelle wird der obere Kolben über ein Zuggestänge an einer boxermotoren-ähnlichen Kurbelwelle angehängt (Abb. 3.109). Durch

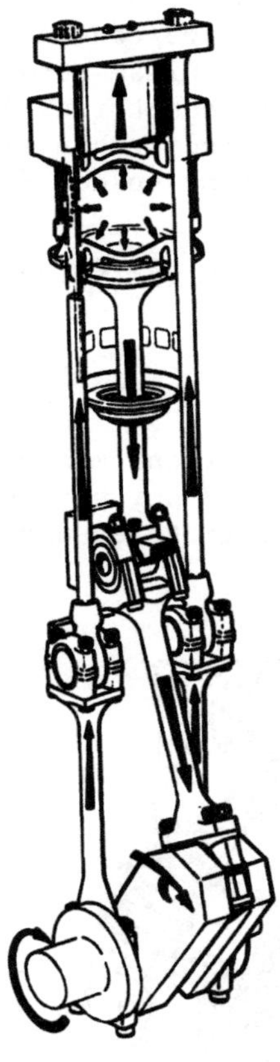

Abb. 3.109: Einreihen-Gegenkolbenmotor

die relativ großen Massen ist die Drehzahl derartiger Motoren beschränkt, als Schiffshauptantriebsmotoren haben diese vor allem von der Firma Doxford gebauten Motoren jedoch durchaus befriedigende Betriebsverhältnisse gebracht.

3.3.1.2 Die Zweireihen-Bauart

Ordnet man mehrere Reihen von Zylindern um eine Kurbelwelle in einer Motoreinheit zusammen, so erhält man Mehr- oder Vielreihenbauart - man spricht auch von mehrstrahligen Bauarten.

Die gute Einbaufähigkeit eines Motors mit einer größeren Zahl von Zylindern in einen Raum von verhältnismäßig kleinen Abmessungen oder von vorgeschriebenen Umrissen hat bei Beschränkung der Zylinderzahl in einer Reihe und durch Zulassung von mehreren Strahlen in der Stirnansicht zu den V-, W-, X- und H-Bauformen geführt.

Wird jedem Strahl eine Zylinderreihe in der Längsansicht zugeordnet, so erscheinen die Reihen der zwei- und mehrreihigen Motoren um einen Winkel zueinander geneigt; dieser Winkel wird als Gabelwinkel γ bezeichnet.

Sind die Zylinder in zwei Reihen angeordnet und arbeiten beide Reihen auf eine Kurbelwelle, so sprechen wir von den V-Motoren (Abb. 3.110). Den Winkel, unter dem die beiden Reihen zueinander angeordnet sind, bezeichnet man ebenfalls als Gabelwinkel γ. Um gleichmäßige Zündabstände zu erzielen, wählt man für bestimmte Zylinderzahlen, wenn aus fertigungstechnischen Gründen diesem Wunsch nichts entgegensteht, optimale Gabelwinkel (z. B. für einen 12-Zylinder-Viertaktmotor $\gamma = 720/z = 60^0$). Die dabei verbleibenden freien Kräfte und Momente sind in den Tabellen 6.35 und 6.36 zusammengefaßt.

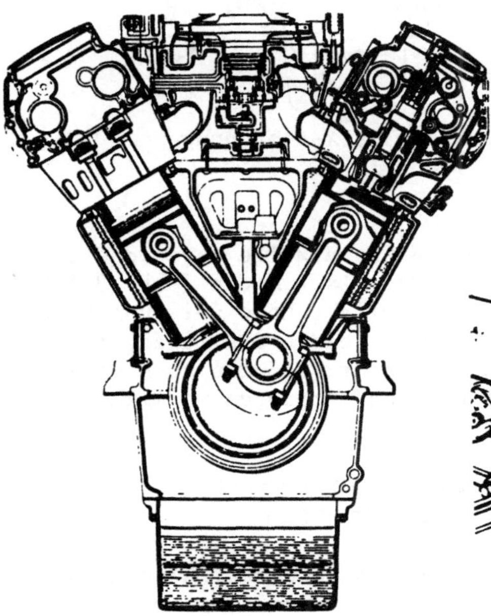

Abb. 3.110: V-Motor

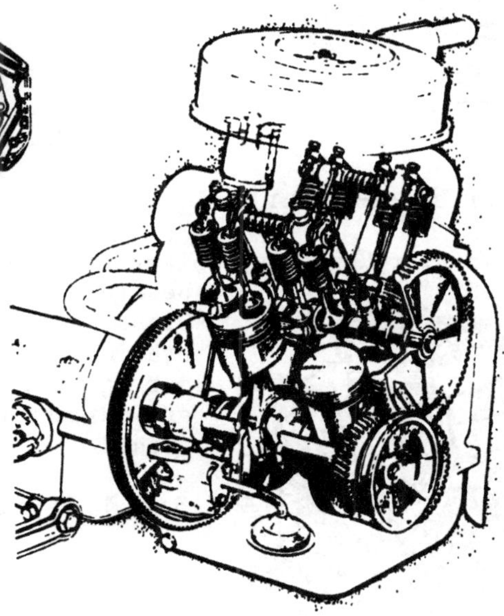

Abb. 3.111: Gegabelter Reihenmotor (FORD, Form Flow)

Sind die Zylinder der zwei Reihen parallel angeordnet, so bezeichnen wir diese Bauart als Doppelreihenmotor, bei dem jede Zylinderreihe auf eine Kurbelwelle arbeitet und über Getriebe die beiden Kurbelwellen gekoppelt werden. Eine Sonderform der Zwei-Reihen-Maschine ist der Boxer-Motor (oder der 180^0 gegabelte Reihenmotor), bei dem beide Reihen auch auf eine Kurbelwelle arbeiten, jeder Zylinder jedoch seine eigene Kröpfung hat (Abb. 3.100). In der Regel sind die Reihen der Boxer-Motoren im Winkel von 180^0 angeordnet, doch sind auch andere Winkel vorstellbar, bei denen der Motor den Kriterien des Boxer-Motors genügt. Es gibt zum Beispiel niedrigzylindrige Motoren, die optisch wie (theoretisch ungleichmäßig zündende) V-Motoren aussehen, jedoch eine Kurbelwelle besitzen, die bei dem vorgegebenen Gabelwinkel einen gleichmäßigen Zündabstand ermöglicht (Abb. 3.111). Diese Motoren sind wie die Boxermotoren eher "aufgefächerte" oder "gegabelte" Reihenmotoren. Auch Bauarten, die durch leichte Aufspreizung der in Reihe liegenden Zylinderrohre einen geringeren Zylinderabstand ermöglichen, gehören im strengen Sinn nicht zu den V-Motoren.

Der Bereich der Zweireihen-Bauarten geht vom 2-Zylinder-Motor bis zum 24-Zylinder-Motor in zwei Reihen.

3.3.1.3 Die Dreireihen-Bauart

Werden bei einem Motor die Zylinder in drei Reihen angeordnet, so spricht man von einer W-Bauform (Abb. 3.112). Diese Bauform ist heute selten und wird nur noch bei kompakten Sondermotoren angewandt. Früher gab es eine Reihe von Flugmotoren und Projekten in dieser Ausführungsform.

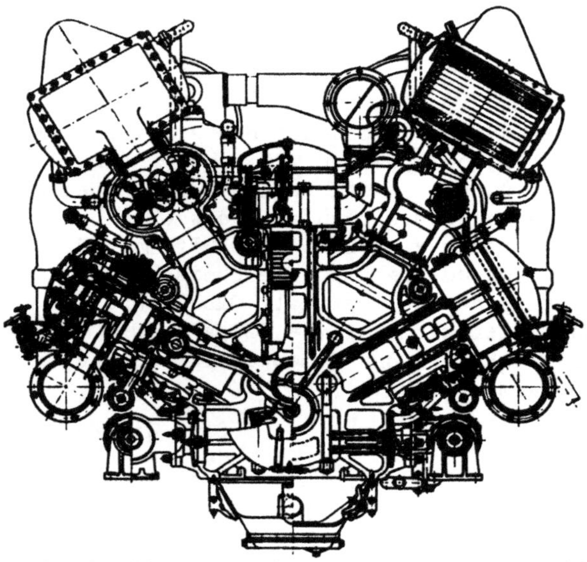

Abb. 3.112: Motor in W-Form

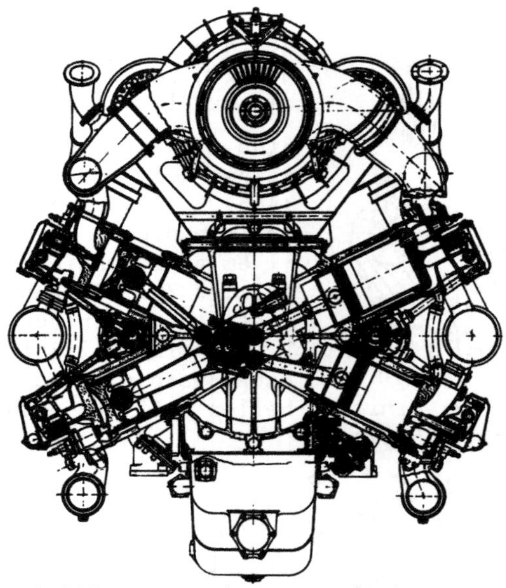

Abb. 3.113: Motor in X-Anordnung

3.3.1.4 Die Vierreihen-Bauart

Sind die Zylinder in vier Reihen strahlenförmig um die Kurbelwelle angeordnet, so bezeichnet man das als X-Motor (Abb. 3.113). Diese Bauart ermöglicht hohe Leistungskonzentration, erschwert jedoch die Zugänglichkeit der Aggregate so sehr, daß man auch diese Bauart nurmehr bei Sondermotoren verwirklicht sieht.

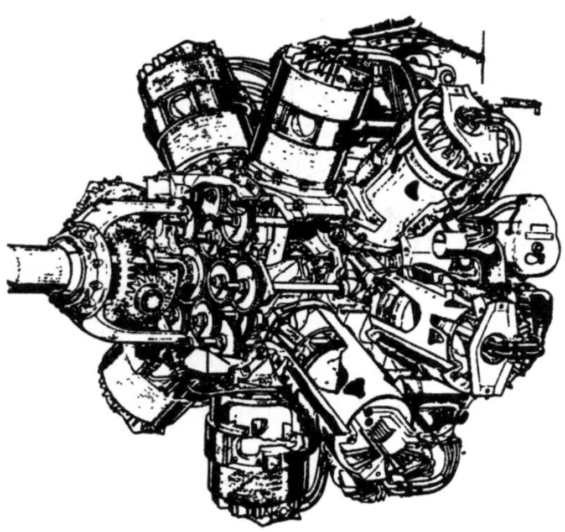

Abb. 3.114: Sternmotor (ungerade Zahl)

3.3.1.5 Vielreihen-Bauart (Sternmotoren)

Sind die Zylinder in noch mehr Reihen angeordnet, so spricht man vom Sternmotor, wobei ungerade Zahlen von Zylindern, wie 5, 7, 9, für einen Stern besonders beliebt sind (siehe Abb. 3.114). Von diesen sternförmigen Gebilden kann man ein, zwei oder auch noch mehr Sternscheiben zu einer Einheit kombinieren (Abb. 3.115). Die Sternanordnung der Zylinder eignet sich besonders für Luftkühlung, bietet

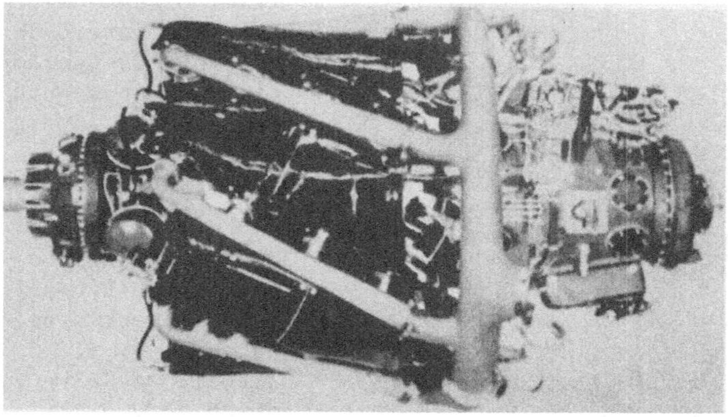

Abb. 3.115: Mehrreihiger Sternmotor (versetzt)

geringste axiale Ausdehnung des Motors, eine bei Flugzeugen einfache Art des Einbaues und eine gute Übersichtlichkeit über alle Teile wegen der radial im Kreis verteilten Zylinder. Der verhältnismäßig große Luftwiderstand der Sternform kann gemildert werden durch passende Motorverkleidungen, die zugleich die Kühlwirkung der Luft an den Zylindern erhöhen. Die Sternform hatte bis in die späten 40er Jahre große Verbreitung im Flugwesen gefunden und wurde auch bei Kraftfahrzeugen mit Heckbetrieb ebenso wie zum Bootsantrieb versucht. Wegen der Kühlungsfrage (Luftführung und -erwärmung durch den Stern) sind Sternmotoren in der Praxis auf Dreisternmotoren beschränkt, nur sehr wenige viersternige Motoren sind bekannt geworden (Abb. 3.116).

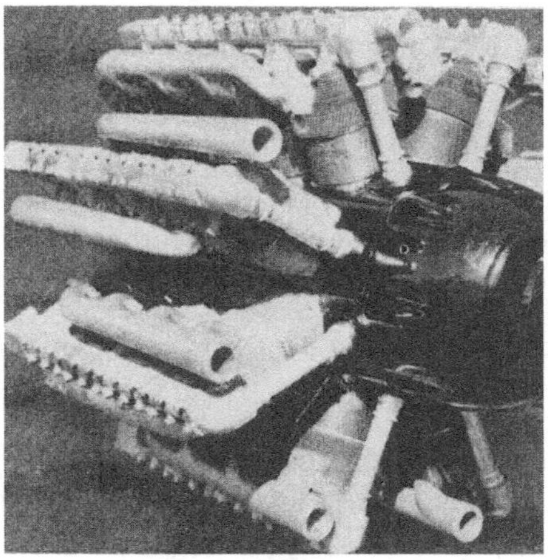

Abb. 3.116: Mehrreihiger Sternmotor in Reihe

Hat der Zylinderstern freie Kräfte, so treten sie in der Ebene auf, die alle Zylinderachsen enthält. Kippmomente sind demnach nicht vorhanden, so daß einsternige Motoren momentenfrei sind. Zweisternige Bauformen können ein Moment 2. Ordnung besitzen, wenn die Kröpfungen um 180^0 versetzt sind. Aussagen über die Größe von freien Kräften und Momenten von Viertakt-Sternmaschinen findet man in Tabelle 6.37.

3.3.1.6 Gegenkolben-Motoren

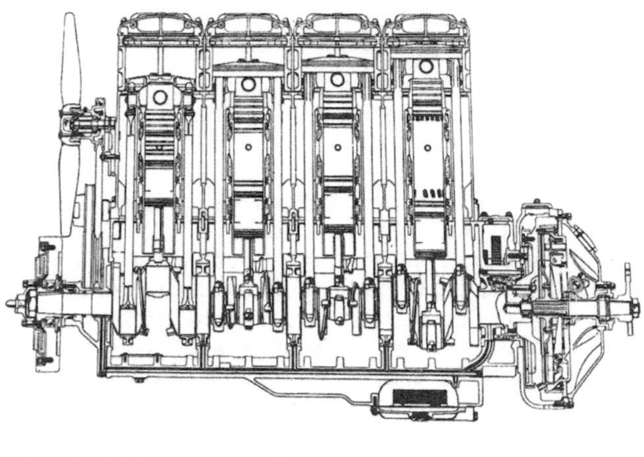

Abb. 3.117: Gegenkolbenmotor JUMO 422

Arbeiten zwei Kolben gegenläufig in einem Zylinderrohr und überträgt man die Kolbenkräfte einer Kolbenreihe über Zugstangen auf eine je Zylinderrohr doppelt gekröpfte Kurbelwelle, so erhält man ein von den Hauptkräften freigehaltenes Kurbelgehäuse, das man entsprechend leicht konstruieren kann. Als Musterbeispiel sei diese Ausführungsform am Flugkolbenmotor JUMO 422 (Abb. 3.117) und am Doxford-Schiffsmotor Baureihe J (Abb. 3.118) gezeigt. Ein anderer Gegenkolbenmotor mit zangenförmigen Wippenhebeln ist in Abb. 3.119 gezeigt. Auch bei diesem Motor ist der kinematische Aufwand groß, um die Kräfte in die Kurbelwelle zu leiten.

3.3.1.7 Sonderbauformen der Einwellenmaschinen

Als Normalbauformen der Hubkolbenkraftmaschine sind alle jene Typen zu bezeichnen, deren Verbindung zwischen Arbeitskolben und Antriebswelle ein normales Schubkurbelgetriebe ist. Nun ist es dem menschlichen Erfindungsgeist gelungen, auch andere

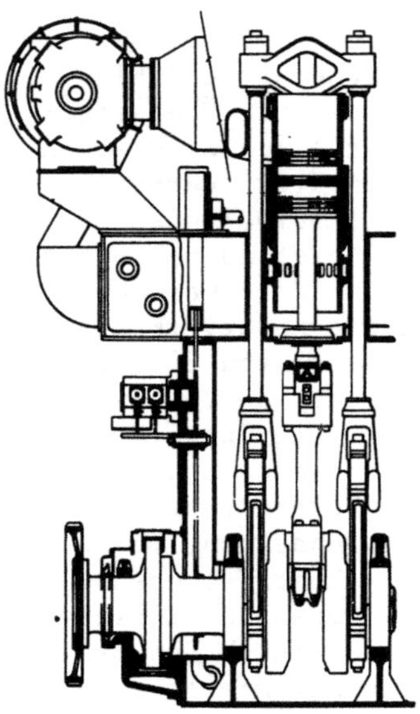

Abb. 3.118: *Doxford-Gegenkolbenmotor*

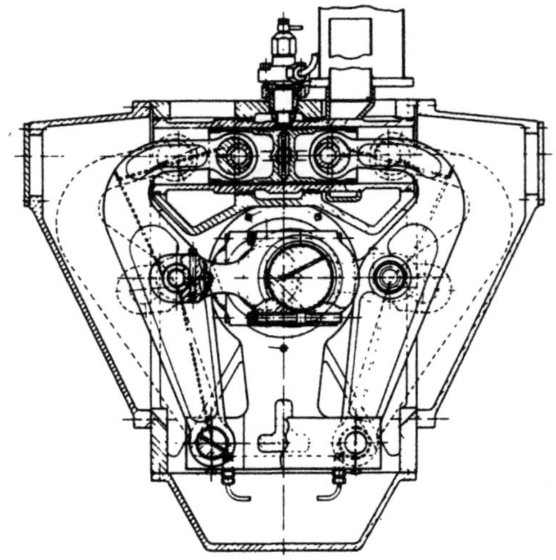

Abb. 3.119: Gegenkolbenmotor mit Wippenhebeln

kinematische Getriebe zu erarbeiten, die die geradlinige Hubbewegung des Kolbens in die rotierende einer Arbeitsbewegung umsetzt.

Zu den Sonderbauformen von Einwellentriebwerken gehören z. B. die kurbellose Kolbenmaschine von MICHELL (Abb. 3.120), bei der die Kolben ihre Kraft auf eine Schräg(Taumel)-Scheibe abgeben, oder der Axialkolbenmotor von BRISTOL mit seinen neun um eine z-förmige Welle angeordneten Zylindern (Abb. 3.121), bei dem der Zwischenträger als eine Art Kreuzgelenk nur eine schwingende Bewegung ausführt. Auch beim Motor nach Abb. 3.122 wird die Pleuelfußscheibe zum Taumeln gebracht und versetzt dabei eine Art Kurbelwelle in drehende Bewegung.

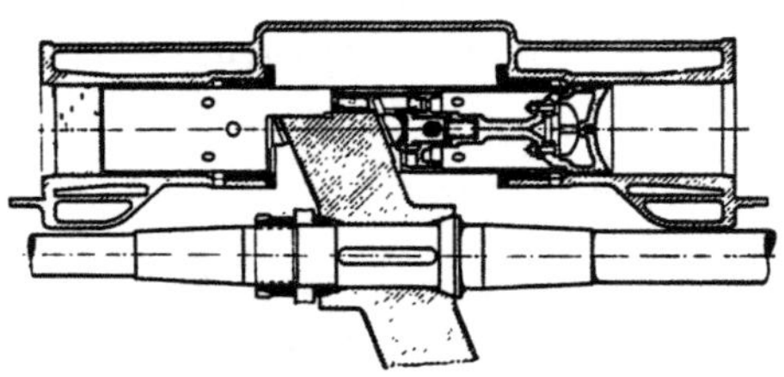

Abb. 3.120: Schrägscheibenmotor von MICHELL

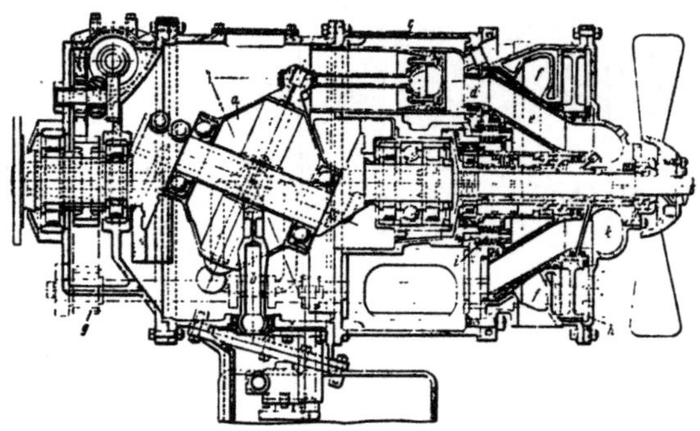

Abb. 3.121: Taumelscheibenmotor von BRISTOL

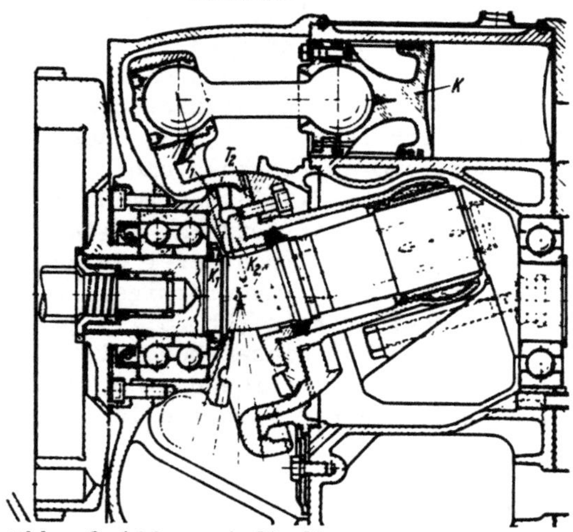

Abb. 3.122: Axialkolbenmotor mit Taumelscheibe

Ähnlich ist der Aufbau des Wippenmotors mit einer Schwinge (Abb. 3.123), bei dem durch senkrechte Verstellung des Wippenmittelpunktes die Kompression verstellt werden und durch Kombination mehrerer Grundbausteine auch ein nach außen hin kraft- und momentenfreies Triebwerk geschaffen werden kann.

Der Gedanke, die Schubkurbel durch andere Maschinenelemente zu ersetzen, ist nicht neu. In den 60er Jahren wurde ein hydrostatischer Antrieb erprobt (Abb. 3.124), der sich im Versuchsstadium wohl bewährte, jedoch eine Reihe von anderen Schwierigkeiten zeigte, so daß auch diese Abweichung von der Normaus-

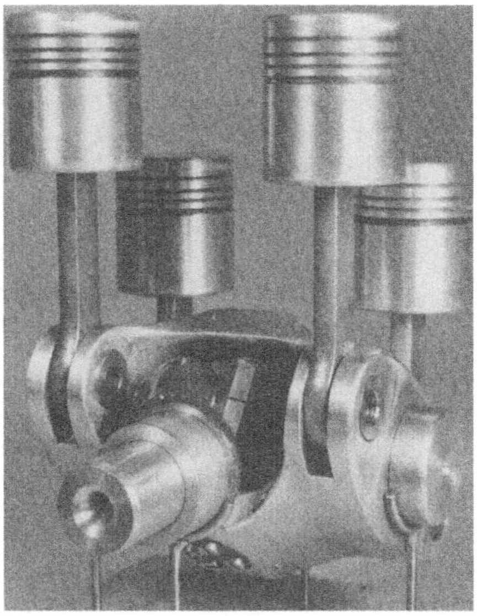

Abb. 3.123: *Wippenmotor mit verstellbarem Kompressionsverhältnis*

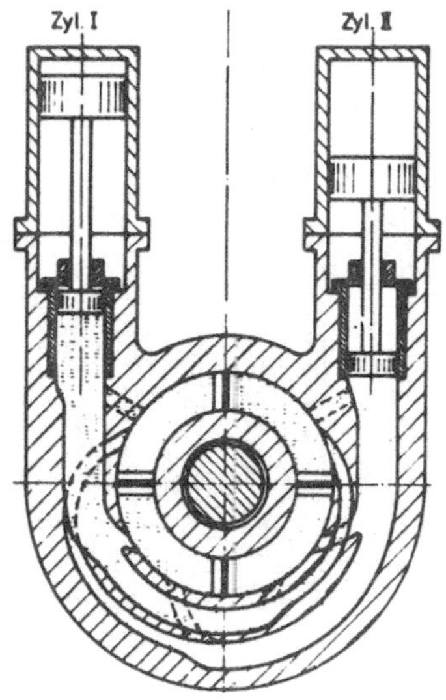

Abb. 3.124: *Hydraulikmotor*

führung in der rauhen Praxis keine Bewährungsprobe zu bestehen brauchte.

Geht man die Patentliteratur durch, so findet man noch eine große Anzahl ähnlicher Bauformen. Allen gemeinsam ist, daß diese Bauarten im Motorenbau keinen Durchbruch in breiter Front fanden. Der Eintritt in ein ernsthaftes Entwicklungsstadium war ihnen wegen der nicht zu unterschätzenden Schwierigkeiten bei der betriebssicheren Gestaltung der Übertragungselemente verwehrt geblieben. Der einzige Motor, den man zu den verdrängenden Verbrennungskraftmaschinen in Sonderbauform zählen kann und der sich auf Teilgebieten durchsetzen konnte, ist der Kreiskolbenmotor, der mit dem Namen seines Erfinders, FELIX WANKEL, verbunden ist.

3.3.2 Die Zweiwellen-Triebwerke

Die Zweiwellen-Triebwerke haben im praktischen Alltag Seltenheitswert, weil sie kostenmäßig nicht sehr günstig liegen und eine Synchronisation der beiden Wellen untereinander notwendig machen.

3.3.2.1 Der Doppel-Reihenmotor

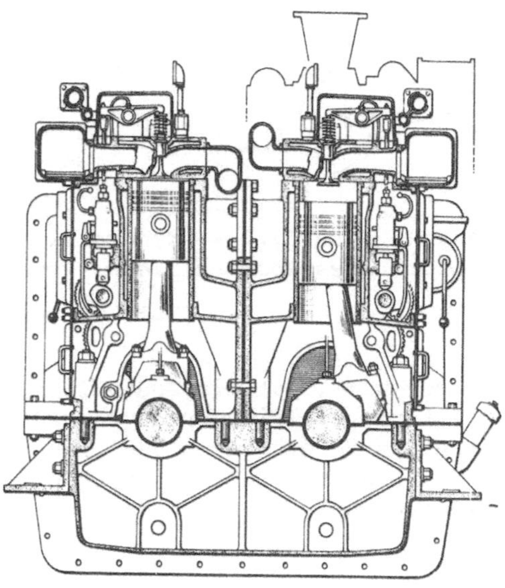

Abb. 3.125: Doppel-Reihenmotor von MIRRLESS-BLACKSTONE

Die gebräuchlichste Ausführung ist noch der Doppel-Reihenmotor, die Kombination zweier normaler Reihenmotoren in einem Gehäuse und mit einem Antriebsflansch (Abb. 3.125). Wir finden diese Bauart z. B. bei einem Lokomotivmotor der Firma Sulzer.

3.3.2.2 Der H-Motor

Eine andere Bauart der Zweiwellen-Maschine ist die Kombination zweier Boxer- oder 180^0-V-Motoren in einem Gehäuse mit Synchronisiergetriebe (Abb. 3.101). Diese Bauart wird H-Motor genannt, ist äußerlich kaum vom X-Motor zu unterscheiden und weist ähnlich hohe Leistungsdichte wie dieser auf. Die sehr kompakte Bauweise erschwert in der Regel Montage und Reparatur erheblich und ist deshalb nur für Sondereinsatz (Marine) verwandt worden.

3.3.2.3 Gegenkolben-Motoren

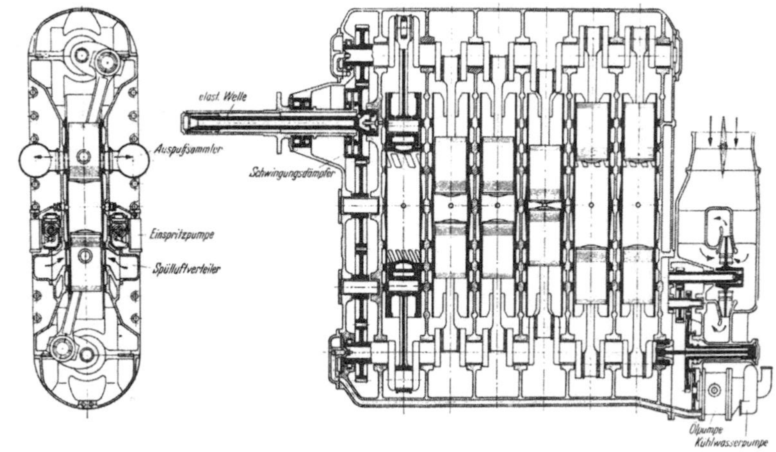

Abb. 3.126: Zweiwellen-Gegenkolbenmotor

Eine weitere Ausführungsform ist der gegenläufige Motor, bei dem der Brennraum aus zwei gegenläufigen Kolben und einem Zylinderrohr gebildet wird. Diese nur bei Zweitaktern ausgeführte Anordnung kann so ausgebildet sein, daß zwei Triebwerke gleicher Leistung zusammenarbeiten (Abb. 3.126) oder aber auch derart, daß der kleine Kolben mehr die Steuerung der Spülung übernimmt, was dann aber auch mit einem Einwellentriebwerk spezieller Bauart gemacht werden kann.

3.3.2.4 Doppel-V-Motor

Eine andere kompakte Bauart stellt der Doppel-V-Motor nach Abb. 3.127 für den Marine-Einsatz dar. Durch den Gabelwinkel wird der Motor etwas schmaler als der H-Motor.

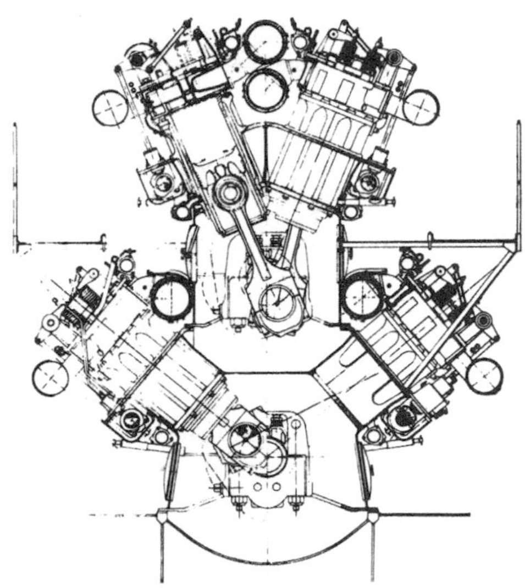

Abb. 3.127: Doppel-V-Motor

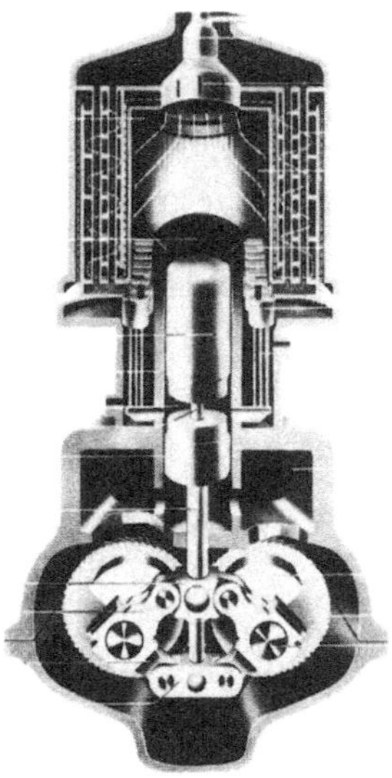

Abb. 3.128: Rhombentriebwerk

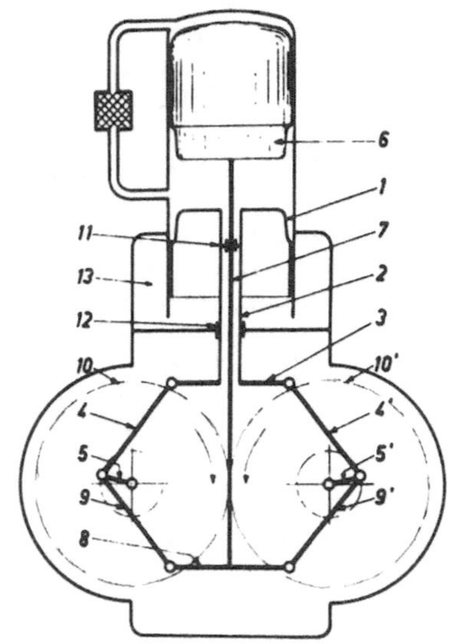

Abb. 3.129: Kinematik des Rhombentriebwerkes

3.3.2.5 Motoren mit Rhombentriebwerk

Das Rhombentriebwerk, wie es beim STIRLING-Motor verwandt wird, ist ein Zweiwellentriebwerk (Abb. 3.128). Durch die Kinematik des rhombenförmigen Triebwerkes werden so zwei Kolben gegeneinander gesteuert, wobei der obere den Verdrängerkolben und der untere den Arbeitskolben darstellt (Abb. 3.129). STIRLING-Motoren werden auch mit zwei Kurbelwellen und nebeneinanderliegenden Zylindern (Abb. 3.130) gebaut.

3.3.3 Das Dreiwellen - Triebwerk

Eine Sonderbauart von 3.3.2.3 bildet ein Triebwerk, in dem drei Reihen gegenläufiger Zylinder auf drei Kurbelwellen laufen und diese Leistungen über ein Sammelgetriebe zusammengefaßt werden (Abb. 3.131). Hohe Leistungskonzentration bei minimalen Gewichten, insbesondere bei vielzylindrigen Einheiten, geben dieser Bauart einen Son-

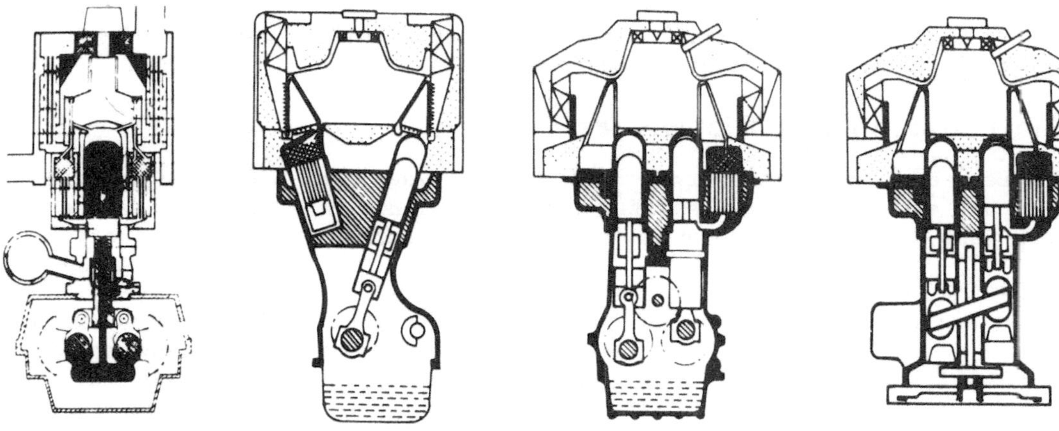

Abb. 3.130: Doppelreihen-STIRLING-Motor

dercharakter, doch ist die schlechte Zugänglichkeit für Reparatur und Wartung ein Hinderungsgrund, derartige Ausführungen in den zivilen Einsatz zu geben. Diese Bauart wurde als Flugmotor ausgeführt, wurde aber auch in Sonderschiffen eingesetzt (Marine).

3.3.4 Das Vierwellen-Triebwerk

Die Kombination von vier V-Motoren zeigt die Abb. 3.132. Dieser als Flugmotor vorgesehene 48-Zylinder-Motor besitzt vier Kurbelwellen, deren Momente an der Stirnseite über ein Sammelgetriebe auf die Luftschraubenwelle gebracht werden.

3.3.5 Das Sechswellen-Triebwerk

Als Kuriosum, wenn auch als konsequente Weiterführung des Aufteilungsgedankens, mag der STEUDEL-Motor

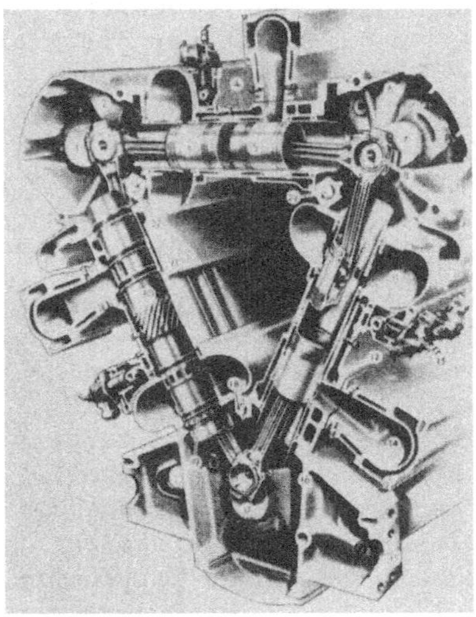

Abb. 3.131: DELTA-Motor

Abb. 3.132: Vierwellen-Sternmotor

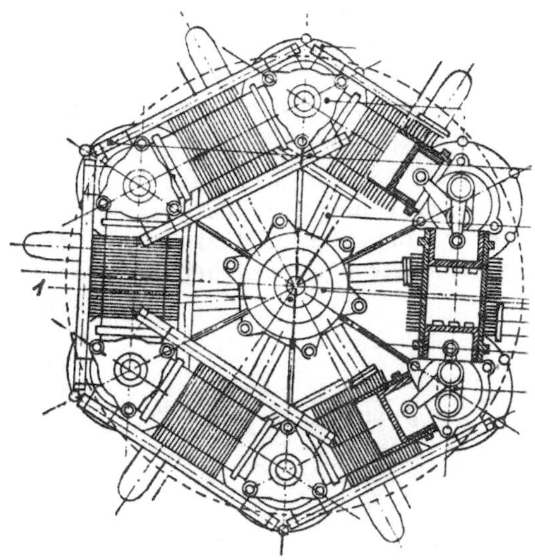

Abb. 3.133: STEUDEL-Motor

(Abb. 3.133) gelten, bei dem über sechs Kurbelwellen mit bis zu 72 gegenläufigen Kolben die Kraft an ein Sammelgetriebe abgegeben werden sollte. Über eine Bewährung dieser Motoren ist allerdings nichts bekannt geworden.

3.3.6 Die Lagerung des Triebwerkes

Die Art der Lagerung eines Triebwerkes im Motor hat einen großen Einfluß auf die Bauform und -art einer Verbrennungskraftmaschine, weil die eine oder andere Ausführungsform ganz bestimmte Folgerungen für den Gesamtaufbau eines Motors hat.

3.3.6.1 Die Gleitlagerung

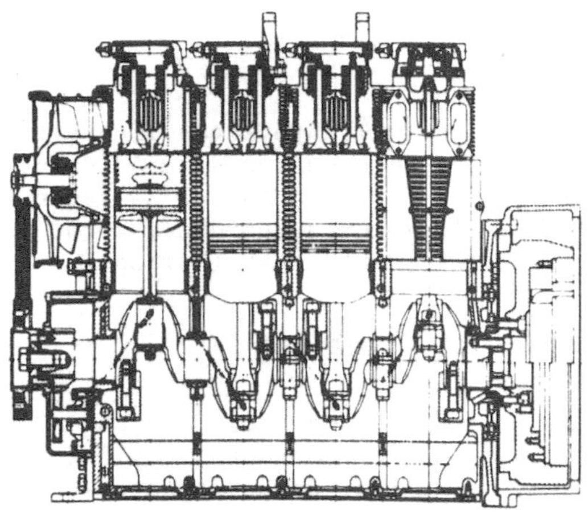

Abb. 3.134: Gleitgelagerter Motor

Der erste Motor von OTTO war, wie danach fast alle Verbrennungskraftmaschinen, in den Hub- und Grundlagerzapfen der Kurbelwelle gleitgelagert (Abb. 3.134). Bei dieser Entwicklung hat das Maschinenelement "Gleitlager" in der Verbrennungskraftmaschine große Wandlungen und Verbesserungen durchgemacht. So wurden nicht nur die Werkstoffe und die Schmierung, sondern auch die geometrischen Verhältnisse des Lagers geändert. Entsprechend den Durchbiegungen der Kurbelwelle wurden die Lager schmaler, die größeren Leistungen der Motoren machten stärkere Lagerzapfen notwendig.

Der Hauptvorteil der Gleitlagerung liegt in der freien Gestaltbarkeit der Umgebung, da die Teilbarkeit des Gleitlagers keine Rücksichten hinsichtlich Einbaubarkeit etc. verlangt. Von Bedeutung sind fernerhin die hohe statische und dynamische Belastbarkeit eines Gleitlagers und die dabei relativ kleinen Abmessungen dieses Maschinenelementes. Der Nachteil der größeren Empfindlichkeit gegenüber Verschmutzungen und anderen Maßabweichungen konnte die Vormachtstellung des Gleitlagers gegenüber der Wälzlagerung nicht brechen. Deshalb sind weit über 90 % aller Verbrennungskraftmaschinen mit Gleitlagern ausgerüstet. Die unklaren Verhältnisse im Mischreibungsgebiet (Oberflächenrauhigkeiten, Verformungen) und der Einfluß des nicht idealen Schmiermittels (durch Partikel angereichertes Schmieröl) machen die theoretische Auslegung eines Gleitlagers schwierig. Es muß auch gesagt werden, daß das geteilte Gleitlager an den beiden Trennfugen Schwachstellen besitzt, die insbesondere bei hauptsächlich umlaufenden Lasten zu Schwierigkeiten führen können. Letzte Klarheit über die Verhältnisse im Gleitlager gibt es noch nicht, doch haben die Forschungsarbeiten der letzten zwei Jahrzehnte sehr viel dazu beigetragen, sichere Voraussagen machen zu können.

Die großen Gaskräfte hochaufgeladener Verbrennungskraftmaschinen machen immer größere Kurbelwellenlager-Durchmesser notwendig. Das Streben nach geringen Hubverhältnissen (kleinere Kolbengeschwindigkeit) verringert die Exzentrizität der Hubzapfen, so daß bei modernen Kurbelwellen heute schon eine sehr große Überschneidung von Hub- und Grundlagerzapfen besteht und somit auf dem Weg zur Exzenterwelle die üblichen Kurbelwangen einer Kröpfung immer mehr degenerieren. Ein typisches Beispiel einer gleitgelagerten Scheibenkurbelwelle zeigt die Abb. 3.135, die nur mit drehender Spannabhebung hergestellt ist. Bei Versuchsmotoren ist die Überschneidung von Hub- und Grundlagerzapfen schon so weit fortgeschritten (Abb. 3.136), daß man auf die Wange ganz

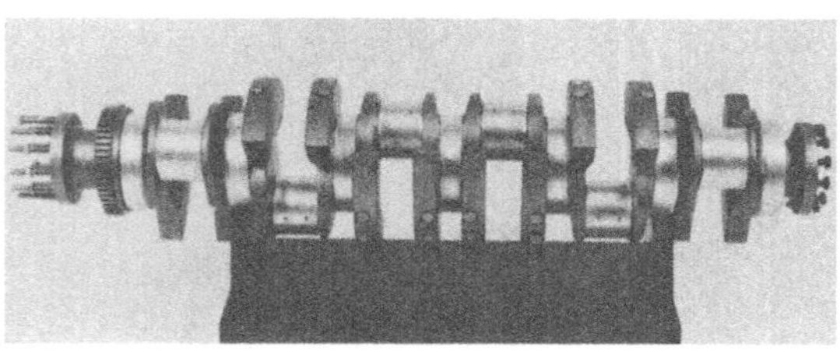

Abb. 3.135: Hochleistungskurbelwelle

verzichten kann. Schwierigkeiten bereitet bei Vollmotoren die Unterbringung der Lagerbrücken bei Scheibenkurbelwellen, weswegen Sonderbauformen angewandt werden müssen, sofern nicht ein Tunnel-Kurbelgehäuse gewählt wird.

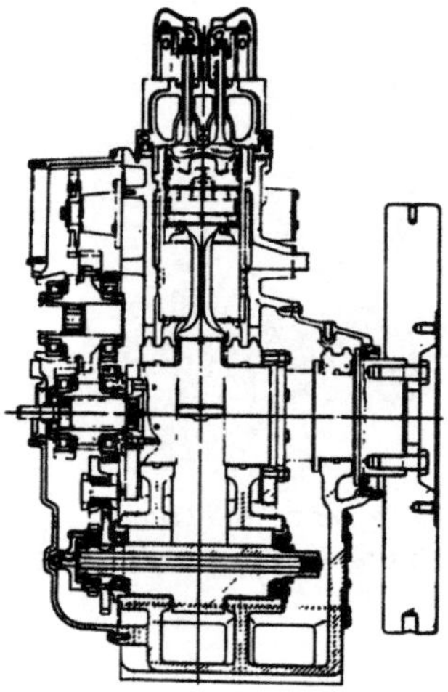

Abb. 3.136: Gleitgelagerter Scheibenwellen-1-Zylinder-Versuchsmotor

3.3.6.2 Die Wälzlagerung

Die Wälzlagerung stellt die Ausnahme in der Regel dar. Es gibt eine Reihe von kleineren Motoren, die mit Wälzlagern ausgerüstet sind. Dies kann eine Rollenlagerung der Pleuelstange bei teilbarer Kurbelwelle (Abb. 3.137), eine Pleuellagerung mit geteilten Laufringen (Abb. 3.138) oder der Kurbelwelle im Kurbelgehäuse (Abb. 3.139) sein. Letzteres wird vor allem bei 1-Zylinder-Motoren angewandt, bei denen der Einbau der nicht teilbaren Rollenlager ohne Schwierigkeiten von den Stirnseiten her erfolgen kann, um bei der an einem solchen Triebwerk sowieso schon hohen Verlustleistung jede denkbare zusätzliche Reibung zu vermeiden.

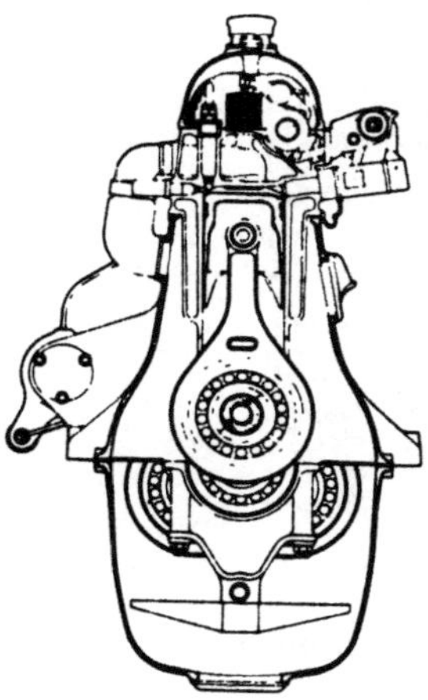

Abb. 3.137: Pleuellagerung in Wälzkörpern

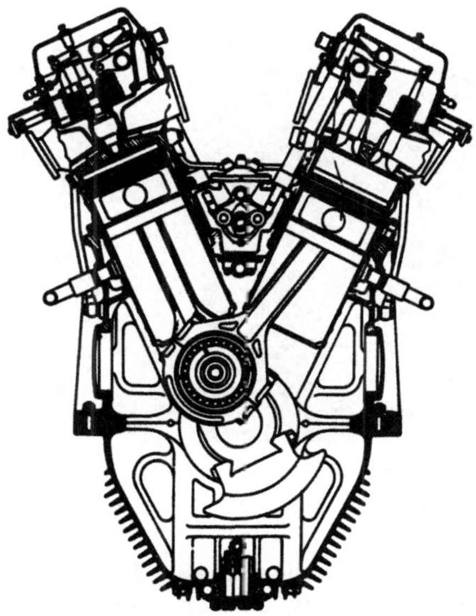

Abb. 3.138: Pleuellagerung mit geteilten Laufringen

Man hat bei Mehr-Zylindermaschinen den Einbau von geteilten Wälzlagern versucht, doch zeigt sich hier die Schwachstelle der Trennfuge so stark, daß sich das Wälzlager in dieser Form nicht durchsetzen konnte. Die Scheibenkurbelwelle ermöglicht dagegen das Auffädeln geschlossener Wälzlager, so daß sich diese Bauart auch in einem größeren Motor (Abb. 3.140) im langjährigen Einsatz bewährt hat. Möglich wird die Verwendung von ungeteilten Wälzlagern auch durch die Teilung der Kurbelwelle in Einzelkröpfungen (Abb. 3.141).

Nachteilig sind bei der Wälzlagerung die größeren Kosten für Lagerung und feinere Fertigungstoleranzen, zumal dann, wenn zur Erreichung einer größeren Lebensdauer nicht an der Grenze üblicher Wälzlagerauslegungen gearbeitet werden darf.

3.4 Die Wirkungsweise der Zylinder

Bei den im vorigen Kapitel genannten Bauformen und Anordnungen ist bereits einiges über die Wirkungsweise der Zylinder gesagt worden. Auch die Arbeitsverfahren Zweitakt und Viertakt sind bereits erwähnt worden.

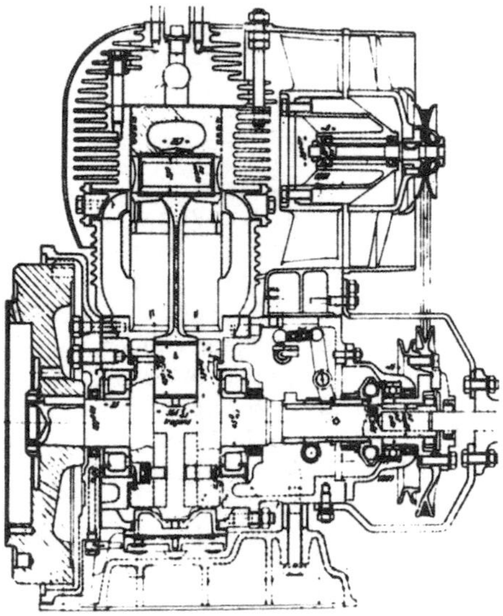

Abb. 3.139: *Lagerung eines 1-Zylinder-Motors mit Wälzlagern*

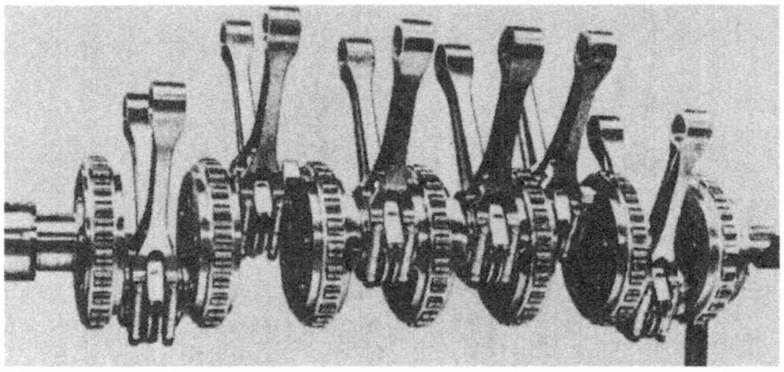

Abb. 3.140: Scheibenkurbelwelle mit Rollenlagerung für Tunnel-Kurbelgehäuse

Abb. 3.141: Aus Einzelkröpfungen zusammengesetzte Kurbelwelle

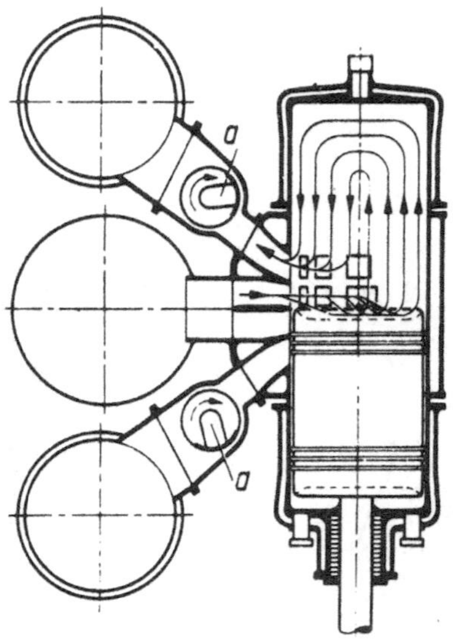

Abb. 3.142: Doppelt wirkender Zweitaktmotor

Die Kolbenmaschine hat die Aufgabe, die auf den Kolben ausgeübten Gaskräfte von der hin- und hergehenden Bewegung des Kolbens in die Drehbewegung der Kurbelwelle umzuformen. Dies erfolgt mit Hilfe des Kurbeltriebes.

Im Regelfall wird der Kolben nur einseitig von Gaskräften beaufschlagt (einfach wirkender Zylinder), und zwar entweder im Zweitakt- oder im Viertakt-Verfahren. Nun ist aber seit der Kolbendampfmaschine bekannt, daß man das Arbeitsmittel recht gut auf beide Kolbenseiten wirken lassen kann, wodurch man die sogenannten doppelt wirkenden Zylinder erhält. Die beinahe (Schubstangenquerschnitt!) doppelte Leistungsausbeute dieser Bauart hat dazu geführt, daß fast alle Kolbendampfmaschinen doppelt wirkende Zylinder haben. Voraussetzung der Anwendung dieses Arbeitsprinzips bei der Verbrennungskraftmaschine ist, daß eine dem Kreuzkopfmotor ähnliche Ausführung der Maschine vorliegt, um die Kolbenstange mittels Stopfbuchsen abdichten zu können.

Bei Großmotoren werden größtmögliche Zylinderleistungen verlangt; dies ist auch bei der Verbrennungskraftmaschine wirtschaftlich durch Verwendung des Hubraumes auf beiden Kolbenseiten zu erreichen - am besten in Verbindung mit dem Zweitakt-Verfahren (Abb. 3.142), sofern dies die thermische Belastung des Kolbens zuläßt. Vorteilhaft an der doppelten Wirkungsweise sind fernerhin der bessere Gleichlauf (kleinere Schwungmassen erforderlich) und die bessere Ausnutzung des Triebwerkes. Größere

Schwierigkeiten bereitet die Gestaltung des Brennraumes an der Kolbenunterseite, ebenso können sich solche aus der Stopfbuchsenabdichtung des Brennraumes ergeben. Die Abdichtung gegen Verbrennungsgase mit deren Verunreinigungen bereitet mehr Aufwand als bei einer Dampfmaschine. Eine größere Bauhöhe und die größeren Triebwerksmassen, die eine relativ niedrige Drehzahl (Kolbengeschwindigkeit) erzwingen, sind durch die Kreuzkopfbauart bedingt.

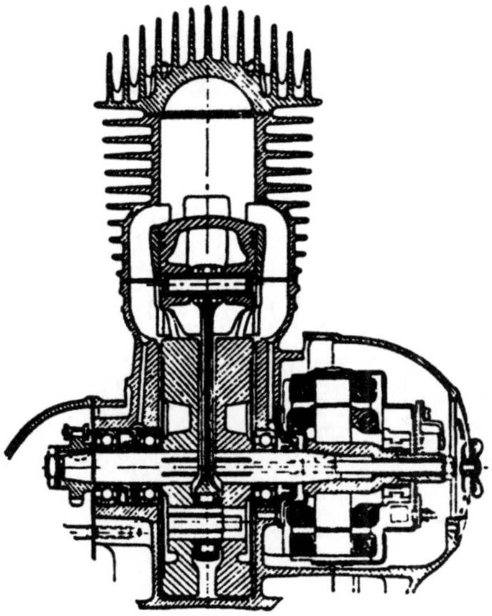

Abb. 3.143: Kurbelkasten-Spülpumpe

Es gibt jedoch noch eine weitere Art, die Kolbenunterseite nutzbringend anzuwenden. Zur Spülung des Hubraumes beim Zweitakt-Verfahren benötigt man einen Überdruck der Luftladung. Die Erzeugung des Überdruckes kann mittels mechanisch angetriebener Gebläse (Rootsgebläse, Radialverdichter etc.), durch Abgas-Turbogebläse und bei den Großmotoren auch durch eine Spülpumpe erfolgen. Bei der Kurbelkasten-Spülpumpe (Abb. 3.143) nützt man die Kompression auf der Kolbenunterseite aus. Dies funktioniert natürlich nur bei 1-Zylinder-Motoren oder wenn die Kurbelräume der Zylinder gegeneinander abgeschlossen sind, da sonst ein Ausgleich unter den Zylindern stattfindet.

3.5 Die Anordnung des Kurbeltriebes

Der Kurbeltrieb dient dazu, die hin- und hergehende Bewegung des Kolbens in eine rotierende umzusetzen. Bei einer gleichbleibenden Rotationsbewegung der Kurbelwelle (ω = const.) bewegt sich der Kolben bei einem normalen Schubkurbelgetriebe mit unendlich langer Pleuelstange nach einer Sinusfunktion. Da der Verlauf der am Kolben angreifenden Kräfte jedoch nicht einer Sinusfunktion entspricht und die Pleuelstange eine endliche Länge hat, läuft die Kurbelwelle durch die Gas- und Massenkräfte allein nicht mit konstanter Drehgeschwindigkeit um. Ein Gleichlauf vorgegebener Größe muß deshalb durch eine entsprechende Schwungmasse erzwungen werden (siehe auch Band "Kräfte und Momente in der Verbrennungskraftmaschine" aus der gleichen Schriftenreihe).

Die relative, maximale Abweichung von der konstanten Winkelgeschwindigkeit wird als Ungleichförmigkeitsgrad (Ufg.) bezeichnet. Alle Ableitungen zwischen den Bewegungsverhältnissen von Kolben und Kurbelwelle - sei es der Kolbenweg, die Kolbengeschwindigkeit oder die Beschleunigung - setzen eine gleichmäßige Drehbewegung der Kurbelwelle voraus, sind also nur für den Idealfall exakt.

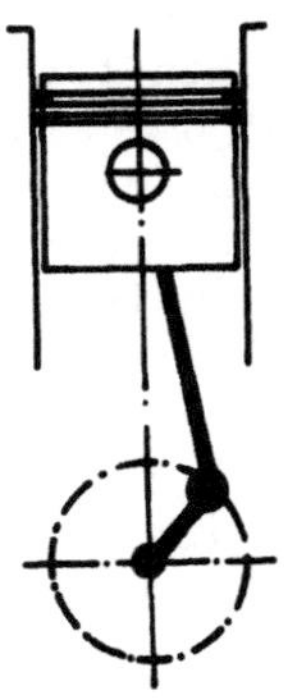

Abb. 3.144: Normaler Kurbeltrieb

3.5.1 Der normale Kurbeltrieb

Ein normaler Kurbeltrieb besteht aus Kolben (Geradführung), Pleuelstange und Kurbel(welle), Abb. 3.144; der Drehpunkt der Kurbelwelle liegt dabei auf der Zylinderachse. Aus den geometrischen Verhältnissen ergibt sich

$$x = r\left(1 + \frac{\lambda}{4} - \cos\alpha - \frac{\lambda}{4}\cos 2\alpha + \frac{\lambda^3}{64}\cos 4\alpha - \ldots\right)$$

(3.1), (3.2) und (3.3)

$$v = r\cdot\omega\left[\sin\alpha + \left(\frac{\lambda}{2} + \frac{\lambda^3}{8} + \frac{15\lambda^5}{256}\right)\sin 2\alpha - \left(\frac{\lambda^3}{16} + \frac{3\lambda^5}{64}\right)\sin 4\alpha + \frac{3\lambda^5}{256}\sin 6\alpha\right]$$

$$b = r\cdot\omega^2\left[\cos\alpha + \left(\lambda + \frac{\lambda^3}{4} + \frac{15\lambda^5}{128}\right)\cos 2\alpha - \left(\frac{\lambda^3}{4} + \frac{3\lambda^5}{16}\right)\cos 4\alpha + \frac{9\lambda^5}{128}\cos 6\alpha\right]$$

Die momentane Kraftwirkung auf die Lager läßt sich mit Hilfe der Gas- und Massenkräfte für jede Kurbelstellung berechnen.

3.5.2 Der geschränkte Kurbeltrieb

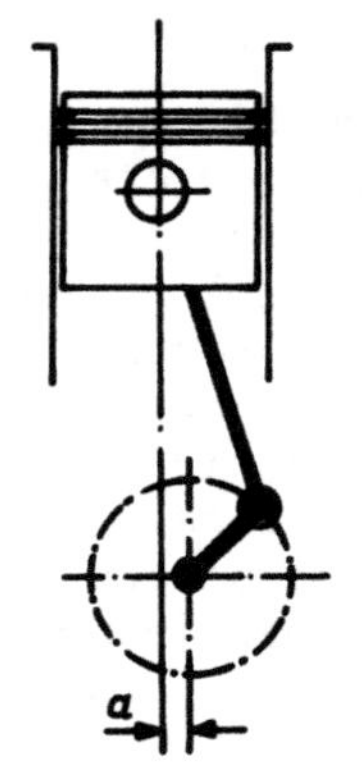

Abb. 3.145: Geschränkter Kurbeltrieb

Um den Seitendruck (F_N) eines Kolbens im Arbeitshub zu verringern, wird vereinzelt der geschränkte Kurbeltrieb angewandt (Abb. 3.145). Hierbei wird die Zylinderachse um das Maß a gegenüber dem Drehmittelpunkt der Kurbelwelle versetzt. Als Schränkungsverhältnis μ wird der auf die Pleuelstangenlänge ℓ bezogene Versatz a bezeichnet

$$\mu = \frac{a}{l} \tag{3.4}$$

$$s = \sqrt{(l+r)^2 - a^2} - \sqrt{(l-r)^2 - a^2} \tag{3.5}$$

$$X = r\left[1 - \cos\alpha - \frac{1}{\lambda}\sqrt{1 - \lambda^2 \sin^2\alpha + 2\lambda\mu\sin\alpha - \mu^2} + \frac{1}{\lambda}\sqrt{1-\mu^2}\right] \tag{3.6}$$

$$v = r \cdot \omega\left[\sin\alpha + \frac{\lambda\sin\alpha\cos\alpha - \mu\cos\alpha}{\sqrt{1 - \lambda^2\sin^2\alpha + 2\lambda\mu\sin\alpha - \mu^2}}\right] \tag{3.7}$$

$$b = r \cdot \omega^2 \Big[\cos\alpha + \lambda\left(1 + \frac{3}{2}\mu^2\right)\cos 2\alpha - \frac{\lambda^3}{4}\cos 4\alpha \tag{3.8}$$
$$+ \mu\left(1 + \frac{3}{8}\lambda^2\right)\sin\alpha - \frac{9}{8}\lambda^2\mu\sin 3\alpha + \frac{75}{128}\lambda^4\mu\sin 5\alpha \ldots\Big]$$

3.5.3 Der desaxierte Kolbenbolzen

Ähnliche Wirkung wie der geschränkte Kurbeltrieb hat die Desaxierung der Kolbenbolzen, das heißt, der Kolbenbolzen wird nicht mehr zentrisch im Kolben angeordnet (Abb. 3.146). Dabei kann man den Kolbenbolzen zur Kompressionsseite oder zur Verbrennungsdruckseite hin versetzen. Neben dem unter 3.5.2 genannten Effekt - der infolge der geringeren Versatzmöglichkeiten des Kolbenbolzens nur gering sein kann - wird dies vor allem verwandt, um das Kolbengeräusch zu beeinflussen. Während des Auf- und Niederganges des Kolbens wechselt der Kolben mehrfach seine Anlagenseite; insbesondere in den Totpunkten ist der als Kolbenkippen bezeichnete Anlagenwechsel beeinflußbar (Abb. 3.147), der mit einfachen Formeln nicht beschreibbar ist (DRAGOSCH /27/).

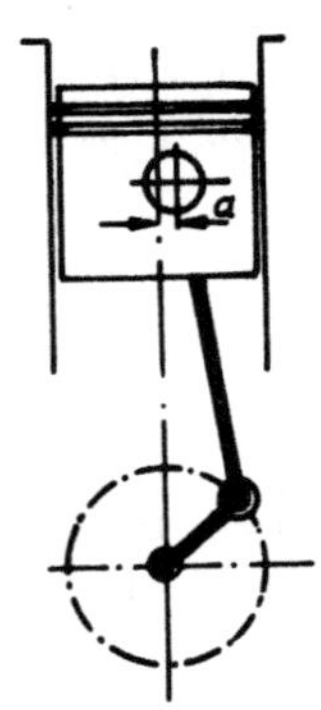

Abb. 3.146: Desaxierter Bolzen

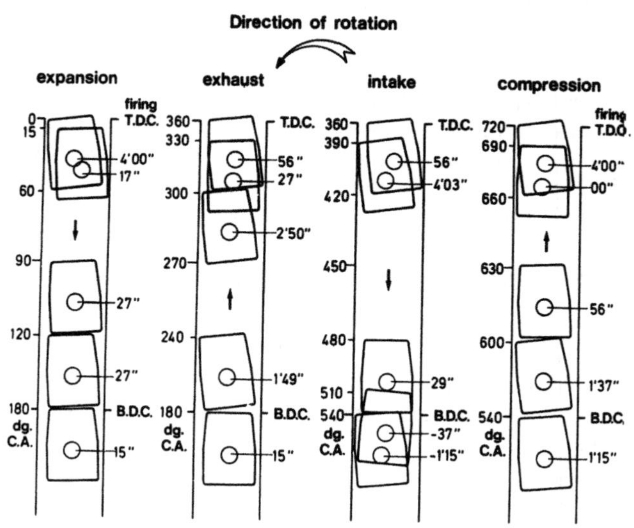

Abb. 3.147: Der Kippvorgang des Kolbens

3.5.4 Der angelenkte Kurbeltrieb

Während die Kinematik des Gabelpleuels nach den einfachen Gesetzen des normalen Kurbeltriebes arbeitet, bedarf es bei der Ableitung der Kinematik des angelenkten Pleueltriebes (Abb. 3.148) besonderer Beachtung. Anlenkpleuel finden wir bei V-

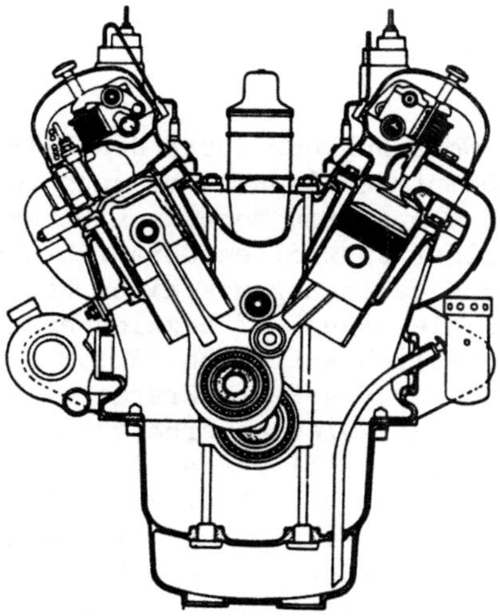

Abb. 3.148: Kurbeltrieb mit Pleuelanlenkung

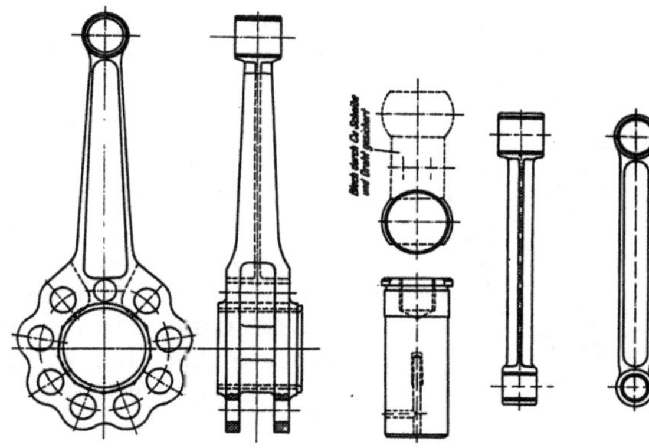

Abb. 3.149: Haupt- und Nebenpleuel eines Sternmotors

Maschinen, vor allem aber bei Motoren mit mehr als zwei Reihen (W-, X- und Sternmotoren). Jede Kolbenebene besitzt hier ein Haupt- und mehrere Nebenpleuel (Abb. 3.149). Die formelmäßigen Zusammenhänge der Bewegung des Hauptpleuels entsprechen dem normalen Kurbeltrieb (Abschnitt 3.5.1). Kolbenweg (Hub), Geschwindigkeit und Beschleunigung der Kolben an Nebenpleueln werden jedoch noch zusätzlich durch den Anlenkwinkel γ', den Anlenkradius und die Pleuelstangenlänge ℓ' beeinflußt. Die richtige Kombination ist nur durch Optimierungsüberlegungen zu finden und muß von Fall zu Fall entschieden werden.

Für den Massenausgleich ist es am günstigsten, den Anlenkwinkel gleich dem Zylinderwinkel zu machen. Der Massenausgleich des angelenkten Kurbeltriebes ist naturgemäß schlechter als beim zentrisch angelenkten Pleuel. Bezeichnen wir das Anlenkverhältnis des Nebenpleuels mit $\lambda_n = r/\ell'$ und mit z die Anzahl der an einer Kurbel angelenkten Pleuel, so wird der Massenausgleich am günstigsten, wenn wir wählen

$$\lambda_n = \frac{\lambda - \frac{\varrho}{r}\lambda^2}{1+(z-1)^2\,\frac{\varrho}{r}\cdot\lambda} \qquad (3.9)$$

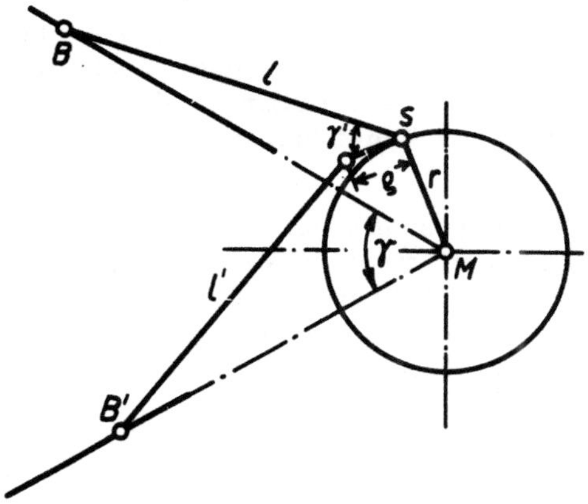

Abb. 3.150: Angelenkter Kurbeltrieb

ϱ ist dabei nach Abb. 3.150 der Anlenkradius. Näheres über die dynamischen Eigenheiten dieser Sonderbauarten siehe Band "Kräfte und Momente" in der Reihe LIST/PISCHINGER: Die Verbrennungskraftmaschine.

3.5.5 Der U-Kolben-Antrieb

Eine Sonderbauart stellen die über eine gegabelte Pleuelstange auf eine Kröpfung wirkenden Kolben dar (Abb. 3.151). Diese Bauart, die wir bei Zweitakt-Motorrad-Motoren finden, wird wegen des Steuereffektes der

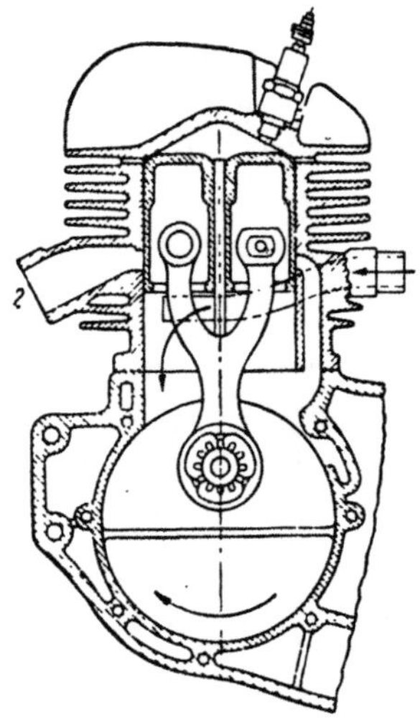

Abb. 3.151: *Wirkungsweise eines U-Doppelkolbenmotors*

relativ gegeneinander verschoben arbeitenden Steuerkanten des Kolbens angewandt. Auch hier sind die Bewegungsabläufe komplizierter, als daß sie im Rahmen eines Übersichtsbandes dargelegt werden könnten. Die Bewegung des Einzelkolbens kann den Bewegungsverhältnissen des geschränkten Kurbeltriebes entnommen werden.

3.5.6 Die Kreuzkopfbauart

Beim Tauchkolbenmotor wird die Geradführung durch den Kolben selber erzwungen. Von den Dampfmaschinen, aber auch von den Motoren von LENOIR und auch dem ersten Motor von DIESEL wissen wir, daß die Anwendung einer speziellen Geradführung sehr beliebt war und bei großen Verbrennungsmaschinen heute noch ist. Die Ausführung dieser als Kreuzkopf bezeichneten Geradführung kann sehr unterschiedlich sein (Abb. 3.152). Hauptaufgabe des Kreuzkopfes ist es, die Seitenkräfte F_N aufzunehmen, so daß die Kolbenstange zwischen Arbeitskolben und Kreuzkopf nur noch eine axiale, oszillierende Bewegung ausführt. Dadurch wird nicht nur eine doppelt wirkende Bauart ermöglicht, sondern auch bei einfach wirkenden Zylindern eine bessere Abdichtung zwischen Verbrennungsraum und Kurbelraum hergestellt, da man nicht auf die alleinige Dichtwirkung der Kolbenringe angewiesen ist. Dies ist besonders bei Schwerölbetrieb im Hinblick auf die Verunreinigung des Schmieröles durch die Verbrennungsrückstände des Schweröles von Bedeutung. Nachteilig sind die erheblich größeren oszillierenden Massen, so daß diese Bauart nur für langsamlaufende Maschinen geeignet scheint. Die Kinematik entspricht dem normalen Kurbeltrieb und all seinen Variationsmöglichkeiten.

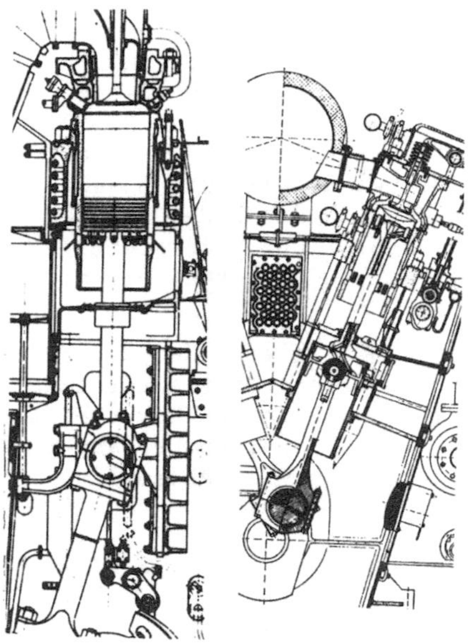

Abb. 3.152: *Kreuzkopfbauarten*

3.6 Die Kurbelgehäuse-Bauformen

Nicht nur das Triebwerk und die Festlegung der Hauptabmessungen entscheiden allein über die Grundkonstruktion eines Motors. Sind die vorhergehenden Entscheidungen gefallen, so ergeben sich noch eine große Anzahl von Variationsmöglichkeiten, die das Aussehen des Motors bestimmen. Kreativität und Einfallsreichtum des Konstrukteurs werden durch die Variationsmöglichkeiten kaum eingeengt.

Das auffälligste Merkmal für den Konstrukteur ist die Auswahl der Kurbelgehäusebauform. Zweck des Kurbelgehäuses ist es, eine kraftübertragende Verbindung zwischen Zylinderkopf und Triebwerk herzustellen, einen öldichten Triebwerksraum zu schaffen und als Basis für die anderen Anbauteile zu dienen. Obwohl diese Aufgaben für alle Kurbelgehäuse weitgehend gleich sind, ist der Einfallsreichtum der auf dem Markt befindlichen Lösungen erstaunlich vielfältig.

3.6.1 Der Einfluß der Motorenbauarten

Über die möglichen Zylinderanordnungen ist in Abschnitt 3.3 bereits berichtet worden. Der Einfluß dieser Anordnungen auf die Formgestalt des Motors liegt auf der Hand und bedarf keiner weiteren Erwähnung. Je viel-zylindriger ein Motor wird, desto geringer sind die Variationsmöglichkeiten für die Gestaltung des Kurbelgehäuses. Ein X- oder H-Motor läßt dem Konstrukteur kaum eine Chance, weitere Gesichtspunkte als die des Verbindens vieler Zylindereinheiten zu berücksichtigen. Die größten Differenzierungen gibt es deshalb bei den Reihenmotoren, wie nachstehend leicht zu erkennen ist.

3.6.2 Der Einfluß des Kraftflusses

Erste Hauptaufgabe des Kurbelgehäuses ist es, den Kraftfluß vom Zylinderkopf über die Kolben-Pleuelstange und Kurbelwelle mit Lagerung zu schließen. Aus den Massenkräften ergeben sich Beanspruchungen im Kurbelgehäuse - gegebenenfalls müssen freie Kräfte und Momente in das Fundament fortgeleitet werden. Die Reaktion des Nutz- und Wechseldrehmomentes muß über die Motorenaufstellung in den Rahmen oder das Fundament eingeleitet werden.

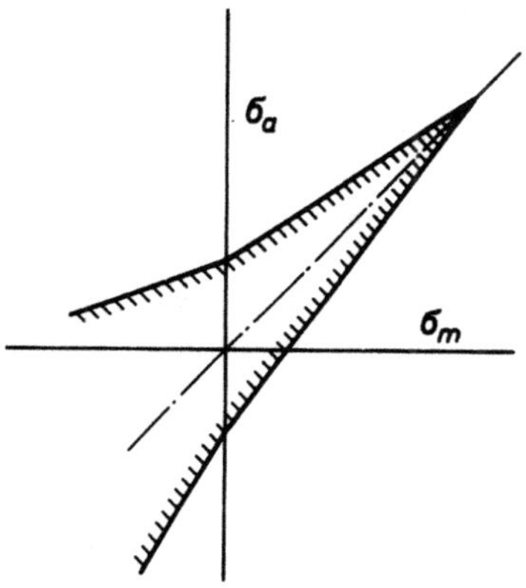

Abb. 3.153: Dauerfestigkeitsschaubild für Grauguß

Die Hauptkräfte, die durch ein Kurbelgehäuse aufgenommen werden müssen, sind Zugkräfte zwischen Zylinderkopf und Grundlagerung, die sich aus den Gaskräften ergeben. Kurbelgehäuse sind aber in der Regel aus Grauguß hergestellt. Die Dauerfestigkeit von Grauguß ist bekanntermaßen im Zuggebiet aber erheblich niedriger als im Druckbereich (Abb. 3.153), die Biegewechselfestigkeit von Grauguß ist entsprechend niedrig. Man muß deshalb durch entsprechende Dimensionierung die Zugschwellspannungen niedrig halten ebenso wie die Kraftumlenkungen, die zu Biegespannungen führen werden. Dem haben die praktischen Ausführungsformen Rechnung getragen.

3.6.2.1 Die Zugankerausführungen

Das Wissen um die mehrfach höhere Dauerfestigkeit des Graugusses im Druckbereich hat zu Zugankerkonstruktionen geführt, bei denen das gesamte Kurbelgehäuse durch Zuganker unter Druckspannungen gehalten wird (Abb. 3.154). Durch ausreichende Auslegung der Schraubenkräfte können dabei alle Gestellbauteile so stark vorgespannt sein, daß auch unter den arbeitenden Gaskräften keine Zugspannungen im Verband (Atmen von Trennfugen) auftreten. Diese früher sehr beliebte Bauart wird in den letzten Jahrzehnten mit wachsender Kenntnis der Zusammenhänge (verbesserte Meßmethoden) der Kraftleitung und der Dauerfestigkeit immer mehr verlassen, weil sie in der Regel schwerer baut und kostspieliger ist. Diese Bauart gilt heute zwar noch als Standardausführung für Großmotoren, bei den Tauchkolbenmotoren (Mittelschnelläufern) gibt es jedoch diese Bauform nicht mehr.

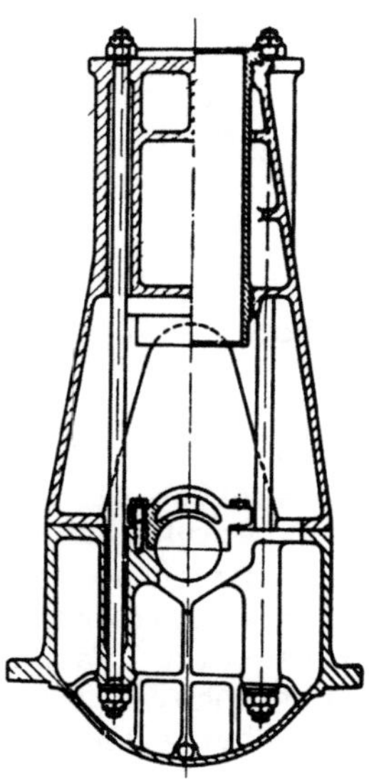

Abb. 3.154: Zugankerkonstruktion

3.6.2.2 Das kraftleitende Kurbelgehäuse

Die Normalausführung aller kleineren Hubkolbenmaschinen ist das anteilige Kurbelgehäuse mit Ölwanne. Über die Zylinderkopfschrauben werden die Gaskräfte in den Motorblock eingeleitet und über die tragenden Querwände in die Grundlager weitergeleitet. Dabei bemüht man sich, einen möglichst geradlinigen und damit biegemomentenfreien Kraftfluß zu erzeugen, da gerade bei Krafteinleitungen sehr hohe Spannungskonzentrationen auftreten können. Ein gelungenes, spannungsarmes Kurbelgehäuse ist in sich ein kleines Kunstwerk in der Linienführung und schlichten Zweckmäßigkeit. In der Regel bedarf es eines langen Entwicklungsweges, bis ein Kurbelgehäuse "steht". Viele Messungen und Korrekturen sind notwendig, um optimale Spannungsverteilungen zu erreichen, große Gießereifachkenntnis und gießtechnische Versuche unabdingbar, um die unvermeidbaren Eigenspannungen in einem so komplizierten Bauteil so anzuordnen, daß sie im Betrieb des Motors keine schädigende Wirkung zeigen.

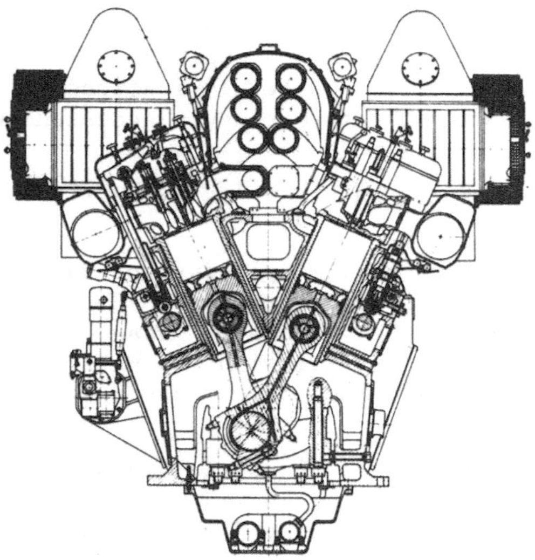

Abb. 3.155: Kraftleitendes Kurbelgehäuse

Die verbesserten Gußtechniken erlaubten es, diese Bauart bei immer größeren Motoren anzuwenden; heute sind Gußstücke von 20 - 30 t für Kurbelgehäuse keine Seltenheit mehr (Abb. 3.155). Bei hochbeanspruchten Motoren wird jedoch weitgehend Kugelgraphitguß angewendet, um den erhöhten Wechselbeanspruchungen Rechnung zu tragen.

3.6.2.3 Gemischtbauweise

Ein typisches Beispiel einer gemischten Bauweise stellt der Motor nach Abb. 3.156 dar. Der Wassermantel der Zylinderreihen wird durch Zugankerkonstruktionen zugspannungsfrei gehal-

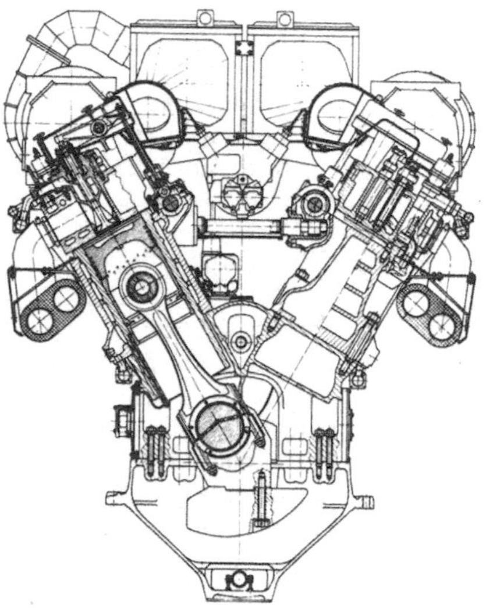

Abb. 3.156: Zugankerkonstruktion für Wassermantel

Abb. 3.157: Luftgekühlter Motor

ten, während das Kurbelgehäuse die Zugkräfte zwischen den Zugankern und der Grundplatte (Grundlager) aufnehmen muß. Erwähnt muß noch werden, daß praktisch alle luftgekühlten Motoren zu diesem Bauprinzip gehören (Abb. 3.157). Die Konstruktion eines steifen Kurbelgehäuses für einen luftgekühlten Motor fällt deswegen so schwer, weil im Gegensatz zu den wassergekühlten Bauarten (Zylinderblock) die einzelnen Zylinder nicht miteinander verbunden sind und somit der sehr torsionssteife "Wasserkasten" eines wassergekühlten Motors als mittragendes Bauteil fehlt (Abb. 3.158). Insbesondere bei viel-zylindrigen Maschinen bedarf es sorgfältiger Überlegungen, um befriedigende Verhältnisse zu schaffen.

Eine andere Bauart ist in Abb. 3.159 angeführt. Die Verschraubung zwischen Kurbel-

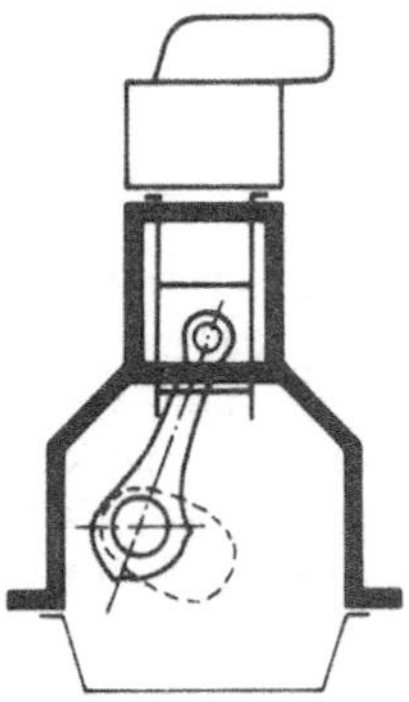

Abb. 3.158: *Wasserkasten als Steifigkeitsträger eines wassergekühlten Motors*

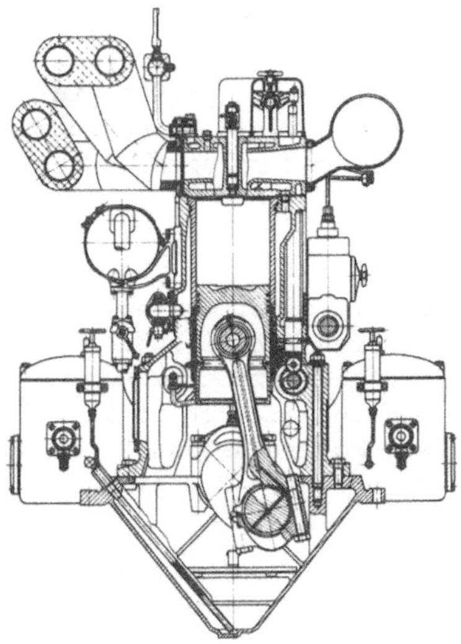

Abb. 3.159: *Teilentlastetes Kurbelgehäuse durch Zuganker*

gehäuse und Grundplatte erfolgt über Zuganker, die die untere Kurbelgehäusepartie von Zugspannungen befreien.

3.6.3

Die Skelettbauweise

Das durch die Ölwanne (Grundplatte) geschlossene Kurbelgehäuse erfüllt nicht nur den Zweck der Kraftübertragung vom Zylinderkopf zur Kurbelwelle, sondern hat auch eine Dichtfunktion, da die bewegten Teile geschmiert werden müssen. Dadurch benötigt man stärkere Querschnitte zur Kraftübertragung neben theoretisch möglichst dünnwandigen Dichtflächen. Die Gießereitechnik begrenzt aber die Verwirklichung derartiger Sprünge von dicken zu dünnen Querschnitten, so daß das Kurbelgehäuse allgemein schwerer ausfällt, als es von seiner Funktion her sein müßte.

Die Anhänger der Skelettbauweise streben eine Trennung der Tragfunktion des Kurbelgehäuses von der Dichtfunktion an. Da durch die schwellenden Gaskräfte über den Zylinderkopf theoretisch nur Zugkräfte in das Kurbelgehäuse eingeleitet werden, besteht ein solches Kurbelgehäuse nur aus Zugstäben (Abb. 3.160); die Abdichtung erfolgt durch Schalen, die das Strebenwerk überdecken. Hauptgrund zu derartigen Gedanken ist der Wunsch nach Gewichtsverringerung, da die Dichtfunktion von viel dünneren Blechen als den sonst üblichen Gußwänden übernommen werden kann. Auch geht der größte Teil des Schalls von diesen ebenen Gußwänden aus, was man bei elastischer Aufhängung der Schalen vermeiden könnte (Abb. 3.161). In Serie hat sich bisher jedoch eine solche Konstruktion noch nicht eingeführt, was wohl auf den erhöhten Preis zurückzuführen ist.

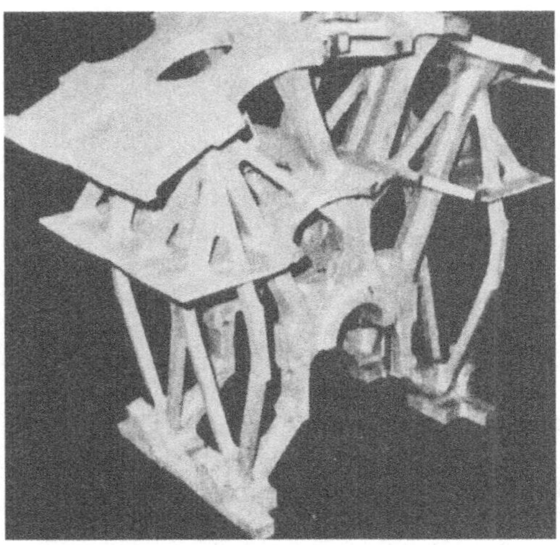

Abb. 3.160: *Kurbelgehäuse in Skelettbauweise*

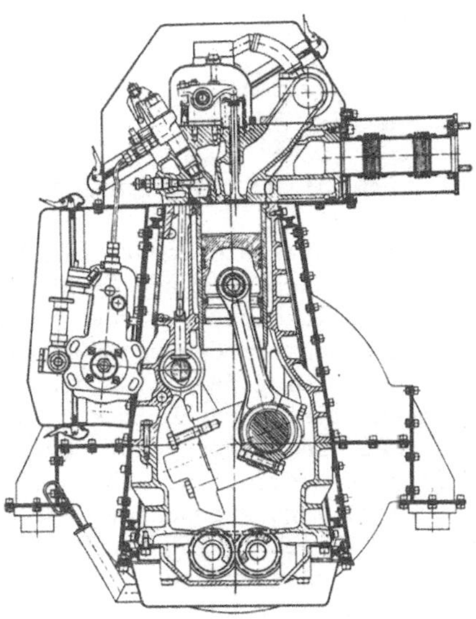

Abb. 3.161: *Schalenbauweise eines schallgedämmten Motors*

3.6.4 Der Einfluß der Lagerungsart

Die Art der Anordnung der Grundlager hat einen großen Einfluß auf die Gestaltung des Kurbelgehäuses. Auch hierbei kann man viele Zwischenbauformen beobachten, doch soll hier nur auf die hauptsächlichsten Unterschiede eingegangen werden.

3.6.4.1 Die Grundplatten-Motoren

Bei dieser Bauart ist die Kurbelwelle in einer Grundplatte gelagert (Abb. 3.162). Diese Bauform finden wir noch bei älteren Mittel(schnell)läufern und vor allem bei Großmotoren der Zweitaktbauart, bei denen der Gesamtaufbau des Motors mit den sehr schweren Bauteilen (verbunden mit dem Zusammenbau im Schiff) eine derartige Bauform fast zwingend verlangt. Vorzug dieses Motorenaufbaues ist noch darüber hinaus, daß man durch Zuganker alle auf Zug beanspruchten Bauteile des Kurbelgehäuses und der Grundplatte unter Druckspannungen setzen kann.

Eine andere Art der Grundplattenmaschine ist die Ständergroßdieselmaschine (Abb. 3.163) oder das offene U-Gestell mit daraufgesetztem Wassermantel (Abb. 3.164).

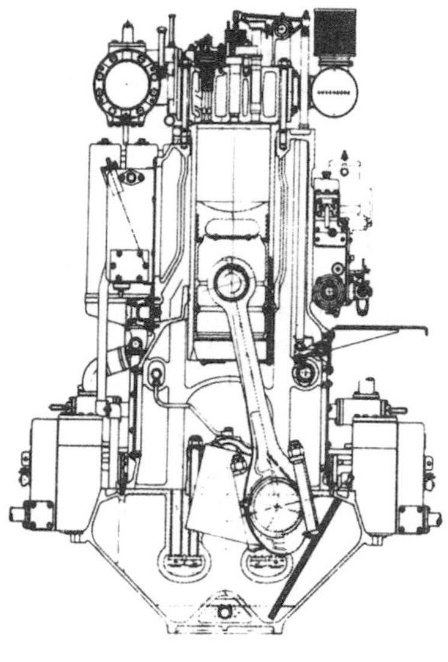

Abb. 3.162: Grundplatten-Maschine (545)

Abb. 3.163: Ständergroßdieselmaschine

3.6.4.2 Der Motor mit hängender Lagerung

Am weitesten verbreitet im Motorenbau ist die "hängende" Lagerung. Die Kurbelwelle wird dabei an das Kurbelgehäuse "gehängt" und durch Lagerdeckel, die von unten an das Kurbelgehäuse geschraubt werden, gehalten. Die Montage erfolgt in der Regel bei um 180° geschwenktem Gehäuse, was im Reparaturfall den Ausbau des Motors verlangt (Pkw, Lkw). Bei größeren Motoren werden mit komplizierten Montagewerkzeugen die notwendigen Arbeiten auch im eingebauten Zustand (z. B. im Schiff) ermöglicht (Abb. 3.165). Die Befestigung der Lagerbrücke kann bei dieser Bauart allein durch vertikale Schrauben erfolgen (Abb. 3.166) oder aber auch durch zusätzliche seitliche (horizontale) Verschraubungen (Abb. 3.167). Da die Ölwanne meist sehr leicht ausgeführt wird (Blech), kann man derartige Kurbelgehäuse verformungstechnisch als "unten offen" ansehen, was zu einer mangelnden Steifigkeit führen kann. Zum "Schließen" des Kurbelgehäuses sind deshalb Platten (Abb. 3.168) und Brücken (Abb. 3.169) verwendet, die vor allem die Torsionssteifigkeit des Gehäuses erheblich vergrößern. Für Scheibenwellen sind auch andere Bauformen bekannt (Abb. 3.170), die den Einbau einer großen Grundlagerscheibe ermöglichen.

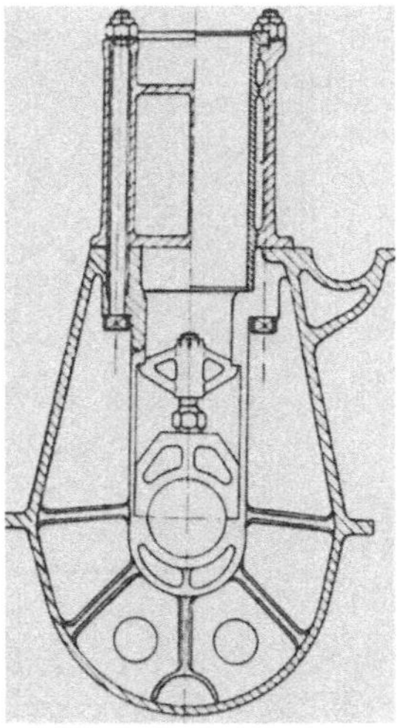

Abb. 3.164: U-Gestell eines Großmotors

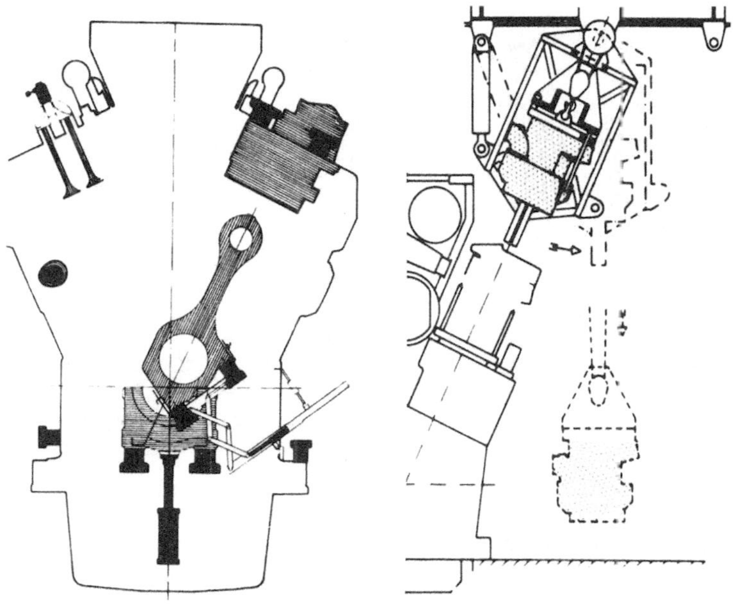

Abb. 3.165: Montagehilfen zum Ein- und Ausbau größerer Motorenkomponenten

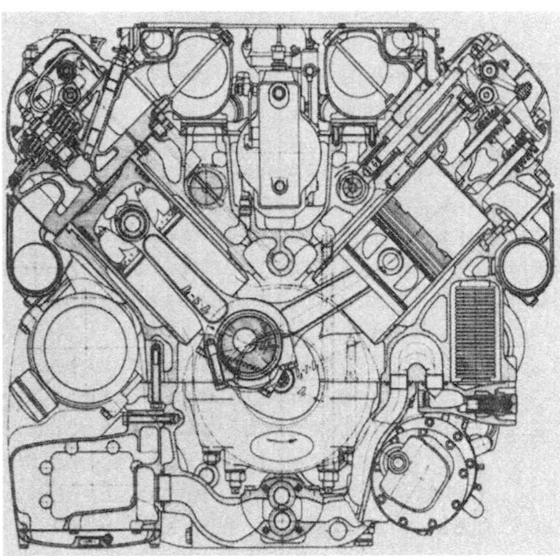

Abb. 3.166: Verschraubung einer hängenden Lagerung

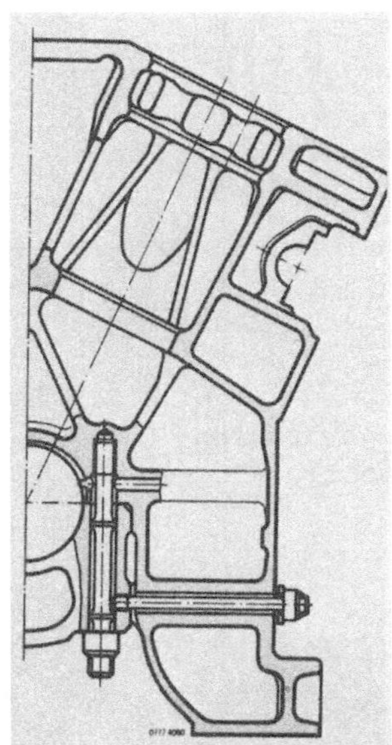

Abb. 3.167: Zusätzliche seitliche Verschraubung

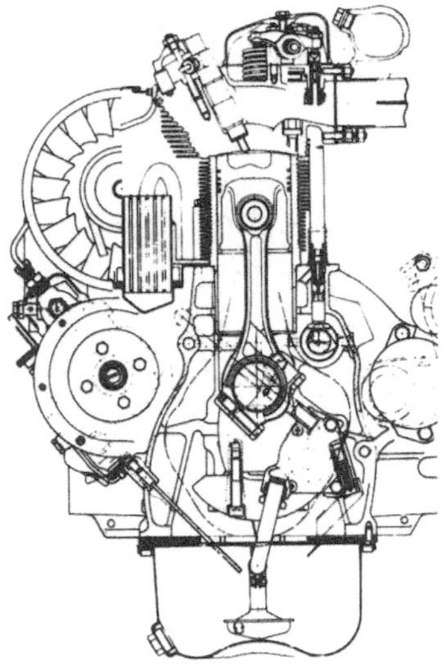

Abb. 3.168: Abschluß-platte eines Kurbelgehäuses

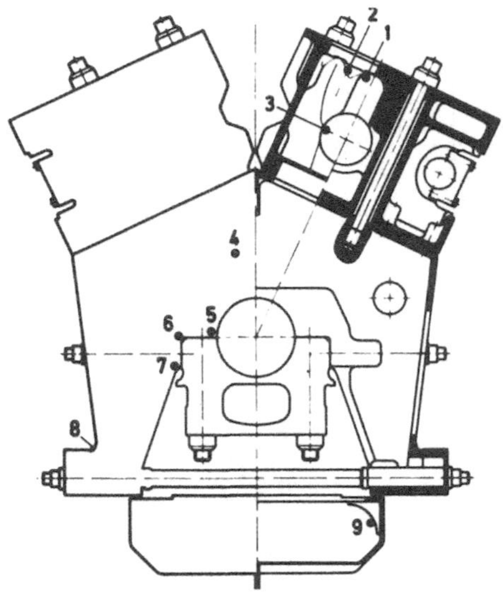

Abb. 3.169: Steifigkeits-brücken für Kurbelgehäuse

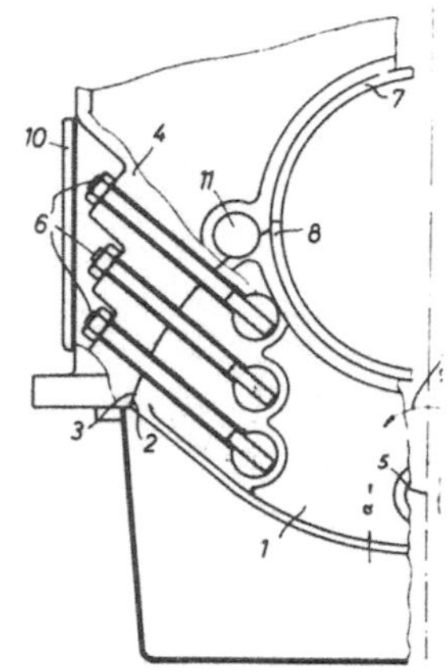

Abb. 3.170: Lagerbrücke für Grundlager großen Durchmessers

3.6.4.3 Die Lagerbrückenbauart

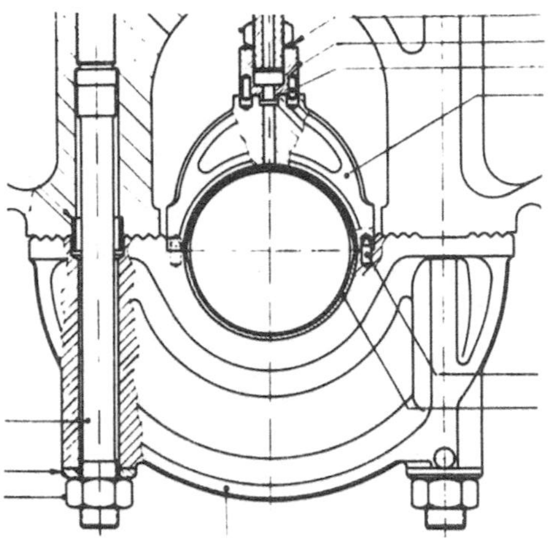

Abb. 3.171: Lagerbrücken-konstruktion (625)

Eine Mischform beider vorgenannten Bauarten ist in Abb. 3.171 dargestellt. Das Kurbelgehäuse wird durch Lagerbrücken geschlossen, auf denen die Kurbelwelle wie in einer Grundplatte gelagert ist. Der Lagerdeckel kann konventionell oder auch durch eine Druckschraube befestigt werden. Druckschrauben mit und ohne Federelemente findet man auch bei größeren Motoren mit V-förmigem Kurbelgehäuse.

3.6.4.4 Das integrierte Wannen-Kurbelgehäuse

In den letzten Jahren findet man im Hinblick auf verbesserte Steifigkeit und geringere Geräuschabstrahlung in erhöhtem Maße eine Bauform, bei der die Grundlagerung zwischen einer Grundplatte und dem Kurbelgehäuse eingespannt wird (Abb. 3.172). Dies bietet bei entsprechender Verschraubung eine optimale Versteifung des Gehäuses und kommt in dieser Hinsicht dem Tunnelgehäuse sehr nahe, ohne dessen Nachteile zu besitzen (Montage).

Abb. 3.172: Wannen-Kurbelgehäuse, links Ober-, rechts Unterteil

3.6.4.5 Die Tunnelbauweise

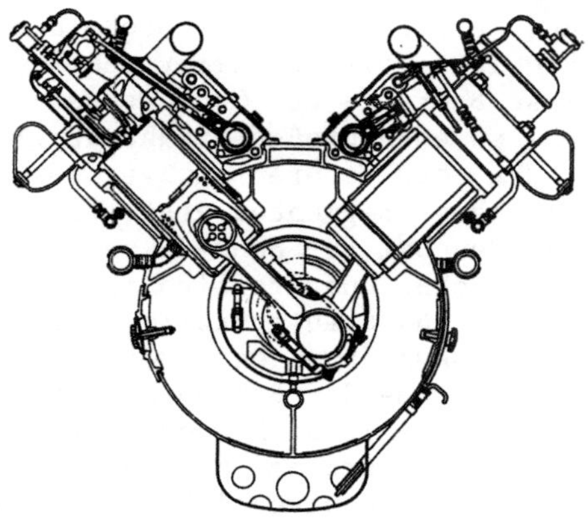

Abb. 3.173: Tunnelgehäuse mit Lagerscheiben

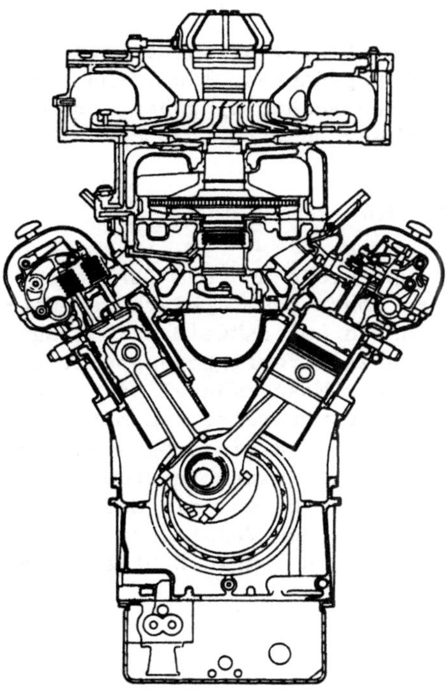

Abb. 3.174: Tunnelgehäuse mit Wälzlagerung

Ein Wannen-Kurbelgehäuse ohne Trennfuge muß das optimale Steifigkeitsverhalten zeigen; diese Ausführungsform ist unter der Bezeichnung "Tunnelgehäuse" bekannt. Die Einbringung der gekröpften Kurbelwelle macht hier jedoch Schwierigkeiten. Es gibt Ausführungen mit Lagerscheiben derartiger Größe, daß die Welle mit aufgebrachten Lagerscheiben axial in das Kurbelgehäuse eingeführt werden kann (Abb. 3.173).

Eine andere Möglichkeit ergibt sich bei der Verwendung von Wälzlagern in Verbindung mit einer Scheibenkurbelwelle (Abb. 3.174).

3.6.5 Der Einfluß der Wartung und der Bedienung

Bei der Entwicklung eines Motors stellt der zukünftige Verwendungszweck eines Aggregates eine entscheidende Rolle dar. Ist der Motor klein und handlich, kann er zu Reparaturzwecken ausgebaut werden. Stehen dazu Vorrichtungen zur Verfügung, so ist das eine ganz andere Ausgangsposition, als wenn man damit rechnen muß, daß dieser Motor in einem fernen Land unter primitivsten Bedingungen oder in einem schwankenden Schiffseinbau unter extremen Einbaubedingungen wieder flottgemacht werden muß.

Gerade die mit einfachen Hubwerkzeugen alle wesentlichen Bauteile zugänglich machende Grundplattenbauart lebte lange im Mittelmotorenbau davon, daß man für die Bauart der hängenden Lagerung nicht die Montagehilfen zur Verfügung stellen konnte, die z. B. einen Kurbelwellentausch ermöglichten, ohne den Gesamtmotor durch eine geöffnete Schiffshaut zu hieven. Durch die Entwicklung der hydraulischen Werkzeuge zum Heben und Schraubenanziehen etc. sind hier in den letzten 20 Jahren so große Fortschritte gemacht worden, daß die Montagefrage auf das Grundkonzept eines Motors keinen so übergroßen Einfluß mehr hat. Aus Gründen der Montagefreundlichkeit sind wohl in allen Motorenfabriken schon diese Studien über C-Gestell (seitlich herausnehmbares Triebwerk) entstanden, die dann bei der genaueren Durchkonstruktion alle auf der Strecke geblieben sind. Großen Einfluß hat jedoch auch heute im Zeitalter des "wach- und möglichst wartungsfreien Betriebes" die Zugänglichkeit der Bauteilkomponenten. Konstruktionen, bei denen zu wartende oder einzustellende Bauteile unter heißen Auspuffrohren sitzen, verbieten sich ebenso wie Lösungen, bei denen zum Ersatz eines Verschleißteiles der halbe Motor abgerüstet werden muß.

3.6.6 Der Einfluß des Herstellungsverfahrens

Ein weiteres Unterscheidungsmerkmal ergibt sich aus der Frage: Guß- oder Schweißkonstruktion? Der Regelfall ist vor allem bei kleineren Motoren die Gußkonstruktion. Grauguß ist Norm; bei Leichtmotoren finden wir auch Aluminiumguß. In den letzten

Jahren ist bei Hochleistungsmotoren der Kugelgraphitguß im starken Vormarsch.

Abb. 3.175: Schweißkonstruktion eines Kurbelgehäuses

Auf der anderen Seite ist die Stahl-Schweißkonstruktion bei den Großmaschinen führend. Allein wegen der Größe und der Stückgewichte wird es immer schwieriger, diese Bauteile aus Guß herzustellen, obwohl es auch Großmotorenhersteller gibt, die ihre Motoren aus gegossenen Kurbelgehäuse-Segmenten erstellen. Verwandt werden bei der Schweißkonstruktion neben Blechen und Profilen auch Stahlschmiede- und Stahlgußteile (Abb. 3.175). Schweißausführungen wurden hinunter bis zur Größe der Bahnmotoren ausgeführt (s = 175 mm), doch wendet man sich von dieser Bauart bei kleineren Motoren wegen der intensiven Arbeitskosten mehr und mehr ab. Versuchsmotoren und Prototypmotoren werden hingegen noch oft in Schweißausführung hergestellt, da die Anpassung an sich verändernde Randbedingungen leichter fällt und auch Zeit und Kosten für die Modellerstellung entfallen.

Die Stückzahlen können eine entscheidende Rolle spielen (Amortisation der gießereitechnischen Vorrichtungen!), jedoch können auch Leichtbaugedanken, Tradition oder Fertigkeiten einer Fabrikationsstätte (z. B. Werften) den Ausschlag geben, ob man einen neuen Motortyp in Guß- oder Schweißausführung entwerfen wird.

3.6.7 Der Einfluß des Werkzeugmaschinenparks

Die Diskrepanz zwischen Wunschdenken über eine Motorenbaugröße und den Tatsachen eines vorhandenen Werkzeugmaschinenparkes führt oft zu sonst kaum erklärbaren Konstruktionen. Daraus kann auf der einen Seite das Hinführen zur Schweißausführung erklärt werden, andererseits führt die Zwangslage begrenzter Fertigungskapazitäten zur Unterteilung in einzelne Bausteine. Die Abtrennung der Wassermäntel bei größeren V-Motoren ist so ein typisches Beispiel, aber auch Motorenbreite und Motorenlänge können durch derartige Faktoren begrenzt werden, ohne daß ein Außenstehender dies erkennen könnte. In manchen Fällen führt auch das Fehlen einer leistungsfähigen Gießerei (Schmelzofen, Kapazität, Fähigkeit) zu Unterteilungen, die der Konstrukteur lieber unterlassen hätte, zumal alle zu bearbeitenden Verbindungsflächen nicht nur teuer sind, sondern auch in den meisten Fällen nach langen Laufzeiten zur Reibrostbildung (Bluten) neigen.

3.6.8 Der Einfluß der Kühlungsart

In der Regel bildet das Kurbelgehäuse eines wassergekühlten Motors bis unter den Zylinderkopf eine Einheit, bei Blockzylinderköpfen kann man diese steifigkeitsmäßig eventuell sogar noch zu dieser Einheit zählen.

Der luftgekühlte Motor hingegen besitzt als tragendes Element nur das den Ölraum umschließende Kurbelgehäuse, auf das Einzelrohre und Einzelzylinderköpfe aufgesteckt werden und somit zur Formstabilität nicht beitragen (Abb. 3.176). Der Kastenträger des Wassermantels fehlt also vollkommen, und der Konstrukteur eines luftgekühlten Motors muß schon alle technischen Möglichkeiten ausschöpfen, um aus den zur Verfügung stehenden Werkstoffquerschnitten einen formstabilen Baukörper ausreichenden Betriebsverhaltens zu entwickeln. Bei luftgekühlten Motoren wird die Ölwanne auch mehr zum Mittragen herangezogen, was nicht nur Einfluß auf deren formsteife Gestaltung hat, sondern auch auf die Verbindungselemente Kurbelgehäuse - Ölwanne.

3.6.9 Der Einfluß der Steifigkeitsanforderungen

Abb. 3.176: Luftgekühlter Motor

In den Abschnitten 3.6.2 und 3.6.7 ist auf den logischen Einfluß der Bauform auf das Steifigkeitsverhalten hingewiesen worden. Nun können aber aus spezifischen Motoreneigenschaften auch zusätzliche Steifigkeitsanforderungen entstehen. Betrachten wir Motorenbaureihen mit vielen Varianten in Zylinderzahlen und -anordnungen, so haben diese durchaus unterschiedliche Anregungsspektren und Kraftäußerungen. Es gibt Kurbelwellen-Kröpfungsfolgen mit erheblich differierenden inneren Biegemomenten, die das Kurbelgehäuse aufnehmen muß, so daß die Wahl der Kröpfungsfolge oft allein auf Grund der Kurbelgehäusesteifigkeit fällt. Unregelmäßig zündende Zylinder verursachen Bauteilschwingungen unvorhergesehener Größe, so daß Versteifungen am Kurbelgehäuse notwendig werden. Im Entwurfsstadium kann man versuchen, diesen Fragen mit FE-Programmen (Abb. 3.177) oder einer Modellanalyse näherzukommen, oft jedoch gibt uns nur das fertige Produkt die Antwort auf offene Fragen.

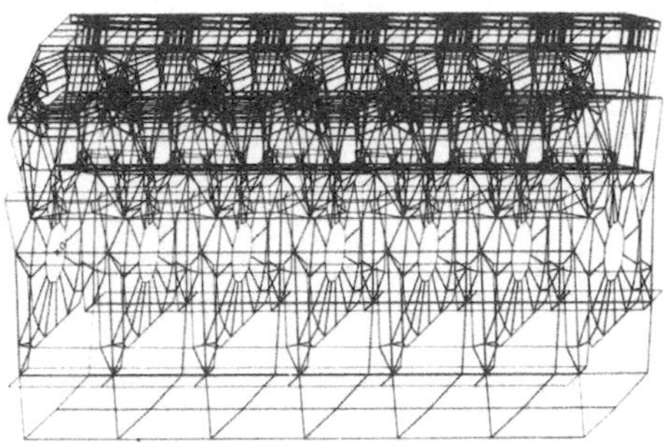

Abb. 3.177: Finite-Element-Struktur eines Kurbelgehäuses

3.7 Die Steuerung des Ladungswechsels

Die Frischladung wird entweder durch Schlitze in der Zylinderbuchse, durch Ventile oder andere Steuerorgane (Schieber) im Zylinderkopf in den Brennraum eingeführt, und die verbrannten Abgase werden auf ähnliche Art und Weise wieder herausgebracht.

3.7.1 Die Schlitzsteuerung

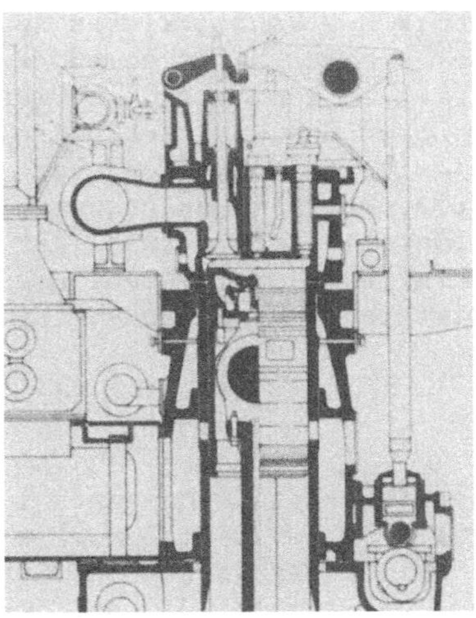

Abb. 3.178: Einlaßschlitze und Abgasventile eines Zweitaktmotors

Das Zweitaktverfahren verlangt einen Ladungswechsel im U. T. Infolge der kurzen zur Verfügung stehenden Austauschzeiten müssen die Querschnitte groß sein. Im Zweitaktverfahren werden verschiedene Arten der Schlitzspülung angewandt, neben den ventilgesteuerten Zweitaktmaschinen (Abb. 3.178) gibt es eine große Menge schlitzgesteuerter Verbrennungsmotoren (Abb. 3.179). Bei diesen Steuerungsarten ist es möglich, in kurzem Zeitraum große Spülquerschnitte zur Verfügung zu stellen, wodurch der Ladungswechsel beim Zweitaktmotor erst möglich wird. Mit Nachladeschiebern läßt sich eine unsymmetrische Steuerung verwirklichen, was zur besseren Füllung des Hubraumes beiträgt. Der erreichbare Effektivhub, der auf das gesamte Hubvolumen bezogen wird, ist um die Schlitzhöhen kleiner als beim Viertaktverfahren. Nachteilig sind in der Regel die mangelhafte Ausspülung des gesamten Hubvolumens und die geringe Formbeständigkeit der geschlitzten Rohre (Ölverbrauch bei sumpfgeschmierten

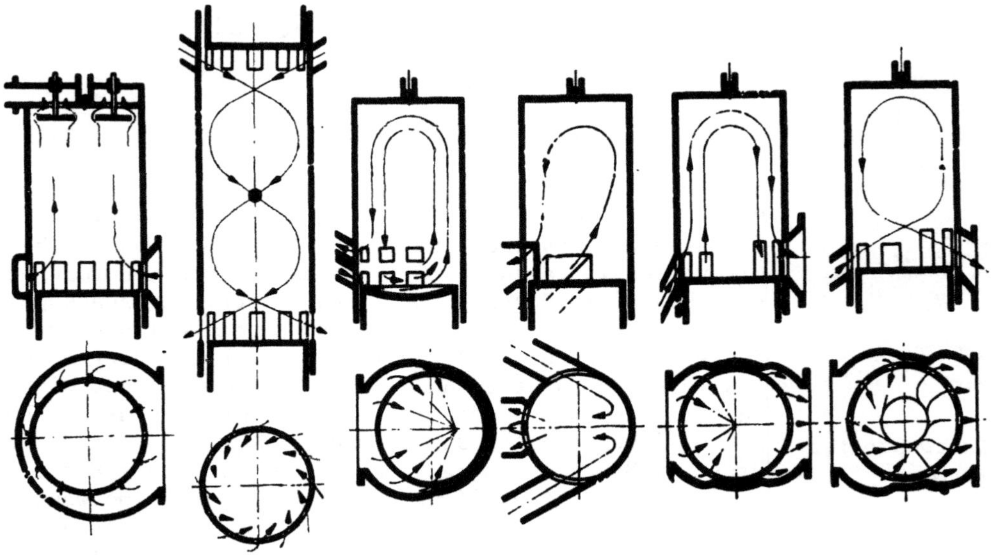

Abb. 3.179: Schlitzspülungen

Motoren), der Ölauswurf bei niederen Lasten (Verkokungen von Schlitzen und Abgasrohren) und die Gefährdung der Kolbenringe hochbelasteter Zweitaktmotoren durch die Führungsunterbrechung im geschlitzten Rohr.

Die Kombination Einlaßschlitze und Auslaßventile verbindet die obengenannten Schwachstellen mit den bekannten Schwierigkeiten an Viertakt-Auslaßventilen wegen der hohen thermischen Belastungen in gravierendem Maße.

3.7.2 Die Ventilsteuerung

Das Viertaktverfahren benötigt eine Ladungswechselsteuerung pro zwei Umdrehungen. Da hierdurch für den Ladungswechsel erheblich mehr Zeit zur Verfügung steht, reichen kleinere Querschnitte aus. Die Ventile (Ein- und Auslaß-) werden im Normalfall durch Nocken, die von der Kurbelwelle angetrieben werden, gesteuert. Aus ersichtlichen Gründen (korrekte Ladungszumessung, Kolbenberührung) ist ein exakter Bewegungsablauf der Ventile notwendig. Bei schnellaufenden Motoren kann es infolge der Dynamik des Ventiltriebes zum Schwingen innerhalb der Kette vom Nocken bis zum Ventilteller kommen und im Grenzfall auch zum Lösen des Kraftschlusses der Bausteine zwischen Nocken und Ventil (Abb. 3.180). Das kann zu schweren Motorschäden führen. Durch Auswahl geeigneter Nockenbahnen (ruckfreie Nocken) kann man diese Einflüsse minimieren. Hier hat die "dynamische Auslegung" des Ventiltriebes in den letzten Jahren große Fortschritte gebracht.

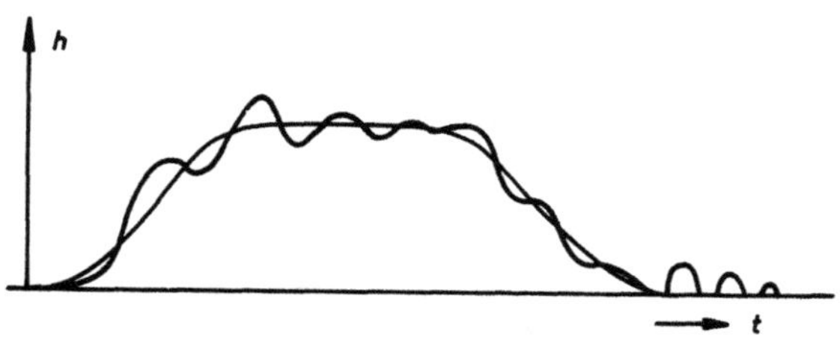

Abb. 3.180: Theoretische und praktische Hubkurve eines Ventiles

3.7.2.1 Die Seitensteuerung

In früheren Jahren waren sehr viele OTTO-Motoren mit einer Seitensteuerung nach Abb. 3.181 ausgerüstet. Dieser einfache Antrieb der Ventile von einer Nockenwelle aus mußte jedoch fallengelassen werden, als eine bessere Leistungsausbeute oder die Anforderungen der Abgasgesetzgebung verbesserte Brennräume verlangten. Die bei der Seitensteuerung immer seitlichen und flachen Brennräume erlaubten weder das Kompressionsverhältnis noch den Verbrennungsablauf in gewünschtem Maße zu steuern.

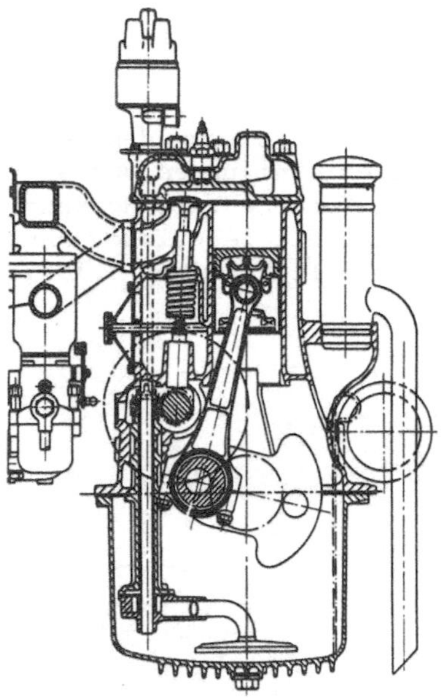

Abb. 3.181: *Seitengesteuerter Ventiltrieb*

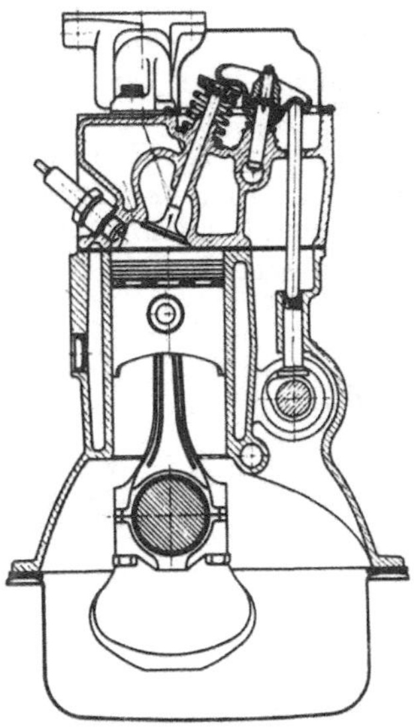

Abb. 3.182: *Kipphebelsteuerung*

Für Dieselmotoren mit den höheren Kompressionsverhältnissen und somit kleineren Brennräumen konnte die Bauform nie angewendet werden.

3.7.2.2 Die Kipphebelsteuerung

Freiere Gestaltung des Brennraumes oberhalb des Kolbens erzielt man durch eine Ventilsteuerung, bei der die Ventile über eine Stoßstange und einen Kipphebel geöffnet werden (Abb. 3.182). Diese bis vor wenigen Jahren in den Pkw-Motoren landläufigste Bauart ist heute noch bei fast allen Lkw- und größeren Dieselmotoren anzutreffen. Vorteilhaft sind die gute Zugänglichkeit und die leichte Variierbarkeit für Vielventilantriebe. Bei hohen Drehzahlen (Beschleunigungen) erweisen sich jedoch die notwendigen Massen des Ventiltriebes als so nachteilig, daß auch hochentwickelte Nockenformen keinen Kraftschluß mehr in der kinematischen Kette Nocken-Stößel-Stoßstange-Kipphebel-Ventil gewährleisten können. Bei Rennmotoren hat man sich mit Sonderbauformen (leichte Bauarten, Titan) lange behelfen können. Bei neuen Motorengenerationen hat sich jedoch gezeigt, daß es günstiger ist, diese zwangsläufig mit "Masse" behaftete Bauart zu verlassen. Bei Sternmotoren finden wir den in axialer Richtung angeordneten, 1:2 untersetzten Nocken (Abb. 3.183).

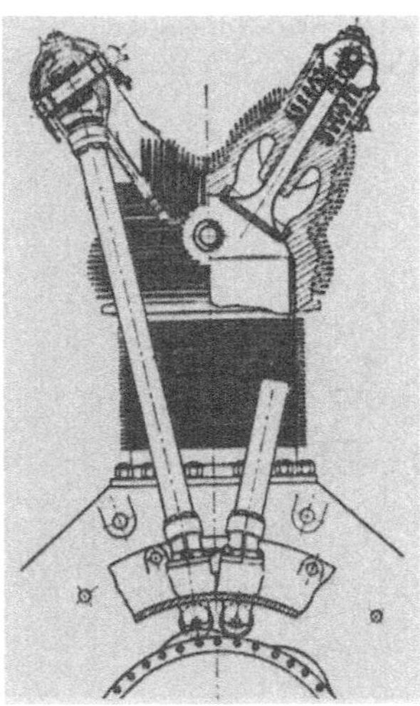

Abb. 3.183: *Ventilantrieb eines Sternmotors*

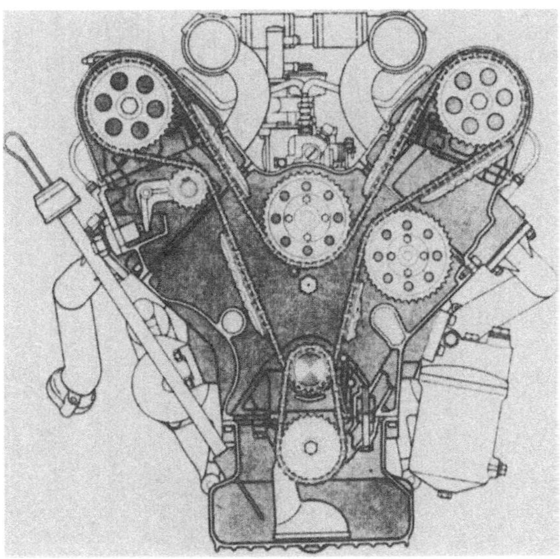

Abb. 3.184: *Antrieb der Nockenwelle durch Kette*

3.7.2.3 Die obenliegende Nockenwelle

Die über dem Zylinderkopf angeordnete Nockenwelle (angetrieben durch Kette (Abb. 3.184), Zahnriemen (Abb. 3.185), Zahnrad (Abb. 3.186), Königswelle (Abb. 3.187) oder Doppelpleuel (Abb. 3.188)) öffnet die Ventile direkt (Abb. 3.189) oder über einen dazwischengeschalteten Hebel (Abb. 3.190). Die jetzt noch zu bewegenden geringen Massen erlauben bei den üblichen Ventilfedern hohe Beschleunigungen und somit hohe Drehzahlen. Je nach Komfort oder Ventilanzahl können auch mehrere Nockenwellen über dem Zylinderkopf angeordnet sein (Abb. 3.191). Auch ein federloser Antrieb der Ventile wird durch eine obenliegende Nockenwelle ermöglicht (Abb. 3.192).

Abb. 3.185: Antrieb der Nockenwelle durch Zahnriemen

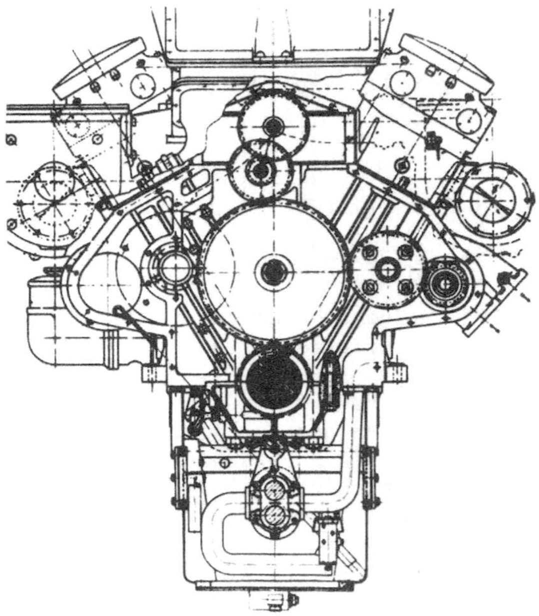

Abb. 3.186: Antrieb der Nockenwelle durch Zahnrad

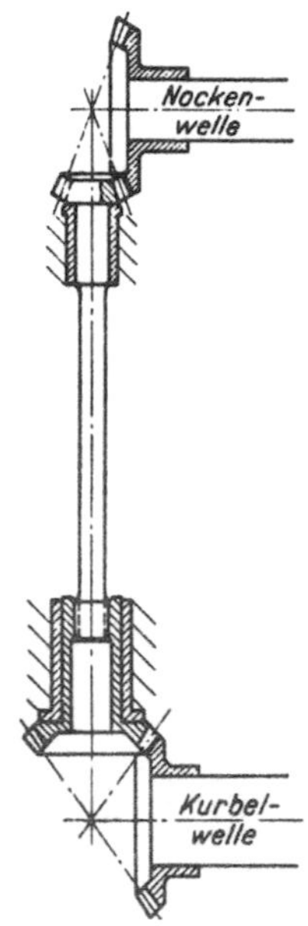

Abb. 3.187: Antrieb der Nockenwelle durch Königswelle

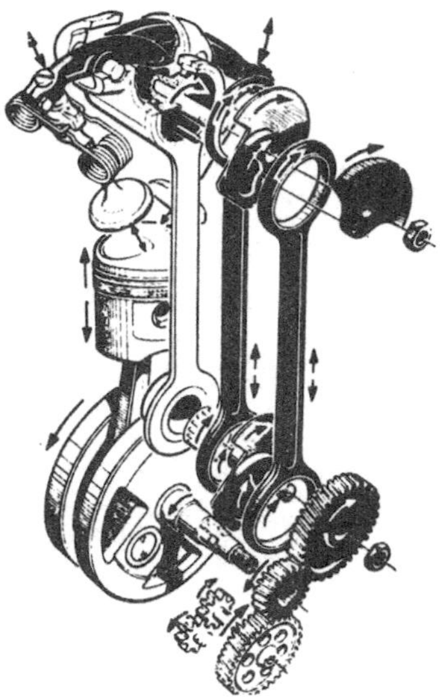

Abb. 3.188: Doppelpleuelantrieb für Nockenwelle

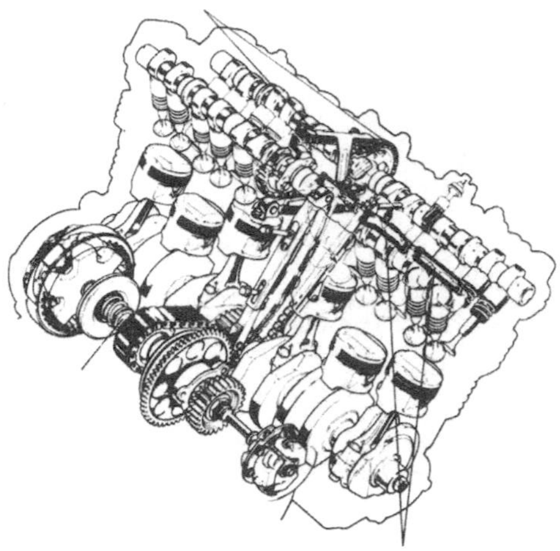

Abb. 3.189: Direkt steuernde Nockenwelle

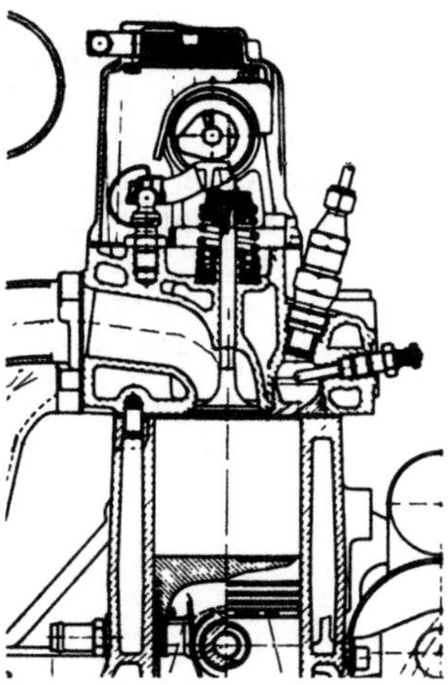

Abb. 3.190: Obenliegende Nockenwelle mit Zwischenhebel

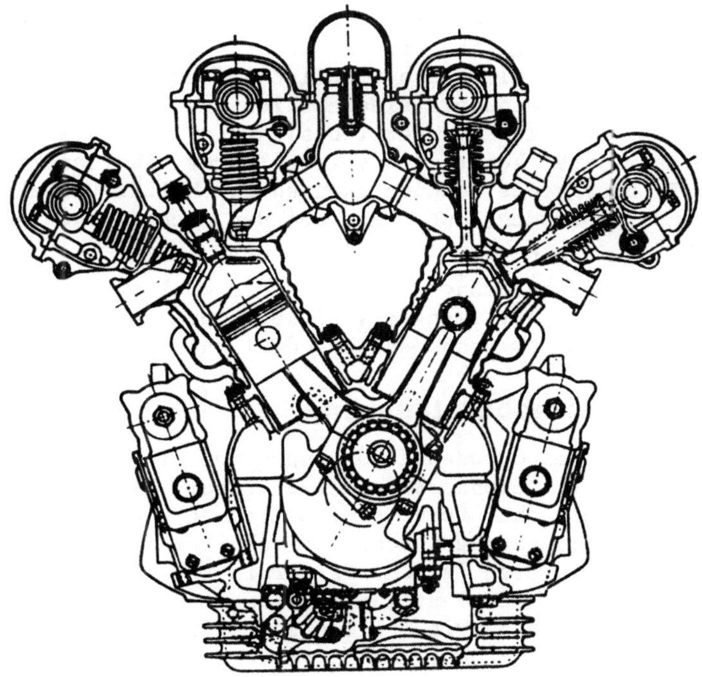

Abb. 3.191: Mehrfacher Nockenwellenantrieb

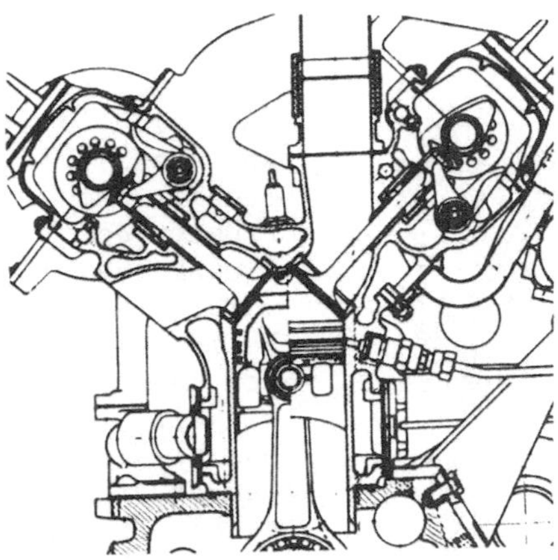

Abb. 3.192: Zwangsgesteuerter Nockenwellenantrieb

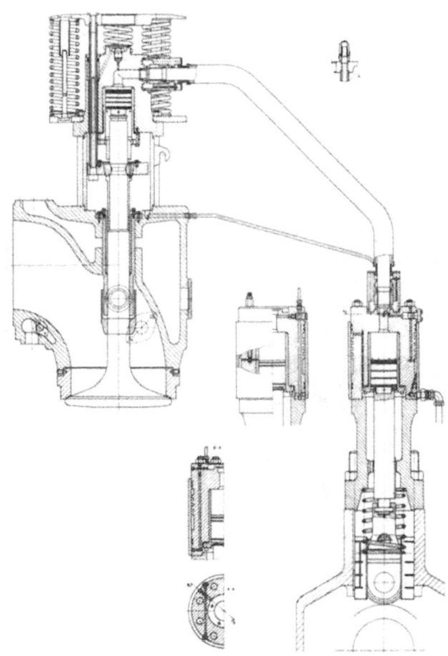

Abb. 3.193: Hydraulische Ventilsteuerung

3.7.2.4 Die nichtmechanische Steuerung

Man fragt sich, ob die übliche Steuerung der Ventile noch dem heutigen Stand der Technik entspricht, zumal man bei einer hydraulisch-elektrischen Steuerung den Wunschtraum nach veränderlichen Steuerzeiten in Abhängigkeit von anderen Betriebsparametern verwirklichen könnte.

Derartige Steuerungen sind schon öfter probiert worden (Abb. 3.193), haben sich bis heute jedoch auf breiter Basis nicht durchsetzen können. Dies wird vor allem an dem doch erheblich höheren Preis liegen, doch ist es auch unter Vernachlässigung der Herstellkosten schwierig, einen ähnlich exakten Ventilantrieb wie den mechanischen über Nocken gesteuerten zu schaffen. Es ist jedoch zu erwarten, daß für größere Motoren sich elektro-hydraulische Steuerungen herausschälen werden, wenn man deren Vorteile, besonders hinsichtlich des Verbrauches im Teillastbereich etc., darstellen und ausreichende Betriebssicherheit garantieren kann. Auch zur Optimierung der Abgasqualität könnte ein verstellbarer Ventilantrieb von Nutzen sein: So könnte man z. B. ohne große Schwierigkeiten das MILLER-Verfahren (variabler Zeitpunkt für Einlaßende) anwenden, das heute bei den mechanischen Antrieben immer an den Kosten scheitert.

Eine echte Kostensenkung wird sich aber wohl erst einstellen, wenn man in der Lage ist, auch die Einspritzung des Dieselmotors auf nicht mechanische Art und Weise zu bewerkstelligen, um dann den Nockenwellenantrieb ganz zu sparen.

3.7.3 Die Schiebersteuerung

Zur Steuerung des Gaswechselvorganges von Viertaktmotoren (seltener Zweitaktmotoren) wurden mitunter, besonders in der Blütezeit der Flugkolbentriebwerke, Schieber jedweder Art angebracht. Durch eine möglichst gleichmäßig drehende Bewegung der Schieber sollen dabei Ladungswechselquerschnitte freigegeben werden, die sich mit Ventilen nicht realisieren lassen. Fernerhin erhoffte man durch die formschlüssige Zwangsführung den mit Ventilantrieben gemachten Erfahrungen bei hohen Drehzahlen aus dem Weg zu gehen. Die Abbildungen 3.194 bis 3.198 sollen einen (sicher unvollständigen) Überblick über die untersuchten Möglichkeiten geben. Da bei der SCHNÜRLE-Umkehrspülung von Zweitaktmotoren die Auslaßschlitze immer später als die Einlaßschlitze schließen und somit ein Teil der Ladung wieder entweicht, hat man "Nachladeschieber" in die Auslaßkanäle gebracht, die den Auslaß in der Kompressionsphase schließen (Abb. 3.199). Erwähnenswert ist vielleicht, daß WANKEL vor und im letzten Weltkrieg auf dem Gebiet der Schiebersteuerungen gearbeitet und aus diesen Arbeiten vielleicht den Mut genommen hat, sich in späteren Jahren mit dem Problem des Kreiskolbenmotors (Wankelmotor), dessen Hauptschwierigkeit in der Unzahl schleifender Dichtungen liegt, überhaupt zu beschäftigen. Mit den an den Wankelmotoren gewonnenen Erkenntnissen (und Werkstoffen) könnte man heute sicherlich bessere Schiebersteuerungen bauen, wenn nicht durch den Zugewinn an Wissen um die richtige Auslegung eines Ventilantriebes das Interesse an Schiebersteuerungen weitgehend erlahmt wäre.

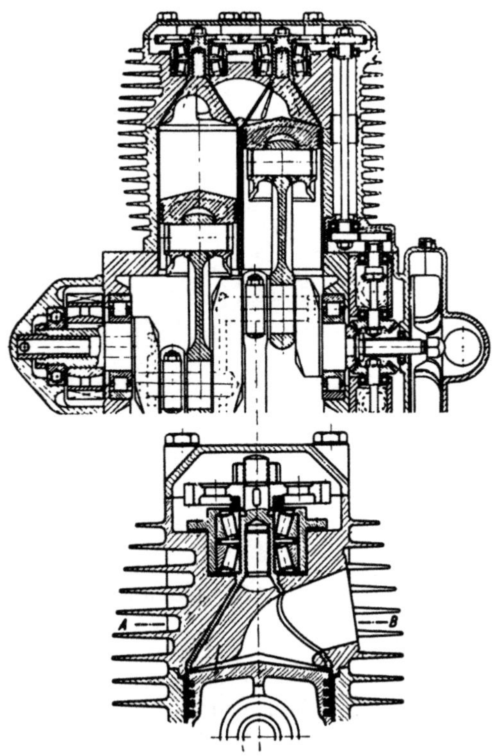

Abb. 3.194: Kegelschieber ASPIN

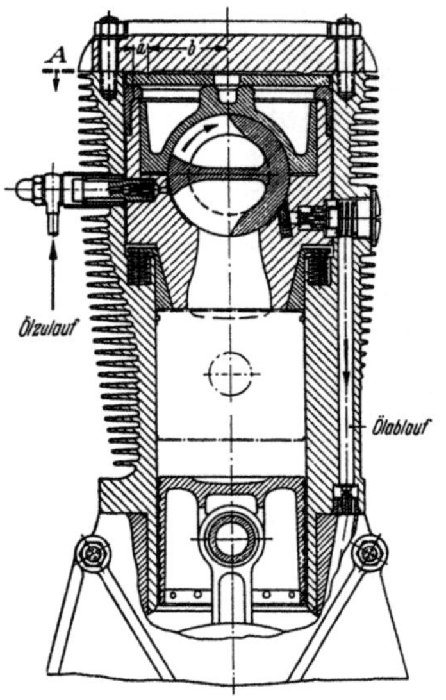

Abb. 3.195: Walzenschieber CROSS

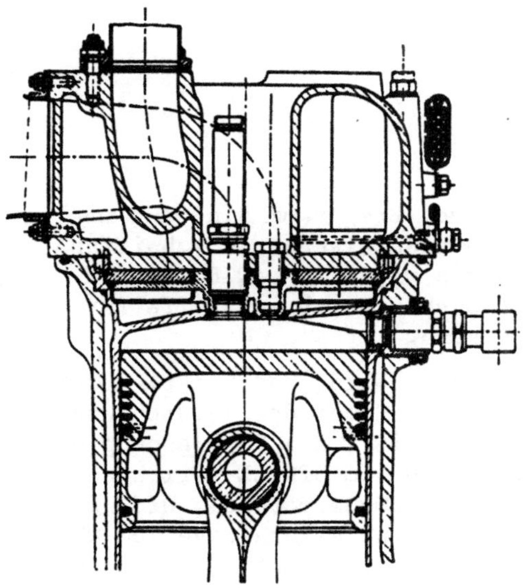

Abb. 3.196: Walzenschieber-Ausführungen

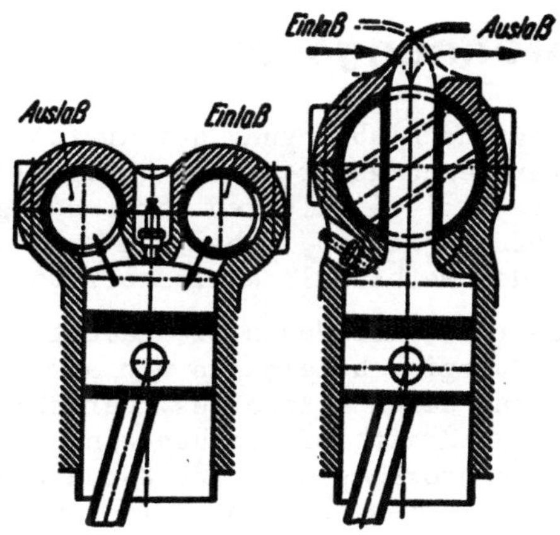

Abb. 3.197: Flachschieber DVL

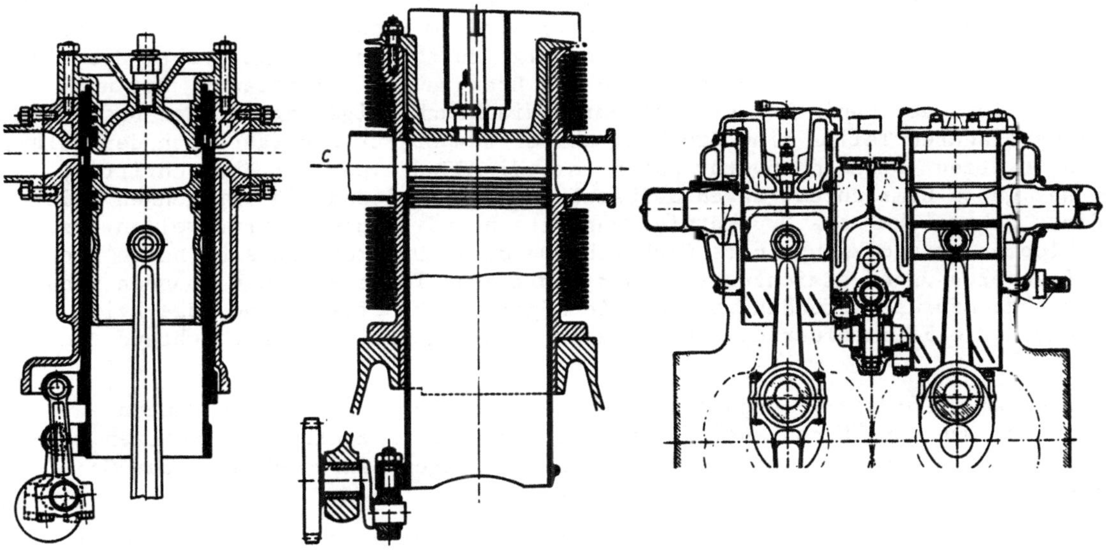

Abb. 3.198: Schiebersteuerung KNIGHT und BURT-MAC CALLUM und Schiebersteuerung des Napier "Sabre" Flugmotors

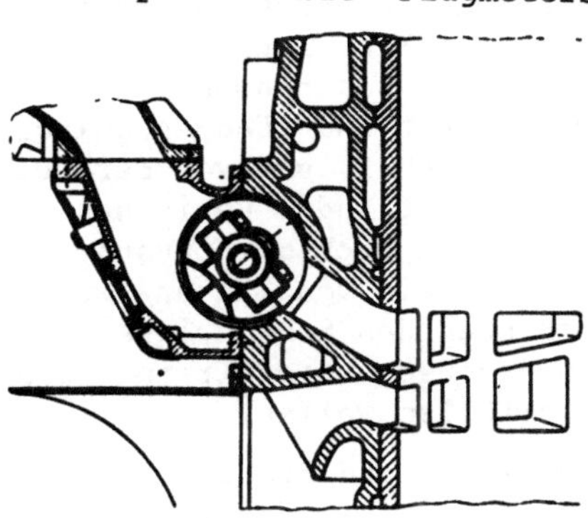

Abb. 3.199: Nachladeschieber für Zweitaktmotoren

3.8 Kraftstoffaufbereitung und Verbrennungsverfahren

Die Aufbereitung und Einbringung des Kraftstoffes in den Brennraum sind eng mit der Wahl des Verbrennungsverfahrens gekoppelt. In den nachfolgenden Abschnitten soll nur auf die drei wichtigsten Verbrennungsverfahren wie OTTO-, DIESEL- und Gasmotor eingegangen werden, wobei man sich jeweils auch Ersatzbrennstoffe für Benzin, Gasöl oder Methan als Kraftstoff vorstellen kann.

Alle Motorenbauarten, bei denen die Ladung fremd gezündet wird, das heißt, durch Zufuhr äußerer Energie, bezeichnen wir als OTTO-Motor. Wird bei der Verdichtung die Zündtemperatur des Kraftstoffes überschritten, das heißt, die Verbrennung durch den eingespritzten Kraftstoff selbst eingeleitet, so wird vom DIESEL-Verfahren gesprochen. Bei Gasmotoren sind beide Zündarten möglich (OTTO-Gasmotoren, DIESEL-Gasmotoren), so daß diese Kategorie im Grunde genommen keine Alternative zum OTTO- oder DIESEL-Motor darstellt, sondern lediglich eine Erweiterung auf die Anwendung mit gasförmigen Kraftstoffen.

3.8.1 Der OTTO-Motor

Für das OTTO-Verfahren ist es unerheblich, ob der Kraftstoff in einem Vergaser oder im Ansaugrohr vor dem Zylinderkopf aufbereitet wird. Das möglichst homogene Gemisch (vernebelt - oder noch besser schon verdampft) wird im Brennraum durch eine Zündkerze gezündet, der Abbrand des Gemisches erfolgt durch eine Flammenfront, die sich von der Kerze bis in die entfernteste Ecke des Brennraumes fortpflanzt. Der noch unverbrannte Teil des Gemisches erfährt durch die Drucksteigerung bei der Ausdehnung des verbrannten Teiles eine Erhöhung seiner Temperatur ungefähr nach den adiabatischen Gesetzen. Wird im unverbrannten Teil die Zündtemperatur überschritten, so kann der ganze Gemischrest durch Selbstzündung explosionsartig verbrennen. Die durch diese plötzliche hohe Drucksteigerungsrate hervorgerufenen Druckwellen erzeugen ein klopfendes und klingelndes Geräusch. Da diese Druckwellen sehr hohen mechanischen Beanspruchungen gleichzusetzen und damit hohe Temperaturen verbunden sind, müssen Brennraumformen gefunden werden, die möglichst klopffest sind, das heißt, man muß durch die Flammenführung Sorge tragen, daß ein gleichmäßiger Abbrand erfolgt.

Finden in einem OTTO-Motor - nach Abstellen der Zündung - noch Glühzündungen statt, spricht man von "Nachdieseln". Dies ist nur bei warmgefahrenen Motoren möglich, bei denen infolge Ablagerung heiße Kerne vorliegen, an denen sich das Gemisch trotz der geringen Verdichtung entzünden kann.

Wegen der geringeren Verdichtungsverhältnisse beim OTTO-Motor (meistens unter 10, in Abhängigkeit von der Klopffestigkeit der Kraftstoffe) sind die Zünddrücke in der Regel niedriger, aber auch unregelmäßiger als beim Dieselmotor (Abb. 2.10). Wenn man nämlich mehrere nacheinanderfolgende Zündungen von OTTO- und DIESEL-Motoren vergleicht, so stellt man fest, daß die reproduzierbaren Gaskraftverläufe des DIESEL-Motors vom OTTO-Motor nicht erreicht werden. Hier finden wir insbesondere im Bereich der Zündspitzen starke Differenzierungen, was besonders auf die Phase des Zündbeginns zurückzuführen ist. Da Zündwilligkeit und Zündgeschwindigkeit stark abhängig von der Kraftstoffkonzentration (Luftüberschuß) und von der Luftbewegung sind, wird die Reproduzierbarkeit durch die Homogenität des Gemisches in unmittelbarer Nähe der Zündkerze in den ersten Mikrosekunden nach der Zündung entschieden. Wenn es schon schwer ist, ein homogenes, das heißt ein von Zündung zu Zündung reproduzierbares Gemisch zu erzeugen, so mag man sich den Schwierigkeitsgrad vorstellen, eine geschichtete Ladung im Brennraum zu erzeugen, die wir in Zukunft notwendig haben, wenn wir die Abgasvorschriften erfüllen wollen.

Da bekannt ist, daß die Zündwilligkeit des Gemisches und die Schadstoffkonzentration des Abgases von dem Luftverhältnis abhängig sind, wird in den letzten Jahren ver-

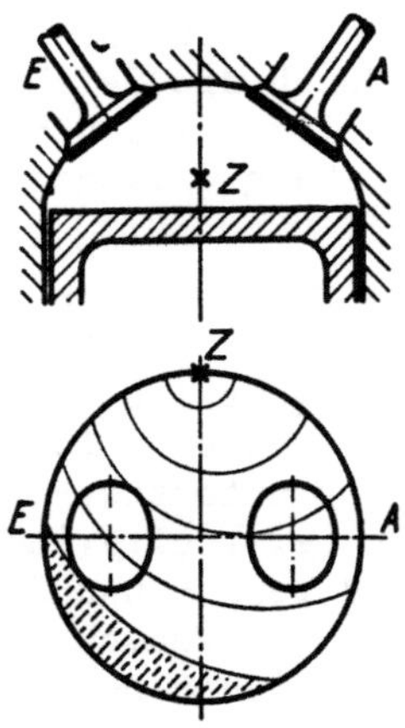

Abb. 3.200: *Kugelbrennraum*

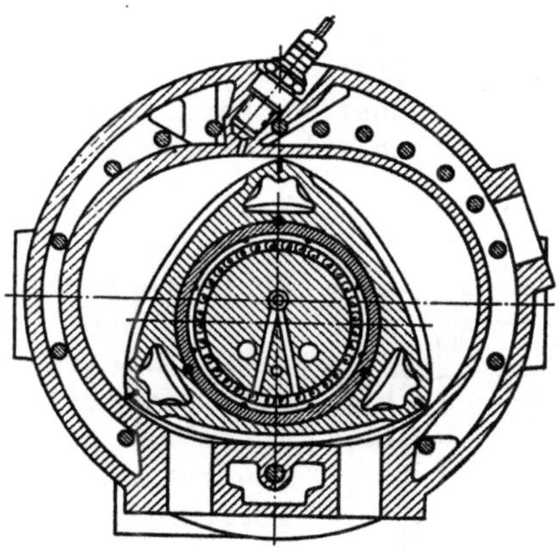

Abb. 3.201: *Kompressions- und Verbrennungsräume eines Kreiskolbenmotors*

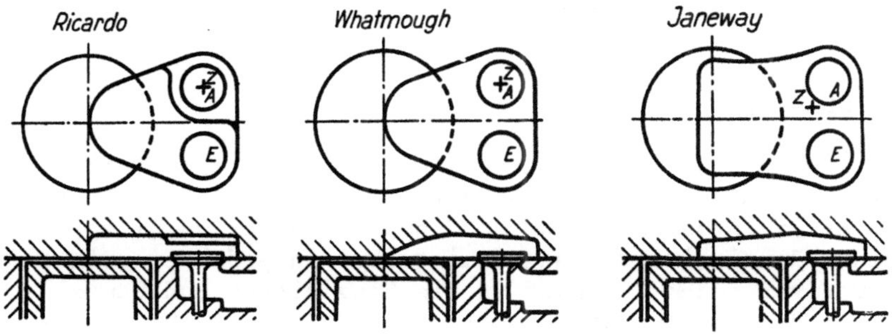

Abb. 3.202: *Seitlicher Brennraum einer Hubkolben-Verbrennungskraftmaschine*

sucht, immer mehr mit geschichteten Ladungen, das heißt, absichtlich nicht-homogenen Gemischen (deren Konzentrationen aber gezielt über den Brennraum verteilt sein müssen) zu arbeiten.

Der Wirkungsgrad, die Klopfneigung und die Schadstoffhaltigkeit der Abgase eines Motors, der mit einem homogenen Gemisch betrieben wird, sind aber nicht nur von der Ladungszusammensetzung abhängig, sondern auch von der Form des Brennraumes. Grundsätzlich sind Brennräume mit starker Zusammenballung der Ladung in Nähe der Zündkerze vorteilhafter (Kugelbrennräume nach Abb. 3.200) als lang auseinandergezogene Brennräume (Sichel beim Kreiskolbenmotor Abb. 3.201). Aber auch flache zylindrische Brennräume mit starker Verwirbelung der Ladung und Brennräume, bei denen der Hauptbrennraum in einer seitlichen Tasche liegt (Abb. 3.202), zeigen noch eine gute Klopffestigkeit, obwohl sie eine Reihe anderer Mängel aufweisen. Die extremen Vorstellungen über die notwendige Abgaszusammensetzung in unseren Großstädten lassen sich jedoch kaum mit einem homogenen Ladungsgemisch erreichen.

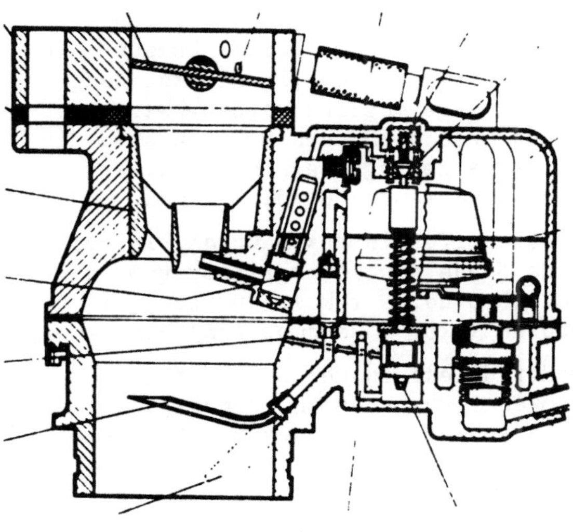

Abb. 3.203: *Spritzvergaser*

3.8.1.1 Der Vergaser

Vergaser dienen dazu, dem Motor unter allen Betriebsbedingungen selbsttätig ein gut aufbereitetes, brennfähiges homogenes Gemisch im jeweils richtigen Mischungsverhältnis zu liefern. Heute werden ausnahmslos Spritzvergaser (Abb. 3.203) verwendet. Die vom Motor angesaugte Luft wird durch einen Lufttrichter (Venturidüse) mit genauem Querschnitt geleitet, der gewissermaßen als Meßstelle für die durchgesetzte Luftmenge dient. Im engsten Querschnitt entsteht ein von der Luftmenge abhängiger Unterdruck, der als Meßgröße für die zu fördernde Benzinmenge dient, indem er das Benzin aus dem Schwimmergehäuse heraussaugt, und zwar über eine Dosierdose mit genau festgelegtem Querschnitt.

Der Kraftstoff wird am Austritt in den Lufttrichter von der Luft zerstäubt und mitgerissen. Je nach Druck und Temperatur und Länge des Saugrohres verdampft ein mehr oder weniger großer Teil davon. Der flüssige Rest wird in Tröpfchenform von der Luft mitgerissen, wobei er auch zum Teil verdampft. Die noch verbleibenden Tropfen können sich in der Ansaugleitung an die Wand anlegen, wodurch die Gefahr einer inhomogenen Verteilung des Kraftstoffes in der Luft erhöht wird. Eine Gemischvorwärmung (Saugrohrheizung), günstige Vergaserlage und gute Saugrohrkonstruktion können den Mischungsvorgang erheblich verbessern.

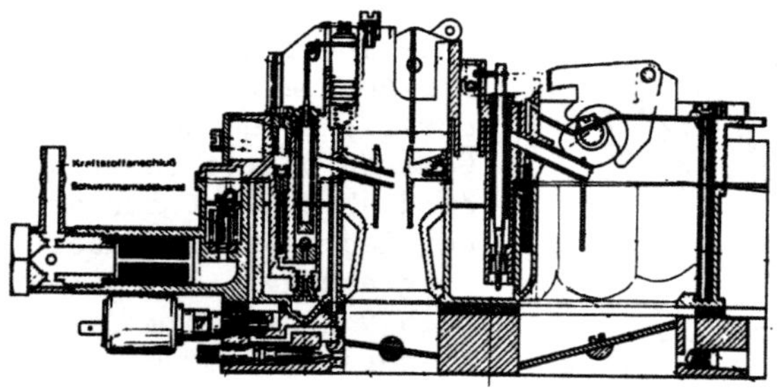

Abb. 3.204: Mehrfachvergaser

Verschiedene motorische Zusatzanforderungen haben den Vergaser in der heutigen Ausführung komplizierter gestaltet (Korrekturdüsen, Beschleunigerpumpen, Anlaßeinrichtungen). Wegen der unterschiedlichen Saugleitungslängen bei Vielzylindermaschinen zeigen sich Füllungs- und Konzentrationsschwankungen. Der Wunsch, gleichmäßigere Füllungen sicherzustellen, führte zu den Mehrfach- und Registervergasern. Zu beachten ist allerdings, daß beim Mehrfachvergaser (Abb. 3.204) die Einstellarbeiten für eine gleichmäßige Gemischverteilung sehr schwierig werden können.

3.8.1.2 Die Benzineinspritzung

Eine ungleiche Füllung der Zylinder kann man vermeiden, wenn man dem einzelnen Zylinder die entsprechende Kraftstoffmenge dosiert zuführt, das heißt, die Kraftstoffzumessung wie beim DIESEL-Motor pro Arbeitstakt durch Einspritzpumpe und Einspritzdüse erfolgt. Man unterscheidet Benzineinspritzung unmittelbar in jeden einzelnen Zylinder und Benzineinspritzung vor jedem Zylinder in die Saugleitung und Sammeleinspritzung in die Saugleitung des ganzen Motors oder einer Zylinderreihe (siehe Gemischbildung). Die Einspritzung in jeden Zylinder erfolgt während des Saug- oder Verdichtungshubes (stoßfördernde Einspritzpumpen), bei Benzineinspritzung vor dem Zylinder wird dauernd oder stoßweise eingespritzt, bei Sammeleinspritzung wird ähnlich wie beim Vergaser stetig eingespritzt (dauerfördernde Einspritzpumpen).
Die Einspritzdrücke betragen bei der Einspritzung in den Zylinder 20 ... 100 bar, bei Saugrohreinspritzung können sie erheblich niedriger (unter 5 bar) bleiben. Benzineinspritzung ergibt bessere Füllung und bessere Leistung bei Einspritzung in oder vor den Zylinder und bei Mehrzylindermotoren gleiche Gemischverteilung auf die einzelnen Zylinder. Durch gute Abstimmung kann unterschiedliche Gemischverteilung im Zylinder (Gemischanreicherung) in Nähe der Zündkerze erreicht werden, wodurch auch über den übrigen Brennraum verteilte arme Gemische gut gezündet werden können. Die Anwendung von Luftüberschuß verringert die Schadstoffe und auch die Klopfneigung des Motors, so daß etwas höhere Verdichtungsverhältnisse möglich werden. Wegen der guten Zerstäubung des Kraftstoffes durch Pumpe und Düse bei hohen Drücken sind die Anforderungen an die Verdampfbarkeit des Kraftstoffes geringer als bei Vergasermotoren, so daß auch etwas höher siedende Kraftstoffe verwendet werden können.

Bei Viertaktmotoren ist die Einspritzung des Kraftstoffes in das Saugrohr in der Nähe des Einlaßventiles am wirtschaftlichsten, da Niederdruckeinspritzsysteme angewendet werden können, die verhältnismäßig einfach sind. Direkteinspritzung in den Zylinder wird meistens nur bei Hochleistungsmotoren (Flug-, Rennmotoren) angewendet.

Bei Zweitaktmotoren wird die Einspritzung entweder direkt in den Zylinder (Hochdruckeinspritzung) oder - seltener - in den Überströmkanal vorgenommen, wobei genügend spät (d. h. kurz vor oder nach Abschluß des Auslaßschlitzes) eingespritzt werden muß, um Benzinverluste zu vermeiden. Zu der dadurch sich ergebenden Kraftstoffersparnis kann noch eine Verringerung des Ölverbrauches infolge des Wegfalls der Mischungsschmierung kommen, da nur reiner Kraftstoff eingespritzt wird.

Diese fein dosierbare Kraftstoffeinbringung, die eine Regelung auch von anderen, z. B. vom Betrieb und von der Atmosphäre abhängigen Parametern als der Gashebelstellung und dem Unterdruck ermöglicht, hat sich bei Hochleistungsmotoren der Pkw-Industrie weitgehend eingeführt, auch unter Hinnahme eines oft beträchtlichen Preisaufschlages für diese Einspritzanlage (Abb. 3.205). Unter den Firmennamen haben sich eine Reihe von Einspritzsystemen in der OTTO-Motorentechnik durchgesetzt, deren Vorzüge jeweils aus den Unterlagen abzulesen sind.

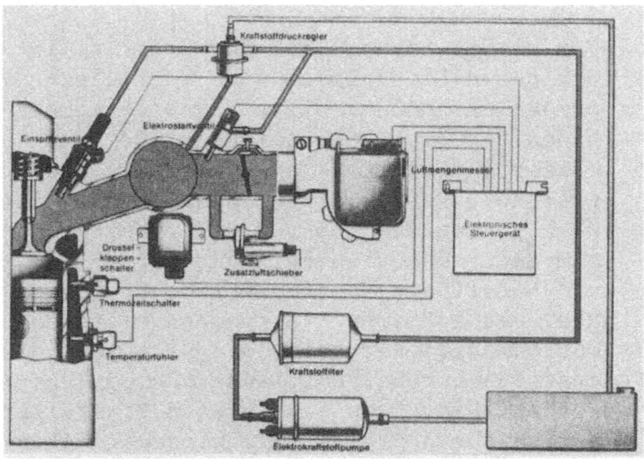

Abb. 3.205: Benzin-Einspritzanlage

3.8.2 Der DIESEL-Motor

Beim DIESEL-Motor muß der Kraftstoff in die hochverdichtete Luft des Kompressionsraumes eingespritzt werden. Um eine gute Zerstäubung und Kraftstoffaufbereitung zu gewährleisten, sind relativ große Überdrücke gegenüber dem Kompressionsdruck notwendig (150 bis 1500 bar). Der Abbrand des Kraftstoffschleiers beginnt, wenn die vergasten Kraftstofftröpfchen in der überhitzten Luft die Zündtemperatur erreicht haben. Die Einspritzung erfolgt immer über eine Düse, wobei die unterschiedlichsten Bauformen Anwendung finden. Die verschiedenen Arten der Einspritzpumpe und des Brennverfahrens geben jedoch den Motoren ein unverwechselbares Gesicht und ebenso charakteristische Eigenschaften.

3.8.2.1 Die Einspritzgeräte

Das Werkzeug, um den Kraftstoff fein zerstäubt in die hochkomprimierte Luft einzubringen, besteht aus Einspritzpumpe, Einspritzleitung und Einspritzdüse. Das augenmerklichste Charakteristikum als Beeinflussungsfaktor für die Gestaltung des Motors ist dabei sicherlich der unterschiedliche Aufbau der Einspritzpumpen.

3.8.2.1.1 Die Blockpumpen

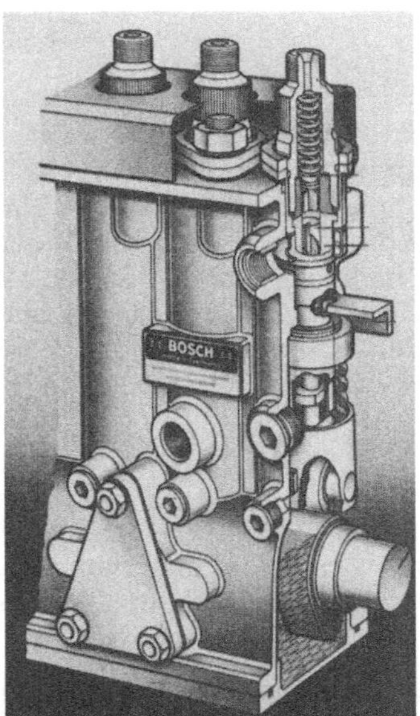

Abb. 3.206: Blockeinspritzpumpe

Nach der Kompressor-Lufteinblasung hat sich seit den zwanziger Jahren die Hochdruckeinspritzung mit Kolbenpumpen durchgesetzt. Seitdem sind Blockpumpen bekannt, bei denen für jeden Zylinder eine eigene Pumpeneinheit für den Druckaufbau und die Mengenzumessung zuständig ist und alle diese Einheiten in einem Gehäuseblock (Blockpumpe) zusammengefaßt sind (Abb. 3.206). Die Stempel werden über eine eigene Nockenwelle angetrieben. Die Blockeinspritzpumpe ist als Arbeitsmaschine ein autarkes System und kann z. B. an Prüfständen allein geprüft und eingestellt werden.

Nachteilig ist an dieser Bauart - da die Einspritzpumpe immer kürzer ist als der Motor - die relativ lange Leitung zwischen Einspritzpumpe und Einspritzventil. Da einerseits diese dickwandigen Leitungen unter den Einspritzdrücken erheblich atmen und andererseits bei der relativ großen Kraftstoffmenge zwischen Pumpe und Düse die Volumänderung unter dem Förderdruck nicht mehr vernachlässigbar ist und sich heftige Druckschwingungen in den Leitungen ergeben, ist ein von der Nockenform vorgegebenes Einspritzgesetz nur schwer zu verwirklichen. Für kleinere Motoren, bei denen verhältnismäßig niedrige Einspritzdrücke möglich sind (Vorkammermaschine etc.), ist die Blockeinspritzpumpe jedoch eine unübertroffene Lösung hinsichtlich Betrieb, Reparatur und Wartung.

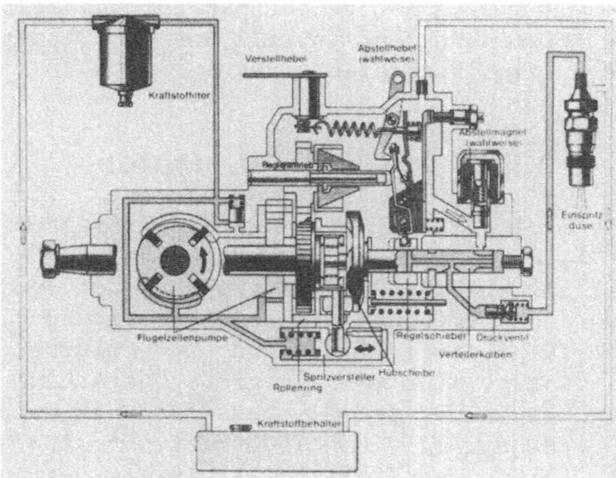

Abb. 3.207: Verteilerpumpe

3.8.2.1.2 Die Verteilerpumpe

Für kleine, schnellaufende Motoren finden neben Blockpumpen auch Verteilerpumpen Anwendung. Diese Verteilerpumpen haben nur eine Pumpeneinheit. Der von dieser geförderte Kraftstoff wird über geeignete Verteiler den einzelnen Zylindern zugemessen (Abb. 3.207). Verteilerpumpen sind serienmäßig nur für 3-, 4- und 6-Zylinder-Motoren verfügbar. Gegenüber den normalen Blockpumpen bieten sie kostenmäßige Vorteile, die sich jedoch erst fühlbar bei 6-Zylinder-Pumpen auswirken. Die etwas schwierigen Einstellarbeiten zum Abgleich verschiedener Zylinder oder veränderliche Einspritzmengen (Leistungen) haben der Verteilerpumpe bisher nur im Großserienbau mit immer gleicher Leistungseinstellung zum Durchbruch verholfen.

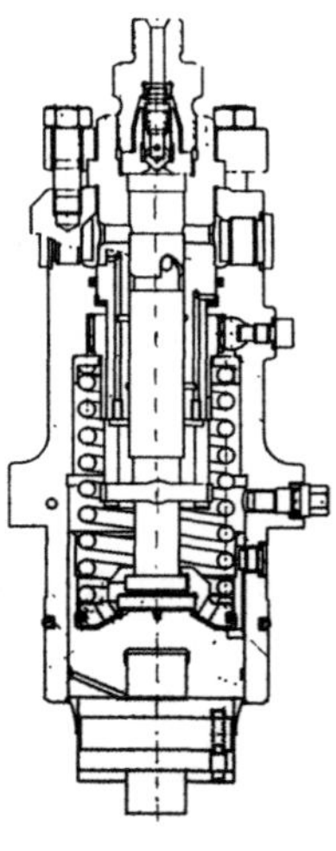

Abb. 3.208: Einzeleinspritzpumpe

3.8.2.1.3 Die Einzeleinspritzpumpe

Wie das Wort sagt, handelt es sich hierbei um ein einzelnes Einspritzpumpenelement, das auf eine vorhandene Nockenwelle geflanscht wird (Abb. 3.208). Vorteilhaft ist die verbesserte "Verteilbarkeit" der Einzelpumpen auf den Motor (kurze Einspritzleitungen), nachteilig jedoch die aufwendigere Kraftstoffver- und -entsorgung, sowie die Regelung der über den ganzen Motor verteilten Einspritzpumpen. Bei Mehrzylindermotoren finden wir deshalb Einzelpumpen nur bei Hochleistungsmotoren.

3.8.2.1.4 Pumpe - Düse

Eine weitere Verkürzung der Einspritzleitungen läßt sich nur durch die Anbringung der Einspritzpumpe in unmittelbarer Nähe der Einspritzdüse erreichen. Das Extrem ist dabei das Element Pumpe - Düse (Abb. 3.209), das unter dem vollkommenen Verzicht auf Druckleitungen den Kraftstoff in den Brennraum bringt, so daß eine beste Steuerung des Einspritzgesetzes möglich ist. Wegen des höheren technischen Aufwandes, diese Einheiten anzutreiben und zu steuern, hat sich die Pumpe - Düse bisher aber nur in Einzelfällen in der Praxis durchgesetzt (Abb. 3.210).

3.8.2.1.5 Nichtmechanische Einspritzung

Ähnlich den Vorstellungen beim Ventilantrieb (siehe Abschnitt 3.7) kann man natürlich auch den Kraftstoff aus einem Behälter hohen Druckes über ein Zumeßorgan dem Brennraum zuführen.

Schwierigkeiten bringt dabei nicht nur die Einhaltung des exakten Einspritzbeginnes, sondern auch die Zumeßmenge, da eine rein zeitlich begrenzte Zuteilung wegen der differierenden Querschnittsflächen ($\mu \cdot \sigma$ - Werte) nicht praktikabel erscheint.

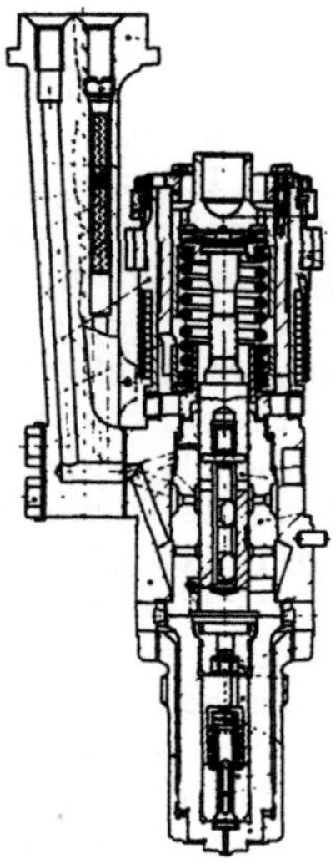

Abb. 3.209: Pumpe - Düse

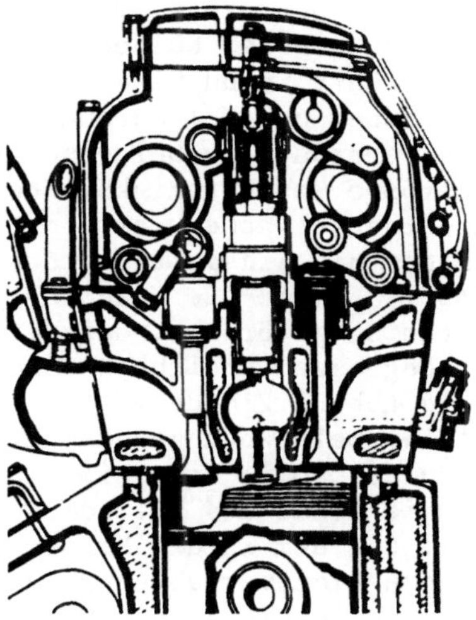

Abb. 3.210: Pumpe - Düse im MD-Motor

Eine Mengenmessung erscheint aber vorab noch zu aufwendig, um diese als Zumeßkriterium für jeden einzelnen Zylinder zu verwenden. Wahrscheinlich wird man die Reaktion im Brennraum erfassen und auswerten müssen, um jedem Zylinder die richtige Einspritzmenge zumessen zu können. Die größeren Variationsmöglichkeiten in Abhängigkeit von verschiedenen Parametern erlauben jedoch Ausblicke, den heutigen hohen Stand des Dieselmotors noch weiter zu verbessern.

3.8.2.2 Die Verbrennungsverfahren

Wenn auch das Verbrennungsverfahren wenig Einfluß auf die äußere Gestaltung eines Motors hat, so ergeben sich daraus doch so viele Details und Abhängigkeiten, daß man dies schon bei der Bestimmung der Hauptabmessungen berücksichtigen muß.

3.8.2.2.1 Direkte Einspritzung

Beim Dieselverfahren mit direkter (unmittelbarer) Einspritzung wird der Kraftstoff in den als Einheit gestalteten Verdichtungsraum eingespritzt. Wenn keine gerichtete Strömung im Verbrennungsraum vorhanden ist, ist die Möglichkeit zur Mischung von Luft und Kraftstoff mäßig. Verbrennungsraum und Kraftstoffstrahlen müssen fein aufeinander abgestimmt sein. Der erforderliche Luftüberschuß ist relativ groß (λ = 1,6 bis 2 an der Rauchgrenze).

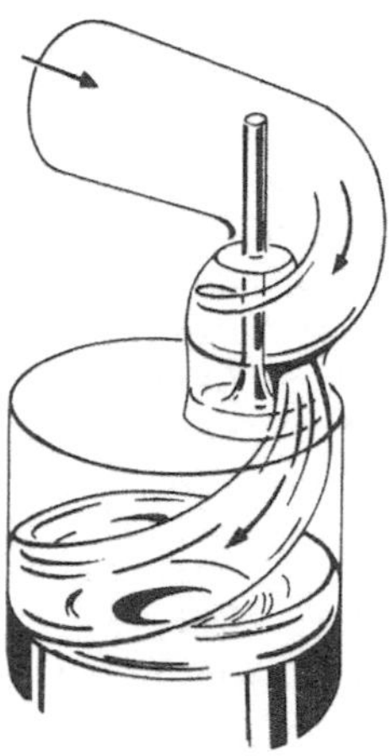

Abb. 3.211: Dralleinlaßkanal

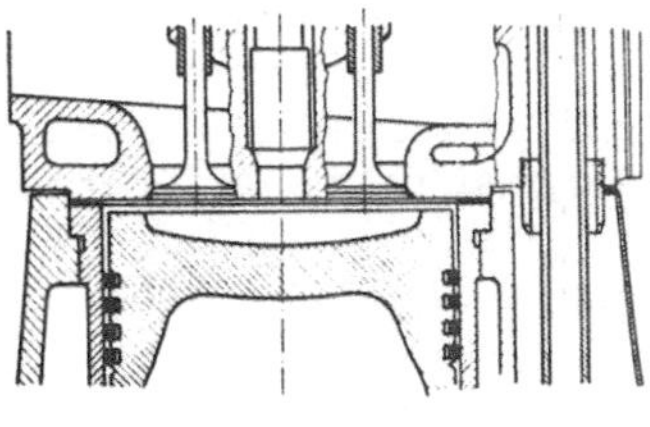

Abb. 3.212: Muldenform eines Direkt-Einspritzmotors (HESSELMANN)

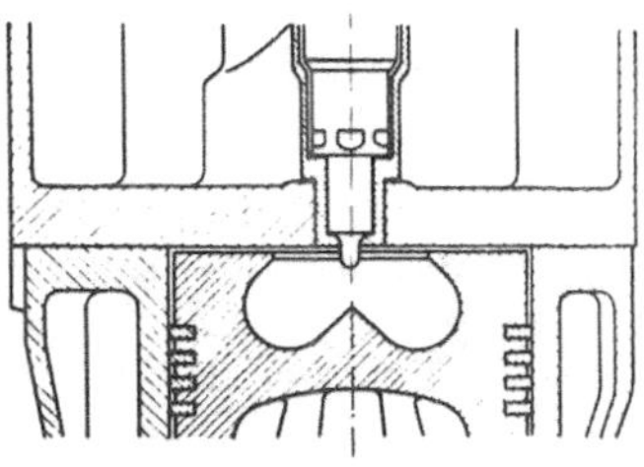

Abb. 3.213: Zwickelmulde eines Direkt-Einspritzmotors (SAURER)

Eine Verbesserung ist durch gerichtete Strömungen im Zylinder erzielbar. Dies geschieht bei einigen Bauarten durch eine Drehbewegung der Luft um die Zylinderachse (HESSELMANN durch Schirme an den Einlaßventilen, JUNKERS-Doppelkolbenmotor durch schräg zum Radius stehende Einlaßschlitze). Bei moderneren Motoren finden wir ausgesprochene Dralleinlaßkanäle (Abb. 3.211), die bis in die Verbrennungsphase hinein eine intensive Luftrotation sicherstellen.

Meist werden mehrere radial gerichtete Kraftstoffstrahlen eingespritzt, wobei eine gewisse Rotation der Ladung oder auch Turbulenz zur besseren Kraftstoff-Luft-Durchmischung förderlich ist. So läßt sich ein Luftüberschuß von 1,3 - 1,4 an der Rauchgrenze verwirklichen (Abb. 3.212).

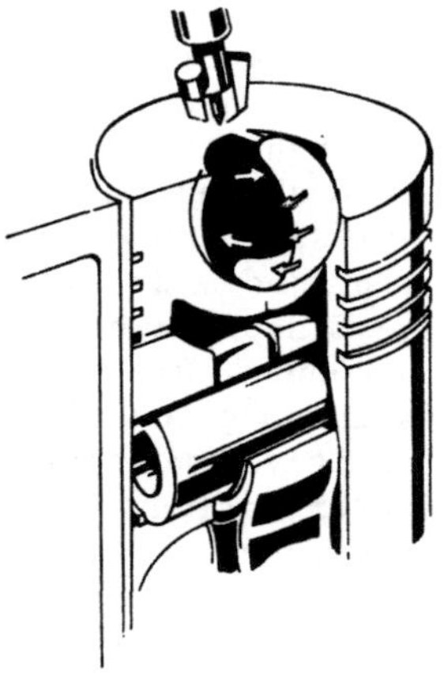

Abb. 3.214: M-Verfahren

Wird der Kolben oder auch der Zylinderdeckel mit einer Mulde versehen und der Kolben bis dicht an den Zylinderkopf herangeführt, dann wird bei der Aufwärtsbewegung des Kolbens die über dem Kolbenrand befindliche Luftmenge nach innen verdrängt, wobei eine Luftbewegung entsteht, die ihre größte Geschwindigkeit besitzt, wenn der Kolben den Zylinderdeckel nahezu erreicht hat, also zu dem Zeitpunkt, an dem die Einspritzung des Kraftstoffes stattfindet (Abb. 3.213). Die Mischung von Kraftstoff und Luft wird dadurch so gefördert, daß Werte von λ = 1,4 bis 1,8 an der Rauchgrenze erreichbar sind. Eine weitere Möglichkeit ist in Abb. 3.214 dargestellt, bei der die einwärts gerichtete Wirbelbewegung noch verstärkt wird durch die Form der Mulde, sowie die beim Ansaugen erzeugte Drehbewegung um die Achse des Zylinders (Drall in der Brennraummulde). Bei dem in die Motorentechnik als M-Verfahren eingegangenen Brennverfahren wird der Kraftstoff als Film auf die heiße Kolbenmulde gespritzt, von wo dieser als Schleier verdampft und recht gleichmäßig abbrennt.

Das Dieselverfahren mit unmittelbarer Einspritzung ist mit einem Geringstmaß an Verlusten verbunden, die Wirtschaftlichkeit ist die höchste von allen Kraftmaschinen; deshalb beherrscht der Motor mit unmittelbarer Einspritzung das Gebiet der Großdieselmaschinen und der mittleren Dieselmaschinen ausschließlich und erreicht effektive Verbrauchszahlen ab 200 kWh, die mit anderen Verfahren unerreichbar sind ($b_e \rightarrow$ 190 g/kWh).

3.8.2.2.2 Das Wirbelkammerverfahren

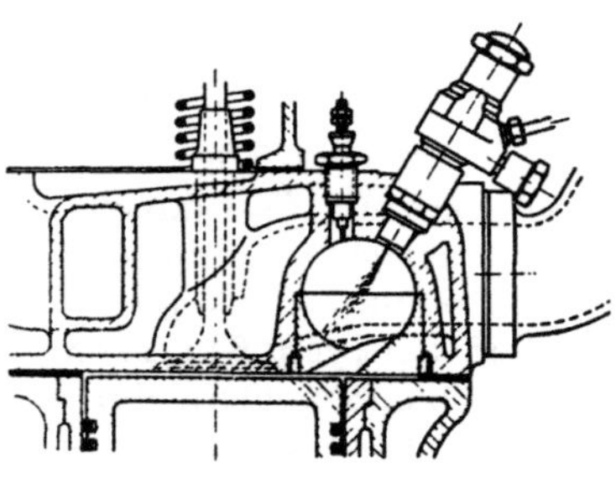

Abb. 3.215: Wirbelkammerverfahren

Beim Wirbelkammerverfahren wird ein zylindrischer oder kugeliger Nebenraum vom Hauptraum abgezweigt und mit einer ziemlich weiten Überströmöffnung zum Hauptraum versehen, die so angeordnet ist, daß bei Einströmung der Luft in dem Nebenraum ein Wirbel sehr hoher Drehzahl entsteht. Dabei wird angestrebt, möglichst die gesamte Luftmenge in diese Wirbelkammer überzuschieben (Abb. 3.215). Kurz vor dem oberen Totpunkt wird der Kraftstoff in diesen Wirbel eingespritzt, wodurch eine gute Vermischung von Kraftstoff und Luft gewährleistet ist. Die Drehzahl des Wirbels hängt von der Geschwindigkeit ab, mit der die Luft durch den Kanal in die Wirbelkammer einströmt. Bei zu kleinem Kanalquerschnitt würde der Druckunterschied zur Einbringung der Luft in die Wirbelkammer zu groß und damit auch der dazu notwendige Leistungsbedarf, da die gesamte Luftmenge übergeleitet werden muß. Die Überströmgeschwindigkeit sollte deshalb nicht sehr groß sein. Die Wirbelung reicht aber aus, um niedrige Luftüberschußzahlen (λ = 1,2 bis 1,8) zu ermöglichen, insbesondere, da bei der Ausströmung aus der Wirbelkammer noch eine sehr gute Durchmischung erfolgt. Die Leistung der Maschine kann bei extremer Luftausnutzung höher sein als bei unmittelbarer Einspritzung, der Verbrauch ist aber auf jeden Fall schlechter ($b_e \geq$ 225 g/kWh).

Bei manchen Ausführungen, insbesondere bei solchen, von denen eine gewisse Unempfindlichkeit gegenüber unterschiedlichen Eigenschaften des Kraftstoffes gefordert wird, befindet sich innerhalb der Wirbelkammer eine nur wenig gekühlte Wandstelle, die im Betrieb hohe Temperatur annimmt und gegen die der Kraftstoff gespritzt wird. Dadurch beschleunigt man bei schwerzündenden Kraftstoffen die Entzündung.

Beim Anlassen der kalten Maschine wird die in die kalte Wirbelkammer übertretende Luft an den Wänden stark abgekühlt, so daß die Lufttemperatur zu niedrig ist zur sicheren Entzündung des eingespritzten Kraftstoffes. Deshalb muß eine Zündhilfe angewendet werden, meist in Form einer Glühkerze. Das ist eine Drahtspirale, die elektrisch auf helle Rotglut erhitzt wird und die einerseits die Kraftstofftröpfchen unmittelbar zündet, andererseits auch die Temperatur der Verbrennungsluft und der Wirbelkammer (Vorglühen!) etwas erhöht.

3.8.2.2.3 Das Vorkammerverfahren

Beim Vorkammerverfahren wird vom Hauptbrennraum eine Vorkammer in Größe von 15 bis 35 % (gegebenenfalls auch etwas höher) des Verdichtungsraumes abgespalten, wobei zwischen dieser Vorkammer und dem Hauptraum eine oder mehrere enge Öffnungen angebracht sind, gegen die der Kraftstoffstrahl von der Innenseite der Kammer gespritzt wird (Abb. 3.216). Der Kraftstoff entzündet sich innerhalb der Vorkammer, wodurch in dieser eine Druckerhöhung entsteht, die den gegen die Vorkammeröffnung gespritzten Kraftstoff durch die heißen Öffnungen hindurch mit großer Energie in den Hauptraum hineinbläst, wobei eine ausgezeichnete Mischung von gut aufbereitetem Kraftstoff und Luft im Hauptbrennraum entsteht.

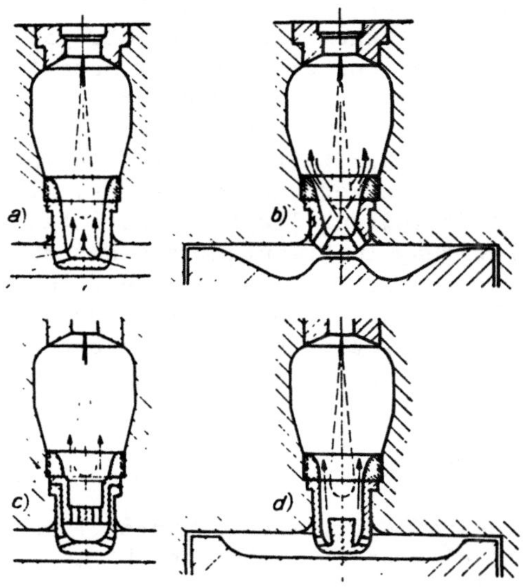

Abb. 3.216: Vorkammerverfahren

Die Vorkammer hat längliche Form und kann in der Mitte des Verdichtungsraumes oder seitlich liegen; die Vorkammeröffnungen sind so angebracht, daß die Verbrennungsluft von den austretenden Gasstrahlen möglichst vollständig erfaßt wird. Das aus der Vorkammer austretende brennende Gemisch erwärmt die Mündung der Vorkammer auf Temperaturen von etwa 850 K bei Vollast, bei Leerlauf auf etwa 650 K; ohne Zündung erreicht sie höchstens 530 K. Der Kraftstoff wird durch eine Einloch- oder Zapfendüse 10^0 bis 40^0 vor dem oberen Totpunkt in die Vorkammer eingespritzt. Die Verdampfung und Zündung der einzelnen Kraftstofftropfen erfolgen in der heißen Luft. Der Ort der ersten Zündung liegt meist etwa in der Mitte der Vorkammer oder noch etwas näher bei der Vorkammermündung. Eine Verbrennung des gesamten Kraftstoffes innerhalb der Vorkammer ist infolge Mangels an Sauerstoff nicht möglich.

Die Hauptmenge des durch die Vorkammer gespritzten Kraftstoffes soll sich in der Nähe der Vorkammermündung ansammeln, um möglichst bald in den Hauptraum ausgeblasen zu werden. Der durch die Verbrennung in der Vorkammer ausgelöste Druckanstieg bewirkt eine sehr hohe Ausströmgeschwindigkeit aus der Vorkammermündung in den Hauptraum, verbunden mit einer guten Verteilung des in Mündungsnähe befindlichen aufbereiteten Kraftstoffes in der Luft des Hauptraumes. Nach Einsetzen der Verbrennung im Hauptraum wird der Druckunterschied zwischen Vorkammer und Hauptraum kleiner, und es tritt auch der Fall ein, daß der Druck im Hauptraum vorübergehend größer wird als derjenige in der Vorkammer, also das Ausströmen aufhört und sogar Rückströmen eintritt. Erst bei weiterem Druckabfall im Hauptraum infolge der Kolbenbewegung tritt wieder ein Ausströmen aus der Vorkammer ein. Die Ausnützung des Kraftstoffanteils, der auf diese Art verspätet aus der Vorkammer austritt und dadurch verspätet im Hauptraum zur Reaktion mit dem Sauerstoff gelangt, ist schlecht. Deshalb muß angestrebt werden, möglichst viel Kraftstoff in Mündungsnähe vorzulagern und mit dem ersten austretenden Gasstrahl in den Hauptraum zu bringen. Daraus ergibt sich die Forderung nach kurzer Einspritzzeit, womit allerdings auch die Höchstdrücke wachsen.

Bei der Einströmung in die Kammer geht ein Anteil der Strömungsenergie verloren. Motoren mit kleinem Vorkammerinhalt, also solche mit zentraler Vorkammer, ergeben deshalb besseren Kraftstoffverbrauch. Die Verluste durch die Überströmarbeit können bis zu 10 % der effektiven Leistung betragen. Mit der Vorkammerdieselmaschine lassen sich Luftüberschußzahlen bis 1,2 und sehr hohe Leistungen erreichen. Die

Verbrauchszahlen sind wegen der großen Überströmarbeit schlechter als bei unmittelbarer Einspritzung und liegen über 225 bis 300 g/kWh.

Kritischer Punkt des Vorkammerverfahrens ist der Vorkammerhals, der sich bei höheren Aufladegraden sehr schwer dauerhaltbar machen läßt ("Abdeckeln der Vorkammer").

3.8.2.2.4 Das Luftspeicherverfahren

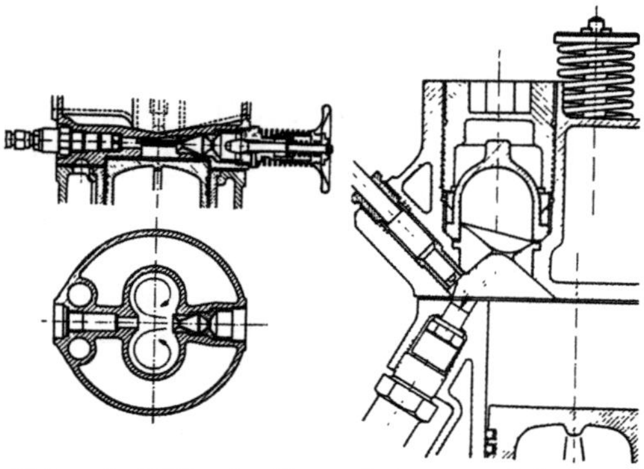

Abb. 3.217: Luftspeicherverfahren

Unter dem Begriff "Luftspeicherverfahren" sind eine Anzahl Konstruktionen zusammengefaßt, denen ein vom Hauptraum abgeteilter Raum (Luftspeicher genannt) gemeinsam ist, in den durch eine mehr oder weniger enge Öffnung Verbrennungsluft überströmt und in den entweder gar kein Kraftstoff oder nur ein geringer Anteil der in den Hauptraum eingespritzten Kraftstoffmenge mit der Verbrennungsluft zusammen eintritt (Abb. 3.217). Der Luftspeicher faßt 15 bis 30 % des gesamten Verdichtungsraumes. Die Wirkung dieses Verfahrens liegt in der intensiveren Luftbewegung im Brennraum als bei der normalen Direkteinspritzung, wobei die durch den Luftspeicherstrahl erzeugte Luftbewegung zur besseren Durchmischung und Aufbereitung auf unterschiedlichste Art erzeugt werden kann. Die Wirksamkeit des Luftspeicherstrahles ist von der erreichten Intensität abhängig.

3.8.2.2.5 Das Glühkopfverfahren und die Glühkerzenmotoren

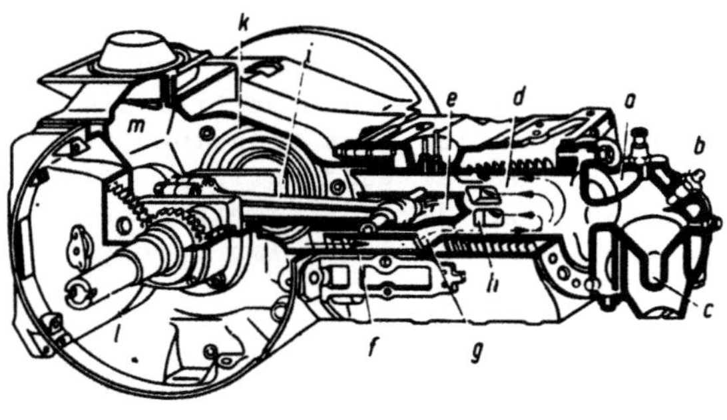

Abb. 3.218: Glühkopfmotor

Der Glühkopfmotor, auch Halbdiesel oder Semidiesel genannt, gehört nicht mehr zu den eigentlichen Dieselmotoren. Im Hauptbrennraum oder in einem besonderen Ausbau des Verdichtungsraumes, der meist die gesamte Verbrennungsluft fassen kann, ist eine auf Rotglut erhitzte Stelle vorhanden, gegen die der Kraftstoff gespritzt wird, wobei er verdampft, aufbereitet und gezündet wird (Abb. 3.218). Das Verdichtungsverhältnis ist meist so niedrig, daß eine Zündung innerhalb der zulässigen Zündverzugszeit in der Luft nicht eintreten kann. Zum Anlassen muß die heiße Wandstelle zunächst von außen aufgeheizt oder eine andere Zündhilfe angewendet werden. Im Betrieb muß sie die zur Erhaltung der Rotglut notwendige Wärmemenge aus dem Verbrennungsvorgang entnehmen; sie muß so angebracht und abgeschirmt sein, daß wenig Wärmeableitung nach außen stattfindet. Sie muß möglichst gut mit der Verbrennungsluft in Berührung kommen, um gute Gemischverteilung zu ergeben. Der Vorteil des Glühkopfmotors liegt in seiner Robustheit und in der Möglichkeit, verschiedenartigste Kraftstoffe betriebssicher zu verarbeiten. Der Brennstoffverbrauch ist wesentlich höher als der des reinen Dieselmotors, vorwiegend weil das Nachbrennen wegen schlechter Vermischung der Luft mit dem an der heißen Wandstelle verdampften Kraftstoff stärker ist.

Bei den Glühkerzenmotoren wird die heiße Stelle des Verbrennungsraumes durch eine Glühkerze erzeugt, die jedoch bei harter Belastung auch die Schwachstelle des Verfahrens darstellt.

3.8.2.2.6 Die Lufteinblasung

Am Anfang der Dieselentwicklung stand bis zu Beginn der zwanziger Jahre die Dieselverbrennung mit Lufteinblasung. Hierbei wurde der Kraftstoff mit Hilfe von Druckluft in den Zylinder eingeblasen. Später wurde dieses Verfahren noch einmal bei der Entwicklung von Kohlenstaubmotoren, d. h. bei der Einbringung fester Kraftstoffe in den Brennraum, angewendet. Diese haben sich jedoch nicht so bewähren können, daß sie Marktreife erlangen konnten. Die Lufteinblasung gehört nach heutigen Gesichtspunkten der Geschichte an.

3.8.3 Der Gasmotor

Die Namensgebung der ältesten Motorenfabrik der Welt, der "Gasmotorenfabrik DEUTZ", und auch die vielen Versuche von OTTO und seinen Vorgängern zeugen davon, daß vor den flüssigen Kraftstoffen das Gas in den verschiedensten Zusammensetzungen als Energiequelle genutzt wurde. Die erste Welle der Motorisierung der gewerblichen Wirtschaft war dann auch auf das Gas als Antriebsquelle gerichtet. Das Gas-Luft-Gemisch ist analog dem heutigen OTTO-Motor mit vergasten flüssigen Kraftstoffen nicht selbstzündend, es bedarf also einer Fremdzündung, die unterschiedlich eingeleitet wird. Auch bei der Mischung der Ladung werden verschiedene Verfahren angewandt. Allen Gasmotoren gemeinsam ist ein sehr sauberer Betrieb und ein bei richtiger Einstellung fast seidenweicher Lauf, der von keinem anderen Hubkolbenmotor erreicht wird.

Neben dem Erd-, Stadt- und Kokereigas werden auch Klärgas und andere Abfallprodukte nutzbringend angewandt. Auch der Holzvergasermotor gehört dazu. Betrachtet man die Unmengen abgefackelten Gases bei der Erdölgewinnung und der Verarbeitung in den Raffinerien, so fragt man sich angesichts der möglichen Umsetzung in Gasmaschinen, ob wir wirklich in einer rohstoffarmen Welt leben.

3.8.3.1 Der OTTO-Gas-Motor

Der OTTO-Gas-Motor arbeitet wie alle anderen OTTO-Motoren mit einer elektrischen Zündung und einer Zündkerze. Bei guter Gemischaufbereitung im Mischventil und ausreichendem Abstand von der Klopfgrenze arbeitet der Gasmotor sehr ruhig und ist vor allem wegen des rückstandsfreien Abbrandes sehr sauber im Betrieb. Ist genügend Gas gleichbleibender Qualität preisgünstig zu erwerben, so gibt es kaum einen angenehmeren Betrieb als den mit Gas. Schwierigkeiten ergeben sich allerdings bei wechselnder Qualität (Zusammensetzung) des Gases. Der angenehme Betrieb mit Flaschen- oder Stadtgas ist es dann auch, der den OTTO-Gas-Motor in der industriellen Anwendung oder auch beim Einfahren von Benzin-OTTO-Motoren so interessant macht.

3.8.3.2 Der Zündstrahlmotor

Eine andere Möglichkeit, das Gasgemisch zu zünden, besteht darin, in das verdichtete Gemisch eine Zündölmenge (5 - 10 % des Vollastenergieverbrauches) einzuspritzen. Voraussetzung ist, daß das Gemisch ausreichend hoch verdichtet (erhitzt) ist, um die Zündung sicher einzuleiten. Da das Zündöl eine größere Energiemenge freisetzt als ein Zündfunke, werden die Zündgrenzen erweitert. Es ist eine sichere Zündung auch bei leicht variierenden Gemischen und Gasen gewährleistet.

3.8.3.3 Der Wechselbetriebsmotor

Bei unregelmäßig anfallenden Gasmengen, z. B. bei Klärgas, wird oft der Wechselbetriebsmotor angewandt, der so ausgerüstet ist, daß er im Normalfall wie ein Zündstrahlmotor arbeitet, bei unzureichender Gasversorgung die Einspritzpumpe jedoch bei Fehlbedarf mehr Dieselöl einspritzt (bis hin zum reinen Dieselbetrieb), um die geforderten Leistungen eines Abnehmers jederzeit erbringen zu können.

3.9 Die Einflüsse der Aufladung auf die Gestaltung des Motors

Aus dem vorher Gesagten ist zu ersehen, daß man die Leistungsausbeute eines Motors durch die Aufladung erheblich steigern kann. Es ist jedoch nicht allein damit getan, das Triebwerk den erhöhten Anforderungen entsprechend auszulegen und einen Turbolader anzubauen.

Unter Aufladung versteht man die Vorverdichtung der Frischladung außerhalb des Arbeitszylinders von Verbrennungskraftmaschinen über den Außen- (Ansaug)druck, wodurch eine Steigerung des mittleren Kolbendruckes (p_e) ermöglicht wird. Die Leistungssteigerung beruht auf der Erhöhung des spezifischen Ladungsgewichtes, der Totraumspülung, der positiven Ladungswechselarbeit und der Restgasverdichtung. Als Kenngröße für die Aufladung wird besonders bei OTTO-Motoren die Ladeziffer verwendet, die das Verhältnis der spezifischen Gewichte der Frischladung zur Außenluft darstellt.

Als Folge der Aufladung steigen der mechanische Wirkungsgrad - da die mechanischen Verluste mit zunehmender Aufladung weniger stark als die Motorleistung anwachsen -, der Füllungsgrad und der effektive Wirkungsgrad, während der spezifische Kraftstoffverbrauch sinkt (bis 45 % bzw. 190 g/kWh bei Abgasturboaufladung). Die mechanische und thermische Belastung des Motors steigt mit zunehmender Aufladung und begrenzt die anwendbare Aufladung. Bei Flugmotoren bezeichnet man die Vorverdichtung der Luft auf den Druck in Meereshöhe (1 bar) als Gleichdruck-Aufladung und eine höhere Vorverdichtung als Überladung.

Die Aufladung ist auch durch die Wirtschaftlichkeit, die Festigkeit der Baustoffe und die thermische Beanspruchung begrenzt. Bei OTTO-Motoren ist die zulässige Aufladung durch die Klopfgrenze bestimmt. Mit zunehmender Aufladung müssen daher bei normalen Kraftstoffen Ladeluftkühlung und Innenkühlung angewendet werden. Bei Dieselmotoren ist eine obere Grenze für die Aufladung nur durch die thermische und mechanische Beanspruchung gegeben. Bei einstufiger Aufladung läßt sich eine Leistungssteigerung auf mehr als 300 % gegenüber dem Saugbetrieb erreichen, mit mehreren Laderstufen sind Versuchsmotoren mit p_e > 30 bar bereits kurzzeitig gelaufen.

Zur Festlegung der Hauptabmessung muß man sich vor Beginn der Konstruktion im klaren sein, ob man für den vorgegebenen Auftrag eine aufgeladene Verbrennunskraftmaschine wird verwenden können. Dies kann nur anhand des Verwendungszweckes und der Anforderungen entschieden werden. Zwar wird der Grundmotor des aufgeladenen Motors kleiner sein als der nichtaufgeladene. Auch das Gewicht spricht für den Auflademotor. Während man bei gut durchkonstruierten Motoren in etwa gleiche Betriebssicherheit erwarten kann, sind die einfache Wartung und Störunanfälligkeit des unaufgeladenen Motors sicherlich nicht zu übertreffen. Nachteilig ist für spezielle Einsatzfälle auch die verminderte Ansprechempfindlichkeit des Auflademotors bei größeren Laständerungen.

Hat man sich für eine aufgeladene Version entschieden, muß man noch prüfen, welche Aufladeart man wählt. Man unterscheidet nach der Art des Antriebes des Laders zwischen einer mechanischen Aufladung, einer Abgasturboaufladung, einer Fremdaufladung und einem Verbundbetrieb.

3.9.1 Mechanische Aufladung

Bei der mechanischen Aufladung wird die Leistung zur Verdichtung der Verbrennungsluft von der Welle des Motors über ein Übersetzungsgetriebe abgenommen. Sie wird vorwiegend für kleinere Motoreinheiten benutzt. Es gibt Kapselgebläse (Rootsgebläse o. ä.) - z. B. an Kompressormotoren (Abb. 3.219) -, aber auch Schleudergebläse (Radialverdichter) für diesen Verwendungszweck. Auch jede Art von Spülpumpen kann bei entsprechender Auslegung als mechanische Aufladung gewertet werden. Wichtig bei allen Aufladearten ist es, das Zusammenwirken von Gebläseleistung (Kennfeld) und

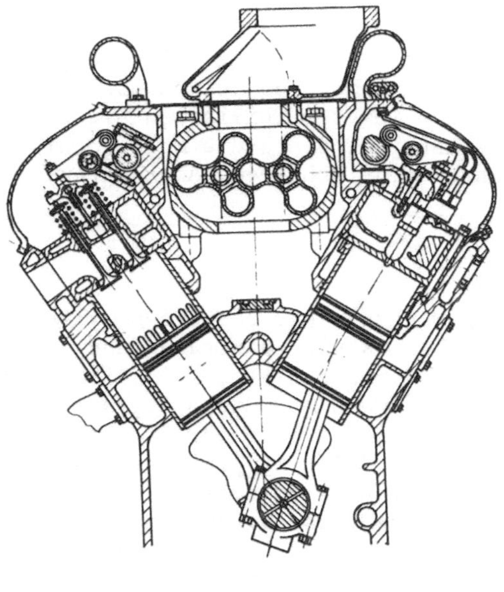

Abb. 3.219: *Kapselgebläse für mechanische Aufladung*

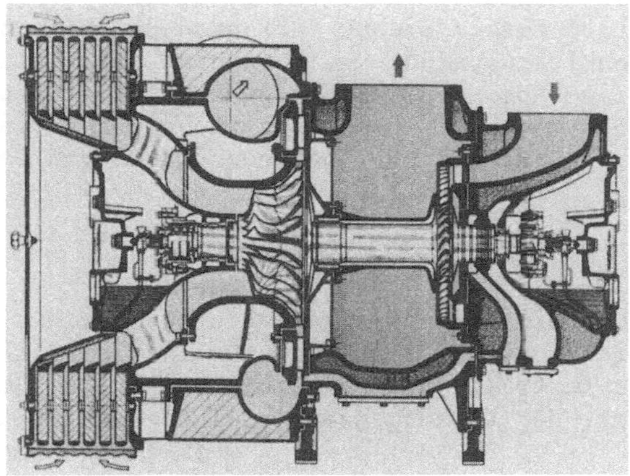

Abb. 3.220: *Abgasturbolader*

Luftverbrauch der Verbrennungskraftmaschine in allen Betriebszuständen richtig abzustimmen.

3.9.2 Abgasturboaufladung

Die Abgasturboaufladung, bei der die Leistung zur Druckerhöhung der Ladung durch eine von den Abgasen des Motors angetriebene Turbine erzeugt wird (Abgasturbine, die mit dem Lader eine gemeinsame Welle hat - Abb. 3.220), ist heute die gebräuchlichste Aufladeart und wird von kleinen Leistungen (50 kW) bis zu den höchsten Leistungen verwandt.

3.9.2.1 Stoßaufladung mit Abgasturbolader

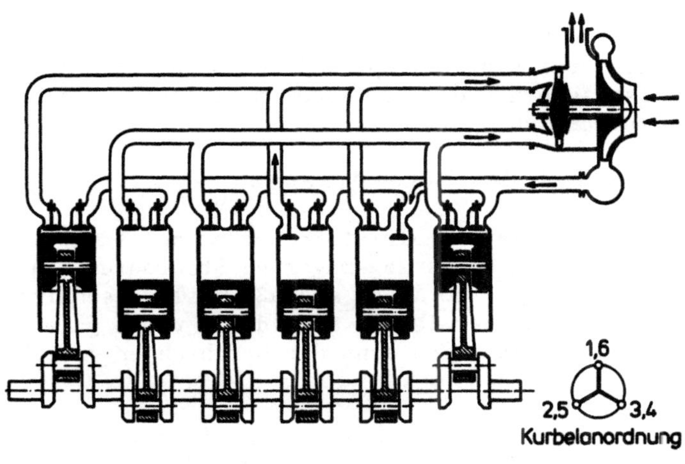

Abb. 3.221: *Anordnung der Abgasleitungen an einem 6-Zylinder-Reihenmotor*

Nutzt man die Energie des Abgasstoßes, indem man das Abgas in Rohrleitungen so zur Abgasturbine führt, daß die an der Maschine vorbeilaufende Druckwelle den Ladungswechsel der anderen Zylinder möglichst wenig stört, so spricht man von Stoßaufladung. Sie erfordert eine bestimmte Zündfolge (Zündabstände

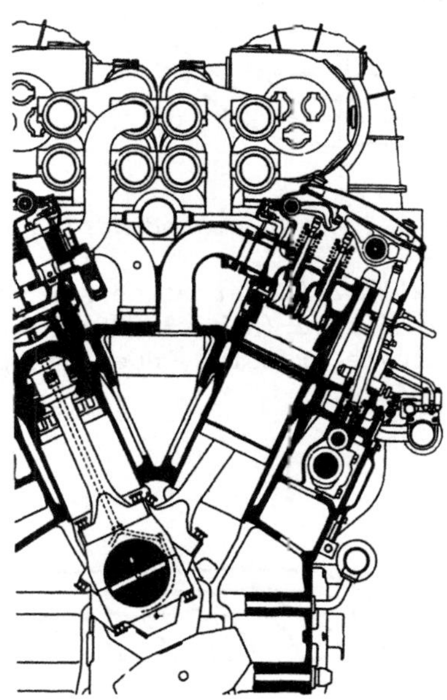

Abb. 3.222: *Leitungsstränge für Stoßaufladung*

der an einem Abgasstrang liegenden Zylinder und entsprechende Zusammenfassung der Abgasleitungen - Abb. 3.221). Bei niederen Aufladegraden (bis ca. 20 p_e beim Dieselmotor) bietet dieses Verfahren die besten Wirkungsgrade, bedingt jedoch wegen der Rohrleitungsführung, besonders bei vielzylindrigen V-Motoren, eine aufwendige Bauweise (Abb. 3.222). Es gewährleistet ebenso im Bereich der Teillasten die besten Wirkungsgrade, was besonders wichtig für Einsätze ist, bei denen die Motoren nicht stets Vollast fahren (Antriebsmotoren von Landfahrzeugen, Schiffen, Aggregaten, etc.).

3.9.2.2 Der Pulsconverter

Will man die gegenseitige Beeinflussung des Ladungswechsels der einzelnen Zylinder vermeiden, so benötigt man bei einer 8-Zylinder-Reihenmaschine 4 Stränge und 4 Eintrittsviertel in der Abgasturbine. Das gesamte Turbinenrad ist also nur teilbeaufschlagt, der Wirkungsgrad infolgedessen nicht so hoch. Wenn man die 8 Abgasstränge in 2 Leitungen führen könnte, wäre für die stoßweise Beaufschlagung schon ein Halbring gleicher Fläche als Gaseintritt zur Verfügung gestellt - mit verbessertem Wirkungsgrad. Dies versucht man, mit einem sogenannten Pulsconverter zu erreichen. Wie bei der Stoßaufladung wird das Gas bis kurz vor die Turbine getrennt geführt und dann über ein sich verengendes Hosenrohr der Turbine zugeleitet (Abb. 3.223). Durch den verengten Querschnitt ist die Wirkung der am Turbinengitter reflektierten Stoßwelle gering. Eine gute Abstimmung ist jedoch notwendig, ein optimales Verhalten für einen großen Drehzahlbereich aber meist nicht erzielbar.

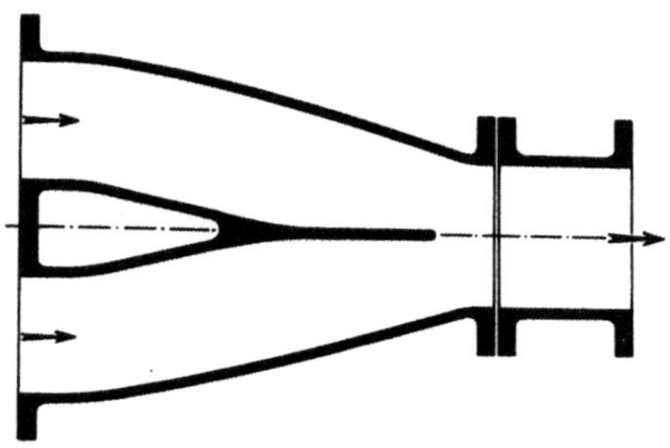

Abb. 3.223: Pulsconverter

3.9.2.3 Multistoß-Betrieb

Wendet man unter den vorgenannten Bedingungen einen Pulsconverter mit 4 Eintritten und einem Austritt an (Abb. 3.224), so hat man eine vollbeaufschlagte Turbine mit entsprechend gesteigertem Wirkungsgrad. Dies scheint zur Zeit für die Praxis die akzeptabelste Lösung zu sein, ist jedoch nicht für jeden möglichen Betriebszustand zu optimieren.

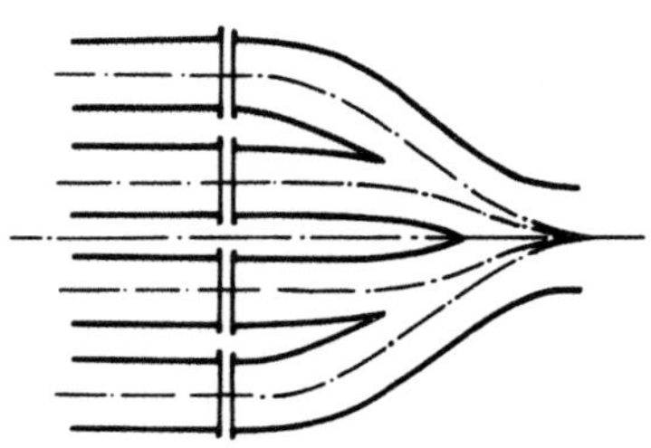

Abb. 3.224: Multistoß-Aufladung

3.9.2.4 Das MPC-Verfahren

Eine variierte Multistoß-Ausführung ist die Verwendung eines abgemagerten Staurohres, in das alle Zylinder mit einer verengten Düse (40 - 60 % des Auslaßventilquerschnittes) hineinblasen (Abb. 3.225). Für einen Betriebspunkt lassen sich damit recht gute Resultate erzielen, über den gesamten Betriebsbereich sind die Erfahrungen jedoch nur mäßig.

Abb. 3.225: MPC-Aufladeverfahren

3.9.2.5 Die Stauaufladung mit Abgasturbolader

Eine andere Möglichkeit besteht darin, das Abgas aus dem Zylinderraum in einen größeren Behälter abzublasen und das dort erst aufgestaute Abgas über eine Abgasturbine zu entspannen (Abb. 3.226). Klar ersichtlicher Vorteil ist die kontinuierlich arbeitende Abgasturbine (besserer Wirkungsgrad), nach-

Abb. 3.226: Stauaufladung

teilig sind jedoch der bei geöffnetem Auslaßventil stets auf dem Kolben lastende Abgasgegendruck (Staudruck, schlechte Spülung) und die Ansprechunempfindlichkeit bei wechselnden Lasten (Volumen des Stauraumes).

3.9.2.6 Die zweistufige Aufladung

Die auch mit dem landläufigen Begriff "Doppelaufladung" bezeichnete Aufladung mittels eines zweistufigen Gebläses ist für höhere Ladedrücke (> 4 bar) notwendig. Da es bisher keine in Serien gebauten Lader zweistufiger Ausführung gibt, behilft man sich in der Praxis mit der Hintereinanderschaltung zweier einstufiger Lader. Da zur Erreichung guter Wirkungsgrade zwischen den Stufen gekühlt werden muß, ist der Aufwand noch erträglich. Im Regelfall arbeitet der erste Turbolader im Stoßbetrieb, der zweite im Staubetrieb, weswegen größere Leitungslängen (Volumina) von untergeordneter Bedeutung sind.

3.9.2.7 Die Registeraufladung

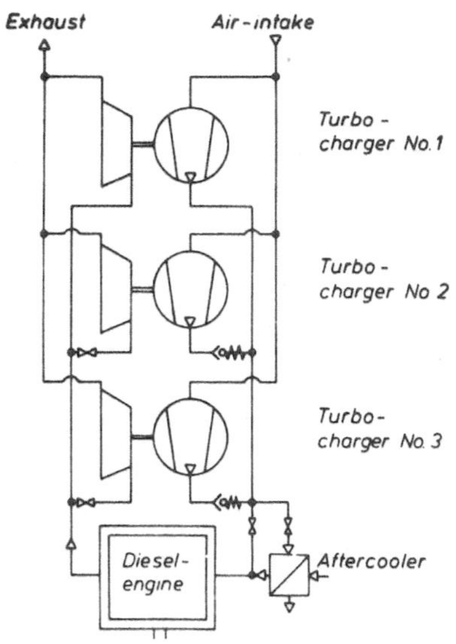

Abb. 3.227: Registeraufladung

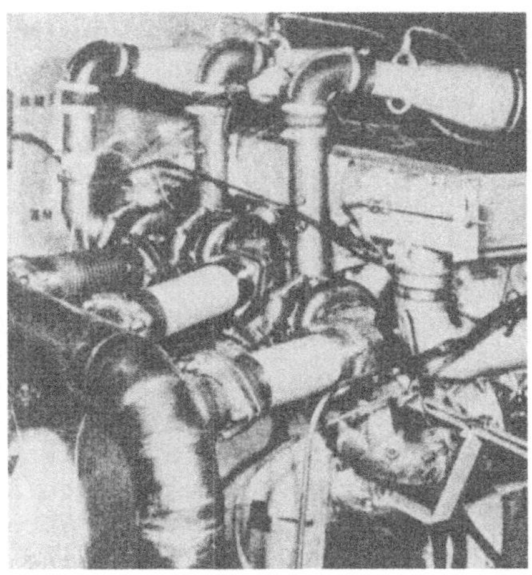

Die Laderdrehzahl ist eine Funktion des Energieangebotes auf der Turbinenseite, wenn die Leitschaufeln nicht verstellbar sind. Der Ladedruck fällt deshalb mit sinkender Motordrehzahl und Last schnell ab. Wenn man anstatt durch verstellbare Leitschaufeln die Turbineneinlaßquerschnitte dadurch verringert, daß man von mehreren parallel laufenden Turbinen eine Reihe abschaltet (Abb. 3.227), so erhält man eine Art "Registeraufladung", bei der man bei Teillasten hohe Effektivdrücke verwirklichen kann (KILLMANN /28/).

3.9.2.8 Das Hyperbar-Verfahren

Ähnlich wie bei der Registeraufladung verfährt man beim Hyperbar-Verfahren, indem man zur Stützung der Abgasenergie in die Abgasleitung eine zusätzliche Brennkammer einbringt (Abb. 3.228) und somit unabhängig vom Energieangebot des Motors das Ladedruckverhalten regulieren kann.

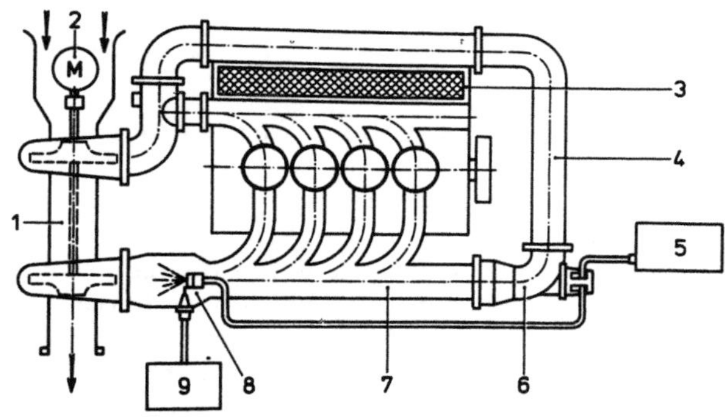

Abb. 3.228: *HYPERBAR-Verfahren*

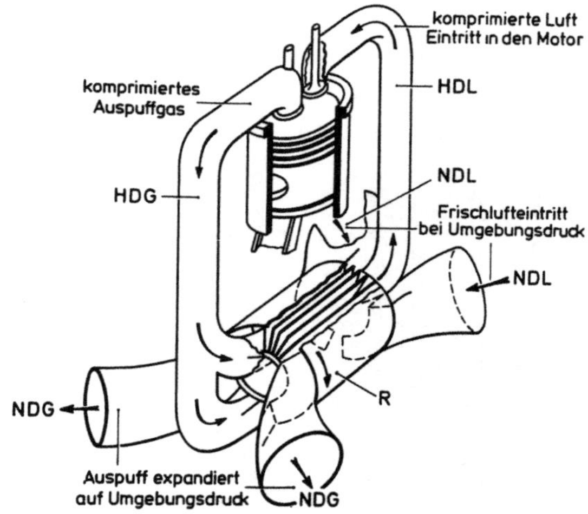

Abb. 3.229: *COMPREX-Verfahren*

3.9.3 Die Stosswellenaufladung

Das von der BBC unter dem Namen COMPREX entwickelte Stoßwellen-Aufladeverfahren nützt die physikalischen Zusammenhänge fortschreitender und reflektierter Stoßwellen des Abgases, um Frischluft zu verdichten (Abb. 3.229). Obwohl an Baumustern erprobt, konnte sich das Verfahren bis heute nicht durchsetzen (Preis, Bauvolumen).

3.9.4 Die Fremdaufladung

Die Aufladung einer Verbrennungskraftmaschine durch ein fremdangetriebenes, separates Ladeaggregat ist äußerst selten in der Praxis anzutreffen. Bei Versuchsmotoren, die wegen der geringen Zylinderzahl schlecht turboaufgeladen zu betreiben sind oder bei denen mangels notwendiger Laderspezifikation ein ordnungsgemäßer Aufladebetrieb nicht möglich ist, wird vielfach die Fremdaufladung betrieben. So kann man das Leistungsverhalten des Motors unbeeinflußt durch das Laderverhalten beobachten und die optimalen Randbedingungen einstellen, aus denen der passende Lader zu entwickeln ist.

3.9.5 Mischaufladung

Bei Zweitaktmotoren reicht der Ladedruck des Turboladers bei niederen Teillasten oft nicht aus, um einen vernünftigen Spülwirkungsgrad zu erzielen. Man findet hier z. B. mechanisch angetriebene Gebläse, die in Reihe mit dem Abgasturbolader geschaltet sind (Abb. 3.230). Natürlich sind auch alle anderen Kombinationen von Spülpumpen und Ladern denkbar.

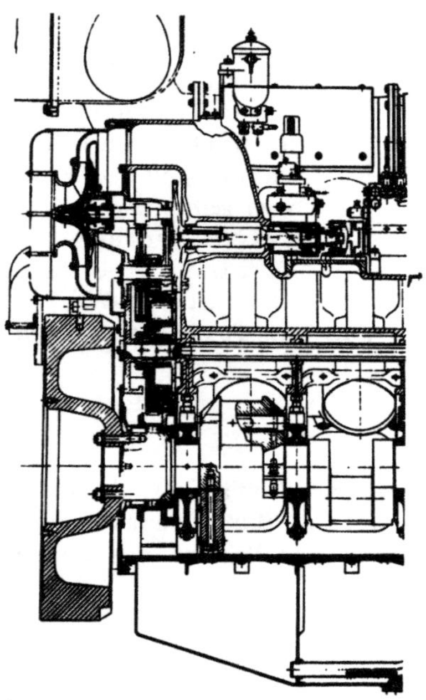

Abb. 3.230: *Mischaufladung*

3.9.6 Verbundbetrieb

Eine bessere Ausnützung der Abgasenergie (optimale Aufteilung der Arbeit im Hubkolbenmotor und nachgeschalteter Turbine) ergibt sich aus der Kombination von beiden Maschinenarten (Abb. 3.231). Solche Triebwerke sind in Flugzeugen verwandt worden (Abb. 3.232), aber auch im Einsatz von Langstrecken-Lokomotiven. Mit zunehmendem Ladedruck steigt die Abgasenergie; bei Verwendung der Abgas-Turboaufladung kann die Abgasturbine über den Leistungsbedarf des Laders hinaus Leistung abgeben. Bei weiterer Steigerung des Ladedruckes gibt allein die Abgasturbine eine Nutzleistung ab, der Motor dient nur als Brennkammer der Turbine und erzeugt das Treibgas (Treibgasverfahren).

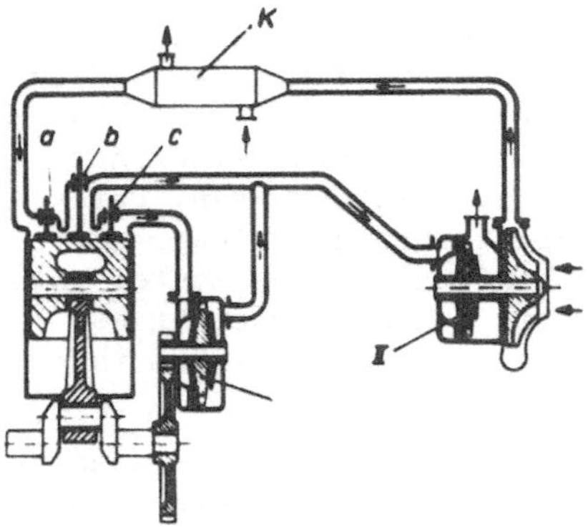

Abb. 3.231: *Verbundbetrieb*

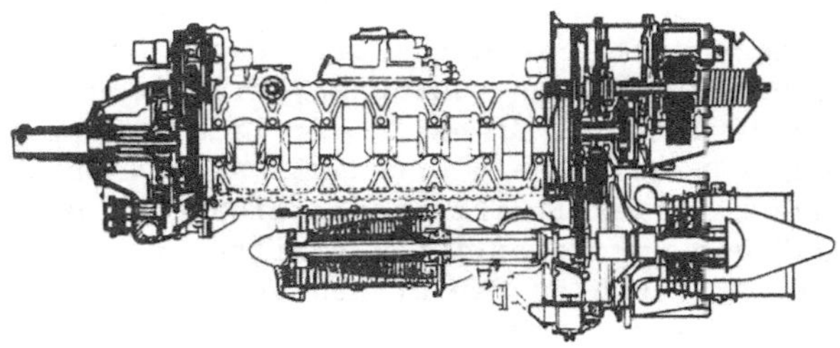

Abb. 3.232: Verbundmotor

Abb. 3.233: Saugrohr für Saugrohraufladung

3.9.7 Saugrohraufladung

Eine zusätzliche Aufladung kann erreicht werden durch Ausnutzung der kinetischen Energie der einströmenden Frischladung (Schwingrohr-Aufladung). Bei Viertaktmotoren können mit diesen Schwingungen im Saugrohr je nach Auslegung des Ansaugsystems und je nach Betriebspunkt Leistungssteigerungen bis zu 10 % und mehr erzielt werden (Abb. 3.233).

4 Die Vorgabe der Entwicklungsdaten in einem Entwicklungsauftrag

Die Fülle der Variationsmöglichkeiten, die in den vorstehenden Kapiteln angedeutet wurde, verwirrt nicht nur den Anfänger, sondern macht auch dem erfahrenen Konstrukteur Schwierigkeiten, aus wenigen Andeutungen die richtige (gewünschte?) Lösung zu entwickeln. Zwar verengt sich auf Grund von Erfahrungen das Gesichtsfeld im Laufe der praktischen Ausübung unseres Berufes ('man macht es eben so'), doch eröffnen sich auch dem weniger Kreativen so viele Variationen, daß äußere Einschränkungen notwendig werden.

Zu OTTOs Zeiten, aber auch in den nachfolgenden Dezennien, erschuf der Techniker ein Produkt, von dem er überzeugt war, daß dieses seinen Markt findet oder eine Lücke auf dem Markt ausfüllt. Zuweilen war er - in gefühlsseligeren Zeiten als den heutigen - auch davon durchdrungen, daß seine Mitwelt gerade seines Produktes bedürfe; denn nur so sind die oft langen Leidensgeschichten von Erfindern bis zum Durchbruch - und auch von denen, die nie etwas Bleibendes geschaffen haben - überhaupt verständlich. So hatte der Techniker also seine Vorstellungen über die Randbedingungen, denen sein Erzeugnis standhalten mußte. Es gab zu Beginn einer Entwicklung keine expliziten Beschreibungen, Darstellungen und Anforderungen. Der kleine Kreis der Beteiligten einigte sich schnell auf die Aufgabenstellung, der Entwurf war rasch zu Papier gebracht, und bald lag ein handgefertigtes Muster vor. Im Rahmen unserer heutigen als fortschrittlich gepriesenen Technik erstaunt es uns, daß in so geringen Zeiträumen von nur wenigen Monaten OTTO oder DIESEL ihre Prototypen auf den Prüfstand gebracht haben.

Da die Zeit der einsamen Beschlüsse sich nicht nur in der Technik dem Ende zuneigt und Entscheidungen auf breiter Basis getroffen werden sollten, muß vor die Entwicklungsphase eine Entscheidungsphase geschoben werden, die je nach den Machtverhältnissen in den Entscheidungsgremien große Zeiträume beanspruchen kann. Da das Auflegen einer Großserie aber heute unter Umständen mit vielen Millionen Dollar Kosten verbunden ist und ein weltweiter Absatz auch organisatorische Probleme mit sich bringt, ist es notwendig, daß alle, die mit dem zukünftigen Produkt zu tun haben, ihre Anforderungen und Gesichtspunkte festlegen. Dies geschieht in einer Zusammenstellung, die in der Regel als "Lastenheft" des zu entstehenden Produktes bezeichnet wird.

4.1 Das Lastenheft

Das Lastenheft muß nicht nur in erster Linie das Produkt umreißen, sondern vor allem den Sinn und das Ziel dieses Erzeugnisses beschreibend festlegen - es muß das zu entwickelnde Produkt in seiner Umwelt und seinen mit ihm konkurrierenden Erzeugnissen darstellen, es muß Erwartungen und Chancen klar umreißen, aus denen der Wille zur Entwicklung gerade dieses Baumusters abzulesen ist. Dazu gehören auch die Einsatzschwerpunkte und die projektierten Stückzahlen. Aus dem Anforderungskatalog resultieren die Sicherheitsbestimmungen, Gesetze und Bauvorschriften, die zu berücksichtigen sind. Ferner sollten Daten über die verlangte Lebensdauer und Vorstellungen über Wartungs- und Überholintervalle genannt werden. Mit den Schwerpunkten ist ein Erwartungshorizont über die Leistungsfähigkeit der Maschine - z. B. im Vergleich zu Konkurrenzfabrikaten - zu verbinden. Die erwarteten spezifischen Kennwerte sind deshalb im Klartext darzustellen, damit nicht falsche Vergleichsmuster als späteres Alibi für ein nicht marktgerechtes Erzeugnis herangezogen werden können.

Mit den Stückzahlen ist in erster Linie die Fertigung gefordert, sie muß die dafür notwendigen Einrichtungen schaffen und Kosten benennen. Daraus resultieren aber auch Anforderungen an die Konstruktion - ein von Hand verrundeter Radius paßt schlecht in eine vollautomatisierte Fertigungsstraße. Aus den Stückzahlen und den Einsatzschwerpunkten läßt sich aber schon die Variantenbreite abschätzen, es muß also gut auskalkuliert werden, wie man bestimmte Baugruppen fertigt. Aus allem zusammen ergeben sich aber die Herstelllungskosten, die mit den notwendigen Aufschlägen und Gewinnerwartungen den Preis des Produktes ausmachen. Ein Kostenlimit ist deshalb ein entscheidender Faktor im Lastenheft, weil eine frühzeitige Diskussion über die Unvereinbarkeit der Lastenheftforderungen besser ist als ein erschrecktes Aufwachen bei Serienbeginn. Von außergewöhnlicher Wichtigkeit ist auch ein realistischer Terminplan, denn der Faktor 'Zeit' ist ein maßgeblicher, der durch Wunschdenken nicht zu verkürzen ist. Ein Schlendrian in der Entwicklung kann jedoch auch das in der Planung beste Erzeugnis nicht nur teurer machen, sondern auch zu einem Zeitpunkt auf den Markt kommen lassen, wenn der Zug bereits abgefahren ist. In diesem Zusammenhang muß neben der Zeitplanung auch festgelegt werden, wieviel man für die marktgerechte Entwicklung ausgeben will. Auf diesem Gebiet wird oft gesündigt, weil man nicht wahrhaben will, daß man der Forschung und Entwicklung zur Aufrechterhaltung des Wissens und zur Erweiterung der Grundlagenerkenntnisse ein Budget zumessen muß, das nach landläufigen Begriffen nicht klein, aber zur Lebenserhaltung eines technischen Stabes notwendig ist. Aus Selbsterhaltungstrieb von Forschungsabteilungen werden diese Grundlagenentwicklungen mit allen anfallenden Nebenkosten oft in Erzeugnisentwicklungen mit eingebunden, die im Grunde gar nicht allein auf dieses Produkt abzubuchen sind. Zur besseren Transparenz eines technischen Unternehmens wäre es deshalb gut, wenn man sich damit abfindet, daß ein bestimmter Prozentsatz einfach als allgemeine Entwicklungskosten abzubuchen ist, da man auf diesem Gebiet nicht mit Wirtschaftlichkeitsnachweisen taktieren kann. Oft stellt dieser Kern jedoch das Rückgrat dessen dar, was das technische Firmenimage über Jahrzehnte ausmacht.

Je klarer und eindeutiger das Lastenheft ist, desto einfacher ist eine spätere Erfolgskontrolle. Es verhindert auf der einen Seite die Möglichkeit, ein irgendwie geratenes Produkt als die Lösung aller Dinge darzustellen, bietet auf der anderen Seite aber der Entwicklung auch die Chance, für ein nichtgängiges Produkt allein die Verantwortung zu tragen. Der laufende Vergleich zwischen Lastenheftforderung und sich entwickelndem Produkt fördert die Abweichungen zu Tage und läßt jederzeit die Entscheidung zu, ob das Produkt in der so dargestellten Ausführung den Inspirationen des Lastenheftes noch entspricht oder eine Einstellung der Entwicklungsarbeiten der schmerzlosere und kostengünstigere Weg ist. Gerade das Auseinanderklaffen zwischen Wunschdenken und der Realität - zu spät entdeckt - fördert Mißstimmung und Verärgerung, die bei laufender Konfrontation mit dem technisch Möglichen im Teamgeist vermieden werden können.

4.2 Erweiterungen zum Lastenheft

Mit den unter 4.1 genannten globalen Festlegungen sollte die Aufgabe des Erzeugnisses, in unserem Falle der Verbrennungskraftmaschine, im Zusammenhang mit dem Entwicklungsziel vollständig beschrieben sein. Für den Konstrukteur ergeben sich jedoch nicht nur hinsichtlich der Hauptabmessungen der Verbrennungskraftmaschine Zusatzfragen, sondern auch in bezug darauf, ob der Entwicklungsstand des Motors nach Erreichen des hier vorgegebenen Entwicklungszieles abgeschlossen ist und man weitere Entwicklungsmöglichkeiten dem Zufall überläßt oder ob schon in diesem Stadium die ersten Schritte möglicher weiterer Entwicklungstendenzen impliziert werden sollen. Diese oft gefühlsmäßigen Regungen lassen sich nur sehr schwer einem großen Gremium verdeutlichen, weswegen oft - auch unbewußt - in einen Motor weitere Schritte (Reserven?) hineinkonstruiert werden, die im Entwicklungsauftrag explizit nicht enthalten sind. Das kann eine große Gefahr für das dadurch 'unnötig' verteuerte Produkt sein, ist jedoch im Laufe der Entwicklung oft derjenige Punkt, der die Maschine über längere Zeiten am Leben erhalten kann. Neben der klaren Zielsetzung, der offenen und genauen Darstellung der Grenzen gehört also auch noch ein gerütteltes Maß an Selbstbeschränkung der Entwicklungsingenieure hierzu, allein das Ziel eines Entwicklungsauftrages zu erfüllen. Dies wird um so leichter sein, wenn man ihnen andere Möglichkeiten einräumt, ihre Vorstellungen zu verwirklichen.

Ist die Technik ausreichend und aktiv in die Schaffung des Lastenheftes mit eingeschaltet worden, so sollte sich die Prüfung der Vereinbarkeit der Forderungen fast als überflüssig erweisen. Es ist trotzdem gut, als erstes den Entwurf des Lastenheftes von allen Spezialabteilungen, die bei der Erstellung des Anforderungskataloges nicht alle dabei sein konnten, prüfen zu lassen; denn die Liste der Zwänge wird dabei meistens erheblich verlängert. In dem Lastenheft kann ein Teil der Hauptabmessungen vorweggenommen sein (siehe Abschnitt 4.4), jedoch sollte man am grünen Tisch die zukünftige Konstruktion nicht schon so weit einengen - weil hier oft das Wunschdenken von dem Vorbild eines erfolgreichen Konkurrenten gesteuert wird -, daß praktisch nur die Entwicklung eben dieses Konkurrenzmotors übrigbleibt.

Zur Entwicklung eines Lsstenheftes gehört aber nicht nur viel Sachverstand und Nüchternheit, sondern auch eine gewisse Kunstfertigkeit, verbunden mit realistischem Einschätzungsvermögen der Leistungsfähigkeit der eigenen Mannschaft. Euphorische und utopische Zielsetzungen zu geben, sind ebenso verfehlt wie das fortwährende Ändern und Wenden bekannter Zusammenhänge und Ziele, die den Vorwärtsstrebenden frustrieren und den Rest der Mitarbeiter in offensichtlicher Kenntnis aller Zusammenhänge in einen Halbschlaf verfallen lassen, der in der Regel im Entwicklungsrückstand endet.

4.3 Termin- und Kostenverfolgung

Von dem Ingenieur, der kreativ schaffen will, werden die beiden Themen 'Termine und Kosten oft als zweitrangig angesehen, weil der Einfall nicht terminisierbar und das technisch Richtige (wie z. B. Nutzung der Abwärme unserer Kraftwerke) oft nicht das wirtschaftlich Primäre ist. Diese mißverstandene Einstellung gegenüber dem Sinn unserer Technik läßt jedoch gerade den kreativen Konstrukteur oder den exzellenten Entwicklungsingenieur oft in eine Abseitsstellung an den Hebeln unserer Wirtschaftsunternehmen geraten, die er selbst nicht versteht und deshalb auch als ungerecht empfindet. Daß diese Einstellung nicht neu ist, besagt vielleicht der alte Spruch voller Sarkasmus eines Industriellen: "Ingenieur wird man nicht, Ingenieure hält man sich!" In vielen Fällen wird dieses Verhaltensmuster allen Ingenieuren aber auch einfach unterstellt, aus dem wir uns jedoch, wollen wir uns unserer Macht nicht selbst berauben, sehr rasch befreien müssen.

Obwohl man in früheren Zeiten mit einfachen Mitteln auch Großprojekte erfolgreich verwirklicht hat, bedient man sich heute einiger Management- und Kontrolltechniken, die die Fehlerquoten verringern und vor allem frühzeitiges Einschreiten im Versagensfalle eines Kettengliedes ermöglichen sollen. Diese allgemein als Netzplantechnik bezeichnete Methode erlaubt die Überprüfung des Entwicklungsstandes zu jedem Zeitpunkt und zeigt vor allem die neuralgischen Punkte in den Entwicklungszügen an. Natürlich ist das nicht die einzige Methode, ein größeres Projekt ordnungsgemäß zu bearbeiten, doch hat sich die Netzplantechnik auf Grund ihrer Transparenz durchgesetzt und erlaubt somit auch Außenstehenden eine Beurteilung des Entwicklungsstandes - womit allerdings auch das 'Flair des großen Meisters', der alle Fäden in der Hand hält, schwindet.

4.4 Die Festlegung der Hauptabmessungen einer Verbrennungskraftmaschine und der daraus abzuleitenden Größen

Hat man anhand des Lastenheftes und anderer unabdingbarer Forderungen die mögliche Variationsbreite eingeengt, so kann man aus den physikalischen Zusammenhängen die möglichen Varianten darstellen. Zylinderdurchmesser d und Kolbenhub s der Maschine lassen sich aus den Leistungsformeln errechnen, in denen sie gemeinsam mit anderen Größen erscheinen. Das weitere Vorgehen hängt von der Kenntnis dieser Formeln ab; es ist deshalb eine Übersicht der Formeln für die verschiedenen Maschinengattungen und Arbeitsverfahren wohl angebracht.

4.4.1 Leistungsformeln

Die von den Verbrennungsgasen an die Kolbenfläche

$$A = \frac{\pi \cdot d^2}{4} \tag{4.1}$$

abgegebene mittlere Kraft F_m längs des Kolbenhubes s

$$F_m = A \cdot p_i \tag{4.2}$$

ergibt über Hub s (in Metern) die während einer Arbeitsperiode verrichtete Arbeit eines Zylinders. Die Innenleistung ("indizierte Leistung") ist

$$P_i = \frac{A \cdot p_i \cdot s \cdot n_a}{60} = \frac{A \cdot p_i \cdot s \cdot n}{30 \cdot T} \tag{4.3}$$

wenn bedeutet: n_a Zahl der Arbeitstakte in der Minute bzw. T die Arbeitstaktzahl des Motors. Die Nutzleistung (effektive Leistung) ist mit dem mechanischen Wirkungsgrad η_m

$$P_e = \eta_m \cdot P_i \tag{4.4}$$

Mit Einführung von

$$p_e = \eta_m \cdot p_i \tag{4.5}$$

wird die Nutzleistung von z Zylindern

$$P_e = \frac{A \cdot p_e \cdot s \cdot n \cdot z}{30 \cdot T} \tag{4.6}$$

Daraus ergibt sich bei Angabe der Längenabmessungen in m, des Druckes in bar, der Drehzahl in Umdrehungen pro Minute und der Kolbengeschwindigkeit in m/s für den einfachwirkenden Viertaktmotor

$$P_e = \frac{A \cdot p_e \cdot s \cdot n \cdot z}{1{,}2} = 25 \cdot A \cdot p_e \cdot v_m \cdot z \quad [kW] \tag{4.7}$$

für den einfachwirkenden Zweitaktmotor

$$P_e = \frac{A \cdot p_e \cdot s \cdot n \cdot z}{0{,}6} = 50 \cdot A \cdot p_e \cdot v_m \cdot z \quad [kW] \tag{4.8}$$

und für den doppeltwirkenden Zweitaktmotor

$$P_e = \frac{A^* \cdot p_e \cdot s \cdot n \cdot z}{0{,}3} = 100 \cdot A^* \cdot p_e \cdot v_m \cdot z \tag{4.9}$$

A bedeutet in allen Fällen die wirksame Kolbenfläche. Nun ist bei doppeltwirkenden, stehenden Ausführungen die untere Kolbenseite mit der Kolbenstange verbunden, so daß deren Querschnitt an der Kolbenfläche verlorengeht und in Gleichung (4.9) die mittlere wirksame Kolbenfläche A^* eingesetzt werden muß. Der Durchmesser der Stange und damit die Verkleinerung der Kolbenfläche sind von der Höhe der Zünddrücke im Zylinder abhängig; bei Dieselmaschinen ist der Flächenverlust durch die Kolbenstange a = 10 ÷ 12 %. Hinzu kommt, daß die Indikatordiagramme der beiden Kolbenseiten vielfach ungleich sind in dem Sinne, daß das Diagramm der unteren Zylinderseite eine kleinere Fläche besitzt. Dann werden die Leistungen für beide Seiten getrennt berechnet. Bei liegenden doppeltwirkenden Tandem-Grosgasmaschinen werden die Kolben von durchgehenden Kolbenstangen getragen, so daß der Abzug gleichmäßig für alle Kolbenseiten gilt; er beträgt 7 ÷ 8 % von A. Schreibt man den mittleren effektiven Druck unter Heranziehen des Gemischheizwertes H_g in kJ/m^3, des Liefergrades λ_l und des effektiven Wirkungsgrades η_e in der Formel

$$p_e = \frac{H_g \cdot \lambda_L \cdot \eta_e}{100} \quad [bar] \tag{4.10}$$

so wird die Nutzleistung eines Viertaktmotors zu

$$P_e = \frac{A \cdot s \cdot n \cdot z \cdot H_g \cdot \lambda_L \cdot \eta_e}{120} \quad [kW] \tag{4.11}$$

4.4.2 Einfluss des Luftzustandes auf die Leistung

Um Leistungswerte von verschiedenen Triebwerken vergleichen zu können, müssen häufig Messungen bei unterschiedlichen Witterungseinflüssen gegenübergestellt

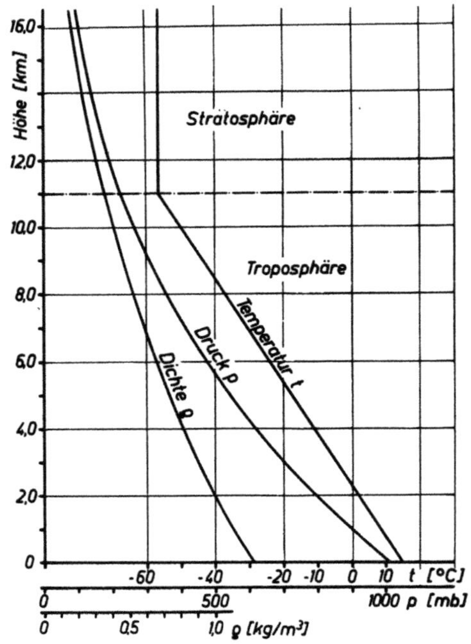

Abb. 4.1: Druck- und Temperaturverlauf der Atmosphäre - Veränderung der Betriebsbedingungen für einen Motor

werden. Dann ist es zweckmäßig, die gemessenen Leistungswerte auf Grund der ebenfalls gemessenen Tageswerte der Atmosphäre nach einheitlichem Maßstab zu korrigieren. Dies gilt sowohl für Versuchsergebnisse am Prüfstand, wie vor allem bei der Flugprüfung oder bei Motoren im Höheneinsatz (Gebirge etc.). Internationale Abmachungen führten zu einer Normalatmosphäre (früher INA[1], heute meist ICAO[2] Doc. 7488). Diese geht von einem Normaltag (p = 1,013 bar, 15 °C = 288 K und ϱ = 1,23 kg/m³) aus und legt den Druck- und Temperaturverlauf in Abhängigkeit von der Höhe (Normalhöhe H) fest (siehe Abb. 4.1).

Für die Troposphäre (H ≤ 11 km) gilt

$$p = p_0 \cdot \left(1 - \frac{6.5\,H}{288}\right)^{5.26}$$

$$T = T_0 \quad (1 - 0.0065 \cdot H) \qquad (4.12)$$

und für die Stratosphäre (H > 11 km)

$$p = p_{11000} \cdot 10^{-\frac{H}{14.6}}$$

$$T = -56.5\ ^\circ C = 216.5\ K \qquad (4.13)$$

Für unaufgeladene Motoren ergeben sich nach DIN 6270 Leistungsreduktionen nach den Formeln (4.14) und (4.15), wobei zwischen Motoren unterschieden wird, deren Leistung durch das Luftverhältnis, und solchen, deren Leistung durch Erreichen einer thermischen Grenze begrenzt ist.

4.4.2.1 Leistungsbegrenzung durch Luftverhältnis

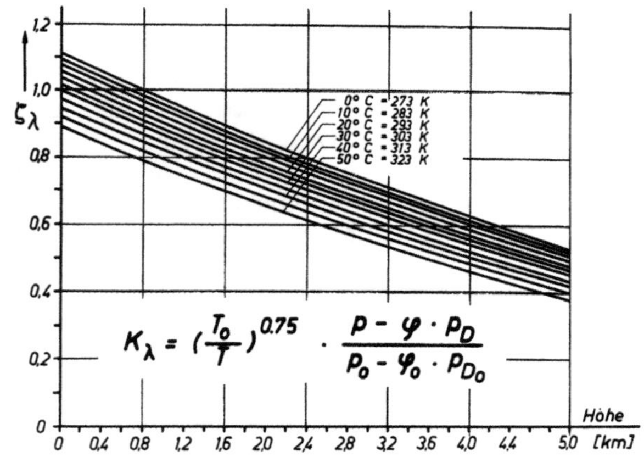

Abb. 4.2: Leistungsreduktionen

Da die Umgebungsverhältnisse eines Aufstellungsplatzes nicht der Normalatmosphäre entsprechen, gehen neben dem Druck (Aufstellungshöhe) auch die dort vorliegende Temperatur und Luftfeuchtigkeit in die Leistungsreduktion (DIN 6270) ein

$$\zeta_\lambda = K_\lambda + 0.7\,(K_\lambda - 1) \cdot \left(\frac{1}{\eta_{mo}} - 1\right) \qquad (4.14)$$

Diese Formel gilt für OTTO- und DIESEL-Motoren ohne Turboaufladung und für Motoren mit mechanisch fest übersetzten Aufladegebläsen, deren Leistungsgrenze durch einen Luftüberschuß gegeben ist. Der Einfluß von Druck und Temperatur sollte nicht unterbewertet werden (Abb. 4.2).

4.4.2.2 Leistungsbegrenzung durch thermische Beanspruchung

Wird bei Dieselmotoren die Grenze der Leistung nicht durch das Verbrennungsluftverhältnis, sondern durch das Erreichen einer Grenztemperatur gesetzt, so kann man auf

[1] INA = Internationaler Normen-Ausschuß - [2] ICAO = International Civil Aviation Organisation

die Berücksichtigung der Luftfeuchtigkeit verzichten. Auch ist der Einfluß der Ansaugluft-Temperatur nach DIN 6270 nicht mehr so stark wie bei der Begrenzung auf konstantes Ladungsgewicht

$$\zeta_\vartheta = K_\vartheta + 0.7\,(K_\vartheta{}^{+1})\left(\frac{1}{\eta_{mo}} - 1\right) \quad \text{mit} \quad K_\vartheta = \frac{T_0}{T} \cdot \frac{p}{p_0} \qquad (4.15)$$

Für Motoren mit Abgasturboaufladung gelten diese Formeln nicht, da deren Umrechnungsfaktoren von der Art der Aufladung und den Eigenschaften des jeweiligen Lader-Motor-Verbundsystems abhängig sind. Wichtige Hinweise in diesem Zusammenhang geben die CIMAC-Recommendations /29/.

4.4.3 Hauptabmessungen

Bei Vorgabe der Leistung P_e und einer für den Verwendungszweck akzeptablen Drehzahl n ist nach vorstehenden Formeln das Produkt aus Gesamthubvolumen mal mittlerem Effektivdruck festgelegt. Die Entscheidung, ob man eine Auflademaschine oder einen Saugmotor zu bauen hat (p_e) ist meist in den Vorgaben festgeschrieben. Aus dem Auftrag kann man auch die geforderten Leistungsstufen (Variationen von Zylinderzahlen) ablesen, so daß das Hubvolumen des Einzelzylinders nicht mehr in weiten Bereichen schwanken kann. Legt man ein für das Verbrennungsverfahren vernünftiges Hubverhältnis oder eine für diese Motorenbauart sinnvolle Kolbengeschwindigkeit (siehe auch Kapitel 2) zugrunde, so sind die Zylinderabmessungen festgelegt. In einem gewissen Rahmen kann man dann noch die Abmessungen aufeinander abstimmen, doch wird sich nicht mehr viel ändern. In früheren Jahren benutzte man für die Auswahl der untereinander abhängigen Größen sogenannte Leitertafeln (Nomogramme), aus denen man die gegenseitige Abhängigkeit der einzelnen Parameter rasch ablesen konnte, doch ist dies im Zeitalter der Computer überholt. Auch auf Taschenrechnern mittlerer Preislage kann man kleine Programme schreiben, mit denen man das Wechselspiel der Parameter und Abmessungen beobachten kann.

Natürlich kann es darüber hinaus auch noch andere Randbedingungen geben, z. B. eine nicht zu überschreitende Kolbengeschwindigkeit bei frei wählbarer Drehzahl, doch ist dies selten, da viele Arbeitsmaschinen auf 'Normaldrehzahlen' abgestimmt sind. Die Verwendung des Motors zum Antrieb von Stromerzeugern, Zentrifugalpumpen oder anderen Arbeitsmaschinen schreibt im Normalfall gewisse Drehzahlbereiche vor, aber auch für den Antrieb im Kraftfahrzeug und Flugzeug ist man an Grenzen gebunden. Die Drehzahl wird man so hoch wählen, wie es das Arbeitsgebiet und die Rücksicht auf den Verschleiß und die Wärmewirkung zulassen.

4.4.3.1 Antrieb von Schiffsschrauben

Der Schiffbauer bestimmt, welche Drehzahl die Antriebsmaschine erhalten soll. Unmittelbare Kupplung mit der Schraubenwelle bedingt wegen der Propellerwirkungsgrade eine Einschränkung der Kurbelwellendrehzahl. Bei großen Schiffen werden wegen des Wirkungsgrades Propellerdrehzahlen zwischen 85 und 120 U/min angestrebt. Die Anwendung des Direktantriebes erfordert großvolumige (langhubige) Maschinen bis s = 2 m, um noch wirtschaftliche Kolbengeschwindigkeiten zu erzwingen. Bei seegehenden Handelsschiffen ist die Drehzahl mit ca. 750 (1000) U/min begrenzt, bei kleineren und schnelleren Einheiten findet man auch Motoren mit Drehzahlen bis n = 2500 U/min. Unabhängiger ist man in der Wahl der Maschinendrehzahl bei Anwendung eines Untersetzungsgetriebes zur Drehzahlminderung.

4.4.3.2 Antrieb von Stromerzeugern

α) Gleichstrom: Der vorhandene Generatortyp bestimmt die Umdrehungszahl. Theoretisch kann Gleichstrom bei jeder Generatordrehzahl hergestellt werden.

β) Drehstrom: Bei der Periodenzahl von f Per/s (Hz) und der Polzahl p des Generators wird die Drehzahl der Verbrennungskraftmaschine bestimmt zu

$$n = \frac{f \cdot 60}{p/2} \qquad (4.16)$$

Höhere Drehzahlen verbilligen nicht nur die Verbrennungskraftmaschine, sondern auch die elektrische Maschine (niedrigere Polpaarzahl).

In Westeuropa ist eine Netzfrequenz von 50 Hz vorherrschend, in Nordamerika 60 Hz (siehe Abb. 4.3). Bei Bahnantrieb finden wir 50 Hz und 16 2/3 Hz, bei Sonderantrieben auch andere Frequenzen, z. B. 25 Hz. Die durch die vorgegebene Frequenz und die gewählte Polpaarzahl P = p/2 notwendigen Antriebsdrehzahlen der Verbrennungskraftmaschine sind in Tabelle 6.38 zusammengefaßt. Die feste Zuordnung von Kraftmaschinen- und Arbeitsmaschinen-Drehzahl ist natürlich nur bei starrer Koppelung (Einlagergenerator Abb. 4.4) oder elastischer Ankoppelung (Zweilagergenerator Abb. 4.5) gegeben. Es gibt auch Antriebsanlagen mit Untersetzungsgetriebe (Abb. 4.6), bei denen jede beliebige Antriebsdrehzahl gewählt werden kann.

Abb. 4.3: Verteilung der Gebiete mit 50 Hz (weiß) und 60 Hz (punktiert) - Wechselstromerzeugung (gemischte Anwendung: gestrichelt)

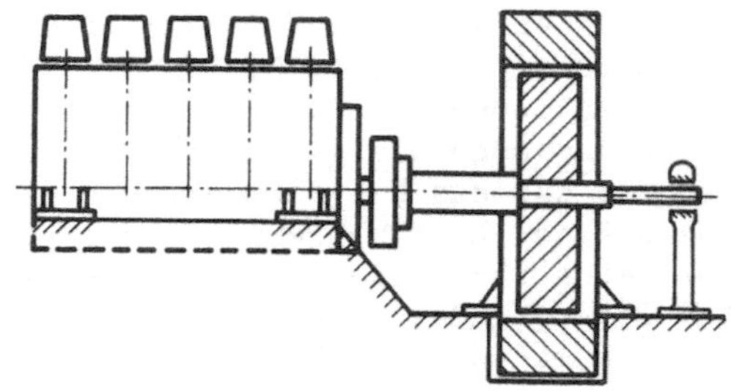

Abb. 4.4: Enlagergenerator-Aggregat

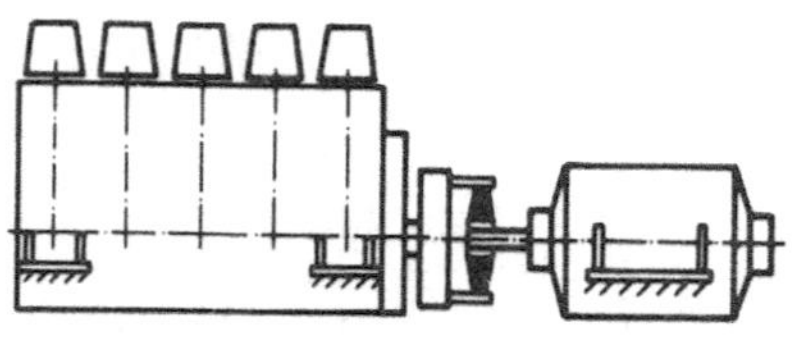

Abb. 4.5: Zweilagergeneratorsatz

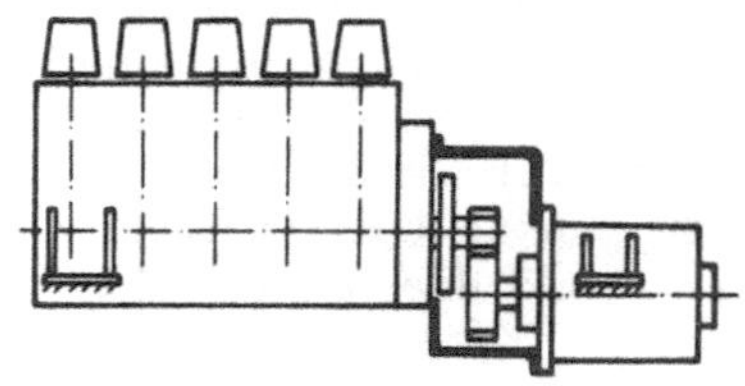

Abb. 4.6: Direkt gekuppelter Zweilagergenerator mit Untersetzungsgetriebe

Für den ortsfesten Einsatz von Stromerzeugungsanlagen im Dauerbetrieb werden heute Motoren bis 750 (1000) U/min verwandt. Für Hilfsaggregate, z. B. in Schiffen, für Aggregate, z. B. an Großbaustellen oder auch als Notstromanlagen größerer Leistung, werden Motoren bis zu 1500 (1800) U/min aufgestellt. Der spezielle Verwendungszweck kann natürlich auch andere Drehzahlen für den Einsatz interessant machen.

4.4.3.3 Fahrzeugmotoren

Dauerdrehzahlen bis zu 2000 U/min sind bei Straßenfahrzeugen als niedrig zu bezeichnen; 3500 U/min und darüber (bis ca. 7000 U/min) bilden für Personenwagenmotoren, 2000 bis 3000 U/min für Lastwagenmotoren die Regel. Rennmotoren haben Drehzahlen von 6000 bis 12000 U/min. Triebwagen- und Lokmotoren laufen mit 800 bis 1500 U/min. OTTO-Flugmotoren mit unmittelbarem Schraubenantrieb laufen zwischen 1500 und

1800 U/min. Diese hatten jedoch schon zur Blütezeit des Hubkolben-Flugtriebwerkbaues den Raschläufern mit Untersetzungsgetrieben zur Luftschraube bei Motordrehzahlen zwischen n = 2500 und 3000 U/min Platz gemacht.

Auch die wenigen heute noch vorhandenen Hubkolbentriebwerkstypen für kleinere Flugzeuge sind hochtourige Maschinen, die mittels eines Getriebes auf die günstigste Propellerdrehzahl untersetzen.

4.5 Kennwerte

Über die Wahl anderer Parameter wie Zylinderabstand, Schubstangenverhältnis, Zünd- und Kröpfungsfolgen ist in Kapitel 2 berichtet worden. Über den Einfluß der Triebwerksmassen und der geometrischen Abmessungen des Triebwerkes muß in einer gesonderten Abhandlung (Band: Kräfte und Momente in Verbrennungskraftmaschinen) der Schriftenreihe H. LIST, A. PISCHINGER 'Die Verbrennungskraftmaschine' eingegangen werden. Insbesondere das bei hochtourigen Maschinen immer entscheidendere Schwingungsverhalten bedarf einer genauen Untersuchung (Band: Triebwerkschwingungen in der Verbrennungskraftmaschine, ebenfalls Schriftenreihe H. LIST, A. PISCHINGER). Auch über andere Kennwerte ist in Kapitel 2 ausführlich geschrieben worden.

Bei der Wahl der Kennwerte ist man allerdings nicht so frei, wie es auf dem Papier scheint. Die Kombination mehrerer Kennwerte ist nicht immer nach Wunsch möglich, am ehesten erkennt man das bei der praktischen Konstruktion. Der Beschluß, dieses oder jenes Detail so und nicht anders auszuführen, hat oft auch auf andere Entscheidungen Einfluß, so daß die Problematik nur als Ganzes gesehen werden darf und der fällige Kompromiß dann manche Abstriche vom Wunschdenken verlangt. Neben der graphischen Auftragung der Kennwerte in Kapitel 2 mag zur ersten Orientierung über den Stand der Technik auch die Tabelle 6.40 dienen, wobei hier noch einmal besonders darauf hingewiesen werden soll, daß die Werte nicht nur einen großen Streubereich haben, sondern auch im Rahmen der technischen Entwicklung in stetem Fluß sind.

5 Ausgeführte Motoren

Als letztes Kapitel dieses als Übersichts- und Grundlagenband gedachten Buches in der Schriftenreihe H. LIST, A. PISCHINGER 'Die Verbrennungskraftmaschine' soll aus der Fülle der vorhandenen Konstruktionen ein (vielleicht nicht repräsentativer) Querschnitt von Motoren in ihren Grundkonzeptionen gezeigt werden, um dem Leser, insbesondere dem jungen, der noch nach Beispielen sucht, Anhaltswerte zu geben. Die Darstellung kann weder vollständig sein, noch ist es möglich, auf jedes besondere Detail hinzuweisen. Der Autor hat sich zwar bemüht, neueres und gutes Bildmaterial von den Herstellern von Verbrennungskraftmaschinen zu bekommen, was allerdings nicht immer bei der vom Autor angewendeten Verkleinerungstechnik zum Erfolg geführt hat, insbesondere, wenn es sich bei den Vorlagen nicht um Strichzeichnungen handelte.

Die Darstellung des einen oder anderen Motors soll auch kein Hinweis auf die Qualität dieses Baumusters sein. Die Auswahl erfolgt mehr unter dem Gesichtspunkt, was in dem Anwendungsbereich als typisch angesehen werden kann, oder auch wegen seiner Originalität einer Erwähnung würdig ist. Ebenso können die sogenannten "Exoten" keine Berücksichtigung finden, da dadurch der Band gesprengt würde. Somit finden auch viele Baumuster, die in den vorhergehenden Darlegungen erwähnt wurden, hier keinen Raum, da sie, wie z. B. die Sternflugmotoren, in den letzten Jahren kaum noch gebaut wurden. Neben dem Bild selbst ist nur die Beschreibung der wichtigsten und charakteristischen Eigenheiten des Motorentyps vorgenommen worden. Die Hauptdaten zu den dargestellten Motoren möge man aus Tabelle 6.41 entnehmen, die aus Platzgründen die aktuellen Werte listenartig zusammenfaßt.

Bei jedweder systematischen Einteilung bedarf es einer Schwerpunktbildung, nach welchen Kriterien eine Unterteilung zu erfolgen hat. In den vorherigen Kapiteln sind hierzu schon die unterschiedlichsten Gesichtspunkte vorgetragen worden.

Im nachfolgenden Abschnitt soll eine Unterteilung in erster Linie nach dem Verbrennungsverfahren (OTTO, DIESEL - GAS) erfolgen, obwohl dabei die große Palette der Hybridmotoren zu kurz kommt. Als das charakteristische Zeichen des OTTO-Motors wird die Fremdzündung des Gemisches, als das des DIESEL-Motors die Selbstzündung der Ladung angesehen. Innerhalb dieser Gruppierungen ist mehr nach dem (offensichtlichen) Verwendungszweck unterschieden, obwohl nur in wenigen Fällen eine ganz eindeutige Zuordnung gelingt.

Da es zur Zeit keine ausgesprochenen Gasmotoren gibt, das heißt, die auf dem Markt befindlichen Gas-OTTO- und Gas-DIESEL-Motoren sind Varianten der in größeren Stückzahlen gebauten OTTO- oder DIESEL-Motoren, wurde auf eine spezielle Darstellung der Gasmotoren verzichtet. Das Grundsätzliche des Gasmotors und die Bauteile der speziellen Ausrüstung können dem Band M. LEIKER 'Die Gasmaschine' der Schriftenreihe H. LIST, A. PISCHINGER 'Die Verbrennungskraftmaschine' entnommen werden.

5.1 Die Verbrennungskraftmaschine nach dem OTTO - Verfahren

Nach der Erfindung des OTTO-Motors und der Funkenzündung stand der Weg für den fremdgezündeten Motor offen. Alle Fahrzeug- und später auch Flugzeugeinbauten der ersten Jahrzehnte waren OTTO-Motoren. Dies sind auch die Haupteinsatzgebiete des OTTO-Motors geblieben, der Einbau in Fahr- und Flugzeugen jedweder Art, als leichte Antriebsmaschine für tragbare Geräte oder als Antriebsquelle hoher Leistungsdichte und geringen spezifischen Gewichtes.

Während in den zwanziger und dreißiger Jahren in Europa der Dieselmotor den OTTO-Motor im Lkw ablöste, wird heute in den Vereinigten Staaten und deren Einzugsgebiet der großvolumige OTTO-Motor im Lkw noch weitgehend verwandt. Ende der dreißiger Jahre tauchten zaghaft die ersten Dieselmotoren im Pkw auf, und es bedurfte mehrerer Jahrzehnte, bis infolge der Abgasgesetzgebung und der Ölkrise der Ruf nach einer "Verdieselung" unseres Verkehrs laut wurde. Wohl muß man dem Dieselmotor, insbesondere bei Teillasten, den besseren Wirkungsgrad und die besseren Abgase zugute halten, doch bringt dieser in einer Welt, in der alles nach leichteren Antrieben ruft, natürlich auch einige Schwächen und Komplikationen mit. Will man hingegen den OTTO-Motor durch Zusatzaggregate (Verbrauch, Abgas) auf die guten Eigenschaften des Dieselmotors trimmen, so verlieren die OTTO-Motoren sehr leicht die Vorteile dieser Motorengattung (Einfachheit, Preis, Gewicht).

Die alternative Verwendung beider Antriebsarten (Vielstoffmotoren) ist weltwirtschaftlich gesehen mit an Sicherheit grenzender Wahrscheinlichkeit die günstigste Lösung, wobei die speziellen Vor- und Nachteile für jeden Einsatzfall geprüft und ausgenützt werden müssen. Doch ist dieser Kompromiß leider nicht ganz billig.

Für spezielle Einsatzfälle des OTTO-Motors werden Pkw-Motoren vorgestellt - wobei die großen USA-Typen auch im Lkw ihren Einsatz finden -, die Zweiradmotoren, die Motoren für Boote und leichte Aggregate, die Flugmotoren, von denen die ausgeprägtesten heute nicht mehr gebaut werden, und die Renn- und Sportmotoren.

5.1.1 Der OTTO - Motor im Vierrad - Fahrzeugeinsatz (Pkw, Lkw)

Die Verbrennungskraftmaschine im Pkw-Einsatz ist ein typisches Einbauprodukt, dessen Hubraum und Leistungsvermögen vom Fahrzeug und vom Finanzamt bestimmt und dessen äußere Abmessungen und Einbaulagen oft ein Abbild des im Rahmen des Fahrzeuges noch zur Verfügung stehenden Bauraumes sind. Musterbeispiele sind hier die Anforderungen an die quer eingebauten Motoren oder auch der Aufbau des Käfermotors in PORSCHEs Fahrzeugkonzept. Aber auch in anderen modernen Motorräumen ist in der Regel weniger Platz als der Motor sich wohl wünschen würde, die moderne flache Silhouette verlangt von vorne liegenden Motoren extrem niedrige Einbauabmessungen (geneigte Motoren) und die begrenzte Motorraumlänge kurze Motoren (Begrenzung auf

4 bis 6 Zylinder in Reihen- oder V-Motoren).

Die Anzahl der heute verwendeten Pkw-Motorentypen geht weit in die Hunderte, sie erfüllen alle ihren Zweck und liefern unter den verschiedenen Randbedingungen befriedigende Betriebsverhältnisse. Die Auswahl einiger weniger in diesem Band kann deshalb nur rein zufällig sein.

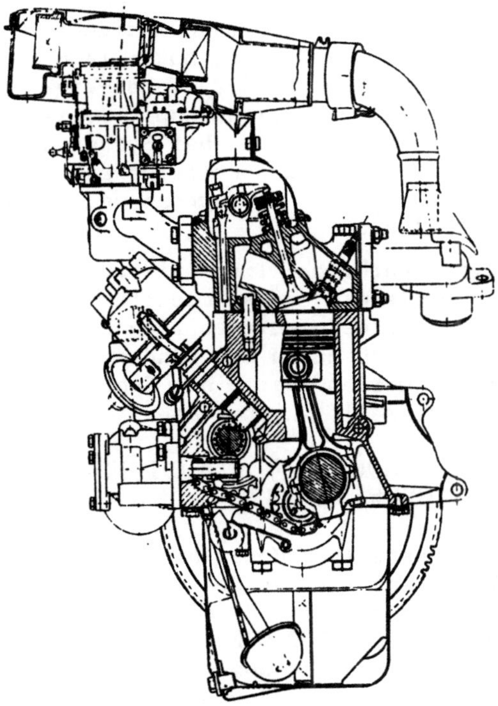

Abb. 5.1: Querschnitt des Motors KENT-FIESTA der FORD Corporation

5.1.1.1 KENT-FIESTA - FORD, EUROPA

Der quer vor der Vorderachse eingebaute Reihen-Vierzylinder-Motor des FIESTA ist eine Weiterentwicklung, basierend auf dem Konzept der KENT-Motorenfamilie. Wegen des Quereinbaues muß der Motor möglichst kurz sein, das heißt, es mußte ein kurzer Zylinderabstand verwirklicht werden. Mit 74 mm Bohrung und 55,7 mm Hub (s/d = 0,75) ist ein kleiner Kurzhubmotor mit 0,24 l Hubvolumen pro Zylinder entstanden, der trotz niedriger Kolbengeschwindigkeiten 8,25 kW pro Zylinder erzeugt (Abb. 5.1). Die kompakte Struktur erlaubt eine Lagerung der Kurbelwelle in drei Lagern, neben der Gewichtsreduzierung konnten dadurch noch die Reibungsverluste verringert werden. Der Zylinderkopf ist für alle vier Zylinder in einem Block gegossen, die jeweils zwei Ventile pro Zylinder werden über Stoßstange und Kipphebel betätigt. Wie bei quergestellten Motoren üblich, wird der Lüfter zum Querstromkühler elektrisch angetrieben.

5.1.1.2 Typ HB (1100 ccm) - VOLKSWAGENWERK, BRD

In diesem Motor finden wir einen typischen Vertreter eines modernen kleinen schnelläufigen Pkw-OTTO-Motors (Abb. 5.2). Seine kurze Einbaulänge als Vierzylinder-Motor erlaubt den Quereinbau in kleinere Personenkraftwagen (POLO, GOLF), alle für den Motorenbetrieb wichtigen Aggregate sind angeflanscht. An einem einteiligen Kurbelgehäuse mit hängender Kurbelwellenlagerung ist eine Blechölwanne angeschraubt. Die über dem Blockzylinderkopf liegende Nockenwelle wird mittels Zahnriemen angetrieben und betätigt die Ventile durch einen Zwischenhebel, der den Ventilschaft von Seitenkräften freihält.

Das Fahrwerksaggregat bestehend aus Motor, Getriebe und Antriebswellen (Vorderradantrieb) wird als Gesamtheit in den selbsttragenden Fahrzeugkörper eingebracht. Da auch die Antriebs- und Bremskräfte über die elastische Lagerung dieses Aggregates gehen, muß sie relativ hart sein, was hinsichtlich der Geräuschübertragung und -dämmung erhöhte Ansprüche an die Konstruktion stellt.

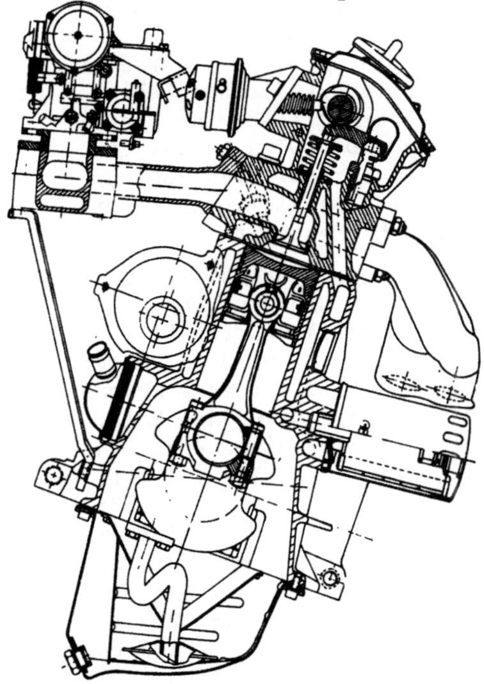

Abb. 5.2: Querschnitt des Motors HB des VOLKSWAGENWERKES

5.1.1.3 Typ 12 S - OPEL AG, BRD

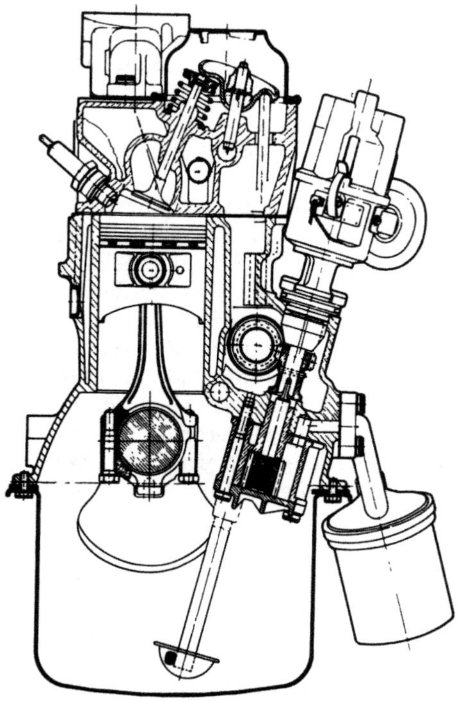

Abb. 5.3: Querschnitt des Motors 12 S der ADAM OPEL AG

Für den kleinsten Fahrzeugtyp der Opelwerke wurde der Typ 12 S als 1,2 l-Motor mit 44 kW Leistung entwickelt. Mit einer Bohrung von 79 mm und einem Hub von 61 mm ist dieser Motor ein ausgesprochener Kurzhuber, der bei der Nenndrehzahl von 5400 min^{-1} nur eine Kolbengeschwindigkeit von v_m = 11 m/s erreicht. Bei dem Motor (Abb. 5.3) handelt es sich um einen 4-Zylinder-Viertakt-Reihenmotor mit Blockzylinderkopf. Je zwei Ventile pro Zylinderkopf werden über Stoßstange und Kipphebel angetrieben. Das Kurbelgehäuse (GG) besitzt keine separate Laufbuchse und endet auf Mitte Kurbelwelle.

In der hängenden Lagerbrücke liegt die fünffach gelagerte Kurbelwelle mit angeschmiedeten Gegengewichten. Eine großdimensionierte Blechölwanne schließt den Motor nach unten ab. Zündverteiler und Schmierölpumpe werden über einen Schraubtrieb von der Nockenwelle angetrieben.

5.1.1.4 Typ WA (2000 ccm) - AUDI-NSU VOLKSWAGENWERK, BRD

Bei diesem schräggestellten Motor handelt es sich um eine Weiterentwicklung des 1,9 Liter-Motors von AUDI, der heute z. B. als Antriebsaggregat für den PORSCHE-Sportwagen 924 dient. Kurbelgehäuse aus Grauguß mit einem Aluminium-Zylinderkopf, obenliegende Nockenwelle über Zahnriemen angetrieben. Um ein Einlaufen der Nocken auf dem Stößel zu vermeiden, wird dieser durch einen Mittenversatz von 1,5 mm zur Nockenmitte in Drehung versetzt. Eine keilförmig abgeflachte Schraube im Tassenstößel ermöglicht eine Ventilspieländerung. Die Ölwanne ist zur Erzielung einer intensiveren Kühlung verrippt und wird aus Aluminium im Druckgußverfahren hergestellt.

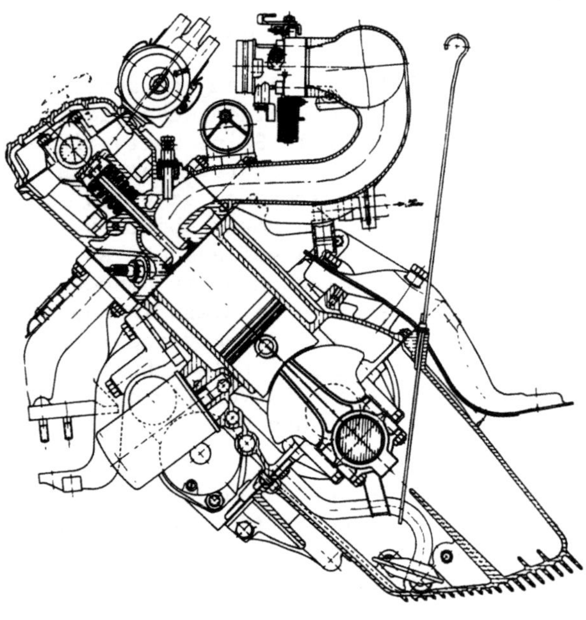

Abb. 5.4: Querschnitt des Motors WA von AUDI-NSU-VOLKSWAGENWERK

Die Verwendung des Motors ist außer für den AUDI-Pkw 2,0 und den PORSCHE 924 auch für den VW-Transporter LT vorgesehen. Je nach Einsatz wird der Motor schräg eingebaut. Die flache Motorhaube des PORSCHE zwingt dazu, den Motor um 40^0 zu neigen (vergleiche Abb. 5.4). Der Zylinderkopf ist flachgefräst, der Brennraum liegt in einem tassenförmigen Kolben. Beim PORSCHE-Motor wird eine Saugrohreinspritzung angewandt, der Zündverteiler wird von der Nockenwelle angetrieben. Bei einem fast quadratischen Hubverhältnis (s/d = 86,5/84,4) wird bei 5500 U/min eine Leistung von 85 kW = 115 PS erzeugt. Der grundsätzliche Aufbau dieses Motors wurde bei der Entwicklung eines 5-Zylinder-OTTO-Motors übernommen, der als Benzin-Einspritzmotor von 2,2 l Hubvolumen (s/d = 86,4/79,5 mm) gerade 100 kW bei 5700 1/min leistet.

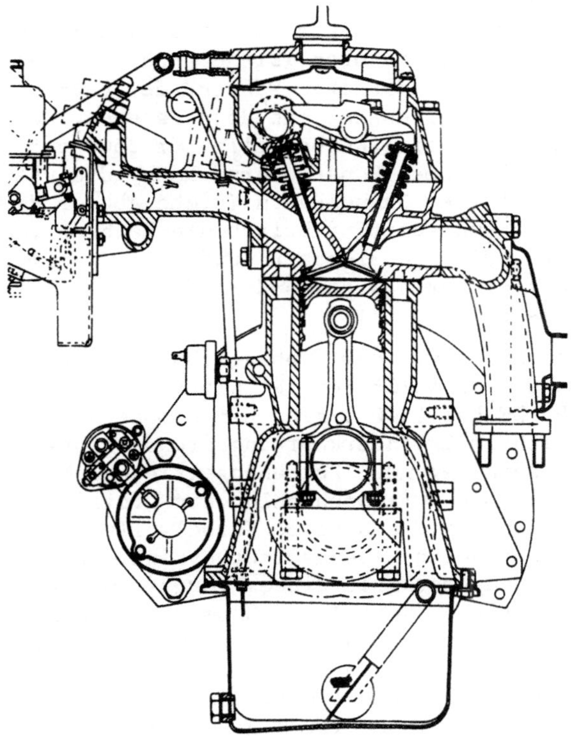

Abb. 5.5: Querschnitt des Motors PE 166 von ROVER, BRITISH LEYLAND

5.1.1.5 Typ PE 166 - BRITISH LEYLAND, ENGLAND

Der modernste britische Automobilmotor stammt von BRITISH LEYLAND (Abb. 5.5) und ist für den ROVER 3500 bestimmt. Dieser Motor ist ein Vergasermotor mit 2,6 Liter Hubvolumen (s/d = 84/81 mm) und bringt 100 kW an die Bremse. Das Kurbelgehäuse ist aus GG in konventioneller Bauart (196 kg Motorengewicht ergibt ein Leistungsgewicht von 1,96 kg/kW). Ungewöhnlich ist die einseitig versetzte Nockenwelle (durch Zahnriemen angetrieben), die das Einlaßventil direkt, das Auslaßventil über einen derart gestalteten Kipphebel antreibt, daß beide Ventile über den gleichen Nocken angetrieben werden können. Der Wunsch nach niedrigen Reibleistungen führte zur Entwicklung der vierfach gelagerten Kurbelwelle. Wegen des Kröpfungsversatzes und der hohen Beanspruchungen bei dieser Bauart wurden sehr massive Zwischenwangen notwendig. Der Zylinderkopf aus Leichtmetall wird - wie heute üblich - im Niederdruckverfahren in einer Kokille gegossen, für die Ventilsitzringe wurden Sinterformteile gewählt.

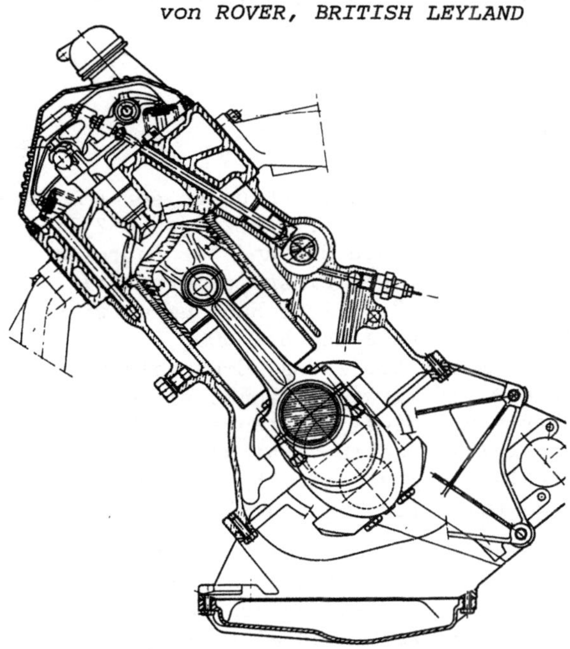

Abb. 5.6: Querschnitt des Motors M 23/622 - CITROEN, FRANKREICH

5.1.1.6 M 23/622 - CITROEN, FRANKREICH

Für die CITROEN-Gruppe wurde ein 2,4 Liter-Einspritzmotor mit 94,4 kW = 128 PS entwickelt. Auch dieser OTTO-Motor ist mit elektronisch gesteuerter Benzineinspritzung (Saugrohr) ausgerüstet. Mit Rücksicht auf die strömungsgünstig geformte Motorhaube ist der Motor um 40^0 aus der Senkrechten quer zur Fahrzeugrichtung eingebaut (Abb. 5.6). Die Nockenwelle ist seitlich im Motorgehäuse dreifach gelagert und wird über Zahnriemen getrieben. Die V-förmig angeordneten Ventile werden über Kipphebel und Stoßstangen angetrieben. Die Kurbelwelle aus geschmiedetem Stahl ist fünffach gleitgelagert. Der Zylinderkopf ist aus Aluminium-Legierung und bildet mit den Kolben einen halbkugelförmigen Verdichtungsraum. Die Saugrohre sind so abgestimmt, daß sich bei hohen Drehzahlen ein Aufladeeffekt ergibt, wodurch ein p_e von 10 bar erreicht wird, so daß die angestrebte Leistung bei relativ niederen Drehzahlen (4800 U/min → v_m = 13,7 m/s) erreicht wird.

5.1.1.7 M 123 - DAIMLER BENZ AG, BRD

Eine interessante Entwicklungsgeschichte hinsichtlich seiner Lagerung hat der 6-Zylinder-Typ hinter sich. Aus dem 4-Zylinder-Motor entwickelt, hatte der 6-Zylinder-Motor ursprünglich vier Grundlager für den 2,3 Liter-Motor. Im Rahmen der Ent-

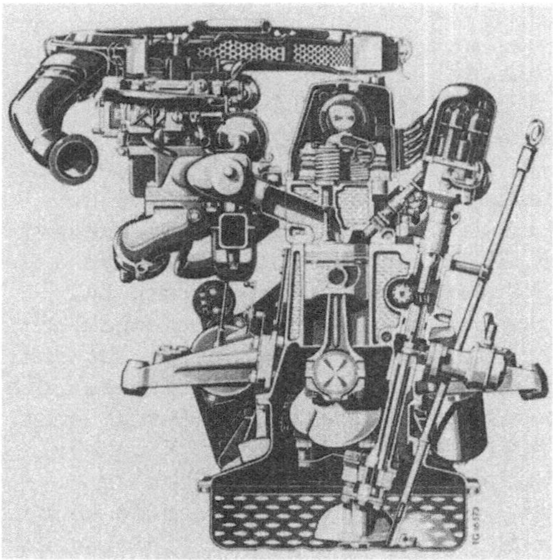

Abb. 5.7: Querschnitt des Motors M 123 der DAIMLER BENZ AG

wicklung eines größeren Motors (2,5 und 2,8 Liter) entstand die Motorbaureihe M 110 als 6-Zylinder-Motoren (siehe auch 5.1.1.9) mit sieben Grundlagern. Während der Entwicklungsarbeiten hat man dann gesehen, daß man durchaus eine Kurbelwelle für 2500 cm^3 Gesamthubvolumen konstruieren kann, die wiederum mit vier Grundlagern (siehe Abb. 5.7) auskommt und somit praktisch die Reibung von drei Grundlagern einspart (und damit weniger Grundlager hat als der 4-Zylinder-Motor des Modells 200).

Dieser Motor mit der Typbezeichnung M 123.920 mit s/d = 72,45/86 leistet als Vergasermotor 95 kW bei 5500 l/min. Ein kompakter, seitlich im Zylinderkopf angeordneter Brennraum, obenliegende, kettenangetriebene Nokkenwelle mit Zwischenhebeln, ein Dreiringkolben und eine einhubige Kurbelwelle mit angeschmiedeten Gegengewichten sind die sonstigen Hauptmerkmale dieses Vergasermotors. Hilfsantriebe (Kette) und Gummidrehschwingungsdämpfer sind auf Motorstirnseite angeordnet. Auffallend ist - wie bei allen DAIMLER-Motoren - die breite Ölwanne, die bei ausreichendem Ölvorrat eine flache Bauweise des Motors ermöglicht. Das Kurbelgehäuse endet in Kurbelwellenmitte, ein gegossenes Abschlußgehäuse bildet die untere Partie und läßt nur eine Öffnung für die Blechölwanne frei, die gleichzeitig im Fahrtwind als Ölkühler dient. Der wassergekühlte Zylinderkopf ist, wie bei Motoren dieser Baugröße allgemein üblich, für alle Zylinder gemeinsam (Blockzylinderkopf). Zur elastischen Aufhängung des Motors sind die Aufstellfüße relativ weit herausgezogen, in der Einbaulage stehen die Zylinder senkrecht.

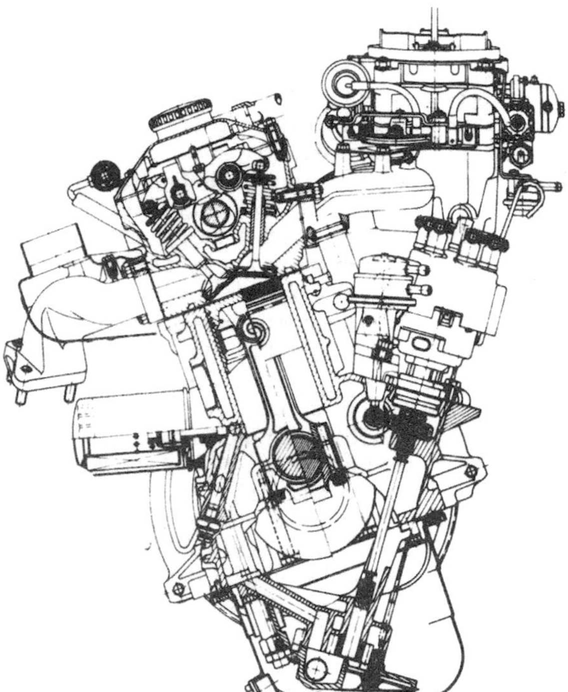

Abb. 5.8: Querschnitt des Motors M 60 von BMW

5.1.1.8 Typ M 60 - BMW, BRD

Zu den neuesten Entwicklungen der BMW AG gehört der in Abb. 5.8 gezeigte 6-Zylinder-Motor für die 3er und 5er Baureihe (z. B. 323i). Der Einspritzmotor (s/d = 76,8/80) mit 2,3 Liter Hubraum entwikkelt 105 kW Leistung bei 6000 U/min. Da der Motor trotz des GG-Kurbelgehäuses nur 175 kg wiegt, kommt er auf ein relativ niedriges Leistungsgewicht von 1,67 kg/kW, was in Verbindung mit der Literleistung von gut 45 kW/l auf eine hochentwickelte Konstruktion hinweist.

Das Gehäuse in leichter Bauweise wird aus Grauguß hergestellt. Die Sphäroguß-Kurbelwelle ist siebenfach gelagert und mit Gegengewichten an allen Wangen ausgerüstet. Eine obenliegende Nockenwelle wird durch Zahnriemen angetrieben und steuert über Kipphebel sowohl die Einwie die Auslaßventile. Die Kipphebel sind aus Leichtmetall mit einer Stahl-Gleitplatte. Der Zylinderkopf ist aus Leichtmetall und besitzt Ventilsitzringe, um ausreichende Standzeit zu gewährleisten. Der Motor ist mit einer K-Jetronic-Einspritzausrüstung versehen.

Besonders hervorgehoben wird die vorzügliche Laufruhe des 6-Zylinder-Motors, der gegenüber den bekannten 4-Zylinder-Motoren Schalldruckpegel-Absenkungen im Innenraum um 6 - 9 dB (A) über den gesamten Drehzahlbereich bewirkt.

Die stirnseitig angeordnete Wasserpumpe wird zusammen mit der Drehstrom-Lichtmaschine über einen gemeinsamen Keilriemen angetrieben. Die Einbaulage ist in Fahrzeuglängsrichtung schräg geneigt, so etwa wie in Abb. 5.8 dargestellt.

Auf der Basis des 2 Liter M 60-Motors (s/d = 66/80) wurde ein schnellaufender aufgeladener Wirbelkammer-Dieselmotor mit 2,4 l Hubvolumen (s/d = 80/80 mm) entwickelt, der bei 5000 1/min auf eine Leistung von 85 kW kommt.

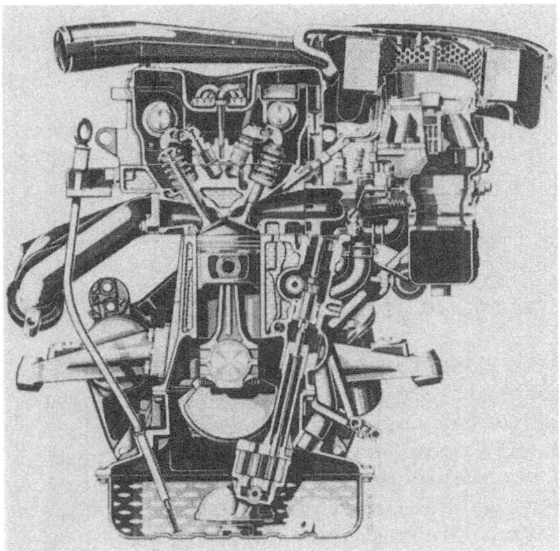

Abb. 5.9: Querschnitt des Motors M 110.984 der DAIMLER BENZ AG

5.1.1.9 M 110.984 - DAIMLER BENZ AG, BRD

Eine sehr moderne Motorenentwicklung stellt der DB-Typ M 110.984 dar (Abb. 5.9), der als Viertakt-OTTO-Motor mit mechanischer Benzineinspritzung 130 kW bei 6000 1/min leistet. Mit seinen 6 Zylindern erreicht er mit s/d = 78,8/86 mm ein Hubvolumen von 2,746 Liter. Der Motor hat zwei obenliegende Nockenwellen zum Antrieb der schrägstehenden in einem Winkel unter 54^0 angeordneten Ventile. Der Antrieb der Nockenwelle erfolgt durch eine Rollenkette, die so geführt ist, daß sich die Nockenwellen gegenläufig drehen. Die Benzineinspritzung erfolgt im Saugrohr. Die Kurbelwelle hat 12 angeschmiedete Gegengewichte und ist siebenfach gelagert. Der kleine Zylinderabstand erlaubt keine Wasserbeaufschlagung zwischen den Zylinderrohren, was einerseits sehr viel Entwicklungsarbeit kostet, jedoch auch dann nicht ohne erhöhte Anforderungen an die Kolbenringe abgeht (Wärmeverzug). Ein Doppel-Gummidämpfer zur Milderung der Torsionsschwingungsbeanspruchungen vervollständigt die Motorenausrüstung.

5.1.1.10 LANCIA-GAMMA - LANCIA, ITALIEN

Der in Abb. 5.10 gezeigte 2,5 Liter 4-Zylinder-Boxermotor ist nach der Aufgabe des "Käfermotors" als Seltenheit im Automobilbau anzusehen. Der 1977 vorgestellte Motor hat ein Hub/Bohrungsverhältnis von 76/102 mm = 0,75 und ist wassergekühlt. Bei einem Gewicht von 136 kg kommt er auf ein Leistungsgewicht von 1,32 kW. Die maximale Leistung von 103 kW wird bei 5400 1/min erreicht.

Sowohl der senkrecht geteilte Motorblock als auch die Zylinderköpfe sind aus Leichtmetall, die nassen Laufbuchsen hingegen aus GG. Die schrägstehenden Ventile werden über Kipphebel durch jeweils eine Nockenwelle betätigt, die Nockenwellen werden jeweils über Zahnriemen angetrieben, was wesentlich zum geräuscharmen Lauf beiträgt. Der Motor im LANCIA GAMMA liegt vor der Vorderachse des Frontantriebes des Fahrzeuges.

5.1.1.11 MOTEUR Z - FRANCAISE DE MECHANIQUE (FM), FRANKREICH

Einer der neuesten 6-Zylinder-V-Motoren auf dem Pkw-Sektor ist insofern ein besonders zu erwähnendes Produkt, weil es eine Gemeinschaftsproduktion dreier namhafter Pkw-Produzenten (RENAULT, VOLVO und PEUGEOT) ist. Dieser 90^0-V-Motor (Abb. 5.11) mit einer Bohrung von 88 mm und einem Hub von 73 mm bringt 103 kW. Da bei der Abgasgesetzgebung das Fahrzeuggewicht und damit auch das Motorengewicht eine immer

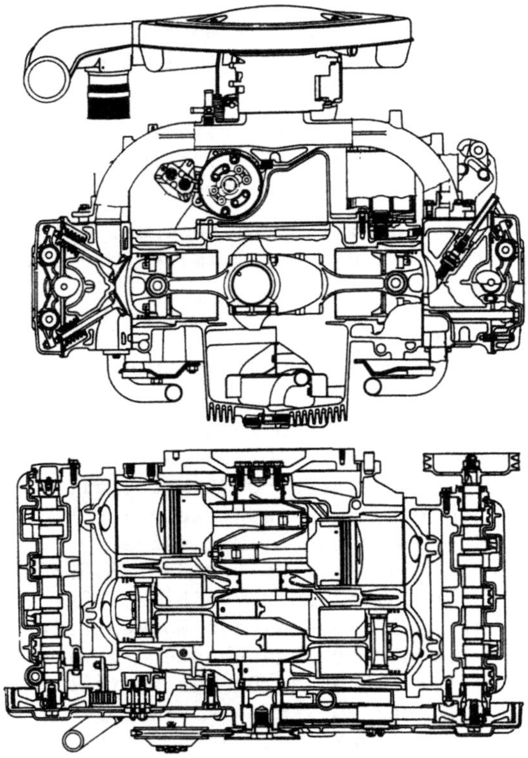

Abb. 5.10: *Querschnitt eines Motors von LANCIA*

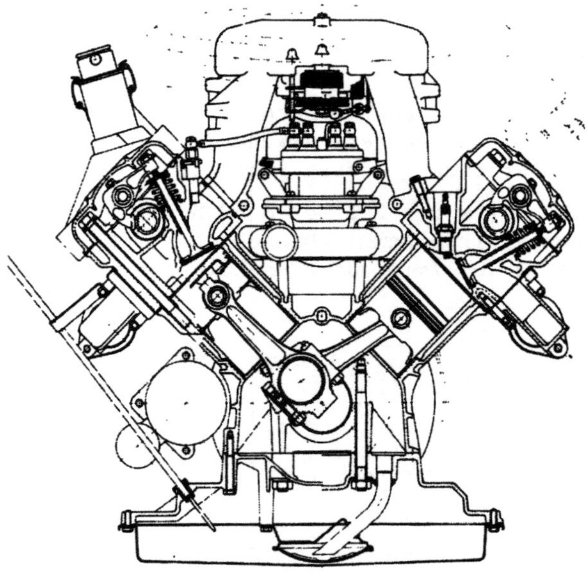

Abb. 5.11: Querschnitt des Motors Z der FRANCAISE DE MECHANIQUE SA

größere Bedeutung gewinnen, wurden alle Möglichkeiten des Leichtbaues ausgenutzt. Das Kurbelgehäuse ist aus Leichtmetall-Druckguß. Neben Kolben und Zylinderkopf sind auch alle Deckel, Getriebekasten, Zwischengehäuse etc. aus Aluminium. Der 90°-V-Winkel für den 6-Zylinder-Motor wurde wegen der besseren Zugänglichkeit der im V liegenden Aggregate gewählt, obwohl durch die ungleichen Zündabstände ein Abstrich an Laufruhe gemacht werden mußte, ein optimaler, 120°-V-Motor ist jedoch für den Pkw-Einbau zu breit. Je zwei Ventile pro Zylinder werden von einer obenliegenden Nockenwelle über Kipphebel betätigt. Die beiden Nockenwellen selbst werden über Rollenketten von der Kurbelwelle her angetrieben. Der Motor wird mit Vergaser oder einer K-Jetronic-Einspritzanlage geliefert.

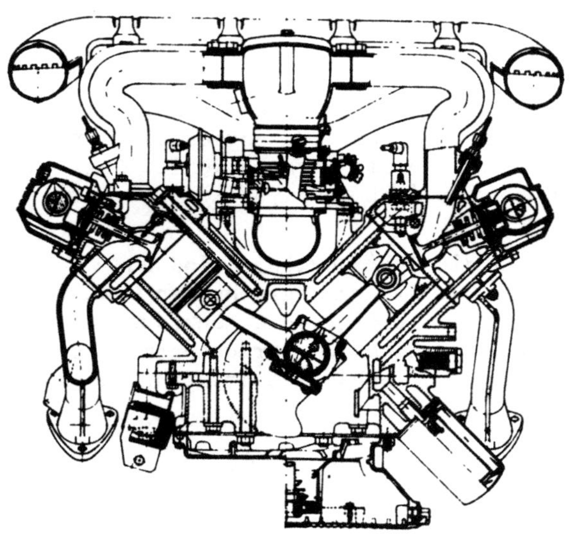

Abb. 5.12: Querschnitt des Motors 928 V 8

5.1.1.12 PORSCHE 928 V 8 - PORSCHE AG, BRD

Um in das bekannte PORSCHE-Styling der Vorderfront zu passen, wurde dieser Motor mit einer relativ niedrigen Bauhöhe konzipiert (8 Zylinder in V-Form mit einem V-Winkel von 90°). Das große Hubvolumen von 4,5 Liter (s/d = 78,9/95 mm) erlaubt bei einem niedrigen Verdichtungsverhältnis von 8,5:1 (und somit ist der Betrieb mit Normalbenzin (91 Roz) möglich) eine Leistungsausbeute von 177 kW bei einer relativ niedrigen Motordrehzahl von 5250 1/min (Abb. 5.12). In dem nur 236 kg schweren Motor (1,33 kg/kW) werden 108 kg Aluminium und knapp 7 kg Kunststoff verarbeitet.

Der Motor ist in Leichtmetallbauweise hergestellt (Gewichtsersparnis). Das Kurbelgehäuse wird in Kurbelwellenmitte horizontal geteilt (siehe auch Abb. 3.172). Der Motor hat keine eingesetzten Laufbuchsen, die Kolben laufen direkt auf dem übereutektischen Aluminium mit 16 - 18 % Silizium-Gehalt, der beschichtete Kolben hat zur Verringerung der Laufgeräusche eine Desaxierung von 1,5 mm. Die fünffach gelagerte Kurbelwelle wird in der Trennfuge zwischen Kurbelgehäuse-Ober- und -Unterteil über eingegossene Kanäle mit Schmieröl versorgt.

Die Qualität des Massenausgleiches ist auch von der Gewichtstoleranz der Pleuelstangen abhängig. Dies bot den Anreiz zur Entwicklung pulvergeschmiedeter Pleuelstangen. Mit dem Verfahren wird ein warmgeschmiedetes Präzisionsteil mit hoher Gewichtsgenauigkeit bei geringer Zerspannung erzielt, wodurch sich günstige Produktionskosten ergeben.

Die Steuerung der parallel angeordneten Ventile erfolgt pro Zylinderreihe über jeweils eine Nockenwelle und Tassenstößel mit hydraulischem Ventilspielausgleich. Nockenwellen sowie Wasser- und Ölpumpen werden über einen Zahnriemen angetrieben. Die rhombenförmige Gestaltung des Zylinderkopfes ermöglicht einen wenig gekrümmten Einlaßkanal mit der Saugrohr-Einspritzdüse und eine schräge Ventilanordnung, wodurch sich ein prismatischer Brennraum ergibt. Lange Zylinderkopfschrauben halten das Aluminium-Kurbelgehäuse möglichst frei von Zugspannungen.

5.1.1.13 M 117 - DAIMLER BENZ AG, BRD

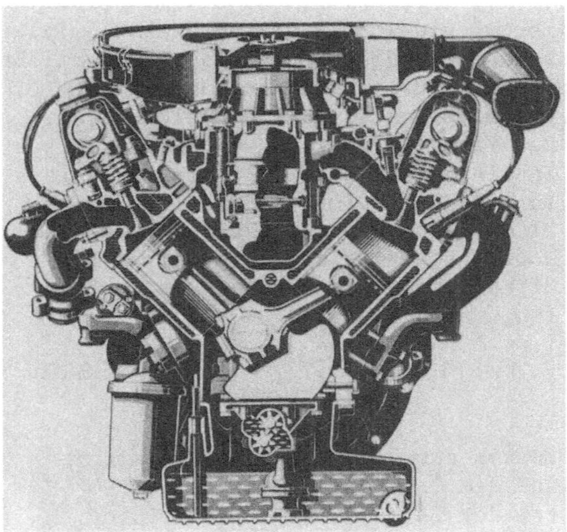

Abb. 5.13: Querschnitt des Motors M 117 der DAIMLER BENZ AG

Zu den modernsten Pkw-Motoren gehört der Typ M 117.960 von der Fa. DAIMLER BENZ AG. Es handelt sich bei diesem Typ um einen 8-Zylinder-V-90^0-wassergekühlten-Viertaktmotor mit 5025 cm^3 Hubvolumen (Abb. 5.13). Bei n = 5000 1/min erzeugt dieser Motor (s/d = 85/97 mm) 177 kW entsprechend einer Literleistung von 35,2 kW/l und einem Leistungsgewicht von 1,22 kg/kW (G = 215 kg). Dieses geringe Gewicht wurde durch die Wahl von Leichtmetall als Werkstoff für den gesamten Motorblock einschließlich der Zylinderköpfe erreicht. Mit einer solchen Konstruktion kann man bis zu 20 % Gewichtseinsparung gegenüber einer im Fahrzeugbau üblichen GG-Lösung herausholen. Der Motorblock hat keine eingezogenen Laufbuchsen, der eisen- oder weichchrombeschichtete Leichtmetallkolben arbeitet so mit der übereutektischen Aluminium-Silizium-Schicht zusammen. Beim Kolben wurde die Trennung von Kolbenhemd als gleitendes Maschinenelement und Bolzenauge als tragendes Element vorgenommen, so wie man es schon von größeren Kolben her kennt. Dadurch konnte für den 97 mm-Kolben das gleiche Gewicht wie für den 92 mm-Kolben des 4,5 l-Motors erzielt werden. Im übrigen sind bei diesem Einspritzmotor alle Maßnahmen ergriffen worden, die eine gute Laufruhe (geringe Geräusche) versprechen und die Reibung verringern (z. B. durch günstigere Gegengewichte, verbesserte Wirkungsgrade an den Pumpen und Verminderung der rotierenden und oszillierenden Kräfte).

5.1.1.14 391 CID - FORD, USA

Der in Abb. 5.14 dargestellte Motor kann als Prototyp US-amerikanischer V8-OTTO-Motoren gelten. Es ist der Motor 391 CID von der FORD MOTOR CORPORATION, Detroit. Aus dem 6,4 l-Motor werden bei niedrigen Drehzahlen (n = 3600 1/min - entsprechend v_m = 11,5 m/s) etwa 140 kW erzeugt. Ein spannungsarm geglühter Blockzylinderkopf sitzt auf einem wassergekühlten, tief unter Kurbelwellenmitte herabgezogenen Kur-

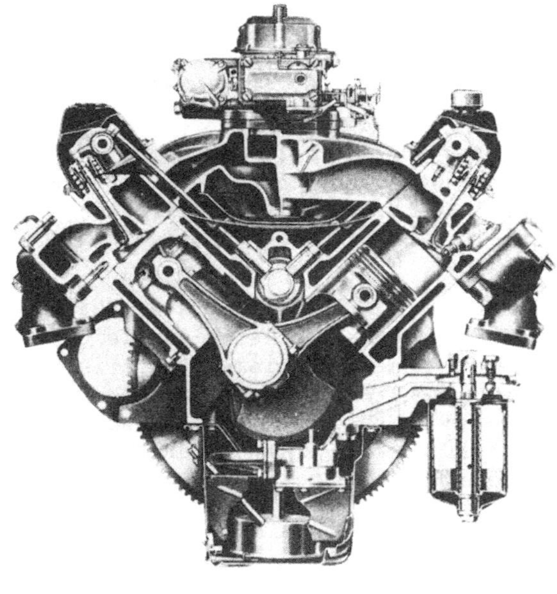

Abb. 5.14: Querschnitt des Motors 391 CID der FORD CORPORATION

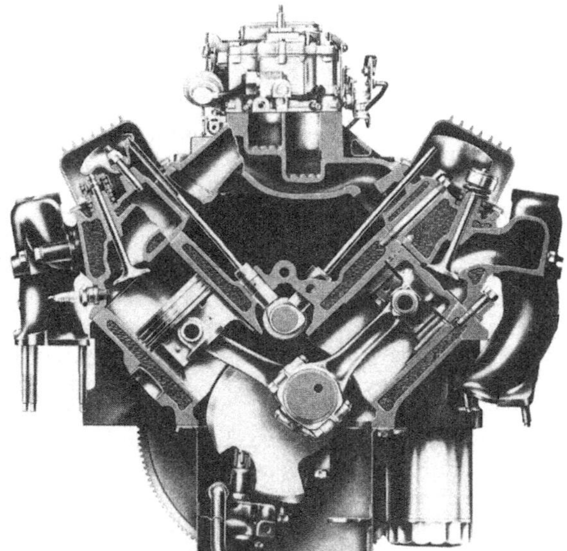

Abb.. 5.15: Querschnitt des Motors 54 S von GM/OPEL AG

belgehäuse, was die Steifheit des Motorblockes optimieren soll. Wie bei OTTO-Motoren üblich, ist der freischwingende Kolbenbolzen relativ dünn, die Kurbelwelle (fünffach gleitgelagert) mit angeschmiedeten Gegengewichten wird speziell gewuchtet. Die über Stoßstange und Kipphebel angetriebenen Auslaßventile sind natriumgekühlt, und der Steuerungsantrieb wird über eine Kette betätigt. Die niederen spezifischen Belastungen ergeben einen Motor hoher Laufleistung, der bei seinem Gewicht von 330 kg ein spezifisches Gewicht von 2,35 kg/kW bringt.

5.1.1.15: 54 S - OPEL AG, BRD

Sehr ähnlich in der Ausführung ist der 5,4 Liter-Motor 54 S von GENERAL MOTORS. Bei einem Hubverhältnis (s/d = 101,6/ 82,6 mm) wird bei n = 4700 1/min eine Leistung von 168 kW erzeugt (Abb. 5.15). Das wassergekühlte Kurbelgehäuse schließt auf Mitte Kurbelwelle ab, an dieses schließt eine tiefgezogene Ölwanne an. Der Ventiltrieb ist dem FORD-Motor sehr ähnlich, ebenso der Brennraum. Typisch für GENERAL MOTORS (OPEL) ist der aus Blech gezogene Kipphebel. Auch dieser Motor besitzt einen Vergaser in der Mitte des Motors oberhalb der Luftzuführungskanäle.

5.1.1.16 Typ 613 - TATRA WERKE, TSCHECHOSLOWAKEI

Zu den neuesten Motorenentwicklungen aus dem Ostblock gehört der V8-90^0-Motor der TATRA-Werke in Koprivnice. Gemäß der TATRA-Tradition handelt es sich um einen luftgekühlten Motor, der über der Hinterachse des Fahrzeuges angeordnet ist. Eine Bohrung von 77 mm und ein Hub von 85 mm ergeben bei 8 Zylindern ein Hubvolumen von knapp 3,5 l. Bei einer Drehzahl von 5200 1/min liegt die Nennleistung bei 121 kW. Aus Abb. 5.16 kann man den Aufbau des Motors erkennen. Auf einem stabilen GG-Kurbelgehäuse sind die Einzelzylinderrohre angeordnet, auf dem der Zylinderkopfblock mit je 2 Nockenwellen zur Betätigung der Ventile über Schlepphebel aufgebaut ist. Die vier Nockenwellen werden über Zahnriemen angetrieben. Zwei Registervergaser und eine kontaktlose elektronische Zündung vervollständigen die Motorenausrüstung. Der gesamte Motorblock ist durch eine einzelne Schraube quer durch den Grundlagerbügel verschraubt.

5.1.1.17 Typ 911/6 - PORSCHE AG, BRD

Der Antriebsmotor für einen der schönsten Sportwagen der Automobilgeschichte, für den PORSCHE 911, ist ein deutliches Erbe Ferdinand Porsches. Der luftgekühlte

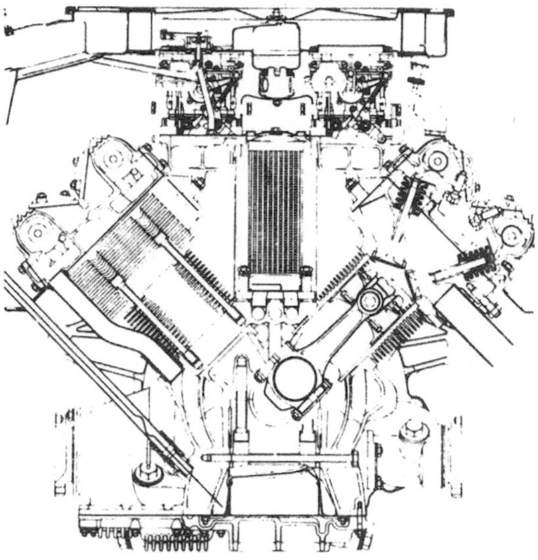

Abb. 5.16: Querschnitt des Motors 613 der TATRA-Werke

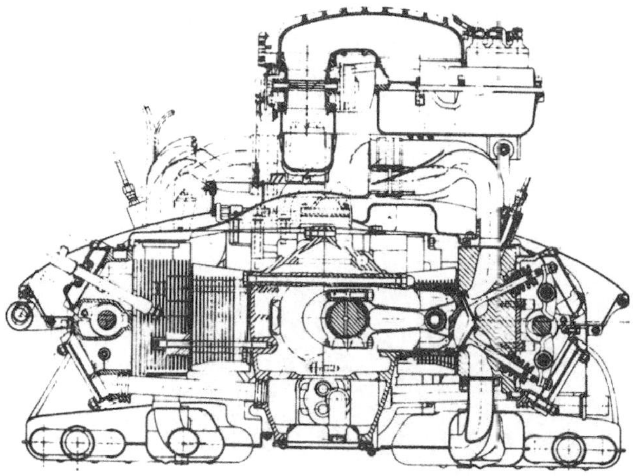

Abb. 5.17: Querschnitt des Motors 911/6 der PORSCHE AG

6-Zylinder-Boxermotor mit einem Hub/Bohrungsverhältnis von 66/84 mm erzeugt bei n = 5200 1/min eine Leistung von 133 kW (Abb. 5.17). Auf das mittig geteilte Kurbelgehäuse, das durch Zuganker verbunden wird, sind die verrippten Zylinderrohre und vierventiligen Zylinderköpfe mit langen Zylinderkopfschrauben befestigt. Die Ventile werden über kurze Kipphebel durch oberhalb liegende Nockenwellen angetrieben. Benzineinspritzung und gegebenenfalls eine Turboladereinheit (Turbo-PORSCHE) vervollständigen diesen Sportwagenmotor, der durch seine flache Bauart einen niedrigen Schwerpunkt des Fahrzeuges ermöglicht.

5.1.2 Zweirad-Motoren

Seltsamerweise ist es kaum möglich, aus dem Bereich der Motorradindustrie Schnittzeichnungen moderner Motoren zu erhalten. Dem Autor ist es dabei nicht klar geworden, was an diesen Motoren nun so Besonderes ist, daß sich ein ganzer Industriezweig so verhält, als ob in den eigenen Motoren die Welt von morgen schon realisiert sei oder jeder Motor voller Patente der Konkurrenz steckt. Auch ein Bemühen der Fachzeitschriften bringt für den Betrachter wenig Neues; dort wird zwar über viele kW, exzellente Kurvenlage und Styling gesprochen, jedoch wenig über den motorischen Aufbau dargestellt.

Schon bald nach dem ersten Automobil gab es auch die ersten Motorräder, und die Geschichte des Motorsports ist ebenso mit Namen von Motorradfahrern wie von Automobilsportlern angefüllt. Im Wechselspiel der Zeitläufe schwankte das Bild des Motorrades zwischen sportlicher Extravaganz und Fortbewegungsmittel des kleinen Mannes. Nach dem Zweiradboom in den 50er Jahren als Motorisierungswelle einer sich erholenden Nation folgte in der Branche ein Jahrzehnt tiefer Depression. In den letzten Jahren wurde der Silberstreif am Horizont wieder bemerkbar - einerseits als Kleinkraftrad für Jugendliche, Hausfrauen oder anderen Kurzstreckenverkehr, andererseits als sportliche Ergänzung zur Familienmotorisierung, wofür dann meist größere Maschinen in Frage kommen.
Die Palette der Zweiradmotoren ist für die vorgenannten Verwendungszwecke sehr reichhaltig, vom kleinen Mofa-Motor mit 50 ccm Hubraum und rund 1 kW bis hinauf zur vielzylindrigen 80-kW-Maschine mit mehr als einem Liter Hubvolumen. Die Vielfältigkeit des Angebotes verbietet, einen auch nur angenähert repräsentativen Querschnitt vorzustellen. Wenn nachfolgend auf nur einige wenige Typen eingegangen wird, so nur zur Darstellung der Variantenbreite.

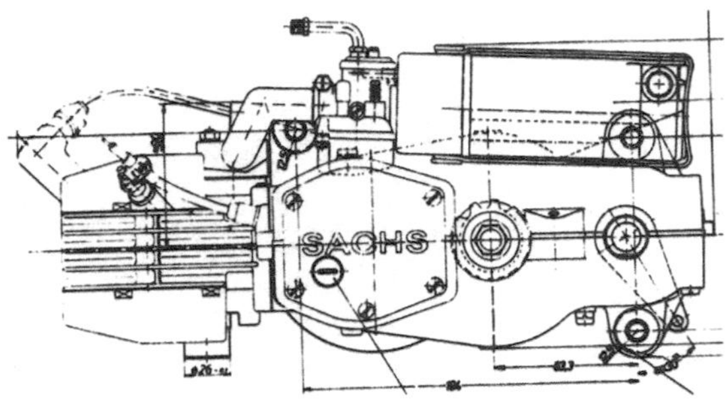

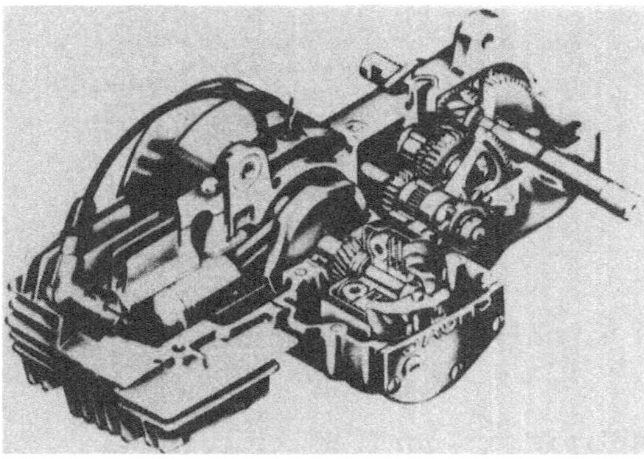

Abb. 5.18: *Kleinmotor liegender Bauart 505 für Mopeds u. ä. der FICHTEL & SACHS AG*

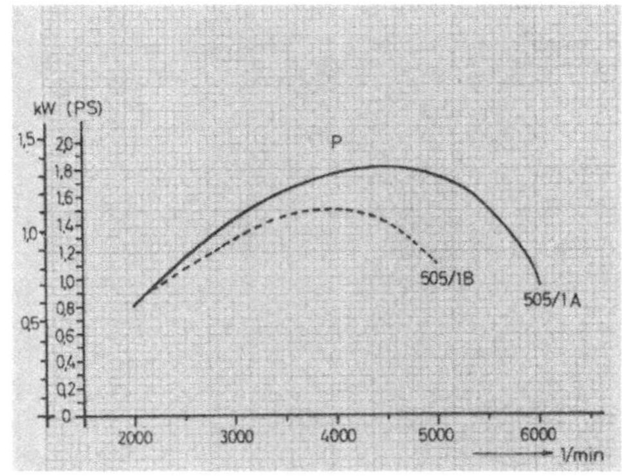

Abb. 5.19: Drehmoment- und Leistungskennlinie der FICHTEL & SACHS-Motoren 505

5.1.2.1 SACHS 505/1 - FICHTEL & SACHS, BRD

Liegender Zweitakt-1-Zylinder-Motor (Abb. 5.18) mit 47 ccm Hubraum und 1,3 kW Leistung bei 4500 U/min, z. B. mit Zweigang-Getriebe im Mofa 535 von DKW. Durch die für ein Mofa geschaffene flache Bauform ergibt sich im Einbau ein sehr niedriger Schwerpunkt für das Fahrzeug. Entsprechend der Einbaulage ist die Verrippung des Zylinderkopfes optimiert.

Die Zündung erfolgt über einen BOSCH-Magnetzünder-Generator. Das gesamte Aggregat wiegt ca. 10,9 kg. Das relativ hohe spezifische Gewicht von 8,38 kg/kW resultiert aus dem hohen Anteil des Getriebes und der Zusatzaggregate.

Während man bei großen Motoren die Maximalleistung in der Regel auch bei der Maximaldrehzahl (maximale Kolbengeschwindigkeit) erreicht, werden bei vielen kleineren Motoren die Maximalleistungen bei geringeren Kolbengeschwindigkeiten erzielt, hier z. B. bei 4500 U/min → 6,3 m/s.

Wenn auch bei abfallendem Drehmoment die Motorleistung bei steigender Drehzahl (Abb. 5.19) abfällt, so sind diese Kleinmotoren oft sehr weit übertourbar, sofern die Straße keine höheren Leistungen zum Erreichen überhöhter Fahrgeschwindigkeiten verlangt. Dadurch erreichen die Kleinkrafträder oft höhere Geschwindigkeiten, als vom Gesetzgeber zugelassen. Durch Gesetz ist die Geschwindigkeit der Mofas zur Zeit auf 25 km/h in der BRD begrenzt.

5.1.2.2 50 S - FICHTEL & SACHS AG, BRD

Ein Motor für ein Kleinkraftrad in der üblichen Bauform des leicht schräggestellten Zylinders ist der Typ 50 S (Abb. 5.20). Man erkennt an der relativen Größe der Zündkerze, daß es sich um einen Motor sehr kleiner Abmessungen handelt. Die Überströmkanäle sind in das Aluminium-Zylinderrohr integriert. Bezogen auf das Hubvolumen sind außergewöhnlich große Kühlflächen angebracht, die eine intensive Kühlung gewährleisten (wegen der Wärmeleitung sind lange Rippen nur bei gut leitenden Materialien sinnvoll).

5.1.2.3 RV 90 - SUZUKI, JAPAN

Einen anderen Kleinkraftmotor stellt die Abb. 5.21 dar. Dieser 1-Zylinder-Zweitaktmotor mit membrangesteuertem Einlaß erreicht aus einem Hubvolumen von 88 cm^3

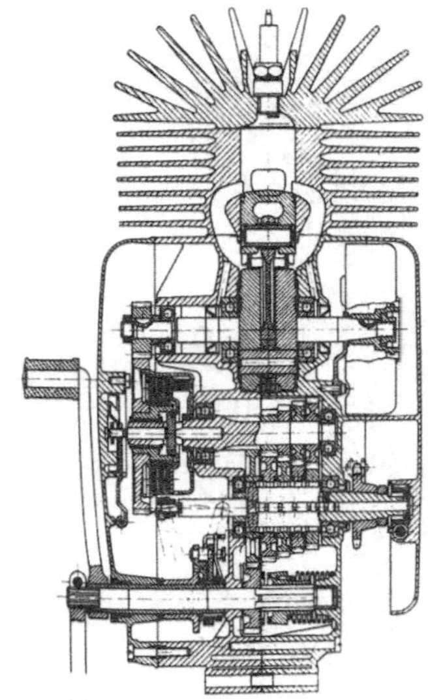

Abb. 5.20: Querschnitt des Motors 50 S der FICHTEL & SACHS AG

Abb. 5.21: Liegender Kleinkraftmotor RV 90 von SUZUKI

(s/d = 45/50 mm) und mit einer Verdichtung von 1:6,2 bei 6000 U/min eine Leistung von 4,4 kW. Der Leichtmetall-Zylinder wird durch den Fahrtwind gekühlt. Der Motor besitzt eine Frischölschmierung mit Pumpe (kein Gemisch!). Das Vierganggetriebe treibt über Kette das Hinterrad.

5.1.2.4 SACHS 2501/7A - FICHTEL & SACHS, BRD

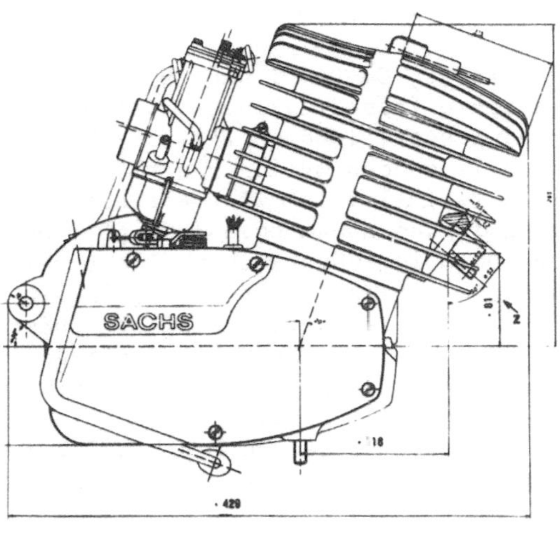

Abb. 5.22: Ansicht des Motors 2501/7A der FICHTEL & SACHS AG

Dieser 1-Zylinder-Zweitakt-OTTO-Motor (Abb. 5.22) mit Umkehrspülung entwickelt eine Leistung von 23,5 - 27,2 kW bei 8000 U/min, was bei einem Gewicht von 31 kg einem Leistungsgewicht von weniger als 1,32 kg/kW entspricht. Zylinderrohr und Zylinderkopf sind aus Aluminium, die Kurbelwelle (3 Wälzlager) ist ebenso wie die Pleuelstange wälzgelagert. Zur Schmierung der Triebwerksteile dient ein Kraftstoff-Schmierölgemisch von 1:25, die hohe Verdichtung von ε = 11,5 verlangt einen Superkraftstoff von ≥ 98 Oktan. Wie bei den meisten kleineren Motoren wird die Maschine über Kickstarter angeworfen. Ein siebengängiges Zahnradwechselgetriebe und eine Rollenkette als Antrieb zum Hinterrad sorgen für eine gute Kraftübertragung auf den Boden. Der Motor wird in mehrere Motorradtypen eingebaut.

5.1.2.5 JAWA 250 GS - JAWA-Werke, TSCHECHOSLOWAKEI

Die Abbildung 5.23 zeigt den Querschnitt eines typischen Zweitakt-Motorrad-Motors. Ein sichelförmiger Brennraum mit Doppelzündung (2 Kerzen) in einem luftgekühlten Brennraum, ein wälzgelagertes Triebwerk, eine als Kurbelkastenspülpumpe ausgebildete Kurbelwelle mit den dazu notwendigen Überströmkanälen aus dem Kurbelraum zu dem Zylinderraum und daran ein Zahnradtrieb zum Stufengetriebe. Als Kupplung dient eine Mehrscheibenkupplung und als Anlasser ein Kickstarter. Aus 246 cm^3 Hubvolumen werden 23,5 kW bei 7200 U/min entwickelt, das maximale Drehmoment von 3,22 mkp wird bei relativ hohen Drehzahlen (6200 U/min) - wie bei fast allen Maschinen dieser Größenordnung und Bauart - erreicht. Dieser Motor wird z. B. in die bekannten Geländesport-Motorräder eingebaut und hat sich dort bewährt.

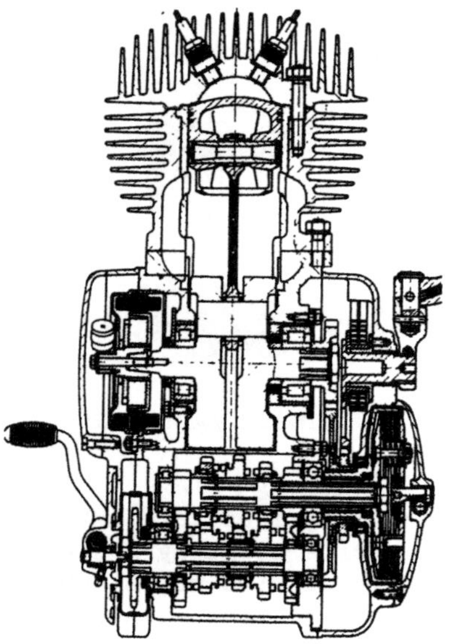

Abb. 5.23: *Querschnitt des Motors 250 GS der JAWA-Werke*

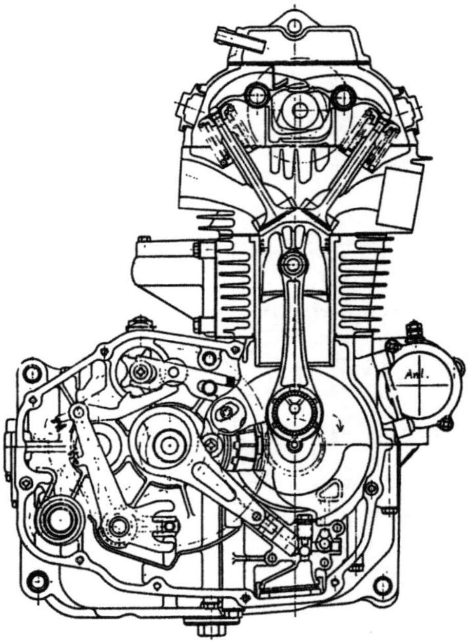

Abb. 5.24: *Querschnitt des Motors 250 von HONDA*

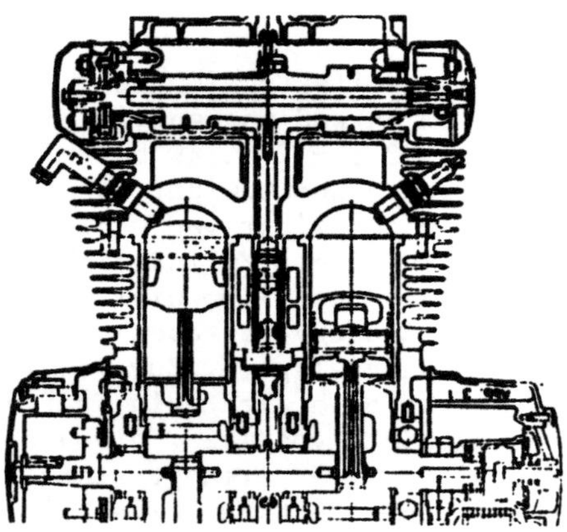

Abb. 5.25: *Längsschnitt des Motors 250 von HONDA*

5.1.2.6 '250' - HONDA, JAPAN

In den Motorrädern CJ 250 T und CB 250 N wird ein ausgereiftes 2-Zylinder-Viertakt-Triebwerk eingesetzt (Abb. 5.24). Die beiden nebeneinanderliegenden Zylinder sind luftgekühlt, die Kurbelwelle ist wälzgelagert und aus mehreren Teilen zusammengeschrumpft. Der Antrieb der obenliegenden Nockenwelle erfolgt über eine Kette, die zwischen den Zylindern angeordnet ist. In den Leichtmetall-Zylindermantel sind trockene Laufbuchsen eingezogen. Die in den halbkugelförmigen Brennraum hineinragenden Ventile sind radial angeordnet. Diese Bauform erlaubt mit Hilfe von Kipphebeln, daß man mit nur einer Nockenwelle für Einlaß und Auslaß auskommt.

Als Sonderausführung können die Wälzlager ohne Innenring und mit dickem Außenring gelten (Abb. 5.25). Der Motor erreicht eine Leistung von 12,5 kW bei 8500 U/min, der Hubraum von 249 cm^3 wird mit 41,4 mm Hub und 52 mm Bohrung erreicht.

5.1.2.7 MD 250 WK - MAICO, BRD

Eine erhebliche Leistungsdichte bietet der in Abb. 5.26 abgebildete 250 ccm-Motor von MAICO. Dieser 1-Zylinder-Zweitaktmotor (s/d = 54/76 mm) erzeugt bei 7000 1/min eine Leistung von 19,9 kW, was einer Leistung von 81 kW/l entspricht. Der Motor ist wassergekühlt mit Längsumlaufkühlung. Der Einlaß wird durch einen Plattendrehschieber gesteuert. Zur Erhöhung der Standzeit hat der Leichtmetallzylinder eine Nikasil-Laufbahn. Die Schmierung der Triebwerksteile (Wälzlagerungen) erfolgt über eine Gemischschmierung (Kraftstoff-Öl-Gemisch 100:1).

Abb. 5.26: Ansicht des wassergekühlten Motorradmotors MD 250 WK von MAICO

Abb. 5.27: Ansicht des 2-Zylinder-V-Motors 500 von MORINI

Abb. 5.28: Ansicht des 2-Zylinder-V-Motors von DUCATI

Abb. 5.29: Aufbau des V-Motors CX 500 von HONDA

5.1.2.8 500 V - MORINI, ITALIEN

MORINI baut in der äußeren Form ähnliche Motoren wie DUCATI und andere. Abb. 5.27 zeigt z. B. einen 2-Zylinder-Viertaktmotor, dessen Leichtmetallzylinder um 72^0 versetzt sind. Die im Kopf hängenden Ventile werden über Stoßstangen und Kipphebel betätigt. Als Leistung werden 31 kW bei 7500 U/min angegeben, was bei V_H = 489 cm^3 einer Literleistung von gut 63 kW/l entspricht.

Die Frage, warum so gestaltete V-Motoren gebaut werden, ist ohne Zeichnungsunterlagen (oder Zerlegen der Maschine) nicht eindeutig zu beantworten. Bei einer einfach gekröpften Kurbelwelle ergeben sich ein äußerst geringer Zylinderversatz (Motorbreite!) und ein sehr guter Massenausgleich [1] (optimal allerdings erst bei $\gamma = 90^0$, wie das Beispiel eines DUCATI-Motorrades der Abb. 5.28 zeigt). Ein ähnlich guter Ausgleich läßt sich zwar auch mit einer Boxer-Motoren-Welle erreichen, doch verlangt dies einen größeren Zylinderabstand (breitere Maschine).

5.1.2.9 CX 500 - HONDA, JAPAN

Zu dem Kreis der Halblitermaschinen gehört der 2-Zylinder-Viertakt-V-Motor mit einem Gabelwinkel $\gamma = 80^0$ (Abb. 5.29). Für diesen speziellen V-Winkel gibt es von der Motorseite her sicherlich keine besonderen Argumente, die Situation im Rahmen des Motorrades bestimmt die äußere Form.

Eine andere Besonderheit stellt die Wasserkühlung der Zylinder dar. Ein Luft-

[1] Näheres zum Massenausgleich von Triebwerken siehe Band: Kräfte und Momente in Verbrennungskraftmaschinen - Schriftenreihe 'Die Verbrennungskraftmaschine'

Wasser-Kühler ist vor dem Motorblock (rechts in der Abbildung) angeordnet, die Kühlung erfolgt durch den Fahrtwind.

Aus einem Hubraum von 496 cm^3, einem Verdichtungsverhältnis von ε = 10 und einer Kolbengeschwindigkeit von v_m = 16,5 m/s wird eine Literleistung von 74,5 kW/l erzeugt. Wie bei den meisten Motorrädern mit in Fahrtrichtung liegenden Kurbelwellen erfolgt die Kraftübertragung auf das Hinterrad über Kardanwelle und Kegelradgetriebe.

5.1.2.10 BMW R 80/7 - BAYRISCHE MOTORENWERKE, BRD

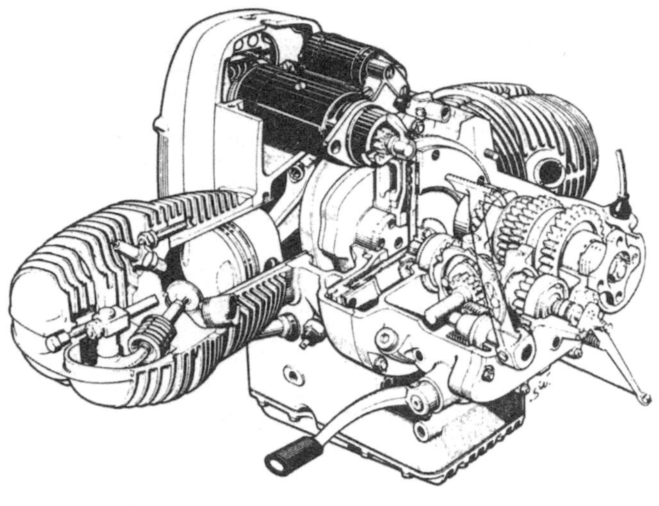

Abb. 5.30: BOXERmotor R 80/7 der BAYRISCHEN MOTORENWERKE

Der Motor zum Motorrad R 80/7 wurde aus der Baureihe R 75 weiterentwickelt (Abb. 5.30). Es handelt sich um einen Motor in typischer BMW-Bauweise, einen 2-Zylinder-Viertakt-Boxer-Motor mit Luftkühlung. Diese Maschine bringt aus einem Hubvolumen von 785 ccm und mit einer Verdichtung von 1:9,2 eine maximale Leistung von 41 kW bei etwa 7000 U/min. Das Triebwerk ist gleitgelagert und druckumlaufgeschmiert. Zwei Gleichdruckvergaser sorgen für gleichmäßige Füllung beider Zylinder. Das Anlassen erfolgt - wie bei größeren Motoren üblich - über einen Schubschraubtrieb-Elektrostarter. Eine Drehstrom-Lichtmaschine und ein Fünfganggetriebe vervollständigen die Antriebseinheit. Die Achsen des Triebwerkes und des Getriebes sind in Fahrtrichtung angeordnet; der Kardanantrieb der BMW-Motorräder ist konsequenter Abschluß des BMW-Konzeptes als Motorrad der gehobenen Preisklasse.

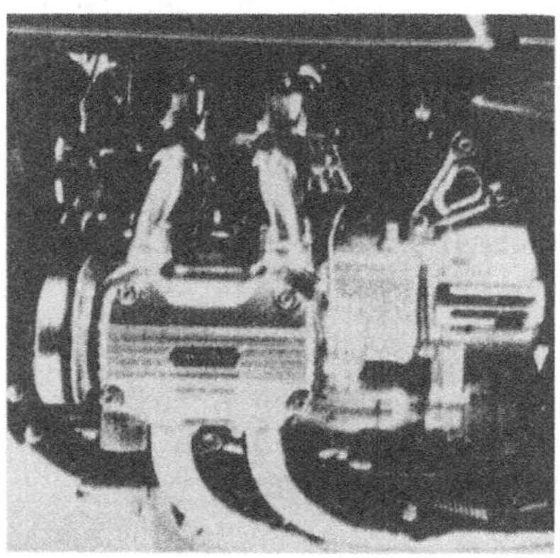

Abb. 5.31: Wassergekühlter BOXERmotor GL 1000 von HONDA

5.1.2.11 GL 1000 - HONDA, JAPAN

Zu den Großmotorrädern gehört die GOLD-WING-K 3 mit einem 4-Zylinder-Doppelboxer-Viertaktmotor (Abb. 5.31). Dieser Motor ist wie der unter 5.1.2.9 vorgestellte Motor wassergekühlt. Die Nockenwellen liegen über den Zylinderköpfen und werden durch Zahnriemen angetrieben. Die vier Zylinder mit 72 mm Bohrung und 61,4 mm Hub ergeben ein Gesamthubvolumen von 986 cm^3. Bei einer Leistung von 57,5 kW bei 7000 U/min entsprechend v_m = 14,3 m/s ergibt sich eine Literleistung von 58,3 kW/l. Das Motorrad erreicht damit - wie bei Motorrädern dieser Größenordnung üblich - Geschwindigkeiten von über 200 km/h.

5.1.2.11 CBX - HONDA, JAPAN

Das leistungsstärkste Motorrad auf dem Serienmarkt ist mit einem 6-Zylinder-luftgekühlten-Reihen-Viertaktmotor ausgerüstet, der quer in den Rahmen eingebaut ist (Abb. 5.32). Bei einem Hubraum von 1047 cm^3 (s/d = 543/64,5) bringt dieser Motor 77,3 kW auf das Hinterrad. Die zwei obenliegenden Nockenwellen werden über Kette angetrieben. Jedem der 6 Zylinder ist ein Gleichdruckvergaser zugeordnet. Wegen der hohen Ölwärme ist in der Zweikreis-Druckumlaufschmierung ein Ölkühler vorgesehen. Mit einem fußgeschalteten Fünfganggetriebe und Hinterrad-Kettenantrieb erreicht dieses Motorrad von 249 kg Gewicht eine Spitzengeschwindigkeit von 220 km/h.

Abb. 5.32: Luftgekühlter 6-Zylinder-Reihenmotor CBX von HONDA

Über den Sinn derartiger Kraftpakete kann man geteilter Meinung sein. In der Regel werden die Maschinen nicht beherrscht oder ausgefahren, jedoch kann man über ein Luxusbedürfnis schlecht streiten. Unbestreitbar ist allerdings die Annehmlichkeit eines hinsichtlich Kräften und Momenten vollausgeglichenen Motors, der das oft strapaziöse Zweiradreisen mit Sicherheit komfortabler macht. Es bleibt nur die Frage, ob diejenigen, die damit reisen m ü s s e n , nicht zwangsläufig lieber eine 6-Zylinder-300 ccm-Maschine hätten und ob jene, die heute mit 1000 ccm längere Strecken zurücklegen, die Erregungen des gebändigten Zweirades nicht gerade als angenehme Abwechslung zum alltäglichen Dahingleiten ihres Pullmannwagens empfinden.

5.1.3 Einbau – OTTO-Motoren

Der im Sprachgebrauch übliche Ausdruck eines'Einbaumotors'ist im Grunde genommen eine unsinnige Wortwahl, da kein Motor Selbstzweck ist und jeder irgendwie in ein Gerät eingebaut wird. Der Ausdruck soll (und kann) nur eine Ausgangssituation für einen Motor schildern, daß er für verschiedene Einbauten (und deren spezielle Anforderungen) geeignet ist. Hier gibt es Motoren, die wir in landwirtschaftlichen Geräten, in Baumaschinen, im Bootseinsatz und gegebenenfalls sogar in ihrem Haupteinsatzgebiet, in einem Pkw, Lkw oder Radschlepper wiederfinden. Es haben sich zwei Arten von Motorenindustrien gebildet, von denen die eine "auch" Motoren baut, das heißt, bei denen das Haupterzeugnis ein Fahrzeug ist (z. B. GENERAL MOTORS, DAIMLER BENZ AG, FIAT und verschiedene andere mehr, aber auch die lizenznehmenden Werften), während die anderen ausgesprochene Motorenwerke sind, die nur Motoren für "Einbaukunden" bauen (z. B. SACHS, HATZ, CUMMINS, KHD, SULZER). Erstere haben für die von ihnen benötigten Leistungsklassen den außergewöhnlichen Vorteil einer breiten Produktionsbasis (Preis), tun sich aber oft sehr schwer daran - weil dies für sie kein primärer Geschäftszweig ist -, speziellen Wünschen anders gearteter Verbraucher nachzugeben. Der reine Motorenhersteller andererseits muß die Zeichen des Marktes genau erkennen, um eine tragfähige Produktionsbasis zu schaffen. Die Stückzahlen sind in der Regel nicht so hoch, die Flexibilität zwangsläufig größer, aber auch der Preis für eine Motoreneinheit durchweg etwas höher. Die besonderen Schwierigkeiten eines solchen Motorenherstellers liegen darin, mit möglichst vielen Gleichteilen der Mehrzahl der Kundenforderungen nachzukommen. Das hinterläßt seine Spuren in jeder Konstruktion dieser Art.

Spezielle Einbau-OTTO-Motoren findet man nur in der unteren Leistungsklasse - oberhalb von 20 kW finden Pkw-Motoren Anwendung in Aggregaten, und darüber hinaus werden bei Einbaukunden (zumindest in Europa) fast nur DIESELmotoren angewandt. Typische Anwendungsfälle sind in der nachfolgenden Tabelle aufgeführt.

Betonmischer	Planiergeräte	Streugeräte
Aufzugsmischer	Straßen-Markierungsmaschinen	Erdbohrgeräte
Bauaufzüge	Teerspritzmaschinen	Kernbohrmaschinen
Dachdeckeraufzüge	Kantenabschneider	Skilifte
Förderbänder	Trennfugenschneider	Schneemobile
Rüttelplatten	Straßen-Kleinwalzen	Kolbenpumpen
Betonverdichter	Kehrmaschinen	Kreiselpumpen
Innenrüttler	Schneeräumer	Schmutzwasserpumpen
Stampfer	Schneeschleuder	Tankwagenpumpen

Tiefwasserpumpen
Hydraulikpumpen
Ölpumpen
Tragkraftspritzen
Berieselungsanlagen
Schrapper
Muldenkipper
Kanalreinigungsgeräte
Fußbodenschleifmaschinen
Kompressoren
Ventilatoren
Farbspritzanlagen
Steinschleifmaschinen
Rüttelsiebe
Benzin-elektrische Stromerzeuger
Notstromanlagen
Heimstromerzeuger
Batterie-Ladegeräte
Rasenmäher
Selbstfahrende
Großflächen-Rasenmäher
Rasenwalzen
Tennisplatzwalzen
Golfwagen
Heckenscheren
Schädlings-Bekämpfungsspritzen
Motorspritzen
Rückensprühgeräte
Motorstäuber
Motor-Karrenspritzen
Bodenfräsen
Kleinhacken
Parzellendreschmaschinen
Kartoffelroder
Kartoffel-Sortiermaschine
Olivenpflückmaschinen
Tulpenzwiebelerntegeräte
Melkmaschinen
Weidemelkanlagen
Seilwinden
Abseil- und Rückholwinden
Weinbergwinden
Weinbergvernebelung
Ankerwinden
Erdaufbereitungsgeräte
Trinkwasser-Aufbereitungsanlagen
Schienenschleifmaschinen
Schienenschraubanlagen
Kreissägen
Bandsägen
Klettersägen
Bootsantriebe
Go-Carts

Für einige wenige Fälle von Produkten größerer Stückzahlen, die auf dem Einbau-Motorenmarkt nicht das rechte Erzeugnis finden, gibt es Sondermotoren, die den Erfordernissen entsprechend auf den Einsatzfall hin, wie z. B. eine Bausäge, entwickelt worden sind.

5.1.3.1 STAMO St 30 - FICHTEL & SACHS, BRD

Abb. 5.33: Einbaumotor STAMO St 30 der FICHTEL & SACHS AG

Einer der kleinsten Einbaumotoren mit OTTO-Verbrennungsverfahren ist der Motor STAMO St 30 von FICHTEL & SACHS (Abb. 5.33). Aus diesem luftgekühlten Zweitakt-Motor mit 33 cm^3 Hubvolumen werden bei einer Drehzahl von 7000 1/min 1,25 kW Leistung herausgeholt. Bei einem geringen Gewicht von 4,3 kg einschließlich Tank, Auspuff etc. bedeutet dies ein Leistungsgewicht von 3,44 kg/kW, was für einen Motor dieser Größe als sehr gut zu bezeichnen ist. Aus diesem Grunde wird dieser Motor - wie ähnliche mit gleich günstigen Eigenschaften - bevorzugt für tragbare Kleinaggregate (Spritzen, Pumpen, landwirtschaftliches Kleingerät usw.) verwandt.

Der Aufbau eines solchen Motors ist entsprechend einfach: Schwungradgebläse, Handanlasser, Dekompressionsventil, Vergaser und für den Stationärbetrieb ein Drehzahlregler. Das erfordert bei einem Motor dieser Größe und Einsatzzwecke jedoch nicht nur den sparsamsten Umgang mit Material (Gewicht), sondern darüber hinaus eine gewisse Robustheit (Betrieb mit fachlich ungeschultem Personal) und äußerste Sparsamkeit in der Fertigungstechnik, denn die Verwendbarkeit dieser Motoren richtet sich nicht nur nach der technischen Vollkommenheit, sondern noch mehr nach dem

Abb. 5.34: *Einbaumotor STAMO St 150 der FICHTEL & SACHS AG*

Preis, den der Markt zu zahlen gewillt ist (Komfort).

5.1.3.2 STAMO St 150 - FICHTEL & SACHS, BRD

Ein größerer Bruder des vorgenannten Motors stellt der in Abb. 5.34 abgelichtete Motor STAMO St 150 dar. Er ist nicht nur leistungsstärker (4,4 kW bei n = 4500 1/min), sondern auch das Produkt einer neuen Generation aus dem Haus FICHTEL & SACHS. Der Allzweck-Kompaktmotor hat eine moderne Kunststoffverkleidung mit integriertem Tank und Vergaser. Ein Luftansaugeschacht verringert die oft sehr lauten Ansauggeräusche solcher 1-Zylinder-Motoren. Durch die gewählte Lage der Anbauteile ist ein horizontaler und vertikaler Einbau in das Gerät möglich. In der Darstellung ist der Motor mit Handanlasser ausgerüstet. Das Leistungsgewicht dieses Motors beträgt 3 kg/kW, die Literleistung ca. 29 kW/1.

Abb. 5.35: *Einbaumotor 110 908 von BRIGGS & STRATTON*

5.1.3.3 110 908 - BRIGGS & STRATTON, USA

Der Welt größter Klein-Motorenhersteller ist BRIGGS & STRATTON in Milwaukee/USA mit ca. 35 000 Einheiten pro Tag. Alle Motoren sind luftgekühlte Viertakt-1-Zylinder-Motoren für Benzin- aber auch Treibgasbetrieb (LPG). Die Motoren liegen in einer Leistungsklasse zwischen 1,5 und 12 kW. Ein typisches Beispiel ist der in Abb. 5.35 dargestellte Rasenmähermotor mit 2,5 kW bei 3600 1/min. Die Abtriebswelle ist vertikal, der luftgekühlte Zylinder infolgedessen liegend. Benzintank, Handanlasser, Filter etc. bilden mit dem Motor eine Einheit.

5.1.3.4 Motorsäge - STIHL, BRD

Als Musterbeispiel eines in ein Gerät integrierten Einzweckmotors sei hier eine Hubkolben-Verbrennungskraftmaschine in einer Baumsäge vorgestellt (Abb. 5.36). Ein kleiner Zweitakt-OTTO-Motor (s/d = 40/58 mm) ist in dem Handgriff der Säge untergebracht und bringt 4,5 kW Leistung auf das Kettenrad der Säge. Die Förderung der Kühlluft erfolgt über ein an der Kurbelwelle angebrachtes Gebläserad. Das geringe Gewicht der Säge von ca. 10 kg ermöglicht den Betrieb mit einem Mann.

5.1.4 Bootsmotoren

Für den Einbau in Boote und kleinere Schiffseinheiten eignen sich in der Regel alle Motoren, die für den beweglichen Einsatz geschaffen sind. So finden wir in der Mehrzahl auch Varianten von Pkw- und Lkw-Motoren im Bootseinsatz. Durch Zusatzeinrichtungen werden diese Motoren für den Marineeinsatz zugeschnitten. Als typisches Beispiel ist der zum Bootsmotor umgebaute 6-Zylinder-Reihenmotor von BMW in Abb. 5.37 dargestellt, der als 2,3 Liter-Motor 136 kW mit einer Untersetzung 1:1,95 auf die Schraube von 400 mm Durchmesser bringt.

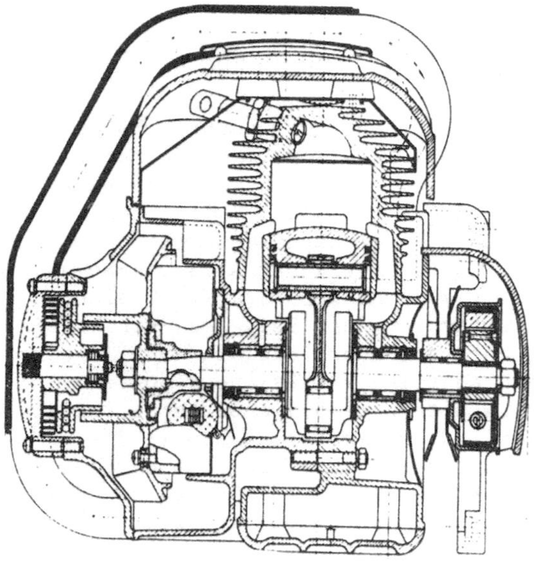

Abb. 5.36: Einzweckmotor für Baumsäge von STIHL

Sinnfällig erscheint auf Anhieb die Verwendung eines wassergekühlten Motors, da das Wasser als Kühlmittel offensichtlich unmittelbar zur Verfügung steht. Die heute in Seen und Flüssen vorhandene Wasserqualität - vor allem aber in Hafenbecken - eignet sich oft nicht für eine Mischkühlung, in vielen Fällen ist sie wegen der Wasserverunreinigung (Ölleckagen) auch nicht zulässig. So gilt es in erster Linie, den Wabenkühler durch einen Rohwasserkühler zu ersetzen, was unabdingbar ist, wenn man den Motor auch im Meerwasser verwenden will.

Die erhebliche Verschmutzung von Häfen durch Salze, Öle und Chemikalien macht in vielen Fällen aber auch den Einsatz von luftgekühlten Motoren interessant. Dies gilt auch für den Bootseinsatz in stark mit Treibgut durchsetzten Seen und Flüssen, z. B. Pflanzenwuchs in tropischen Gewässern. Hier können bei dem wassergekühlten Motor in kürzester Zeit alle Filteranlagen dicht sein, mangels Kühlung muß die Antriebsanlage dann stillgesetzt werden.

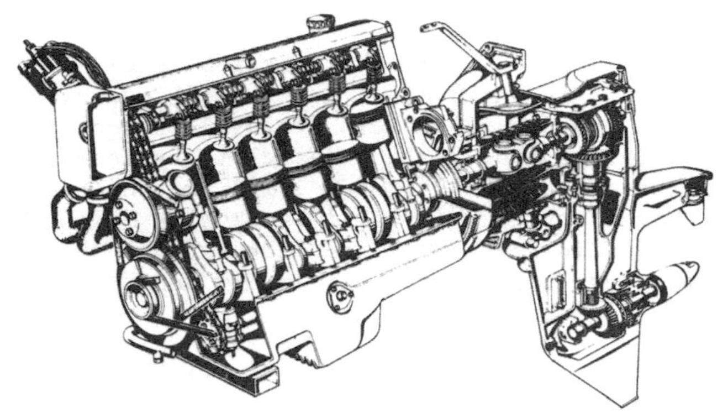

Abb. 5.37: Marineausführung eines Pkw-Motors (BMW) mit Z-Bootsantrieb

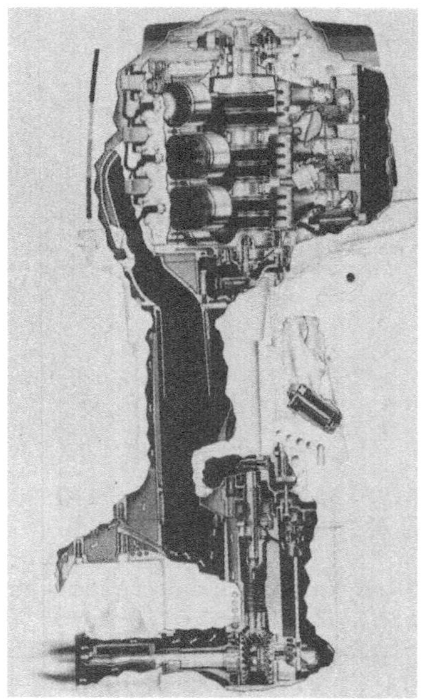

Abb. 5.38: Außenbordmotor (4 Zylinder) zum Antrieb von Sportbooten

Typische Bootseinbauten sind in Abschnitt 3.1 und den Abbildungen 3.3.13 bis 3.16 dargestellt, so daß in diesem Rahmen nicht noch einmal darauf eingegangen werden braucht.

Sondermotoren für den Bootseinsatz finden wir vor allem in der 3 - 100 PS-Klasse als 'Outborder' (oder auch als Hilfsmotoren in Segelyachten). Diese Motoreneinheiten (Abb. 5.38) beinhalten in einem einheitlichen Gehäuse Motor, Welle (Kupplung), Winkelgetriebe und Propeller und werden als Ganzes schwenkbar in die Bootsrückwand eingesetzt. Typisch ist der senkrechte Einbau der Kurbelwelle, der einen direkten Anschluß an die Bootswelle erlaubt.

Während es sich bei dem in Abb. 5.38 dargestellten Motor um einen der höheren Leistungsklasse handelt, ist in Abb. 5.39 ein kleiner 4,5 kW Außenbordmotor dargestellt.

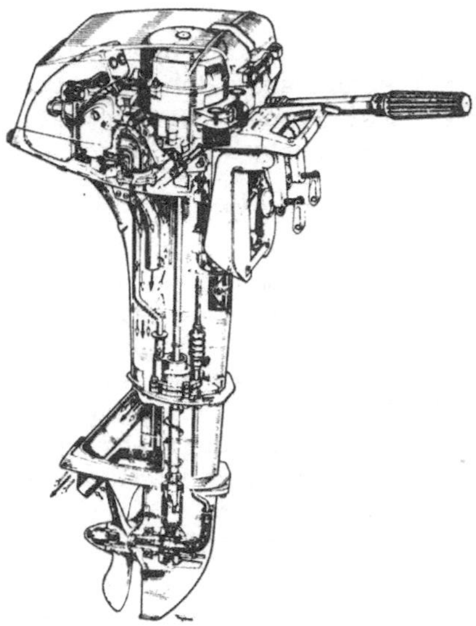

Abb. 5.39: *Kleiner Außenbordmotor für Hilfsantriebe oder kleinere Boote*

Bei diesen Motoren handelt es sich in der Regel um Zweitaktmotoren mit 1 bis 4 Zylindern, deren spezifische Leistungen - wohl eingedenk der geringen zu erwartenden Laufzeiten - relativ hoch sind und die ihr Abgas unterhalb der Wasserlinie abblasen. Die durch das Kraftstoff-Ölgemisch hervorgerufene Ölverschmutzung des Wassers und der Auspuffdunst über dem Wasser haben dazu geführt, daß auf vielen Seen der Motorbetrieb verboten wurde.

5.1.5 Flugmotoren

Auch wenn die Gasturbinen im Flugeinsatz als Strahltriebwerk oder Turboprop seit ihrer rasanten Entwicklung in der Nachkriegszeit die dominierenden Antriebe unter den Flugtriebwerken geworden sind, haben sie doch bis heute den herkömmlichen Kolbenmotor nicht vollkommen ersetzen oder verdrängen können. Man denke dabei an kleine Privat- und Geschäftsflugzeuge, die immer noch am wirtschaftlichsten mit Kolbenmotoren ihre Dienste verrichten. Wohl dringt die Gasturbine - auch wegen anderer Annehmlichkeiten - in kleinere Einheiten vor, doch sind dem Grenzen gesetzt. Es ist naheliegend, daß das Konstruktionsgewicht bzw. die Baustoffausnutzung im Flugzeugbau eine besondere Rolle spielen. Auf den Flugmotor übertragen, ist daher die Vergleichszahl 'Leistungsgewicht' von großer Bedeutung (siehe auch Abschnitt 2.3.3.2). Kennzeichnende Zylinderanordnung, wenn man von der früher bei Großmotoren üblichen Sternbauweise absieht, ist heute für die kleineren Leistungen bis ca. 300 kW die Boxer-Bauweise. Hier liegen die Zylinder horizontal gegeneinander versetzt angeordnet. Diese Bauweise bietet mehrere Vorteile: Die Sicht des Piloten wird durch die Flachbauweise nach vorn freigegeben, ferner ist die Triebwerkskühlung weitaus besser als bei Reihen- oder V-Motoren. Wegen der besseren Sichtverhältnisse, z. B. im Einsatz eines Jagdflugzeuges, wurde früher auch gern die V-Bauweise mit hängenden Zylindern (siehe Abschnitt 5.1.5.5/6) ausgeführt. Im folgenden sind Beispiele aufgeführt, die bewährte Flugkolbenmotoren verschiedener Hersteller darstellen. Wegen der im Flugzeugmotorenbau der 40er Jahre nicht mehr erreichten Kennwerte (Rennmotoren!) seien den heute noch verwendeten Hubkolbentriebwerken einige Exemplare aus der Blütezeit des Flugmotorenbaues gegenübergestellt.

Abb. 5.40: *Kleinflugmotor F 20 von HIRTH*

5.1.5.1 F 20 - HIRTH-FLUGMOTORENWERK, BRD

Abb. 5.40 zeigt einen Zweitakt-2-Zylinder-Reihenmotor für Leichtflugzeuge. Die Zylinder sind aus Aluminiumguß mit verchromter Lauffläche und werden durch ein Axialgebläse gekühlt. Aus 0,65 l Hubvolumen wird bei einer Drehzahl von 6000 U/min eine Leistung von 38,6 kW erzielt. Wegen der relativ hohen Drehzahl liegt das Leistungsgewicht mit 1,05 kg/kW für so kleine Motoren günstig. Die mittlere Kolbengeschwindigkeit beträgt dabei nur 13,6 m/s. Der Motor ist mit zwei Vergasern ausgerüstet und hat ein Verdichtungsverhältnis von 10,45. Die Schmierung wird durch Ölzumischung in den Kraftstoff erzielt.

Aus diesem Motor wurde das Modell F 21

durch Aufbohren des Zylinders von 78 auf 82 mm unter Beibehaltung des Gewichtes hergestellt. Die Leistung wird dadurch auf 44,2 kW erhöht, was ein noch günstigeres Leistungsgewicht von 0,89 kg/kW bedeutet.

Fast alle gängigen Flugmotoren kommen heute - wie die Masse der Flugzeuge - aus den Vereinigten Staaten. Diese Motoren sind in der Regel schon seit Jahrzehnten erfolgreich im Einsatz, die Veränderungen waren gering. Erst in den letzten Jahren setzt sich vereinzelt auch bei Motoren dieser Größe der Abgasturbolader durch.

5.1.5.2 O-300 - CONTINENTAL, USA

Abb. 5.41: Kolbentriebwerk O-300 von CONTINENTAL

Es handelt sich bei diesem Typ um einen Boxer-Motor mit 6 gegeneinander versetzten liegenden Zylindern. Dieser luftgekühlte Viertakt-Motor leistet 108 kW bei einer Drehzahl von 2700 U/min. Die Leistung wird unmittelbar, das heißt ohne Getriebe, an den an der Stirnseite der Kurbelwelle angeflanschten Propeller abgegeben. Das vertikal geteilte Kurbelgehäuse (Abb. 5.41) und die Zylinderköpfe sind aus Aluminiumlegierung. Die Zylinderlaufbuchsen sind aus Stahl. Die Ein- und Auslaßventile (je 1 pro Zylinder) werden durch Stößelstangen angetrieben. Bei s/d = 98/103 mm hat der Motor ein Hubvolumen von 4,9 l und ein Leistungsgewicht von 1,3 kg/kW. Die einteilige Kurbelwelle ist sechsfach gekröpft und im Gehäuse fünffach gelagert (ein Führungslager). Der Motor ist mit einem Vergaser ausgerüstet, der eine manuelle Kontrolle und Einstellung bei den verschiedenen Flughöhen ermöglicht. Der Motor wird mit Schmieröl im Druckumlaufverfahren von der Ölwanne versorgt. Die Stirnfläche des Motors beträgt 0,25 m^2.

5.1.5.3 GO-480 - LYCOMING, USA

Abb. 5.42: Flugmotor GO-480 von LYCOMING

Wie sein Vorgänger ist auch dieser Motor ein 6-Zylinder-Viertakt-Boxermotor, der jedoch mit einem Planetengetriebe zur Kraftübertragung auf die Schraube (Übersetzung 0,64:1) ausgerüstet ist (Abb. 5.42). Eine Leistung von 220 kW bei 3400 U/min ergibt ein Leistungsgewicht von 0,95 kg/kW bei einem Verhältnis s/d = 98/130 mm. Die sechsfach gekröpfte Welle ist mit Gegengewichten zum Kräfteausgleich versehen und liegt im Kurbelgehäuse vierfach gelagert. Der Motor hat einen Trockensumpf und wird mit dem notwendigen Schmieröl von außen versorgt.

5.1.5.4 GSO-580 - LYCOMING, USA

Diese Maschine ist ein aufgeladener, luftgekühlter 8-Zylinder-Boxermotor im Viertaktverfahren. Das Kurbelgehäuse aus Aluminiumlegierung ist vertikal geteilt und mit Stahllaufbuchsen ausgerüstet (Abb. 5.43). Die Startleistung beträgt 298 kW bei 3300 U/min (s/d = 98/124 mm), das Leistungsgewicht ist somit 0,93 kg/kW. Die Auslaßventile werden mit Natrium gekühlt. Die achtfach gekröpfte Kurbelwelle ist mit Gegengewichten ausgerüstet und ist fünffach gelagert. Über ein Untersetzungsplanetengetriebe (0,642:1) wird die Kraft auf den Propeller übertragen. Die

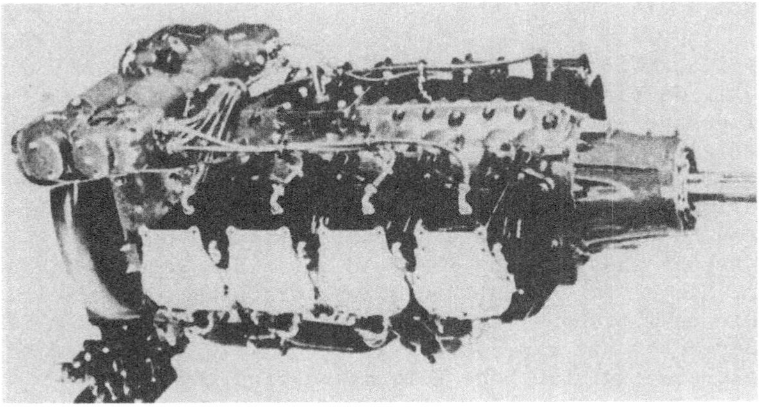

Abb. 5.43: *8-Zylinder-Boxer-Flugmotor GSO 580 von LYCOMING*

Schmierung erfolgt im Trockensumpfbetrieb mit einer Druckumlaufölversorgung von 5 - 6 bar.

Nachstehende Motoren sind in den Kriegsjahren entwickelt und in Nachfolgetypen zum Teil bis in die 50er Jahre hinein gebaut worden. Die Aufführung dieser Typen soll dem Leser ein Bild von den erreichbaren Grenzen des Hubkolbenmotorenbaues geben. Das Erreichen derartiger Grenzwerte ist jedoch zum Teil sehr kostenaufwendig, so daß man von einem wirtschaftlichen Einsatz nur dann sprechen kann, wenn die Vorteile derartiger Baumuster auch voll genützt werden (extremer Leichtbau, militärischer Einsatz o. ä.).

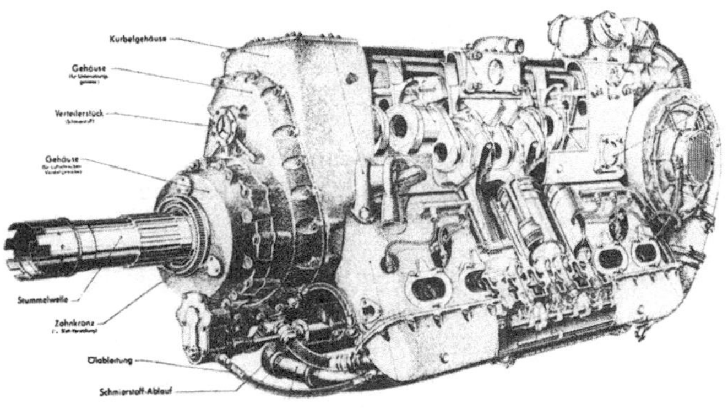

Abb. 5.44: *Flugmotor DB 605 A von DAIMLER BENZ aus dem letzten Krieg*

5.1.5.5 DB 605 A - DAIMLER BENZ AG, BRD

Dieser in den Kriegsjahren entwickelte und eingesetzte Flugmotor mit zwei unter 60^0 geneigten Zylinderreihen in hängender V-Form hat 12 Zylinder (Abb. 5.44). Der Motor ist mit einem stufenlos, automatisch arbeitenden Lader ausgerüstet und entwickelt eine maximale Leistung von 1086 kW (1475 PS) bei 2800 U/min; flugfertig ausgerüstet wiegt er 760 kg. Das Kurbelgehäuse ist ein einteiliges Gußstück aus Aluminium, an dessen Unterseite die beiden Zylinderblöcke unter einem Winkel von 60^0 angeordnet sind. Die Kurbelwelle ist sechsfach gekröpft und im Kurbelgehäuse siebenfach gleitgelagert.

Die Aggregate sind alle im V-Bereich des Motors untergebracht. Für den Notfall ließ sich der Motor noch mittels Handkurbel anlassen.

Abb. 5.45: *Triebwerk GRIFFON 57 A von ROLLS ROYCE, Mitte der 50er Jahre*

Das Leistungsgewicht von 0,7 kg/kW einschließlich Untersetzungsgetriebe wird heute nur von Rennmotoren unterschritten, wobei diese die Lebensdauer der Flugmotoren jedoch bei weitem nicht erreichen.

5.1.5.6 GRIFFON 57 A - ROLLS ROYCE, ENGLAND

Die Abb. 5.45 zeigt einen 12-Zylinder-Viertaktmotor mit einem 60^0 V-Winkel und einem Gesamthubvolumen von 36,7 l. Je ein Zylinderblock aus Aluminiumlegierung für jede Zylinderreihe wird auf das geteilte Kurbelgehäuse montiert. Die Zylinderlaufbuchsen sind aus Stahl und die vier Ventil-Zylinderköpfe haben gekühlte Auslaßventile. Die Ventilsteuerung erfolgt über je eine obenliegende Nockenwelle. Die sechsfach gekröpfte Kurbelwelle ist mit 12 Gegengewichten bestückt und siebenfach gleitgelagert. Dieser aufgeladene Motor entwickelt eine Startleistung von 1830 kW bei 2750 U/min, die über ein Untersetzungsgetriebe i = 0,43 auf einen gegenläufigen Doppelpropeller gebracht werden. Mit einem Gewicht von 852 kg ergibt sich ein Leistungsgewicht von 0,47 kg/kW. Die Schmierung erfolgt mit Druckumlauföl aus einem Separatbehälter (Trockensumpf). Der Motor hat eine Stirnfläche von 0,73 m^2 und s/d = 168/152 mm. Der große Hub bewirkt eine relativ hohe Kolbengeschwindigkeit von 15,4 m/s.

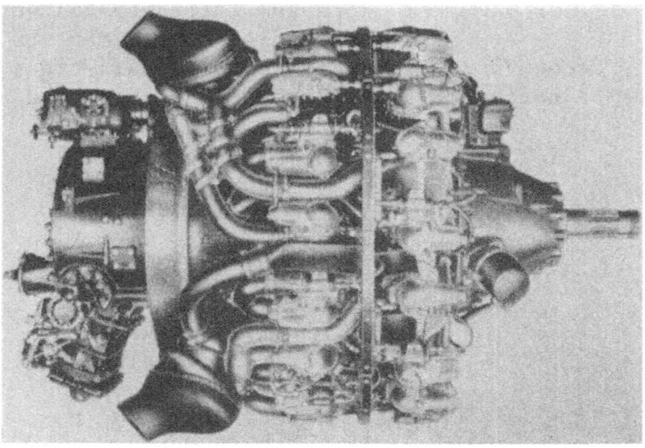

Abb. 5.46: Aufgeladener Sternflugmotor TURBO COMPOUND EA 4 von WRIGHT

5.1.5.7 TURBO COMPOUND EA 4 - WRIGHT, USA

Es handelt sich hier um einen Zweireihen-Sternmotor mit 18 Zylindern und einem Gesamthubvolumen von 54,9 l (s/d = 1160/155 mm). Der Motor ist luftgekühlt und liefert mit Aufladung eine Startleistung von 2536 kW bei 2900 U/min (Abb. 5.46). Das Gehäuse ist aus vier stahlgeschmiedeten Teilen zusammengesetzt. Die Laufbuchsen sind aus Stahl und werden durch Aluminiumrippen gekühlt. Die 2-Ventil-Zylinderköpfe sind aus geschmiedeter Aluminiumlegierung. Die Ventile werden über Stößelstangen betrieben. Die aus vier Teilen gebaute, zweifach gekröpfte Kurbelwelle ist in drei Kugellagern aufgenommen. Der Durchmesser der Motorstirnfläche beträgt 1437 mm entsprechend einer Fläche von 1,62 m^2. Das Leistungsgewicht ist 0,66 kg/kW und die Kolbengeschwindigkeit 15,5 m/s. Im Trockensumpfverfahren wird die Motorschmierung mit Druckumlauföl versorgt.

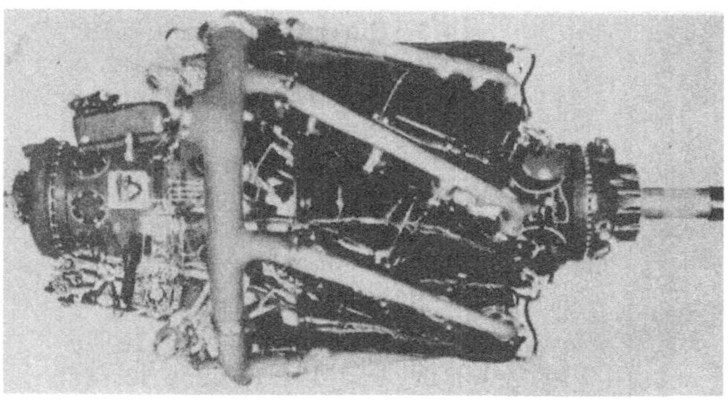

Abb. 5.47: Leistungsstärkstes Serien-Kolbenflugtriebwerk WASP MAJOR von PRATT & WHITNEY

5.1.5.8 WASP MAJOR R-4360 - PRATT & WHITNEY, USA

Abb. 5.47 zeigt einen luftgekühlten Viertakt-Sternmotor mit 28 Zylindern in vier Reihen mit Aufladung und Ladeluftkühlung. Das fünfteilige Gehäuse aus geschmiedeter Aluminiumlegierung nimmt die vierfach gekröpfte Kurbelwelle in fünf Gleitlagern auf. Aufgeschrumpfte Kühlmuffen an den Zylindern sorgen für die Kühlung. Die spiralartige gewundene Versetzung der Zylinderreihen intensiviert die Kühlung aller Zylinder. Die Startleistung beträgt 2610 kW bei 2700 U/min. Das Leistungsgewicht liegt bei 0,64 kg/kW. Die Zylinderabmessungen s/d = 152/146 mm ergeben ein Gesamthubvolumen von 71,5 l und eine Kol-

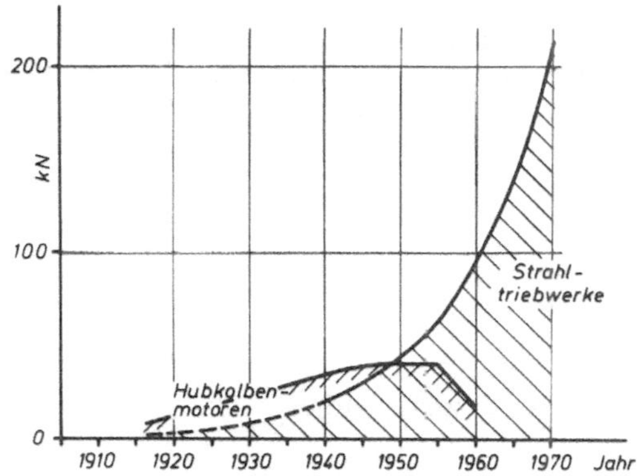

Abb. 5.48: Vergleich der Triebwerksschübe von Hubkolben- und Gasturbinentriebwerken

bengeschwindigkeit von 13,7 m/s. Der Sterndurchmesser beträgt 1397 mm und ergibt eine Motorstirnfläche von 1,53 m^2.

Gasturbinentriebwerke werden vereinbarungsgemäß nicht in dieser Schriftenreihe besprochen, können also auch nicht Gegenstand der Betrachtungen in diesem Buch sein. Dennoch ist es von Interesse, die heute erreichte Leistungsdichte eines modernen Mantelstrahltriebwerkes mit jener der Hubkolbentriebwerke zu vergleichen. Erst dadurch erkennt man den durch die Gasturbinentechnik erreichten Fortschritt in der Luftfahrt. Abb. 5.48 zeigt den evidenten Unterschied der erzeugten Schübe zwischen Hubkolbentriebwerken und Gasturbinentriebwerken. Erst durch die Vervielfachung des Schubes sind unsere heutigen Großraumflugzeuge mit wenigen Triebwerkseinheiten denkbar. Mit Hubkolbentriebwerken wären auch heute noch Lösungen vorstellbar, wie sie DORNIER mit seinem Flugboot DO X Ende der 20er Jahre verwirklicht hat (Abb. 5.49).

Abb. 5.49: Leistungskonzentration durch Vielfachanordnung von Hubkolbentriebwerken am Flugboot DORNIER DO X

5.1.6 Sport- und Rennmotoren

Während der 'sportliche Motor' oder Sportmotor in vielen Fällen nur als eine sportliche Version eines normalen Automobilmotors dargestellt und in sportlichen Fahrzeugen einem breiten Publikum angeboten wird, sind die Konstruktionsmerkmale eines ausgesprochenen Rennmotors früher und heute so weit vom praktischen Alltag entfernt, daß deren hoher Preis verständlich wird.

Die einfachste Version sportlicher Motoren sind die vom Werk oder besonderen Werkstätten hochgetrimmten (getunten [1]) Serienmodelle. Das beginnt bei höheren Verdichtungsverhältnissen über drehzahlfestere Ventiltriebe, polierte Kanäle und abgestimmte Luft- und Abgassysteme, verbesserte Vergaser oder Einspritzgeräte mit höher qualifizierten Zündanlagen bis zum Sondertriebwerk und einem Aufladesystem.

Bessere Füllung, höheres Ladungsgewicht, größere Drehzahl und bessere Energieumsetzung bringen eine erhöhte Leistungsdichte, so daß heute manche sportliche Version eines "Alltagsautos" durchaus die Eigenschaften eines Tourensportwagens aufweist.

Während es in den 50er Jahren - als sich die großen Automobilwerke noch selbst an den Rennen beteiligten - eine ganze Reihe von sehr individuellen Rennwagenmotoren gab (siehe z. B. die Abb. 3.191 und 3.192), ist die Anzahl der heute in der Formel I mit Erfolg verwendeten Rennmotoren äußerst gering geworden.

[1] to tune = abstimmen - hier: Motorleistung erhöhen

Die von Sponsoren geförderten Rennställe, die ihre Karosserien maßgeschneidert entwerfen, verwenden Motoren, die ihnen Erfolg versprechen, da bis auf FERRARI keine der heute bekannten Rennfirmen selbst Motoren bauten. Die Gleichheit des Materials ergibt deshalb auch eine so gleiche Leistungsstärke der Kontrahenten, daß man den Eindruck gewinnt, daß das Aufziehen der richtigen Reifen allein über Sieg und Niederlage entscheidet.

Die Unterschiede zwischen den Rennmotoren und den üblichen Gebrauchsmotoren sind aber mit Sicherheit kleiner als diejenigen zwischen den Rennchassis und dem Straßenfahrzeug, müssen doch heute die Rennstrecken eher nach den Fahrzeugen errichtet werden, als daß man für die Straßen Wagen baut.

5.1.6.1 M 12/6 - BMW, BRD

Abb. 5.50: Rennmotor M 12/6 von BMW

Hier handelt es sich um ein typisches Beispiel eines aus einem Serienmotor entwickelten Rennmotors für die Formel II. Aus einem Serien-Kurbelgehäuse wurde dieser Motor mit einem Hubvolumen von 2 Liter entwickelt. Abb. 5.50 läßt den Zylinderkopf mit den zwei obenliegenden Nockenwellen und den vier abgestimmten Ansaugstutzen mit den eingesetzten Einspritzdüsen erkennen. Das Ansaugsystem ist so abgestimmt, daß im oberen Drehzahlbereich eine sehr hohe Schwingrohr-Aufladung erzielt wird. Auf diese Weise erreicht man bei einer Kolbengeschwindigkeit von über 24 m/s noch einen mittleren Druck von p_e = 14,8 bar. Die Pleuelstange und die Pleuelschrauben sind aus Titanlegierung hergestellt (gleiche Wärmedehnung). Die Ventile (zwei Anlaß- und zwei Auslaßventile) werden durch Tassenstößel direkt von den beiden Nockenwellen betätigt. Der Antrieb der beiden Nockenwellen erfolgt über den Räderkasten im vorderen Teil des Motors.

Das Schmiersystem basiert auf der Trockensumpfschmierung, um die Planschverluste zu minimieren. Zwei Saugpumpen und eine Druckpumpe sorgen für die Motorschmierung. Die Wasserpumpe wird mit Zahnriemen angetrieben. Die gleichmäßige Temperaturverteilung im Motor wird durch eine Abstimmung der Querschnittsöffnungen in der Zylinderkopfdichtung erreicht; eine thermostatische Regelung ist nicht vorgesehen.

Abb. 5.51: 6-Zylinder-V-90^0-Rennmotor von RENAULT-GORDINI

Während der normale 4-Zylinder-2-Liter-Motor von BMW bei 6300 U/min ca. 80 kW erzeugt, wird auf diese Weise aus dem gleichen Bauraum 224 kW bei 9250 U/min gewonnen, was einer spezifischen Leistung von 112 kW/l entspricht.

Zu den Konkurrenten in dieser Leistungsklasse gehören z. B. die RENAULT GORDINI V-6-Motoren (90^0 V), die als kompressorlose 2-Liter-Motoren auch die Grenze von 220 kW überschreiten (Abb. 5.51). Ebenfalls ein 4-Zylinder-Reihenmotor ist der FORD-COSWORTH-Formel-II-Rennmotor, der in Details sehr starke Ähnlichkeit mit dem Formel-I-Motor aufweist.

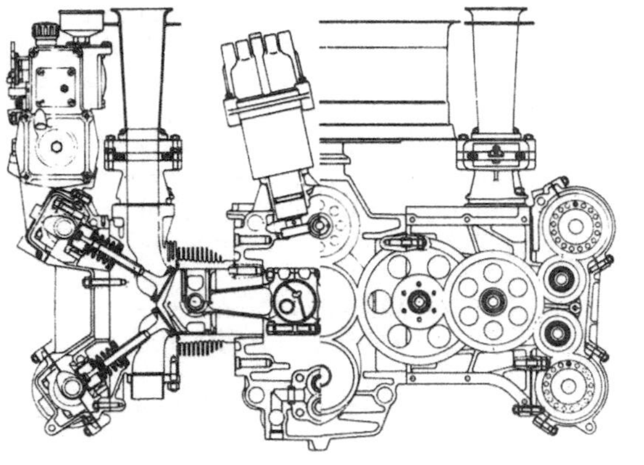

Abb. 5.52: Querschnitt durch den Rennmotor 917 von PORSCHE

Abb. 5.53: Kühlgebläse und Aufladesystem des Rennmotors 917

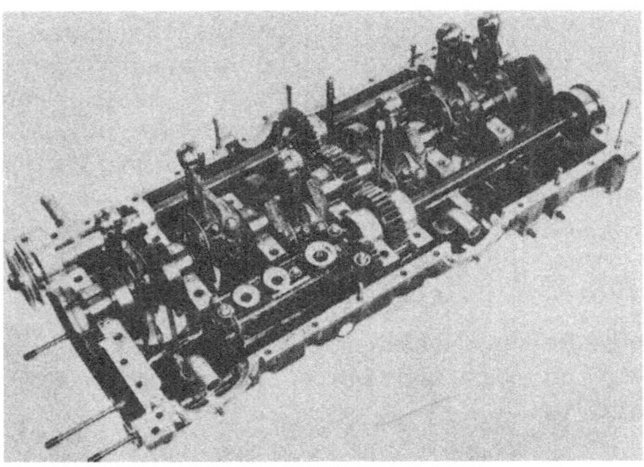

Abb. 5.54: Kurbelwelle mit Mittenantrieb der Nockenwellen vom Motor 917

5.1.6.2 PORSCHE 917 - PORSCHE, BRD

Einer der erfolgreichsten Sportwagenmotoren ist der 12-Zylinder-V-180^0-Motor 917 von PORSCHE, der mit einer mechanischen Einspritzausrüstung in seiner größten Ausführung mit 4,5 Liter Hubvolumen 485 kW bei 8300 1/min als Saugmotor entwickelt (Abb. 5.52).

In der aufgeladenen Version (Abb. 5.53), bei der der Motor bei dem gleichen Hubraum (s/d = 70,4/90 mm) 808 kW bei 7800 1/min erreicht, werden die zwei Abgasturbolader im Ladedruck geregelt. So erhält man ein maximales Drehmoment von 1120 Nm (entsprechend p_e = 26 bar). Das Verdichtungsverhältnis des aufgeladenen Motors ist gegenüber dem Saugmotor mit ε = 10,5 auf ε = 6,5 herabgesetzt, um die Gasdrücke zu begrenzen.

Als Besonderheit dieses luftgekühlten Motors mag der Rädertrieb in Mitte des Motors (am Knotenpunkt der Torsionsschwingungen) gelten (Abb. 5.54). Das Kurbelgehäuse ist aus einer Magnesium-Legierung, die Zylinderrohre sind aus Aluminium geschmiedet mit Chrom-Laufschicht und die Zylinderköpfe aus einer warmfesten Aluminium-Legierung in Kokille gegossen.

Da auch der Kolben aus einer Aluminium-Knetlegierung besteht und die Pleuelstangen aus einer Titanlegierung Ti Al7 Mo4 geschmiedet werden, sind als wesentliche Motorenbauteile nur noch die Kurbelwelle und die Kolbenbolzen aus Stahl. Um die Reibungsverluste niedrig zu halten, sorgen sechs Absaugepumpen am Motor für einen Trokkensumpf. Bei einem Motorengewicht von 260 kg (285 kg aufgeladen) werden somit spezifische Leistungsgewichte von 0,54 (0,35) kg/kW erreicht.

5.1.6.3 MATRA V 12 - MATRA, FRANKREICH

Zu den Sportwagenmotoren der verschiedenen Leistungsklassen gehören neben dem vorgestellten PORSCHE-Motor-917 unter anderem auch Abwandlungen der Formel-I-Motoren. Neben ALFA ROMEO hat auch MATRA speziell für den Sportwageneinsatz einen Hochleistungsmotor entwickelt (Abb. 5.55). Es handelt sich dabei um einen 12-Zylinder-V-60^0-Motor (s/d = 50/79,7), der aus seinem Hubvolumen von 2999 cm^3 bei 10700 1/min eine Leistung von 330 kW erzeugt. Dies entspricht einem Nutzmitteldruck von 12,6 bar und einer Kolbengeschwindigkeit von 17,8 m/s.

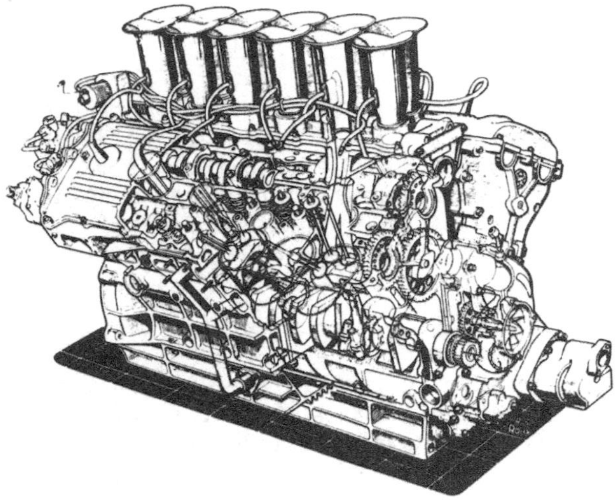

Abb. 5.55: V 12 Rennmotor von MATRA

Wie alle Motoren dieser Art, ist der Motor mit 4 Ventilen je Zylinder (2 x 2 IHC) und einer Saugrohreinspritzung ausgerüstet. Obwohl diese Motoren so gebaut sind, daß sie als tragendes Bauteil in einer Karosserie eingebaut werden können, z. B. in Formel I-Fahrzeugen (BRABHAM, MARCH, FERRARI, BRM), kommen ihre spezifischen Gewichte der scheinbaren Grenze von 0,5 kg/kW sehr nahe.

5.1.6.4 COSWORTH V 8 - FORD, ENGLAND

Der meist verwendete Rennmotor der Formel I ist der 3-Liter-FORD-COSWORTH-Motor mit P = 331 kW = 450 PS Leistung (Abb. 5.56). Es ist ein 8-Zylinder-V-Motor mit einem V-Winkel von 90^0. Der Zylinderblock und das Kurbelgehäuse sind in Höhe der Kurbelwellenachse getrennt (Abb. 5.57). In den Zylinderblock werden die nassen Laufbuchsen aus Stahl von oben eingeschoben. Das Kurbelgehäuse ist sehr eng an die Pleuel-Umlaufbahnen herangezogen und bildet 4 getrennte Ölsumpfkammern. Diese Bauweise gibt dem Motor die notwendige Steifigkeit, die er als selbsttragendes Fahrzeugteil haben muß. Die Kolben sind aus Aluminium und werden je mit zwei Kompressionsringen und einem Ölabstreifring bestückt.

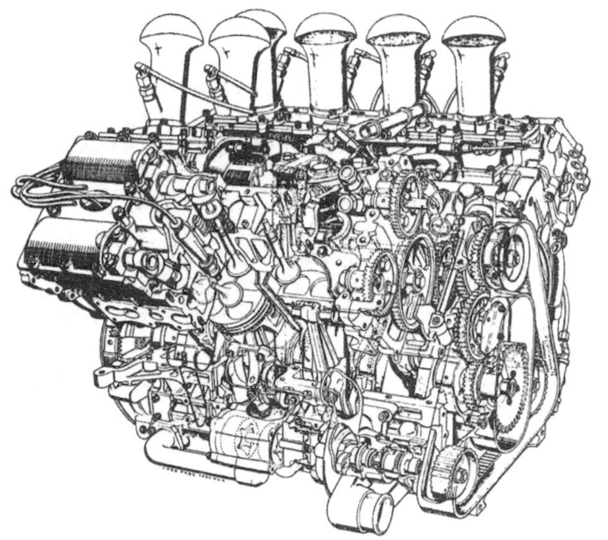

Abb. 5.56: Erfolgreichster Rennmotor der Formel I: COSWORTH V 8 von FORD

Vier obenliegende Nockenwellen steuern über Tassenstößel die paarweise pro Zylinder angebrachten Ein- und Auslaßventile. Infolge des kleinen Ventilwinkels von jeweils 16^0 eines Ventilpaares zur Zylinderachse konnten die Zylinderköpfe sehr schmal ausfallen. Deshalb kommt man mit nur einem Antriebsrad je Zylinderkopf zum Antrieb der beiden Nockenwellen aus. Die Zylinderköpfe aus Leichtmetall sind aus 3 Teilen zusammengebaut, wo im mittleren Teil die Nockenwellen untergebracht sind. Der Motor wird mit vier Saug- und einer Druckpumpe, sowie mit einer kleinen Drehflügel-Luftpumpe zur Unterstützung der Ölrückführung ausgerüstet.

Da die letzten Pferdestärken von sehr vielen Feinheiten abhängen, gibt es in jedem Rennstall eine Reihe von Spezialisten, die nicht nur die Aggregate in Ordnung halten, sondern auch Hand ans letzte "Tuning" legen.

5.1.6.5 312 - T 2 - FERRARI, ITALIEN

Eine besonders flache Bauweise eines Rennmotors zur Erlangung eines niedrigen Fahrzeugschwerpunktes (ähnlich PORSCHE 917) stellt die des Formel I-Rennmotors 312-T2 von FERRARI dar. Es handelt sich um einen 12-Zylinder-Boxer-Motor (Abb. 5.58). Eine sechsfach gekröpfte Kurbelwelle aus geschmiedeter Stahl-Messing-Alu-Legierung mit nur vier Hauptlagern, die beiden mittleren sind Gleit- und die beiden äußeren Rollenlager, was den Sinn hat, die Reibungsleistung auf ein Minimum zu beschränken

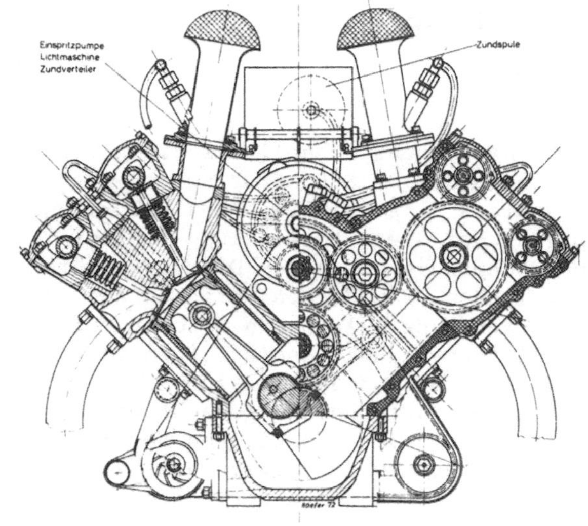

Abb. 5.57: Querschnitt durch den COSWORTH-Motor

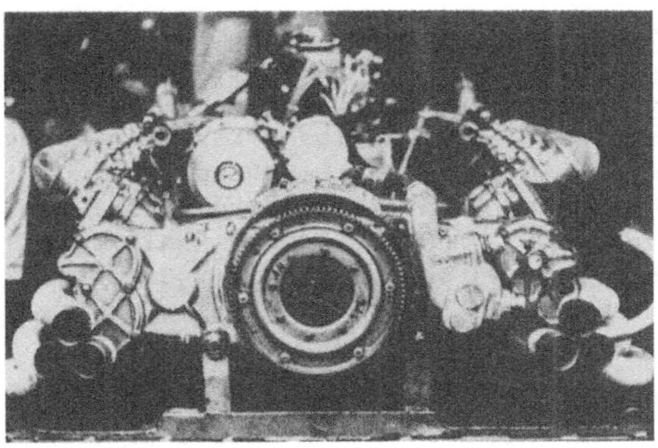

Abb. 5.58: Antriebsseite des Rennmotors 312 T 2 von FERRARI

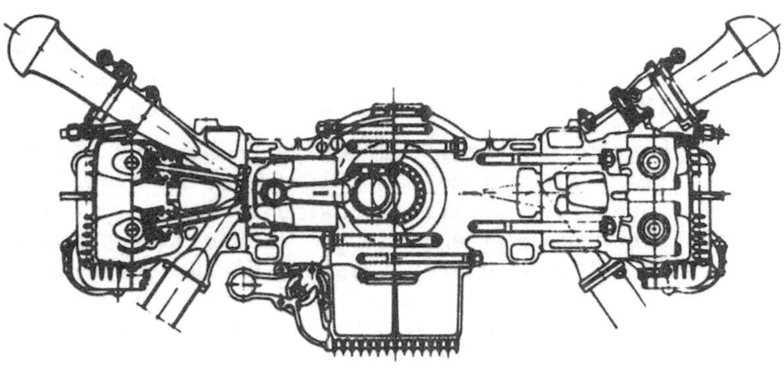

Abb. 5.59: Querschnitt durch den FERRARI-Motor 312 T 2

(Abb. 5.59).

Der Motorblock ist in der Mitte senkrecht getrennt. Der Innenraum ist so eng gestaltet, damit die Verluste durch Ölwirbel reduziert werden. Die vier obenliegenden Nockenwellen werden durch Stirnradantrieb betätigt und bewegen über Tassenstößel die Ein- und Auslaßventile (je 2 pro Zylinder). Der Motor hat Trockensumpfschmierung mit fünf Saugpumpen (3 Stück für das Kurbelgehäuse und je eine für jede Zylinderkopfreihe). Eine Öldruckpumpe führt das Öl wieder den Schmierstellen zu.

Der kurze Hub (s/d = 49,6/80 mm) ermöglicht eine Drehzahl von n = 12200 U/min (v_m = 20,2 m/s). Mit einer Zylinderleistung von gut 30 kW werden 368 kW = 500 PS aus diesem 3-Liter-Aggregat erzeugt.

In diese Kategorie der Formel I-Motoren gehören noch Ausführungen von MATRA, BRM und ALFA ROMEO. Da die Fahrzeuge alle nur etwa 560 kg (trocken) wiegen, kommen die Gesamtfahrzeuge auf Leistungsgewichte um 1,6 kg/kW, während ein normales Straßenfahrzeug auf Werte um 8 - 10 kg/kW kommt - eine Differenz, die den technischen Aufwand, aber auch die großen Unterschiede erklärlich macht.

5.2 Die Verbrennungskraftmaschine nach dem DIESEL-Verfahren

Während der OTTO-Motor Ende des letzten Jahrhunderts sehr schnell als kleinerer Motor Eingang in den Fahrzeugbau fand, bahnte sich der DIESEL-Motor seinen Weg über den größeren Motor im stationären oder Schiffs-Einsatz. Die hohen Drücke und der Aufwand der Kraftstoffeinspritzung zu Beginn der Dieselentwicklung (Lufteinblasung), verbunden mit den begrenzten Brenngeschwindigkeiten des Dieselverfahrens, ließen sich im Großmaschinenbau besser verwirklichen. Von diesen Anfängen aus hat sich das Dieselverfahren immer weiter in den Bereich der kleineren Motoren vorgeschoben, und kurioserweise wird das Feld der kleinsten Hubkolbenmaschinen von der selbstzündenden Maschine beherrscht. Gerade in den letzten Jahren sind auf dem Gebiet der Pkw- und Leichtlastwagenmotoren sehr große Fortschritte gemacht worden, mit einer Ausweitung des Dieselbetriebes ist auf Grund der günstigeren Verbräuche und der großen Umweltfreundlichkeit der Abgase zu rechnen. Inwieweit die "Verdieselung" in den nächsten Jahren weitere Fortschritte macht, wird vor allem auf dem Fahrzeugsektor weitgehend von den noch offenen Fragen der Toxizität (Kanzerogenität) der Dieselabgase abhängen.

5.2.1 Zweitakt-Kreuzkopf-Motoren (Kathedral-Engines)

Wie die Namensgebung erkennen läßt, handelt es sich bei dieser Kathegorie von der Form her um die größten unter den Verbrennungsmotoren. Diese Bauart hat einst den Dieselmotoren-Schiffsmaschinenbau fast 100 %ig beherrscht. Erst seit dem Einbruch der mittelschnellaufenden Motoren Ende der fünfziger Jahre in diesen Markt zeichnen sich für kleinere Schiffe Veränderungen ab, auch wenn der langsamlaufende Großmotor nicht gefährdet ist; denn noch immer wird 4/5 der Motorenantriebsleistung für seegehende Schiffe von den 'cathedral engines' abgedeckt. Wichtig ist dabei allerdings, daß fast 90 % dieser Motoren bei Lizenznehmern gebaut werden, das heißt, die Stammfirmen wirken hauptsächlich wie große Ingenieurbüros.

Wenn es nicht nur Tradition ist, so muß es doch heute auch noch Argumente geben, die den Gebrauch dieser Großmotoren stützen, obwohl sie in der Regel doppelt so teuer in der spezifischen Leistung (DM/kW) und um etliche Tonnen schwerer als ein leistungsgleicher Mitelschnelläufer sind. Die Schiffahrt lebt allein vom Transport von Gütern, das heißt, die Wirtschaftlichkeit eines Unternehmens steht und fällt mit den Kosten für den 'Tonnenkilometer'. Bekannterweise ist der Transport zu Wasser die preisgünstigste Gelegenheit, Waren von einem Ort zum anderen zu bringen. Das zeigt sich am deutlichsten, wo ein konkurrierender Transportverkehr möglich ist (z. B. Flußschiffahrt). Die veränderlichen Typen und Baugrößen der Flotten zeigen eine laufende Anpassung an die Markterfordernisse, da nur günstige Baugrößen mit Schiffsformen geringer Wasserwiderstände den Transportaufwand minimieren.

Im Rahmen der steigenden Kraftstoffkosten wird vergrößertes Augenmerk auf den Stundenverbrauch notwendig. Da die Schiffsleistung (und damit in erster Näherung der verbrauchte Kraftstoff) mit der 3. Potenz der Schiffsgeschwindigkeit steigt, hat der Drang zu immer höheren Schiffsgeschwindigkeiten generell nachgelassen (Ausnahme: Sonderschiffe). Viele Reedereien sind schon dazu übergegangen, die Reisegeschwindigkeiten zu reduzieren, da die längere Reisezeit bei vielen Gütern in Kauf genommen werden kann. Eine andere Möglichkeit ist der Kauf von Motoren mit niedrigem spezifischen Brennstoffverbrauch - und dies ist der Punkt, weswegen die Zweitakt-Großmotoren sich immer halten konnten und in manchen Fällen auch neue Freunde gewonnen haben.

Bei einer Schiffsanlage von 20000 kW bedeutet ein Minderverbrauch von durchschnittlich 10 g/kW·h bei gefahrenen 5000 Bh/a eine Brennstoffersparnis von etwa 1000 Tonnen im Jahr (bei gleicher Transportleistung pro Jahr kann man bei 90 % Geschwindigkeit allerdings etwa 4000 t sparen!).

Weitere Vorteile sind die bessere Schwerölverträglichkeit und eine in der Regel lange Lebensdauer. Letzteres Argument scheint jedoch im Rahmen unserer derzeitigen Abschreibungsmöglichkeiten und durch den frühzeitigen Verkauf der Schiffe immer geringere Bedeutung zu haben.

Weiterhin spricht man den Großmotoren eine sehr hohe Betriebssicherheit auf Grund der niedrigen Drehzahlen zu. Ein wesentliches Bauteil in der Schiffsökonomie stellt der Schiffspropeller dar, dessen Wirkungsgrad mit steigenden Drehzahlen stark abfällt. Der Großmotorenbauer versucht deshalb, die günstigen Drehzahlen von 90 - 110 U/min direkt zu erzeugen, um ein Getriebe zu ersparen. Bei "kleineren" Großmotoren werden Drehzahlen bis ca. 160 (180) U/min verwirklicht. Die hohe Betriebssicherheit wird zudem hervorgerufen durch die wenigen arbeitenden Bauteile dieser Maschinen, das heißt, die Ausfallmöglichkeiten sind geringer. Dieser für die Wartung vorteilhafte Umstand kann aber auch zum entscheidenden Nachteil gereichen: Tritt ein Motorschaden auf, so liegt mit der Einzelmaschinenanlage das gesamte Schiff still. Allein wegen der Liegezeiten wird die Reparatur teuer.

Gemeinsame Kennzeichen fast aller Motoren dieser Gattung sind:

a) Zweitakt-Verbrennungsverfahren mit hoher Aufladung

b) Aus Blechen und Schmiedeteilen zusammengeschweißte Motorengestelle - oft mit Zugankerkonstruktion

c) Ein Kreuzkopf zur Aufnahme der Pleuelstangenseitenkräfte. Dies ermöglicht an einer glatten Kolbenstange eine gute Abdichtung des Brennraumes gegenüber dem Triebwerk (Kurbelgehäuse)

Der Zweitakt-Ladungswechsel erfolgt in der Mehrzahl der Fälle über Einlaß- und Auslaßschlitze, doch wird auch eine Gleichstromspülung mit Auslaßventilen angewandt. Die wichtigsten Arten sind in Abb. 3.179 skizziert.

Da die großen Kreuzkopfmotoren zum überwiegenden Teil in seegehende Schiffe eingebaut werden, interessiert in diesem Zusammenhang das Vordringen der Dieselmotorenanlagen (bezogen auf die installierte Leistung) gegenüber den Dampfanlagen

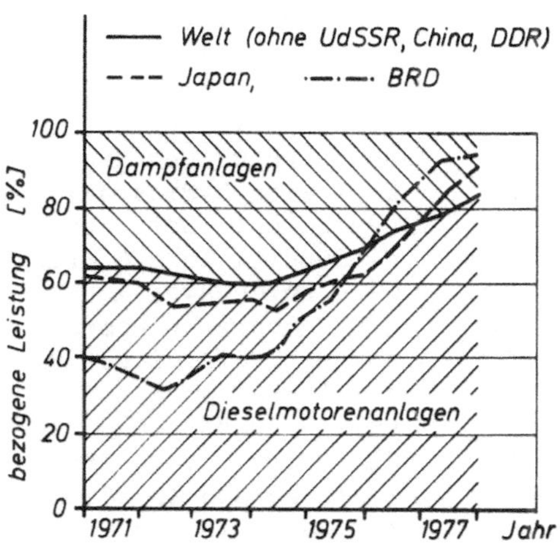

Abb. 5.60: Anteil der DIESEL-Antriebe in der Weltschiffahrt

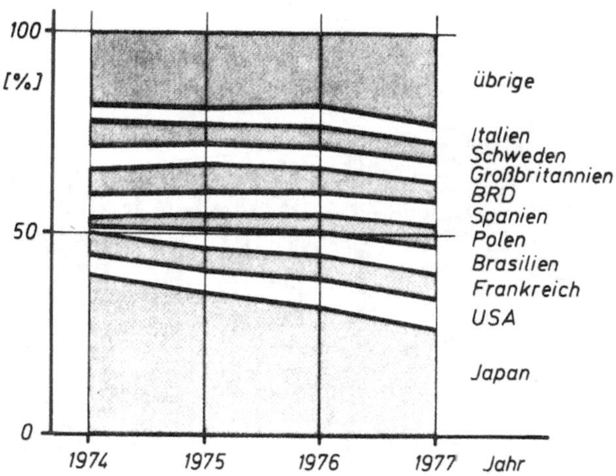

Abb. 5.61: Verteilung des Schiffsmaschinenbaues auf die Seefahrtnationen

(Abb. 5.60). Dieser Trend hat sich seit der Erdölkrise Ende 1973 sehr verstärkt. Wie im Schiffbau, so hat Japan auch im Schiffsmaschinenbau seit Jahren die führende Rolle übernommen (Abb. 5.61). Gegenüber einem Auftragsbestand von 26,7 % des Auftragsbestandes aller in der Weltschiffahrt zu installierenden Leistungen stehen die anderen Schiffbauländer recht dürftig da, auch wenn der japanische Anteil in der Zeit der Schiffbauflaute einen deutlichen Einbruch erlebt hat. Nun ist der Einfluß der europäischen Motorenindustrie sicherlich nicht so schwach, wie man aus der Statistik ablesen zu müssen glaubt, denn ein Großteil der in Japan gefertigten

Motoreneinheiten sind Lizenzmotoren der großen europäischen Motorenhersteller. Der Trend nach Japan - und neuerdings auch nach Korea - ist aber nicht nur dadurch gegeben, daß dort die entsprechenden Schiffseinheiten gebaut werden, sondern auch - und das sollten wir Europäer nicht vergessen - durch die Tatsache geprägt, daß wir durch unser Kostenniveau für den Kleinserien- und Einzelmaschinenbau nur begrenzt konkurrenzfähig sind.

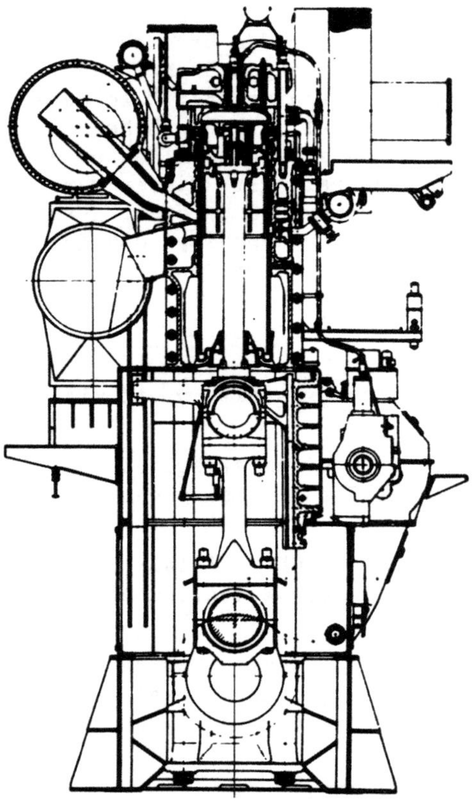

Abb. 5.62: Querschnitt des Motors KSZ 90/160 B der MAN

5.2.1.1 KSZ 90/160 B - MAN, BRD

Der in den Abbildungen 5.62 und 5.63 im Querschnitt und in der Perspektive dargestellte Kreuzkopfmotor der MAN ist ein typisches Beispiel für eine große Zweitaktmaschine. Die Gaskräfte von dem 900 mm im Durchmesser großen Kolben werden über eine Treibstange auf Kreuzkopf und Pleuelstange geleitet. Der relativ große Hub von 1600 mm (s/d = 1,78) ergibt bei einer Kolbengeschwindigkeit von v_m = 6,5 m/s die gewünschte niedere Drehzahl von n = 122 U/min für einen guten Wirkungsgrad des Propellers. Die Aufladung erfolgt im Staubetrieb, weshalb lange Diffusoren in das Staurohr hineinragen. Ein mittlerer Effektivdruck von p_e = 13 bar ergibt für einen Zweitakt eine hohe Leistungsdichte (2700 kW/Zyl.), das bauartbedingte Gewicht (730000 kg) jedoch ein hohes spezifisches Leistungsgewicht (38,6 kg/kW). Die Überdeckung der Spülschlitze macht einen relativ langen Kolben notwendig. Das Gehäuse besteht aus zusammengesetzten kastenförmigen Längsträgern, die durch Zuganker miteinander verbunden sind. Eine einwandige Grundplatte nimmt in Gleitlagern die geteilte Kurbelwelle auf. Über Zahnräder wird die Kraft auf eine Einspritzpumpenwelle, die parallel zur Kurbelwelle verläuft, übertragen. Der Kreuzkopf wird hydrostatisch geschmiert. Der dazu notwendige hohe Öldruck wird durch zwei Hochdruck-Schmierpressen erzeugt, die direkt von der Treibstange angetrieben werden und Drucköl in die untere Kreuzkopflagerschale fördern. Zur Aufnahme des Propellerschubes ist ein Axial-Drucklager direkt in dem Motor integriert, so daß ein Anschluß der Propellerwelle möglich ist.

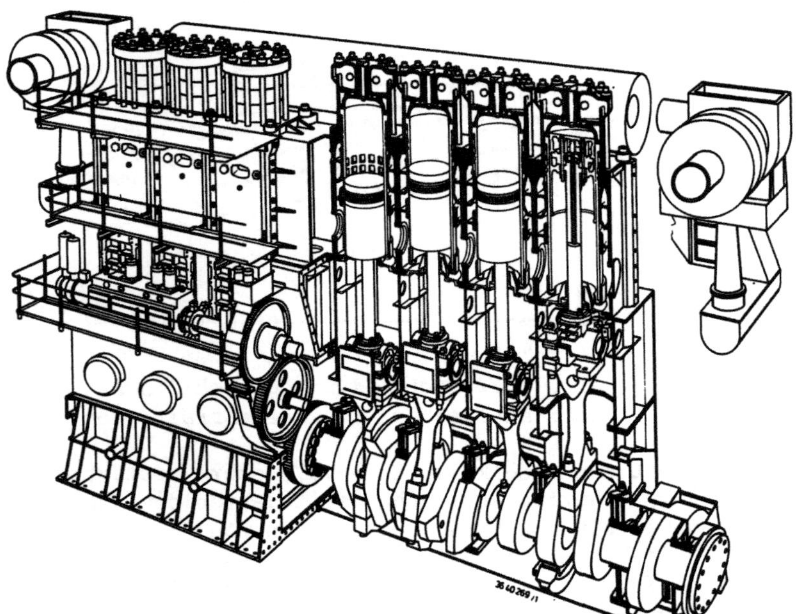

Abb. 5.63: Längsschnitt durch den Motor KSZ 90/110 B der MAN

5.2.1.2 RND 90 M - GEBRÜDER SULZER, SCHWEIZ

Einen in Abmessungen und Aufbau sehr ähnlichen Motor stellt die Abb. 5.64 dar. Der SULZER-Motor RND 90 M ist ebenfalls ein einfach wirkender langsamlaufender Zweitaktmotor (s/d = 1550/900) mit einer Zylinderleistung von 2465 kW (122 1/min). Die stabile Fundamentplatte nimmt die Kurbelwelle auf, die bei Motoren mit mehr als sechs Zylindern aus zwei Teilen zusammengeschraubt ist. Der Ständer in A-Form besteht aus doppelwandigen Bauelementen, die mit Längsplatten dem gesamten Ständer die notwendige Steifigkeit verleihen. Die einzelnen Zylinderelemente sind zu einem Zylinderblock zusammengeschraubt.

Zylinderlaufbuchsen und Kolben werden mit Wasser gekühlt. Der Motor verfügt über drei Ölkreislaufsysteme: das Niederdruckkreislaufsystem (1,5 - 2,5 bar) zur Versorgung der Haupt- und Nockenlager, das Mitteldrucksystem zur Steuerung des Servomotors an der Nockenwelle und das Hochdrucksystem mit 10 - 16 bar, das den Kreuzkopf und das Treibstangenlager mit dem notwendigen Öl versorgt. Um eine Gewichtsvorstellung von Motoren dieser Größe und Bauart in Zahlen auszudrücken, kann man etwa 100 Tonnen pro Zylinder angeben.

5.2.1.3 B 900 - GRANDI MOTORI, ITALIEN

In die gleiche Serie gehört der Motor B 900 von GRANDI MOTORI, Triest (Abb. 5.65). Bei gleichen Motorabmessungen (s/d = 1600/900) ergibt sich hierbei eine Zylinderleistung von 2500 kW. Ein mehrfach wirkender Kreuzkopfmotor mit einer aus Stahlblech und Stahlteilen zusammengeschweißten Grundplatte - auch der Ständer ist eine Blechkonstruktion. Mit den gegossenen Zylindern sind diese Teile durch Zuganker miteinander verbunden. Eine Querwand trennt die Zylinder vom unteren Triebwerksraum. Die

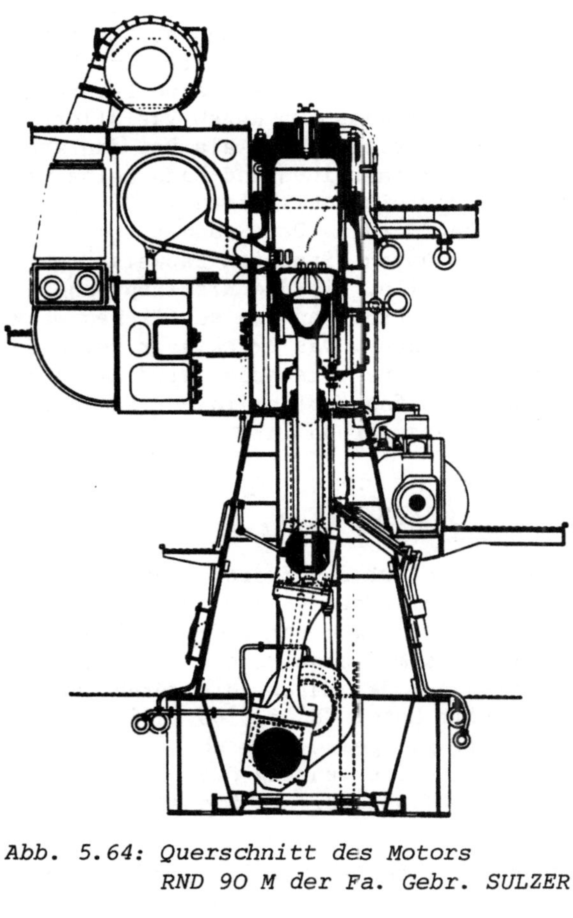

Abb. 5.64: Querschnitt des Motors RND 90 M der Fa. Gebr. SULZER

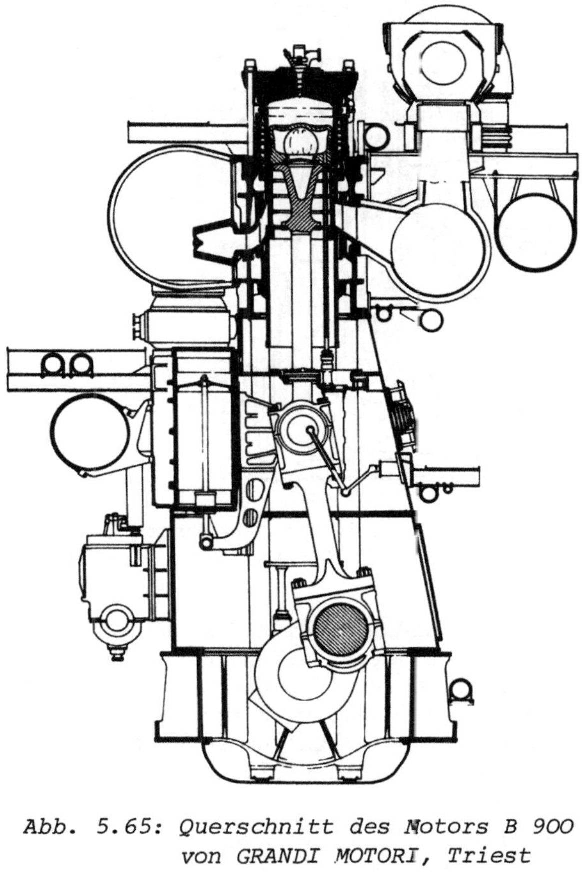

Abb. 5.65: Querschnitt des Motors B 900 von GRANDI MOTORI, Triest

Kolbenstangen werden mit Dichtungen durch diese Wand geführt. Interessant ist der dünnwandige Kolben mit seinem stabilen V-förmigen Innenteil, der direkt die Kraft auf die Kolbenstange überträgt. Auffallend ist fernerhin die bei diesem Motor noch vorhandene Kolbenspülpumpe, die direkt vom Kreuzkopf her angetrieben wird. Derartige Spülpumpen besaßen vor der Entwicklung der Abgasturboladertechnik alle Zweitaktmotoren, doch sind sie immer mehr in den Hintergrund getreten (Kosten), obwohl eine Kolbenspülpumpe, insbesondere in der Anlaßphase und bei niederen Drehzahlen, auch heute noch ihre Vorteile zeigt.

Während die vorgenannten Motoren (MAN, SULZER) mit einer SCHNÜRLE-Umkehrspülung ausgerüstet waren, hat dieser Motor eher eine Art Querspülung. Durch die steile Aufrichtung der Einlaßschlitze wird der Verbrennungsraum gut ausgepült.

5.2.1.4 RLA 56 - GEBRÜDER SULZER, SCHWEIZ

Eine neue Entwicklung in Konkurrenz zu den vordringenden hochaufgeladenen Mittelschnelläufern stellt der kleine, schnellerdrehende Zweitaktmotor dar. Fast alle namhaften Zweitaktmotoren - Firmen haben sich an dieser Entwicklung beteiligt, wobei nachstehend nur der in Abb. 5.66 dargestellte Motor RLA 56 von SULZER stellvertretend aufgeführt sein soll. Mit einem Hubvolumen von 283 Liter (s/d = 1150/560) wird bei n = 170 U/min (v_m = 6,52 m/s) eine Zylinderleistung von 985 kW erzeugt, womit man in eine Leistungsklasse vordringt, die heute auch von den größeren Mittelschnelläufern abgedeckt wird (siehe Abschnitt 5.2.3). Der Kolben zeigt schon die neueste Ausführung der "Wabenkühlung", die eine intensive Wärmeabfuhr aus dem Kolben ermöglicht. Die Grundkonzeption ist sonst von den bekannten Baureihen weitgehend übernommen worden. Die spezifische Leistungsausbeute mit knapp 35 kg/kW ist allerdings nicht viel besser als bei den großen Zweitaktbaureihen und kann keineswegs mit den Mittelschnelläufern (> 20 kg/kW) verglichen werden. Der Ständer ist in der sogenannten "Sandwich-Bauweise" gebaut. Gußteile, die die Kreuzkopfbahnen aufnehmen, werden an den seitlichen Wänden verschraubt. Das Drucklager zur Aufnahme des Propellerschubes wird als sogenannter Aufnahmeblock in der Fundamentplatte platzsparend integriert.

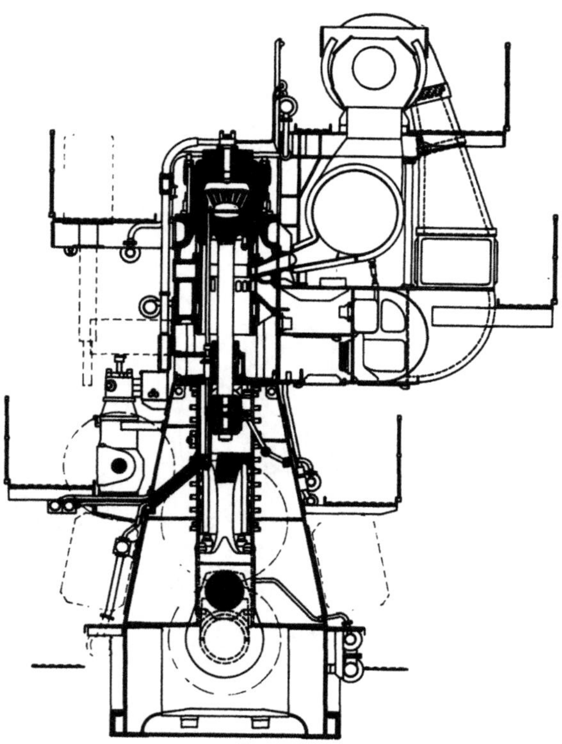

Abb. 5.66: Querschnitt des Motors RLA 56 der Fa. Gebr. SULZER

5.2.1.5 UEC 52/105 E - MITSUBICHI, JAPAN

Eine andere Art des Zweitaktbaues wird in Abb. 5.67 gezeigt, der 'ventilgesteuerte Zweitaktmotor'. Obwohl Spötter behaupten, daß man damit die Nachteile des Zweitakters mit denen des Viertakters verheiratet hätte, erscheinen immer wieder Motoren auf dem Markt, die durch ihre Betriebsergebnisse den Unkenrufen unrecht geben. Beim Motor UEC 52/105 E wird der Auslaß eines jeden Zylinders durch drei Abgasventile geregelt, wodurch sich einerseits ein großer Abgasquerschnitt ergibt, andererseits die Ventilgrößen aber in bekannten Abmessungen bleiben. Die Ventile werden über Kipphebel und Stoßstangen angetrieben.

Hier wird die Stoßaufladung genützt, einen Abgasturbolader anzutreiben, während ein nachgeschalteter zweiter in Stauaufladung betrieben wird. So wird ein Mitteldruck

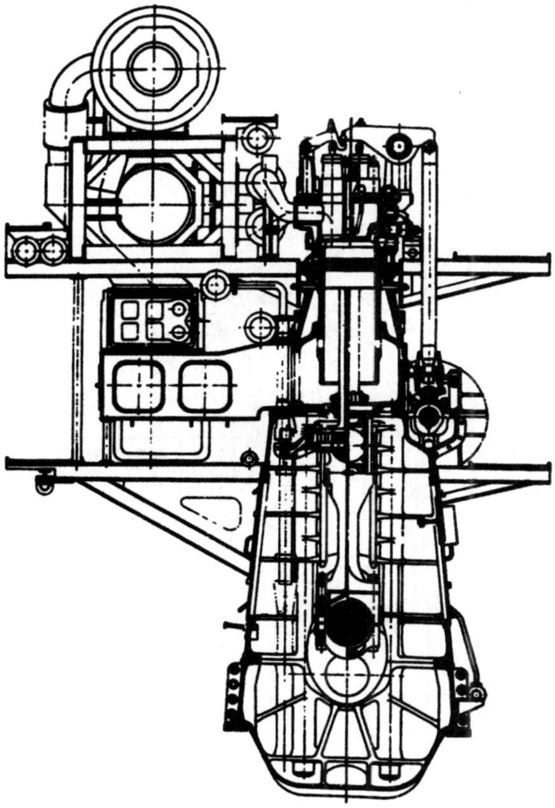

Abb. 5.67: *Querschnitt des Motors UEC 52/105 E von MITSUBICHI*

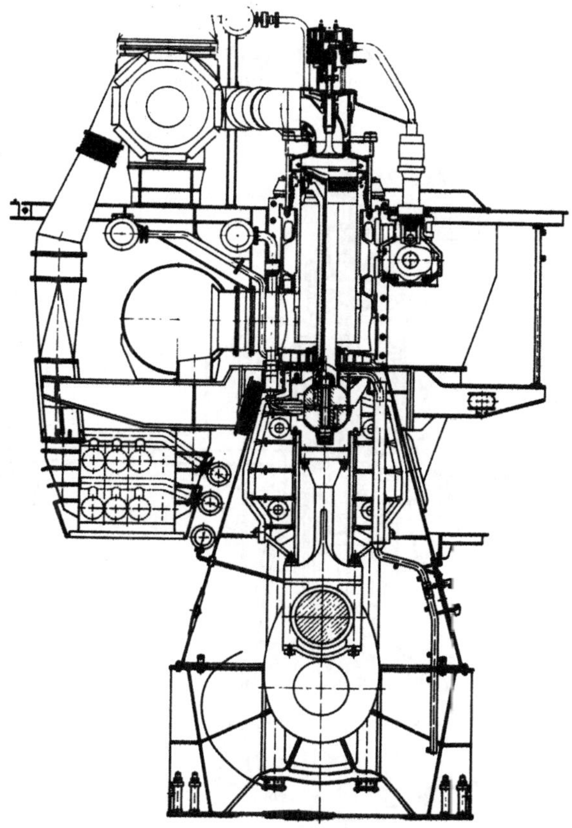

Abb. 5.68: *Querschnitt des Motors K 67 GF von BURMEISTER & WAIN*

von 15 bar erreicht, der den Motor trotz beträchtlich kleinerem Hubvolumen (s/d = 1050/520) in die Leistungsklasse des vorgenannten Motors bringt (980 kW/Zyl.).

Zylinderlaufbuchse und Einspritzventil werden mit Wasser gekühlt, während die Kolben mit Öl gekühlt werden. Eine Zylindereinheit wiegt etwa 35 Tonnen.

5.2.1.6 K 67 GF - B & W , DÄNEMARK

In die gleiche Baurichtung des gleichstromgespülten, ventilgesteuerten Zweitakters gehören die Zweitaktmotoren von BURMEISTER & WAIN. Typisch ist für diese Generationenfolge ein zentrales großes Anlaßventil im Zylinderkopf. Eine Besonderheit an dem in Abb. 5.68 dargestellten Motor K 67 GF ist die hydraulische Steuerung des Ventiles, die eine dem Betriebszustand angepaßte Veränderung der Ventilsteuerzeiten erlaubt, was sich insbesondere durch Verbesserungen im Teillastgebiet auszeichnen müßte (siehe auch Abb. 2.88). Aufwendig ist jedoch die offensichtlich notwendige Anordnung der Hydraulikeinheiten in der Nähe des Zylinderkopfes, so daß die Vorteile schon grassierend sein müssen. Die spezifische Leistung entspricht derjenigen der "normalen" Zweitakter, das heißt, bei einem Hubvolumen von 494 Liter (s/d = 1400/670) wird bei einem p_e von 11,6 bar und einer Kolbengeschwindigkeit von 6,77 m/s eine Leistung von 1375 kW je Zylinder entwickelt. Grundplatte und Ständer sind aus geschweißten Teilen zusammengesetzt. Das Längsspülungsprinzip erfolgt durch untere Einlaßschlitze und je Zylinder ein Auslaßventil. Für die Aufladung ist im Stoßbetrieb Ladeluftkühlung vorgesehen. Der Ladeluftkühler hat eine Kondenswasser-Sammelkammer zum Schutz der Zylinderlaufbuchsenschmierung, da bei ansteigendem Spüldruck der Taupunkt leicht unterschritten werden kann und somit Kondenswasser mit der Ladeluft in den Verbrennungsraum gelangt.

5.2.1.7 K 45 GT - HITACHI, JAPAN

Eine Kombination zweier Reihenmotoren des Typs BURMEISTER & WAIN K 45 GF (Abb. 5.69) auf einem gemeinsamen Grundrahmen zeigt die Abb. 5.70 als Werk des B&W-Lizenznehmers HITACHI.

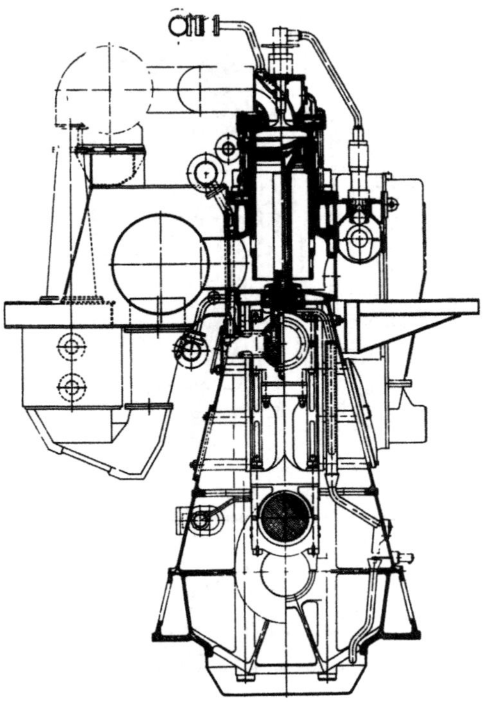

Abb. 5.69: Querschnitt des Motors K 45 GF von BURMEISTER & WAIN

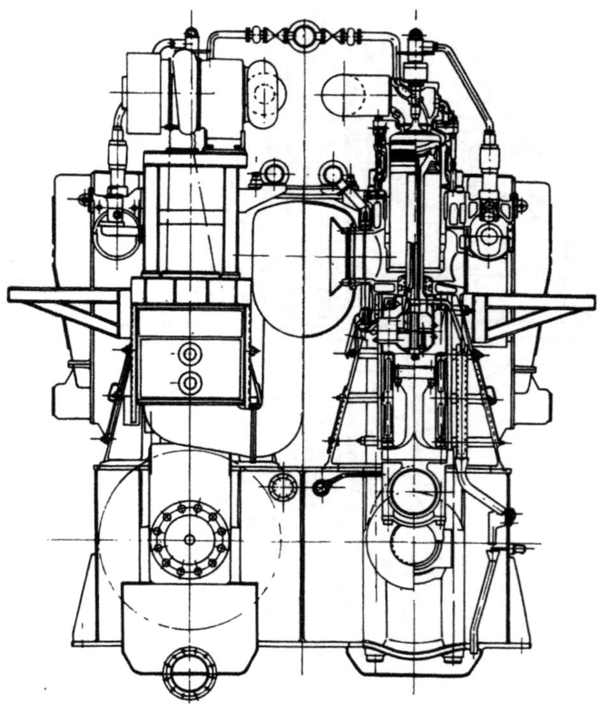

Abb. 5.70: Querschnitt des Doppelmotors K 45 GT von HITACHI, Lizenz B & W

An der gemeinsamen Grundplatte (Ölwanne) ist ein Sammelgetriebe angebracht. Auf den Grundrahmen sind alle Bauteile wie bei den Reihenmotoren mit Zuganker aufgesetzt, es ist lediglich ein gemeinsames Luftsammelrohr vorgesehen. Außer der Behandlung dieses Gerätes als e i n Bauteil für den Einbau ist mit einer solchen Bauart nichts hinsichtlich Leistungsausbeute, Betriebsverhalten oder auch spezifischer Werte zu erreichen. Der gemeinsame Grundrahmen kann im Hinblick auf Schwingungen (Wechseldrehmomente etc.) Vorteile bringen.

5.2.1.8 12 V-DNL 150/600 - BOLNES, HOLLAND

Eine Sonderausführung eines Kreuzkopfes in Form eines kolbenähnlichen Gleitschutzes besitzt der BOLNES-Zweitaktmotor 12 V-DNL 150/600 (Abb. 5.71). Dies ist einer der kleinsten Zweitakt-Dieselmotoren in Kreuzkopfbauweise mit einer Zylinderleistung von 110 kW bei einer relativ hohen Drehzahl von 600 1/min. Mit einem Kolbendurchmesser von d = 190 mm (s = 950 mm) gehört der Motor in eine Leistungsklasse, die sonst generell von Tauchkolbenmotoren abgedeckt wird. Die bessere Abdichtung des Brennraumes von dem Triebwerksraum erleichtert theoretisch die Verbrennung extrem schlechter Brennstoffe, doch scheint der Nachweis der besonderen Vorteile gegenüber landläufigen Motoren bis heute noch nicht gelungen zu sein. Somit ist wohl der Motor eine interessante ingenieurmäßige Schöpfung, deren Verwendung infolge des Aufwandes jedoch vorwiegend für nicht übliche Brennstoffe zu erwarten ist. Das Gehäuse ist zusammengeschweißt und mit einer Trennwand, die den Brennraum vom unteren Teil trennt, zusätzlich versteift. Die Kolben werden mit Öl (das über die Pleuelstangen geführt wird), Zylinderköpfe und Laufbuchsen hingegen mit Wasser gekühlt. Verbrennungsgase werden über ein Auslaßventil abgeführt; der Motor hat Staurohraufladung.

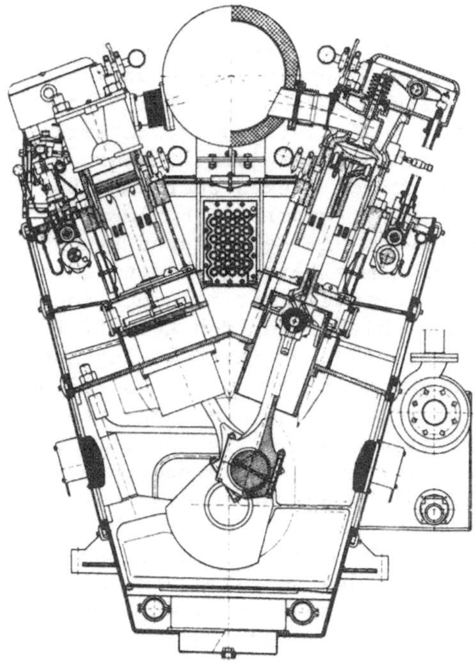

Abb. 5.71: Querschnitt des Motors 12 V-DNL 150/600 von BOLNES

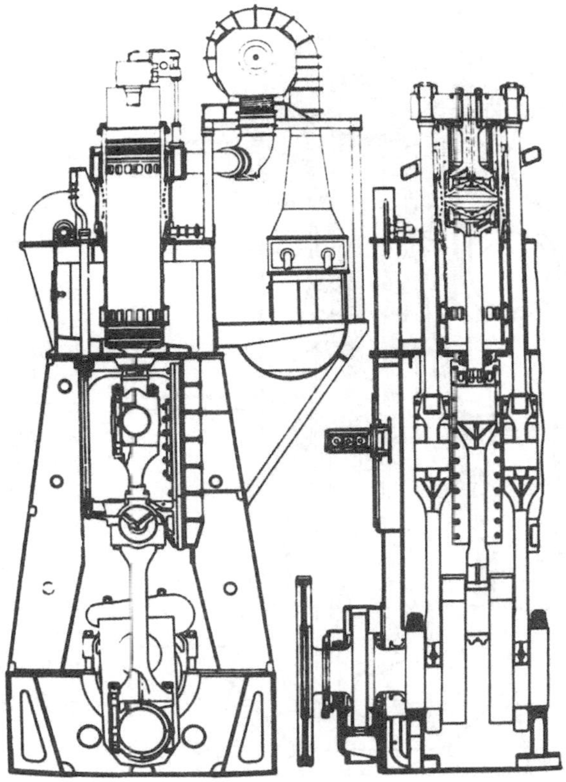

Abb. 5.72: Quer- und Längsschnitt des Motors 76 J von DOXFORD

5.2.1.9 76 J - DOXFORD, ENGLAND

DOXFORD-Motoren haben seit alters her den Ruf des Individuellen - nur selten findet man Baumuster gewohnter Art. Dies spricht in vielen Fällen für einen hohen ingenieurmäßigen Standard - der fehlende Durchbruch in breiter Front läßt jedoch bei Kritikern abschätzige Äußerungen über den Erfindungsreichtum der Ingenieure nicht verstummen. In Abb. 5.72 ist ein längsgespülter, schlitzgesteuerter Zweitaktmotor der Baureihe 76 J dargestellt. Das bei quer- oder umkehrgespülten Zweitaktmotoren fehlende 'Timing' von Einlaß- und Auslaßquerschnitten (es sei denn, man verwende einen Nachladeschieber) läßt sich mit einer Doppelkolbenmaschine und entgegengesetzt ausgeführten Einlaß- und Auslaßschlitzen recht gut verwirklichen. Das Fehlen eines temperaturempfindlichen Zylinderkopfes wird oft noch als zusätzlicher Vorteil dargestellt. Daß es in der Technik aber fast nie nur Vorteile gibt, erkennt man aus dem erhöhten Aufwand für das Triebwerk. Die Steuerung des oberen Kolbens macht Triebwerksmassen notwendig, daß einem eine Zweiwellenmaschine fast einfach dagegen erscheint.

Aus dem Längsquerschnitt der Abb. 5.72 geht hervor, daß zwei gegenüberliegende Kolben (kurz- und langhubig) zusammen eine Arbeitseinheit bilden. Die mittlere Treibstange ist mit dem unteren Kolben verbunden, während der obere Kolben von 2 parallel geführten seitlichen Treibstangen getrieben wird. Die Laufbuchsen (oben und unten) aus GG stoßen an einen wassergekühlten Stahlring, in dessen Bereich die Verbrennung stattfindet. Die Spülluft tritt durch Schlitze in der unteren Laufbuchse ein, die Abgase werden durch entsprechende Schlitze in der oberen Laufbuchse ausgespült. Das erreichbare p_e ist mit 10,7 bar dann auch nicht höher als bei anderen Zweitaktmaschinen, durch den großen Gesamthub (1660 + 520 mm) wird jedoch bei d = 760 ein sehr großes Hubvolumen erzeugt, was einer Zylinderleistung von 2240 kW entspricht. In dem Triebwerksraum könnte man allerdings auch eine größere Zylindereinheit unterbringen, so daß die Vorteile dieses Bausystems nicht deutlich werden.

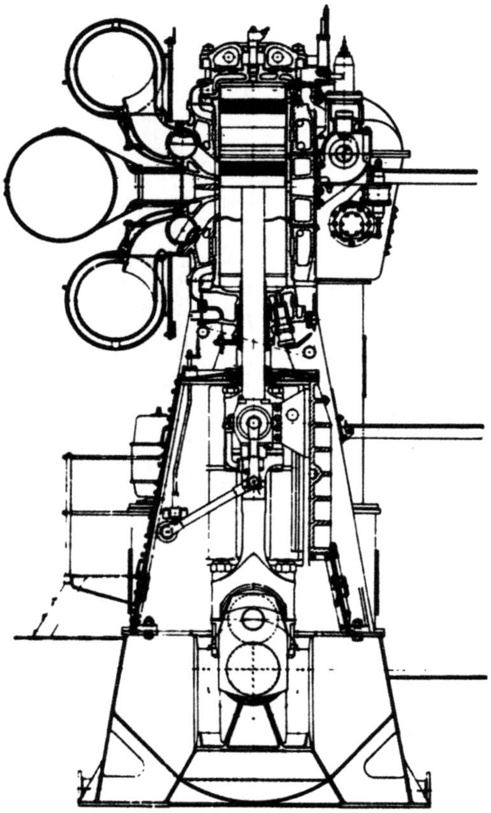

Abb. 5.73: Querschnitt des doppeltwirkenden Zweitaktmotors

5.2.1.10 DZ 53/80 - MAN, BRD

Obwohl die Zeit der doppeltwirkenden Maschinen vorüber zu sein scheint, sei der Vollständigkeit halber mit dem Motor DZ 53/80 der Fa. MAN einer der letzten doppeltwirkenden Zweitaktmaschinen dargestellt (Abb. 5.73). Die Brennräume liegen ober- und unterhalb des Kolbens, wobei die Einlaßschlitze des oberen und des unteren Brennraumes in einer Sammelleitung münden, während zwei Abgasleitungen mit je einem rotierenden Nachladeschieber für den Auspuff vorhanden sind. Entsprechend der Zeit lag noch keine Aufladung vor (p_e = 5 bar), so daß der doppeltwirkende Motor eine besondere Leistungskonzentration darstellte. Da der Kolben thermisch sehr hoch beansprucht und vor allem die Gleitdichtung zur Kolbenstange im unteren Brennraum schwierig beherrschbar ist (Kolbenstange, Dichtung), hat man dieses Prinzip zu Gunsten des aufgeladenen, einfachwirkenden Zweitaktmotors verlassen. Zur Zeit werden keine doppeltwirkenden hochaufgeladenen Zweitaktmotoren entwickelt.

5.2.2 Zweitakt-Tauchkolbenmotor

Der Zweitakt-Tauchkolbenmotor ist in den letzten Jahrzehnten immer weiter zurückgedrängt worden. In den dreißiger und vierziger Jahren, als die Abgasturboaufladung sich noch nicht so durchgesetzt hatte wie heute, gab es viele Zweitakt-Baureihen auf dem Weltmarkt, weil die Leistungsausbeute (kW/l) eines Zweitaktmotors 60 - 80 % ("Minderleistung" wegen der Schlitze) höher war als die eines Viertaktmotors. Diese Tendenz konnte man von den kleinsten Motoren (SACHS, DKW) bis zu den in Abschnitt 5.2.1 vorgestellten Kreuzkopfmotoren beobachten. Die Zylinderköpfe waren einfach, die thermischen Probleme auch für einen Zweitaktmotor noch gut beherrschbar. Als Beispiele aus dieser Zeit mögen die Abbildungen 5.74 und 5.75 mit den dort dargestellten Motoren dienen. Mit dem Voranschreiten der Aufladung mußte sich auch der Zweitaktmotor dieser Technik bedienen, um den Anschluß nicht zu verlieren. Damit häuften sich die Schwierigkeiten beim Zweitaktmotor in der gefährdeten Kolben-Kolbenring-Buchsen-Partie. Auf alle Veränderungen reagierten die Zweitakt-Tauchkolbenmotoren äußerst empfindlich, sie wurden "launisch wie alte Jungfern", hervorragende Bewährung stand neben immerwährenden Schwierigkeiten, neben vorzüglichen Laufleistungen gab es totale Ausfälle. Mit "liebevoller Hand" gepflegt, brachten einige Baumuster hohe spezifische Leistungen von p_e = 12 - 15 bar, während andere bei 8 - 9 bar kaum von einer Revision zur anderen kamen. Diese Pflegebedürftigkeit der Motoren, verbunden mit einem hochqualifizierten Stand der Bedienungsmannschaft, mußte für den Zweitakt-Tauchkolbenmotor in einer Zeit wachsender Gleichgültigkeit, Frustration und Fluktuation des Maschinenpersonals der Todesstoß sein, dem sich nur die Zweitakt-Kreuzkopfmotoren auf Grund ihrer spezifischen Bauart entziehen konnten. So sind in den letzten Jahrzehnten eigentlich nur noch Zweitakt-Tauchkolbenmotoren als Varianten von Viertaktmotoren als längsgespülte Ventil-Versionen entstanden. Unbeirrt, wenn auch stets verbessert, konnte sich vor allem nur der Lokomotiv-Motor von General-Motors auf dem Markt halten, wenn man von einigen kleineren Motoren dieser Bauart absieht.

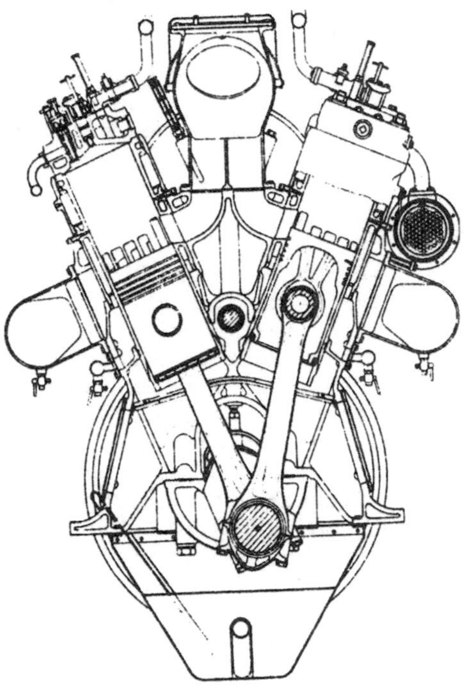

Abb. 5.74: Querschnitt des Motors TM 233 der KLÖCKNER-HUMBOLDT-DEUTZ AG

5.2.2.1 TM 233 - KHD, BRD

Der in Abb. 5.74 gezeigte Motor stammt aus den Nachkriegsjahren und ist ein typisches Beispiel eines umkehrgespülten Zweitakt-Tauchkolbenmotors mit relativ großem Hubverhältnis (s/d = 330/220 mm). Mit einem Gewicht von 6500 kg für den aufgeladenen 8-Zylinder-Motor wurden bei einer Leistung von 58 kW/Zyl. (500 1/min) 14 kg/kW Leistungsgewicht erreicht. Von Interesse ist dabei die Kühlmantelkonstruktion. Wegen der Abdeckung der Spülschlitze müssen die Kolben sehr lang ausfallen, was wiederum auf die Pleuellänge Einfluß hat und damit dem Motor ein etwas archaisches Aussehen verleiht.

5.2.2.2 BTM 625 - KHD, BRD

Hier handelt es sich um einen etwas kleineren Motor ähnlich der Bauart wie in Abb. 5.74 dargestellt und zwar um eine aufgeladene Version eines Zweitakt-Tauchkolbenmotors mit SCHNÜRLE-Umkehrspülung, die sich im Traktionsbetrieb sehr bewährt hatte. Mit einem Hub-Bohrungsverhältnis von s/d = 250/200 mm (V_{h1} = 7,85 Liter) wurde eine Zylinderleistung von 62 kW (p_e = 7,6 bar) erreicht. Bei einem Gewicht von 6200 kg ergibt dies ein Leistungsgewicht von 10 kg/bar, ein Wert, der heute schon von weit größeren Motoren erreicht wird. Wie die Abbildung zeigt, handelt es sich im vorliegenden Fall um einen einfachwirkenden, wassergekühlten Zweitakt-Dieselmotor, dessen beide Zylinderreihen (8 und 12 Zylinder) unter 90^0 zueinander angeordnet sind. Das einteilige Kurbelgehäuse-Oberteil aus Gußeisen nimmt die Zylinderbuchsen auf und trägt auf der Unterseite die durch Verzahnung gegen seitliches Verschieben gerichteten Lagerbrücken, in denen die Kurbelwelle gelagert ist.

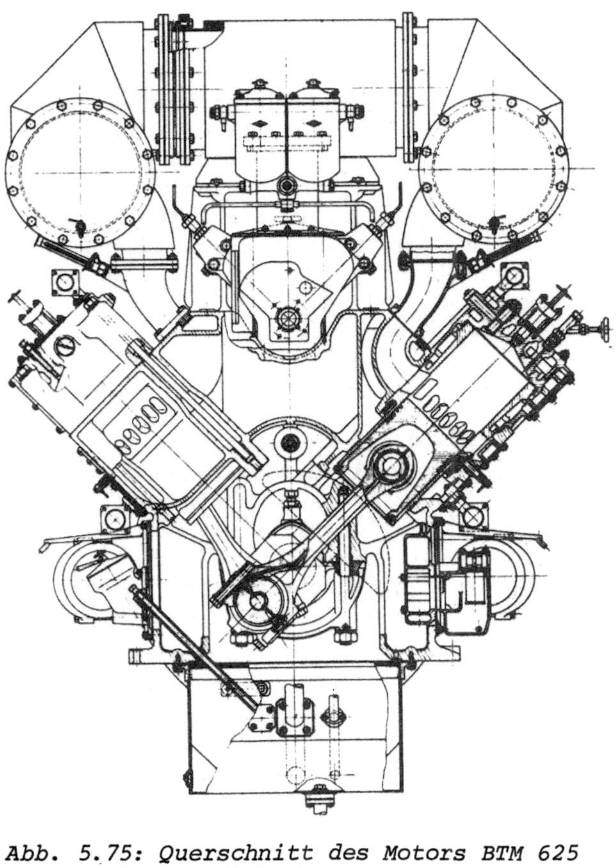

Abb. 5.75: Querschnitt des Motors BTM 625 der KLÖCKNER-HUMBOLDT-DEUTZ AG

In einer früheren Ausführung sind Kolben, Kolbenbolzen und Pleuelstange durchaus konventionell ausgeführt worden (siehe Abb. 5.75); im Zuge von Drehzahl- und Mitteldrucksteigerungen dieses Zweitaktmotors wurde jedoch eine andere Bauart notwendig, die nach heutigen Gesichtspunkten noch durchaus als modern anzusehen ist (Abb. 5.76). Der Kolben wurde in einen tragenden Bolzenstuhl und ein darüber gestreiftes Kolbenhemd aufgeteilt. Dadurch konnten nicht nur die einzelnen Funktionen optimiert, son-

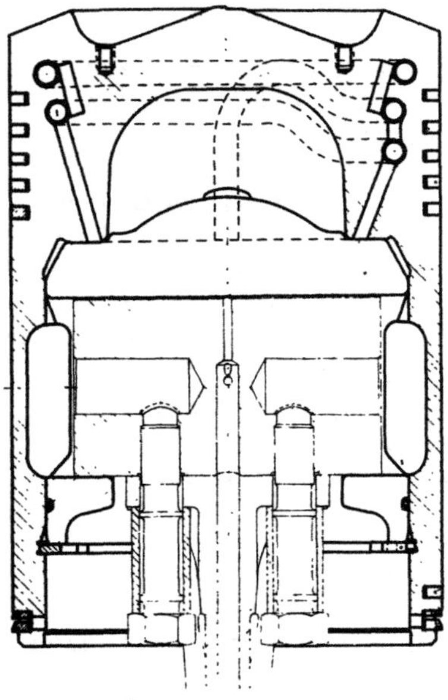

Abb. 5.76: Angeschraubter Kolbenbolzen mit Bolzenstuhl und Kolbenhemd

dern auch die Kühlung der Kolbenkrone erheblich verbessert werden. Die Oberseite des an die Pleuelstange angeschraubten Kolbenbolzens konnte nunmehr auf der ganzen Länge in die Tragfunktion einbezogen werden, was zu einer starken Verbesserung der Lebensdauer dieser für Zweitaktmotoren kritischen Paarung führte.

5.2.2.3 Z 451 AK - MaK, BRD

Bei dem Motor Z 451 der MaK handelt es sich um eine Parallelentwicklung zum Viertaktmotor M 451. Dieser sollte als Zweitaktmotor Mitte der sechziger Jahre mit einem p_e = 8,3 bar etwas größere Leistungen als der Viertaktmotor mit p_e = 12,1 bar bringen (Abb. 5.77). Ausgangspunkt zu diesen Überlegungen war, daß ein Zweitaktmotor - bezogen auf gleiches Motorengewicht oder auch gleiches Bauvolumen - zwar teurer ist als der entsprechende Viertaktmotor, bezogen auf die Leistungseinheit jedoch um 18 bis 20 % billiger und hinsichtlich des spezifischen Gewichtes 20 bis 25 % günstiger liegen müßte. Diese Vorstellung ist jedoch von der Aufladungsentwicklung der Viertaktmotoren überrollt worden und konnte auch nur dann stimmen, wenn bei der Ausführung gleiche Zuverlässsigkeit, Robustheit und Narrensicherheit hätte erreicht werden können, was sich im praktischen Einsatz nicht bestätigte. Der Grundaufbau beider Baureihen war identisch, unterschiedlich waren ein leicht variiertes Kurbelgehäuse (GG) wegen der Luftführung und vor allem die typischen Zweitaktbauteile: Kolben und Zylinderrohr. Auch hier finden wir einen an die Pleuelstange angeschraubten Kolbenbolzen, einen tragenden Sattel-Bolzenstuhl und das darüber gestreifte Kolbenhemd mit Krone und Stegpartie. Das spezifische Gewicht von 17 kg/kW kann für eine Maschine dieser Größe und Bauzeit durchaus als günstig bezeichnet werden.

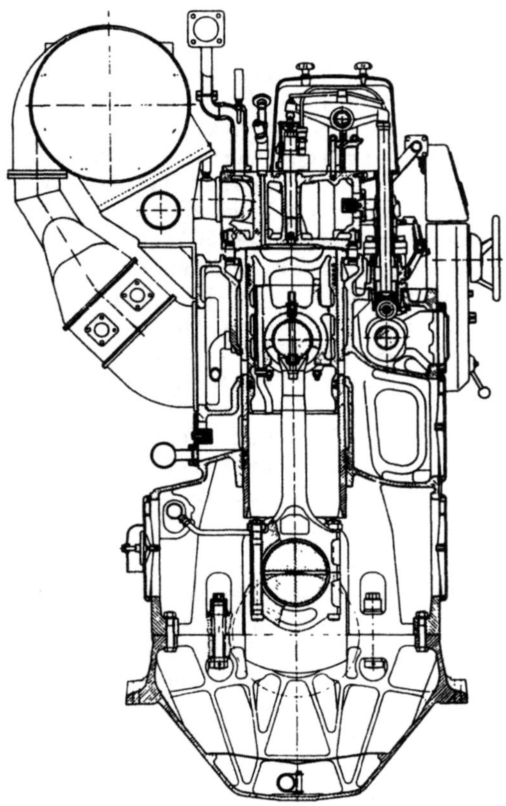

Abb. 5.77: Querschnitt des Motors Z 451 AK von MaK

5.2.2.4 Z 40/48 - SULZER, SCHWEIZ

Der Motor Z 40/48 von SULZER aus dem Jahre 1965 bringt bei einem Hubvolumen V_{h1} = 60,3 Liter und einer Kolbengeschwindigkeit v_m = 7,2 m/s eine Zylinderleistung von 435 kW; bei einem Gewicht von 65 t für die 9-Zylinder-Maschine entspricht dies einem spezifischen Gewicht von etwa 16 kg/kW (Abb. 5.78).

Die geschweißte Grundplatte ist u-förmig für den Kurbelwelleneinbau von oben gewählt. Die Deckel zum Kurbelwellenlager werden jeweils durch zwei Druckschrauben über den Wassermantel nach unten gepreßt. Der darauf liegende Zylinderblock ist aus Grauguß und wird mit Zugankern gehalten.

Von besonderem Interesse bei diesem längsgespülten Zweitaktmotor mit vier Auslaßven-

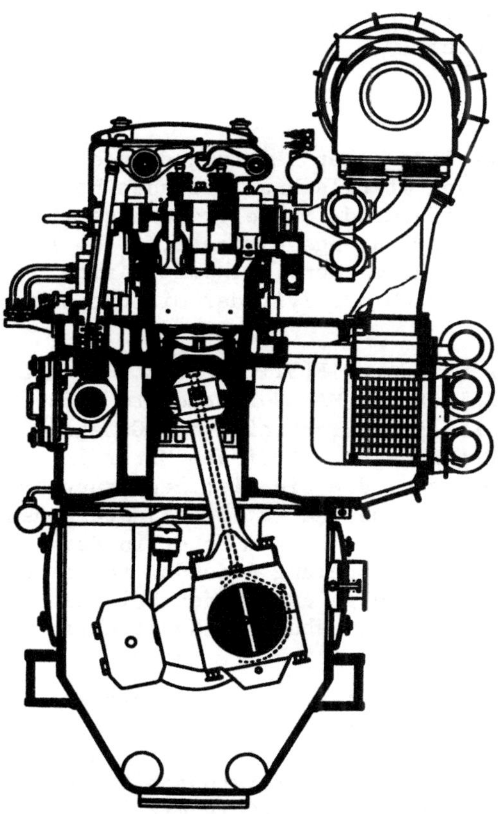

Abb. 5.78: Querschnitt des Motors Z 40/48 der Fa. GEBR. SULZER

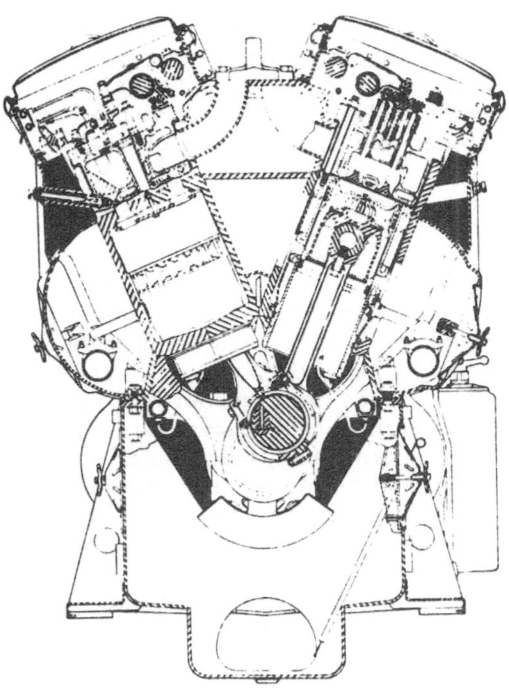

Abb. 5.79: Querschnitt des Motors 645 EB ELECTRO-MOTIVE-DIVISION (GM)

tilen ist das mittels Bohrungen gekühlte Zylinderrohr im oberen Bereich, wo hohe Drücke und Temperaturen herrschen, sowie der Schaltkolben, der sich mit Hilfe einer Schrittschaltvorrichtung auf dem kugelförmigen Oberteil der Pleuelstange dreht. Die Ventile werden über Stoßstange und Kipphebel betätigt. Auf dem axial verschiebbaren Nokken sind nicht nur Bahnen für den Vorwärts- und Rückwärtslauf vorgesehen, sondern auch eine Zwischenbahn mit vergrößertem Vorauspuff, um im Teillastbereich höhere Drehzahlen der Turbine und damit bessere Durchspülung der Zylinder zu gewährleisten.

Wie fast alle SULZER-Motoren wird auch dieser Motor bei einer Reihe von Lizenznehmern gebaut, z. B. bei WÄRTSILÄ u. a. m.

5.2.2.5 645 EB - GENERAL MOTORS, USA

Der in Abb. 5.79 dargestellte Motor ist als Lokomotivmotor speziell für den US-Langstreckenverkehr von der ELECTRO-MOTIVE-DIVISION LA GRANGE entwickelt. Der Typ 645 EB ist der letzte Stand einer langen Entwicklung, dessen Vorgängertypen 567 seit 1938 und 645 seit 1965 gebaut wurden. Der Motor wird mit 8, 12, 16 und 20 Zylindern gebaut und erreicht bei einem Hubverhältnis von s/d = 254/230 = 1,1 und einer Drehzahl von 900 1/min (v_m = 7,62 m/s) einen mittleren Effektivdruck von p_e = 9,72 bar. Auf Grund der Konstruktion konnte das Gewicht relativ gering gehalten werden, durch das aufgeladene Zweitaktverfahren erreichte man ein Leistungsgewicht von 7,45 kg/kW.

Es handelt sich bei diesem Motor um einen längsgespülten Zweitaktmotor mit vier Auslaßventilen. Von besonderem Interesse sind der Kolben (Sphäroguß) mit Spritzkühlung und die Bolzenlagerung. Durch ein unrundes Schliffbild des fest an die Pleuelstange verschraubten Kolbenbolzens wird bei der Schwingbewegung der Pleuelstange eine Schmierölverdrängung erzwungen ('rocking'), was speziell für einen Zweitaktmotor-Kolbenbolzen von ausschlaggebender Bedeutung ist. Das Kurbelgehäuse ist aus Stahlgußteilen und Blechen zusammengeschweißt, ebenso die hochgezogene Ölwanne, die gleichzeitig als Basis des Motors dient. Da beim Zweitaktmotor die oszillierende Massenkraft in O. T. immer durch die Gaskräfte kompensiert wird, was für die Bolzen und Pleuellagerung besondere Probleme aufwirft, kann dies für die konstruktive Ausbildung des Pleuelkopfes durchaus positive Seiten haben. Wir erkennen aus der Abbildung einen sehr leicht gehaltenen, zweiteiligen Lagerbügel, der über eine Verzahnung mit sehr schmächtigen Schrauben an der Pleuelstange befestigt wird. Neben dem Einbau in Lokomotiven hat dieser Motor vor allem auch seinen Einsatz in beweglichen Kraftstationen gefunden.

5.2.3 Mittelschnelläufer

Aufbauend auf den U-Boot-Motoren als kompakte Aggregate hoher Leistungsdichte entstand nach dem letzten Krieg eine neue Generation von mittelschnellaufenden Hochleistungs-Viertakt-Dieselmotoren, die heute im Schiffbau für mittelgroße Einheiten weitgehend angewandt und praktisch für größere Stromerzeugungsaggregate, z. B. in Entwicklungsländern - fast ohne Konkurrenz -, eingebaut werden. Es handelt sich dabei um Leistungseinheiten von ca. 200 bis über 1000 kW pro Zylinder mit Drehzahlen von 400 bis 1000 1/min.

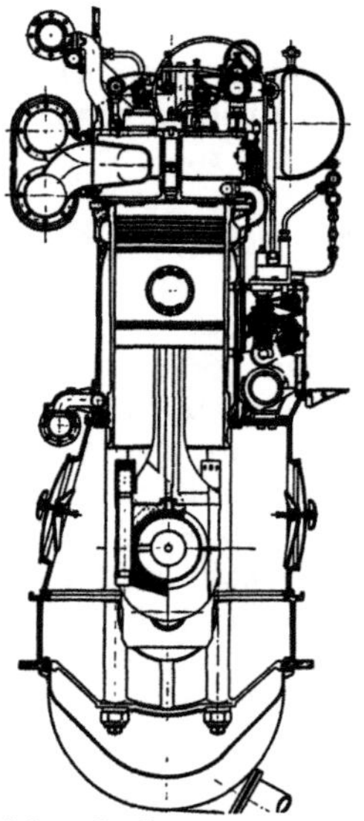

Abb. 5.80: U-Boot-Motor MAN 40/46

Der erste Motor dieses Typs war der PIELSTICK-Motor PC 2 der SEMT. Der Konstrukteur PIELSTICK des MAN-U-Bootmotors 40/46 (Abb. 5.80) hatte nach dem Krieg in Frankreich die Gelegenheit, seine umfangreichen Erfahrungen mit diesem Motor in eine Neukonstruktion einzubringen, die die gleichen Hauptabmessungen 400 mm Bohrung (460 mm Hub) hatte. Nach jahrelangen Versuchen und vielen Rückschlägen mit diesem Motor in der rauhen Praxis der Handelsschiffahrt gelang Ende der fünfziger Jahre der Durchbruch. In rascher Folge entstanden bei allen namhaften Motorenherstellern der Welt ähnliche Konstruktionen und Weiterentwicklungen.

Nachdem ZINNER /30/ Anfang der fünfziger Jahre die ersten hochaufgeladenen Motoren in der Praxis einsetzte, hatte sich bis zur Mitte der sechziger Jahre eine Aufladung bis zu p_e = 14 - 16 bar durchgesetzt, was zu Zylinderleistungen von 400 - 500 PS führte. Der sich anbahnende Erfolg mit mittelschnellaufenden Viertakt-Tauchkolbenmotoren führte in den darauffolgenden Jahren zur Konstruktion immer größerer Tauchkolbenmotoren, deren größte heute über 600 mm Hub und Bohrung haben und oberhalb von 1000 kW/Zylinder liegen. Das Angebot an Motoren dieser Größenordnung ist im Verhältnis zu dem vorhandenen Markt übergroß, der Kampf um den in der jetzigen Schiffbaukrise sich verengenden Markt hat einen ruinösen Wettbewerb eingeleitet. Obwohl eine in bezug auf das Umsatzvolumen unverhältnismäßige Zahl von Motoren vorgestellt wird, kann auch bei dieser Motorengattung nur ein Teilausschnitt gezeigt werden.

5.2.3.1 M 453 - MaK, BRD

An der unteren Grenze der als Mittelschnelläufer zu bezeichnenden Motorengattung liegt die Baureihe 451, 452 und 453 der MaK in Kiel mit einem Hubvolumen von 33,8 l/Zyl. (Abb. 5.81). Bei einem relativ großen Hubverhältnis (s/d = 420/320 mm = 1,31) entwickelt jeder Zylinder bei einer Kolbengeschwindigkeit von 8,4 m/s (600 1/min) eine Leistung von 295 kW (p_e = 17,8 bar). Diese Motorenbaureihe ist in der klassischen Bauart der größeren Viertakt-Tauchkolbenmotoren gebaut worden. Auf einer stabilen gußeisernen Grundplatte mit den Grundlagern ist ein Zylinderblock aus GG 30 mit halbhohen Zugankern verschraubt. Die Kurbelwelle ist ein einteiliges Schmiedestück mit bis zu 750 N/mm² Zugfestigkeit. Die Laufzapfen sind nicht gehärtet, der Verschleiß ist bei guter Schmierölpflege und Filterqualität 40 µm zufriedenstellend. Ab 451 1/min werden Gegengewichte verwandt. Bis zu einer Zylinderleistung von 275 kW werden einteilige, rohrschlangengekühlte Aluminiumkolben verwandt, bei höheren Leistungen sowie bei Schwerölbetrieb kommt ein gebauter Kolben zur Anwendung.

Für den Ventil-Zylinderkopf wird ein Sondergußeisen (Vermikularguß) verwendet, der im Gegensatz zu GG 30 eine mehr als 10fache Dehnungsgrenze hat und gegenüber dem Sphäroguß die bessere Wärmeleitfähigkeit besitzt. Das Sorgenkind aller größeren

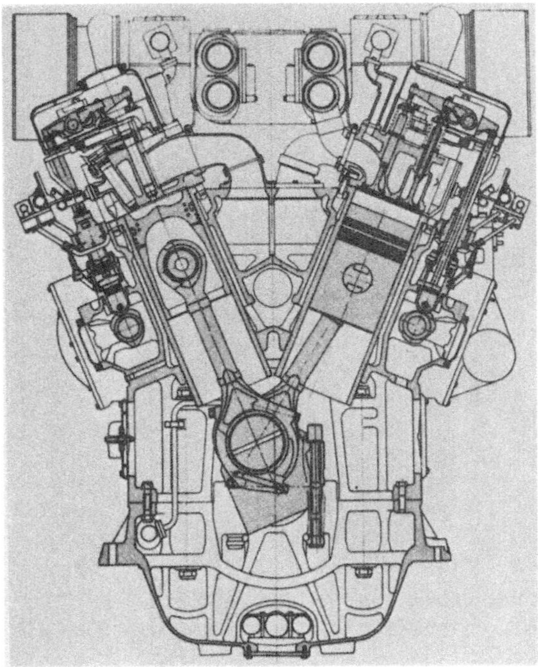

Abb. 5.81: *Querschnitt des Motors M 453 der MaK*

Viertaktmotoren sind die Ventile. Bei hohen Aufladegraden neigen die Einlaßventile zu raschem Verschleiß, bei Schwerölbetrieb sind die Standzeiten der Auslaßventile unbefriedigend (< 6000 Bh). So finden wir schon bei diesem relativ kleinen Motor stellitgepanzerte X45CrSi9 oder Colmonoy 6 gehärtete Nimonix-Ventile in Verbindung mit Drehvorrichtungen etc. - ein relativ großer Aufwand, der bei Motoren dieser Gattung unumgänglich ist.

5.2.3.2 D 510/511 - MWM, BRD

Für Anforderungen der Anwender auf den Gebieten der Schiffsanlagen und stationären Anlagen wurde dieser hochaufgeladene Viertakt-Motor entwickelt (Abb. 5.82). Mit einer Bohrung von 330 mm und einem Hub von 360 mm wird bei n = 750 1/min (v_m = 9,0 m/s) eine Leistung von 368 kW pro Zylinder erzeugt. Das Leistungsgewicht dieser Typenbaureihe liegt bei 10,4 kg/kW für den Reihenmotor bzw. 8,2 kg/kW für die V-Maschine, die Kolbenflächenleistung beträgt ca. 0,43 kW/cm^2.

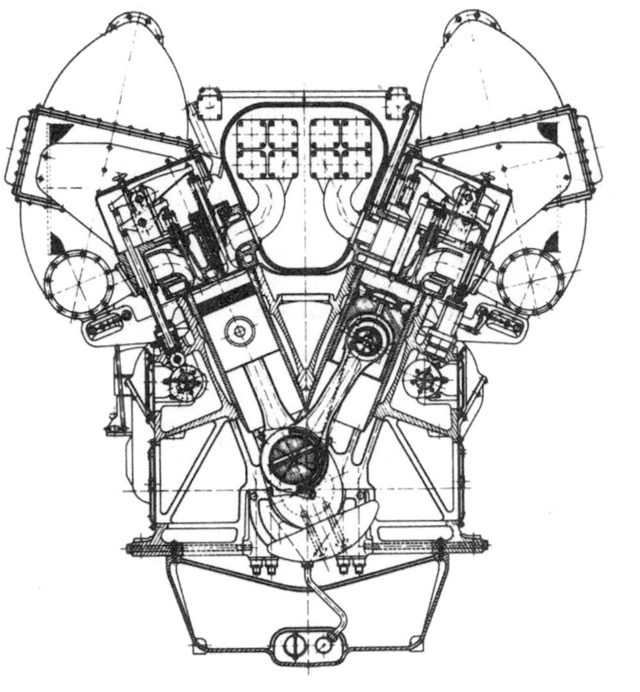

Abb. 5.82: *Querschnitt des Motors D 510/511 der MWM*

Entsprechend dieser hohen Anforderungen hinsichtlich der thermischen Belastung des Brennraumes sind ein gebauter Kolben, eine kragengekühlte Zylinderlaufbuchse und ein intensiv gekühlter Zylinderkopfboden (mit Zwischenplatte) notwendig. Das Kurbelgehäuse ist als zugankerlose Maschine für eine hängende Lagerung konzipiert. Der Lagerdeckel wird mit vier senkrechten Schrauben gehalten, zur Versteifung des Verbandes dienen zusätzlich seitliche Schrauben. Die Nockenwelle besteht aus einer glatten Welle mit aufgesetzten (Ringspannelemente) Nockenbündeln. Der Ventilantrieb (4 Ventile) erfolgt über Kipphebel und Stoßstange. Die Einzeleinspritzpumpe ermöglicht kurze Einspritzleitungen. Im Gegensatz zu der zum Teil landläufigen Lösung von Dünnwandlagerschalen wurde bei diesem Motor eine relativ dicke Lagerschale (Stahlstützschale) gewählt, in der alle ölführenden Kanäle liegen, um die Bearbeitung des Kurbelgehäuses fühlbar zu entlasten.

5.2.3.3 PC 2 - 5 V 400 - SEMT, Frankreich

Als der Ausgangspunkt der heutigen Mittelschnelläuferreihen nach dem zweiten Weltkrieg kann der PIELSTICK-Motor PC 2 gelten, der aus den Erfahrungen mit dem MAN-U-Boot-Motor MV 40/46 von dem vormaligen MAN-Konstruktionschef PIELSTICK in Frank-

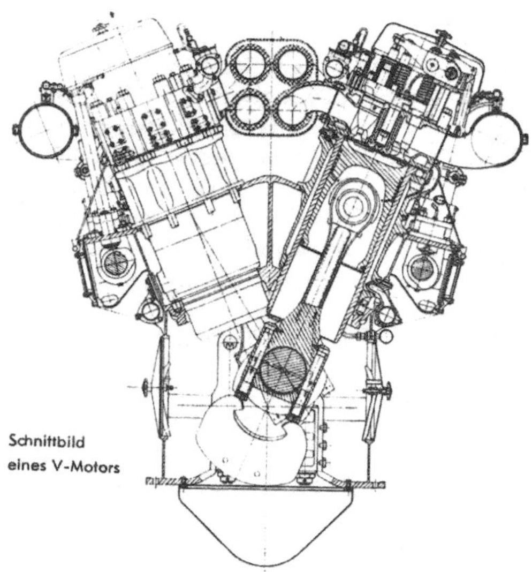

Abb. 5.83: Querschnitt des Motors PC 2 der SEMT (um 1960)

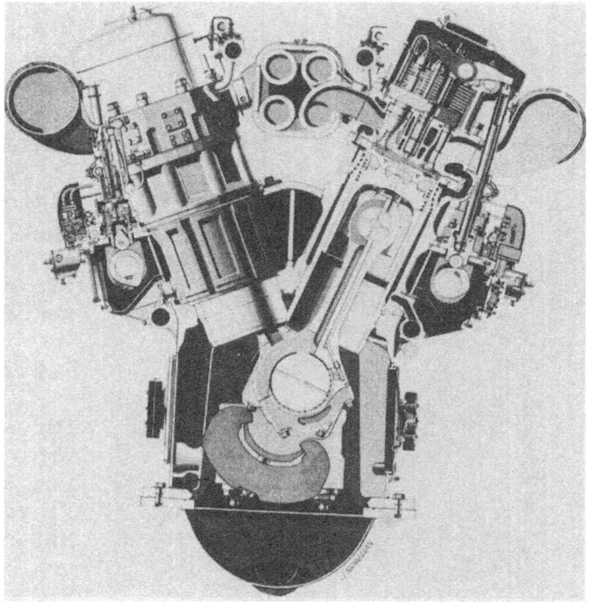

Abb. 5.84: Querschnitt des Motors PC 2-5 V 400 der SEMT

reich entworfen wurde (Abb. 5.83). Im Rahmen der oft recht konservativen Schiffahrt hatte es der Motor sehr schwer, sich auf dem Markt durchzusetzen. Heute ist der Motor weiterentwickelt worden, sowohl in Einzelteilen (z. B. Pleuelstange, Zylinderrohr - siehe Abb. 5.84) als auch in den Leistungsdaten. Mit einer Zylinderleistung von 478 kW (Hub und Bohrung unverändert s/d = 460/400 mm) bei 500 - 520 1/min erreicht der Motor ein Leistungsgewicht von 8,8 kg/kW.

Das Kurbelgehäuse ist aus Stahlgußteilen und Stahlblechen zusammengeschweißt und trägt eine hängende Lagerung der Kurbelwelle. Besonderes Merkmal dieses Kurbelgehäuses ist die trockene Bauart, das heißt, in dem Stahlgehäuse wird kein Wasser geführt. In dieses Kurbelgehäuse werden Wassermäntel aus Guß eingesetzt, die die Zylinderrohre aufnehmen und den 4-Ventil-Zylinderkopf tragen. Die Auslaßventile sind in einem Ventilkorb montiert, um die insbesondere bei Schwerölbetrieb hochbeanspruchten Bauteile für Reparaturen leicht zugänglich zu machen. Ventilantrieb und Einzel-Einspritzpumpen liegen an der Außenseite des Motors, die Ventile werden über Stoßstange und Kipphebel betätigt. Die Motoren werden als 6-, 8- und 9-Zylinder-Reihenmotoren und 10-, 12-, 14-, 16- und 18-Zylinder-V-Motoren angeboten.

5.2.3.4 BVM 540 - KHD, BRD

Der erste mittelschnellaufende Viertakt-Tauchkolben-Motor, der konsequent die Synchrondrehzahl 600 1/min ansteuerte und die - im Schiffbau der beginnenden 60er Jahre - Bedenken gegen die hohen Drehzahlen in Kauf nahm, war die Entwicklung der KHD AG, und zwar der Motor BVM 540 (Abb. 5. 85). Um die Schwerölfähigkeit nicht in Frage zu stellen, wurde der Hub auf 400 mm begrenzt (v_m = 8 m/s). Ein Kolbendurchmesser von 370 mm ergab ein fast quadratisches Hubverhältnis, so daß in Verbindung mit der zur Zeit der Entwicklung hochliegenden Aufladung von p_e = 14 bar eine Zylinderleistung von 400 PS/Zyl. erreicht wurde. Zwischenzeitlich ist die Entwicklung dieses Motors weitergegangen, ohne daß die Hauptabmessungen einer wesentlichen Änderung unterworfen werden mußten (siehe Tabelle 6.41).

Das einteilige Kugelgraphit-Kurbelgehäuse mit geschlossenem V-Raum und einer stabilen Lagerbrücke für die hängend angeordnete Kurbelwelle ist von hervorragender Steifigkeit. Eine gegossene Ölwanne (Korrosion) schließt den Motor nach unten ab. Für die Pleuelstange wurde eine schräge Teilung gewählt, um die Zugänglichkeit zu den hydraulisch angezogenen Pleuelschrauben zu verbessern. Die Nockenwelle hängt am separaten Kasten, auf dem Stößel und Einspritzpumpen aufgebaut sind, in einem

Trog. Abgasturbolader (Stoßaufladung) und Ladeluftkühler stehen auf einer gemeinsamen Konsole. Der Zylinderkopf weist alle modernen Tendenzen eines Motors dieser Größe auf (Zwangswasserführung, sitzgekühlte Ventilkörbe etc.). Bei der heute üblichen hohen Aufladung um $p_e = 20$ bar verstehen sich ein gebauter Kolben mit intensiver Ringkühlung und eine abgesetzte Bolzenlagerung von selbst.

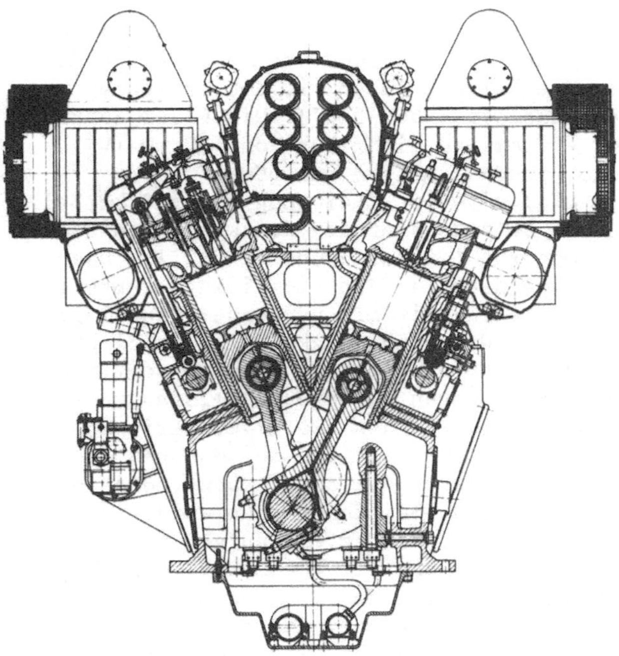

Abb. 5.85: Querschnitt des Motors BVM 540 der KLÖCKNER-HUMBOLDT-DEUTZ AG (KHD)

5.2.3.5 V 40/45 - MAN, BRD

Eine moderne Konstruktion auf dem Gebiet der kleineren Mittelschnelläufer stellt der in Abb. 5.86 vorgestellte MAN-Motor V 40/45 dar. Der Durchmesser beträgt 400 mm, der Hub 450 mm (V_{h1} = 56,55 l), bei 600 l/min (v_m = 9 m/s) werden 550 kW pro Zylinder erzeugt, was einem mittleren effektiven Druck von 19,5 bar entspricht.

Der Motor V 40/45 ist ein einfachwirkender Viertaktmotor in Tauchkolbenbauart, der aus der Zusammenarbeit der großen Motorenfirmen SULZER und MAN entstanden ist. Gewisse Übereinstimmungen mit dem Motor V 40/48 von SULZER sind deshalb nicht zufällig. Um die Kolbengeschwindigkeit bei der Synchrondrehzahl von 600 l/min (50 und 60 Hz) mit Rücksicht auf die Schweröleignung nicht über 9 m/s ansteigen zu lassen, wurde der Hub auf 450 mm verkürzt. Das Grauguß-Kurbelgehäuse ist bis weit unter die Kurbelwellenmitte hinabgezogen, um durch große Kurbelgehäusedeckel die Zugänglichkeit zum Motorenraum zu verbessern. Der Grundlagerdeckel wird wie eine Schublade von unten in das Kurbelgehäuse eingeführt, von zwei senkrechten Zugankern gehalten und nochmals seitlich von je zwei Schrauben (einmal in der Nähe der Trennfuge, einmal unten zur Erhöhung der Kurbelgehäusesteifigkeit) fixiert. Die Kurbelwelle trägt auf jeder Wange ein Gegengewicht, die geschliffenen und polierten Laufzapfen sind nicht gehärtet. Die Pleuelstange besitzt einen sogenannten Marinekopf, der ein Kolbenziehen ohne Öffnen des Pleuellagers erlaubt. Der gebaute Kolben besteht aus einem Leichtmetall-Unterteil mit abgesetzter Kolbenbolzenlagerung und einem Oberteil aus legiertem Stahl hoher Warm- und Verschleißfestigkeit. Die Auslaßventile sind in Körben eingesetzt, die Sitze sind gepanzert und wassergekühlt,

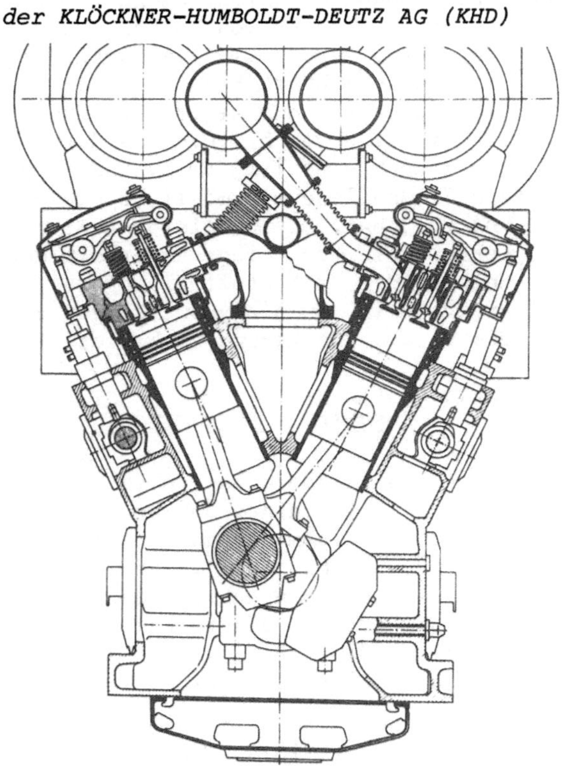

Abb. 5.86: Querschnitt des Motors V 40/45 der MAN

ein Turbinenrad am Ventilschaft soll das Ventil beim Öffnen drehen. Von Interesse ist auch das weit herausgeführte Zylinderrohr mit intensiver Innenkühlung, ein Verfahren, das dem kritischen Zylinderkopfverband zugute kommt.

5.2.3.6 ZV 40/48 - SULZER, SCHWEIZ

Der Haupttyp bei den mittelschnellaufenden Viertakt-Tauchkolbenmotoren der Fa. SULZER ist die Reihe Z 40/48 mit den drehenden Schaltkolben (Abb. 5.87). Mit einer Bohrung von 400 mm und einem Hub von 480 mm (V_{hl} = 60,3 Liter) kommt er bei 600 1/min (v_m = 9,6 m/s) mit einer Leistung von 533 kW/Zyl. in den Leistungsbereich der kleineren Zweitaktmotoren (siehe Abschnitt 5.2.1). Das Kurbelgehäuse ist ein einteiliges Gußteil hoher Steifigkeit mit hängender Grundlagerung. Die Grundlagerdeckel sind seitlich verschraubt, eine flache Ölwanne schließt den Motor nach unten ab. Die Pleuelstange ist geradgeteilt und besitzt einen Marinekopf. Der Schaltkolben ist wie bei Motoren dieser Größe und Leistungsklasse gebaut, das heißt, die Trag- und Gleitfunktionen werden durch ein Leichtmetallunterteil aufgenommen, die Dichtfunktion und der thermisch hochbeanspruchte Abschluß des Brennraumes werden durch eine Stahlkrone, die die Dichtringe trägt, übernommen. Der Kugelkopf erlaubt eine Schrittschaltung des Kolbens durch die Hin- und Herbewegung der Pleuelstange. Durch die stete Drehung von Kolbenhemd und Ringpartie werden ein gleichmäßigerer Trag, eine erhöhte Standzeit der Gleitpartner und eine größere Freßsicherheit erreicht. Die Gasführungen liegen einseitig am Zylinderkopf, die Stoßaufladung ermöglicht ein p_e von 20,3 bar. Die Schmierölhauptverteilerleitung liegt außerhalb des Motors, die Kraftstoffleitung ist großvolumig, um die Auswirkungen der Überströmstöße gering zu halten.

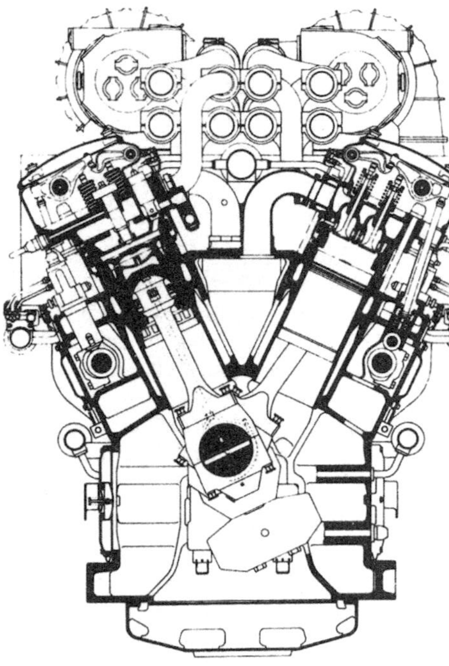

Abb. 5.87: Querschnitt des Motors ZV 40/48 der Fa. Gebrüder SULZER

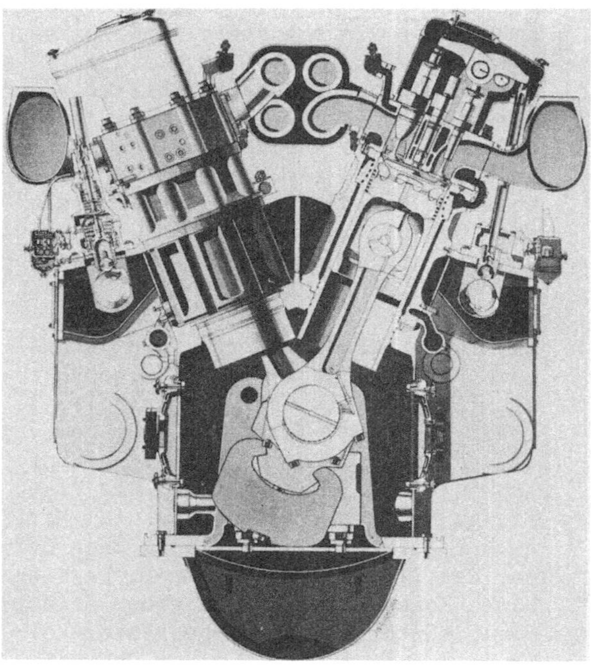

Abb. 5.88: Querschnitt des Motors PC 3-V 480 der SEMT

5.2.3.7 PC 3 - V 480 - SEMT, FRANKREICH

Der nächst größere Bautyp des PC 2-Motors ist mit einer Bohrung von 480 mm und einem Hub von 520 mm der Motor PC 3 (Abb. 5.88). Aus dem um 63 % vergrößerten Hubvolumen wird eine um ca. 50 % höhere Leistung entwickelt (700 kW/Zyl.), das Leistungsgewicht steigt auf etwa 13 kg/kW an.

Auch dieser Motor ist nach dem gleichen Grundprinzip aus Stahlgußteilen und Stahlblechen gefertigt mit trokkenem Kurbelgehäuse (Korrosionsanfälligkeit des Stahles!), mit Wassermantel und bohrungsgekühltem Zylinderrohr. Die Pleuelstangen im V liegen auf dem Zapfen der Kurbelkröpfung nebeneinander und sind in großen Augen schräg geteilt. Das Kühlöl für die Kolben wird über Bohrungen in Pleuelstange, Kolbenbolzen und Kolbenschaft in den Shakerraum des Kolbens gefördert. Auch bei diesem Motor liegen alle Bedienungselemente und die zu wartenden Bausteine an den Außenseiten bzw. den Stirnseiten des Motors und sind deshalb gut zugänglich.

5.2.3.8 M 601 - MaK, BRD

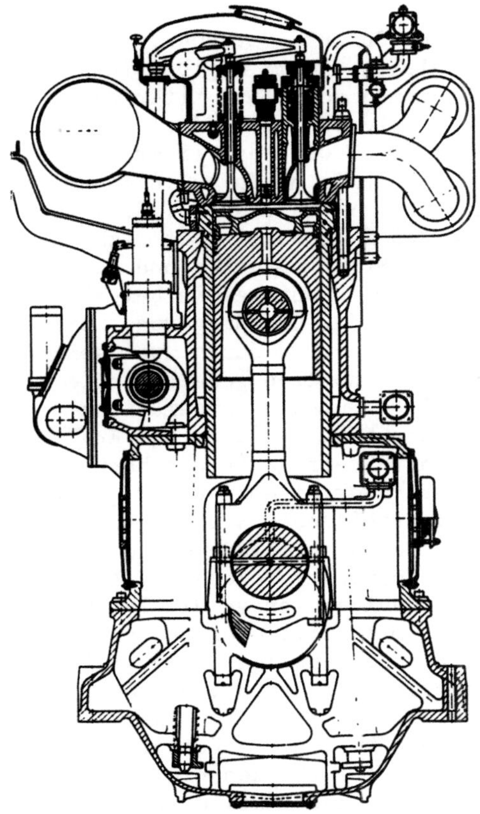

Abb. 5.89: Querschnitt des Motors M 601 der MaK

Mit zu den größten Tauchkolbenmotoren gehört der Typ M 601 der MaK, Kiel (Abb. 5.89). Mit 580 mm Kolbendurchmesser und 600 mm Hub ergibt sich ein Hubvolumen V_h = 158,5 Liter. Die Drehzahl wurde auf 425 l/min (v_m = 8,5 m/s) beschränkt; mit einem mittleren Effektivdruck von 16,7 bar ergibt sich somit eine Zylinderleistung von 920 kW, so daß mit Sicherheit die 1000 kW/Zyl. noch erreicht werden. In der typischen MaK-Bauweise ist auch dieser Motor in der konventionellen Art als Grundplattenmaschine konzipiert. Auf der sehr wuchtigen Grundplatte ist als Zwischenteil ein Gußgestell aufgebaut, auf dem der Zylinderblock mit den Laufbuchsen mit leicht schräggeneigten Zugankern verbunden wird. Seitlich an dem Zylinderblock ist ein Nockenwellentrog angebracht, auf dem die Einzeleinspritzpumpen und die Ventilstößel aufgebaut sind. Die Ventile des 4-Ventilkopfes werden über Stoßstangen und Kipphebel betätigt, die Auslaßventile sind auch bei diesem Motor in einem ausbaubaren Ventilkorb untergebracht. Wie bei Motoren dieser Größe üblich, wird auch hier die Zylinderbuchse durch "Bohrungskühlung" separat am Zylinderrohrkragen gekühlt. Eine geradgeteilte Pleuelstange erlaubt den Kolbenausbau nach oben durch die Buchse. Der Motor ist wie alle großen Motoren, die im Schiffseinsatz Anwendung finden wollen, umsteuerbar für Rechts- und Linkslauf. Es wird Stoßaufladung verwandt, der 6-Zylinder-Motor hat einen Abgasturbolader, die 8- und 9-Zylinder-Reihenmotoren haben deren zwei.

5.2.3.9 PC 4-V 570 - SEMT, FRANKREICH

Mit Zylinderleistungen über 1100 kW gehört der Motor PC 4-V 570 zu den stärksten Viertakt-Tauchkolbenmotoren (Abb. 5.90). Die Bohrung beträgt 570 mm, der Hub 620 mm, die Nenndrehzahl 400 1/min. Die aus einem Stück geschmiedete Kurbelwelle liegt in der Lagerbrücke eines nach unten offenen Kurbelgehäuses. Wie bei den kleineren Vorbildern dieses Motors wird ein Zylindermantel verwendet, so daß das Kurbelgehäuse nicht mit Kühlwasser benetzt wird. In diesen Kühlwassermantel wird das Zylinderrohr eingebracht, das einen tiefen Kragensitz hat und somit eine intensive Kühlung des oberen Zylinderrohres durch Bohrungen zuläßt. Der 4-Ventil-Zylinderkopf hat für die Auslaßventile eine Korbkonstruktion vorgesehen.

Mit besonderem Nachdruck wird auf den niedrigen Brennstoffverbrauch (195 g/kW bei Nennlast) hingewiesen, der Spitzendruck im Zylinder beträgt etwa 130 bar bei p_e = 20 bar.

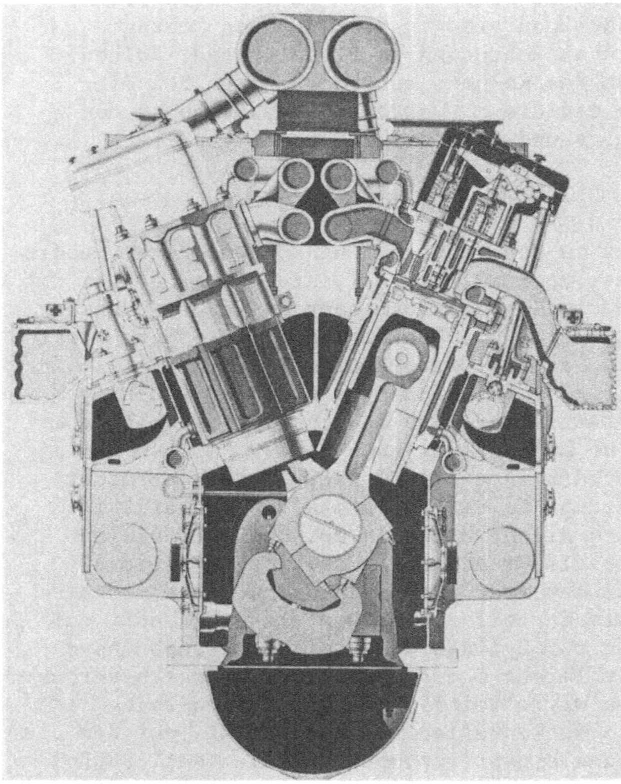

Abb. 5.90: Querschnitt des Motors PC 4-V 570 der SEMT

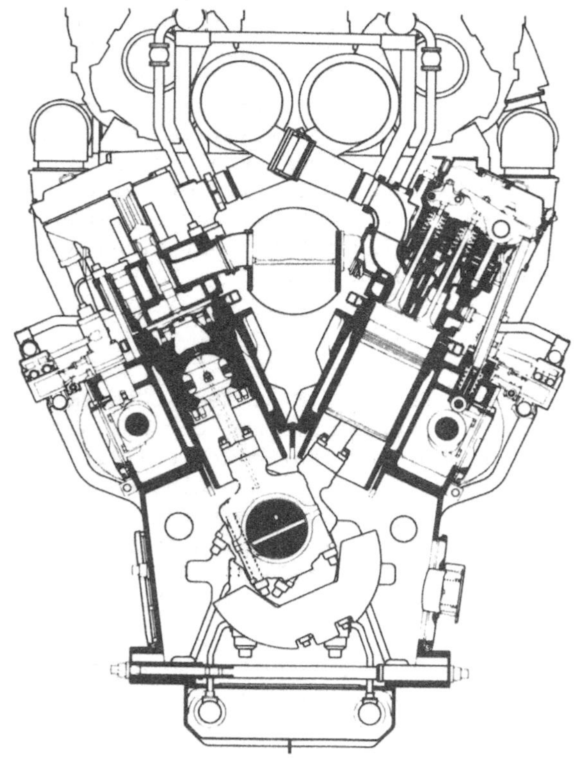

Abb. 5.91: Querschnitt des Motors V 65/65 von MAN/Gebr. SULZER

5.2.3.10 V 65/65 - MAN/SULZER, BRD/SCHWEIZ

Der zur Zeit hubraumgrößte Viertakt-Tauchkolbenmotor ist eine Gemeinschaftsarbeit der Firmen MAN und SULZER. Mit Bohrung und Hub gleich 650 mm ergibt sich ein Hubvolumen von 215,7 Liter/Zyl., die vorgegebene Zylinderleistung von 1325 kW wird bei einer Drehzahl von 400 1/min und p_e = 18,4 bar erreicht. - Wie aus Abb. 5.91 zu erkennen ist, handelt es sich um ein aus Stahlgußteilen und Blechen zusammengeschweißtes Kurbelgehäuse mit hängender Grundlagerung. Die Lagerbrücke wird durch zwei senkrechte Stehbolzen gehalten, die Trennfuge durch eine seitliche Verschraubung fixiert. Zur Erhöhung der Steifigkeit des Kurbelgehäuses - vor allem notwendig bei einem arbeitenden Schiffsfundament - sind die Aufstellfüße des Motors durch Queranker verbunden. Auf das Kurbelgehäuse werden die Zylinderblöcke mit seitlicher Aussparung für die Nockenwelle durch kräftige Zuganker verschraubt. Das Zylinderrohr ist in der oberen Partie bohrungsgekühlt, der 4-Ventilkopf besitzt sowohl für den Einlaß wie für den Auslaß Ventilkörbe mit Sitzkühlung, da die Bauteile schon so groß sind, daß eine einfache Zylinderkopfdemontage (z. B. zum Ventileinschleifen) mit Bordmitteln nicht mehr möglich ist. Die Pleuelstange ist mit Marinekopf ausgerüstet, der obere Kopf ist kugelförmig ausgebildet und trägt den SULZER-Schaltkolben. Auffallend ist bei dieser Ausführung die Anwendung des Stauaufladeverfahrens schon bei Mitteldrücken unter 20 bar. Überzeugend ist der einfache Aufbau der Ladeleitungen, der Verbrauch liegt im Vollastpunkt mit 197 g/kWh sehr günstig, aber auch der Teillastverbrauch (bei konstanter Drehzahl) liegt sehr gut.

5.2.3.11 TM 620 - STORK-WERKSPOOR, NIEDERLANDE

Der holländische Motorenbaukonzern hat Mitte der 70er Jahre einen der größten Viertakt-Tauchkolbenmotoren

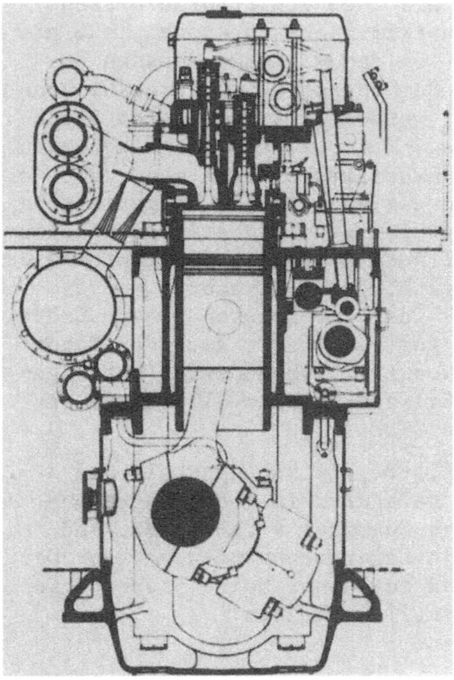

Abb. 5.92: Querschnitt des Motors TM 620 von STORK-WERKSPOOR

mit einem Zylinderhubvolumen von ca. 200 Liter als 6-, 8- und 9-Zylinder-Reihenmotoren geschaffen. Die Zylinderleistung beträgt bei 428 1/min 1250 kW (bei einem p_e von 18 bar). Das Kurbelgehäuse besteht aus einem U-förmigen Grundrahmen mit den Grundlagern der Kurbelwelle und einem darauf mit kräftigen Zugankern befestigten Zylinderblock (Abb. 5.92). Das Zylinderrohr ist zwecks Kühlung in der oberen Partie mit Kühlbohrungen versehen, die vier Ventile werden über Stoßstange und Kipphebel betätigt. Die Stoßstangen werden in den Nockenwellentrog in einen Schwinghebel geführt, der eine Ventilzeitverstellung ermöglichen könnte. Die Pleuelstange ist dreiteilig, die beiden Deckelabschnitte werden formschlüssig über Kerbverzahnungen zueinander gehalten.

Luft- und Abgasleitungen auf einer Seite des Motors ermöglichen eine gute Zugänglichkeit von Einspritzpumpe, Regler und anderem Zubehör. Der Kolben ist zweiteilig (geschmiedetes Aluminium-Unterteil mit verschraubter Stahlkrone), die höchsten brennraumseitigen Temperaturen liegen bei etwa 300 °C, der maximale Zylinderdruck wird mit 120 bar angegeben.

5.2.3.12 M 552 AK - MaK, BRD

Drehzahl- und Mitteldruckerhöhung der Baureihe 551 (Abb. 5.93) führten zu höheren Zylinderleistungen (550 kW/Zyl. gegenüber 450 kW/Zyl. der Baureihe M 552), jedoch auch zu einer Änderung einiger wesentlicher Bauteile (Abb. 5.94) wie Kurbelwelle und Pleuelstange.

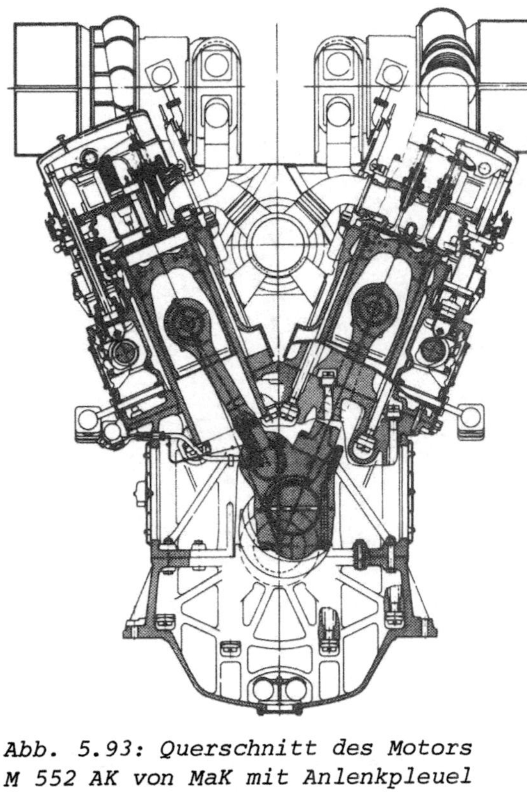

Abb. 5.93: Querschnitt des Motors M 552 AK von MaK mit Anlenkpleuel

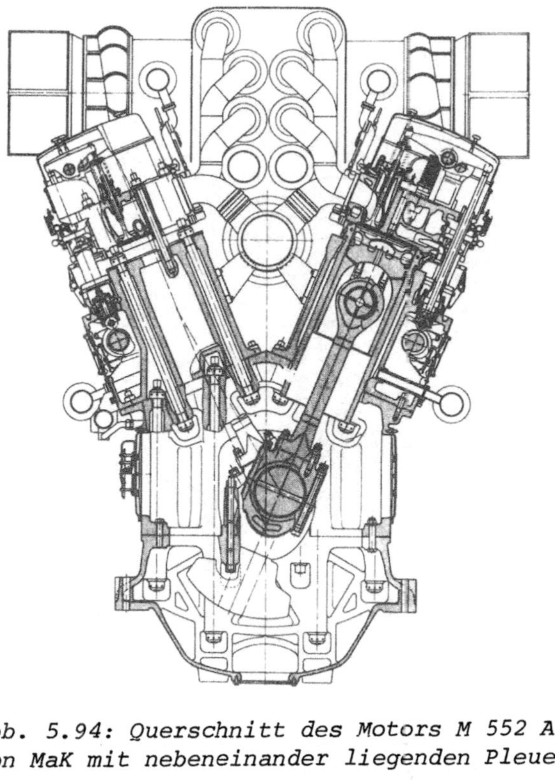

Abb. 5.94: Querschnitt des Motors M 552 AK von MaK mit nebeneinander liegenden Pleueln

Die Abmessungen der Kurbelwelle werden bei den schnellaufenden Motoren heute mehr nach der Schwingungslage des Triebwerkes festgelegt als nach den Erfordernissen der üblichen Biegespannungsrechnung. Um nicht in Hauptkritische zu kommen, muß die Kurbelwelle bestimmte Steifigkeiten in Abhängigkeit von den wirksamen Massen besitzen. So mußte auch in diesem Falle zum Erreichen der angestrebten Drehzahl von 500 1/min der Kurbelzapfen von 330 auf 350 mm erhöht werden. Auf den ersten Blick erscheint die Anwendung eines Anlenkpleuels in einem V-Motor eine geringe Motorbaulänge zu ermöglichen, beim Durchkonstruieren dieses Bauteiles stellte man jedoch erstaunt fest, daß die Bolzenkonstruktion des Nebenpleuels auch in der Längsrichtung so viel Platz braucht, daß man in diesem Raum auch zwei nebeneinanderliegende Pleuel unterbringen kann. Auch fühlt man sich in der Hoffnung getrogen, daß man eine Anlenkpleuelkonstruktion leichter bauen könnte als zwei Pleuel. Betrachtet man die Entwicklung mancher Motoren, so hat man den Eindruck, daß für Motoren dieser Größe das einfache Anlenkpleuel für einen V-Motor weniger geeignet ist - auch der Motor M 552 hat sich von dieser Konstruktion gelöst. Die konstruktive Änderung hat wegen dem bei nebeneinanderliegenden Pleueln notwendigen Zylinderversatz allerdings erhebliche Konsequenzen in dem Änderungsaufwand.

Wir erkennen aus Abb. 5.94 die Dreierteilung: Grundplatte, Zwischengestell und Zylinderblock. In der Grundplatte ist die Kurbelwelle gelagert. In jeder Lagerwand sind Grundplatte und Zwischengestell durch 4 kräftige Zuganker verschraubt, und jeder Zylinderblock wird wiederum durch 2 Zuganker je Lagertrennwand gehalten. Der 4-Ventil-8-Schrauben-Zylinderkopf hat Ein- und Auslaß auf einer Seite, so daß die Außenseiten beim V-Motor in bekannter Weise gut zugänglich bleiben.

5.2.3.13 A 550 - GRANDI MOTORI, ITALIEN

Zu den in den letzten Jahren entwickelten größeren Viertakt-Tauchkolbenmotoren gehört der Motor A 550 von GRANDI MOTORI TRIESTE (GMT), wie er in Abb. 5.95 als V-Motor dargestellt ist. Mit einem Hubvolumen von 140 Liter/Zyl. (d = 550 mm, s = 590 mm) ist er zwar in der Reihe der großen, etwa 400tourigen Großmaschinen der kleinste, doch werden bei 430 1/min und einem p_e von 17,9 bar noch beachtliche

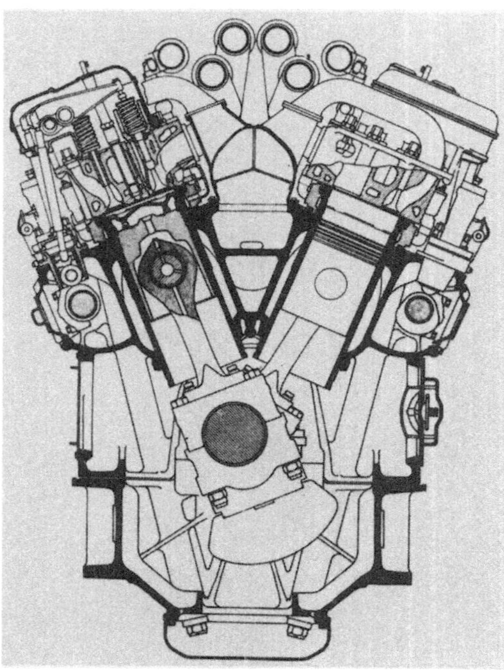

Abb. 5.95: Querschnitt des Motors A 550 von GRANDI MOTORI in Gußausführung

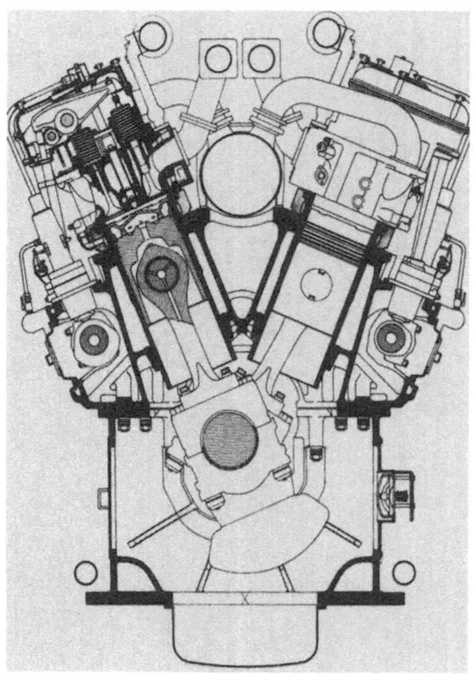

Abb. 5.96: Querschnitt des Motors A 550 von GRANDI MOTORI in Schweißausführung

880 kW/Zyl. erzeugt. Da es sich um eine ganze Baureihe von 6 bis 10-Zylinder-Reihenmotoren und 12 bis 20-Zylinder-V-Motoren handelt, wurde auf weitgehend standardisierte Bauteile Wert gelegt, die in allen Varianten anwendbar waren.

Auffallend ist vor allem die Kurbelgehäuse-Konstruktion, die aus zwei gußeisernen Bauteilen besteht, einer unten offenen Grundplatte mit der Grundlagerung und dem Kurbelgehäuse, die beim V-Motor durch schrägverlaufende Zuganker verbunden werden. Eine kleinere Ölwanne bildet den unteren Abschluß. Eine Variante dieses Typs stellt der Motor B 550 dar, der aus einer Stahlguß-Blech-Schweißkonstruktion in zugankerloser Lösung bei sonst identischen Bauteilen besteht (Abb. 5.96).

Die Pleuelstange ist mit einem kräftigen Marinekopf ausgebildet. Zylinderkopf, Kolben (gebaut) und Zylinderrohr sind den hohen thermischen Beanspruchungen entsprechend aus den bisherigen GMT-Bauarten Weiterentwicklungen. Von Interesse ist noch der nach oben weisende Lufteintritt in den Zylinderkopf, der durch eine Lufthutze erlaubt, beim V-Motor die gasführenden Leitungen in das V zu legen, um so eine gute Zugänglichkeit zur Nockenwelle, zum Ventiltrieb und Einspritzgerät zu gewährleisten. Bei den Reihenmotoren liegt die Ladeluftleitung über der Nockenseite. Wie für Motoren dieser Größe üblich, ist für diese ein Schwerölbetrieb möglich.

5.2.3.14 V 52/55 A - MAN, BRD

Der in Abb. 5.97 dargestellte Motor V 52/55 A mit einer Zylinderleistung von 775 kW (V_{h1} = 116,8 Liter) bei 450 1/min stellt auf Grund seines Aufbaues eine besondere Lösung dar. In ein U-förmiges Gestell mit eingelegter Kurbelwelle wird ein Abschlußkasten von oben aufgesetzt, der als pultartiges Dach die Basis für die beiden Zylinderblöcke bildet. Der Abschlußkasten ist durch senkrechte Zuganker mit dem eisernen Gestell verbunden und schubladenmäßig mit Horizontalschraube eingepaßt. Die Zylinderblöcke sind wiederum durch Zuganker auf diesen Abschlußkästen montiert. Von Interesse sind auch die Kühlmantelkonstruktion am oberen Zylinderrohr sowie die Abgasrohrverbindung am Zylinderkopf. Der Kolben besteht aus Kolbenunterteil (aus Leichtmetall) und einer Kolbenkrone (aus Stahl), wobei die oberen beiden Ringe im Stahlteil eingebettet sind, während die unteren drei ihre Ringnuten im Leichtmetallteil haben. Von den größeren Tauchkolben-Dieselmotoren ist der Motor

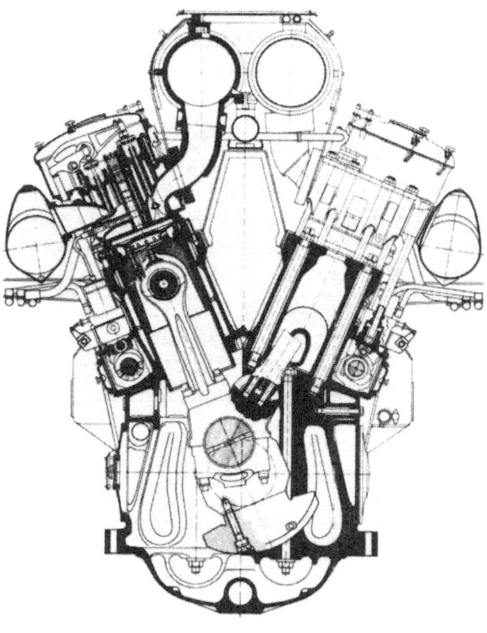

Abb. 5.97: Querschnitt des Motors V 52/55 A von MAN mit Stoßaufladung

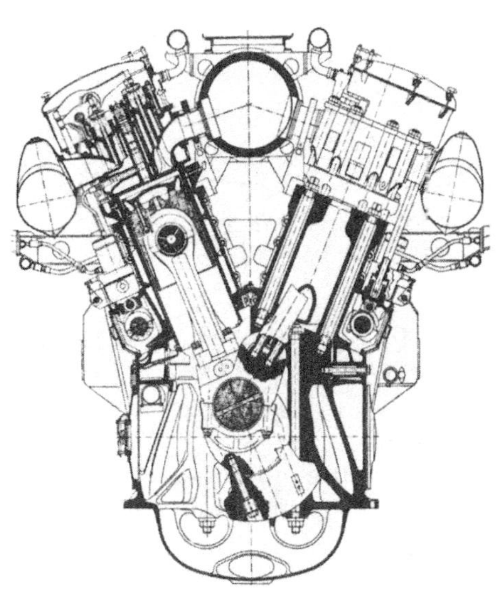

Abb. 5.98: Querschnitt des Motors V 52/55 A von MAN mit Stauaufladung

V 52/55 A der einzige, der mit einem angelenkten Marinekopfpleuel arbeitet. Man erkennt aus der Abbildung und weiß auch aus der Praxis, daß dies eine nicht unproblematische Lösung ist und sehr viel Kenntnis der Zusammenhänge dazu gehört, eine solche Lösung betriebsreif zu machen. Fast alle Motoren dieser Größe haben Einzeleinspritzpumpen, um durch kurze Leitungen die Elastizität des Systems zu beschränken. Im vorliegenden Fall hat man die Leitungen zusätzlich dadurch verkürzt, daß man seitlich durch den Zylinderkopf hindurch die Einspritzdüse erfaßt, anstatt wie üblich die Brennstoffzuführungen über den Zylinderkopf in das obere Ende des Düsenhalters zu führen. Für hohe Aufladegrade bevorzugt man die Stauaufladung, wobei unterschiedliche Stauräume verwandt werden (Abb. 5.98).

5.2.3.15 VASA 32 - WÄRTSILÄ, FINNLAND

Aufbauend auf den seit 1960 entstandenen Baureihen VASA 14, VASA 24 und VASA 22 wurde Mitte der 70er Jahre von dem bedeutendsten finnischen Motorenhersteller WÄRTSILÄ die Baureihe VASA 32 auf den Markt gebracht. Dieser Motor erreicht mit knapp 29 Liter Hubvolumen eine Zylinderleistung von 310 kW bei 720 1/min (Abb. 5.99). Das einteilige Kurbelgehäuse ist aus Weehanite-Gußeisen hergestellt, der Grundlagerdeckel wird neben zwei senkrechten Schrauben auch durch zwei Horizontalschrauben fixiert. Wie bei schwerölfähigen Motoren dieser Größe ist ein gebauter Kolben vorgesehen. Da die Luftzufuhr und die Abgasleitung beim V-Motor innen liegen sollten, sind Ein- und Austritt auf einer Seite, was eine Parallelführung der Ventile notwendig machte. Durch diese Anordnung sind die Einspritzpumpe und der Ventiltrieb gut zugänglich. Die schräggeteilten Pleuel liegen im V-Motor nebeneinander, die Gegengewichte auf der Kurbelwelle werden axial aufgezogen und durch eine Schraube fixiert. Für die Wartungsarbeiten können viele hydraulische Werkzeuge benutzt werden, ein Trend, der in dem letzten Jahrzehnt bei allen Motorenherstellern beobachtet werden kann.

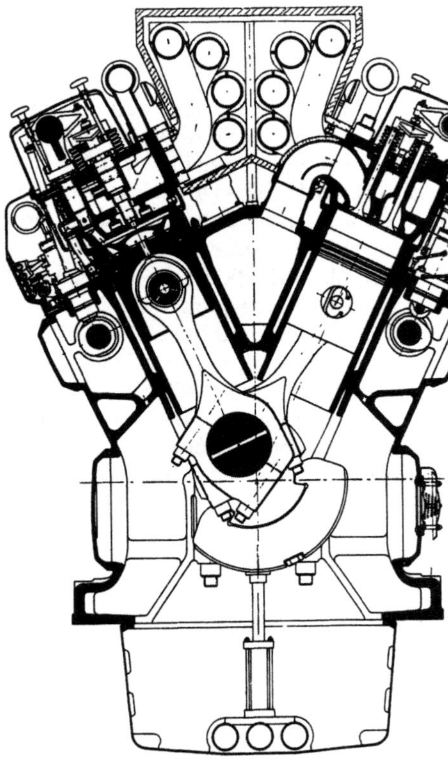

Abb. 5.99: Querschnitt des Motors VASA 32 von WÄRTSILÄ

5.2.3.16 L/V 32/36 - MAN, BRD

Zu der Gruppe der kleinen Mittelschnelläufer gehört auch die Neukonstruktion L/V 32/36 der MAN (Abb. 5.100). Nach den bewährten Konstruktionen der größeren Motoren entwickelt, leistet dieser Motor bei 750 1/min (s/d = 320/360 mm, V_{h1} = 29 Liter) 370 kW/Zyl. Dies entspricht einem mittleren Effektivdruck von 20,3 bar und einer Kolbengeschwindigkeit von 9 m/s. Auch dieser Motor ist für den Betrieb mit schweren Ölen geeignet.

Das Kurbelgehäuse ist einteilig aus Guß. Eine Verlängerung des Kurbelgehäuses über die Endlager hinaus erlaubt das Anbringen eines Außenlagers (Doppeltlagerung auf Schwungradseite). Die querliegenden Verbindungsschrauben zwischen Gestellfuß und Grundlagerdeckel liegen relativ hoch. Dies verhindert Rutschen in der Trennfuge und ermöglicht eine Druckvorspannung in der kritischen Ausrundung zwischen der horizontalen Auflage und den senkrechten Einpaßflächen für den Lagerdeckel. Die Zylinderkopfkonstruktion hat keine eingesetzten Ventilkörbe (gekühlte Sitzringe!), weil ein Kopf dieser Größe noch mit Bordmitteln einfach zu handhaben ist. Das Zylinderrohr ist noch konventionell ausgeführt, für die Kühlwasserzuführung in den

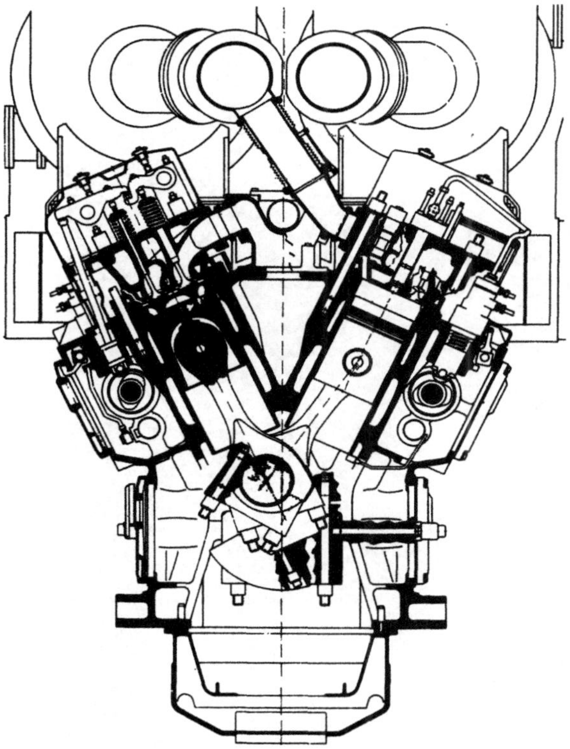

Abb. 5.100: Querschnitt des Motors LV 32/36 von MAN

Zylinderkopf wurde jedoch eine Sonderkonstruktion gewählt, um eine gleichmäßige Kühlung zu erzwingen. Die Gasführungen am Zylinderkopf liegen einseitig, so daß Steuerungsteile und das Einspritzgerät gut zugänglich bleiben.

5.2.4 Mittelläufer

Der Bereich zwischen den in der Regel schwerölfähigen Mittelschnelläufern mit Hubvolumina von etwas mehr als 30 Liter und den Dieselmotoren des Fahrzeugbereiches wird durch den Mittelläufer abgedeckt. Sieht man von Sonderfahrzeugen (Großraummuldenkipper, Panzerfahrzeuge usw.) ab, so kann man die obere Grenze der Lkw-Motoren vielleicht mit d = 130 - 150 mm beziffern, die untere Begrenzung der modernen Mittelschnelläufer mag eventuell mit d = 300 mm angegeben werden. Wie alle Klassierungen nur nach bestimmten Gesichtspunkten sinnvoll erscheinen, mag man die Zusammenfassung so unterschiedlicher Motoren verschiedenster Verwendungszwecke für widersinnig halten, und so sind auch die Gemeinsamkeiten gering. Als Einsatzgebiete finden wir die Stromerzeugung, den Antrieb großer Arbeitsmaschinen, Schiffsantriebe (Yachten, Küsten- und Flußschiffahrt), Marineeinsatz, Großraum- und Schwerlastfahrzeuge, Lokomotivantriebe u. a. m. Die Leistungspalette ist dementsprechend groß, vielleicht von 400 - 4000 kW, jedoch sind auch Leistungen darüber und darunter bekannt. Wollte man den Drehzahlbereich umschreiben, so zählten Motoren mit (750) 900 - 2000 1/min dazu.

Die unterschiedlichsten Anforderungen haben dann auch das unterschiedliche Gesicht dieser Motoren geprägt. Es gibt besonders leichte Ausführungen, die sich oft von militärischen Entwicklungen ableiten lassen, und schwere Ausführungen, denen man die Herkunft aus einer einst gemächlicheren Baureihe nicht absprechen kann. So ergibt sich ein heterogenes Gemisch ohne einheitliche Tendenzen in der technischen Entwicklung - sieht man einmal von den Grundforderungen der Gesetzgeber (Umwelt, Geräusch), geringem Verbrauch und marktwirtschaftlichen Herstell- und Wartungskosten ab.

5.2.4.1 POLAR F - NOHAB, SCHWEDEN

Dieser im Auftrag der NOHAB von der AVL[1] entwickelte Motor wird heute in einer überarbeiteten Form mit großem Erfolg verkauft. Ursprünglich für einen mittleren Effektivdruck von p_e = 12 bar vorgesehen, erreicht dieser Motor dank des vorausschauenden Konzeptes heute bis zu 20 bar Mitteldruck. Der 45^0-V-Motor mit einer Bohrung von 250 mm und einem Hub von 300 mm bringt eine Zylinderleistung von 166 kW bei einem Leistungsgewicht von 6,75 kg/kW (16 Zylinder - Abb. 5.101). Das einteilige Kurbelgehäuse mit hängender Lagerung ist aus Kugelgraphitguß. Die senkrechte Verschraubung des Grundlagerdeckels, der zusätzlich am unteren Rad seitlich verschraubt ist, erfolgt am oberen Ende nicht wie sonst vielfach üblich über Stiftschrauben, sondern besitzt dort im Kurbelgehäuseteil eine Aussparung zur Aufnahme einer Mutter. Bei Motoren dieser Baugröße reicht auch bei höheren Aufladegraden meist noch

[1] AVL = Gesellschaft für Verbrennungskraftmaschinen und Meßtechnik mbH. Prof. Dr. Dr. h. c. Hans List

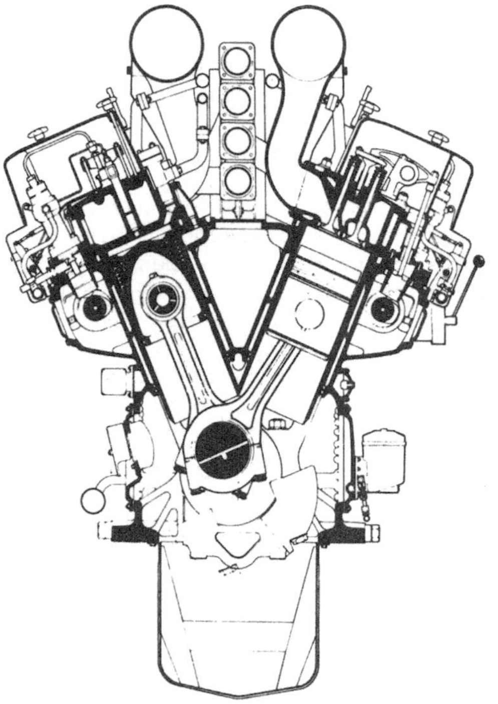

Abb. 5.101: *Querschnitt des Motors POLAR F von NOHAB*

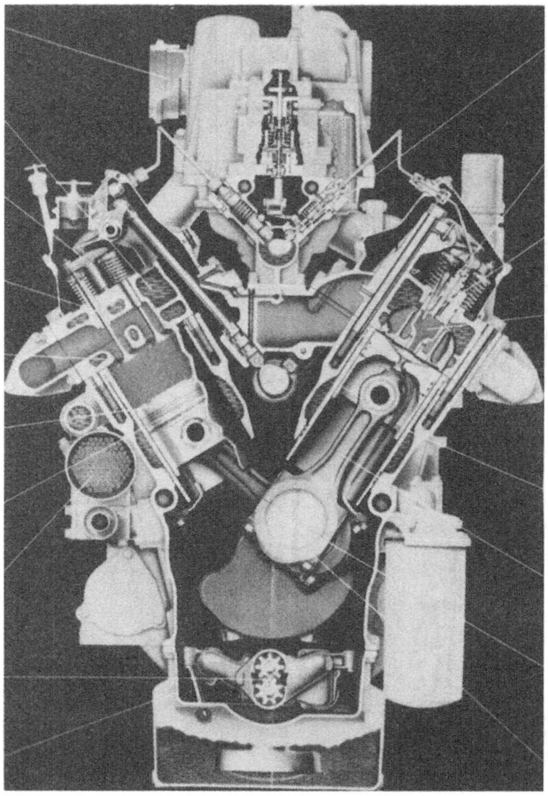

Abb. 5.102: *Querschnitt des Motors 3400 von CATERPILLAR*

ein einteiliger Kolben mit Rohrschlangen- oder Shakerkühlung. Da Lufteintritts- und Abgasaustrittsöffnung auf einer Seite des Zylinderkopfes liegen, werden je zwei Einlaß- und Auslaßventile über Stoßstange, Kipphebel und Traverse betätigt. Eine großvolumige Ölwanne ermöglicht den benötigten Vorrat aufzunehmen. Für die Geräuschminderung sind besondere Maßnahmen ergriffen worden.

5.2.4.2 - 3400 - CATERPILLAR, USA

Als 8- und 12-Zylinder-Motor wird dieser Motor 3400 von CATERPILLAR als V-Motor mit $\gamma = 65^0$ gebaut. Um z. B. den für ein gleichmäßiges Zünden eines Zylinderpaares und für geringe Vibrationen und guten Massenausgleich erforderlichen Zündwinkel von 90^0 zu erreichen, sind die Kurbelzapfen der gegenüberliegenden Zylinder um jeweils 25^0 versetzt. Bei 12 Zylindern ist der Kurbelzapfenversatz entsprechend nur 5^0, was man aus den Pleueln der Abb. 5.102 erkennen kann. Als wesentlicher Vorteil dieser Konstruktion wird neben der Gleichheit der V-Motoren vor allem genannt, daß man für einen 90^0-V-Motor die erforderliche Motorenbreite erheblich unterschreiten könnte.

Die Motoren der Baureihe 3400 arbeiten mit einer Vorkammer, der Kolben ist an der Vorkammermündung durch einen pilzartigen Stahlstopfen gepanzert. Die für beide Motorenbaureihen gemeinsame Nockenwelle steuert über Stoßstangen und Kipphebel die vier Ventile eines Zylinderkopfes. Eine V-förmige Block-Einspritzpumpe ist mittig im V angebracht.

5.2.4.3 K-Serie - CUMMINS, USA

In den letzten Jahren ist in der bedeutendsten Dieselmotorenfabrik der USA die sogenannte K-Serie mit 6-Zylinder-Reihen- und 12- und 16-Zylinder-V-Motoren entstanden (Abb. 5.103). Mit den Drehzahlen 1500 und 1800 U/min sind diese Motoren für den

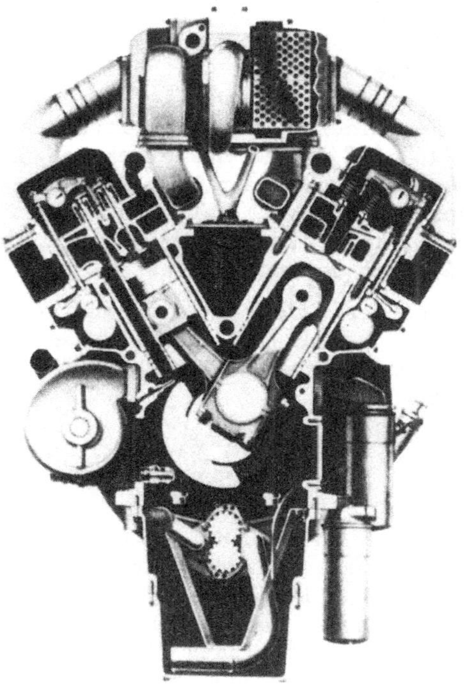

Abb. 5.103: Querschnitt des Motors der K-Serie von CUMMINS

Generatorbetrieb (im Bereich 750 - 1000 kW für den 16-Zylinder-Motor) gedacht, jedoch sind sie auch zum Einsatz in Booten, Baumaschinen und im Industriebereich geeignet. Bei der Vollastleistung erreichen die Motoren ein Leistungsgewicht von 4,1 kg/kW.

Das Kernstück des Motors bildet ein robuster gußeiserner Motorblock, der bis weit unter die Mittellinie der Kurbelwelle reicht. Der Grundlagerdeckel ist zusätzlich seitlich verschraubt, eine tiefe (doppelstöckige) Ölwanne erlaubt, den Ölvorrat mitzuführen. Dank eines dünnen Kurbelzapfens (d_k = 0,68 d) ist eine geradgeteilte Pleuelstange möglich, dafür ist der Grundlagerzapfen mit 1,04 d besonders stark ausgefallen, so daß das Gesamttriebwerk eine hervorragende Steifigkeit hat. Der Kolben ist einteilig mit Spritzkühlung (Düse), der oberste Kolbenring sitzt in einem Kolbenringträger. Ein relativ stabiler Kolbenbolzen (0,38 d) erhält durch schräg abgesetzte Bolzenaugen und Bolzenlager optimale Tragbedingungen. Das CUMMINS-PT-Kraftstoffsystem besteht aus einer Niederdruckpumpe und einer Pumpen-Düsen-Kombination, die über Stoßstange und Kipphebel betätigt werden, ebenso wie die vier Ventile dieses Tauchkolbenmotors.

5.2.4.4 PA 4-200 - SEMT, FRANKREICH

Abb. 5.104: Querschnitt des Motors PA 4

In Abb. 5.104 wird ein V-Motor vorgeführt, der sich durch mehrere Merkmale von der Masse der Konkurrenzmotoren abhebt. Es handelt sich um einen 90^0-V-Motor mit Blockeinspritzpumpe in der Mitte des offenen V.

Der Motor hat ein Tunnel-Kurbelgehäuse, in das die Kurbelwelle einschließlich der Grundlagerschilde axial eingeführt werden. Das Lagerschild besteht aus einer Lagerbrücke mit kleinem Lagerdekkel. Im eingebauten Zustand werden die Spannbügel der Lagerschilde durch Druckschrauben gespreizt, was einen festen Sitz in der Kurbelgehäusebohrung ergibt. Eine andere Neuerung an dieser Maschine ist eine neue Vorkammer, die als Vorkammer mit veränderlicher Geometrie bezeichnet wird (Abb. 5.105). Erreicht werden durch die merkliche Absenkung der Überströmverluste durch die kleinen Vorkammerbohrungen eine beträchtliche Verbrauchsverbesserung und vor allem eine Absenkung des maximalen Verbrennungsdruckes um ca. 30 bis 40 %. So konnte dieser auf 140 bar ausgelegte Motor

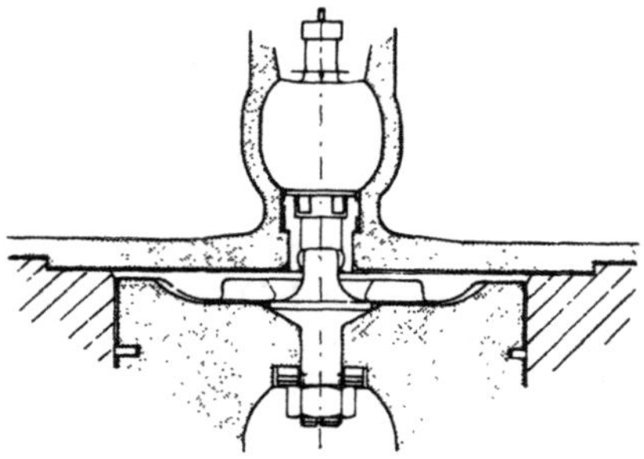

Abb. 5.105: *Vorkammerkonstruktion des Motors PA 4*

(p_e = 16 bar) mit einer zweistufigen Aufladung versehen werden (p_e = 23 bar). Auf diese Weise wurde eine Zylinderleistung von 184 kW möglich, eine Leistung, die man sonst erst bei hubraumstärkeren Motoren erreicht. Die Leistungssteigerung gegenüber einer direkteinspritzenden Version beträgt 43 %, wegen des erheblich niedrigeren Einspritzdruckes der Vorkammermaschine (450 bar gegenüber 700 bar) ist trotz der erhöhten Einspritzmenge die Einspritzanlage einschließlich Antrieb geringer belastet.

Durch derart hochgesetzte Nennleistung ist es nicht verwunderlich, daß die spezifischen Leistungsgewichte mit Werten um 3 kg/kW äußerst niedrig liegen.

5.2.4.5 SACM 240 V - SACM, FRANKREICH

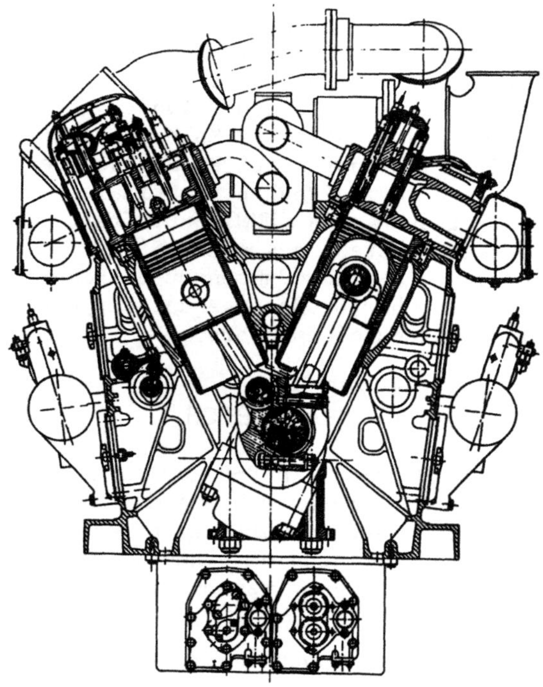

Abb. 5.106: *Querschnitt des Motors SACM 240 V*

Die früher unter den Bezeichnungen MGO und AGO ausgelieferten Motoren werden jetzt einheitlich nach dem Hersteller SACM, Mulhouse benannt. Der größte Typ ist der Motor SACM 240 V (Abb. 5.106) mit einer Bohrung von 240 mm und einem Hub von 220 mm (überquadratisches Hubverhältnis!). Bei einer Drehzahl von 1350 1/min und einem Mitteldruck von 16,2 bar ergibt sich eine Zylinderleistung von 184 kW. Bei Aggregaten werden höhere Drehzahlen und Mitteldrücke zugelassen, so daß bei n = 1500 1/min und p_e = 21,8 bar eine Zylinderleistung von 250 kW möglich ist.

Der Querschnitt des Motors AGO 240 V ist aus Abb. 5.106 ersichtlich. Das einteilige Gehäuse aus Sondergußeisen enthält auch die Zylindermäntel, in die die Laufbuchsen eingesetzt sind. Die einzelnen aufgesetzten Zylinderdeckel sind ebenfalls aus Gußeisen; sie enthalten je zwei Einlaß- und zwei Auslaßventile. Die aus einer Spezziallegierung gefertigten Ventilsitze sind tiefgekühlt eingelegt und auswechselbar. Die Kolben sind aus einer Leichtmetallegierung und haben vier Dichtringe. Durch die Anordnung der Brennkammer im Kolbenkopf wird das Anlassen auch bei Tieftemperaturen erleichtert; außerdem führt diese Bauweise auch zu einem niedrigen Brennstoffverbrauch. Das Kolbenkühlöl wird mittels Düsen in einen Kanal im Kolbenkopf eingespritzt, von wo es in eine ringförmige Kammer in Höhe der Dichtringe gelangt. Das Kühlöl verläßt den Kolben durch eine dem Eintritt diametral gegenüberliegende Öffnung und fällt dann in die Ölwanne. Die wassergekühlten Laufbuchsen sind aus Schleuderguß und innen gehont. Die Treibstangen sind aus einem Sonderstahl geschmiedet. Beim V-Motor greift die Nebentreibstange am Deckel des Haupttreibstangenkopfes an. Die Kurbelwellen sind aus einem Chrom-Molybdän-Stahl einteilig geschmiedet; der 20-Zylinder-Motor erhält jedoch eine zweiteilige Kurbelwelle. Je nach Zylinderzahl erhalten die Motoren zwei oder vier Abgasturbolader. Die Ladeluft wird gekühlt.

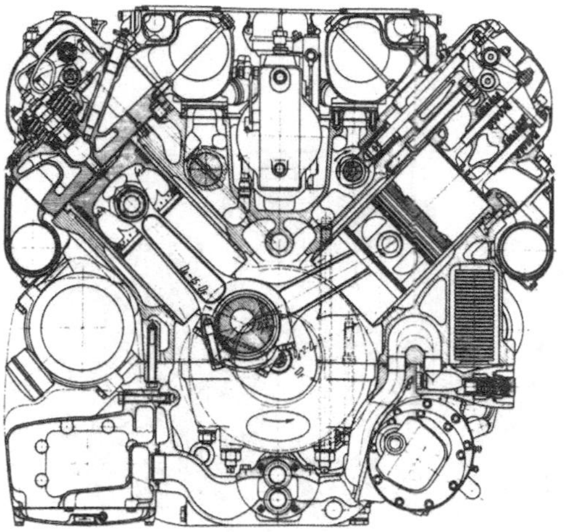

Abb. 5.107: Querschnitt des MTU-Motors 837/838

5.2.4.6 V 331/396 - MTU, BRD

Das Werk Friedrichshafen der Motoren- und Turbinen-Union (MTU) - früher MAYBACH - baut mit viel Erfolg Motorenfamilien, wobei mit weitgehend gleichen Bauteilen Motoren verschiedener Hübe gebaut werden. Dies ist bei der Typenfamilie V 331/396 auch so, der Motor V 331 hat 155 mm Hub, der Motor V 396 einen Hub von 185 mm bei einem gemeinsamen Kolbendurchmesser von 165 mm. Bei etwa gleichen Kolbengeschwindigkeiten (v_m ca. 11 m/s) werden zwei Drehzahlen (2100/2200 - 1800 1/min) betrieben. Die Zylinderleistung beträgt 83,3 kW.

Diese Motorenbaureihe ist eine Weiterentwicklung der DAIMLER-BENZ-Baureihe MB 837/838 (Abb. 5.107), die als Panzermotor des LEOPARD I einen Ruf erworben hat und einen Hub von 175 mm besitzt. Die 90^0-V-Motoren werden mit 6, 8 und 12 Zylindern gebaut.

Aus Abb. 5.108 kann man ersehen, daß man durch konsequentes Durchkonstruieren dieses schon sehr kompakt gebauten Motors noch einmal Bauraum einsparen kann (links der Motor V 331) - wobei die langjährigen Erfahrungen mit einem Motor natürlich zu den notwendigen Erkenntnissen führen, an welchen Stellen noch gespart werden kann.

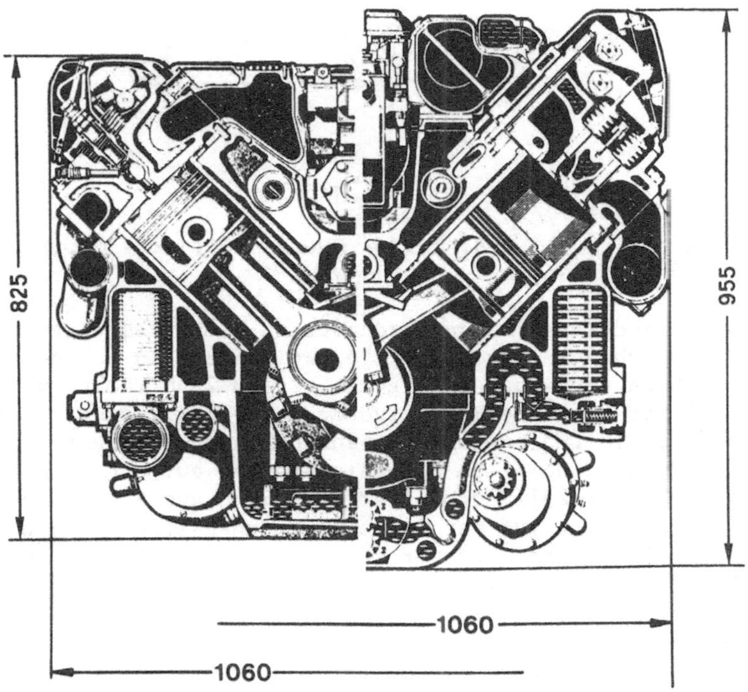

Abb. 5.108: Vergleich der Motoren 331 (links) und 837/838 (rechts) der MTU

Das Kurbelgehäuse schließt auf Mitte Kurbelwelle ab, eine Grundlagerbrücke mit vier vertikalen Schrauben trägt die Kurbelwelle. Der Direkteinspritzer besitzt einen gebauten Kolben und wassergekühlte Auspuffleitungen. Bei einem Gewicht von 2,3 t für den 8-Zylinder-Motor ergibt sich ein Leistungsgewicht von 3,45 kg/kW.

5.2.4.7 V 956/1163 - MTU, BRD

Die nächstgrößere Doppelbaureihe der MTU mit ca. dreifachem Hubvolumen sind die Typen 956 als 60^0-V-Maschinen mit Nenndrehzahlen von 1500 bzw. 1200 1/min und einer Zylinderleistung von 200 kW (Abb. 5.109). Auch diese Motoren sind für Stromerzeugungsaggregate (50 und 60 Hz), zu Lande und zu Wasser, sowie Schiffsantriebe aller Art gedacht. Mit einem Hubvolumen von 9,56 bzw. 11,63 Liter wird bei einer Kolbengeschwindigkeit von v_m = 11,5 m/s eine Zylinderleistung von 220 kW erreicht.

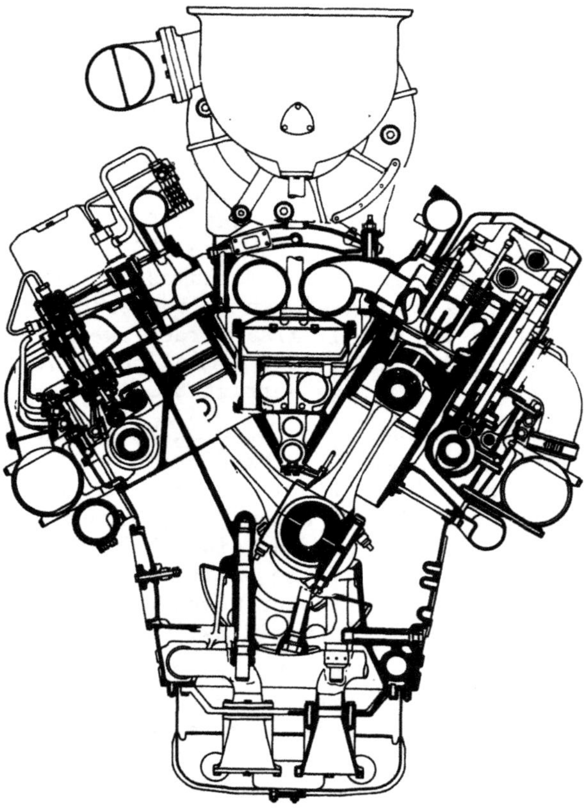

Abb. 5.109: Querschnitt des Motors V 956/1163

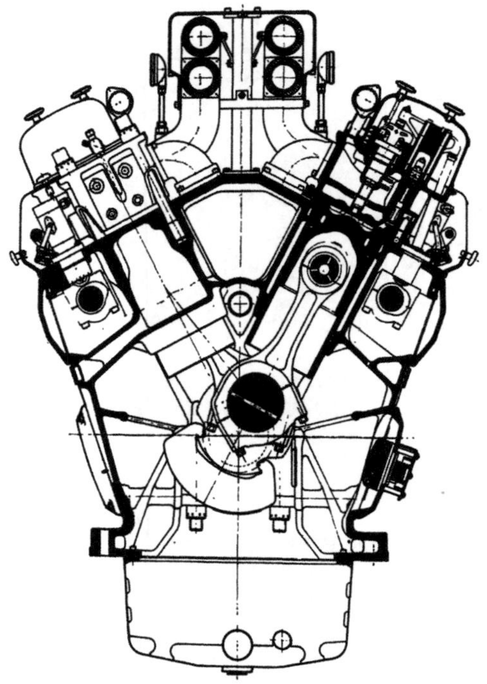

Abb. 5.110: Querschnitt des Motors VASA 22

Das Kurbelgehäuse besteht aus verschiedenen Stahlgußabschnitten, die zusammengeschweißt werden. Die Kurbelwellenlagerbrücke wird durch je zwei vertikale und horizontale Schrauben gehalten. Die hochfeste Kurbelwelle ist bis zu Zünddrücken von 180 bar ausgelegt, was theoretisch für mittlere Effektivdrücke von über 25 bar ausreicht. Der Kolben ist mit Trag- und Gleitkörper und Kolbenkrone aus wärmefestem Stahl gebaut. Die Kolbenkrone ist durch eine Reihe Spezialschrauben auf dem Aluminiumtragkörper befestigt. Der Vier-Ventil-Zylinderkopf hat den Ein- und Auslaß an gegenüberliegenden Seiten. Der Einlaß liegt auf der Bedienungs-Außenseite. Um die Motorenbreite zu begrenzen, ist das Ladeluftsammelrohr stark nach unten an das Motorengestell gedrängt worden. Die Einzel-Einspritzpumpen stehen zwischen den Zylinderköpfen und werden über eine Schlepprolle und Stoßstange angetrieben. An der Stirnseite ist der Hülsenfederdämpfer zur Begrenzung der Torsionsschwingungsausschläge angebracht, ein Außenlager fängt dadurch bedingte Zusatzkräfte ab.

5.2.4.8 VASA 22 - WÄRTSILÄ, FINNLAND

Dieser im Hubvolumen kleinste Dieselmotor, der bei WÄRTSILÄ in Finnland gebaut wird, besitzt alle Merkmale eines modernen Direkteinspritzers (Abb. 5.110). Bei 1200 1/min wird eine Zylinderleistung von 144 kW entwickelt, ein fast quadratisches Hubverhältnis (s/d = 240/220 mm) ergibt ein Hubvolumen von V_{h1} = 7,54 Liter. Beim 16-Zylinder-Motor wird ein Leistungsgewicht von 6,35 kg/kW erreicht.

Das einteilige Gußkurbelgehäuse hat eine hängende Lagerung, die Lagerbrücke ist neben den senkrechten Tragschrauben als Schubladenkonstruktion seitlich durch je eine Schraube fixiert. Eine Blechölwanne bildet den Abschluß nach unten. Bei diesem Motor liegen der Luftzutritt und der Abgasaustritt auf einer Seite des Zylinderkopfes, um bei den Motoren die Bedienungsseite von Rohren freizuhalten und die Wartung zu erleichtern. Dies erfordert "hintereinanderliegende" Ventile (Tandemkanal) und einen entsprechenden Antrieb. In diesem Fall werden zur Betätigung der Ventilpaare je ein Kipphebel mit parallelgeführter Brücke gewählt. Da bei Motoren dieser Größe die Einzeleinspritzpumpe in der Regel so hoch wird wie der Zylinderkopf, ist für die Einspritzleitung ein Winkelanschluß entwickelt worden.

5.2.4.9 VM 628 - KHD, BRD

Eine Weiterentwicklung des in über 4000 Exemplaren verkauften Motors BAM 528 (Abb. 5.111) stellt der in Abb. 5.112 dargestellte Motor BVM 628 dar. Mit vergrößerter Bohrung (240 mm) ergibt sich ein Hubvolumen von V_{hl} = 12,67 Liter, was eine Zylinderleistung von knapp 200 kW bei 1000 1/min ermöglicht. Für einen Motor dieses Hubvolumens wird ein recht günstiges Leistungsgewicht von 6,25 kg/kW erreicht.

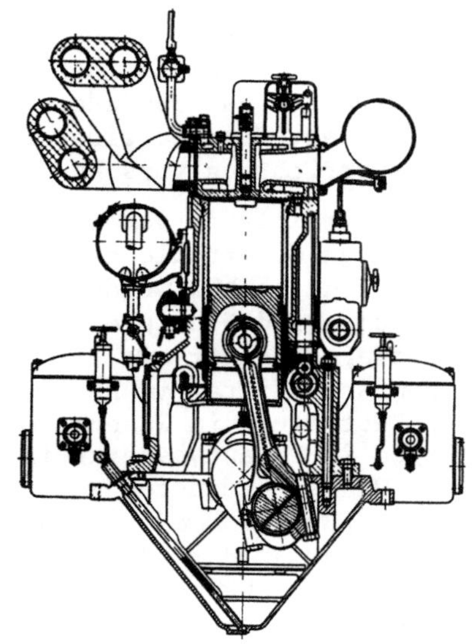

Abb. 5.111: Querschnitt des Reihenmotors BAM 528

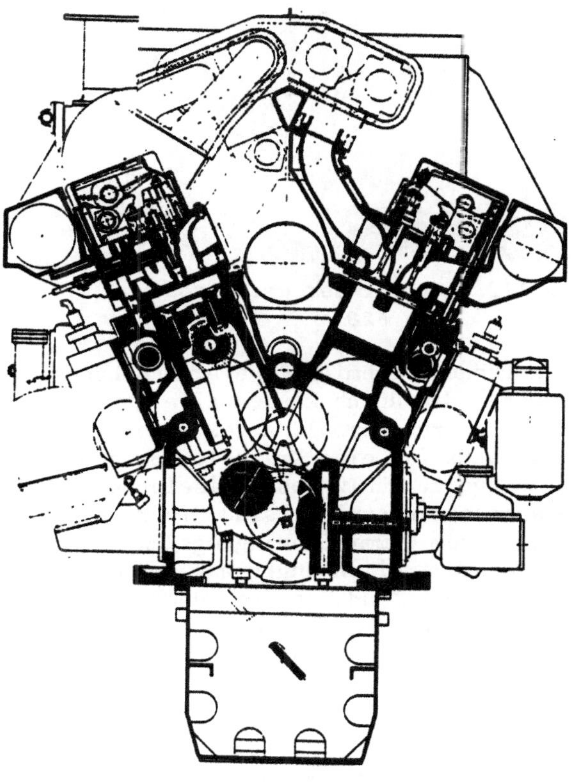

Abb. 5.112: Querschnitt des Motors BVM 628

In das einteilige robuste Kurbelgehäuse aus Kugelgraphitguß werden die nassen Zylinderrohre von oben eingesetzt. Die Kurbelwelle ist vor und nach jedem Hubzapfen im Kurbelgehäuse gelagert. Haupt- und Pleuellager sind Stahl-Bleibronze-Lager mit einer galvanisch aufgebrachten Laufschicht. An beiden Seiten des Kurbelgehäuses sind große Montage-Öffnungen, die eine gute Zugänglichkeit zur Kurbelwelle, Pleuelstange und Lager gewährleisten. Eine große geschweißte Ölwanne, mit einem für alle Leistungen und Betriebsarten ausreichenden Ölvolumen, ist von unten an das Kurbelgehäuse geschraubt.

Die Pleuelstangen sind im Gesenk geschmiedet. Sie können nach Abnehmen des Pleuellagerdeckels und Abnehmen der Zylinderköpfe zusammen mit den gebauten, ölgekühlten Kolben leicht nach oben ausgebaut werden.

Die Zylinderköpfe sind aus Kugelgraphitguß und enthalten je zwei Ein- und Auslaßventile, Einspritzdüse, Anlaß- und Indizierventil. Der Zylinderkopf mit seiner Befestigung sowie die angrenzenden Bauteile, wie die Ladeluftleitung, die Abgasleitung mit Isolierung und die Kühlwasserleitung, wurden unter Beachtung optimaler Wartungsfreundlichkeit ausgeführt, so daß kürzeste Montagezeiten erreicht werden. Die vier Zylinderkopfschrauben werden mühelos mit einer hydraulischen Spannvorrichtung angezogen. Die Nockenwelle ist einmal geteilt und kann in Längsrichtung aus der Lagerung herausgezogen werden. Der Ventilantrieb erfolgt über Rollenstößel, kurze Stoßstangen und Kipphebel. Die Motoren der Baureihe 628 erhalten "Gruppen-Blockpumpen", womit zwischen Einspritzpumpen und Einspritzventilen einfache, kurze und damit betriebssichere Einspritzleitungen realisiert werden konnten.

Somit werden an die 6- und 8-Zylinder-Reihenmotoren je "zwei" (Abb. 5.113), an den 9-Zylinder-Reihenmotor "drei" und an die V-Motoren je "vier" Blockeinspritzpumpen angebaut. Die Einspritzpumpen werden über Zwischenwellen und Lamellenkupplung vom Räderkasten her angetrieben.

Abb. 5.113: Ansicht des Reihenmotors BV8M 628

Die Abgasleitungen bestehen aus hochwarmfesten Bauelementen, die durch dicht umschließende, wärmeisolierte Blechhauben abgedeckt sind. Der Reihenmotor ist mit einem, der V-Motor mit zwei Abgasturboladern von BBC ausgerüstet, die mit einer Laderreinigungsvorrichtung versehen sind.

Im Schmierölkreislauf, von dem sämtliche bewegten Motorteile geschmiert und die Kolben gekühlt werden, sind Schmierölpumpe und Schmierölkühler, ein Papierfeinstfilter mit nachgeschaltetem Spaltfilter im Hauptstrom und eine Zentrifuge im Nebenstrom am Motor angebaut. Schmierölkühler und Ladeluftkühler liegen im Umlaufwasserkreislauf des Motors. Hierdurch können alle durch unaufbereitetes Wasser bedingten Korrosions- und Verschmutzungsprobleme vom Motor ferngehalten werden. Für die Umwälzung des Umlaufwassers ist eine Kreiselpumpe angebaut. Je nach Ausführung der Kühlanlage ist eine zweite Kühlwasserkreiselpumpe anbaubar. Abhängig vom Schwingungsverhalten der Gesamtantriebsanlage sind die Motoren entweder mit einem Holset-Viskositäts- oder mit einem Gummi-Schwingungsdämpfer versehen. Der Dämpfer ist auf der Stirnseite des Motors frei zugängig angeordnet. Die Bedienung des Motors erfolgt über einen angebauten Fahrstand, in dem auch die Meßgeräte zur Überwachung des Motors angeordnet sind. Darüber hinaus besteht die Möglichkeit, den Motor über ein separat aufgestelltes Fahrpult mit integrierten Überwachungsinstrumenten zu bedienen.

5.2.4.10 ASL 25/30 - MAN, BRD / SULZER, SCHWEIZ

Aus der Gemeinschaftsarbeit der Firma MAN und SULZER ist neben dem Großmotor 65/65 (siehe 5.2.3.10) am "unteren Rand" der Viertakt-Tauchkolbenmotoren-Palette der Motortyp AS entstanden, der als Reihenmotor (ASL) wie als V-Motor (ASV) angeboten wird. Diese Baureihe wurde gebaut für die Stromerzeugung auf dem Land und in Schiffen, für den Diesel-Elektro-Antrieb von Schiffen oder auch für den Schiffseinsatz mit Getriebe.

Das einteilige Guß-Kurbelgehäuse (Abb. 5.114) besitzt weit über die Kurbelwellenmitte herabgezogene Seitenteile mit Fußleisten. Die hängende Kurbelwelle wird in kräftigen Lagerbrücken aufgenommen, die zur Versteifung der Gesamtkonstruktion seitlich verschraubt sind. Auch bei diesem Motor finden wir zwischen Zylinderkopf und Kurbelgehäuse den wasserführenden Zwischenring, der Kolben wird durch Kühlölschlangen gekühlt. Die Einzel-Einspritzpumpe wird direkt von der seitlich angeordneten Nockenwelle angetrieben, während die Ventilstößel mit Stoßstange und Kipphebel über einen Schwinghebel beteiligt werden. Die Nockenwelle wird mit den Lagern seitlich in den Motor eingebracht und der ganze Nockenwellenraum durch einen Gesamtdeckel abgeschlossen.

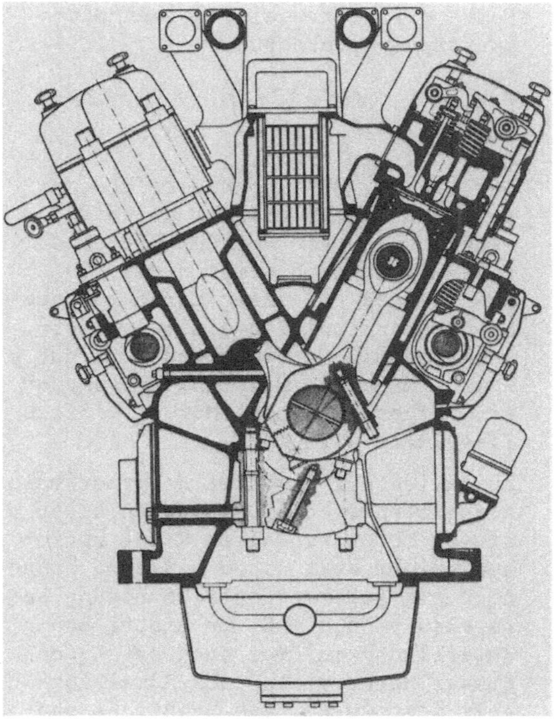

Abb. 5.114: Querschnitt des Motors ASL 25/30

5.2.4.11 AM 816 - KHD, BRD

Ein sehr flach bauender Mittelmotor ist in Abb. 5.115 dargestellt. Durch den 120°-V-Winkel ergibt sich ein ungewöhnliches Aussehen, das jedoch - wie später beschrieben - seine Vorzüge hat. Der Motor hat eine Bohrung von 142 mm und einen Hub von 160 mm (entsprechendes Zylinderhubvolumen V_{h1} = 2,53 Liter) und bringt bei 1800 1/min 625 kW pro Zylinder an die Bremse. Mit einem Leistungsgewicht von 3,2 kg/kW liegt der einstufig aufgeladene Motor dieser Größe äußerst günstig. Er wird als 6- und 8-Zylinder-Reihenmotor und 12- und 16-Zylinder-V-Motor gebaut.

Kleinere Motoren werden bei größeren Revisionen ausgebaut, bei abgebauter Ölwanne ist das Triebwerk gut zugänglich, das heißt, man kann auf eine gute Zugänglichkeit der Triebwerkskomponenten durch seitliche Kurbelgehäuseöffnungen verzichten, der Konstrukteur ist in der Gestaltungsmöglichkeit freier. So ist an dem in Abb. 5.115 vorgestellten Motor AM 816 ein ungewöhnliches Konzept verfolgt worden. Die Vorgängermaschine war als unaufgeladener Motor als Bahnantrieb in Unterfluranordnung konzipiert worden. Der 120°-V-Winkel ermöglichte eine außerordentlich flache Bauweise, ohne die konstruktiven Schwierigkeiten eines 180°-V- oder Boxermotor-Kurbelgehäuses überwinden zu müssen. Auch zeigt sich, daß der Grundmotor mit 120°-Gabelwinkel nur unwesentlich höher baut als ein echter Boxermotor (Abb. 5.116).

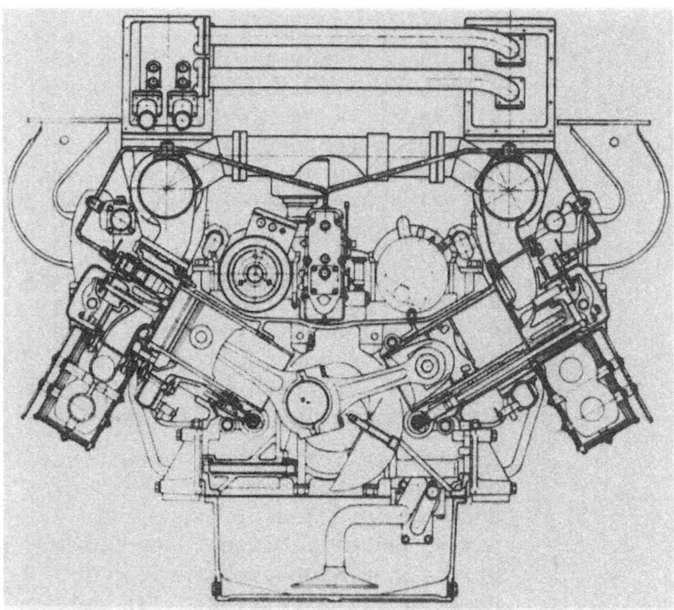

Abb. 5.115: Querschnitt des Motors BAM 816

Als diese Motoren dann im Schiffs- und Marineeinsatz waren, zeigten sich die besonderen Vorteile dieser Bauweise: alle zu wartenden und zu bedienenden Bauteile liegen offen und gut zugänglich im weiten V-Raum in sehr bequemer Grifflage. Die Aufladegruppen verändern zwar die ursprünglich sehr flache Bauweise, ohne jedoch die vorgenannten Vorteile zu verlieren.

Durch die fast horizontale Lage des Zylinders ergeben sich infolge der Gaskräfte sehr große Horizontalkräfte. Andererseits bewirkt diese Bauart aber auch zwangsläufig ein sehr breites Kurbelgehäuse, so daß diese Kräfte sehr gut aufgenommen werden können. Zur Versteifung des Motorenquerschnittes haben die Grundlagerdeckel eine seitliche Verschraubung. Die

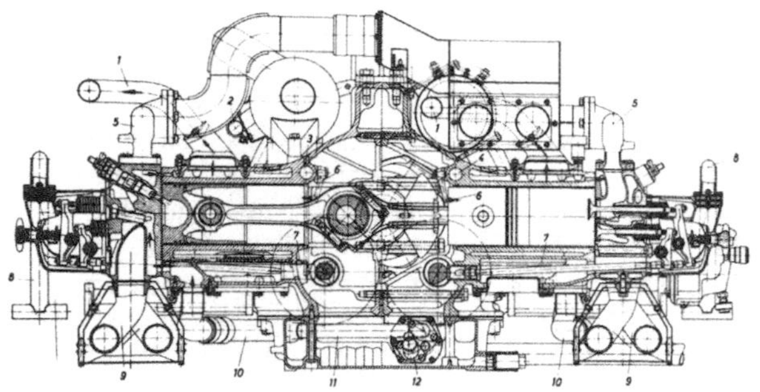

Abb. 5.116: *Querschnitt eines Boxermotors für Triebwageneinsatz (MAN)*

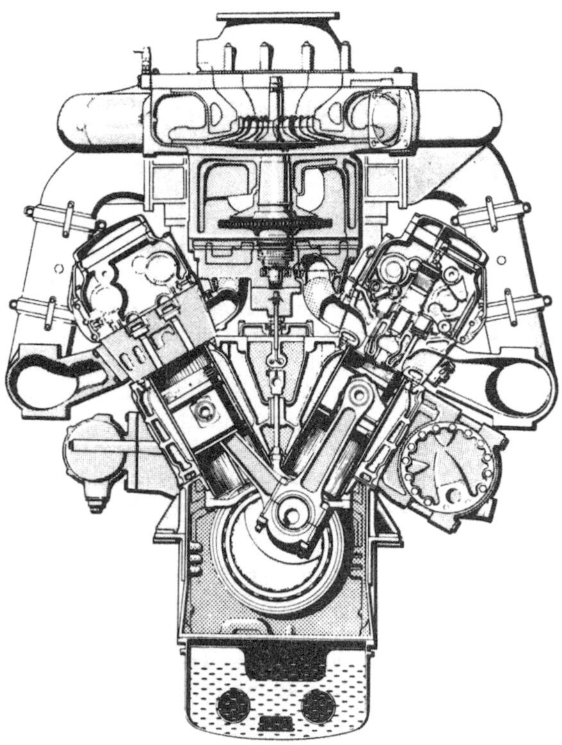

Abb. 5.117: *Querschnitt eines Motors MAYBACH MD 650/1 B*

Einspritzdüse einer jeden Zylinderreihe wird durch eine Reihen-Einspritzpumpe versorgt.

5.2.4.12 MAYBACH MD 650/1B MTU, BRD

Der in Abb. 5.117 dargestellte Motor gehört im Grunde nicht zu den Neuerscheinungen auf dem Dieselmotorenmarkt, doch weist diese bis in die Nachkriegszeit zurückgehende Motorenkonstruktion einige so herausragende Besonderheiten auf, daß - zumal für einen Motorenkonstrukteur - ein Vergessen dieses Motors einfach frevelhaft wäre.

Es sollen nur die drei Hauptmerkmale angerissen werden, mit denen sich dieser Motor von allen Konstruktionen seiner Zeit abhob und auch heute noch als außergewöhnliche Lösung angesehen werden muß. Zu dieser Sonderstellung muß man noch sagen, daß dieser Motor viele tausendmal ausgeliefert wurde, das heißt, es handelte sich nicht nur um ein "schönes Projekt" und gute Prüfstandserfahrungen; der Motor wird mit großem Erfolg, z. B. bei der Deutschen Bundesbahn, eingesetzt.

Die Motoren-Kurbelwelle ist als Scheibenwelle wälzgelagert. Durch die Bauart kann die Welle axial in das Kurbelgehäuse eingeführt werden, wodurch sich für dieses eine Tunnelbauart (verformungssteifer Körper) anbot.

Diese Dieselmaschine mit zentraler Vorkammer hat sechs Ventile, die ringförmig um die Vorkammer angeordnet sind und von jeweils zwei über den Zylinderblöcken angeordneten Nockenwellen betätigt werden.

Als erster Serienmotor vereinigte diese Konstruktion die Einspritzdüse und die Einspritzpumpe in einem Bauteil. Diese Pumpe-Düse wurde über Kipphebel von einer Nockenwelle angetrieben. In den letzten Jahren tut sich allerhand auf dem Einspritzgebiet, vor allem in Verbindung mit Möglichkeiten der Elektronik. Vereinzelt werden ähnliche Systeme angewandt, wie z. B. das CUMMINS-PT-System. Stand der Technik ist jedoch bis heute noch die mechanisch angetriebene Einspritzpumpe und die damit über Rohrleitung verbundene Einspritzdüse.

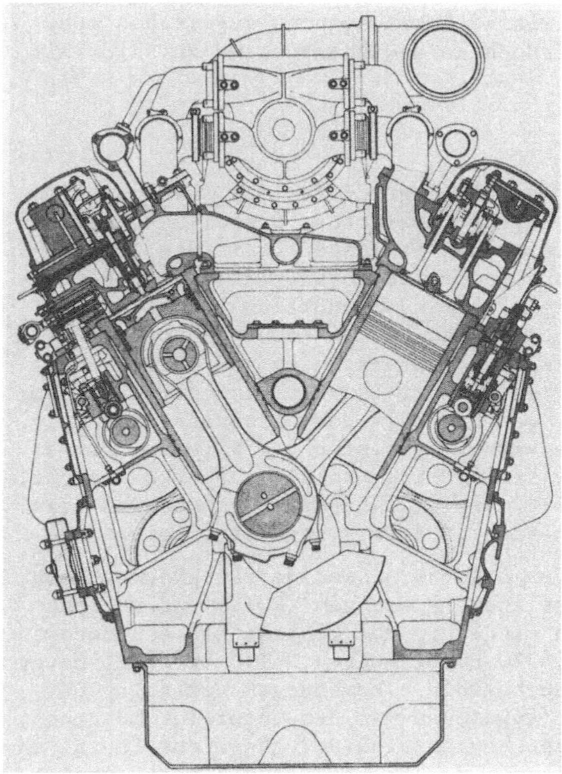

Abb. 5.118: Querschnitt eines Motors PA 6 von SEMT

5.2.4.13 PA 6 - SEMT, FRANKREICH

Zu den neuesten Entwicklungen der SEMT gehört der Motor PA 6, der als Lokmotor konzipiert wurde. Durch das Eisenbahnprofil ist die äußere Kontur vorgegeben, das geforderte Gewicht machte eine Konstruktion nach Leichtbaugesichtspunkten notwendig (Abb. 5.118). Das einteilige Kurbelgehäuse trägt die hängende Kurbelwellenlagerung, der V-Raum (60^0-V) wird als Luftreceiver ausgenutzt. Die vier Ventile des Direkteinspritzers werden über Stoßstangen und Kipphebel angetrieben. Der Kolben ist zweiteilig (gebaut), das Zylinderrohr ist noch von konventioneller Konstruktion und dürfte bei dieser Größe und Leistungsdichte an der Grenze des Zulässigen liegen. Der Zylinderkopf ist relativ hoch, dadurch gewinnt er so viel an Steifigkeit, daß er mit vier Befestigungsschrauben auskommt, ohne undicht zu werden. An dem Motor sind alle für den Motorbetrieb notwendigen Pumpen (Wasser, Öl, Kraftstoff etc.) angebracht.

Durch seinen großen Hub (290 mm) und hohe Drehzahl (n = 1000 1/min) ist die Kolbengeschwindigkeit mit 9,7 m/s für einen Motor dieser Größe und Schweröleignung relativ hoch. In Verbindung mit einem hohen Aufladegrad (p_e = 20,15 bar) sind andererseits dadurch eine sehr hohe Zylinderleistung von 331 kW (18,5 kW/l) und ein niedriges Leistungsgewicht von 4,61 kg/kW möglich, was den Motor neben dem Traktionsverkehr besonders für den Marineeinsatz, Notstromaggregate für Kernkraftwerke und ähnlich gelagerte Fälle geeignet macht.

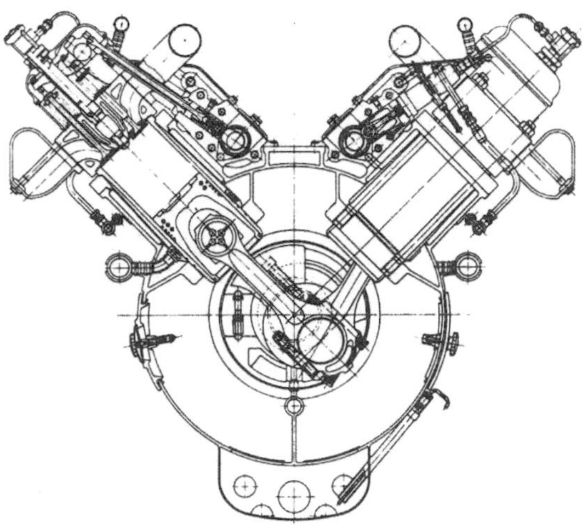

Abb. 5.119: Querschnitt eines Motors 185/210 von HEDEMORA

5.2.4.14 Typ 185/210 - HEDEMORA, SCHWEDEN

Dieser Motortyp fällt durch seine besondere Gestaltung auf (Abb. 5.119). In das rohrförmige Tunnelgehäuse wird die Kurbelwelle mit großen Lagerträgerscheiben axial eingeführt, so daß sich durch das fast gänzlich geschlossene Tragrohr außerordentlich hohe Steifigkeiten ergeben. Weiterhin dürfte als konstruktives Detail an diesem Vorkammermotor mit einem Hubverhältnis von s/d = 210/185 mm der eingeschobene Wassermantel erwähnenswert sein, der ein "trockenes" Kurbelgehäuse ermöglicht. Die Zylinderkopfschrauben sind in den unteren Laufbuchseneinpaß hinuntergezogen, von wo die Kräfte über einen Kegel in das Kurbelgehäuserohr übertragen werden. Auch Einzel-Einspritzpumpen sind für Motoren dieser Größe nicht an der Tagesordnung, so daß man diesem Motor schon einige Extravaganzen zugestehen muß, die ihm zwar gute Marktchancen geben, ohne jedoch so ausschlaggebend zu sein, als daß diese Vorzüge ihn konkurrenzlos machen.

5.2.5 Lkw-DIESEL-Motoren

Der Begriff Lkw-Diesel-Motoren ist ebensowenig ein Begriff für den ausschließlichen Anwendungsbereich eines Motors wie der Begriff Pkw-Motor. Dieser umschließt nur eine Reihe von Baumustern, für deren Entwicklung in erster Linie die Möglichkeit eines Einsatzes in Lkw-Baureihen von maßgebender Bedeutung war. Diese Basis bedeutet in der Regel eine Stückzahl, auf die sich eine Produktion aufbauen läßt und auf der man nach weiteren Einsatzmärkten Ausschau halten kann. Während in der darüberliegenden Leistungsklasse (ca. 300 kW) schon Stückzahlen von 3000 - 5000 per anno als ansehnlich zu betrachten sind, beginnt der Lkw-Dieselmotorenmarkt an der unteren Grenze bei den doppelten Werten. Das Ergebnis der verbesserten Fertigungsmöglichkeiten (Serienbau) ist ein Kostensprung, der sich von Firma zu Firma verschiebt und sich deshalb in Abb. 2.82 der Preise nicht so klar bemerkbar macht, jedoch in jedem Fall eindeutig nachweisbar ist. Die Gewinnerwartungen werden deshalb bei den größeren Motoren auch von vornherein niedriger angesetzt sein.

Der Lkw-Motor richtet sich vollkommen nach den Erfordernissen des Straßenverkehrs, das heißt, zulässige Gesamtgewichte, erforderliche Leistungen (kW/t) und übliche Fahrzeuggrößen und die Einbauräume bestimmen eindeutig das Gesicht des Lkw-Motors. In Europa ist der Markt für Lkw-Motoren über 320 PS praktisch Null, im Überlandverkehr der USA und anderen Großräumen werden auch größere Leistungen verlangt. Der Lkw-Rahmen beschränkt die Breite des Motors (abgesehen von den Unterflur-Motoren), die Höhe und Länge werden durch das Fahrerhaus begrenzt. Die Zugänglichkeit zum Antriebsaggregat wird meistens durch das Vorklappen des Fahrerhauses sichergestellt, zu größeren Reparaturen wird der Motor herausgenommen.

Der Reihenmotor mit seiner schmalen Form entspricht den Anforderungen des Einbaues am ehesten, doch verlangt dies für die größeren Leistungen eine gesonderte Motorenbaureihe. Das widerspricht dem Wunsch nach Überdeckung großer Leistungsbereiche durch eine Zylindereinheit - vom Preis her, von der Ersatzteilhaltung und aus anderen Versorgungsgründen. Dies führt zu Anordnungen von wenigen Zylindern in Reihenbauform (1 - 6(8) Zylinder) und V-Bauformen (6 - 16(18 - 20) Zylinder). Während man die niedrigsten Zylinderzahlen nur in Sonderaggregaten findet, werden im Lkw-Bau heute Motoren von 4 - 12 Zylindern angewandt - die darüber hinausgehenden Zylinderzahlen werden dann zur Abdeckung anderer Bedarfsfälle (Schwerlastwagen, Sondereinbauten, Flughafenschlepper, Aggregate u. a. m.) verwandt.

5.2.5.1 OM 400 - 403 - DAIMLER-BENZ AG, BRD

Der Hauptantriebsmotor für die Lkws von Europas größtem Lkw-Hersteller ist der Typ OM 400 - 403, der als 6-, 8-, 10- und 12-Zylinder-90^0-V-Motor gebaut wird (Abb. 5.120). Es handelt sich dabei um einen direkt einspritzenden Dieselmotor mit becherförmigem Brennraum im Kolben, mit zwei Ventilen und einer Blockeinspritzpumpe. Das Kurbelgehäuse dieses wassergekühlten Motors ist einteilig, die nassen Buchsen werden eingesetzt und die Grundlagerbrücken schubladenartig von unten eingeführt. Das sehr kräftig ausgebildete Triebwerk mit großen Gegengewichten und schräggeteilten Pleuelstangen ist für große Zylinderdrücke ausgelegt und besitzt hohe Eigenschwingungszahlen. Bei einer Bohrung von d = 125 mm werden die 6-, 8- und 10-Zylinder-Motoren mit einem Hub von s = 130 mm versehen, während der 12-Zylinder-Motor, der auch in einer aufgeladenen Version geliefert wird, einen Hub von 142 mm besitzt. Die Zylinderleistungen liegen bei einer Drehzahl von 2500 1/min unaufgeladen bei 23,5 kW/Zylinder (25,7 kW/Zyl.) und aufgeladen bei 32,2 kW/Zyl.

5.2.5.2 FL 413 F - KHD, BRD

Durch eine Hubvolumenvergrößerung wurde der Motor aus dem Motor FL 413, der sich in Lkws beim Bau der Transsibirischen Eisenbahn bestens bewährt hat, entwickelt.

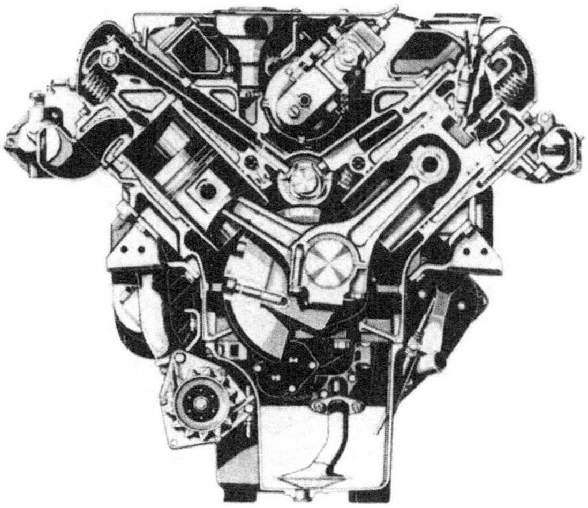

Abb. 5.120: *Querschnitt eines Motors OM 400 - 403*

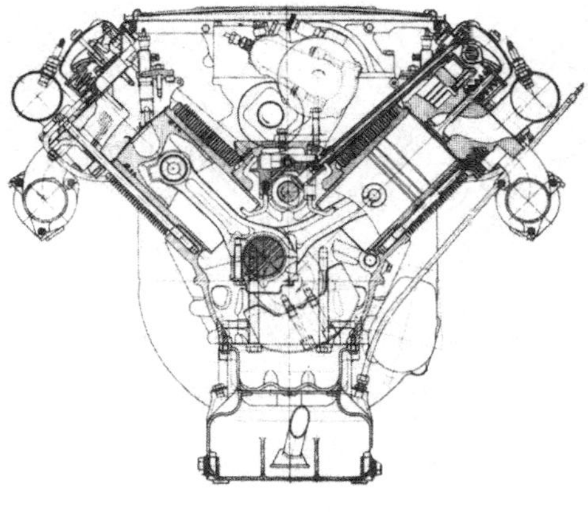

Abb. 5.121: *Querschnitt eines Motors FL 413 F*

Bei einem Hubvolumen von 1,59 l (d = 125 mm, s = 130 mm) wird bei 2650 l/min eine Zylinderleistung von 32,2 kW erzeugt (Abb. 5.121).

Während man bei den kleineren Einbaumotoren relativ viele luftgekühlte Motoren findet, sind diese in der Größenklasse der Lkw-Motoren schon selten. Auf das Kurbelgehäuse mit hängender Lagerung sind die Grauguß-Rippenzylinderrohre und darüber die Einzel-Zylinderköpfe aus Leichtmetall mit je einem Einlaß- und einem Auslaßventil aufgebaut. Der Zylinderkopf ist so gestaltet, daß die Frischluft- und Abgaskanäle an der Außenseite des Zylinderkopfes liegen, dadurch wird der Innenraum zwischen den unter 90^0 liegenden Zylinderreihen freigehalten für die Einspritzpumpe und die Luftführung. Das axiale Druckgebläse wird über einen Zahnradtrieb und eine hydraulische Kupplung - temperaturgesteuert - auf 6000 - 10000 l/min gebracht. Für höhere Aufladungen wird ein Luft-Ölkühler verwandt. Wie bei Lkw-Motoren üblich, sind eine Lichtmaschine und ein Luftpresser anbaubar. Die Kurbelwelle ist zwischen jeder Kröpfung gelagert (Dreistofflager), zur Drehschwingungsdämpfung werden Gummi- und Viskositätsdrehschwingungsdämpfer angewandt. Die Einspritzung erfolgt über eine Reiheneinspritzpumpe, die im V-Raum untergebracht und nach Entfernen des Luftleitbleches gut zugänglich ist. Als Ölwanne können solche aus Blech oder Leichtmetallguß genommen werden. Die Schwungrad- und Gehäuseanschlüsse entsprechen der im Kraftfahrzeugbau üblichen SAE-Norm.

5.2.5.3 Typ 8280 - FIAT, ITALIEN

Zu den neuesten Entwicklungen auf dem Markt der Lkw-Motoren zählt der FIAT-Motor Typ 8280 (Abb. 5.122). Dieser für den europäischen 38 t-Zug entwickelte V-8-Motor leistet 242,5 kW (330 PS). Bei einer Bohrung von 145 mm und einem Hub von 130 mm ergibt sich ein Hubraum von 17,17 Liter (V_{h1} = 2,15 l), das Verbrennungsverfahren arbeitet mit Direkteinspritzung in einer dem SAURER-Brennraum nachempfundenen Mulde im Kolben.

Wie bei V-Motoren dieser Größe (und Zylinderzahl) üblich, ist ein 90^0-V-Winkel gewählt, das einteilige Kurbelgehäuse mit nassen Zylinderlaufbuchsen besitzt eine Schubladenkonstruktion für die Grundlagerbrücke mit Horizontalverschraubung. Durch einen relativ schwachen Hubzapfen (ungefähr 0,65 d) ist eine geradgeteilte Pleuelstange mit Durchsteckschrauben möglich. Jeder Zylinderkopf ist mit zwei Einlaß- und zwei Auslaßventilen versehen, was bei v_m = 10,4 m/s kaum unbedingt notwendig ist, jedoch entweder auf Grund besserer Zylinderfüllung gewählt wurde oder um zukünftige Drehzahlerhöhungen zu erleichtern.

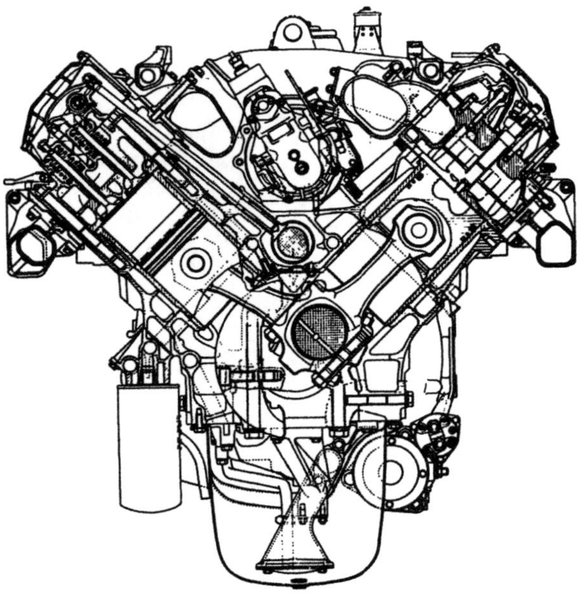

Abb. 5.122: Querschnitt eines Motors 8280 von FIAT

Im Verhältnis zu dem konstruktiven Aufwand am Zylinderkopf scheinen die Gaswechselleitungen weniger gut optimiert (oder aus Einbaugründen begrenzt) zu sein.

5.2.5.4 DETROIT-DIESEL-Zweitakt - GENERAL MOTORS, USA

Seit Jahren wird von DETROIT-DIESEL der GENERAL MOTORS CORPORATION ein gleichstromgespülter Zweitaktmotor für den Lkw-Einsatz gebaut, der unaufgeladen als 8-Zylinder-V-Motor bis 232 kW und als Auflademotor 250 kW entwickelt.

Abb. 5.123 zeigt den Motor 6 V-53 in der unaufgeladenen Version mit 159 kW. Mit einer Bohrung von 98,6 mm und einem Hub von 114,3 mm ergibt sich ein Hubvolumen von 2,05 l pro Zylinder. Bei 700 kg Gesamtgewicht erhält man ein Leistungsgewicht von 4,4 kg/kW. Die Spülluft wird durch ein Roots-Gebläse gefördert. Zu jedem Zylinderkopf sind 4 Auslaßventile angeordnet, die über Stoßstangen und Kipphebel angetrieben werden.

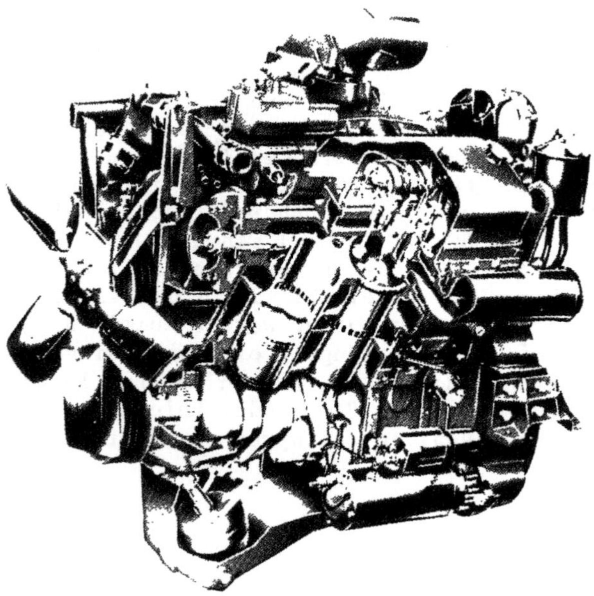

Abb. 5.123: Querschnitt eines Lkw-Motors von DETROIT-DIESEL

5.2.5.5: Typ ENDTB 676 - MACK, USA

Trägt man die Leistung über der Motoren-Drehzahl eines OTTO-Saugmotors auf, so stellt man eine stetig ansteigende Kennlinie mit fallenden Gradianten fest. Mit der Maximal-Drehzahl wird auch die Maximal-Leistung abgegeben (Ausnahme z. B. Zweitakt-Mopedmotoren u. a. m.). Im Fahrzeug kann man jedoch nur Drehmomente auf die Straße bringen; verfolgt man deren Verlauf, so stellt man eine angenehme Eigenschaft dieser Motoren fest, nämlich, daß sie bei optimaler Füllung und Verbrennung im mittleren Drehzahlbereich ihr größtes Drehmoment erzeugen, das aber mit wachsender Drehzahl darüber hinaus leicht abfällt. Das Verhalten hat für den Fahrer die angenehme Eigenschaft, daß er am Berg bei fallender Drehzahl die Chance hat, daß das sich steigernde Drehmoment ausreicht, den Berg zu überwinden, das heißt, er braucht nicht sofort zu schalten.

Da ein Dieselmotor mit viel größeren Luftüberschüssen fährt, ist ihm diese Eigenschaft, die man auch als Büffelcharakteristik bezeichnet, nicht von Haus aus gegeben. Der Drehmomentverlauf ist fast eine horizontale Gerade. Durch eine Zusatzeinrichtung in der Kraftstoffzubemessung erzwingt man jedoch beim unaufgeladenen Dieselmotor diese Charakteristik. Der aufgeladene Dieselmotor neigt wegen der Lader- und Turbinencharakteristik noch weniger zur Büffelkennlinie - viel eher genügt ein solcher Motor deshalb den Anforderungen des Schiffsbetriebes mit Festpropeller.

Abb. 5.124: Querschnitt des Motors ENDTB 676

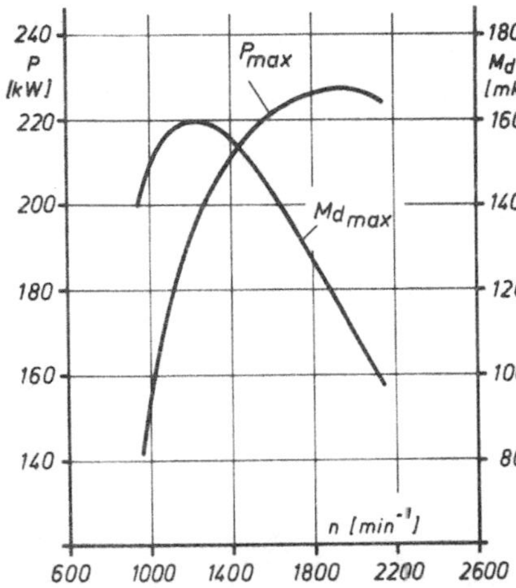

Abb. 5.125: Drehmomentenverlauf des Motors ENDTB 676

Auch hier werden für den Fahrzeugbetrieb Sondereinrichtungen (Luftabblasen, Abgasbypass etc.) benötigt.

Eigene Gedanken über die Anforderungen an einen Lkw-Motor und die Frage, wie man diesen Anforderungen mit einem aufgeladenen Dieselmotor gerecht werden kann, hat sich die Schwerlastwagenfirma MACK in den USA gemacht. Die von ihr propagierten Maxidyne-Motoren sind Auflademotoren mit ausgesprochener Drehmomentenüberhöhung bei niederen Drehzahlen. Abb. 5.124 zeigt z. B. den Motor ENDTB mit 6 Zylindern, Aufladung, Luft-Luft-Ladeluftkühlung, der bei 123,8 mm Bohrung und 152,4 mm Hub (V_{h1} = 1,83 Liter) eine Leistung von 224 kW bei 1900 1/min (1250 Nm) bringt, das maximale Drehmoment von 1550 Nm jedoch schon bei 1200 1/min erreicht (Abb. 5.125). Das bei höheren Drehzahlen stark abfallende Drehmoment ergibt einen großen Drehzahlbereich konstanter Leistung. Das "elastische" Motorverhalten erlaubt die Verwendung von Getrieben mit wenigen Gängen, die ebenfalls von MACK selbst produziert werden.

5.2.5.6 Typ 115/130 - MOWAG, SCHWEIZ

Die Firma MOWAG aus Kreuzlingen am Bodensee stellt insbesondere Schwerlastfahrzeuge her. Als Antriebsmaschine wird dabei ein Aggregat benutzt, das seinerzeit vornehmlich die in die Bundesrepublik gelieferten gepanzerten Fahrzeuge antrieb. Es handelt sich dabei um einen Zweitakt-Dieselmotor mit Turboaufladung und Ladeluftkühlung wie in der Abb. 5.126 dargestellt. Der kompakte Aufbau dieses Motors läßt schon vermuten, daß hier seinerzeit ein Aggregat geschaffen wurde, das für schnellen Aus- und Einbau entwickelt worden ist und in sehr beschränktem Raum seinen Dienst zu tun hatte (siehe auch Panzermotoren DB 837/838). Die zulässigen Einbaumaße ergaben einen 50^0-V-8-Motor (optimal 45^0) mit relativ kleinen Zylindern (1,35 l/Zyl., d = 115 mm, s = 130 mm) und niedrigen Drehzahlen (2300 1/min), der trotzdem 500 PS (368 kW) an die Bremse bringt. Dadurch sind auch für Schwerlastwagen an Steigungen noch

Abb. 5.126: Querschnitt des MOWAG-Motors 115/130

bemerkenswerte Kraftreserven vorhanden. Der Motor hat Turboaufladung und Ladeluftkühlung. Im Fahrzeugeinsatz wird diese Leistung über ein automatisches ALLISON-Getriebe mit 5 Gängen auf die Hinterachsen übertragen.

5.2.5.7 Typ V 8 520 S 3 - POYAUD, FRANKREICH

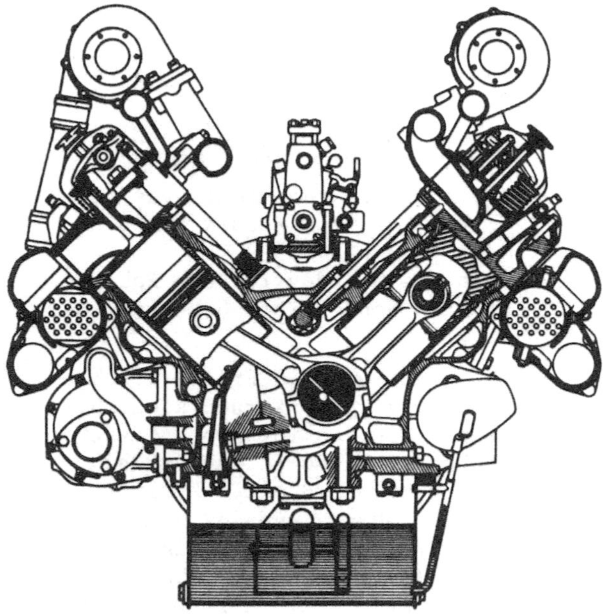

Abb. 5.127: Querschnitt des Motors V 8 520 S 3 von POYAUD

Der Motor, an dem das in Abschnitt 3.9.2.8 kurz dargestellte Hyperbarverfahren angewandt wird, ist der in Abb. 5.127 abgebildete POYAUD-Motor V 8 520. Der Motor mit einer Bohrung von 135 mm und einem Hub von 122 mm erreicht bei 2500 1/min eine Leistung von 588 kW (800 PS), was einem mittleren Effektivdruck von knapp 20 bar entspricht. Bei abgesenkter Drehzahl (1600 1/min) wird ein Spitzenmitteldruck von 25 bar erreicht. Es handelt sich bei diesem Motor um einen im konstruktiven Aufbau durchaus üblichen V-8-90^0-Motor mit einem allerdings recht kräftigen Triebwerk. Die Grundlagerbrücke ist im Kurbelgehäuse durch vertikale und horizontale Schrauben fixiert, die Einspritzung erfolgt über eine zentral im V-Raum liegende Reiheneinspritzpumpe. Die Ventile werden über Stoßstange und Kipphebel betätigt. Aufmerksamkeit verdient auch der in die Ladeluftleitung integrierte Ladeluftkühler.

5.2.5.8 Typ OM 352 (A) - DAIMLER-BENZ AG, BRD

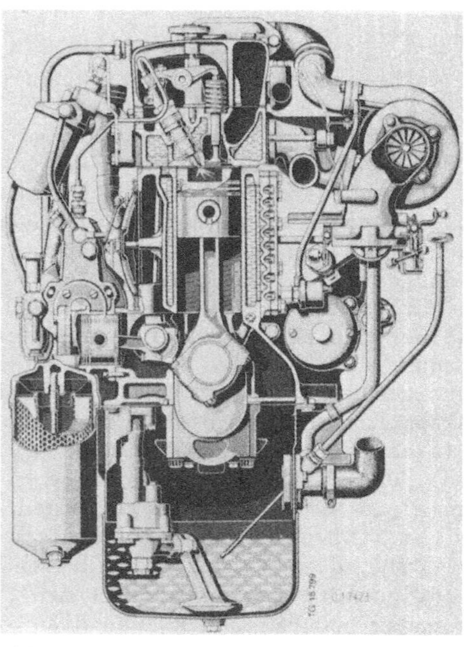

Abb. 5.128: Querschnitt des Motors OM 352 (A)

Zu den weitverbreitetsten Reihenmotoren im Lkw-Einsatz gehört die Baureihe OM 352 der DAIMLER-BENZ AG. Dieser 6-Zylinder-Direkteinspritzmotor ist wassergekühlt und arbeitet im Viertaktverfahren. Mit einer Zylinderbohrung von 97 mm und einem Hub von 128 mm ergibt sich ein Hubvolumen von 5675 cm^3. Die Leistung des aufgeladenen Motors (Abb. 5.128) beträgt 124 kW bei 2800 1/min. Bei einem Gewicht von 460 kg ergeben sich aus diesen Daten folgende Kennwerte:

p_e = 9,55 bar

v_m = 11,95 m/s

G_{p*} = 3,47 kg/kW

P_{VH*} = 21,85 kW/l

5.2.5.9 Typ T 6.354 - PERKINS, ENGLAND

Der Welt größter Hersteller von Dieselmotoren ist die Firma PERKINS ENGINES Ltd. in Peterborough, England. Hier werden Motoren von 18 bis 220 kW hergestellt. In die mittlere Leistungsklasse der Lkw-Motoren mit 114 kW Leistung bei 2600 1/min gehört der Auflademotor

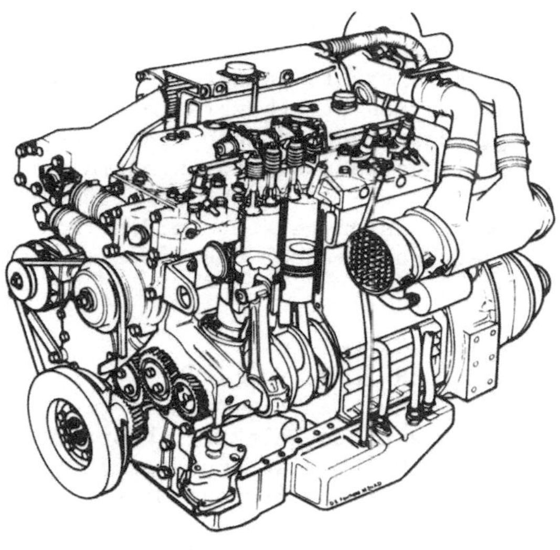

Abb. 5.129: Schnittbild durch den Motor T 6.354 von PERKINS

Abb. 5.130: Lkw-Gasturbine GT 601 - ITI - (GARRETT-KHD-MACK)

T 6.354, der in Abb. 5.129 als Marinemotor dargestellt wird. Der 6-Zylinder-Reihenmotor mit 98,5 mm Bohrung und 127 mm Hub hat ein Gewicht von 408 kg entsprechend einem Leistungsgewicht von 3,58 kg/kW. Es handelt sich um einen Direkteinspritzer mit zwei Ventilen und einem Grauguß-Kurbelgehäuse. Der Motor ist einfach gebaut, hat aber auf Grund seines Preises (Großserienfertigung) einen weltweiten Markt gefunden. So finden wir Einbauten von PERKINS-Motoren bei BERLIET, FORD, GENERAL MOTORS, IHC, VOLVO u. a. m. Auch das Volkswagenwerk hatte in seinem Transport LT bis zur Einführung der eigenen Dieselmotoren einen PERKINSmotor eingebaut.

Während sich die Gasturbine in der Luftfahrt fast 100 %ig durchgesetzt hat, tut sie sich auf anderen Einsatzgebieten sehr schwer, vor allem dort, wo sie ihre primären Vorteile einer großen Leistungskonzentration auf beengtem Raum bei geringem Gewicht nicht ins Spiel bringen kann. An dieser Stelle sei jedoch angeführt, daß die Gasturbine versucht, in den größeren Lkw-Markt einzubrechen, in der Hoffnung, hier Stückzahlen vorzufinden, die eine Serienfertigung (und damit die kostengünstigste Fertigung) der heute noch hoch kompliziert gefertigten Gasturbinen-Komponenten ermöglichen (Abb. 5.130), um einen Einstieg in den kommerziell so wichtigen Markt der Massengüter zu finden. Ob ihr das gelingen wird, kann man erst in einigen Jahren sehen, wenn eine Kleinserie die Straßenbewährung gezeigt hat, ob die Verbräuche mit den Dieselmotoren mithalten können und eine Kostenabschätzung die Konkurrenzfähigkeit zeigen wird.

5.2.6 Pkw - DIESEL - Motoren

Als die DAIMLER-BENZ AG in den 30er Jahren den ersten Personenkraftwagen mit Dieselmotor vorstellte, war vor allem der höhere thermische Wirkungsgrad des Dieselmotors das entscheidende Argument für einen derartigen Einbau, für den man eine Reihe von Nachteilen in Kauf zu nehmen bereit war. Auch in den 50er Jahren war der 170 D eher ein Kuriosum, das von 'Diesel-Fans' und Leuten mit Zugriff zu steuerermäßigten Dieselkraftstoffen gefahren wurde. Ende der 50er Jahre erlangte der Pkw-Typ 180 D, der vor allem als Taxi eingesetzt wurde, wegen seiner Langlebigkeit (> 300 000 km) einen legendären Ruhm. Die diesen Bauarten so zugesprochene Unverwüstlichkeit erhöhte den Wiederverkaufswert erheblich, so daß sich der Markt auch für Automobilisten, die ihre Wagen nur wenige Jahre nutzen, öffnete. Mit dem Aufkommen der Umweltfragen - und nochmals verstärkt durch die Erdölkrise 1973 - hat sich ein echter 'Diesel-Run' aufgetan, dem die Dieselfahrzeuge herstellenden Werke kaum folgen können. Es versteht sich von selbst, daß in dieses günstige Fahrwasser sofort weitere Produzenten einsteigen, so daß heute fast jeder namhafte Pkw-Hersteller einen Diesel mit mehr oder weniger Erfolg einsetzt. Wenn man die Zeichen der Zeit mit wachsender Erdölverknappung und Kraftstoffverteuerung recht versteht, so ist auch in Zukunft mit einer - im amerikanischen, leicht euphorisierten Sprachgebrauch - 'Verdieselungswelle' zu rechnen. Das entscheidende Fragezeichen wird auch hier nicht von der Technik oder direkten wirtschaftlichen Überlegungen ausgehen, sondern von den zu erwartenden Verwaltungsvorschriften, die zukünftig - so bleibt zu hoffen - weniger den Emotionen nachgeben als fundierten Erkenntnissen gerecht werden. Somit wird die Medizin - über die Toxizität der Dieselabgase - über den Dieselmotor im Straßenverkehr entscheiden.

5.2.6.1 O M 615 - DAIMLER BENZ AG, BRD

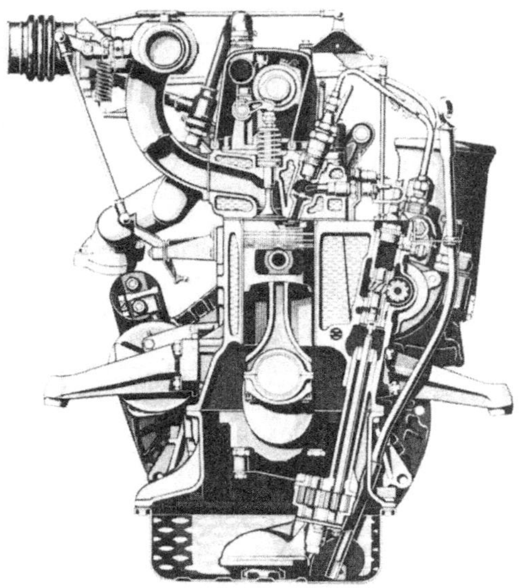

Abb. 5.131: Querschnitt des Pkw-Dieselmotors OM 615

Bereits vor dem zweiten Weltkrieg konnte man bei der DAIMLER-BENZ AG ein dieselgetriebenes Serienfahrzeug kaufen. Dieser auch in den Nachkriegsjahren gebaute Fahrzeugtyp 170 (S)D wurde durch den für seine Laufleistungen im Pkw-Typ 180 D legendär gewordenen OM 636 abgelöst. Die weitere Entwicklung ging über den 1900 cm^3 Motor zu den heutigen Typen 200 D und 220 D, deren Motor die Typenbezeichnung OM 615 hat (Abb. 5.131).

Es handelt sich bei dieser Weiterentwicklung um eine Vorkammermaschine mit obenliegender Nockenwelle (Antrieb über Rollenkette) auf einem gemeinsamen Zylinderkopfblock. Die Einspritzung erfolgt durch eine Mehrfach-Stempelpumpe. Das wassergekühlte Kurbelgehäuse mit eingezogenen trockenen Laufbuchsen ist auf Mitte Kurbelwelle geteilt. Zwischen der dritten Blechölwanne und diesem Kurbelgehäuse ist ein Zwischenträger aufgebracht, der den Motor bis auf den Bereich der Ölwanne nach unten abschließt. Die gesenkgeschmiedete Kurbelwelle mit Gegengewichten ist fünffach gelagert, wie wir es bei allen modernen Vier-Zylinder-Motoren finden. Alle Hilfsmaschinen (Ventilator, Pumpen, Lichtmaschine etc.) sind auf der Stirnseite des Motors (entgegen Schwungrad) angeordnet.

5.2.6.2 O M 617.950 DAIMLER-BENZ AG, BRD

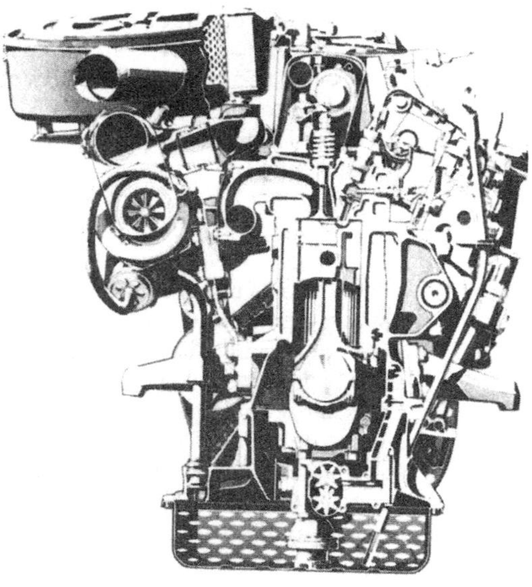

Abb. 5.132: Querschnitt des Motors OM 617 von DB

Der Motor OM 617 wurde speziell für die Anforderungen der USA (Abgas, Verbrauch) entwickelt. Auf der Basis des bekannten 4-Zylinder-Motors OM 615 wurde ein 5-Zylinder-Motor geschaffen (OM 617.912), der dann aufgeladen wurde (Abb. 5.132). Wir erkennen die gleichen konstruktiven Merkmale des OM 615. Mit einer forcierten Sportversion dieses Auflademotors sind 1977/78 alle Rekorde für Dieselfahrzeuge gebrochen worden (170 kW bei 4500 1/min). Der Serienmotor leistet im Fahrzeugtyp 300 SD-USA P = 85 kW, Hub und Bohrung (s/d = 92,4/90,9 mm) bleiben gegenüber dem Saugmotor unverändert, der Abgasturbolader ist ladedruckgeregelt, die Ladeluft jedoch noch nicht gekühlt. Der gleiche Motor ohne Aufladung (OM 617.912) erreicht 59 kW bei 4500 1/min entsprechend einem p_e = 5,5 bar.

5.2.6.3 GOLF Diesel - VW, BRD

Ein sehr erfolgreicher, kleinerer Dieselmotor ist in Abb. 5.133 dargestellt. Es handelt sich um den Motor des GOLF-Diesel-Fahrzeuges, das bis Ende 1978 mehr als 200000mal ausgeliefert wurde. Mit leichten Veränderungen gibt es diesen Motor zwischenzeitlich auch als 5- und 6-Zylindermotor (Abb. 5.134). Bei einem Gewicht von 125 kg wird ein Leistungsgewicht von 3,38 kg/kW erreicht, die Literleistung beträgt 25 kW/l.

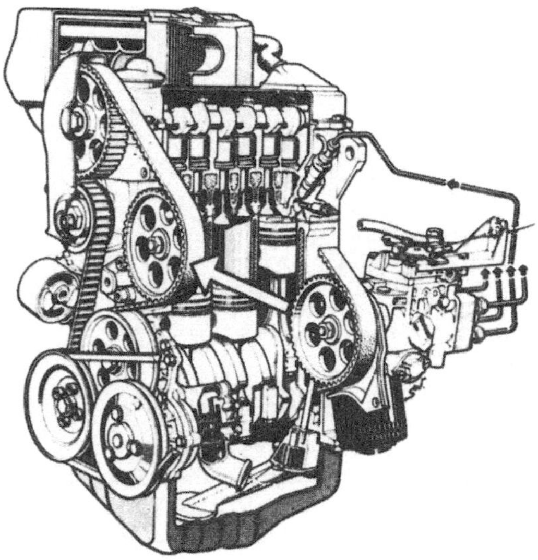

Abb. 5.133: Schnittbild des Dieselmotors für den GOLF-Pkw

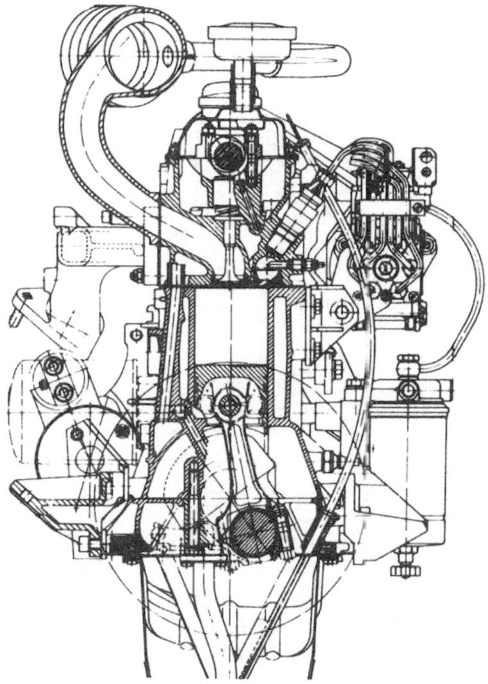

Abb. 5.134: Querschnitt des 6-Zylinder-Dieselmotors von VW

Auf dem gußeisernen Kurbelgehäuse befinden sich der Aluminium-Zylinderkopf-Block mit je einem Auslaß- und einem Einlaßventil pro Zylinder und die obenliegende Nockenwelle, die über Keilriemen angetrieben wird. Die Wirbelkammer (ca. 50 % vom Gesamtbrennraum) ermöglicht eine für Dieselverbrennungen relativ hohe Drehzahl (5000 1/min). Sowohl beim 4-Zylinder- als auch bei den 5- und 6-Zylinder-Motoren wird zur Steigerung des volumetrischen Wirkungsgrades durch lange einzelne Saugrohre im unteren Drehzahlbereich ein Schwingrohreffekt ausgenutzt. Sowohl Nockenwelle als auch Einspritzpumpe (Verteiler-Einspritzpumpe) werden durch einen Zahnriemen angetrieben. Die 5- und 6-Zylinder-Motoren besitzen einen Drehschwingungsdämpfer, während der 4-Zylinder-Motor noch unterhalb kritischer Resonanzen läuft. Die größeren Motoren werden auch von fremden Pkw-Herstellern eingebaut.

5.2.6.4 Typ 21 D - OPEL AG, BRD

In Abb. 5.135 ist der Wirbelkammermotor von OPEL dargestellt. Mit einer Bohrung von 88 mm und einem Hub von 85 mm erreicht dieser Motor bei 4400 1/min eine Zylinderleistung von 11 kW.

Auf dem normalen Graugußkurbelgehäuse der Serien-OTTO-Motoren ist ein Wirbelkammer-Zylinderkopf mit Einspritzdüse und Glühstift aufgebaut. Die Ventile werden wie üblich über eine obenliegende Nockenwelle und Zwischenhebel angetrieben. Das Ansaugleitungssystem ist als Schwingrohr ausgebildet.

Unverständlicherweise hält sich die Nachfrage nach Diesel-Fahrzeugen bei OPEL in Grenzen, allerdings hat man auch den Eindruck, daß seitens des Herstellers wenig zur Verkaufsförderung dieser Antriebsart getan wird.

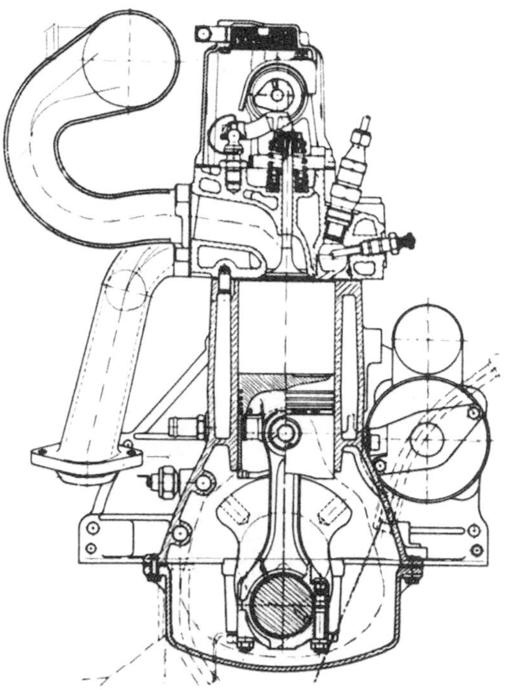

Abb. 5.135: Querschnitt des Dieselmotors D 21 von OPEL

Abb. 5.136: Ansicht des BMW-Dieselmotors 2,4 Liter

5.2.6.5 2,4 Liter DIESEL - BMW, BRD

Auf der Basis des kleinen 6-Zylinder-OTTO-Motors mit 2 Liter Hubraum entwickelten die BAYERISCHEN-MOTORENWERKE in vier Jahren einen schnellaufenden Wirbelkammer-Dieselmotor (Abb. 5.136). Durch Verlängerung des Hubes auf 80 mm entstand ein Motor mit quadratischem Hubverhältnis und 2,4 Liter Hubvolumen bei einer Maximaldrehzahl von 5000 1/min und einer Leistung von 85 kW. Durch das größere Drehmoment über den gesamten Drehzahlbereich ergeben sich eine günstige Elastizität und eine gegenüber dem OTTO-Motor nur geringfügige Verschlechterung der Fahrleistungen. Durch die bekannt günstigeren Teillastverbräuche beim Dieselmotor gewinnt man im Fahrbetrieb Kraftstoffeinsparungen bis 20 %. Die Verteiler-Einspritzpumpe und die Nockenwelle werden durch Zahnriemen angetrieben, die E-Pumpe hat eine ladedruckabhängige Vollasteinspritzmenge. Der Turbolader wird zweiflutig von Abgas beaufschlagt.

5.2.6.6 2,2 Liter DIESEL - PEUGEOT, FRANKREICH

Der schon seit Jahren erfolgreich gebaute Dieselmotor von PEUGEOT ist eine Vorkammermaschine mit einer Bohrung von 90 mm und 83 mm Hub und leistet 46 kW bei 4500 1/min entsprechend v_m = 12,5 m/s mittlere Kolbengeschwindigkeit (Abb. 5.137). Eine Verteilerpumpe versorgt die Einspritzdüsen, eine seitliche Nockenwelle treibt die Ventile über Stößel, Stoßstangen und Kipphebel. Die Kurbelwelle ist fünffach gelagert (hängende Lagerung), ein Block-Zylinderkopf trägt die je zwei Ventile pro Zylinder.

Diese Baureihe kann als der nach dem DB-OM 615-Typ erfolgreichste und weitverbreitetste Pkw-Dieselmotor der Welt angesehen werden.

Abb. 5.137: Ansicht des PEUGEOT-Dieselmotors 2,2 Liter

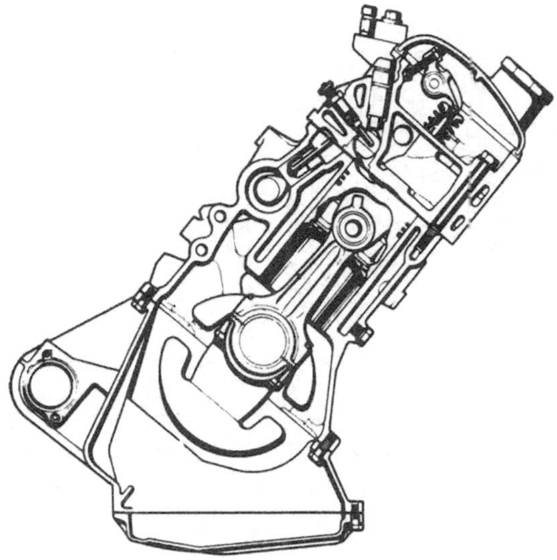

Abb. 5.138: Querschnitt des CITROEN-Dieselmotors 2,2 Liter

5.2.6.7 Typ CX - CITROEN, FRANKREICH

Auf der IAA wurde von CITROEN ein neuer Personenwagen-Dieselmotor für das Modell CX 2200 vorgestellt, der wahlweise an die Stelle des OTTO-Motors mit 2,2 Liter Hubraum treten kann. Man geht wohl nicht fehl in der Annahme, daß sich hier schon der Einfluß der Fa. PEUGEOT bemerkbar macht, die ja schon seit Jahren einen Dieselmotor im Programm hat. Es handelt sich um einen 4-Zylinder-Reihenmotor (Abb. 5.138), der, um 30^0 nach vorn geneigt, ebenfalls quer eingebaut wird.

Wie die Abbildung erkennen läßt, hat der Motor einen ganz konventionellen Aufbau mit Grauguß-Gehäuse des serienmäßigen OTTO-Motors und untenliegender, zahnräderangetriebener Nockenwelle und Kipphebel-Ventilantrieb, sowie fünffach gelagerter Kurbelwelle mit Schwingungsdämpfer. Der Leichtmetall-Zylinderkopf hat einen Zweikammer-Brennraum vom Typ RICARDO-COMET V. Der Kolbendurchmesser beträgt 90 mm, der Kolbenhub 85,5 mm. Bei einem Verdichtungsverhältnis 1:22 ergibt sich bei 4500 l/min (v_m = 12,5 m/s) eine Leistung von 48,5 kW, was einem mittleren Effektivdruck von 7,6 bar entspricht. Wie bei den meisten Wirbelkammermaschinen dieser Größe wird eine BOSCH-Verteilerpumpe verwendet.

5.2.6.8 SOFIM 8140 - FIAT, ITALIEN

Die Neukonstruktion eines 2,5 Liter-Dieselmotors für Kleinlastwagen und Transporter zeigt die Abb. 5.139. Bemerkenswert an diesem modernen, fünffach gelagerten Motor mit RICARDO-COMET-Wirbelkammer ist der Leichtmetall-Zylinderkopf, der Direktantrieb der Ventile über Tassenstößel, der Zahnriemenantrieb der Nockenwelle und Bach-Pumpe sowie die neuartige, schallisolierende Kunststoffabdeckung des Zylinderkopfes.

Das unterquadratische Hub-Bohrungsverhältnis (s/d = 93/90 mm) ergibt bei niederen Drehzahlen (ca. 2400 l/min) ein maximales Drehmoment (147 Nm). Die Maximalleistung von 53 kW wird bei 4200 l/min erreicht. Das Grauguß-Kurbelgehäuse hat eine hängende Lagerung, die Kurbelwelle angeschmiedete Gegengewichte. Zur Verschleißbegrenzung ist eine stählerne Zylinderlaufbuchse trocken in das Kurbelgehäuse eingezogen worden. Das hohe Verdichtungsverhältnis (1:21) in Verbindung mit einer relativ großen Wirbelkammer macht einen fast flachen Kolben und enge Toleranzen an allen Bauteilen notwendig, die einen Einfluß auf den Kolbenfreigang im O.T. haben.

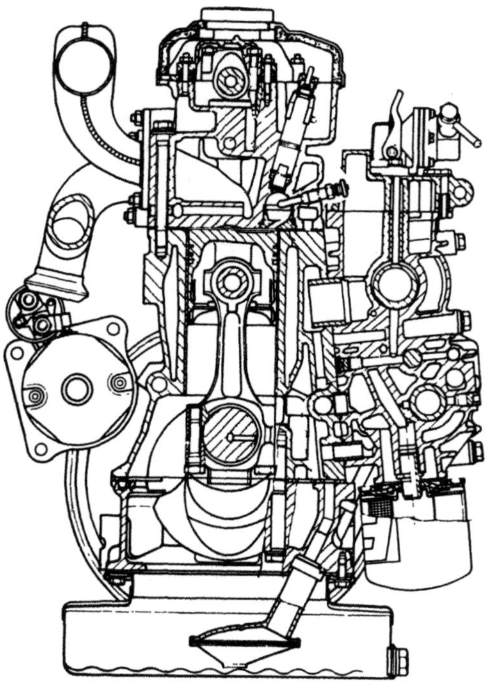

Abb. 5.139: Querschnitt des FIAT-Dieselmotors SOFIM 8140

5.2.7 Einbau-DIESEL-Motoren

Obwohl sich der Ausdruck "Einbau-Diesel-Motoren" eingebürgert hat und für den Kreis der Beteiligten eindeutig ist, muß man dem Begriff eine gewisse Unsinnigkeit bescheinigen; denn jede Kraftmaschine wird in irgendeiner Art eingebaut, sei es ein Fahrzeug, ein Schiff, ein Kraftwerk oder eine Pumpstation. Unter Einbaumotoren versteht man aber alles das, was man sonst nicht so genau definieren kann - wobei der 'Rest' oft der größere Anteil sein kann. Der Einbaumotor ist mit Gewißheit kein Einzweckmotor, d. h. eine Verbrennungskraftmaschine, die für einen ganz speziellen Zweck, z. B. zum Antrieb eines Personenwagens, entwickelt und gebaut wurde. Die vielfältigen Anwendungszwecke eines solchen Motors und damit ein vielschichtiges Anforderungsprofil verlangen eine Vielzahl von Kompromissen, um ein für den Anwenderkreis geeignetes Produkt liefern zu können. Daraus ergibt sich aber auch, daß ein solcher Motor kein Hochleistungsmotor sein kann, der bei allen Anwendungszwecken an der Spitze der technischen Entwicklung steht. Hinsichtlich der durch die vielen Anwendungsforderungen breitgefächerten Adaptierungen zu einem Grundmotor gibt es seitens der Einbaumotorenhersteller differenzierte Grundeinstellungen. Da sind die in hohen Stückzahlen, meist sehr einfach gehaltenen Grundmotoren ohne Extras in preiswerten Ausführungen, die der Einbaukunde nur so und ohne Zusatzwünsche erhält und selbst für den Gebrauch in seinem Gerät optimieren muß. Ist für einen Motor eine beschränkte Zahl von Großabnehmern vorhanden, so kann man den Rumpfmotor in einer Endausrüstung mit jenen vom Kunden verlangten Adaptionen versehen, so daß eine begrenzte Anzahl von Ausführungsformen vorliegt. Will man jedoch den Wünschen einer Vielzahl auch kleinerer Kunden gerecht werden, so muß man eine aufwendige Grundkonstruktion durchführen, an der ohne größere Schwierigkeiten alle bekannten oder zu erwartenden Kundenforderungen (Zusatzantriebe, Hilfsgeräte, Einbaulagen usw.) zu verwirklichen sind. Diese letzte Lösung ist mit Sicherheit teurer und schleppt in vielen Einsatzfällen eine Menge 'Fähigkeiten' mit sich, ist jedoch die einzige Möglichkeit, einem großen Stamm kleinerer Abnehmer gleich guter, in Serie hergestellter Motoren zur Verfügung zu stellen.

In Kapitel 3 ist versucht worden, die Vielfältigkeit der Anwendungsmöglichkeiten der Verbrennungskraftmaschine darzustellen; aus dieser Zusammenstellung kann man sich ein Bild über die Variationen und deren Anwendungsforderungen machen. Es wäre unmöglich, diese Palette in dem vorliegenden Band auch nur einigermaßen vollständig darzustellen.

5.2.7.1 FL 912 - KHD, BRD

Bei der Baureihe FL 912 handelt es sich um eine seit Jahren gebaute Einbauserie von Motoren von 2- bis 6-Zylindern in Reihe angeordnet (Abb. 5.140). Von diesem Motor werden jährlich etwa 500 000 Zylindereinheiten gebaut, die auch das Antriebsaggregat der DEUTZ-Radschlepper und der kleineren MAGIRUS-DEUTZ-Lastwagen bilden. Mit einem Hubverhältnis von s/d = 120/100 mm = 1,2 (V_{h1} = 944 cm^3) erzielt dieser direkteinspritzende, luftgekühlte Viertaktmotor eine Zylinderleistung von 14,7 kW bei einer Drehzahl von 2800 1/min. Das Gewicht des 6-Zylinder-Motors beträgt 410 kg (4,66 kg/kW).

Das gußeiserne Kurbelgehäuse trägt durch eine besondere Steifigkeitsoptimierung

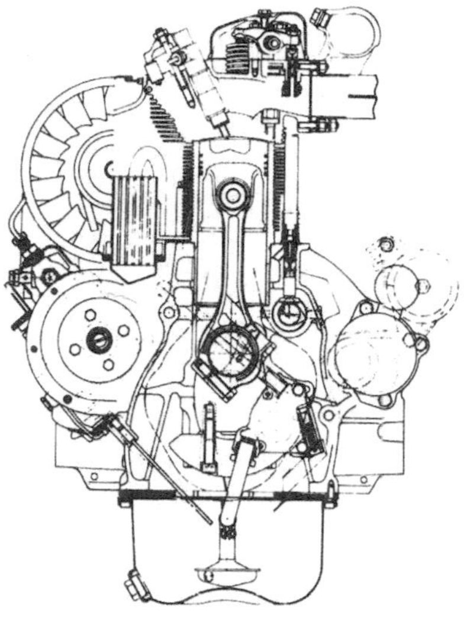

Abb. 5.140: Querschnitt des Motors FL 912 von KHD

der Schwierigkeit aller luftgekühlten Motoren Rechnung, durch den fehlenden Wassermantel relativ torsionsweich zu sein. Auf dem gußeisernen Rippenrohr sitzt der Leichtmetall-Zylinderkopf, der mit vier langen Dehnschrauben auf dem Kurbelgehäuse gehalten wird. Das Axialgebläse versorgt neben Zylinderrohren, Zylinderköpfen auch den Ölkühler mit Kühlluft und wird durch Keilriemen von der Kurbelwelle angetrieben. Die Ventile dieses Direkteinspritzmotors werden durch eine seitlich angeordnete Nockenwelle über Stoßstange und Kipphebel betätigt. Die Einspritzung wird durch eine Reihenpumpe besorgt, die seitlich unter dem Kühlluftmantel angeordnet ist.

5.2.7.2 Typ 914 - LOMBARDINI, ITALIEN

Als Ergänzung der Baureihe 900 ist der Typ 914 als 2-Zylinder-Motor entstanden (Abb. 5.141). Dieser Viertaktmotor ist wie fast alle kleineren Einbaumotoren luftgekühlt und hat ein Aluminium-Kurbelgehäuse. Dadurch wurde ein relativ niedriges Trockengewicht von 132 kg erreicht, so daß dieser Motor ein geringes spezifisches Leistungsgewicht von 6,5 kg/kW hat (P = 20,6 kW bei 3000 1/min). Neben der üblichen Kraftabnahme an der Kurbelwelle sind noch zwei Abtriebe für Hydraulikpumpen vorgesehen. Der Motor kann elektrisch, aber auch von Hand durch Kurbel an der Nockenwelle angelassen werden. Als besonderes Konstruktionselement ist noch der in der großen Lüfternabe integrierte, wartungsfreie Drehstromgenerator zu erwähnen.

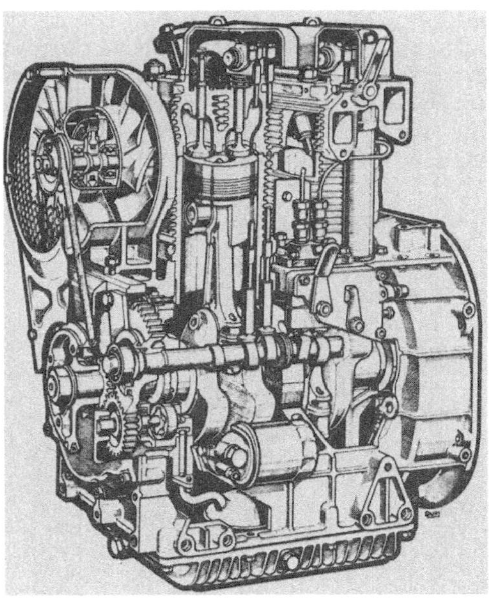

Abb. 5.141: Schnittbild des Motors 914 von LOMBARDINI

5.2.7.3 Typ 2-Zylinder 90 x 90
Typ 2-Zylinder 76 x 80 - AVL, ÖSTERREICH

Dieser von der AVL Anfang der 50er Jahre entwickelte Motor wird heute noch von BERNARD MOTORS gebaut (Abb. 5.142). Es handelt sich um einen 2-Zylinder-V-90^0-Motor mit direkter Einspritzung in einen sehr kompakten, kugelförmigen Brennraum im Kolben. Die V-Anordnung wurde wegen des vollkommenen Massenausgleiches erster Ordnung gewählt. Die durch die Kürze gegebene steife kompakte Bauweise wird unterstrichen durch ein sehr steifes Tunnelgehäuse. Das Axialgebläse wird über Keilriemen angetrieben, die Ventile über Stoßstange und Kipphebel. Wie die meisten luftgekühlten Motoren wird auch dieser bei Unterbrechung der Kühlluftzufuhr (Riemenabriß etc.) automatisch abgestellt.

Ein anderer interessanter Einbaumotor entstand für die Firma WHITE-HERCULES in den Jahren 1970/71. Für einen vorgegebenen Bauraum war ein 2-Zylinder-Dieselmotor zu entwickeln. Die Lösung war ein 2-Zylinder-180^0-Boxermotor (Abb. 5.143). Unter

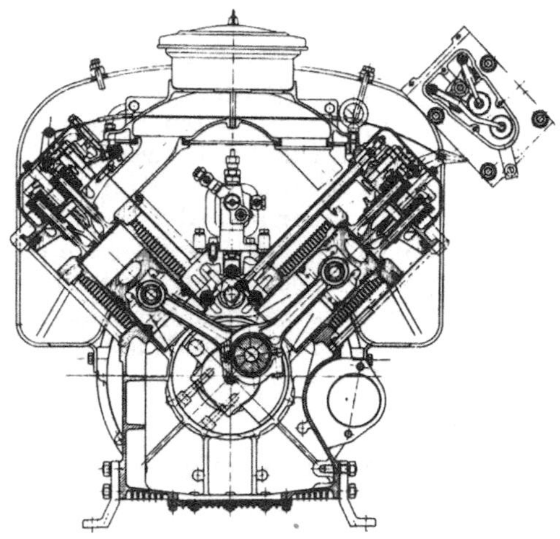

Abb. 5.142: *Querschnitt des Motors 90 x 90 von AVL*

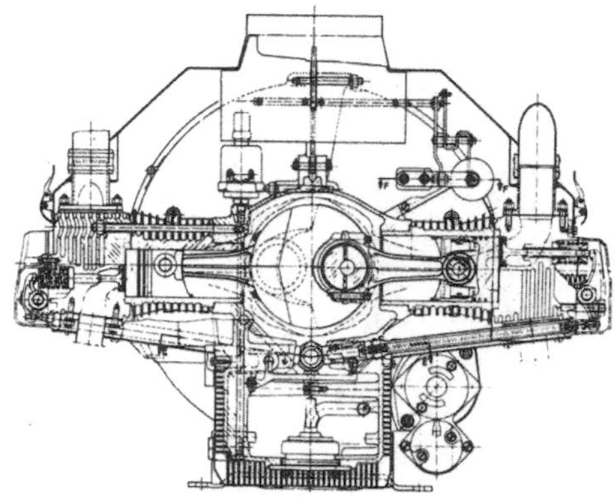

Abb. 5.143: *Querschnitt des Motors 76 x 80 von AVL*

weitgehender Verwendung von Leichtmetall und den Erfahrungen des Leichtbaues wurde eine Konstruktion sehr geringen Gewichtes (92 kg), jedoch in größter Stabilität ausgeführt. Mit einer Bohrung von 76 mm und einem Hub von 80 mm leistet dieser Motor 6,25 kW/Zyl. bei 3600 l/min (G_P = 7,36 kg/kW).

5.2.7.4 FL 208 - KHD, BRD

Bei dem in Abb. 5.144 abgebildeten Motor handelt es sich um einen einfach wirkenden, stehenden Viertakt-Dieselmotor mit direkter Kraftstoffeinspritzung. Durch ein gegenläufiges Ausgleichsgewicht wird eine optimale Laufruhe erzeugt. Die Luftkühlung des Motors erfolgt durch ein Schwungradgebläse. Kurbelgehäuse ist aus Leichtmetall, die

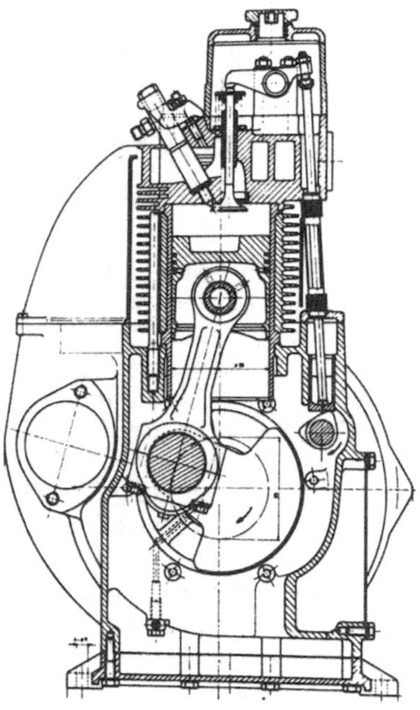

Abb. 5.144: *Querschnitt des Motors FL 208 von KHD*

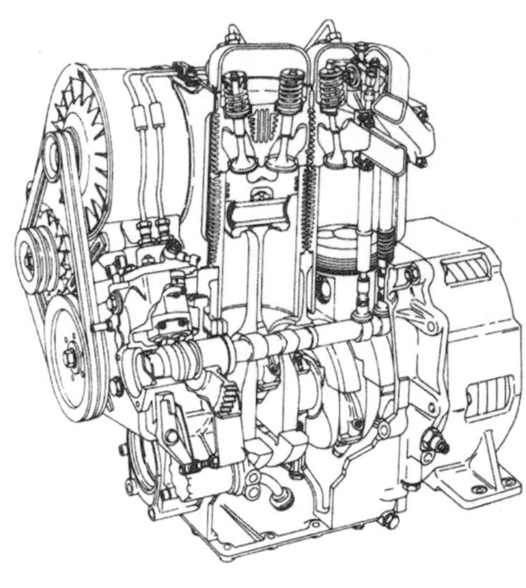

Abb. 145: *Schnittbild des Motors FL 511 von KHD*

Graugußölwanne dient gleichzeitig als Aufstellsockel. Soll der Motor schwungradseitig angeflanscht werden, steht auch eine Leichtmetall-Ölwanne zur Verfügung. Während die Laufbuchse aus Grauguß ist (Laufeigenschaften), besteht die Verrippung aus Leichtmetall (Wärmeleitvermögen). Der Motor kann sowohl von Hand (Seilzug, Anlaßkurbel) als auch elektrisch gestartet werden.

Aus einem Hubvolumen (s/d = 82/80 mm) von 0,412 Liter werden 5,9 kW Leistung erzeugt. Mit einem Gewicht von 60 kg entspricht dies einem Leistungsgewicht von etwa 10 kg/kW.

Eine etwas größere Version mit d = 100 mm und s = 105 mm stellt der in Abb. 5.145 dargestellte Motor FL 511 dar, der bei n = 3000 1/min eine Zylinderleistung von 12,8 kW entwickelt.

5.2.7.5 Typ AA 1 - PETTER, ENGLAND

Einer der kleinsten Dieselmotoren ist der PETTER AA 1 mit 0,22 Liter Hubvolumen (Abb. 5.146). Mit 2,6 kW Leistung (3600 1/min) erreicht der Motor eine Literleistung von etwa 12 kW/l. Der Motor ist luftgekühlt (Schwungradgebläse), sowohl Zylinderrohr als auch Zylinderkopf sind stark verrippt. Die Einspritzdüse ist am Hauptbrennraum diametral zu einem Luftspeicher angeordnet. Alle Hilfsantriebe liegen auf der dem Schwungrad entgegengesetzten Seite. Einzylinder-Motoren benötigen ein relativ großes Schwungrad (siehe Schwungradausglegung im Band 'Kräfte und Momente in Verbrennungskraftmaschinen' dieser Schriftenreihe).

Zu den neueren Entwicklungen von PETTER gehört u. a. auch ein 2-Zylinder-Leichtmetall-Dieselmotor (s/d = 66,7/76,2 mm entsprechend einem Hubvolumen von 0,61 l), der 10 kW leistet und nur 77 kg wiegt.

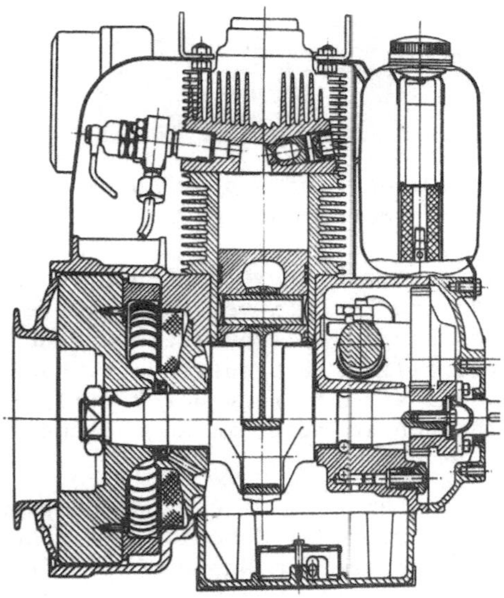

Abb. 5.146: Querschnitt des Motors AA1

5.2.7.6 L 30 S - HATZ, BRD

Bei der Baureihe L 30 S der Firma HATZ, Ruhpolding (Abb. 5.147) handelt es sich um luftgekühlte Motoren mit 2-, 3- oder 4-Zylindern (Bohrung 25 mm, Hub 100 mm) von 11 kW Zylinderleistung. Während man die Grundkonzeption der Motoren als konventionell bezeichnen kann, so hat doch die Baureihe durch einige Zusatzmaßnahmen Aufmerksamkeit auf sich gezogen.

Diese Motorbaureihe ist im Baukastenprinzip konzipiert und mit besonderen Lärmschutzmaßnahmen versehen (Power-Silent-System). Unter dem Begriff "lärmgebremster" Motor bietet HATZ bereits seit Jahren Konstruktionen an, bei denen man auf Grund intensiver Forschung und Entwicklung die Lärmursachen an den Lärmquellen nach Möglichkeit behoben hat. Das sind Maßnahmen zur Körperschall- und Luftschall-

Abb. 5.147: Ansicht des Motors L 30 S

Abb. 5.148: Ansicht des lärmgebremsten Motors von HATZ

Abb. 5.149: Ansicht des gekapselten Motors von HATZ

dämpfung, die bei jeder Neukonstruktion von Anfang an beachtet werden. Hierzu gehören neben der besonderen Wahl des Verbrennungs- und Einspritzsystems steife Kurbelgehäuse, geringe Lager- und Kolbenspiele, besondere Verzahnungsgeometrien und hochwertige Oberflächen der Zahnräder, körperschallisoliert aufgehängte Kühlgebläse mit niedrigen Drehzahlen und Abdeckhauben zur Verminderung der Ventilgeräusche. Die Verwirklichung dieser Maßnahmen ergibt den im Programm angebotenen lärmgebremsten Motor (Abb. 5.148).

Eine weitere Verminderung des Motorenlärms wird durch Lärmdämmung und Lärmdämpfung erreicht. Bei der Lärmdämmung macht man sich die Reflexion der Schallwellen zunutze. Die Lärmdämpfung wird durch Verwendung von schallabsorbierendem Material erreicht. Die Lärmdämmung und Lärmdämpfung erfolgen in der HATZ-Kapsel. Der Motor befindet sich in der Kapsel aus ca. 1 mm Stahlblech. Sie ist körperschallisoliert am Motor befestigt. Diese Befestigungsart ist zwingend notwendig, weil sonst die Kapselwand über ihre relativ große Oberfläche leicht Körperschall abstrahlen würde. Das Motorengeräusch darf durch diese Öffnungen für den Luftein- und -austritt nicht austreten, weshalb besonders ausgebildete Zu- und Abluftschächte notwendig sind. Die Luftführungsstrecken sind mehrmals umgelenkt, wodurch eine recht häufige Reflexion der Schallwellen (Dämmung) erfolgt. Zusätzlich sind die Luftführungsstrecken mit schallabsorbierendem Material ausgekleidet und erreichen so eine hohe Dämpfung (Abb. 149).

5.2.7.7 Typ TV 8.640 - PERKINS, ENGLAND

Der in Abb. 5.150 dargestellte Motor ist der z. Z. leistungsstärkste Motor der Fa. PERKINS mit 179 kW bei 2600 1/min. Dieser Direkteinspritzer erreicht ein Leistungsgewicht von 4,2 kg/kW und ist speziell für schweren Betrieb und harte Einsatzverhältnisse in der Landwirtschaft ausgelegt. Wie aus der Abbildung erkennbar, handelt es sich um einen 90^0-V-Motor,

Abb. 5.150: Ansicht des Motors TV 8.640 von PERKINS

dessen Kurbelgehäuse aus GG ist und der in der Aufladeversion einer nitrierten Kurbelwelle bedarf. Der Aufladegrad im Nennlastzustand ist mit 16 % gering, erreicht bei maximalem Drehmoment aber auch nur eine Steigerung um 21 %, so daß vermutlich noch Leistungsreserven in dem Motor liegen.

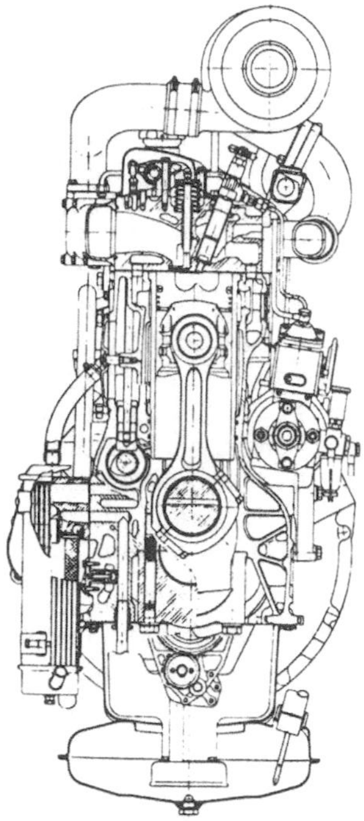

Abb. 5.151: Querschnitt des VOLVO-Motors PENTA TD 120 A

5.2.7.8 PENTA TD 120 A - VOLVO, SCHWEDEN

Zu den bekanntesten Bootseinbaumotoren gehört der Typ VOLVO PENTA. Als aufgeladener 6-Zylinder-Direkteinspritzmotor (s/d = 150/130,2 mm) wird eine B-Leistung von 243 kW bei 2200 1/min auf die Schraube gebracht. Der Motor ist in Abb. 5.151 dargestellt. An einem weit über die Kurbelwellenmitte heruntergezogenen GG-Kurbelgehäuse ist seitlich der Kühler angeordnet. Je ein Auslaß- und Einlaßventil pro Zylinder wird über Stoßstangen betätigt, der Turbolader sitzt mittig über den Einzelzylinderköpfen. Stirnseitig sind die für den Bootsbetrieb notwendigen Pumpenaggregate sowie ein Viskositätsdrehschwingungsdämpfer angeordnet. Bei einem Trockengewicht von 1023 kg wird ein Leistungsgewicht von 4,2 kg/kW erreicht.

5.2.7.9 FARYMANN G 20 - FARNY & WEIDMANN, BRD

Der Hersteller des kleinsten Dieselmotors der Welt (außer Modellmotoren), FARNY & WEIDMANN, baut eine große Anzahl von 1- und 2-Zylinder-Maschinen. Der seit Jahrzehnten im Bau befindliche liegende Dieselmotor, Typ G 20, wurde in den letzten Jahren einer Verjüngungskur unterzogen, da an Motoren dieser Bauart eine unverändert rege Nachfrage herrscht (Abb. 5.152). Durch Veränderungen am Zylinderkopf und Brennraum wurde eine höhere thermische Belastbarkeit des luftgekühlten Kopfes ermöglicht und somit bei unveränderter Drehzahl (1800 1/min) eine Leistung von 11,7 kW erreicht. Der Motor G 20 ist bekannt wegen seiner ausgezeichneten Kaltstarteigenschaften und wird wegen seiner Rüttelfestigkeit von allen Herstellern schwerer Vibrationsplatten als Antriebsmotor verwendet.

Abb. 5.152: Ansicht des Motors FARYMANN G 20

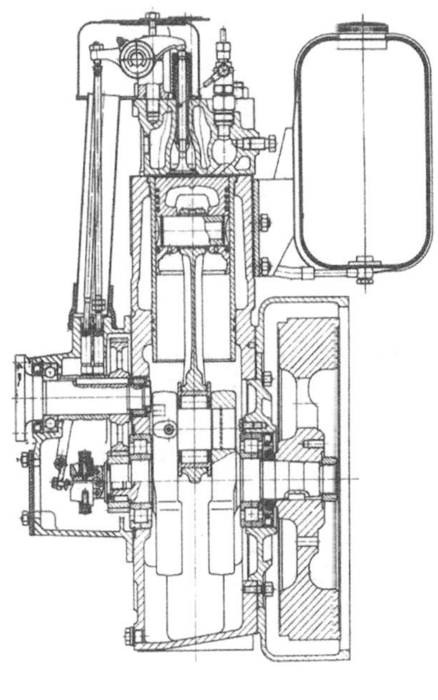

Abb. 5.153: Nockenwellenantrieb des 1-Zylinder-Motors von FARNY & WEIDMANN

Einspritzpumpe und Ventilsteuernocken liegen in Verlängerung der Kurbelwelle, eine nur für 1-Zylinder-Motoren geeignete Bauart (Abb. 5.153).

5.2.8 Modell - Hubkolben - Verbrennungskraftmaschine

Modellmotoren stehen in den verschiedensten Ausführungsformen zur Verfügung. Da sind Hubvolumina von 0,33 cm^3 bis über 15 cm^3 zu finden, sowohl Zweitakt- wie Viertakt-Verbrennungsverfahren, Luftkühlung und Wasserkühlung (durch einen aufgesetzten Wassermantel). Vorherrschend sind Glühkerzenmotoren, die einen sicheren Start auch ohne größere Starteinrichtungen ermöglichen. Obwohl die Drehzahlen (bis an 20 000 1/min) hoch sind, werden die erreichten Kolbengeschwindigkeiten mit Regelwerten unter 12 m/s begrenzt. Die Modellmotoren sind Meisterwerke der Feinwerktechnik; vorhanden sind alle wesentlichen Bauteile der Hubkolbenmaschine wie Triebwerk, Zylinderrohr, Zylinderkopf, Vergaser etc., wobei das kleinste Modell nur 21 g wiegt. Als Beispiele können auch hier nur einzelne Muster vorgestellt werden. Eine Reihe von Modellmotoren ist in die Statistik der Motoren mitaufgenommen worden und hat bei der Durchsprache der Kennwerte in Kapitel 2 dort ihren Niederschlag gefunden. Weltweit gibt es sicherlich noch eine große Anzahl weiterer Motoren, doch sind diese in den üblichen Nachschlagewerken für Verbrennungskraftmaschinen (Katalogen) nicht aufgenommen.

Die Mehrzahl der Motoren arbeitet im Zweitaktverfahren, wobei verschiedene Systeme angewendet werden.

5.2.8.1 COX PEE WEE - LEISURE DYNAMICS, USA

Abb. 5.154: Ansicht des kleinsten Modellmotors der Welt mit 0,33 cm^3 Hubvolumen

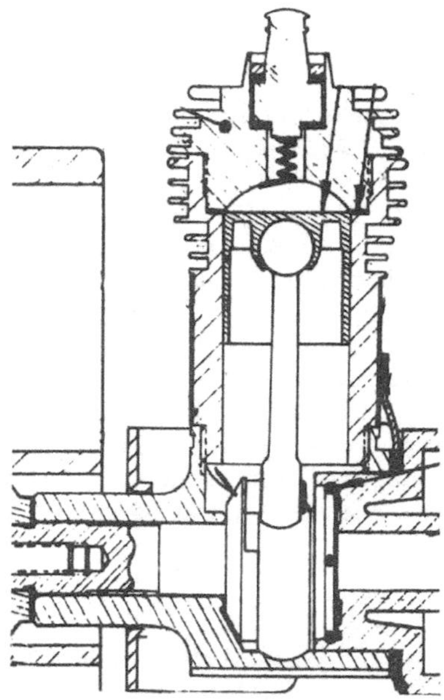

Abb. 5.155: Längsschnitt durch den Motor COX PEE WEE

Der in Abb. 5.154 dargestellte 1-Zylinder-Flugmodell-Motor ist mit 0,33 cm^3 Hubvolumen (s/d = 6,1/7,6 mm) das kleinste Glühkerzenmodell. Da dieser Motor im Zweitaktverfahren mit Flatterventilen arbeitet, ist die Drehrichtung beliebig. Eigentümlichkeit aller dieser 1-Zylinder-Modellmotoren ist eine einseitig doppelt gelagerte Kurbelwelle (Abb. 5.155), die die Montage einer einfachen, ungeteilten Pleuelstange erlaubt. Die etwa 4 mm starke Kurbelwelle läuft direkt in einem Messing-Kurbelgehäuse (gleitgelagert), die Pleuelstange hat ein kugelförmiges oberes Ende, über das ein ringloser Kolben formschlüssig montiert wird. Das Gemisch wird über ein Flatterventil axial in den Kurbelraum gesogen.

5.2.8.2 COX MEDAILLION - LEISURE DYNAMICS, USA

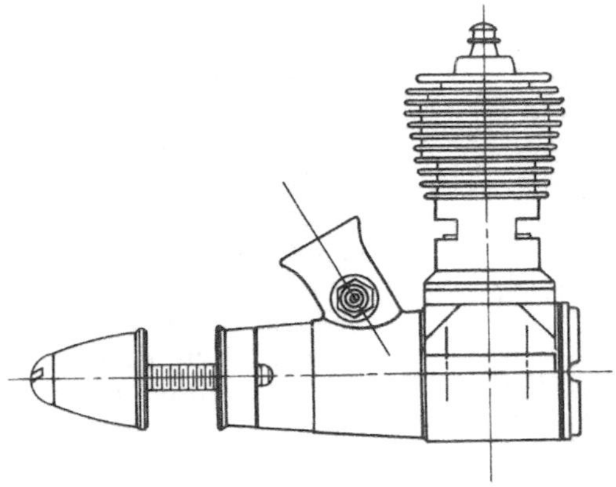

Abb. 5.156: Ansicht des Motors COX-MEDAILLION 09

Die größeren Modellmotoren ab etwa 0,8 cm^3 Hubvolumen haben einen eigenen Vergaser, ab ca. 1,5 cm^3 Hubraum wird eine Drosselregelung angewandt. Der in Abb. 5.156 dargestellte Aufriß zeigt einen 1,5 cm^3-Glühkerzenmotor, der mit 77 g Eigengewicht bei 13 800 1/min ca. 0,19 kW Leistung abgibt. Auch hier findet man alle wesentlichen Bauelemente der Modellmotoren.

5.2.8.3 HB 50 - BERNHARDT, BRD

Ein etwas größerer Motor mit 8 cm^3 Hubraum mit Drossel und Schalldämpfer aus der Bundesrepublik Deutschland ist in Abb. 5.157 dargestellt. Dieser Glühkerzenmotor erreicht bei 13 000 1/min ca. 0,7 kW. Die auch hier einseitig gelagerte Kurbelkröpfung läuft jedoch in zwei Rillenkugellagern. Der mit einer Nase versehene Kolben (Abb. 5.158) hat einen Verdichtungsring und

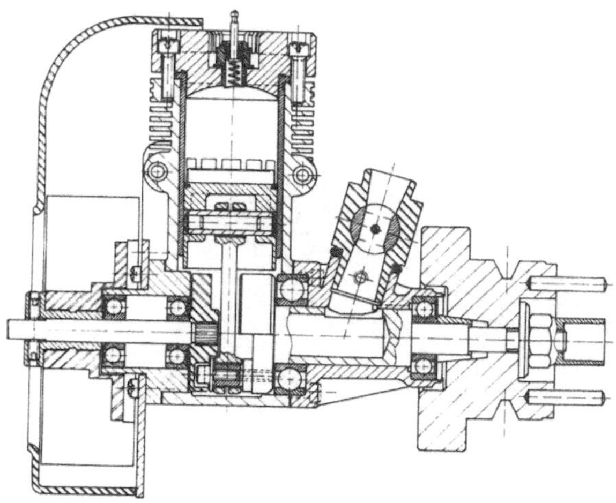

Abb. 5.157: Längsschnitt des Motors HB 50

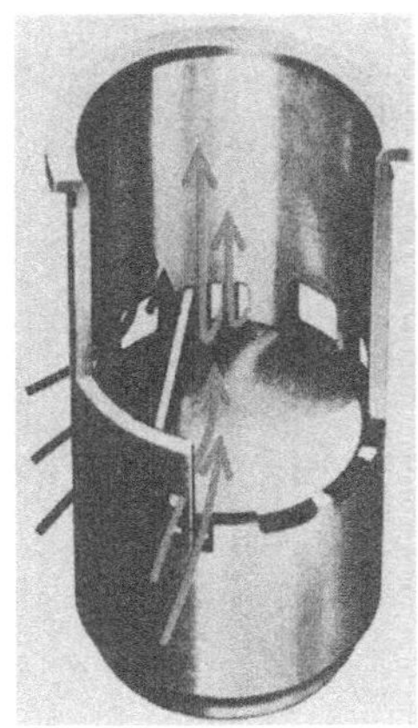

Abb. 5.158: Querstromspülung mit Nasenkolben

einen wie bei größeren Motoren üblichen Kolbenbolzen, der eine normale Pleuelstange mit zwei Augen ermöglicht. Diese etwas größeren Motoren sind alle regelbar, besitzen einen Vergasereinsatz und eine Drosseleinrichtung, die einen motorischen Betrieb zwischen ca. 2000 1/min und der Nenndrehzahl gestatten. Soll der Motor durch Wasser gekühlt werden, so wird ein Wasserkühlmantel über das Zylinderrohr gesetzt (Abb. 5.159).

Abb. 5.159: Wassergekühlter Zylindermantel eines Modellmotors

5.2.8.4 OS-MAX 90 FSR - OS-MODELS, JAPAN

Der in Abb. 5.160 dargestellte Motor ist mit 15 cm^3 Hubvolumen und einer Kolbengeschwindigkeit von fast 22 m/s eine der stärksten Aus-

Abb. 5.160: *Ansicht des Motors OS-MAX 90 FSR mit Vergaser*

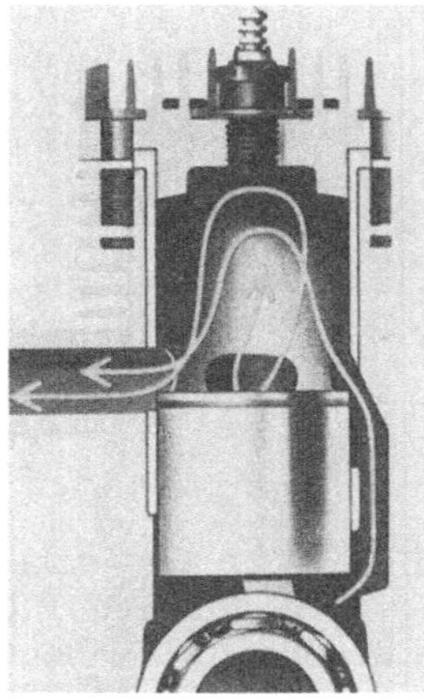

Abb. 5.161: *Querstromspülung mit Kurbelkasten-Spülpumpe*

führungen. Die Querspülung des Zylinderraumes erfolgt hier über einen glatten Kolben (Abb. 5.161). Bei einem Gewicht von 690 g werden 1,84 kW Leistung abgegeben, der Motor erzielt somit ein Leistungsgewicht von 0,38 kg/kW. Für Sonderwünsche (Bootseinsatz) gibt es - wie zu fast allen Modellmotoren - entweder einen was-

Abb. 5.163: *Ventilsteuerung eines Viertakt-Modellmotors*

Abb. 5.164: *Vorbild eines größeren 1-Zylinder-Motors*

5.2.8.5 OS-MAX FS 60 - OS-MODELS, JAPAN

Der Hang zur modellgetreuen Nachbildung größerer Motoren hat zur Entwicklung kleiner Viertakt-Motoren geführt. Abb. 5.163 zeigt einen 10 cm^3-Motor mit 24 mm Bohrung. Der Ventilantrieb erfolgt ähnlich wie bei größeren 1-Zylinder-Motoren über eine in Achsrichtung laufende Nockenwelle, Stößel, Stoßstangen und Kipphebel (Abb. 5.164). Die begrenzte Drehzahl von etwa 10 000 1/min (v_m = 7,33 m/s) zeigt, daß der Ventiltrieb noch einer Optimierung bedarf, da die thermische Belastung äußerst gering ist. Die Leistungsausbeute ist dementsprechend niedrig (0,44 kW), das spezifische Leistungsgewicht mit 1,27 kg/kW für Motoren dieser Leistungsklasse relativ hoch.

Abb. 5. 165: 2-Zylinder-Viertakt-Boxer-Modellmotor

5.2.8.6 OS-MAX FT-120 - OS-MODELS, JAPAN

Ein Sondermodell stellt der in Abb. 5.165 gezeigte Viertakt-Boxer-Motor dar. Dieser Glühkerzenmotor hat einen RC-Vergaser mit Verteilerleitung zur stufenlosen Verstellung der Drehzahl und zeigt alle typischen Merkmale eines luftgekühlten Boxer-Motors. Die Ventile werden über Stoßstangen und Kipphebel (unter einer Zylinderhaube!) von einer gemeinsamen Nockenwelle aus gesteuert. Das Kurbelgehäuse ist einteilig, die einzelnen Zylinderrohre sind am Fuß auf das Gehäuse geschraubt. Es werden nicht die gleichen Bauteile des spezifisch gleichstarken 1-Zylinder-Motors OS-MAX FS 60 verwendet, ein Zeichen dafür, daß man zu Beginn der Entwicklung entweder nicht an eine Baureihe gedacht oder dem neuen Produkt selbst nur wenig Marktchancen eingeräumt hat.

Besonders erwähnenswert an den Viertaktmotoren ist der relativ niedrige Geräuschpegel, der bei den üblichen Zweitaktmotoren nicht nur dem unbeteiligten Anrainer einige Nerven kosten kann.

Auf die Schwierigkeiten, einen einigermaßen repräsentativen Querschnitt über die Verbrennungskraftmaschinen zu zeigen, ist zu Beginn des Kapitels 5 bereits eingegangen worden. Die Fälle der Bauvarianten einerseits, aber auch die oft frappierende Ähnlichkeit andererseits machen die Auswahl zu einem Lotteriespiel. Publikationsfreudigkeit steht neben zum Teil unverständlicher Zurückhaltung, wobei die Motive zur einen wie zur anderen Seite durchaus verschiedener Natur sein können. Auch ist es selbst für denjenigen, der einen täglichen Umgang mit der Verbrennungskraftmaschine hat, schier unmöglich, über alle Baureihen und -varianten gleich gut informiert zu sein - hier sprechen der Erlebnishorizont und die Interessenlage die entscheidenden Worte. Die Konstrukteure und Entwicklungsingenieure vieler zu Unrecht nicht beachteter Baumuster mögen aus diesem Blickwinkel Nachsicht mit dem Autor üben.

6 Tabellen

Tabellen, Übersichten, Statistiken, Erfahrungswerte und Erläuterungen

Tabelle 6.1: SI-Basiseinheiten

Basisgröße	Basiseinheit Name	Zeichen
Länge	Meter	m
Masse	Kilogramm	kg
Zeit	Sekunde	s
elektrische Stromstärke	Ampere	A
Temperatur	Kelvin	K
Lichtstärke	Candela	cd
Stoffmenge	Mol	mol

Tabelle 6.3: Vorsätze für Vielfache und Teile von SI-Einheiten

Zehnerpotenz	Vorsatz	Vorsatzzeichen
10^{12}	Tera	T
10^{9}	Giga	G
10^{6}	Mega	M
10^{3}	Kilo	k
10^{2}	Hekto	h
10	Deka	da
10^{-1}	Dezi	d
10^{-2}	Zenti	c
10^{-3}	Milli	m
10^{-6}	Mikro	µ
10^{-9}	Nano	n
10^{-12}	Piko	p
10^{-15}	Femto	f
10^{-18}	Atto	a

Tabelle 6.2: SI-Einheiten und abgeleitete Größen

Größenart	Größe	Name	Zeichen (Einheit)	Geläufige Formelzeichen
Raum	Länge	Meter	m	ℓ
	Fläche		m^2	A
	Volumen		m^3	V
	ebener Winkel	Radiant	rad	α
Masse	Masse	Kilogramm	kg	m
	Dichte		kg/m^3	ϱ
	Massenträgheitsmoment		kgm^2	J
	spez. Volumen		m^3/kg	v
Zeit	Zeitdauer	Sekunde	s	t
	Frequenz	Hertz	Hz	
	Drehzahl		1/s	n
	Geschwindigkeit		m/s	v
	Beschleunigung		m/s^2	b
	Winkelgeschwindigkeit		rad/s	ω, $\dot{\varphi}$
	Winkelbeschleunigung		rad/s^2	$\dot{\omega}$, $\ddot{\varphi}$
	Volumenstrom		m^3/s	$\dot{V}$
	Massenstrom		kg/s	$\dot{m}$
	spez. Verbrauch		kg/J	b, be, bs
	Wärmestrom		W	Φ
Kraft-, Energie- und Leistungsgrößen	Kraft	Newton	N	F
	Druck	Pascal	Pa	p
	mechanische Spannung		N/m^2	σ, τ
	Energie, Arbeit	Joule	J	W
	Wärmemenge		J	Q
	Leistung	Watt	W	P
	Drehmoment, Biegemoment		Nm	M
Viskosimetrische Größe	dynamische Viskosität		Pas	η
	Viskosität		m^2/s	ν
Thermodynamik	Temperatur	Kelvin	K	T
	Entropie		J/K	S
	Wärmekapazität		J/K	C
	Heizwert		J/kg	Ho, Hu
	Wärmeleitfähigkeit		W/Km	λ
	Wärmeübergangskoeffizient		W/Km^2	α
Elektrische Größen	Stromstärke	Ampere	A	I
	elektrische Spannung	Volt	V	V
	elektr. Widerstand	Ohm	Ω	R
	elektr. Kapazität	Farad	F	C
	elektr. Enduktivität	Henry	H	L
Stoffmenge	Stoffmenge	Mol	mol	
	molare Masse		kg/mol	
	Stoffmengenkonzentration		mol/m^3	

Tabelle 6.4: Umrechnungsfaktoren zwischen SI-Einheitssystem und altem Technischen Maßsystem

	Altes technisches Maßsystem	SI-Einheit	Umrechnung SI→T	T→SI
Ebener Winkel	° Grad	rad	1 rad = $\frac{360^\circ}{2}$ = 57,29578°	1° = 0,01745329 rad
Massenträgheitsmoment	kpcms² (θ) kpm² (GD)	kgm²	1 kgm² = $\frac{1}{10,2}$ kpcms² 1 kgm² = 1/4 kpm²	1 kpcms² = 10,2 kgm² 1 kpm² = 4 kgm²
Drehzahl	U/min	1/s	1 1/s = 60 U/min	1 U/min = 1/60 1/s
Geschwindigkeit	km/h	m/s	1 m/s = 3,6 km/h	1 km/h = 1/3,6 m/s
Volumenstrom	m³/min 1/min m³/h 1/h	m³/s	1 m³/s = 60 m³/min 1 m³/s = 60 000 1/min 1 m³/s = 360 m³/h 1 m³/s = 360 000 1/h	1 m³/min = 1/60 m³/s 1 1/min = $\frac{10^{-3}}{60}$ m³/s 1 m³/h = 1/360 m³/s 1 1/h = $\frac{10^{-3}}{360}$ m/s
Spezifischer Verbrauch	g/PSh	kg/J (g/kWh)	1 kg/J = 2,648·10⁹ g/PSh 1 g/kWh = $\frac{1}{1,359}$ g/PSh	1 g/PSh = 0,378·10⁻⁹ kg/J 1 g/PSh = 1,359 g/kWh
Wärmestrom	kcal/h	W	1 W = $\frac{1}{1,163}$ kcal/h	1 kcal/h = 1,163 W
Kraft	kp	N	1 N = $\frac{1}{9,81}$ kp	1 kp = 9,81 N
Druck von Fluiden	at (kp/cm²)	Pa (bar)	1 Pa = 1 N/m² = 1,02·10⁻⁵ at 1 MPa = 10,2 at 1 bar = $\frac{1}{0,981}$ at	1 at = 0,981·10⁵ Pa 1 at = 9,81 MPa 1 at = 0,981 bar
Spannungen	kp/mm²	N/m² (N/mm²)	1 N/m² = $\frac{1}{9,81}$·10⁻⁶ kp/mm² 1 N/mm² = $\frac{1}{9,81}$ kp/mm²	1 kp/mm² = 9,81·10⁶ N/m² 1 kp/mm² = 9,81 N/mm²
Energie, Arbeit	kpm	J	1 J = $\frac{1}{9,81}$ kpm	1 kpm = 9,81 J
Wärmemenge	cal	J	1 J = $\frac{1}{4,19}$ cal	1 cal = 4,19 J
Leistung	PS	W	1 kW = 1,3596 PS	1 PS = 0,7355 kW
Moment	kpm	Nm	1 Nm = $\frac{1}{9,81}$ kpm	1 kpm = 9,81 Nm
Dynamische Viskosität	Poise	Pa s	1 Pa s = 10 P	1 P = 0,1 Pa s
Kinematische Viskosität	Stokes	m²/s	1 m²/s = 10⁴ St	1 St = 10⁻⁴ m²/s
Entropie	kcal/⁰K	J/K	1 J/K = $\frac{1}{4186,8}$ $\frac{kcal}{^0K}$	1 kcal/⁰K = 4186,8 J/K
Wärmekapazität	kcal/grd	J/K	1 J/K = $\frac{1}{4186,8}$ $\frac{kcal}{^0K}$	1 kcal/⁰K = 4186,8 J/K
Heizwert	kcal/kg	J/kg	1 J/kg = $\frac{10^{-3}}{4,19}$ $\frac{kcal}{kg}$	1 kcal/kg = 4,19 kJ/kg
Wärmeleitfähigkeit	kcal/mhgrd	W/Km	1 W/km = $\frac{1}{1,16}$ $\frac{kcal}{mhgrd}$	1 kcal/mhgrd = 1,16 W/km
Wärmeübergangskoeffizient	kcal/m²hgrd	W/km²	1 W/km² = $\frac{1}{1,16}$ $\frac{kcal}{m^2hgrd}$	1 kcal/m²hgrd = 1,16 W/km²

Tabelle 6.5: Begriffe (Verbrennungskraftmaschine)

Begriff	Begriffserklärung
Hubkolbenverbrennungsmotor mit innerer Verbrennung *Receprocating internal combustion engine*	Wärmekraftmaschine, die durch periodische Verbrennung von Kraftstoff in einem oder mehreren Zylindern, in denen sich Arbeitskolben bewegen, nutzbare Energie abgibt
Ottomotor *Spark ignition engine*	Verbrennungsmotor, bei dem die Verbrennung des verdichteten Kraftstoff-Luft-Gemisches durch zeitlich gesteuerte Fremdzündung eingeleitet wird
Vergaser-Ottomotor *Spark ignition engine with carburettor*	Ottomotor, bei dem der bei Umgebungszustand flüssige Kraftstoff außerhalb des Arbeitszylinders mit Hilfe eines Vergasers der Luft beigemischt wird
Einspritz-Ottomotor *Spark ignition engine with fuel injection*	Ottomotor, bei dem der bei Umgebungszustand flüssige Kraftstoff in die Lufteinlaßleitung oder in den Arbeitszylinder eingespritzt wird
Gas-Ottomotor *Spark ignition gas engine*	Ottomotor, bei dem zur Gemischbildung ein bei Umgebungszustand gasförmiger Kraftstoff verwendet wird
Dieselmotor *Compression ignition oil engine (Diesel-engine)*	Verbrennungsmotor, bei dem der in den Verbrennungsraum eingespritzte flüssige Kraftstoff sich an der Luftladung entzündet, nachdem diese im wesentlichen durch die Verdichtung auf eine für die Einleitung der Zündung hinreichend hohe Temperatur gebracht worden ist
Dieselmotor mit direkter Einspritzung *Direct injection engine*	Dieselmotor, bei dem der flüssige Kraftstoff direkt in den nicht unterteilten Verbrennungsraum eingespritzt wird
Vorkammer-Dieselmotor *Pre-chamber engine*	Dieselmotor mit unterteiltem Verbrennungsraum, bei dem der Kraftstoff in eine mit dem Arbeitszylinder über eine oder mehrere verhältnismäßig enge Öffnungen in Verbindung stehende Kammer (Vorkammer) eingespritzt wird. Eine gerichtete Luftbewegung in der Kammer ist hierbei nicht erforderlich
Wirbelkammer-Dieselmotor *Whirl chamber engine*	Dieselmotor mit unterteiltem Verbrennungsraum, bei dem der Kraftstoff in eine mit dem Arbeitszylinder durch eine verhältnismäßig weite Öffnung in Verbindung stehende Kammer eingespritzt wird. Beim Verdichtungsvorgang wird eine gerichtete Luftbewegung erzeugt
Luftspeicher-Dieselmotor *Air chamber engine*	Dieselmotor mit unterteiltem Verbrennungsraum, bei dem der Kraftstoff unmittelbar in den Zylinderhauptraum eingespritzt wird und nur von hieraus in den Luftspeicher (Nebenraum) gelangen kann
Vielstoffmotor *Multifuel engine*	Verbrennungsmotor, bei dem von einem flüssigen Kraftstoff auf andere flüssige Kraftstoffe mit stark unterschiedlicher Zündwilligkeit ohne bauliche Veränderung des Motors übergegangen werden kann
Zündstrahl-Gasmotor *Pilot injection gas engine*	Verbrennungsmotor, bei dem ein im Umgebungszustand gasförmiger Kraftstoff zusammen mit Luft im wesentlichen durch die Verdichtung auf eine für die Einleitung der Zündung hinreichend hohe Temperatur gebracht worden ist und durch Einspritzen von flüssigem Kraftstoff entzündet wird. Dieser Motor wird nur im Dieselbetrieb allein betrieben
Diesel-/Gasmotor *Dual fuel engine*	Verbrennungsmotor, der entweder als Zündstrahl-Gasmotor oder im Wechsel als Dieselmotor arbeiten kann, wobei der Übergang ohne Betriebsunterbrechung möglich ist

Tabelle 6.6: Begriffe (Bauformen)

Tauchkolbenmotor *Trunk piston engine*	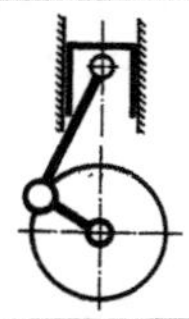	Verbrennungsmotor, bei dem jede Pleuelstange unmittelbar am Arbeitskolben angelenkt ist, der seitliche Kräfte, die die Pleuelstangenstellung bewirkt, auf die Zylinderwände überträgt
Kreuzkopfmotor *Crosshead engine*		Verbrennungsmotor, bei dem die seitlichen Kräfte, die die Treibstangenstellung bewirkt, auf Führungen übertragen werden, die sich außerhalb des Zylinders befinden
Einfachwirkender Motor *Single acting engine*		Der Kolben wird nur von einer Serie von Verbrennungsgasen beaufschlagt
Doppeltwirkender Motor *Double acting engine*		Der Kolben wird von beiden Seiten abwechselnd von Verbrennungsgasen beaufschlagt
Doppelkolbenmotor *Double-piston engine*	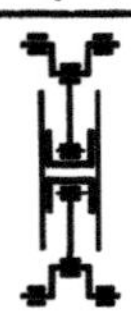	Motor mit zwei zu einem Verbrennungsraum gehörenden Kolben
Gegenkolbenmotor *Opposed piston engine*	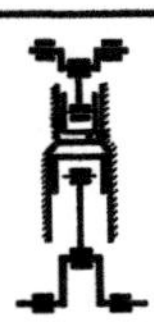	Die Kolben bewegen sich gegenläufig
U-Kolbenmotor *U-piston engine*		Die Kolben bewegen sich gleichläufig
Verbundmotor *Compound engine*	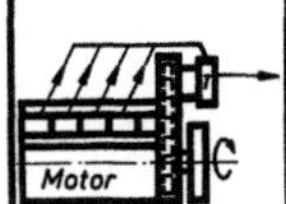	Die effektive Leistung wird durch eine mehrstufige Expansion des Arbeitsmittels erzeugt und unmittelbar von jeder Stufe abgegeben
Stehender Motor *Vertical engine*	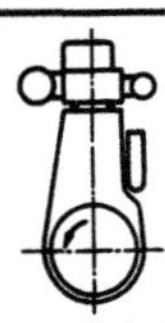	Im wesentlichen lotrechte Anordnung der Zylinderachse(n), wobei der oder die Arbeitszylinder über der Kurbelwelle liegen
Liegender Motor *Horizontal engine*	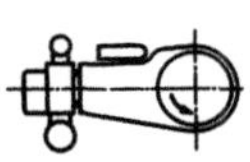	Im wesentlichen waagerechte Anordnung der Zylinderachse(n)

Fortsetzung der Tabelle 6.6: Begriffe (Bauformen)

Hängender Motor *Inverted engine*	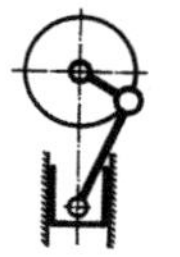	Im wesentlichen lotrechte Anordnung der Zylinderachse(n), wobei der oder die Arbeitszylinder tiefer liegen als die zugehörige Kurbelwellenachse
Reihenmotor *In-line engine*		Anordnung der Zylinder in einer Ebene mit der Kurbelwellenachse oder parallel zu ihr
Doppel-Reihenmotor *Double in-line engine*		Anordnung der Zylinder in zwei Ebenen, die die Kurbelwellenachsen schneiden oder parallel zu ihnen sind. Die Kurbelwellen verlaufen parallel. Die Leistungsabgabe erfolgt über ein Sammelgetriebe
Mehr-Reihenmotor *Multi in-line engine*		Anordnung der Zylinder in zwei oder mehr Ebenen, die die Kurbelwellenachse schneiden oder parallel zu ihr liegen. Die Kurbelwelle hat je Zylinder einen Kurbelzapfen (Sonderform Boxer-Motor)
Boxer-Motor *Opposed cylinder engine*	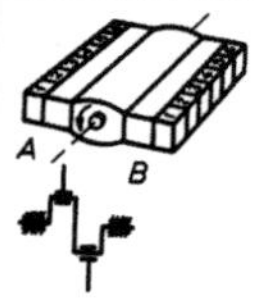	Anordnung der Zylinder in einer Ebene mit zwei einander gegenüberliegenden Zylinderreihen. Die Kurbelwelle hat je Zylinder einen Kurbelzapfen
V-Motor *Vee-engine*		Anordnung der Zylinder in zwei Ebenen, die miteinander einen Winkel γ einschließen und deren Schnittlinie durch die Kurbelwellenachse geht oder parallel zu ihr liegt. Die Zylinder einer senkrecht zur Kurbelwelle liegenden Ebene greifen an einem Kurbelzapfen an γ = Gabelwinkel
W-Motor *W-engine*	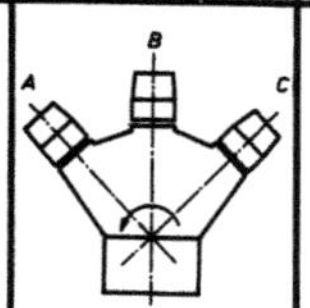	Anordnung der Zylinder in drei Ebenen, die miteinander Winkel einschließen und deren Schnittlinien durch die Kurbelwellenachse gehen oder parallel zu ihr liegen. Die drei Kolben einer Ebene greifen an einem Kurbelzapfen an
H-Motor *H-engine*	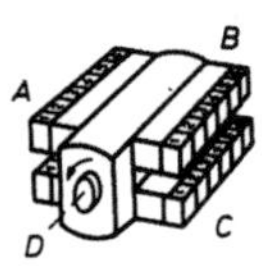	Anordnung der Zylinder in zwei parallelen Ebenen mit je zwei gegenüberliegenden Zylinderreihen. Beide Triebwerksreihen geben ihre Leistung über ein Sammelgetriebe ab
Sternmotor *Radial engine*		Anordnung der Zylinder in einer senkrecht zur Kurbelwellenachse liegenden Ebene
Mehrreihen-Sternmotor *Multi in-line radial engine*		Anordnung der Zylinder in mehreren zur Kurbelwellenachse liegenden Ebenen (Doppelstern- und Dreisternmotoren)

Tabelle 6.7: Begriffe (Kurbeltrieb)

Normaler Kurbeltrieb *Crank mechanism*	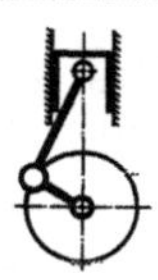	Kurbeltrieb, bestehend aus Umlaufkurbel (Kurbelkröpfung), Schubstange (Pleuelstange) und Gleitschuh (Parallelführung, Kolben), bei dem die Verlängerung der Geradführung die Drehachse der Umlaufkurbel schneidet
Geschraubter (geschränkter, desaxierter) Kurbeltrieb *Crossed crank mechanism*	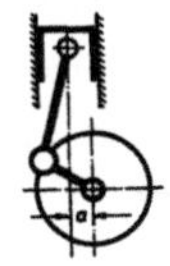	Kurbeltrieb derart, daß die Verlängerung der Geradführung im Abstand a an dem Drehpunkt der Umlaufkurbel vorbeigeht
Angelenkter Kurbeltrieb *Articulated assembly*	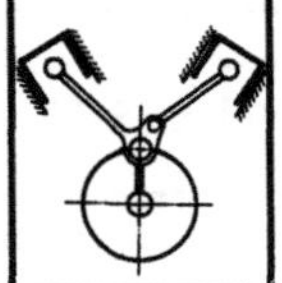	Kurbeltrieb mit mehreren an einem Kurbelzapfen angreifenden Zylindern derart, daß ein oder mehrere Nebenpleuel an einem Hauptpleuel angelenkt sind
Nebeneinanderliegende Pleuel *Side by side connecting rods*	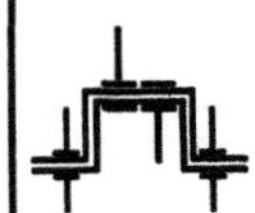	Mehrere Pleuel greifen an einem Hubzapfen an derart, daß deren Lager in Lagerrichtung der Kurbelwelle nebeneinander auf dem Kurbelzapfen liegen. Dies macht einen Versatz der in einer zur Kurbelwellenachse senkrecht angeordneten Ebene liegenden Zylinder notwendig
Gabelpleuel *Forked assembly*		Zwei oder mehrere Pleuel übergreifen sich derart, daß ein Zylinderversatz nicht notwendig ist, aber auch keine Anlenkpleuellösung vorliegt

Tabelle 6.8: Begriffe (Verbrennungsverfahren)

Arbeitsspiel *Working cycle*	Die Gesamtheit aller Veränderungen von Masse, Volumen, Druck, Temperatur usw. des in jedem Arbeitszylinder vorhandenen Arbeitsmediums, die vor deren Wiederholung abgeschlossen sind
Viertaktspiel *Four stroke cycle*	Ein Arbeitsspiel, das vier aufeinanderfolgende Hübe des Arbeitskolbens umfaßt (entsprechend zwei Umdrehungen der Kurbelwelle) - Ansaugen - Verdichten - Zünden - Anschieben -
Viertaktmotor *Four stroke engine*	Verbrennungsmotor, der nach dem Prinzip des Viertaktspieles arbeitet
Zweitaktspiel *Two stroke cycle*	Ein Arbeitsspiel, das zwei aufeinanderfolgende Hübe des Arbeitskolbens umfaßt (entsprechend einer Umdrehung der Kurbelwelle) - Füllen und Verdichten - Zünden und Auspuffen -
Zweitaktmotor *Two stroke engine*	Verbrennungsmotor, der nach dem Prinzip des Zweitaktspieles arbeitet
Achttaktern (Viertaktern) *Cyclic irregularity of injection*	Betrieb eines Viertakt(Zweitakt)-Motors mit regelmäßig aussetzender Zündung (Verbrennung, Einspritzung) im niederen Teillastgebiet (Aussetzerbetrieb)

Tabelle 6.9: Begriffe (Ladungswechsel und Aufladung)

Selbstansaugen *Natural aspiration*	Beim Selbstansaugen wird die Frischladung unmittelbar durch den Arbeitskolben in den Arbeitszylinder gesaugt, nachdem die Verbrennungsgase vom vorhergehenden Arbeitsspiel gleichfalls durch den Arbeitskolben aus dem Arbeitszylinder hinausgeschoben worden sind
Aufladung *Pressure-charging*	Vergrößerung der Ladungsmenge durch Vorverdichtung der gesamten oder eines Teiles der Ladung
Fremdaufladung *Independent pressure-charging*	Die Leistung zur Aufladung wird einer fremden Energiequelle entnommen
Resonanzaufladung *Tuned intake pressure-charging*	Aufladung, bei der die Frischladung durch eine Druckwelle in der Ansaugleitung vorverdichtet wird
Druckwellenaufladung *Compressed wave pressure-charging*	Aufladung, bei der die Verdichtung der Frischladung durch Druckwellen des Abgases in einem Druckmittelwandler (Drucktauscher) erfolgt
Mechanische Aufladung *Mechanical pressure-charging*	Die Leistung zur Aufladung wird an einer Welle des aufzuladenden Verbrennungsmotors abgenommen
Abgasturboaufladung *Turbo-charging*	Die Leistung zur Aufladung wird durch eine von den Abgasen des Verbrennungsmotors angetriebene Gasturbine erzeugt
Ladeluftkühlung *Charge cooling*	Kühlung der vom Lader verdichteten Luft
Spülen *Scavenging*	Verdrängung der Verbrennungsgase aus dem Arbeitszylinder durch die Frischladung mit Hilfe eines Druckgefälles zwischen Einlaß und Auslaß

Tabelle 6.10 siehe nächste Seite

Tabelle 6.11: Geschwindigkeit und Beschleunigung

Benennung	Formelzeichen	Einheit	Erklärung
mittlere Kolbengeschwindigkeit	v_m	m/s	
(Kolben)geschwindigkeit	v	m/s	
Beschleunigung	b	m/s^2	
Ungleichförmigkeitsgrad des Motors	δ_M	-	Verhältnis der größten Differenz der Winkelgeschwindigkeiten zur mittleren Winkelgeschwindigkeit während eines Arbeitsspieles an der Kupplungsseite in % bei konstanter Belastung $\delta_M = \frac{\omega_{max} - \omega_{min}}{\omega_{mittel}} \cdot 100$ Hierin bedeuten: ω_{max} = größte Winkelgeschwindigkeit ω_{min} = kleinste Winkelgeschwindigkeit $\omega_{mittel} = \frac{\omega_{max} + \omega_{min}}{2}$

Tabelle 6.10: Formelzeichen der geometrischen Größen

Benennung	Formelzeichen	Einheit	Erklärung
Zylinderbohrung *Cylinder bore*	d	mm	Innendurchmesser eines Arbeitszylinders
Kolbenfläche *Piston area*	A	mm^2 (cm^2)	Kreisfläche des Kolbens - $A = \pi/4\ d^2$
Kolbenhub *Stroke*	s	mm	Abstand zwischen den beiden Totpunkten des Kolbens
Hub-Bohrungsverhältnis *Stroke/bore ratio*	$\xi = s/d$	-	Verhältnis Kolbenhub zu Zylinderbohrung als Kennzeichen der konstruktiven Auslegung eines Motors
Hubraum eines Zylinders *Piston swept volume*	V_h	mm (cm^3)	Differenz zwischen größtem und kleinsten Verbrennungsraum eines Arbeitszylinders
Verbrennungsraum *Combustion chamber*	V_b	mm^3 (cm^3)	Das Volumen des allseitig vom Arbeitszylinder und Zylinderkopf und dem oder den Kolben umschlossenen Raumes. Nebenkammern, z. B. bei Dieselmotoren, gehören, soweit sie zum Verbrennungsraum offen sind, ebenfalls zum Verbrennungsraum. Der Verbrennungsraum ändert sein Volumen während des Arbeitsspieles
Verdichtungsraum *Clearance volume*	V_d	mm^3 (cm^3)	Kleinstes Volumen des Verbrennungsraumes während eines Arbeitsspieles
Verdichtungsverhältnis *Compression ratio*	ε	-	$\varepsilon = \frac{V_h + V_c}{V_c}$ Das in ISO 2710-1973 angegebene Verdichtungsverhältnis bezieht sich demgegenüber auf das Gasvolumen, das an der Verdichtung teilnimmt
Zylinderabstand *Cylinder distance*	a	mm	Abstand zweier Zylindermitten in einer Reihe
Zylinderzahl *No. of cylinder*	z	-	Anzahl der Arbeitszylinder eines Verbrennungsmotors. Wenn mehrere Arbeitszylinder zu einem Verbrennungsraum gehören (z. B. beim Doppelkolbenmotor), zählen sie als ein Arbeitszylinder. Wenn ein Arbeitszylinder mehrere Verbrennungsräume enthält (z. B. der doppeltwirkende Motor), ist er als ein Arbeitszylinder zu zählen
Gesamthubraum *Engine swept volume*	V_H	mm^3 (cm^3)	Summe der Hubräume aller Arbeitszylinder eines Motors
Mittlere Kolbengeschwindigkeit *Average piston speed*	v_m	m/s	$v_m = \frac{2 \cdot s \cdot n}{60 \cdot 1000}$, worin s in mm, n in 1/min
Totpunkt *Dead centre*	-	-	Umkehrpunkt des Kolbens am jeweiligen Ende des Kolbenhubes
Oberer/äußerer Totpunkt OT *Top dead centre*	(OT) (*TDC*)	-	Von der Kurbelwelle abliegender Umkehrpunkt des Kolbens (auch deckelseitiger Totpunkt genannt)
Unterer/innerer Totpunkt UT *Bottom dead centre*	(UT) (*BDC*)	-	Der Kurbelwelle zuliegender Umkehrpunkt des Kolbens (auch kurbelseitiger Totpunkt genannt)
Steuerzeiten *Control cycle*	Eö Es Aö As	o	Öffnungs- und Schließpunkte der Ventile bei kaltem Motor und eingestelltem Ventilspiel in Grad Kurbelwinkel, bezogen auf die Totpunkte
Pleuelstangenverhältnis *Connecting rod ratio*	λ_{PL}	-	Verhältnis des Kurbelradius r = s/2 zum Abstand der beiden Achsenmittelpunkte der Pleuelstange

Tabelle 6.11 siehe Vorseite

Tabelle 6.12: Formelzeichen der Gemischbildung

Benennung	Formelzeichen	Einheit	Erklärung
Gemischbildung	-	-	Ablauf des Mischungsvorganges von Kraftstoff und Luft
Luftverhältnis	λ	-	Verhältnis der für die Verbrennung einer Mengeneinheit des zugeführten Kraftstoffes zugeführten Luftmenge zu der für die vollkommene Verbrennung erforderliche Mindestluftmenge
Verbrennungsluftverhältnis	λ_v	-	Verhältnis der im Zylinder eingeschlossenen Luftmenge zu der zur Verbrennung der zugeführten Kraftstoffmenge erforderlichen Mindestluftmenge
Ladungswechsel gasexchange	-	-	Der Teil des Arbeitsspieles, bei dem die Frischladung in den Arbeitszylinder einströmt und/oder die Verbrennungsgase aus diesem ausströmen
Frischladung je Arbeitsspiel	m_z	kg kmol	Menge der Frischluft oder des Kraftstoff-Luft-Gemisches (ohne Restgas) im Arbeitszylinder oder in den Arbeitszylindern vor der Zündung. Nach Abschluß des Ladungswechsels eingeführter Kraftstoff gehört nicht dazu
Ladungseinsatz je Arbeitsspiel	m_g	kg kmol	Gesamte während eines Arbeitsspieles durch den oder die Arbeitszylinder geförderte Luft- oder Gemischmenge
Theoretische Ladung je Arbeitsspiel	m_{th1} m_{th2}	kg kmol	Frischladung beim Füllen des geometrischen Hubraumes mit Luft bzw. Gemisch vom Außenzustand (m_{th1}) oder Frischladung vom Zustand vor dem Einlaß (m_{th2})
Ladungsdurchsatz	$\dot{m}_g$	kg/s kg/h	Gesamte durch den oder die Arbeitszylinder geförderte zeitbezogene Luft- oder Gemischmenge
Theoretischer Ladungsdurchsatz	$\dot{m}_{th1}$ $\dot{m}_{th2}$	kg/s kg/h	Zeitbezogene Frischladung beim Füllen des geometrischen Hubraumes mit Luft bzw. Gemisch vom Außenzustand ($\dot{m}_{th1}$) oder Frischladung vom Zustand vor dem Einlaß ($\dot{m}_{th2}$)
Leistungsbezogener Ladungsdurchsatz	l_{eff}	kg/(kW·h)	Auf die effektive Leistung bezogene, durch den oder die Arbeitszylinder geförderte Luft- oder Gemischmenge $l_{eff} = \frac{\dot{m}_g}{P_e}$
Restgas je Arbeitsspiel	m_r	kg kmol	Nach Schließen des Auslasses im Arbeitszylinder verbleibender Gasrest aus früheren Arbeitsspielen
Liefergrad	λ_l	-	$\lambda_{l1} = \frac{m_z}{m_{th1}}$ $\lambda_{l2} = \frac{m_z}{m_{th2}}$
Luftdurchsatzgrad (Luftaufwand)	λ_a	-	$\lambda_{a1} = \frac{m_g}{m_{th1}} = \frac{\dot{m}_g}{\dot{m}_{th1}}$ $\lambda_{a2} = \frac{m_g}{m_{th2}} = \frac{\dot{m}_g}{\dot{m}_{th2}}$
Spülgrad	λ_s	-	$\lambda_s = \frac{m_z}{m_z + m_r}$
Fanggrad (Ladegrad)	λ_z	-	$\lambda_z = \frac{m_z}{m_g}$
Relative Gesamtladung	λ_g	-	$\lambda_{g1} = \frac{m_z + m_r}{m_{th1}}$ $\lambda_{g2} = \frac{m_z + m_r}{m_{th2}}$

Tabelle 6.13: Drücke, Leistungen und Wirkungsgrad

Benennung	Formelzeichen	Einheit	Erklärung
Verdichtungs-enddruck	p_c	bar	Höchster Druck des Arbeitsmediums im Arbeitszylinder bei nicht zündendem Verbrennungsmotor
Verbrennungs-höchstdruck	p_{max} oder p_z	bar	Höchster Druck des Arbeitsmediums im Arbeitszylinder bei zündendem Verbrennungsmotor (Zünddruck)
Ladedruck	p_l	bar	Druck vor Einlaßkanal (nach Ladeluftkühler) bei aufgeladenem Motor
Mittlerer Kolbendruck	p (p_i) (p_e) (p_r)	bar	Der auf die Kolbenfläche wirkend gedachte konstante Druck als Verhältnis der Arbeit eines Arbeitsspieles zum Hubraum $p = \frac{P \cdot K}{n \cdot V_H}$ Hierin ist K = 600 für Zweitaktmotoren bzw. 1200 für Viertaktmotoren, wenn P in kW, n in 1/min und V_H in dm^3 eingesetzt werden. Für P ist die Leistung einzusetzen, deren mittlerer Kolbendruck bestimmt werden soll (z. B. indizierte Leistung P_i, effektive Leistung P_e, Reibungsleistung P_R usw.); dabei erhält p den Index der entsprechenden Leistung (z. B. p_i, p_e, p_r)
Zünddruckverhältnis (Zündsprung)	p_z/p_c	-	Verhältnis des Spitzendruckes p_z der Verbrennungsphase zu dem Kompressionsdruck p_c der nicht zündenden Maschine
Aufladegrad (Überladegrad)	$\alpha = p_e/p_{eo}$	-	Verhältnis des mittleren Effektivdruckes p_e der aufgeladenen Verbrennungskraftmaschine zum Effektivdruck p_{eo} der Saugmaschine
Drehmoment	M_e	mkp	Effektiv wirksames, an dem Schwungrad abnehmbares (Nutz-)Drehmoment
Wechseldrehmoment	M_w	mkp	Dem Nutzdrehmoment überlagertes, wechselndes Drehmoment, hervorgerufen durch die periodische Drehmomententwicklung der einzelnen Zylinder
Leistung	P	kW	
Effektive Leistung (Nutzleistung)	P_e	kW	Leistung, die vom Verbrennungsmotor nutzbar abgegeben wird, wobei die zum Betrieb des Verbrennungsmotors notwendigen und seinem Verwendungsfall entsprechenden Hilfseinrichtungen (z. B. Zündeinrichtungen, Einspritzpumpe, Spülgebläse und Kühlluftventilator, Kühlwasserpumpe und Lader) vom Verbrennungsmotor angetrieben werden.
Indizierte Leistung	P_i	kW	Leistung, die sich durch die Gasdruckeinwirkung auf die Kolben in den Arbeitszylindern ergibt
Leistung des "vollkommenen Motors"	P_v	kW	Innenleistung eines dem wirklichen Motor geometrisch gleichen Motors, der folgende Eigenschaften besitzt: a) reine Ladung (ohne Restgase) b) gleiches Luftverhältnis wie der wirkliche Motor c) vollständige Verbrennung d) Verbrennungsablauf nach vorgegebener Gesetzmäßigkeit e) wärmedichte Wandungen f) keine Strömungs- und Lässigkeitsverluste g) ohne Ladungswechsel arbeitet Der Kreisprozeß des vollkommenen Motors wird mit idealen Gasen, jedoch mit temperaturabhängigen, spezifischen Wärmekapazitäten gerechnet
Laderleistung	P_l	kW	Zum Antrieb des Laders erforderliche Leistung
Spülgebläse-leistung	P_{sp}	kW	Zum Antrieb des Spülgebläses erforderliche Leistung
Reibungs-leistung	P_r	kW	Leistung zur Überwindung der mechanischen Reibung und aller zum Antrieb des Motors erforderlichen Hilfseinrichtungen, außer dem mechanisch von der Motorwelle angetriebenen Lader und/oder dem Spülgebläse - $P_r = P_i - P_e - P_l - P_{sp}$

Fortsetzung der Tabelle 6.13: Drücke, Leistungen und Wirkungsgrad

Benennung	Formelzeichen	Einheit	Erklärung
Wirkungsgrad			
Effektiver Wirkungsgrad (Nutzwirkungsgrad)	η_e	-	Der effektive Wirkungsgrad des Verbrennungsmotors wird aus dem Verhältnis der Nutzarbeit zur maximalen Arbeit (technische Arbeitsfähigkeit) ermittelt, die mit dem verfügbaren Kraftstoff gewonnen werden kann. Für die meisten technisch verwendeten Kraftstoffe kann der untere Heizwert H_u dem Wärmewert der maximalen Arbeit gleichgesetzt werden. Die Formel für den effektiven Wirkungsgrad lautet dann $\eta_e = \frac{P_e \cdot C}{B \cdot H_u}$ Hierin sind: P_e = effektive Leistung in kW B = Kraftstoffverbrauch in kg/h C = 3600 kJ/kWh H_u = unterer Heizwert in kJ/kg
Indizierter Wirkungsgrad (Innenwirkungsgrad)	η_i	-	$\eta_i = \frac{P_i \cdot C}{B \cdot H_u}$
Wirkungsgrad des "vollkommenen Motors"	η_v	-	Verhältnis der Arbeit des vollkommenen Motors W_v zur maximalen Arbeit W_{max}, die aus dem zugefügten Kraftstoff gewonnen werden könnte $\eta_v = \frac{W_v}{W_{max}}$ W_v in kJ/kg $W_{max} \approx H_u$ in kJ/kg
Gütegrad	η_g	-	Verhältnis des indizierten Wirkungsgrades zum Wirkungsgrad des vollkommenen Motors $\eta_g = \frac{\eta_i}{\eta_v}$
Mechanischer Wirkungsgrad	η_m	-	$\eta_m \frac{P_e}{P_e + P_r}$
Mechanischer Gesamtwirkungsgrad	η_{mges}	-	$\eta_{mges} = \frac{P_e}{P_i} = \frac{P_i}{P_e+P_r+P_i+P_{sp}} = \frac{b_i}{b_e}$

Tabelle 6.14: Betriebsstoff-Durchsatz und -Verbrauch

Benennung	Formelzeichen	Einheit	Erklärung
Kraftstoff			
Kraftstoffverbrauch Fuel consumption	B	kg/h kJ/h	Dem Verbrennungsmotor zugeführte zeitbezogene Menge an flüssigem (kg/h) oder Energiemenge bei gasförmigen (kJ/h) Kraftstoff
Spezifischer Kraftstoffverbrauch Specific fuel consumption	b (b_e) (b_i)	g/(kWh)	Dem Verbrennungsmotor zugeführte leistungs- und zeitbezogene Kraftstoff- bzw. Energiemenge b erhält den Index der entsprechenden Leistung, z. B. bei Bezugnahme auf die effektive Leistung den Index 'e'
Einspritzmenge je Arbeitsspiel	V_E	mm^3 mg	Kraftstoffeinspritzmenge je Zylinder und Arbeitsspiel
Wärme			
Wärmemengenverbrauch	Φ	kJ/h	$\Phi = B \cdot H_u$
Spezifischer Wärmemengenverbrauch	ω	kJ/(kWh)	$\omega = \frac{B \cdot H_u}{P}$ ω und P erhalten den Index der entsprechenden Leistung
Schmieröl			
Schmierölverbrauch	B_S	kg/h	Die vom Verbrennungsmotor verbrauchte, zeitbezogene Schmierölmenge. Die beim Ölwechsel aus dem Schmierölkreislauf abgelassene Ölmenge wird nicht dazugerechnet
Spezifischer Schmierölverbrauch	b_s	g/(kWh)	Dem Verbrennungsmotor zugeführte, leistungs- und zeitbezogene Schmierölmenge
Kühlmittel			Medium, mit dem ein Teil der Verlustwärme des Verbrennungsmotors abgeführt wird
Kühlflüssigkeitsdurchsatz	-	kg/h	Zum Betrieb des Motors erforderliche, zeitbezogene umlaufende Kühlflüssigkeitsmenge
Kühlflüssigkeitsverbrauch	-	kg/h	Dem Kühlflüssigkeitskreislauf von außen (Netz, Vorratsbehälter) zuzuführende zeitbezogene Kühlflüssigkeitsmenge
Kühlluftdurchsatz	-	kg/h	Zum Betrieb des Motors erforderliche zeitbezogene Kühlluftmenge

Tabelle 6.15: Kenn- und Vergleichswerte

Benennung	Formelzeichen	Einheit	Erklärung
mittlerer Effektivdruck	p_e		
mittlere Kolbengeschwindigkeit	c_m		
Hubverhältnis	ξ_i		
relativer Zylinderabstand	ξ_a		
Schnellaufzahl	n_o		$n\sqrt{N}$ $n\sqrt[3]{V_h}$
Leistungsgewicht			G/N
spezifisches Leistungsgewicht			$G/\sqrt{N^3}$
Hubraumgewicht			G/V_h
Bauraumgewicht			G/BV
Hubraumleistung			N/V_h
Bauraumleistung			N/BV
Hubvolumenbauraum			BV/VH
Drehmomentenüberhöhung			
spezifischer Kraftstoffverbrauch	b_e		
spezifischer Schmierölverbrauch	b_s		
Kolbenbelastung			
Brennraumbelastung			
spezifische Länge			
Leistungspreis			
Bauraumpreis			
Hubvolumenpreis			
Gewichtspreis			

Tabelle 6.16 : Abgaskonzentrationen verschiedener Situationen

Automobil	reine Luft	Straßenkreuzung in Großstadt	extremer Smogtag in Los Angeles
CO	1	20	70
HC	1	2	40
NO_x	0,02	0,05	4
Zigarette	Zug aus der Zigarette		im Auto: 2 Personen je 1 Zigarette
CO	40 000		60 - 90
HC	30 000		
NO_x	500		
Angaben in ppm - 1 ppm = 0,0001 % HC in C_1			

Tabelle 6.17 : Grenzwerte der Abgasemissionen von Personenkraftwagen in den Vereinigten Staaten

			1976	1982	1987	1997
US Federal	g/mile	HC	1,5	0,41		
		CO	15,0	3,4		
		NO_x	3,1	0,4 - 1,5		
California	g/mile	HC	0,9			
		CO	9,0			
		NO_x	2,0			

Tabelle 6.18 : Emissionsgrenzwerte für Europa-Test (ab Oktober 1975)

Fahrzeugmasse	äquivalente Schwungmasse	Kohlenmonoxid	Kohlenwasserstoffe (als n-Hexan)
in kg	in kg	in g pro Test	in g pro Test
750	680	80	6,8
750 ... 850	800	87	7,1
850 ... 1020	910	94	7,4
1020 ... 1250	1130	107	8,0
1250 ... 1470	1360	122	8,6
1470 ... 1700	1590	125	9,2
1700 ... 1930	1810	149	9,7
1930 ... 2150	2040	162	10,3
2150	2270	176	10,9

Tabelle 6.19 : Grenzwerte der Abgasemissionen von leichten Lastkraftwagen in den Vereinigten Staaten

			1976	1982	1987	1997
US Federal	g/mile	HC	2,0	0,41	←	←
		CO	20,0	3,4	←	←
		NO_x	3,1	1,5 - 2,0	←	←
California	g/mile	HC	0,9			
		CO	17,0			
		NO_x	2,0			

Tabelle 6.20 : Grenzwerte der Abgasemission von schweren Lkws in den Vereinigten Staaten und Westeuropa (EG)

			1976	1982	1987	1997
US Federal	g/bhp	HC		1,5	←	←
		NO_x + HC	16,0	10,0	5 - 8	←
		CO	40,0			
California	g/bhp	HC				
		NO_x + HC	10,0		4,5	
		CO	30,0			
Europa	g/bhp	NO_x + HC	10,0	10,0	8,0	←

Tabelle 6.21: Grenz- und Richtwerte für Lärmpegel auf Schiffen

Werte in dB(A)	Bundesrepublik Deutschland	Schweden	Norwegen	Dänemark	UdSSR	Deutsche Demokratische Republik	Vorschriften für Bohranlagen	Vorschriften für Binnenschiffe *)
Zeitweise unbesetzter Maschinenraum	110 1)	100	110	110	90 2)	-	110	110
Bemannter Maschinenraum	90 3)	85	90	90	80	N 85	85	-
Betriebsräume	90	-	-	-	-	N 85	-	-
Maschinenkontrollräume	75 4)	70	75	75	65	-	75	-
Waschräume	90	-	75	-	-	N 55	-	-
Werkstätten	90	75	85	85	65	-	85	-
Kombüsen	-	65/70	70/75	70	55	-	-	-
Brücken	60 5)	65	65	65	55	-	-	70
Funkräume	60	55	-	65	-	N 55	60/65	-
Wohnräume Schlafräume	60	55/65	60	60	50	-	60/65	60
Büros	-	55/65	65	-	-	-	60/65	-
Messen	65	65	65	-	-	-	60/65	70
Gehörschädigender Lärm Tragen von Gehörschutz	90	85	90	90	-	-	90	-
Lärmbereich	90	85	90	90	-	-	90	-

*) Rheinschiffs-Untersuchungsordnung
1) Grenzwert im Maschinenraum
2) 95 dB(A) unbesetzter Maschinenraum
3) Bei Aufenthalt, wenn höher als 90 dB(A) Gehörschutzmittel tragen
4) Empfohlener Wert
5) 3/4 Schiffsgeschwindigkeit
Zweiter Wert = max. Wert bei zeitlich schwankendem Lärm
N = Grenzkurven

Tabelle 6.22: Zulässige Geräuschemissionswerte für Personenkraftwagen

	1977	1982	1987	1997
Europa * Bundesrepublik Deutschland	82 dBA 80 dBA ab 1980	77 dBA	75 dBA	75 dBA
Vereinigte Staaten von Amerika (USA)		80 dBA	76 dBA	
Japan		≈77 dBA	≈75 dBA	≈75 dBA

Tabelle 6.23: Zulässige Geräuschemissionswerte für leichte Kraftfahrzeuge

	1977	1982	1987	1997
Europa * Bundesrepublik Deutschland	84 dBA 81/82 dBA ab 1980	78 dBA	75 dBA	75 dBA
Vereinigte Staaten von Amerika (USA)		82/83 dBA	80 dBA	
Japan		≈78 dBA	≈75 dBA	≈75 dBA

Tabelle 6.24: Zulässige Geräuschemissionswerte für schwere Kraftfahrzeuge

	1977	1982	1987	1997
Europa * Bundesrepublik Deutschland	89/91 dBA 85/88 dBA ab 1980	83/85 dBA	80/82 dBA	80/82 dBA
Vereinigte Staaten von Amerika (USA)		86/88 dBA	81 dBA	81 dBA
Japan	86 dBA (1979)	83 dBA	80/82 dBA	80/82 dBA

* Beschleunigte Vorbeifahrt in 7,5 m Abstand

Tabelle 6.25: Zylinderzahl, Zylinderanordnung, Arbeitsverfahren, Verwendungsgebiet

Zylinderzahl	Zylinderanordnung und räumliche Lage	Arbeitsverfahren	Art der Verwendung
	I. Reihenform einfache Reihe		für:
1, 2, 3, 4, 5, 6, 8	stehend, hängend oder liegend einwellig	Otto Diesel	ortsfeste Anlagen, Kraftfahrzeuge, Flugzeuge
1 bis 12	stehend, einwellig (liegend)	Diesel	ortsfeste Anlagen, Kraftfahrzeuge, Schiffe, Boote
2	Tandem, liegend	Otto / Gas	ortsfeste Anlagen
	zweifache Reihe V-Anordnung		
2x1 bis 2x6	stehend, hängend oder liegend einwellig	Otto	Kraftfahrzeuge, Flugzeuge
2x4, 2x5, 2x8 2x6 und 2x10	stehend, einwellig	Diesel	Triebwagen, Boote, Aggregate
2x6	stehend, zweiwellig	Diesel	Triebwagen
2x1 bis 2x8	Boxer, liegend	Otto und Diesel	Triebwagen, Kraftfahrzeuge, Flugzeuge
	dreifache Reihe		
3x4 und 3x6	W-Anordnung	Otto und Diesel	Flugzeuge, Schiffe
	vierfache Reihe		
4x4	X-Anordnung, einwellig	Otto	Flugzeuge
4x6 und 4x10	H-Form, zweiwellig	Otto und Diesel	Flugzeuge, Schiffe
4x6	Doppel-V-Form, zweiwellig	Diesel	Schiffe
2, 3, 4	Gegenkolben-Bauart, stehend einwellig	Diesel	Kraftfahrzeuge, Schiffe
6	Gegenkolben-Bauart, stehend zweiwellig	Diesel	Flugzeuge
6x6	Gegenkolben-Bauart dreiwellig	Diesel	Flugzeuge
1, 2	U-Zylinder, stehend	Otto	Kraftfahrzeuge, Kräder
	II. Sternform		
3, 5, 7, 9	Einstern	Otto (Diesel versuchsweise)	Flugzeuge, Fahrzeuge versuchsweise
2x7, 2x9	Doppelstern	Otto	Flugzeuge

Tabelle 6.26: Zündfolge der einfachwirkenden Viertaktmaschinen *(Einreihige Maschinen)*

Zylinderzahl	Kurbelstern	Zündabstand	Zündfolge
2	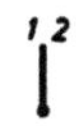	360° - 360°	1 2
2		180° - 540°	1 2
3	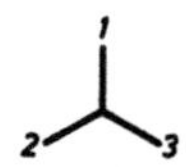	240° - 240°	1 2 3
4		180° - 180°	1 3 4 2
5	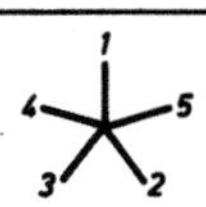	144° - 144°	1 2 4 5 3
6	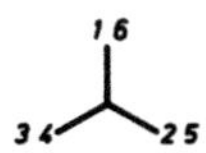	120° - 120°	1 5 3 6 2 4 1 2 4 6 5 3
7	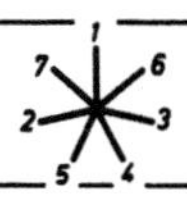	102,8° - 102,8°	1 3 5 7 6 4 2
8	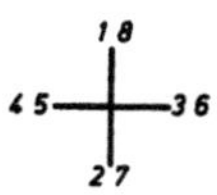	90° - 90°	1 3 2 5 8 6 7 4
	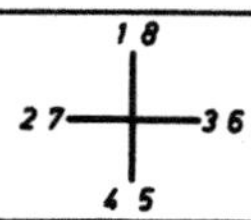	90° - 90°	1 3 5 7 8 6 4 2
9	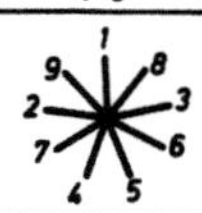	80° - 80°	1 3 5 7 9 8 6 4 2
10	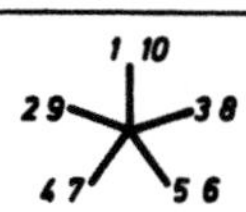	72° - 72°	1 3 5 7 9 10 8 6 4 2
	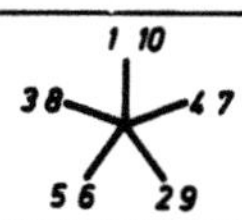	72° - 72°	1 7 2 6 3 10 4 9 5 8
11		65,5° - 65,5°	1 9 2 10 3 11 8 5 6 7 4 1 3 5 7 9 11 10 8 6 4 2
12	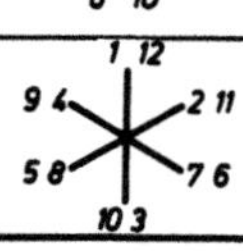	60° - 60°	1 4 8 3 7 2 12 9 5 10 6 11 1 3 5 7 9 11 12 10 8 6 4 2

Tabelle 6.27: Zündfolge der einfachwirkenden Viertaktmaschinen *(V-Maschinen)*

Zylinderzahl	V-Winkel	Kurbelstern	Zündabstand	Zündfolge
2 x 1	90°		270° - 450°	A 1 B 1
2 x 2	180°	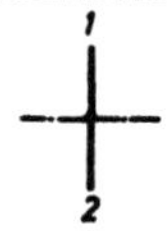	180° - 180°	A 1 2 B 2 1
2 x 2	90°		270° - 90°	A 1 2 B 1 2
2 x 3	90°		150° - 90°	A 1 3 2 B 3 2 1
2 x 4	90°	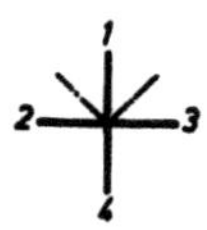	90° - 90°	A 1 4 3 2 B 4 1 3 2 A 1 4 2 3 B 4 3 2 1 A 1 3 2 4 B 2 3 4 1
2 x 4	90°		90° - 90°	A 1 2 3 4 B 2 1 3 4
2 x 4	60°		120° - 60°	A 1 3 4 2 B 3 4 2 1
2 x 5	90°		54° - 90°	A 1 5 2 3 4 B 5 2 3 4 1
2 x 6	90°		30° - 90°	A 1 5 3 6 2 4 B 2 4 1 5 3 6
2 x 6	60°		60° - 60°	A 1 5 3 6 2 4 B 5 3 6 2 4 1 A 1 5 3 6 2 4 B 2 4 1 5 3 6 A 1 2 4 6 5 3 B 2 4 6 5 3 1
2 x 6	120°		60° - 60°	A 1 4 2 5 3 6 B 4 2 5 3 6 1

Fortsetzung der Tabelle 6.27: Zündfolge der einfachwirkenden Viertaktmaschinen *(V-Maschinen)*

Zylinderzahl	V-Winkel	Kurbelstern	Zündabstand	Zündfolge
2 x 6	180°	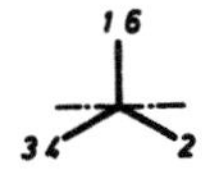	60° - 60°	A 1 5 3 6 2 4 B 4 1 5 3 6 2 A 1 2 4 6 5 3 B 3 1 2 4 6 5
2 x 7	45° (51,4°)		57,8-45° (51,4°-51,4°)	A 1 3 5 7 6 4 2 B 3 5 7 6 4 2 1
2 x 8	45° (48°)	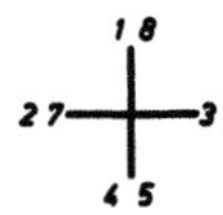	45° - 45° (42° - 48°)	A 1 3 5 7 8 6 4 2 B 3 5 7 8 6 4 2 1
2 x 8	45° (48°)	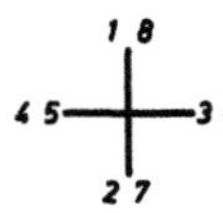	45° - 45° (42° - 48°)	A 1 3 2 5 8 6 7 4 B 3 2 5 8 6 7 4 1
2 x 8	60°	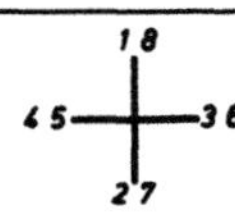	30° - 60°	A 1 6 2 4 8 3 7 5 B 6 2 4 8 3 7 5 1
2 x 8	90°	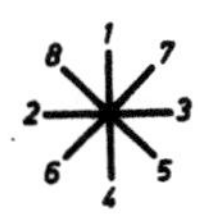	45° - 45°	A 1 3 4 2 8 7 5 6 B 5 6 8 3 4 2 1 7
2 x 8	120°	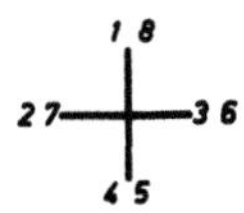	60° - 30°	A 1 6 5 2 8 3 4 7 B 4 7 1 6 5 2 8 3 A 1 6 4 2 8 3 5 7 B 4 2 8 3 5 7 1 6
2 x 9	45°	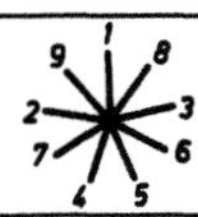	35° - 45°	A 1 3 5 7 9 8 6 4 2 B 3 5 7 9 8 6 4 2 1
2 x 9	60°		20° - 60°	A 1 5 9 3 6 8 2 4 7 B 5 9 3 6 8 2 4 7 1 A 1 5 9 3 6 8 2 4 7 B 2 4 7 1 5 9 3 6 8
2 x 9	90°	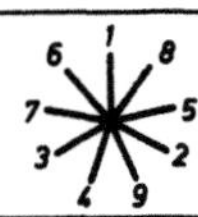	30° - 50°	A 1 5 9 3 6 8 2 4 7 B 2 4 7 1 5 9 3 6 8
2 x 10	40° 60°		32° - 40° 12° - 60°	A 1 7 2 6 3 10 4 9 5 8 B 4 9 5 8 1 7 2 6 3 10 A 1 7 2 6 3 10 4 9 5 8 B 7 2 6 3 10 4 9 5 8 1

Tabelle 6.28: Zündfolge der einfachwirkenden Viertaktmaschinen *(Stern-Maschinen)*

Zylinderzahl	Kurbelstern	Zündabstand	Zündfolge
Einstern-Bauart			
3	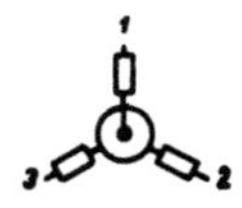	240°	1 3 2
5	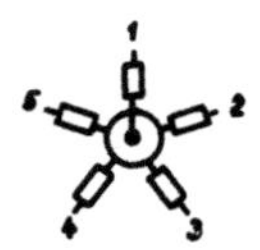	144°	1 3 5 2 4
7	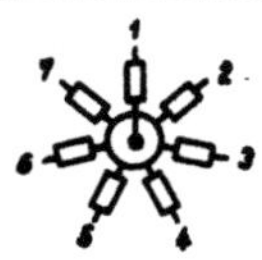	102,86°	1 3 5 7 2 4 6
9		80°	1 3 5 7 9 2 4 6 8
Zweistern-Bauart			
2 x 3	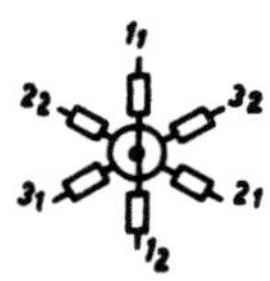	120°	Stern 1: 1 3 2 Stern 2: 2 1 3
2 x 5	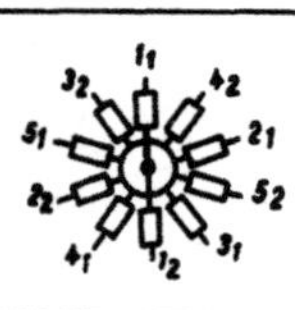	72°	Stern 1: 1 3 5 2 4 Stern 2: 2 4 1 3 5
2 x 7		51,43°	Stern 1: 1 3 5 7 2 4 6 Stern 2: 2 4 6 1 3 5 7
2 x 9		40°	Stern 1: 1 3 5 7 9 2 4 6 8 Stern 2: 2 4 6 8 1 3 5 7 9

Tabelle 6.29: Zündfolge der einfachwirkenden Zweitaktmaschinen *(Einreihige Maschinen)*

Zylinder-zahl	Kurbelstern	Zündabstand	Zündfolge
2		180°	1 2
3	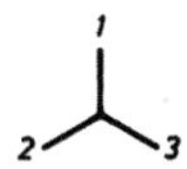	120°	1 3 2
4	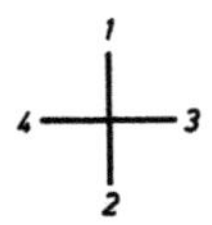	90°	1 3 2 4
4	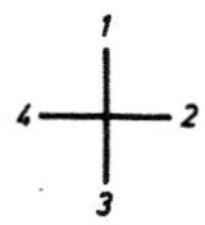	90°	1 2 3 4
4	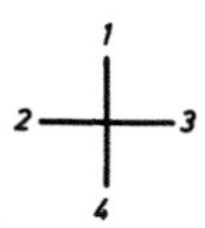	90°	1 3 4 2
5		72°	1 5 2 3 4
5		72°	1 3 5 4 2
6	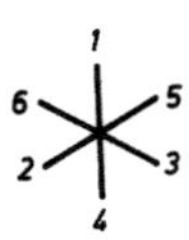	60°	1 5 3 4 2 6
6	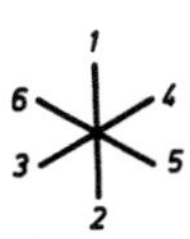	60°	1 4 5 2 3 6

Fortsetzung der Tabelle 6.29: Zündfolge der einfachwirkenden Zweitaktmaschinen
(Einreihige Maschinen)

Zylinder-zahl	Kurbelstern	Zündabstand	Zündfolge
7		$51{,}4^{o}$	1 6 3 4 5 2 7
7		$51{,}4^{o}$	1 3 5 7 6 4 2
8		45°	1 7 3 5 4 6 2 8
8	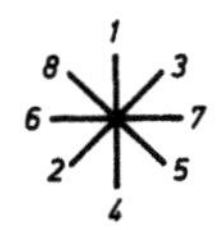	45°	1 3 7 5 4 2 6 8
9		40°	1 6 7 2 5 8 3 4 9
9		40°	1 8 3 6 5 4 7 2 9
10		36°	1 8 5 7 4 6 3 10 2 9
10		36°	1 9 3 7 5 6 4 8 2 10

Fortsetzung der Tabelle 6.29: Zündfolge der einfachwirkenden Zweitaktmaschinen
(Einreihige Maschinen)

Zylinder-zahl	Kurbelstern	Zündabstand	Zündfolge
11		$32,7^{o}$	1 8 9 5 2 6 10 7 3 4 11
11		$32,7^{o}$	1 10 3 8 5 6 7 4 9 2 11
12		30°	1 3 11 5 7 9 4 6 8 2 10 12
12		30°	1 7 5 11 3 9 4 10 2 8 6 12

Tabelle 6.30: Zündfolge der einfachwirkenden Zweitaktmaschinen *(V-Maschinen)*

Zylinder-zahl	V-Winkel	Kurbelstern	Zündabstand	Zündfolge
2 x 1	180°		180°	A 1 B 1
2 x 2	90°		90°	A 1 2 B 2 1
2 x 3	60°	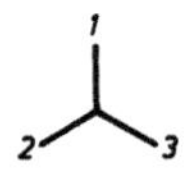	60°	A 1 3 2 B 3 2 1
2 x 4	45°	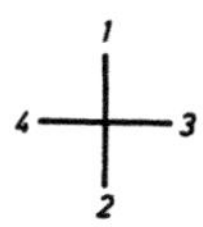	45°	A 1 3 2 4 B 3 2 4 1
2 x 4	90°	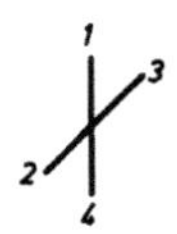	45°	A 1 3 4 2 B 4 2 1 3
2 x 6	90°	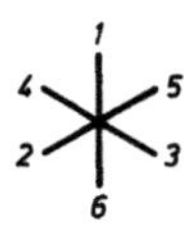	30°	A 1 5 3 6 2 4 B 3 6 2 4 1 5
2 x 6	90° 36°	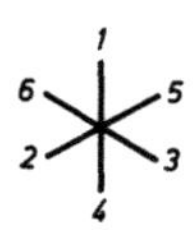	30° 24°-36°	A 1 5 3 4 2 6 B 3 4 2 6 1 5 A 1 5 3 4 2 6 B 5 3 4 2 6 1
2 x 8	67,5°	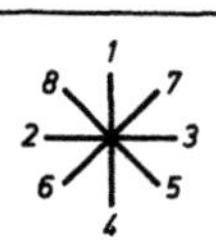	22,5°	A 1 7 3 5 4 6 2 8 B 3 5 4 6 2 8 1 7
2 x 8	36°	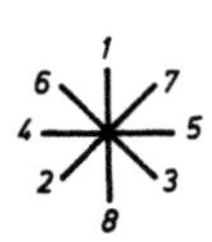	9°-36°	A 1 7 5 3 8 2 4 6 B 7 5 3 8 2 4 6 1
2 x 12	36°		24°-6°	A 1 12 5 7 3 11 4 9 2 10 6 8 B 5 7 3 11 4 9 2 10 6 8 1 12

Tabelle 6.31: Zündfolge der einreihigen doppeltwirkenden Zweitaktmaschinen

Zylinderzahl	Kurbelstern	Zündabstand	Zündfolge bei Drehung der Welle im Uhrzeigersinn
2	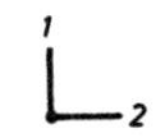	90°	$1_o\quad 2_u\quad 1_u\quad 2_o$ o bedeutet obere Kolbenseite, u bedeutet untere Kolbenseite, + bedeutet gleichzeitige Zündung (Paarzündung)
2		180°	$1_o + 2_u\quad 2_o + 1_u$
3	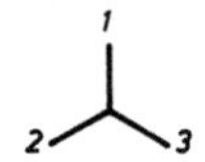	60°	$1_o\quad 3_u\quad 2_o\quad 1_u\quad 3_o\quad 2_u$
4	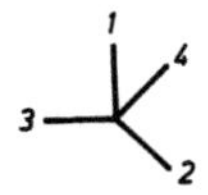	45°	$1_o\quad 2_u\quad 3_o\quad 4_u\quad 1_u\quad 2_o\quad 3_u\quad 4_o$
4		90°	$1_o{+}2_u\quad 3_o{+}4_u\quad 2_o{+}1_u\quad 4_o{+}3_u$
5	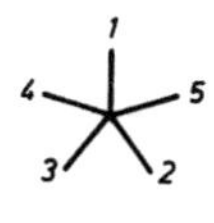	36°	$1_o\quad 2_u\quad 4_o\quad 5_u\quad 3_o\quad 1_u\quad 2_o\quad 4_u\quad 5_o\quad 3_u$
6	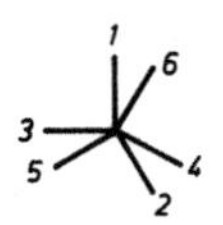	30°	$1_o\quad 2_u\quad 4_u\quad 3_o\quad 5_o\quad 6_u\quad 1_u\quad 2_o\quad 4_o\quad 3_u\quad 5_u\quad 6_o$
6	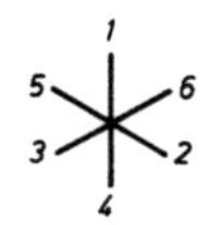	60°	$1_o{+}4_u\quad 5_o{+}2_u\quad 3_o{+}6_u\quad 4_o{+}1_u\quad 2_o{+}5_u\quad 6_o{+}3_u$
6	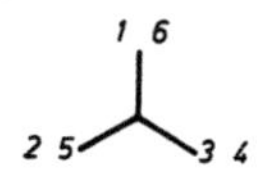	60°	$1_o{+}6_o\quad 3_u{+}4_u\quad 2_o{+}5_o\quad 1_u{+}6_u\quad 3_o{+}4_o\quad 2_u{+}5_u$
7	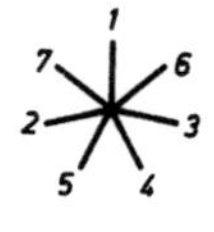	$25{,}7^o$	$1_o\quad 4_u\quad 7_o\quad 3_u\quad 2_o\quad 6_u\quad 5_o\quad 1_u\quad 4_o\quad 7_u\quad 3_o\quad 2_u\quad 6_o\quad 5_u$
8	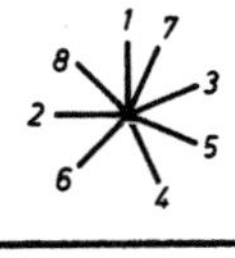	$22{,}5^o$	$1_o\quad 4_u\quad 8_o\quad 5_u\quad 2_o\quad 3_u\quad 6_o\quad 7_u\quad 1_u\quad 4_o\quad 8_u\quad 5_o\quad 2_u\quad 3_o\quad 6_u\quad 7_o$

Fortsetzung der Tabelle 6.31: Zündfolge der einreihigen doppeltwirkenden Zweitaktmaschinen

Zylinderzahl	Kurbelstern	Zündabstand	Zündfolge bei Drehung der Welle im Uhrzeigersinn
8		45°	$1_o{+}4_u$ $7_o{+}6_u$ $3_o{+}2_u$ $5_o{+}8_u$ $4_o{+}1_u$ $6_o{+}7_u$ $2_o{+}3_u$ $8_o{+}5_u$
9		20°	1_o 8_u 6_o 3_u 7_o 4_u 2_o 9_u 5_o 1_u 8_o 6_u 3_o 7_u 4_o 2_u
10		18°	1_o 6_u 5_u 10_o 2_o 7_u 3_u 8_o 4_o 9_u 1_u 6_o 5_o 10_u 2_u 7_o 3_o 8_u 4_u 9_o
10		36°	$1_o{+}6_u$ $9_o{+}4_u$ $3_o{+}8_u$ $7_o{+}2_u$ $5_o{+}10_u$ $6_o{+}1_u$ $4_o{+}9_u$ $8_o{+}3_u$ $2_o{+}7_u$ $10_o{+}5_u$
10	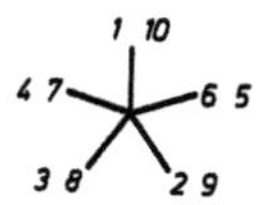	36°	$1_o{+}10_o$ $2_u{+}9_u$ $4_o{+}7_o$ $6_u{+}5_u$ $3_o{+}8_o$ $1_u{+}10_u$ $2_o{+}9_o$ $4_u{+}7_u$ $6_o{+}5_o$ $3_u{+}8_u$

Tabelle 6.32: Massenkräfte und -momente der Kurbelwellen für einreihige Viertaktmaschinen

Zylinderzahl	Kurbelanordnung	Betrag der freien Kräfte P_r* der umlaufenden Massen	Höchstbetrag der freien Kräfte P_h der hin und her gehenden Massen	Betrag des freien Kippmomentes $\frac{M_r*}{m_r \cdot r \cdot \omega^2 \cdot a}$ der umlaufenden Massen	Höchstbetrag des freien Kippmomentes, 1. Ordnung $\frac{M_I}{m_h \cdot r \cdot \omega^2 \cdot a}$ der hin und her gehenden Massen	Höchstbetrag des freien Kippmomentes, 2. Ordnung $\frac{M_{II}}{m_h \cdot r \cdot \omega^2 \cdot \lambda \cdot a}$ der hin und her gehenden Massen
1		$m_r \cdot r \cdot \omega^2$	$m_h \cdot r \cdot \omega^2 \cdot (1+\lambda)$	0	0	0
2		$2m_r \cdot r \cdot \omega^2$	$2m_h \cdot r \cdot (1+\lambda)$	0	0	0
3	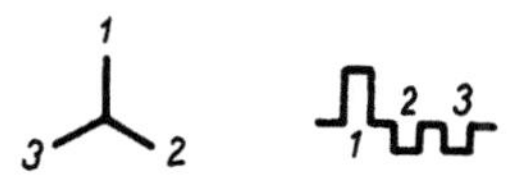	0	0	1,732	1,732	1,732
4	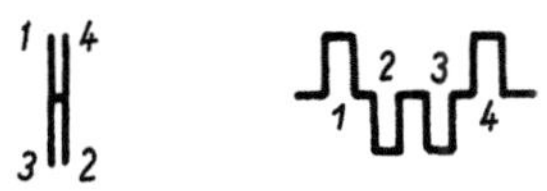	0	$4m_h \cdot r \cdot \omega^2 \cdot \lambda$	0	0	0
5	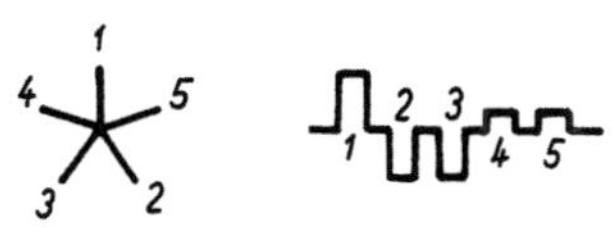	0	0	0,449	0,449	4,980
6	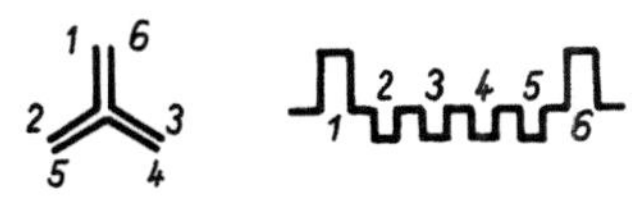	0	0	0	0	0
7	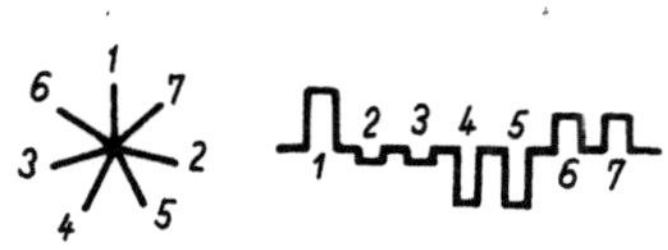	0	0	0,267	0,267	1,006
8	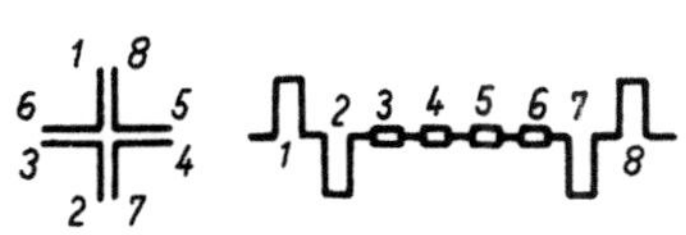	0	0	0	0	0

* Umlaufendes Moment gleichbleibender Größe, durch Gegenmassen an der Welle ausgleichbar

Fortsetzung der Tabelle 6.32: Massenkräfte und -momente der Kurbelwellen für einreihige Viertaktmaschinen

Zylinderzahl	Kurbelanordnung	Betrag der freien Kräfte P_r* der umlaufenden Massen	Höchstbetrag der freien Kräfte P_h der hin und her gehenden Massen	Betrag des freien Kippmomentes $\frac{M_r^*}{m_r \cdot r \cdot \omega^2 \cdot a}$ der umlaufenden Massen	Höchstbetrag des freien Kippmomentes, 1. Ordnung $\frac{M_I}{m_h \cdot r \cdot \omega^2 \cdot a}$ der hin und her gehenden Massen	Höchstbetrag des freien Kippmomentes, 2. Ordnung $\frac{M_{II}}{m_h \cdot r \cdot \omega^2 \cdot \lambda \cdot a}$ der hin und her gehenden Massen
9	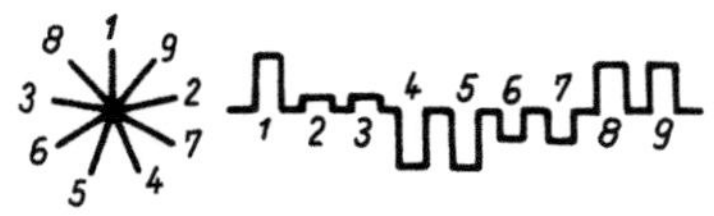	0	0	0,194	0,194	0,548
10	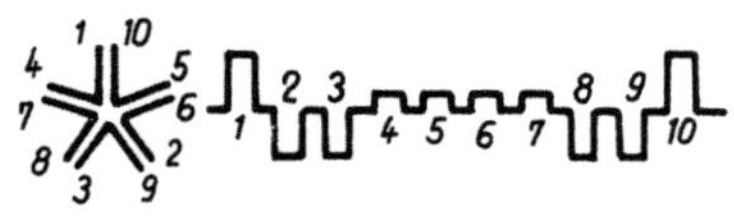	0	0	0	0	0
11	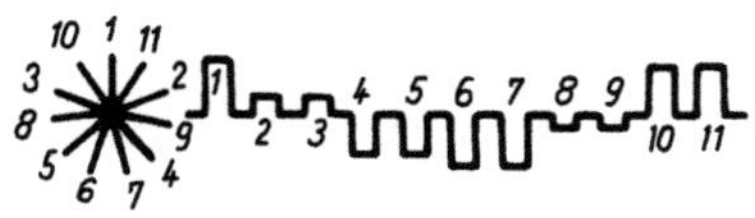	0	0	0,153	0,153	0,382
12	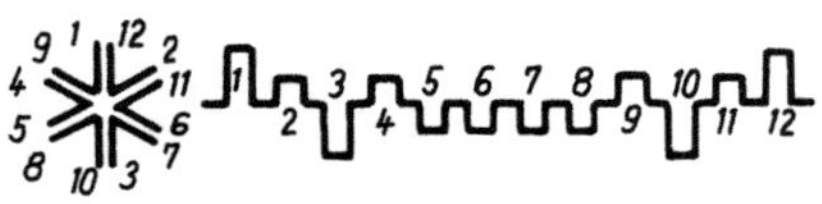	0	0	0	0	0

* Umlaufendes Moment gleichbleibender Größe, durch Gegenmassen an der Welle ausgleichbar

Tabelle 6.33: Massenkräfte und -momente der Kurbelwellen für einreihige Zweitaktmaschinen

Zylinderzahl	Kurbelanordnung	Betrag der freien Kräfte P_r* der umlaufenden Massen	Höchstbetrag der freien Kräfte P_h der hin und her gehenden Massen	Betrag des freien Kippmomentes $\frac{M_r{}^*}{m_r \cdot r \cdot \omega^2 \cdot a}$ der umlaufenden Massen	Höchstbetrag des freien Kippmomentes 1. Ordnung $\frac{M_I}{m_h \cdot r \cdot \omega^2 \cdot a}$ der hin und her gehenden Massen	Höchstbetrag des freien Kippmomentes 2. Ordnung $\frac{M_{II}}{m_h \cdot r \cdot \omega^2 \cdot \lambda \cdot a}$ der hin und her gehenden Massen
1		$m_r \cdot r \cdot \omega^2$	$m_h \cdot r \cdot \omega^2 \cdot (1+\lambda)$	0	0	0
2		0	$2m_h \cdot r \cdot \omega^2 \cdot \lambda$	1	1	0
3		0	0	1,732	1,732	1,732
4	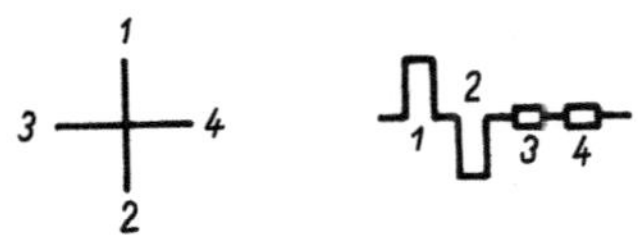	0	0	1,414	1,414	4
5	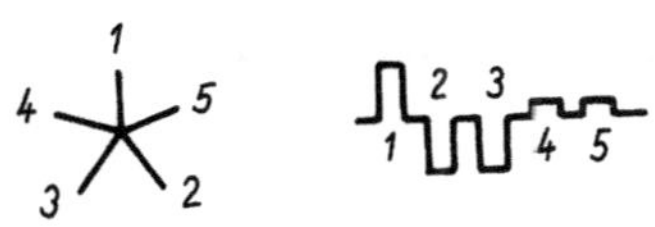	0	0	0,449	0,449	4,980
6	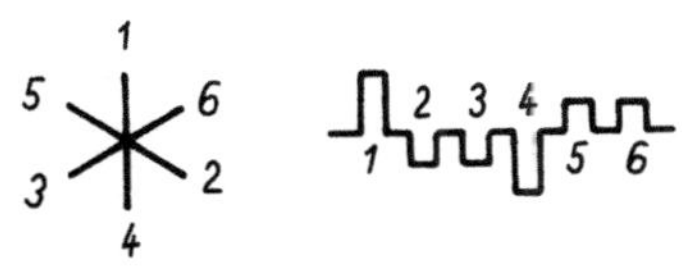	0	0	0	0	3,464
7	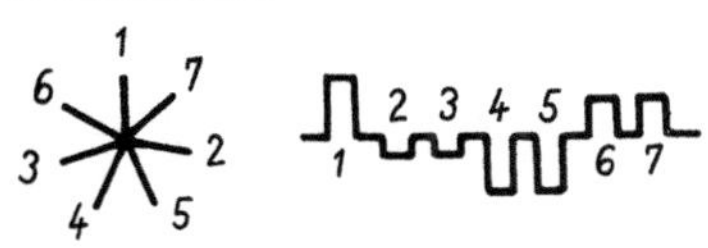	0	0	0,267	0,267	1,006
8	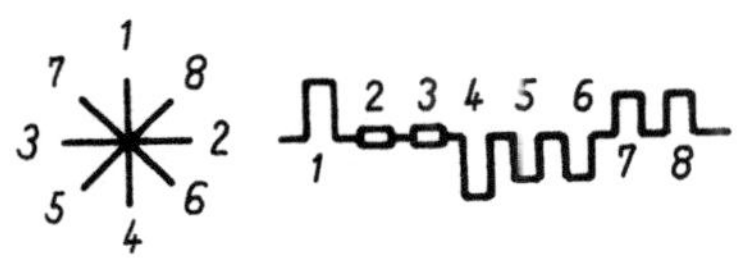	0	0	0,448	0,448	0

* Umlaufendes Moment gleichbleibender Größe, durch Gegenmassen an der Welle ausgleichbar

Fortsetzung der Tabelle 6.33: Massenkräfte und -momente der Kurbelwellen für einreihige Zweitaktmaschinen

Zylinderzahl	Kurbelanordnung	Betrag der freien Kräfte P_r* der umlaufenden Massen	Höchstbetrag der freien Kräfte P_h der hin und her gehenden Massen	Betrag des freien Kippmomentes $\frac{M_r*}{m_r \cdot r \cdot \omega^2 \cdot a}$ der umlaufenden Massen	Höchstbetrag des freien Kippmomentes 1. Ordnung $\frac{M_I}{m_h \cdot r \cdot \omega^2 \cdot a}$ der hin und her gehenden Massen	Höchstbetrag des freien Kippmomentes 2. Ordnung $\frac{M_{II}}{m_h \cdot r \cdot \omega^2 \cdot \lambda \cdot a}$ der hin und her gehenden Massen
9	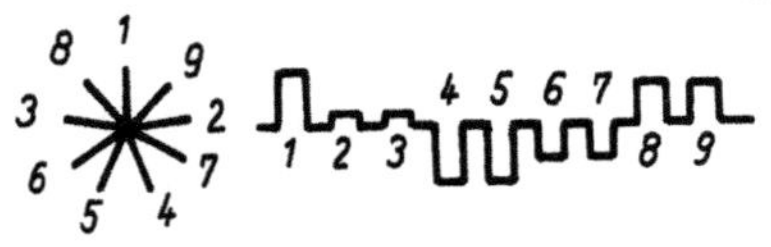	0	0	0,194	0,194	0,548
10	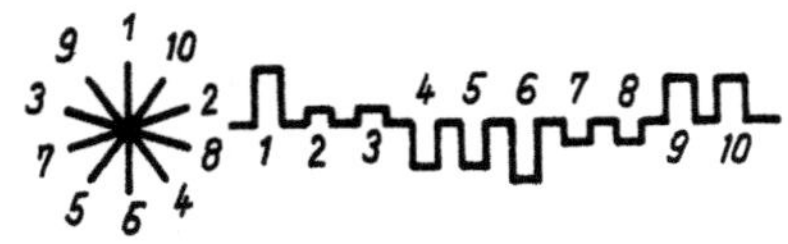	0	0	0	0	0,898
11	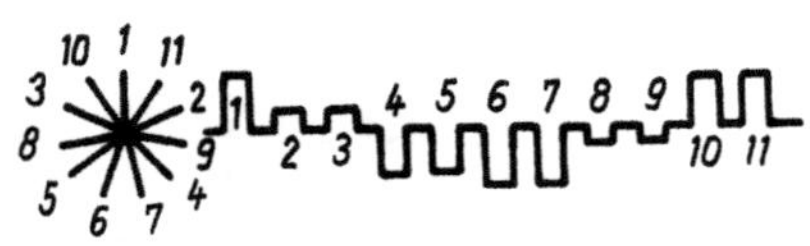	0	0	0,153	0,153	0,382
12	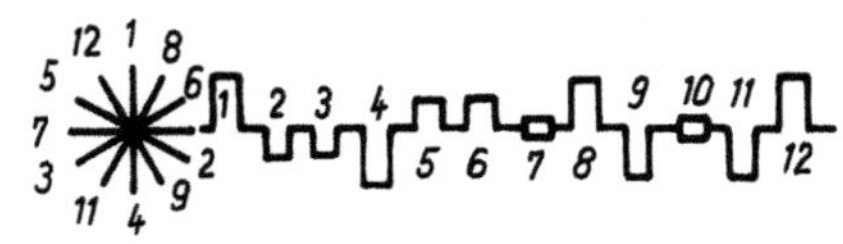	0	0	0	0	0

* Umlaufendes Moment gleichbleibender Größe, durch Gegenmassen an der Welle ausgleichbar

Tabelle 6.34: Sonderkurbelwellen für doppeltwirkende einreihige Zweitaktmaschinen

Zylinderzahl	Kurbelanordnung	Betrag der freien Kräfte P_r* der umlaufenden Massen	Höchstbetrag der freien Kräfte P_h der hin und her gehenden Massen	Betrag des freien Kippmomentes	Höchstbetrag des freien Kippmomentes	
				$\frac{M_r\,*}{m_r \cdot r \cdot \omega^2 \cdot a}$ der umlaufenden Massen	1. Ordnung $\frac{M_I}{m_h \cdot r \cdot \omega^2 \cdot a}$ der hin und her gehenden Massen	2. Ordnung $\frac{M_{II}}{m_h \cdot r \cdot \omega^2 \cdot \lambda \cdot a}$ der hin und her gehenden Massen
4		$1{,}082 \cdot m_r \cdot r \cdot \omega^2$	$1{,}082 \cdot m_h \cdot r \cdot \omega^2$	0,224	0,224	2,828
6	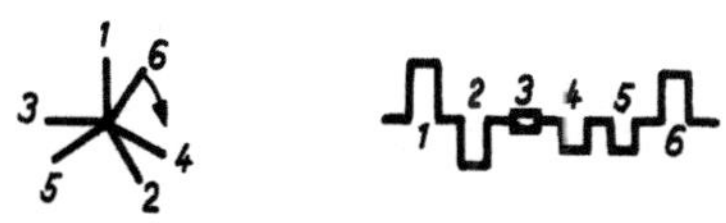	0	0	0,139	0,139	5

* Umlaufendes Moment gleichbleibender Größe, durch Gegenmassen an der Welle ausgleichbar

Tabelle 6.35: Massenkräfte und -momente der Kurbelwellen für Viertakt-V-Maschinen

Zylinderzahl	Gabelwinkel und Kurbelanordnung	Betrag der freien Kräfte P_r* der umlaufenden Massen	Höchstbetrag der freien Kräfte P_h der hin und her gehenden Massen	Betrag des freien Kippmomentes $\frac{M_r*}{m_r \cdot r \cdot \omega^2 \cdot a}$ der umlaufenden Massen	Höchstbetrag des freien Kippmomentes, 1. Ordnung $\frac{M_I}{m_h \cdot r \cdot \omega^2 \cdot a}$ der hin und her gehenden Massen	Höchstbetrag des freien Kippmomentes, 2. Ordnung $\frac{M_{II}}{m_h \cdot r \cdot \omega^2 \cdot \lambda \cdot a}$ der hin und her gehenden Massen
2x1		$m_r \cdot r \cdot \omega^2$	$m_h \cdot r \cdot \omega^2$ und $1{,}414\ m_h \cdot r \cdot \omega^2 \cdot \lambda$	0	0	0
2x2		$2m_r \cdot r \cdot \omega^2$	$4m_h \cdot r \cdot \omega^2$	0	0	0
		0	0	2	2	0
2x3		0	0	1,732	2,598	2,598
2x4		0	$5{,}656\ m_h \cdot r \cdot \omega^2 \cdot \lambda$	0	0	0
		0	0	3,162	3,162	0

* Umlaufendes Moment gleichbleibender Größe, durch Gegenmassen an der Welle ausgleichbar

Fortsetzung der Tabelle 6.35: Massenkräfte und -momente der Kurbelwellen für Viertaktmaschinen

Zylinderzahl	Gabelwinkel und Kurbelanordnung	Betrag der freien Kräfte P_r* der umlaufenden Massen	Höchstbetrag der freien Kräfte P_h der hin und her gehenden Massen	Betrag des freien Kippmomentes $\frac{M_r*}{m_r \cdot r \cdot \omega^2 \cdot a}$ der umlaufenden Massen	Höchstbetrag des freien Kippmomentes 1. Ordnung $\frac{M_I}{m_h \cdot r \cdot \omega^2 \cdot a}$ der hin und her gehenden Massen	2. Ordnung $\frac{M_{II}}{m_h \cdot r \cdot \omega^2 \cdot \lambda \cdot a}$ der hin und her gehenden Massen
2x6	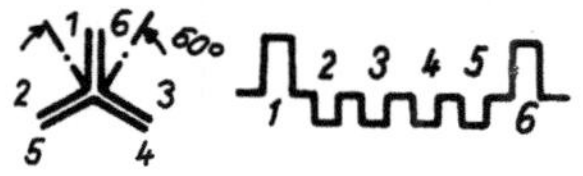	0	0	0	0	0
	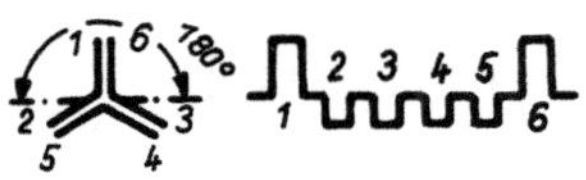	0	0	0	0	0
2x8	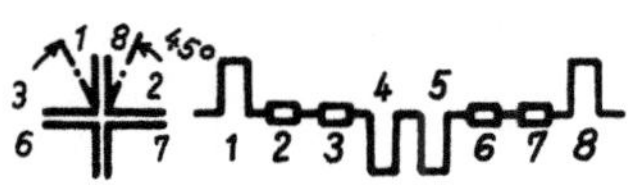	0	0	0	0	0
	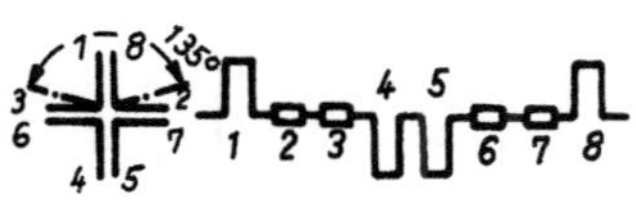	0	0	0	0	0
	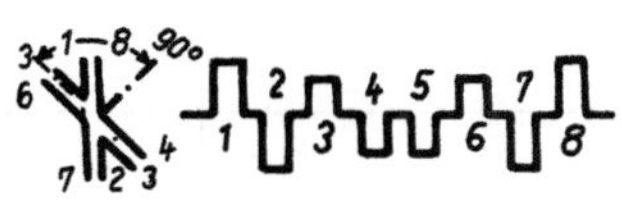	0	$8\ m_h \cdot r \cdot \omega^2 \cdot \lambda$	0	0	0

* Umlaufendes Moment gleichbleibender Größe, durch Gegenmassen an der Welle ausgleichbar

Tabelle 6.36: Massenkräfte und -momente der Kurbelwellen für Zweitakt-V-Maschinen

Zylinderzahl	Gabelwinkel und Kurbelanordnung	Betrag der freien Kräfte P_r* der umlaufenden Massen	Höchstbetrag der freien Kräfte P_h der hin und her gehenden Massen	Betrag des freien Kippmomentes $\frac{M_r *}{m_r \cdot r \cdot \omega^2 \cdot a}$ der umlaufenden Massen	Höchstbetrag des freien Kippmomentes 1. Ordnung $\frac{M_I}{m_h \cdot r \cdot \omega^2 \cdot a}$ der hin und her gehenden Massen	Höchstbetrag des freien Kippmomentes 2. Ordnung $\frac{M_{II}}{m_h \cdot r \cdot \omega^2 \cdot \lambda \cdot a}$ der hin und her gehenden Massen
2x1		$m_r \cdot r \cdot \omega^2$	$2m_h \cdot r \cdot \omega^2$	0	0	0
2x2	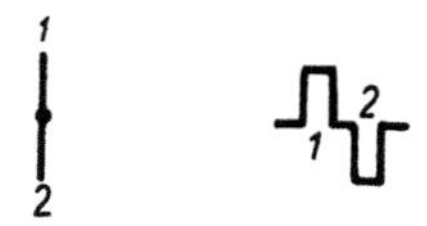	0	$2{,}828\ m_h \cdot r \cdot \omega^2 \cdot \lambda$	1	1	0
2x3		0	0	1,732	2,598	1,500
2x4	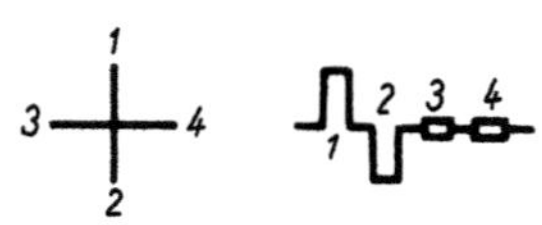	0	0	1,414	2,414	5,225
2x6	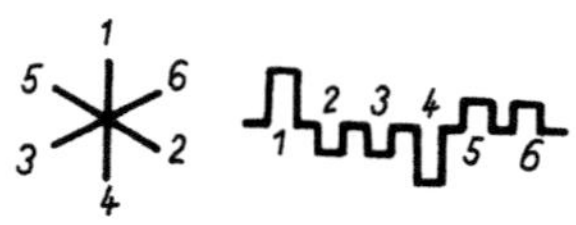	0	0	0	0	4,898
2x8	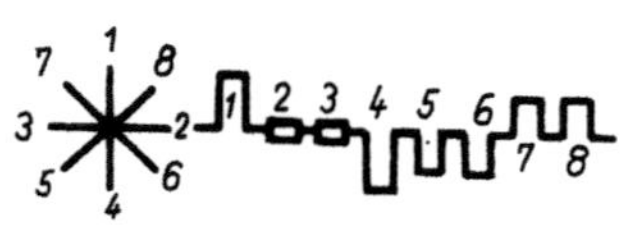	0	0	0,448	0,620	0

* Umlaufendes Moment gleichbleibender Größe, durch Gegenmassen an der Welle ausgleichbar

Tabelle 6.37: Viertakt-Sternmaschinen

Zylinderzahl	Zylinderanordnung und Kurbelwelle (einfacher Zylinderstern)	Betrag der freien Kräfte P_r * der umlaufenden Massen	Betrag der freien Kräfte P_h der hin und her gehenden Massen: bei gleichmittigem Stangenangriff	bei angelenkten Nebenstangen
3		$m_r \cdot r \cdot \omega^2$	1. Ordnung * $\frac{3}{2} \cdot m_h \cdot r \cdot \omega^2$ 2. Ordnung $-\frac{3}{2} \cdot m_h \cdot r \cdot \omega^2 \cdot \lambda$	2. Ordnung von veränderlicher Größe
5	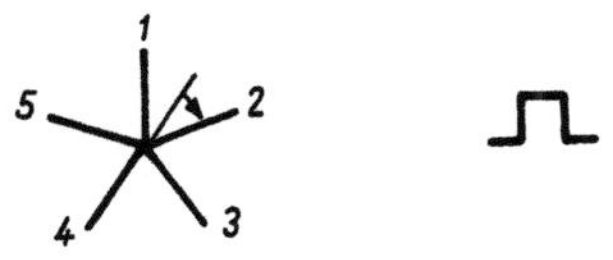	$m_r \cdot r \cdot \omega^2$	* $\frac{5}{2} \cdot m_h \cdot r \cdot \omega^2$	2. Ordnung von veränderlicher Größe
7	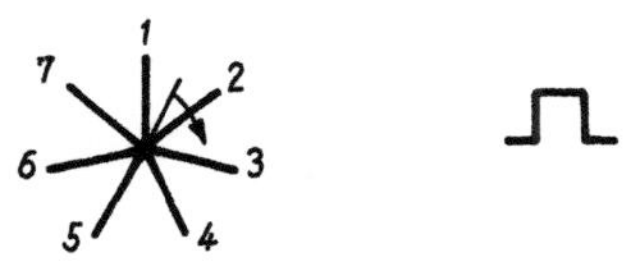	$m_r \cdot r \cdot \omega^2$	* $\frac{7}{2} \cdot m_h \cdot r \cdot \omega^2$	2. Ordnung von veränderlicher Größe
9	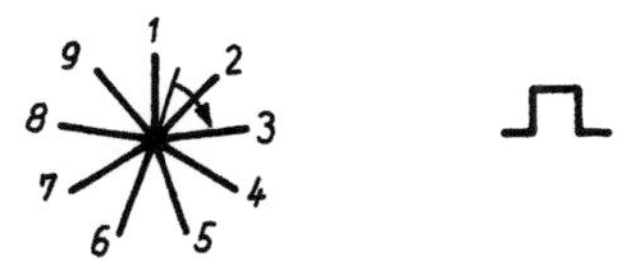	$m_r \cdot r \cdot \omega^2$	* $\frac{9}{2} \cdot m_h \cdot r \cdot \omega^2$	2. Ordnung von veränderlicher Größe

* Umlaufendes Moment gleichbleibender Größe, durch Gegenmassen an der Welle ausgleichbar

Tabelle 6.38: Generatordrehzahlen

Generator Polpaarzahl	Anzahl der Pole	Netzfrequenz 60 Hz	50 Hz	25 Hz	16 2/3 Hz
1	2	3600	3000	1500	1000
2	4	1800	1500	750	500
3	6	1200	1000	500	333 1/3
4	8	900	750	375	250
5	10	720	600	300	200
6	12	600	500	250	166 2/3
7	14	514..	428..	214..	142..
8	16	450	375	187 1/2	125
9	18	400	333 1/3	166 2/3	111..
10	20	360	300	150	100
12	24	300	250	125	
14	28	257..	214..		
16	32	225	188		
18	36	200	167..		
20	40	180	150	75	
24	48	150	125		
28	56	128..	107		
32	64	112..	94		
36	72	100	83		
40	80	90	75		

Tabelle 6.39: Vorschriften, Normen und Gesetze für den Bau von Verbrennungskraftmaschinen

L e i s t u n g :	A b g a s :
TÜV (Länder) DIN-Normen CIMAC-Richtlinien IGM (Italien) Klassifikationsgesellschaften	EPA CARB ECE 24 bzw. 72/306 EWG MSA - Untertagebetrieb (USA) Vorschriften der Bergämter für Untertagebetrieb ORE-Test (Eisenbahnverkehr)
G e r ä u s c h :	
Immissionsschutzgesetz TA-Lärm ECE 9 bzw. 70/157 EWG ISO R 1996	SBG Vorschriften über zulässige Maschinengeräuschwerte DIN 45 635 SAE J 1074
A l l g e m e i n :	
Bauartgenehmigung Allgemeine Betriebserlaubnis (Kraftfahrt-Bundesamt) ISO-Richtlinien DIN-Normen VDI-Richtlinien SAE-Abnahmevorschriften Straßenverkehrszulassungsordnung Maschinenschutzgesetz Vorschriften (halb)staatlicher Großabnehmer (Bundeswehr, Bundespost, Bundesbahn) Unfallverhütungsvorschriften Sondervorschriften von Maschinenanlagen in Verbindung mit Kernkraftwerken Klassifikationsgesellschaften für Motoreneinbauten in seegehenden Schiffen wie z. B.: Germanischer Lloyd (GL) Lloyd's Register of Shipping (LR) Det Norske Veritas (DNV) Bureau Veritas (BV) American Bureau of Shipping (ABS) Registro Italiano Navale (RIN) Nippon Kaiji Kyokai (NKK) Seeregister der UdSSR Seeregister der DDR (DSRK) Polnisches Seeregister Yugoregister Rumänisches Seeregister Indonesische Klassifikationsgesellschaft Fides Navale (FN) = Neue Spanische Klassifikationsgesellschaft Niederländische Schiffahrtsinspektion (NSI) Canadian Steamship Inspection (CSI)	
V o r s c h r i f t e n der folgenden I n s t i t u t i o n e n :	
Seeberufsgenossenschaft (SBG) Binnenschiffahrts-Berufsgenossenschaft Technischer Überwachungsverein (TÜV) U.S. Coast Guard Department of Transport (United Kingdom)	SOLAS-Vorschriften (Safety of Life at Sea) IMCO-Vorschriften Vorschriften für Kerntechnische Anlagen (KTA) Ministro dela Marina Mercantile (Italienische Handelsmarine)

Tabelle 6.40: Kennwerte und Erfahrungswerte von Verbrennungskraftmaschinen

	Motorgattung	Verbrennungs-verfahren	Wirkungsweise	Kolben-durchmesser	Nenn-drehzahlen	mittl. Effektiv-druck	Aufladung	Schweröl *	Zylinder-leistung	mittl. Kolben-geschwindigkeit	mech. Schnell-läufigkeit	Laufwert	spez. Kolben-geschwindigkeit	Hubraum-leistung	Brennraum-leistung	Hubraum-gewicht	Leistungs-gewicht	spez. Leistungs-gewicht	spez. Bauraum-gewicht	bezogener Bauraum	Kolben-belastung	Temperatur-belastung	Brennraum-belastung	Leistungs-fläche	Bemerkungen
		–	–	d	n	p_e	–	–	P_{Zyl}	V_m	n_m	α_L	V_S *	P_V *	P_m *	G_V *	G_P *	G_{SP} *	G_{SV} *	V_{VH} *	P_A *	P_ϑ *	P_K *	f_o	–
		-	-	mm	U/min	bar	%	-	kW	m/s	$kW^{0,5}/min$	$(m/s)^2$	$m^{1,5}/s$	kW/ℓ	kW/m^3	kg/ℓ	kg/kW	$kg/kW^{1,5}$	kg/m^3	$m^3/ℓ$	kW/mm^2	kW/mm	$kW/mm^2 \cdot s$	mm^2/kW	-
Motoren im ortsfesten Einsatz	Otto-Viertakt-Tandem-Groß-Gasmaschinen	OTTO	d. w.	500 - 1500	90 - 200	3,5 - 6,0	ja	–	300 - 3000	4,5 - 5,5	3000 - 5000	10 - 30	3 - 5	1 - 1,5	10 - 20	85 - 120	100 - 130	0,60 - 0,80	1000 - 1500	0,08 - 0,16	0,007 - 0,01	0,5 - 1	0,005 - 0,001	100 - 150	z.Z. keine Neubauten
	Diesel-Zweitakt-Maschinen mit Kreuzkopf	DIESEL dir.	d. w.	500 - 1100	85 - 250	5,2 - 6,0	–	ja	500 - 1250	5,0 - 7,0	3000 - 6500	10 - 30	3 - 6	2 - 3,5	10 - 20	110 - 140	34 - 100	0,2 - 0,8	1000 - 1500	0,06 - 0,12	0,01 - 0,018	0,5 - 1,2	0,005 - 0,015	50 - 100	z.Z. keine Neubauten
	Diesel-Zweitakt-Maschinen mit Kreuzkopf	DIESEL dir.	e. w.	400 - 1100	85 - 250	4,5 - 15	ja	ja	600 - 3000	5,0 - 7,0	10000 - 25000	10 - 30	4 - 7	2 - 4	15 - 40	80 - 150	32 - 50	0,2 - 0,8	800 - 1400	0,08 - 0,15	0,003 - 0,0045	1,0 - 5,0	0,001 - 0,002	300 - 500	
	Diesel-Zweitakt-Tauchkolben-Maschinen	DIESEL dir.	e. w.	200 - 500	400 - 900	4,5 - 10	ja	ja	50 - 600	6,0 - 8,0	8000 - 25000	10 - 50	3 - 6	6 - 10	15 - 60	35 - 100	10 - 30	0,1 - 0,8	600 - 1200	0,08 - 0,14	0,002 - 0,004	0,6 - 1,2	0,001 - 0,002	200 - 450	
	Diesel-Viertakt-Mittelläufer-Maschinen	dir. Vork.	e. w.	180 - 400	500 - 1500 (2100)	12 - 18	ja	ja	50 - 350	6,0 - 8,0	10000 - 80000	20 - 120	3 - 6	6 - 25	30 - 120	60 - 200	6 - 20	0,08 - 0,8	400 - 1000	0,06 - 0,30	0,002 - 0,006	0,5 - 1,5	0,005 - 0,04	150 - 800	
	Diesel-Viertakt-Mittel-Schnellläufer-Maschinen	dir. Vork.	e. w.	250 - 650	500 - 1100	10-22 (26)	ja	ja	300 - 1350	8,0 - 10,0	10000 - 70000	20 - 70	4 - 8	5 - 12	20 - 80	80 - 150	10 - 30	0,1 - 0,8	500 - 1200	0,08 - 0,28	0,002 - 0,005	0,8 - 2	0,002 - 0,01	250 - 500	
	Diesel-Viertakt-Schnellläufer-Maschinen	dir. Vork. Wirb.	e. w.	80 - 200	1500 - 3000	10 - 15	ja	ja[1]	5 - 50	10,0 - 15,0	10000 - 100000	20 - 150	2 - 4	6 - 30	20 - 130	50 - 200	4 - 20	0,07 - 1,0	300 - 1000	0,06 - 0,26	0,002 - 0,005	0,1 - 1	0,008 - 0,03	200 - 600	
Schiffs-Haupt- und Hilfsmotoren (Bootsantriebe)	Diesel-Zweitakt-Maschinen mit Kreuzkopf	Diesel dir.	d. w.	500-1100	85-250	5,2-6,0	-	ja	500-1250	5,0-7,0	3000-6500	10-30	3-6	2-3,5	10-20	110-140	34-100	0,2-0,8	1000 - 1500	0,06 - 0,12	0,01 - 0,018	0,5 - 1,2	0,005 - 0,015	50-100	z.Z. keine Neubauten
	Diesel-Zweitakt-Maschinen mit Kreuzkopf	Diesel dir.	e. w.	400-1100	85-250	4,5-15	ja	ja	600-3000	5,0-7,0	10000-25000	10-30	4-7	2-4	15-40	80-150	32-50	0,2-0,8	800 - 1400	0,08 - 0,15	0,003-0,0045	1-5	0,001 - 0,002	300-500	
	Diesel-Zweitakt-Tauchkolben-Maschinen	Diesel dir.	e. w.	200-500	400-900	4,5-10	ja	ja	50-600	6,0-8,0	8000-25000	10-50	3-6	6-10	15-60	85 - 100	10-30	0,1 - 0,8	600 - 1200	1,08 - 0,14	0,002-0,004	0,6 - 1,2	0,001 - 0,002	200-450	
	Diesel-Viertakt-Mittelläufer-Maschinen	dir. Vork.	e. w.	180-400	500-1500	12-18	ja	ja	50-350	6,0-8,0	10000 - 80000	10-120	3-6	6-25	30-120	60 - 200	6-20	0,08 - 0,8	400-1000	0,06 - 0,30	0,002-0,006	0,5 - 1,5	0,005 - 0,04	150 - 800	
	Diesel-Viertakt-Mittel-schnellläufer-Maschinen	dir. Vork.	e. w.	250-650	500-1100	10-22 26	ja	ja	300-1350	8,0-10,0	10000-70000	20-70	4-8	5-12	20-80	80-150	10-30	0,1 - 0,8	500 - 1200	0,08 - 0,28	0,002-0,005	0,8 - 2	0,002 - 0,01	250-500	
	Diesel-Viertakt-Schnellläufer-Maschinen	dir. Vork. Wirb.	e. w.	80-200	1500-3000	10-15	ja	ja	5-50	10,0 - 15,0	10000 - 100000	20 - 150	2-4	6-30	20-130	50 - 200	4-20	0,1-1,0	300-1000	0,06 - 0,26	0,002-0,005	0,1 - 1	0,008-0,03	200-600	
	Otto-Viertakt-Schnellläufer-Maschinen	Otto	e. w.	60 - 150	3000-6000	8-10	-	-	3-30	10-18	10000 - 100000	150-300	3-5,5	20 - 80	20 - 150	500-150	3-15	0,6-1,6	200-600	0,06-0,2	0,002-0,005	0,1-0,4	0,03-0,15	150-400	
Traktionsmotoren	Diesel-Zweitakt-Schnellläufer-Maschinen	Diesel dir.	e. w.	200-500	400-900	4,5-10	ja	ja	50-600	6,5-8,0	8000-25000	10-50	3-6	6-10	15-60	85 - 100	10-30	0,1-0,8	600 - 1200	0,08 - 0,14	0,002-0,004	0,6 - 1,2	0,001 - 0,002	200 - 450	
	Diesel-Viertakt-Schnellläufer-Maschinen (Streckenloks)	dir. Vork.	e. w.	180-400	500-1500	12-18	ja	ja	50-350	6,0 - 8,0	10000-80000	20-120	3-6	6 - 25	30-120	60 - 200	6-20	0,08 - 0,8	400-1000	0,06 - 0,30	0,002-0,006	0,5 - 1,5	0,005-0,04	150 - 800	
	Diesel-Viertakt-Schnellläufer-Maschinen (Triebwagen etc.)	dir. Vork. Wirb.	e. w.	80-200	1500 - 3000	10-15	ja	ja	5-50	10,0-15,0	10000 - 100000	20-150	2-4	6-30	20-130	50 - 200	4-20	0,10-1,0	300-1000	0,06 - 0,26	0,002-0,005	0,1 - 1	0,008-0,03	200-600	
	Diesel-Viertakt-Schnellläufer-Maschinen (Kleinlokomotiven)	dir. Vork. Wirb.	e. w.	80-200	1500 - 3000	10-15	ja	-	5-50	10,0 - 15,0	10000 - 100000	20-150	2-4	6-30	20-130	50 - 200	4-20	0,10-1,0	300-1000	0,06 - 0,26	0,002-0,005	0,1 - 1	0,008-0,03	200-600	U-Tage-Betrieb

	Motorgattung	Verbrennungs-verfahren	Wirkungsweise	Kolben-durchmesser	Nenn-drehzahlen	mittl. Effektiv-druck	Aufladung	Schweröl *	Zylinder-leistung	mittl. Kolben-geschwindigkeit	mech. Schnell-läufigkeit	Laufwert	spez. Kolben-geschwindigkeit	Hubraum-leistung	Brennraum-leistung	Hubraum-gewicht	Leistungs-gewicht	spez. Leistungs-gewicht	spez. Bauraum-gewicht	bezogener Bauraum	Kolben-belastung	Temperatur-belastung	Brennraum-belastung	Leistungs-fläche	Bemerkungen
		–	–	d	n	p_e	–	–	P_{Zyl}	V_m	n_m	α_L	V_S *	P_V *	P_m *	G_V *	G_P *	G_{SP} *	G_{SV} *	V_{VH} *	P_A *	P_ϑ *	P_K *	f_0	–
		-	-	mm	U/min	bar	z	-	kW	m/s	$kW^{0,5}/min$	$(m/s)^2$	$m^{1,5}/s$	kW/ℓ	kW/m^3	kg/ℓ	kg/kW	$kg/kW^{1,5}$	kg/m^3	$m^3/ℓ$	kW/mm^2	kW/mm	$kW/mm^2 \cdot s$	mm^2/kW	-
Fahrzeugmotoren	Otto-Zweitakt-Maschinen (Fahrrad-Hilfsmot. und Moped)	OTTO	e. w.	30 - 50	4000 - 6000	2,5 - 5,0	-	-	0,5 - 2,0	6 - 9	8000 - 50000	100 - 300	1 - 4,5	20 - 80	50 - 200	60 - 100	3- 6	0,7- 10	250- 800	0,05- 0,3	0,002- 0,006	0,04- 0,2	0,05- 0,3	160- 380	
	Otto-Zweitakt-Maschinen (Krafträder)	OTTO	e. w.	35 - 90	6000 - 10000	4 - 6	-	-	4 - 3	10 - 20	10000 - 100000	150 - 400	2 - 5	20 - 150	80 - 200	40 - 100	4 - 7	0,8 - 10	200 - 1000	0,05 - 0,3	0,002 - 0,006	0,05 - 0,2	0,05 - 0,3	180 - 400	
	Otto-Viertakt-Maschinen (Krafträder)	OTTO	e. w.	35 - 90	6000 - 8000	6 - 9	-	-	4 - 30	10 - 18	10000 - 100000	150 - 400	2 - 5	20 - 100	80 - 200	40 - 100	3 - 10	0,6 - 10	150 - 1000	0,05 - 0,3	0,004 - 0,008	0,1 - 0,5	0,05 - 0,3	180 - 400	
	Otto-Zweitakt-Maschinen (Pkw)	OTTO	e. w.	60 - 120	3000 - 5000	4,5 - 5,5	-	-	2,5 - 18	6,5 - 12	7500 - 20000	100 - 300	2 - 4	20 - 40	20 - 100	80 - 120	5 - 7	0,8 - 10	200 - 600	0,05 - 0,3	0,002 - 0,004	0,05 - 0,3	0,05 - 0,15	200 - 600	
	Otto-Viertakt-Maschinen (Pkw)	OTTO	e. w.	60 - 120	4000 - 7000	6 - 10 (14)	-2	-	6 - 25	8 - 18	20000 - 100000	100 - 300	2 - 6	10 - 70	20 - 150	50 - 150	4 - 15	0,8 - 10	200 - 600	0,05 - 0,4	0,001 - 0,005	0,05 - 0,5	0,03 - 0,20	200 - 750	
	Diesel-Viertakt-Maschinen (Pkw)	dir. Vork. Wirb.	e. w.	70 - 110	3000 - 5000	5 - 10	ja	-	6 - 18	7 - 13	8000 - 60000	50 - 150	2 - 4	10 - 30	40 - 200	50 - 150	5 - 16	0,6 - 10	250 - 1000	0,05 - 0,3	0,001 - 0,004	0,08 - 0,3	0,008 - 0,03	250 - 1000	
	Diesel-Zweitakt-Maschinen (Lkw)	dir. Vork. Wirb.	e. w.	80 - 140	2000 - 2500	4,5 - 5,5	-	-	10 - 30	6 - 10	10000 - 60000	50 - 100	2 - 4	8 - 20	40 - 200	50 - 150	5 - 20	0,2 - 2	350 - 1000	0,06 - 0,04	0,001 - 0,004	0,1 - 0,2	0,008 - 0,03	250 - 1000	
	Diesel-Viertakt-Maschinen (Lkw)	dir. Vork. Wirb.	e. w.	100 - 150	2000 - 3000	6 - 12	ja	-	10 - 40	7 - 12	10000 - 80000	50 - 180	2 - 4,5	10 - 30	40 - 300	50 - 150	4 - 20	0,2 - 2	300 - 1000	0,05 - 0,3	0,001 - 0,005	0,2 - 0,8	0,008 - 0,05	250 - 800	
	Otto-Zweitakt-Maschinen (Lkw)	OTTO	e. w.	100 - 150	5000 - 3500	8 - 10	-	-	10 - 40	8 - 15	10000 - 60000	50 - 200	2 - 4,5	10 - 60	50 - 200	50 - 150	5 - 15	0,6 - 6	300 - 1000	0,05 - 0,3	0,001 - 0,005	0,1 - 0,3	0,05 - 0,1	250 - 1000	
Einbaumotoren	Otto-Zweitakt-Tauchkolben-Maschinen	Otto	e. w.	80- 150	3000- 5000	4,5- 5,5	-	-	2,5- 18	6,5- 12	7500- 20000	100- 300	2- 4	20- 40	20- 100	80- 120	5- 7	0,8 - 1,0	200 - 600	0,05 - 0,3	0,002- 0,004	0,05 - 0,3	0,05- 0,15	200 - 600	
	Diesel-Zweitakt-Tauchkolben-Maschinen	dir. Vork. Wirb.	e. w.	80- 140	2000- 2500	4,5- 5,5	-	-	10- 30	6- 10	10000- 60000	50- 100	2- 4	8- 20	40- 200	50- 150	5- 20	0,2 - 2	350 - 1000	0,06- 0,04	0,001- 0,004	0,1 - 0,2	0,008 - 0,03	250 - 1000	
	Otto-Viertakt-Schnell-läufer-Maschinen	Otto	e. w.	60- 150	3000- 7000	6- 10(14)	-	-	6- 40	8- 18	10000- 100000	150- 300	2- 6	10- 70	20- 200	50- 150	4- 15	0,6 - 10	200- 1000	0,05- 0,4	0,001- 0,005	0,05 - 0,5	0,03 - 0,20	200 - 1000	
	Diesel-Viertakt-Schnell-läufer-Maschinen	dir. Vork. Wirb.	e. w.	70- 150	2000- 5000	5 - 12	ja	-	6- 40	7- 13	8000- 80000	50- 180	2- 4,5	10- 30	40- 300	30- 150	5- 20	0,2 - 10	250- 1000	0,05- 0,3	0,001 - 0,005	0,08 - 0,8	0,008 - 0,05	250- 1000	
Flugmotoren	Otto-Viertakt-Schnell-läufer-Maschinen	Otto	e. w.	70- 160	2500- 6000	6- 16(21)	ja	-	20- 150	9- 16	50000- 180000	20- 70	4- 6,5	100- 220	500- 1000	20- 50	0,6- 3	0,01 - 0,3	200 - 500	0,05- 0,15	0,005- 0,009	0,5 - 1,5	0,02 - 0,1	100 - 300	
	Diesel-Viertakt-Schnell-läufer-Maschinen	Vork.	e. w.	120- 150	1400- 2000	6,5 - 7,5	-	ja	50- 80	10- 12	10000- 15000	10- 20	2- 6	100- 180	100- 600	20- 25	1,5- 3	0,2 - 0,8	300- 800	0,05 - 0,3	0,0025- 0,004	0,2 - 0,8	0,01 - 0,05	200 - 600	Luftsch.-Rohoel-motoren
	Diesel-Zweitakt-Schnell-läufer-Maschinen	dir.	e. w.	100- 150	2200- 3000	7 - 10	ja	-	100- 150	10 - 12	20000- 40000	30- 40	3- 6	100- 200	400- 800	25- 35	1- 1,5	0,1 - 0,6	300 - 700	0,05 - 0,3	0,0025- 0,005	0,2 - 0,8	0,01 - 0,05	180 - 700	auch Gegenk.-motoren
	Flug-Renn-Motoren	Otto	e. w.	7- 24	3000 - 4000	16 - 20	ja	-	150- 200	16- 22	35000- 40000	150- 300	2- 3	60- 90	1000- 2000	14- 20	0,2- 0,4	0,01- 0,05	400 - 800	0,04- 0,1	0,006 - 0,009	0,2 - 0,6	0,03 - 0,3	100 - 150	
	Glühkerzen-Zweitakt-Mini-Motoren	Glühk.	e. w.	7- 27	8000 - 25000	3- 5	-	-	0,02 2	5- 15	6000- 25000	30 - 250	1- 2,5	70- 250	1000- 3000	40- 80	0,5- 2	0,3- 3	600 - 1000	0,03- 0,1	0,001- 0,004	0,01 - 0,08	0,05 - 0,5	200 - 1200	
	Glühkerzen-Viertakt-Mini-Motoren	Glühk.	e. w.	20- 24	8000- 10000	5 - 5	-	-	0,4- 0,5	7- 8	5000- 7000	80- 200	1- 2,5	70- 250	100- 300	40- 80	0,5- 2	0,3- 3	500- 800	0,03- 0,1	0,001- 0,004	0,01 - 0,08	0,05 - 0,5	200 - 1200	
Renn- und Sportmotoren	Otto-Zweitakt-Tauch-kolben-Maschinen	Otto	e. w.	30- 60	12000- 17000	8- 11	-	-	10- 30	18- 25	60000- 90000	300- 800	5- 7	200- 400	600- 900	40- 60	0,4- 0,8	0,02- 0,1	150 - 500	0,05- 0,3	0,005- 0,008	0,2- 0,5	0,08- 0,5	120 - 200	
	Diesel-Zweitakt-Tauch-kolben-Maschinen	Vork.	e. w.	60 - 120	4000 - 5500	6- 12	ja	-	10- 25	10- 18	20000- 25000	200- 600	3- 6	40 - 60	150- 200	50- 100	1,0- 2,0	0,08- 0,2	200 - 500	0,1- 0,3	0,003 - 0,005	0,1 - 0,5	0,1- 0,3	200- 300	
	Otto-Viertakt-Schnell-läufer-Maschinen	Otto	e. w.	60 - 100	10000- 12000	13- 15	-	-	30- 45	18- 23	60000- 80000	200- 500	5- 7	100- 150	600- 900	50- 60	0,5- 1,0	0,02- 0,05	200 - 500	0,05- 0,4	0,006 - 0,008	0,4 - 0,6	0,1 - 0,3	120 - 160	
	Diesel-Viertakt-Schnell-läufer-Maschinen	Vork.	e. w.	80 - 100	4000- 5500	12- 16	ja	-	30- 40	12- 16	20000- 30000	100- 250	4- 6	50- 80	140- 200	50- 80	0,9- 1,2	0,05- 0,1	220- 600	0,05- 0,3	0,004 - 0,006	0,2 - 0,4	0,05 - 0,15	180 - 250	

1) mit begrenzten Viskositäten und Fremdstoffgehalten
2) aufgeladene Ottomaschinen auch in Serienfertigung zu erwarten

Tabelle 6.41: Motordaten zu den in Kapitel 5 vorgestellten Verbrennungskraftmaschinen

Motortyp	Hersteller/Land	lfd. Nummer in Kapitel 5	Durchmesser	Hub	Drehzahl	mittl. Kolben-geschw.	mittl. Effektivdruck	Zylinder-leistung	Taktzahl	Zylinderzahl	Zylinder-hubvolumen
		-	mm	mm	U/min	m/s	bar	kW	-	-	ℓ
Otto-Pkw-Motoren											
Kent-Fiesta	Ford-Europa	1.1.01	74	55,7	6000	11,14	8,55	8,25	4	4	0,239
HB	Volkswagen AG, BRD	1.1.02	69,5	72	5800	13,92	6,96	9,25	4	4	0,275
12S	Opel AG, BRD	1.1.03	79	61	5400	10,98	8,17	11,0	4	4	0,299
WA	Volkswagen AG, BRD	1.1.04	86,5	84,4	5500	15,5	9,3	21,25	4	4	0,496
PE 166	Br. Leyland,Engl.	1.1.05	81	84	5000	14,0	9,24	16,67	4	6	0,433
M 23/622	Citroen SA, Frankr.	1.1.06	93,5	85,5	4800	13,68	10,0	23,60	4	4	0,588
M 123	Daiml.Benz AG, BRD	1.1.07	86	72,5	5500	13,3	9,1	15,8	4	6	0,421
M 60	BMW, BRD	1.1.08	80,0	76,8	6000	15,4	10,3	17,5	4	6	0,386
M 110.984	Dainl.Benz AG, BRD	1.1.09	86,0	78,8	6000	15,76	9,91	22,69	4	6	0,458
GAMMA	Lancia, Italien	1.1.10	102	76	5400	13,68	9,42	26,5	4	4	0,625
Z	Franc.de Méc., Fr.	1.1.11	88	73	6000	14,6	7,75	17,2	4	6	0,444
928V8	Porsche AG, BRD	1.1.12	95	78,9	5250	13,8	9,0	22,13	4	8	0,559
M 117	Daiml.Benz AG, BRD	1.1.13	92	85	5000	14,17	8,78	20,68	4	8	0,565
391 CID	Ford, USA	1.1.14	102,9	96	3600	11,5	7,37	17,65	4	8	0,798
54 S	Opel AG, BRD	1.1.15	101,6	82,6	4700	12,94	8,05	21,1	4	8	0,669
613	Tatrawerke, Tsch.	1.1.16	77	85	5200	14,73	8,02	15,2	4	8	0,437
911/6	Porsche AG, BRD	1.1.17	84	66	5200	11,44	13,93	22,1	4	6	0,366
Otto-Motorrad-Motoren											
505/1	F & S, BRD	1.2.01	38	42	4500	6,3	3,69	1,3	2	1	0,047
50S	F & S, BRD	1.2.02	38	44	8000	11,8	7,12	4,64	2	1	0,049
RV 90	Suzuki, Japan	1.2.03	50	45	6000	9,0	5,0	4,4	2	1	0,088
2501/7A	F & S, BRD	1.2.04	71,5	61	8000	16,3	8,32	27,2	2	1	0,245
250 GS	Jawa, Tschechosl.	1.2.05	70	64	7200	15,4	7,96	23,5	2	1	0,246
250	Honda, Japan	1.2.06	52	41,4	8500	11,7	7,10	12,5	4	2	0,249
MD 250 WK	Maico, BRD	1.2.07	76	54	7000	12,6	7,00	19,9	2	1	0,245
500 V	Morini, Italien	1.2.08	69	64	7500	16,0	10,14	31,0	4	2	0,489
CX 500	Honda, Japan	1.2.09	78	52	9500	16,5	9,42	37,0	4	2	0,496
R 80/7	BWR, BRD	1.2.10	84,8	70,6	7000	16,5	8,95	41,0	4	2	0,785
GL 1000 K3	Honda, Japan	1.2.11	72	61,4	7000	14,3	10,00	57,5	4	4	0,986
CBX	Honda, Japan	1.2.12	64,5	53,4	9000	16,0	9,84	77,3	4	6	1,047
Otto-Einbaumotoren											
STAMO St 30	F & S, BRD	1.3.01	38	29	7000	6,62	3,25	1,15	2	1	0,033
STAMO St 150	F & S, BRD	1.3.02	60	54	4500	7,82	3,83	4,4	2	1	0,153
110 908	Briggs & Stratt,USA	1.3.03	58	40	6500	8,67	3,90	4,5	2	1	0,106
S	Stihl, BRD	1.3.04	58	40			4,5		2	1	0,106

Fortsetzung der Tabelle 6.41: Motordaten zu den in Kapitel 5 vorgestellten Verbrennungskraftmaschinen

Motortyp	Hersteller/Land	lfd. Nummer in Kapitel 5	Durchmesser	Hub	Drehzahl	mittl. Kolben-geschw.	mittl. Effektivdruck	Zylinder-leistung	Taktzahl	Zylinderzahl	Zylinder-hubvolumen
		-	mm	mm	U/min	m/s	bar	kW	-	-	ℓ
Otto-Flugmotoren											
F 20	Hirth, BRD	1.5.01	78	68	6000	13,6	6,0	19,3	2	2	0,325
O-300	Continental, USA	1.5.02	103	98	2700	8,8	9,5	17,7	4	6	0,817
GO-480	Lycoming, USA	1.5.03	130	98	3400	11,1	9,7	36,2	4	6	1,3
GSO-580	Lycoming, USA	1.5.04	124	98	3300	10,8	11,2	36,8	4	8	1,18
DB 605 A	Daiml.-Benz, BRD	1.5.05	154	160	2800	14,9	13,1	89,6	4	12	2,98
GRIFFON 57A	Rolls Royce, Engl.	1.5.06	152	168	2750	15,4	21,9	150,4	4	12	3,04
TURBO COMPOUND EA4	Wright, USA	1.5.07	155	160	2900	15,5	16,0	118,5	4	18	3,02
Wasp MAJ.R-4360CB2	Pratt & Whitney, USA	1.5.08	146	152	2700	13,7	15,9	92,0	4	28	2,54
Otto-Rennmotoren											
M 12/6	BMW, BRD	1.6.01	89,2	80	9250	24,6	14,52	56,0	4	4	0,500
917	Porsche AG, BRD	1.6.02	85	66	8400	18,5	13,83	35,6	4	12	0,375
V12-60°	Matra, Frankr.	1.6.03	79,7	50	10700	18,8	12,6	27,6	4	12	0,250
COSWORTH V8	Ford, England	1.6.04	85,7	64,8	10000	21,6	13,29	41,4	4	8	0,374
312-T2	Ferrari, Italien	1.6.05	80	49,6	12200	20,2	12,1	30,66	4	12	0,250
Diesel-Zweitakt-Kreuzkopfmotoren											
KSZ 90/160 B	MAN, BRD	2.1.01	900	1600	122	6,5	13,0	2700	2	6	1018
RND 90 M	Gebr.Sulzer, Schweiz	2.1.02	900	1550	122	6,30	12,29	2465	2	6	986
B 900	Grandi Motori, Ital	2.1.03	900	1600	125	6,7	11,70	1500	2	6	1018
RLA 56	Gebr.Sulzer, Schweiz	2.1.04	560	1150	170	6,52	12,27	985	2	6	283
VEC 52/105 E	Mitsubichi, Japan	2.1.05	520	1050	175	6,13	15,10	981	2	6	223
K 67 GF	B & W, Dänemark	2.1.06	670	1400	145	6,77	11,60	1375	2	6	494
K45 GT	Hitachi, Japan	2.1.07	450	900	227	6,81	12,2	647	2	2x6	143,1
12 V-DNL 150/600	Bolnes, Holland	2.1.08	190	350	600	7,00	11,13	110	2	12	9,92
76 J	Doxford, England	2.1.09	760	520 +1660	123	2,13 6,8	10.66	2240	2	6	236 +753
DZ 53/80	MAN, BRD	2.1.10	530	800	2[illegible]5	5,7	5,00	596	2	6	176
Diesel-Zweitakt-Tauchkolbenmotor											
TM 233	KHD, BRD	2.2.01	220	330	500	5,5	5,66	58	2	8	12,54
BTM 625	KHD, BRD	2.2.02	200	250	750	6,25	5,80	55,76	2	8,12	7,85
Z 451 AK	MaK, BRD	2.2.03	320	450	375	5,63	8,3	183,8	2	4-8	36,2
Z 40/48	Gebr.Sulzer, Schweiz	2.2.04	400	480	530	8.48	10,1	533	2	6-9	60,32
645 EB	General Mot. USA	2.2.05	230	254	900	7,62	9,72	153,8	2	8-20	10,55

Fortsetzung der Tabelle 6.41: Motordaten zu den in Kapitel 5 vorgestellten Verbrennungskraftmaschinen

Motortyp	Hersteller/Land	lfd. Nummer in Kapitel 5	Durchmesser	Hub	Drehzahl	mittl. Kolben-geschw.	mittl. Effektivdruck	Zylinder-leistung	Taktzahl	Zylinderzahl	Zylinder-hubvolumen
		-	mm	mm	U/min	m/s	bar	kW	-	-	ℓ
Diesel-Mittelschnelläufer-Motoren											
M 453	MaK, BRD	2.3.01	320	420	600	8,4	17,8	295	4	6-8	33,76
D 510/511	MWM, BRD	2.3.02	330	360	750	9,0	19,1	368	4	6-8 12-16	30,8
PC 2-5 V 400	SEMT, Frankr.	2.3.03	400	460	520	7,9	19,1	478	4	10-18	57,8
BVM 540	KHD, BRD	2.3.04	370	400	660	8,0	20,6	478	4	6-8 12-16	43,0
V 40/45	MAN, BRD	2.3.05	400	450	600	9,0	19,5	550	4	12-16	56,55
ZV 40/48	Gebr.Sulzer,Schweiz	2.3.06	400	480	600	9,6	20,1	533	4	12-16	60,32
PC 3-V-480	SEMT, Frankreich	2.3.07	480	520	470	8,1	18,9	698	4	12-18	94,10
M 601	MaK, BRD	2.3.08	580	600	425	8,5	16,7	920	4	6-9	158,5
PC 4-V-570	SEMT, Frankr.	2.3.09	570	620	400	8,3	20,9	1103	4	12-16	158,2
V 65/65	MAN, BRD	2.3.10	650	650	400	8,67	18,43	1325	4	6-12	215,7
TM 620	Werkspoor, Holland	2.3.11	620	660	428	9,4	18	1250	4	6-9	199,3
M 552 AK	MaK, BRD	2.3.12	450	550	480	8,8	16,2	550	4	6-16	87,47
A 550	Grandi Motori, It.	2.3.13	550	590	430	8,5	17,9	880	4	6-20	140
V52/55 A	MAN, BRD	2.3.14	520	550	450	8,25	17,8	775	4	8-16	116,8
VASA 32	Wärtsilä, Finnld.	2.3.15	320	350	720	8,4	18,72	310	4	4-18	28,15
L/V 32/36	MAN, BRD	2.3.16	320	360	750	9,0	20,3	370	4	6-18	28,95
Diesel-Mittelläufer-Motoren											
POLAR F	NOHAB, Schweden	2.4.01	250	300	1000	10,0	13,79	166	4	4-16	14,73
3400	Caterpillar, USA	2.4.02	137	152	2100	10,6	10,8	57	4	6-12	2,24
KFA-3067	Cummins, USA	2.4.03	159	159	2100	11,1	14,9	75	4	6-16	3,16
PA4-200	SEMT, Frankreich	2.4.04	200	210	1500	10,5	23,0	184	4	6-18	6,6
240 V	SACM, Frankreich	2.4.05	240	220	1350	9,9	16,2	184	4	12-20	9,95
V 331	MTU, BRD	2.4.06	165	155	2200	11,37	14,0	83,3	4	6-12	3,31
V 396	MTU, BRD	2.4.06	165	185	1800	11,10	14,3	83,3	4	6-12	3,96
V 956/1163	MTU, BRD	2.4.07	230	230/280	1500	11,5	18,8	220	4	12-20	11,63
VASA 22	Wärtsilä, Finnld.	2.4.08	220	240	1200	9,6	15,8	144	4	4-16	7,54
VM 628	KHD, BRD	2.4.09	240	280	1000	9,33	18,5	195	4	6-16	12,67
ASL 25/30	MAN, Gebr. Sulzer	2.4.10	250	300	1000	10,0	15,0	180	4	3-16	14,73
AM 816	KHD, BRD	2.4.11	142	160	1800	9,6	16,8	62,5	4	6-16	2,53
MD 650/1B	MTU, BRD	2.4.12	185	200	1500	10,0	14,87	98,1	4	4-16	5,38
PA6	SEMT, Frankreich	2.4.13	280	290	1000	9,67	20,15	331	4	6-18	17,89
185/210	Hedemora, Schweden	2.4.14	185	210	1500	10,5	14,88	103	4	6-18	5,65

Fortsetzung der Tabelle 6.41: Motordaten zu den in Kapitel 5 vorgestellten Verbrennungskraftmaschinen

Motortyp	Hersteller/Land	lfd. Nummer in Kapitel 5	Durchmesser	Hub	Drehzahl	mittl. Kolbengeschw.	mittl. Effektivdruck	Zylinderleistung	Taktzahl	Zylinderzahl	Zylinderhubvolumen
		-	mm	mm	U/min	m/s	bar	kW	-	-	ℓ
Diesel-Lkw-Motoren											
OM 400/403	Daiml.Benz AG, BRD	2.5.01	125	130	2500	10,83	9,92	32,2	4	6-12	1,59
FL 413 F	KHD, BRD	2.5.02	125	130	2650	11,48	9,35	32,2	4	6-12	1,59
8280	Fiat, Italien	2.5.03	145	130	2400	10,4	7,16	30,2	4	8	2,15
GL	Detroit-Diesel,USA	2.5.04	98,6	114,3	2800	10,67	6,74	26,5	2	6-8	0,86
ENDTB 676	Mack, USA	2.5.05	123,8	152,4	1900	9,65	13,13	37,3	4	6	1,83
115/130	MOWAG, Schweiz	2.5.06	115	130	2300	9,97	9,07	46	2	8	1,35
V8 520 S 3	Poyaud, Frankr.	2.5.07	135	122	2500	10,17	20,6	73,5	4	8	1,75
OM 352 (A)	Daiml.Benz AG,BRD	2.5.08	97	128	2800	11,95	9,53	20,7	4	6	0,95
6.354	Perkins, England	2.5.09	94,8	127	2800	11,85	6,62	14,7	4	6	0,97
Diesel-Pkw-Motoren											
OM 615	Daiml.Benz AG, BRD	2.6.01	90,9	92,4	4500	13,86	5,43	11,95	4	4	0,599
DM 617	Daiml.Benz AG,BRD	2.6.02	90,9	92,4	4500	13,86	7,72	17,0	4	5	0,599
GOLF	Volksw.AG, BRD	2.6.03	76,5	80	5000	13,33	6,15	9,25	4	4	0,368
21 D	Opel AG, BRD	2.6.04	88	85	4400	12,47	5,92	11,0	4	4	0,517
2.4/6	BMW, BRD	2.6.05	80	79,8	4500	11,97	9,68	14,2	4	6	0,399
2.2	Peugeot, Frankr.	2.6.06	90	83	4500	12,45	5,92	11,5	4	4	0,528
2200	Citroen, Frankr.	2.6.07	90	85,5	4500	12,83	7,6	12,1	4	4	0,544
SOFIM 8140	Fiat, Italien	2.6.08	93	90	4200	12,6	6,34	13,3	4	4	0,611
Diesel-Einbaumotoren											
FL 912	KHD, BRD	2.7.01	100	120	2800	11,2	6,67	14,7	4	2-6	0,944
914	Lombardini, It.	2.7.02	92	100	3000	10,0	6,31	10,3	4	2	0,666
90x90	AVL/Bernard	2.7.03	90	90	3000	9,0	5,23	7,3	4	2	0,570
76x80	AVL/White	2.7.03	76	80	3600	9,60	5,85	6,25	4	2	0,363
FL 208	KHD, BRD	2.7.04	80	82	3000	8,20	5,85	5,9	4	1	0,412
FL 511	KHD, BRD	2.7.04	100	105	3000	10,5	6,2	12,8	4	1,2	0,825
AA 1	Petter, England	2.7.05	69,8	57,2	3600	6,85	4,02	2,6	4	1	0,22
L 30 S	Hatz, BRD	2.7.06	95	100	3000	10,0	6,34	11,0	4	2-4	0,708
TV 8.640	Perkins, England	2.7.07	117,6	120,7	2600	10,46	8,05	22,4	4	8	1,31
PENTA TD120A	Volvo, Schweden	2.7.08	130,2	150	2200	11,0	11,27	40,5	4	6	2,0
FARYMAN G 20	Farny & Weidm.BRD	2.7.09	105	130	3000	13,0	4,55	12,5	4	1	1,12
Glühkerzen-Modell-Motoren											
COX PEE WEE	Leisure Dyn., USA	2.8.01	7,6	6,1	17500	3,56	2,76	0,026	2	1	0,00033
COX MEDAILLION	Leisure Dyn., USA	2.8.02	12,6	12,0	13800	5,52	5,56	0,188	2	1	0,0015
HB 50	Bernhardt, BRD	2.8.03	22,4	20,6	16000	10,99	3,35	0,7	2	1	0,008
OS-MAX 90 SFR	OS-Models, Japan	2.8.04	27	26	16000	13,87	4,69	1,84	2	1	0,015
OS-MAX FS-60	OS-Models, Japan	2.8.05	24	22	10300	7,55	5,26	0,44	4	1	0,00995
OS-MAX FT-120	OS-Models, Japan	2.8.06	24	22	10000	7,33	5,41	0,44	4	2	0,00995

7 Schrifttum

/1/ LEYER, A.: Kreativität und Verantwortung - die unterentwickelten Dimensionen des Ingenieurberufes. Technica 14 (1977), S. 1021-1026

/2/ OEHLER, E.: Brennkraftmaschinen. W. Girardet, Essen 1950

/3/ KOCHANOWSKI, H.A.: Motorreibung. Zwischenbericht R 236 der Forschungsvereinigung Verbrennungskraftmaschinen e.V. (FVV), 1974

/4/ LÖHNER, K.: Die Brennkraftmaschine, Innenvorgänge und Gestaltung. Deutscher Ingenieur-Verlag GmbH., Düsseldorf

/5/ KOCHANOWSKI, H.A.: Motorreibung. Zwischenbericht R 314 der Forschungsvereinigung Verbrennungskraftmaschinen e.V. (FVV), 1977

/6/ KUTZBACH, K.: Fortschritte und Probleme der mechanischen Energieumformung. VDI-Z. 65, 1301 (1921)

/7/ LAUDAHN, W.: Schnellaufende Dieselmotoren. Glasers Ann. 108, 163 (1931) 1)

/8/ LUTZ, O.: Ähnlichkeitsbetrachtungen bei Brennkraftmaschinen. Ing. Archiv 4, 373 (1933)

/9/ SYASSEN, O.: Entwicklungstendenzen bei Dieselmotoren hoher Leistung. Hansa-Schiffahrt, Schiffbau, Hafen 106 (1969) Nr. 24 S. 2239-2244

/10/ KUTZBACH, K.: Der Leichtmotor als Lehrmeister des Maschinenbaues. Sonderheft VDI-Hauptversammlung 1933, S. 83

/11/ BENSINGER, W.D.: Einfluß der Zylindergröße auf das Baugewicht von Flugmotoren. Luftfahrt-Forschung 14, 228 (1937)

/12/ v. SANDEN, K.: Kennzahlen für Schnelläufigkeit und Leistungsgewicht von Brennkraftmaschinen. Ing.-Archiv 3, 311 (1932), 4, 303 (1933)

/13/ WOSCHNI, G.: Berechnung der Wandverluste und der thermischen Belastung von Dieselmotoren. MTZ 31 (1970) 12, S. 491-499

/14/ KAMM, W., HUBER, L., SCHMID, P.: Betriebsbeanspruchungen und Baugewicht von Fahrzeugmotoren in Abhängigkeit von der Zylindergröße und der Zylinderzahl. Kraftfahrtechn. Forschungsarb., H. 1, S. 1. Berlin: VDI-Verlag, 1935

/15/ RIEKERT, P., HELD, A.: Leistung und Wärmeabfuhr bei geometrisch ähnlichen Zylindern. Jb. dtsch. Versuchsanstalt Luftf. (1938). Ausgabe Triebwerk. München: R. Oldenbourg

/16/ JAKLITSCH, F.: Entwicklung und Bemessung der Hochleistungsmotoren, insbesondere der Flugmotoren. Automob.-techn. Z. 42, 273 (1939).
Ferner: Der Weg zum Großflugmotor. Automob.-techn. Z. 42, 584 (1939).
Über Motorkennwerte. Motortechnische Z. 3, 116 (1941)

/17/ METTIG, H.: BAM 816 - Ein schnellaufender KHD-Dieselmotor für Schiffsantrieb. MTZ 35 (1974) 11, S. 362 - 370

/18/ VOLZ, J.: Erstellung optimierter Einlaufprogramme von Dieselmotoren. Dissertation TU Karlsruhe 1976

/19/ WRAGGE, F.: Lärmprobleme auf Seeschiffen. Hansa-Schiffahrt, Schiffbau-Hafen 114 (1977) Nr. 22, S. 2012-2018

/20/ SYASSEN, O.: Viertakt-Großmotoren. MTZ 37 (1976) Heft 5, S. 173-178

/21/ EBERAN - EBERHORST, R.: 100 Jahre Viertakt-Otto-Motor. Festveranstaltung der VDI-Gesellschaft Fahrzeugtechnik 1976

/22/ WESSELO, J.H.: The effect of design on service results and on economy as observed on the Stork Werkspoor TM 410 engine. CIMAC Washington 1973

/23/ FEDERN, K.: Auswuchttechnik - Springer-Verlag Berlin - Heidelberg - New York 1977

/24/ SCHRÖN, H.: Die Zündfolge der vielzylindrigen Verbrennungsmaschinen, insbesondere der Fahr- und Flugmotoren. München: R. Oldenbourg, 1938

/25/ SCHÜTTE, A.: Die Spülung bei Auflademaschinen - Mitt. Forsch.-Anstalt Gutehoffnungshütte 6, 65 (1938)
/26/ VOLCY, G.: Some Aspects of the Behaviour in Service of Crankshafts and their Bearings - Bureau Veritas Publication
/27/ DRAGOSCH, W.: Kolbenbewegung - rechnerisch und experimentell - MAHLE-Kolloquium 1977, Seite 104 - 113
/28/ THOLEN, P., KILLMANN, I.: Investigations of highly turbocharged air-cooled Diesel-Engines - CIMAC-Kongreß Tokyo 1977, Vortrag A 11
/29/ - Acceptance Tests, CIMAC-Recommendations for Diesel-Engines, CIMAC Paris 1961/1971 und Vorschlag 1975
/30/ ZINNER, K.: Aufladung von Verbrennungsmotoren - Springer-Verlag Berlin-Heidelberg-New York 1975

8. Nachwort

Manchem Leser, vor allem wenn er als Pragmatiker am Reißbrett oder am Prüfstand arbeitet, werden einige Passagen dieses Buches zu belletristisch erschienen sein. Auch der Studierende wird bei manchem Abschnitt etwas verwundert gestutzt haben, in einer sonst streng wissenschaftlich aufgebauten Lehrbuchreihe recht persönlich gefärbte Meinungen und Informationen zu finden, die über die Abwicklung nüchternen Sachverhaltes und insbesondere der allein gültigen technischen Zusammenhänge der Verbrennungskraftmaschine hinausgehen und somit vielleicht den Eindruck erwecken, als wolle der Autor von den tieferen physikalischen Zusammenhängen ablenken oder gar den Leser mit allgemeinen Floskeln und Redewendungen von dem strengen Studium der mathematisch/physikalischen Gesetzmäßigkeiten ablenken. Dies wäre ein großes Mißverständnis und würde meinem Wollen konträr entgegenstehen.

In einer als Übersichtsband der Reihe "Die Verbrennungskraftmaschine" unter den Herausgebern Prof. Hans List und Prof. Anton Pischinger verstandenen Zusammenfassung der größeren Zusammenhänge bei der Konstruktion, der Entwicklung und dem Bau einer Verbrennungskraftmaschine sollten nicht nur die Ähnlichkeitsbeziehungen der Verbrennungskraftmaschine, aus denen bei Wahl der richtigen Randbedingungen die Hauptabmessungen der zu entwickelnden Verbrennungskraftmaschine resultieren, eine Darstellung finden. Vielmehr sollte dieser Band auch einen Begriff davon übermitteln, daß nicht immer rein rationale Gesichtspunkte unsere Entwicklung bestimmen, daß nur im Einzelfall eine kompromißfreie Lösung möglich ist und vor allem anhand von Beispielen aus dem weitgefächerten Bereich der Anwendung der Verbrennungskraftmaschine in Erinnerung rufen, inwieweit die Verbrennungskraftmaschine heute mit dem täglichen Tun von uns allen auf dieser Welt verbunden ist. Die Darstellung der Variationsmöglichkeiten und der schon vorhandenen Bauformen sollte nicht nur die Phantasie der Leser anregen, sondern auch zeigen, daß die Entwicklung eines Produktes-wie die des Menschen-nicht konstant und geradlinig, sondern in Schüben und oft in Spiralen erfolgt. Letztlich sollte dargestellt werden (und da hat der Autor vor allem an die jüngeren Leser gedacht, die im Zeichen äußeren Stresses, Regelstudienjahren, Befähigungsnachweisen und anderen Zwängen zielstrebig die Physik der Verbrennungskraftmaschine mit dem Wunsch eines Prädikatabschlusses studieren), daß die Entwicklung technischer Produkte durch Menschen erfolgt, die die gleichen typischen Schwächen und Ängste unserer Spezies haben. Auch mag in den Zeilen anklingen, daß die Entwicklung eines Produktes nicht nur aus der Bewältigung technischer Schwierigkeiten besteht, sondern die Findung eines Zieles und die Art der Umsetzung auch im technischen Bereich oft viel größere Schwierigkeiten bereiten als die Ermittlung eines technischen Optimums. Dies liegt an der Unzahl von Unwägbarkeiten des menschlichen Handelns, das anscheinend im Gegensatz zu dem, was wir Maschinenbauer an der Physik so schätzen, keinen Gesetzmäßigkeiten unterliegt. Deshalb wird so gern an die Vernunft als vermeintliches Gesetz des Handelns appelliert, die nach Meinung einiger Wohlgesonnener dem homo sapiens zugänglich sein soll - wohl außer acht lassend, daß deine Vernunft, meine Vernunft und unsere Vernunft durchaus unterschiedliche Perspektiven zulassen.

Wenn wir Naturwissenschaftler - und dazu zähle ich die Ingenieure - nicht nur dem Glauben erlegen sind, die Naturgesetze und die Zusammenhänge und Abhängigkeiten der verschiedensten Parameter richtiger einordnen zu können als ein weniger Geübter, sondern auch als Maschinenbauer wahre künstlerische Fähigkeiten in der Findung von Kompromissen, die zu einer optimalen Gestaltung der Maschine führen sollen, entwickelt haben, so müssen wir uns auch mehr den allgemeinen Dingen zuwenden. So sehe ich es nicht nur als bedauerlich an, daß wir uns durch reines "Technik-Denken" und dem damit verbundenen Entzug unserer koordinierenden Fähigkeiten und unserer mangelnden Besinnung auf die Erfordernisse einer industriellen

Gesellschaft aus den Geschäftsleitungen unserer großen Unternehmen herauskatapultieren, sondern empfinde es sogar als Fiasko für unsere menschliche Gesellschaft, wenn der Ingenieur in falsch verstandener Bescheidenheit, Überheblichkeit oder gar Ängstlichkeit vor den fließenden, aber oft hohlen Äußerungen von Viel(ver)sprechern sich in seine technische Welt zurückzieht. Wohl ist die Welt nicht mehr ohne Technik vorstellbar, doch ist es eine Frage der A n w e n d u n g unserer technischen Fähigkeiten, ob diese zum Segen oder zum Unheil der Menschheit geraten.

Und diese Aufgabe im positiven Sinne ist die unsere, d i e Aufgabe der Ingenieure. Es muß wieder mehr unser Streben sein, unsere Welt und unsere Zukunft gestaltend und kreativ zu formen. Wir müssen uns davor hüten, daß unsere Technik unter unseren Augen - aus welchen Gründen auch immer - immer weiter ausufert, damit wir nicht mehr Mühe aufwenden müssen, unsere entarteten Produkte wieder menschenfreundlich zu machen, als wir Zeit haben, neue Visionen für eine bessere Zukunft sichtbar zu machen. Dazu gehören auf der einen Seite Phantasie, Kreativität und Euphorie - ja, auch die Chance, einmal träumen zu können -, auf der anderen Seite aber auch sehr viel Realitätssinn und eine kritische Einstellung gegenüber unseren Erzeugnissen und auch gegenüber der Spezies, der wir angehören. Nicht zuletzt bedarf es aber auch eines hohen Maßes an Selbstkritik und Selbstbescheidung - nicht alles Machbare ist machenswert -, auch wenn eine kurzfristige gute Rendite oder eine persönliche Chance dies wünschenswert erscheinen lassen könnten. Nur unter diesen Voraussetzungen wird es den Ingenieuren gelingen, die Technik wieder in den Griff zu bekommen, damit nicht die Ingenieure - die man sich nach einer BALLIN zugesprochenen Aussage "hält" - zwischen den Sirenenklängen der sales-manager, dem Grollen von Naturaposteln und Unkenrufen eines nach Wahlchancen taktierenden Politmanagements zum Vollstrecker sinnloser Entwicklungen werden. Möge es deshalb mehr als Hoffnung sein, daß die Ingenieure in Zukunft nicht nur auf Herausforderungen reagieren, sondern in vermehrtem Maße wohltuend a g i e r e n . Diesen Wunsch zu pflegen und zu forcieren, ist die wahrhaft große Aufgabe für unsere weltweiten Ingenieurvereinigungen.

HIC RHODOS - HIC SALTA.

GPSR Compliance

The European Union's (EU) General Product Safety Regulation (GPSR) is a set of rules that requires consumer products to be safe and our obligations to ensure this.

If you have any concerns about our products, you can contact us on ProductSafety@springernature.com

In case Publisher is established outside the EU, the EU authorized representative is:

Springer Nature Customer Service Center GmbH
Europaplatz 3
69115 Heidelberg, Germany

Batch number: 10578403

Printed by Printforce, the Netherlands